国家“十二五”公益性行业科研专项研究专著

中国北方旱区主要粮食作物滴灌水肥一体化技术

尹飞虎 等 著

科学出版社

北京

内 容 简 介

本书基于“十二五”公益性行业（农业）科研专项“北方旱作农业滴灌节水关键技术研究与示范”的研究成果，结合项目团队多年相关研究和生产实践，总结凝练形成了中国北方旱区主要粮食作物滴灌水肥一体化技术。全书共分七章，第一章主要分析了滴灌水肥一体化技术的国内外现状、存在的问题及发展趋势，概述了项目的研究进展及主要成就；第二章介绍了田间作物滴灌技术关键设备与配套产品的研发和应用成果；第三章从理论与实践两方面阐述了北方小麦、玉米等作物抗旱品种筛选技术及鉴选指标体系；第四章全面论述了主要粮食作物滴灌专用肥及水肥一体化智能决策和监测管理软件平台的研制与应用技术；第五章、第六章分别重点介绍了北方典型区域主要粮食作物滴灌条件下水肥运筹规律和水肥一体化高产高效栽培技术模式；第七章依据多年、多点的试验结果，总结分析了北方旱作类型区滴灌水肥一体化技术的经济效益、社会效益和环境效应。

本书核心内容来源于多年研究成果，并已付诸生产实践检验，对从事相关研究与应用的科技人员、政府决策及管理人员都具有很高的参考价值。

图书在版编目（CIP）数据

中国北方旱区主要粮食作物滴灌水肥一体化技术/尹飞虎等著. —北京：科学出版社, 2017.12

ISBN 978-7-03-051916-0

Ⅰ.①中… Ⅱ.①尹… Ⅲ. ①干旱区–粮食作物–滴灌–水肥管理–一体化–栽培技术 Ⅳ.①S510.7 ②S365

中国版本图书馆 CIP 数据核字(2017)第 036274 号

责任编辑：李 迪 / 责任校对：郑金红
责任印制：肖 兴 / 封面设计：刘新新

科学出版社 出版
北京东黄城根北街 16 号
邮政编码: 100717
http://www.sciencep.com
新科印刷有限公司 印刷
科学出版社发行 各地新华书店经销
*
2017 年 12 月第 一 版 开本：787×1092 1/16
2017 年 12 月第一次印刷 印张：29
字数：681 000

定价：188.00 元

(如有印装质量问题, 我社负责调换)

《中国北方旱区主要粮食作物滴灌水肥一体化技术》著者名单

（按拼音排序）

第一章　尹飞虎

第二章　陈　林　程　莲　李　寒　田宏武　王士国　吴文彪　邢　振　杨　铭　姚　琼　张石锐　郑文刚

第三章　陈　云　杨国江

第四章　党红凯　郭进考　韩新年　柳斌辉　徐红军　张士昌　张文英

第五章　第六章　陈　静　董平国　黄兴法　兰印超　李　虎　李光永　刘慧涛　刘尹明　秦　焱　石晓华　孙云云　檀海斌　王国栋　胥婷婷　杨海鹰　杨建国　曾胜和　张　磊　张　荣　张　洋

第七章　董云社　高玉山　郭树芳　何　帅　刘方明　刘占卯　孟繁盛　彭　琴　石学萍　王凤新　王迎春　薛　源　杨林生　虞江萍

序

粮食生产与国计民生息息相关。由于中国人口数量大，水土资源人均占有量少，且空间分布不均衡，粮食安全显得尤为重要。进入21世纪以来，全国粮食生产重心北移，北方的粮食产量已逐渐超过南方。中国粮食由“南粮北运”向“北粮南运”转变，且随着南方工业化和城镇化的进一步发展，北方粮食生产的比例将继续增加。

“有收无收在于水”，这在我国北方特别是绿洲农业区更为突出。我国北方耕地约占全国的65%，但水资源仅占全国的1/3。一方面是水资源短缺，另一方面是用水的浪费，特别是农业灌溉用水量大、水分生产效率低。农业高效用水仍然是当今和今后需重点研究的问题。

肥料是作物的粮食，是决定作物产量高低的主要因素，长期以来一直是粮食增产的重要保证。但是，近年来由于地区间、农户地块间和氮磷钾养分间投入不平衡，粮食作物的单位面积化肥用量达到434.3kg/hm^2，而化肥偏生产力仅为16.9kg/kg。我国化肥的大量使用虽然提高了作物产量，但也给农民带来了经济效益的损失，还对环境产生了严重的负面影响，并威胁到我国农业的可持续发展。

水肥一体化技术是基于滴灌系统发展而成的节水、节肥、高产、高效的现代农业工程技术，可以实现水分和养分在时间上同步、空间上耦合，从根本上改变了传统的农业用水方式和农业生产方式，根据作物需水规律适时适量补水，不产生地面径流，减少渗漏损失，使水的有效利用率提高。运用滴灌随水施肥，肥料可根据作物需肥规律，按时、按量准确地随水将所需养分直接送达作物根部，并能保持较长时间的、有利于作物根系吸收的水肥环境，提高了肥料的利用率。同时，通过滴灌随水施肥技术的应用，降低了肥料使用量，抑制了氮肥挥发对大气的污染，减少了肥料对土壤和水体环境的污染。此项技术极大地发展了农业生产力，明显地提高了作物产量，经济效益、社会效益和生态效益显著，为我国北方主要粮食作物的绿色高效生产提供了强有力的技术支撑。

“北方旱作农业滴灌节水关键技术研究与示范”项目首席专家尹飞虎研究员及其科研团队2012～2016年在河北、吉林、山东、甘肃、宁夏、内蒙古、青海、新疆设立主要粮食作物水肥一体化示范田，研究春小麦、冬小麦、玉米、大豆、马铃薯、青稞等主要粮食作物在滴灌模式下的水、肥需求规律和施用技术及关键设备，建立了北方旱作农业类型区主要粮食作物滴灌绿色高效栽培技术模式，提高了作物灌溉保证率、水分利用效率和肥料利用率，支撑了区域农业高效用水、科学施肥和现代农业的发展。

该书内容丰富，创新性、科学性、系统性和实用性强，可为北方旱作区主要粮食作物水肥资源高效利用提供科学依据和技术指导。我特向广大节水农业与水肥高效利用研究和实践者推荐此书。

中国工程院院士
中国农业大学教授
2016 年 12 月

前　言

水、肥是农业生产中最基本的要素，也是影响作物生长发育和决定作物产量和质量的重要因素，在我国这样一个人口众多而耕地和水资源相对不足的国家，要发展粮食生产、保证粮食安全，合理的水肥管理显得尤为重要。

我国北方既是粮食主产区，又是水资源贫乏区，缺水是粮食生产的主要瓶颈。我国北方尽管拥有全国耕地总量的65%，但水资源仅占全国的1/3，在全国耕地每公顷水资源量不足7500m^3的11个省份中，北方地区占了10个。在缺水的同时，农业用水浪费现象也相当严重，灌溉水的利用率仅为46%左右，远低于发达国家水平（75%）。水资源的匮乏和不合理利用，近年已给我国农业生产造成了极大的损失。据有关报道：近10年来，因缺水，全国平均每年旱灾发生面积4亿亩①左右，是20世纪50年代的2倍以上，平均每年成灾面积2亿多亩，因旱损失粮食300亿kg以上。尤其在我国北方地区更为严重，仅2009年北方冬小麦就减产5.8%，达590万t。大力发展农业节水，提高农业水资源的利用率和灌溉保证率是确保我国粮食安全的关键所在。

肥料是决定作物产量高低的主要因素。20世纪80年代以来，随着化肥投入量的加大，我国粮食产量无论是总产还是单产都大幅度增加，化肥对粮食产量的贡献率达40%以上。然而，1998～2009年，我国在化肥施量持续增长的情况下，粮食的增产幅度则呈下降趋势，出现了增肥不增产、化肥施用效应递减、养分利用效率下降的现象。据2001～2005年全国11个省1333个肥料试验样本数统计显示：小麦N、P_2O_5、K_2O的利用率分别为28.12%、10.17%和30.13%，玉米分别为26.11%、11.10%和31.19%，与朱兆良先生1998年给出的我国主要粮食作物N（30%～35%）、P_2O_5（15%～20%）、K_2O（35%～50%）的利用率相比，N利用率下降7.5个百分点、P_2O_5下降3.4～8.4个百分点、K_2O下降3.5～18.5个百分点。“十二五”以来，农业部推行配方施肥技术，肥料利用率整体上有了回升，氮肥当季利用率为30%～35%，P_2O_5为15%～25%，K_2O为40%～50%，但仍比发达国家平均低10个百分点以上。

为了探索我国北方旱区主要作物水肥高效利用机制和应用模式，努力提升水肥生产效率，1996年，我们在引进当今世界最先进的精量灌溉、精准施肥技术——滴灌技术的基础上，结合国家重大科技产业工程项目“西北干旱内陆河灌区节水农业综合技术集成与示范”（990210104）、863计划“新疆干旱区现代节水农业技术研究与集成”（2006AA100218）及“北方干旱内陆河灌区节水农业综合技术集成与示范”（2002AA6Z3201）、科技部成果转化资金“地膜棉花高效微滴灌专用肥中试”（02EFN216510664）、科技部攻关计划

① 1亩≈666.7m^2。

“棉花喷滴灌专用肥的研究与示范”（2001BA901A23）、国家自然科学基金“CO_2浓度升高对新疆干旱区棉花-土壤系统的影响机制及其与氮素的耦合作用”（40973061）、国家科技支撑计划项目课题“天山北坡滴灌条件下粮食作物高效生产关键技术集成与示范”（2012BAD42B00）、公益性行业（农业）科研专项“北方旱作农业滴灌节水关键技术研究与示范”（201203012）等 20 余项国家重大、重点项目，就滴灌条件下北方旱区主要作物水肥高效利用关键设备及配套技术开展了研究。

本团队在 2010 年以前，主要致力于棉花、瓜果等经济作物的滴灌系统配置、水溶性肥料开发及灌溉施肥制度研究等。“十二五”重点是针对北方旱区小麦、玉米、大豆、马铃薯等粮食作物，开展了滴灌条件下水肥高效利用关键设备及技术的研究，研究完成了北方旱作农业类型区耐旱和水分高效利用作物品种的筛选、旱区主要粮食作物滴灌关键设备与产品的开发、旱区主要粮食作物滴灌条件下的需水需肥规律、旱区主要粮食作物滴灌专用系列肥产品、主要作物滴灌高产高效栽培技术研究与示范和区域滴灌节水技术应用的经济效益与环境效应评价；建立了北方旱作农业类型区主要粮食作物滴灌高产高效栽培技术模式，提高了灌溉水的利用率、农作物灌溉保证率、水分利用效率和肥料利用率，支撑了区域农业科学用水、科学施肥和现代农业的发展。

本书由尹飞虎研究员统筹编写、池静波研究员负责统稿，书中各章作者见著者名单。

本书在付梓之际，承蒙康绍忠院士作序，特此感谢！

在该项技术的研究过程中，始终得到科技部、农业部、水利部、新疆生产建设兵团（以下简称新疆兵团）相关领导和部门，以及李佩成院士、康绍忠院士等专家学者的大力支持和指导；在技术的示范推广过程中，各试验示范基地的同志付出了艰辛的劳动；在研究和应用的全过程中，本团队精诚团结、坚持不懈为之努力。对此，一并表示衷心感谢！

本书虽然经过多次讨论和反复修改，仍难免存在一些不妥之处，为使其更臻完善，敬请读者多加指正。

最后，希望本书的出版能够为发展节水农业和水肥资源高效利用提供科学依据，为滴灌水肥一体化技术研究、教学与培训提供参考，为国家节水增粮行动提供技术支撑。

尹飞虎

2016 年 12 月

目　录

第一章 概　述

第一节　研究目的与意义

我国是一个人口众多而耕地资源相对不足的国家，人均耕地面积约为世界平均水平的1/3。在土地资源有限的情况下，保证粮食安全任务十分艰巨。东北、华北是我国粮食生产的主要基地，西北是我国粮食生产的后备基地。提升三北地区粮食生产的水平和能力，对确保我国粮食安全意义重大。

我国是一个严重缺水的国家，人均水资源仅为世界平均水平的28%，列世界121位。我国是一个农业大国，农业用水约占总用水量的63.4%。北方地区尽管拥有全国耕地总量的65%，但水资源仅占全国的1/3。在全国耕地每公顷水资源量不足7500m^3的11个省份中，北方地区占了10个。在水资源日益紧缺的同时，农业用水浪费现象也相当严重，耕地实际灌溉亩均用水量418m^3，灌溉水的利用率仅为46%左右，远低于发达国家水平（75%）；按东部、中部、西部地区分析，耕地实际灌溉亩均用水量分别为379m^3、378m^3、512m^3，西部比东部高近1.35倍[1]。水资源的匮乏和不合理的利用，近年已给我国农业生产造成了极大的损失。据有关报道：近10年来，因缺水，全国平均每年旱灾发生面积2667万hm^2左右，是20世纪50年代的2倍以上，平均每年成灾面积1333万hm^2，因旱损失粮食300亿kg以上。尤其在我国北方地区更为严重，仅2009年北方冬小麦减产5.8%，达590万t。大力发展农业节水，提高农业水资源的利用率和灌溉保证率是确保我国粮食安全的关键所在[2]。

肥料是作物的粮食，是决定作物产量高低的主要因素。20世纪80年代以来，随着化肥投入量的加大，我国粮食产量无论是总产还是单产都大幅度增加，化肥对粮食产量的贡献率达40%以上。专家预测，如果立即停止使用化肥，全世界农作物将减产40%～50%，21世纪的农业发展离不开化肥，粮食安全离不开化肥。然而，1998～2009年，我国在化肥施量持续增长的情况下，粮食的增产幅度则呈下降趋势，出现了增肥不增产、化肥施用效应递减、养分利用效率下降的现象。国内众多学者研究表明，化肥对粮食产量的贡献率已由20世纪80年代的30%～40%下降到10%左右。据2001～2005年全国11个省1333个肥料试验样本数统计显示：小麦N、P_2O_5、K_2O的利用率分别为28.12%、10.17%和30.13%，玉米分别为26.11%、11.10%和31.19%，与朱兆良先生1998年给出的我国主要粮食作物N（30%～35%）、P_2O_5（15%～20%）、K_2O（35%～50%）的利用率相比，N利用率下降7.5个百分点、P_2O_5下降3.4～8.4个百分点、K_2O下降3.5～18.5个百分点。“十二五”以来，农业部推行配方施肥技术，肥料利用率整体上有了回升，氮肥当季利用率为30%～35%，磷肥为15%～25%，钾肥为40%～50%，但仍比发达国家平均水平低10个百分点以上。同时，我国化肥使用对农业经济的贡献也仅相当于发达国家15～20年前的水平，我国万元农业GDP（美元）消耗化肥2t以上，欧美等发达国家已下降到1t左右[3]。

我国水肥利用率低的主要原因：一是灌溉方式和灌溉制度不合理，在我国大部分灌区，漫灌现象还很普遍，而且灌多少水也很难根据作物需求设定，大多还是随水源供给状况和凭经验灌溉，不合理的灌溉不仅造成水分损失，还会产生肥料淋失和农田面源污染，在盐碱地易发地区，土壤可能产生次生盐碱化；二是施肥方式和施肥制度不合理，在我国旱作区，施肥制度也基本没有根据作物需求设定，采用“一炮轰”“重基肥轻追肥”的现象越来越普遍，施肥量也有增加的趋势，据有关报道[4]，全国已有17个省的氮肥平均用量超过国际公认的上限（225kg/hm^2），不合理的施肥不仅浪费肥料资源，还会导致作物养分供给失衡、生长发育失调、作物产量和品质下降，以及土壤结构变差。

历年来，国家高度重视粮食安全和与粮食安全极其相关的节水农业及科学施肥工作，先后出台了一系列扶持政策推进节水农业和科学施肥的发展。“十一五”科技部设立了863计划节水农业重大专项和科技攻关项目，分别在我国北方灌区启动了一批节水农业研究课题，支撑和推进了我国节水农业的发展。2005年，农业部决定在全国开展测土配方施肥工作，首批以全国13个粮食主产省为重点，选择200个县并开展试点，按每个县100万元的标准给予补贴，实施测土配方施肥面积达到8000万hm^2，辐射带动1333万hm^2。2010年西南大旱，国家安排3亿元，用于地膜覆盖技术推广，第二年又安排5亿元用于西北地膜覆盖。“十二五”初，水利部、财政部、农业部联合召开东北四省（自治区）节水增粮行动项目工作会议，明确了东北四省（自治区）节水增粮行动的目标，用4年时间，投资380亿元，在东北四省（自治区）集中连片建设253万hm^{2}高效节水灌溉工程，新增粮食生产能力100亿kg，年均增收160多亿元。2013年农业部印发了《水肥一体化技术指导意见》，指出2015年，水肥一体化推广面积达到534万hm^{2}以上，实现节水50%以上，节肥30%[2]。

第二节　技术背景

滴灌及滴灌施肥技术起源于以色列，是当今世界上公认的最先进的精量灌溉、精准施肥技术之一，它是利用滴灌设施以最经济有效的方式供给作物所需的水分、养分，并使其限定在作物有效根域范围内，实现对供给的水分和养分，以及作物个体和群体的有效调控，旨在在作物的不同生育阶段将所需的水分和养分多次小量供给，水肥均匀地浸润在特定区域的耕层内，满足作物生长发育的需求，达到节水节肥、高产高效的目的。如今，这项技术已传播到世界上80多个国家和地区，在一定程度上缓解了全球水资源危机。

一、国外技术背景

以色列长期致力于开发节水新技术，以解决其水资源短缺问题。20世纪60年代，以色列人创造了滴灌技术，并建成了世界上第一个滴灌系统。这一系统由不同口径的塑料管组成，灌溉水和溶于水的化肥从水源被直接输送到作物根部，呈点滴状缓缓而均匀地滴灌到作物根区的土壤中。滴灌使农业灌溉技术发生了根本性变化，标志着农业灌溉由粗放走向高度集约化和科学化，基本实现了按需供水、供肥，成为灌溉技术的一项重大突破。以色列超过 80%的灌溉土地使用滴灌方法，灌溉水的利用效率高达 95%，水分生产率达 2.23kg/m^3，氮肥利用率在 80%以上。与此同时，以色列著名的 NETAFIM 滴灌技术设备公司，产品和服务遍及 70 多个国家和地区，年产滴头 300 多亿只，年销售额超过 2 亿美元，占全球灌溉设备市场总销量的 70%[1]。20 世纪 60 年代后，滴灌技术开始在美国、澳大利亚、墨西哥、南非等地陆续研究和示范应用，印度近年发展很快。

美国属于水资源充沛国家，人均水资源占有量 12 000m^3。有效灌溉面积约 2533 万 hm^2，不足我国的 50%，但喷灌和滴灌面积占有效灌溉面积的 87%，2010 年滴灌面积就达 153 万 hm^2；同时，注重对地下滴灌技术的研究和推广，美国堪萨斯州立大学 Freddie Lamm 教授 2011 年撰文报道，2003～2008 年美国在棉花、玉米、苜蓿等作物上应用地下滴灌面积 1.73 万 hm^2，与地表滴灌比，种植苜蓿用地下滴灌更能提高水的利用效率[2]。

澳大利亚有 70%的地区雨量在 500mm 以下，很容易发生旱灾，节水灌溉是该国采用的主要农业技术。20 世纪 70 年代后，开始将滴灌及灌溉施肥技术用于蔬菜、果树和甘蔗等，一般节水、增产都在 20%以上，优质蔬菜的收获率由传统灌溉方法的 60%～70%提高到 90%，同时采用滴灌施肥可减少 25%～50%的氮肥损失；20 世纪末，T 系统国际股份有限公司（以下简称 T 系统公司）在班达伯格甘蔗上使用地下滴灌技术，获得了 5700m^3 的水生产 128t 甘蔗的结果，而漫灌 9800m^3 的水只生产了 98t 甘蔗。

印度是使用滴灌技术较早的亚洲国家，而且近年发展速度很快。2015 年印度 New Ag International 会议报道，至 2014 年，印度微灌面积达到 750 万 hm^2，其中滴灌 320 万 hm^2、喷灌 430 万 hm^2。Soman 博士介绍：Jain 灌溉公司用滴灌和灌溉施肥技术在水稻和小麦上做了 8 年研究，两种作物增产 25%～45%、节水 50%～60%。印度的水溶性肥约分为 16 个等级，2014～2015 年生产量已达到 150 000t，年增 15%～20%[2]。

二、国内技术背景

我国从 20 世纪 70 年代开始引进滴灌技术，经过 30 多年的努力，通过引进、消化吸收、研发，在灌溉设备和配套技术等方面有了长足的发展，基本形成了国内具有区域特色的滴灌技术体系。

（一）滴灌产品研发

通过引进、消化吸收，20 世纪 90 年代后，我国滴灌产品门类和系列基本配套。单翼迷宫边缝式滴灌带已处于成熟期，内镶扁平滴头式滴灌管正处于成长期，圆柱式滴头和压力补偿式滴灌管发展趋势好；滴灌工程大多用聚乙烯（PE）和聚氯乙烯（PVC）管及相应管件，国内多个厂家的产品质量和配套规格基本适应滴灌发展要求；在过滤装置方面，研制出了符合我国国情的筛网过滤器、叠片式过滤器、砂石过滤器、水沙分离器、LZ 型自动清洗立式过滤器、自动反冲洗过滤器及沉淀池等，但产品的精密度、技术规范与国外仍有较大差距；在施肥设备方面，普遍采用不透明的压差式施肥罐，文丘里式、水动泵等设备及控制装置的国产化和规模化应用相对缓慢；在田间管网铺设机械化作业方面，研制出了田间毛管铺设、铺膜播种一体机和干管铺设开沟机，并在棉花、甜菜、豆类等多种作物上广泛应用，研制出适于大田农作物随水施肥的全营养速溶性高效滴灌固态复合肥，还研究开发出滴灌平衡施肥专家决策系统，并应用于生产，实现了条田施肥数字化管理。

（二）滴灌系统配置研究

根据灌溉水源（河水、井水）和水质变化情况研制出了不同的滴灌首部过滤系统、地埋干管与地面支辅管相结合的“支管+辅管”滴灌系统、不使用辅管的“大支管轮灌系统”、移动首部滴灌系统、小农户滴灌系统、微压滴灌系统、自压滴灌系统、重力滴灌系统、自动化控制滴灌系统等多种形式的滴灌系统；针对不同作物研制出了棉花、加工番茄、甜菜等大田作物滴灌系统和适应设施农业的群棚及小型单棚滴灌系统；根据地形地貌研制出了丘陵滴灌系统和不同坡度的平原滴灌系统。

（三）滴灌配套技术研究

1996 年，新疆兵团引进以色列成套滴灌设备，将滴灌技术与地膜覆盖技术有机结合，创造了膜下滴灌技术。随后研究了在滴灌条件下，不同作物的需水需肥规律及高效灌溉制度、随水平衡施肥与水肥一体化耦合技术、化学调控技术、病虫害防治技术、高密度高产栽培技术，不同土壤质地水盐、养分运移规律和土壤次生盐渍化的综合防治技术，以及作物需水预测预报及农田灌溉调度管理、水库群灌优化调度等关键技术，形成了以棉花、加工番茄、瓜果等作物为主体的综合滴灌配套技术体系。同时，开展了滴灌技术在粮食作物上的应用研究，逐步使滴灌技术的应用由棉花拓展到玉米、小麦、甜菜、向日葵等作物，而且应用地域范围逐步扩大，由新疆逐步向西北、华北、东北等地推广。

三、存在的主要问题

通过多年的技术引进、消化和吸收，我国在滴灌设备研制及生产、系统设计及配置、配套产品与技术开发等方面都取得了突破性的进展，部分滴灌设备产品性能和田间作业机械配套及在棉花等经济作物上的应用效果已接近和达到国外同等水平。但在滴灌技术的应用范围、推广速度、应用效果等方面，在全国范围内存在较大的差异。这些问题反映在技术上，主要有以下几个方面[5]。

（一）工程规划设计欠规范

规划是滴灌系统设计的前提，它制约着滴灌工程投资、效益和运行管理等多方面的指标，关系到整个滴灌工程的质量及其合理性，是决定滴灌工程成败的重要工作之一；滴灌系统的设计是在科学规划的基础上，根据当地的地理环境、水源水质、作物及栽培耕作方式等条件，因地制宜地配置滴灌系统。但我国目前绝大部分地区还没有将滴灌工程纳入农田水利工程规划之中，在田间设计和系统配置上存在死搬硬套他人模式、与当地资源环境及农艺技术结合不够紧密等问题，导致出现了流域灌排不协调、条田林网死亡、经济效益及社会效益不突出等现象。

（二）水肥一体化技术不到位

滴灌随水施肥是滴灌技术的重要组成部分，是实现水肥一体化、提高肥料利用率、增产增收、节本增效的关键措施。但目前大部分滴灌区注重滴灌田间工程建设、关注强调节水的因素较多，重视水肥结合、发挥肥的作用不够；实行氮肥随水施的较多，采用氮、磷、钾等多元素配方随水施的较少；大部分农户灌水施肥不是按照作物需水需肥规律进行的，多凭经验随意进行，甚至还在推行一次性全层次深施肥，滴灌技术精准灌溉、精准施肥的作用没能得到充分发挥。与发达国家相比，其水分生产率、肥料利用率仍有差距，发达国家水分生产率已达到2.2kg/m^3，我国约为1.4kg/m^3；发达国家氮肥利用率为80%、磷肥利用率为35%、钾肥利用率为60%以上，而我国分别为50%、24%和50%左右。

（三）滴灌应用的作物较单一

“九五”以前，我国滴灌技术的研究与应用主要集中在设施园艺、瓜果蔬菜等作物上。1996年后，新疆兵团将滴灌技术广泛应用于大田作物生产，但在2005年前也仅应用于棉花、加工番茄、甜菜等经济作物上，且在滴灌设备、田间管网和配套作业机械与灌溉施肥制度等方面的科研力量也主要集中于经济和设施园艺作物。将粮食作物应用滴灌技术纳入新疆兵团科研计划是从2005年开始的，而且在田间装置及农艺配套技术等方面，基本上参照或沿用了棉花滴灌模式，在北方旱作农业滴灌节水关键技术研究与示范项目启动前，试验区域也仅限于新疆地区。

（四）基于滴灌的区域环境研究滞后

自1996年新疆兵团将滴灌技术应用于大田作物以来，对我国农业节水、作物增产增效、农民增收发挥了巨大的作用。滴灌技术应用会带来良好的经济效益，这已逐渐为人们所熟知，然而滴灌技术的应用对于区域环境（包括水环境、土壤环境、作物病虫害、农田小气候、区域生态）会造成什么样的影响，目前的相关研究在一定程度上滞后。缺乏滴灌所带来环境效益的考虑将使得滴灌效益评估显得不够全面，容易引起只重经济而轻视环境发展的不良后果。因此，只有清楚地了解滴灌所带来的区域环境效应才能更好地扬长避短，实现经济与环境的双赢，获取滴灌效益的最大化，以实现区域的可持续发展。

基于我国北方旱区粮食生产可持续发展的需求，以及与其相关的水资源极度短缺、农田土壤养分不足、降水量少而降水时期与作物生长需求错位、水肥利用效率低和新疆滴灌水肥一体化技术在全国类型区大田作物应用少等背景，新疆农垦科学院于2009年向农业部正式提请在我国北方旱作区开展滴灌技术的试验示范，农业部科技教育司于2010年将该研究列为“十二五”公益性行业（农业）科研专项。

第三节　研究思路与目标

一、研究思路

根据我国东北、华北、西北旱作农业类型区的地理、气候、水资源、作物及耕作特点和社会经济发展水平，针对该区域农田水肥资源短缺和农作物水肥利用率低等突出问题，以灌溉精准、施肥精准的滴灌水肥一体化技术为主体技术，总结和充分利用已有的滴灌水肥一体化技术基础，重点开展对小麦、玉米、大豆、马铃薯等作物水肥高效利用技术的研究，开发、完善一批适合北方旱作类型区域特点的主要粮食作物抗旱品种、滴灌器材、配套产品及技术，建立北方旱作农业类型区主要粮食作物的滴灌高产高效栽培技术模式，提高灌溉水的利用率、农作物灌溉保证率、水分利用效率和肥料利用率，支撑区域农业科学用水、科学施肥和现代农业的发展。

二、研究目标

通过研发、筛选、完善一批适合北方旱区特点的小麦、玉米、马铃薯等作物耐旱品种和滴灌器材及产品，建立起适于我国北方旱作农业类型区的滴灌节水农业技术体系和推广应用模式。2011～2016年，在新疆、甘肃、宁夏、青海、河北、山东、内蒙古、吉林等省（自治区）建立8个以粮食作物为主体的滴灌节水示范区，示范区面积1333hm^2以上，辐射面积3.33万hm^2；田间灌溉用水节省40%以上，水分生产率提高到2kg/m^3，接近或达到发达国家水平；作物等产量化肥用量减少30%，肥料利用率提高8～10个百分点；田间滴灌固定设施一次性投入控制在6000元/hm^2左右；在示范区培养、造就一支具有较高水平的研发团队和技术推广队伍；培育和造就一批种植规模不小于13.33hm^2的滴灌示范大户。

三、拟解决的科学及技术问题

根据我国滴灌技术的研究与应用基础，针对北方旱区的地理气候、环境资源、作物及耕作特点，开展粮食作物滴灌水肥一体化技术研究需解决以下科学与技术问题。

1）确定北方旱区与滴灌技术相适应的粮食作物品种，提出区域主要粮食作物耐旱品种的生理特性与形态特征指标，建立主要粮食作物耐旱品种鉴选体系，回答“旱区主要粮食作物耐旱品种不同生育阶段植株及群体外表特征与生理生化指标变化的关联性”的科学问题。以期指导滴灌条件下，粮食作物耐旱、丰产、优质品种选育。

2）建立北方旱区主要粮食作物滴灌水肥高效利用技术模式，提出在滴灌条件下，主要粮食作物不同生育阶段的需水需肥规律及灌溉施肥制度，回答“滴灌水肥一体化条件下，旱区主要粮食作物的产量、品质与水肥运筹及互作”的科学问题。以期指导提高北方旱区主要粮食作物的水肥利用率。

3）提出北方旱区不同水源及水质、不同地形及土质、不同气候及降水、不同作物及品种等条件下的滴灌设备、田间管网的选型类别及指标，建立北方旱区不同类型区主要粮食作物滴灌水肥一体化技术模式，回答“不同自然环境特点及作物种类与滴灌设施选型优化配置”的技术问题。以期为类型区域的设备生产商、滴灌工程设计单位及用户提供科学合理的指标参数。

4）建立北方旱区不同类型区土壤养分种类、结构、分布和作物需肥规律及利用率信息数据库，提出区域主要粮食作物各生育阶段的滴灌专用肥养分配方，确定与滴灌施肥相适应的专用肥生产原料及生产工艺，回答“滴灌专用复合肥生产中，大量元素之间、微量元素之间、大量元素与微量元素之间结合时产生拮抗及解决途径”的技术问题。以期指导提高滴灌专用肥生产企业和用户实践中养分配方的科学性。

5）提出北方旱作农业类型区应用滴灌节水技术对土壤微环境质量、作物品质、食品安全影响程度及趋势指标的意义，建立不同类型区滴灌条件下的土壤环境、水环境、作物品质、食品安全等评价和控制技术指标体系，回答“滴灌技术的应用与资源节约、环境友好、经济效益的内在关联”的科学问题。以期为北方旱区发展滴灌技术时趋利避害、科学掌控提供依据。

第四节 研究内容与方案

一、研究内容

（一）北方旱作农业类型区耐旱和水分高效利用作物品种的筛选

生物节水是节水农业的主要方式之一，抗旱、节水品种的应用是生物节水的主要内容。一个良好的抗旱品种，不但可以大幅度提高作物的水分利用效率和农田灌溉水的利用效率，而且与其他节水技术相比更易操作和被农民接受推广。我国北方旱区种植的粮食作物以小麦、玉米、马铃薯为主，尽管多年来在抗旱品种选育和应用方面取得了一定的成效，但多数品种区域性特点明显，其抗逆性受环境影响变化大。滴灌技术水肥环境可控，能最大限度地体现作物品种本身的丰产、优质、抗逆等性能，但近年研究表明，同样的品种在滴灌条件下生长期有延长的现象。筛选出适应北方旱作农业类型区，特别是适应滴灌条件下栽培的粮食作物抗旱品种，同时研究、分析抗旱品种的生理生化特性和形态特征，确定抗旱品种鉴选体系，以此为基础挖掘和创新抗旱种质资源，为抗旱品种选育提供理论和应用基础。具体内容分列如下。

1）研究北方旱作农业类型区滴灌条件下小麦、玉米、马铃薯和大豆等作物不同时期的形态与生理变化动态，确定滴灌条件下主要滴灌作物生长的关键用水点、关键生理指标及重要遗传性状指标。

2)利用旱区现有主要农作物表型鉴选指标体系,采用基因内SSR标记和功能型PCR标记等技术，在滴灌条件下对旱区小麦、玉米、马铃薯及大豆等作物品种和品系进行鉴定、分析，形成分子生物学技术与常规技术有机结合的综合鉴选体系。

3）利用建立的主要作物品种综合鉴选指标体系，对北方旱区小麦、玉米、马铃薯和大豆等作物的抗旱节水新品种进行评价，建立主栽品种和新选育品种的抗旱节水动态数据库，构建节水品种推荐的信息交流平台。

4）开展北方旱区小麦、玉米、马铃薯和大豆等作物耐旱种质资源筛选与创新研究，挖掘耐旱基因资源。通过转基因技术与分子标记选择、常规育种相结合，建立北方旱作农业类型区主要作物的抗逆分子育种技术体系。

（二）旱区主要粮食作物滴灌关键设备与产品的研制

滴灌设备主要包括水泵、过滤、施肥、量测、控制、安全保护、灌水器等。这些设备的研制及系统配置国内外都已有成熟的技术和工艺。但无论是设备研制，还是系统配置都是针对园艺花卉、瓜果蔬菜等经济类作物研究开发的。粮食作物滴灌系统研制与开发仍是一个新课题。与经济类作物不同，粮食作物的经济比值低，多属于密植类作物而耗水量大，低能耗、低成本灌水系统配置研究和适宜密植作物的灌水器研制，是粮食作物滴灌设备研发的关键。同时结合不同作物及当地耕作条件，研制出与其配套的田间作业机械，以使旱区粮食作物的滴灌系统达到低成本配置、田间作业劳动力成本大幅度降低的目的。据此，设置如下研究内容。

1）研制开发适应北方旱区主要粮食作物滴灌区不同水源、水质特点的滴灌管（带）、微压条件下的灌水器、高效低能耗过滤器，有效提高滴灌系统的可靠性，降低滴灌系统一次性投资、能耗和运行成本。

2）研制开发适应北方旱区主要粮食作物与滴灌技术配套的播种、铺管作业机械、免耕播种机械、滴灌管（带）回收耕地一体机，研究确定相关田间作业的技术参数，制定相关技术的田间作业操作规范。

3）开展大田滴灌中央控制、无线网络采集控制、土壤墒情信息采集、灌溉施肥一体化、灌溉用水智能计量等关键技术研究，研究集成大田中央灌溉控制器、分布式低功耗灌溉控制器、灌溉施肥一体机和自动反冲洗过滤控制器等设备，实现灌溉—施肥的自动决策执行。

（三）旱区主要粮食作物滴灌条件下需水需肥规律研究

不同作物不同生长发育阶段对水肥的需求是有差别的。了解作物各生育阶段对水肥的需求量、掌握作物生长发育的需水需肥规律，是制定作物灌溉及施肥制度的基础。实践证明：作物的需水需肥规律不仅与作物种类及品种有关，还与灌溉方式及气候条件密切相关，如棉花品种新陆早 7 号在滴灌条件下的需水高峰期要比沟灌条件下来得早，且持续时间长。研究北方旱区主要粮食作物滴灌条件下的需水需肥规律，应以常规灌溉条件下的需水需肥指标为基准点，依据当地气象及土质情况和滴灌少量多次的灌溉特点，上下浮动设置水肥量的梯度，制定出滴灌条件下灌溉及施肥制度的初步方案，经两年以上试验研究与分析，确定作物需水需肥规律，制定出滴灌条件下的灌溉和施肥制度，提高水肥利用效率，具体内容如下。

1）研究北方旱区滴灌条件下主要粮食作物生育期的需水规律。提出作物不同生长发育阶段的日耗水强度、阶段耗水量和全生育期总耗水量等指标，制定不同地区、不同土壤生态条件、不同作物的相应灌溉制度。

2）研究北方旱区滴灌条件下主要粮食作物生育期的需肥规律。探讨滴灌及随水施肥技术条件下，肥料养分在土壤及作物体内的运移转化特点，提出作物各生长发育阶段对养分种类和量的需求，制定出滴灌条件下主要粮食作物的随水施肥方案。

3）研究提出北方旱区滴灌条件下主要粮食作物的高产水肥耦合量化指标、灌溉预报方法及参数指标、大量元素肥料基施和随水滴施指标，优化和集成示范区主要滴灌作物水肥高效耦合技术模式，制定相关技术规程。

（四）旱区主要粮食作物滴灌专用系列肥的研制与开发

滴灌随水施肥是滴灌技术的重要组成部分，是作物增产增效的核心内容。滴灌专用肥是滴灌随水施肥的必要物资和重要要素，是实现水肥一体化的关键。滴灌专用肥的第一个必要条件是要求其产品基本上百分之百能溶于水；第二是滴灌专用肥要应用于大田作物，特别是粮食作物的关键要素是产品价格要适当，即单位面积施肥成本不能高于传统施肥成本；第三是产品中具备作物必需的营养元素，且按照作物生育阶段配方、产品系列化。研制开发北方旱区主要粮食作物滴灌专用肥是在经济类作物研发的原料及配方技术的基础上，利用滴灌条件下研究的主要粮食作物需肥规律和当地土壤养分状况及作物肥料利用率，研制出北方旱区主要粮食作物滴灌专用系列肥，并建立微机决策滴灌施肥推荐专家系统，具体内容如下。

1）对各类型区的土壤进行取样分析、统计、分类，根据各区不同作物主要生育阶段需肥规律、土壤养分状况和水肥利用率，制定出相应的滴灌专用肥配方。

2）根据当地土壤和水的理化性状及作物对养分的需求特点，选择适宜的生产原料，制定相应的生产工艺，开发生产出不同作物主要生育期滴灌专用肥系列产品。

3）研究分析示范区土壤养分信息，建立土壤养分管理信息系统和属性、空间数据库，开发建立微机决策滴灌施肥推荐专家系统。

（五）主要作物滴灌高产高效栽培技术研究与示范

农业生产及研究都饱受人文、地理、气候等多种因素的影响。农作物滴灌及水肥一体化技术是一个系统工程，由众多的单项技术组成，其中滴灌工程与农艺的有效结合是关键。研究北方旱作农业类型区主要作物的高产高效栽培技术，核心是将滴灌节水高产作物品种、优化的滴灌系统配置、经济灌溉及施肥制度、田间机械化作业等单项技术进行配套集成，进一步完善和优化，形成高产高效栽培技术模式，并建立试验示范区。示范区的布局及主要技术内容包括以下几部分。

1）新疆、甘肃、宁夏小麦、玉米一年一熟区耐旱品种推荐、滴灌设备配置、田间管网配套、作业机械选型和灌溉施肥制度的确定，以及高产高效综合技术模式的集成与示范。

2）河北、山东小麦、玉米一年两熟区耐旱品种推荐、滴灌设备配置、田间管网配套、作业机械选型和灌溉施肥制度的确定，以及高产高效综合技术模式的集成与示范。

3）内蒙古玉米、马铃薯一年一熟区耐旱品种推荐、滴灌设备配置、田间管网配套、作业机械选型和灌溉施肥制度的确定，以及高产高效综合技术模式的集成与示范。

4）吉林玉米、大豆一年一熟区耐旱品种推荐、滴灌设备配置、田间管网配套、作业机械选型和灌溉施肥制度的确定，以及高产高效综合技术模式的集成与示范。

5）青海小麦、油菜一年一熟区耐旱品种推荐、滴灌设备配置、田间管网配套、作业机械选型和灌溉施肥制度的确定，以及高产高效综合技术模式的集成与示范。

（六）区域滴灌节水技术应用经济效益与环境效应评价

研究包括北方旱作农业类型区应用滴灌节水技术对土壤微环境质量的影响及作用效应评价，滴灌节水技术对作物品质、食品安全的影响，主要作物应用滴灌节水技术经济效益评价，滴灌节水技术应用环境效应评价及指标体系建设。具体内容包括以下几部分。

1）研究北方旱作农业类型区应用滴灌节水技术对土壤水分、养分含量的时空变化动态及分布规律，分析滴灌对不同土壤类型水分参数变化和在滴灌施肥技术背景下土壤养分的迁移、淋溶与转化特征；探讨滴灌对土壤水分环境的影响效应及其对作物生长的影响；系统地分析不同区域滴灌技术体系的洗盐、压碱、防止土壤次生盐渍化的作用效应，确定适于北方旱作农业类型区防治土壤次生盐渍化的滴灌技术体系。

2）研究北方旱作农业类型区滴灌条件下农药及其他化学残留物质在土壤、植物、地下水中的时空分布与区域运移规律；分析滴灌技术对地下水位及地下水资源污染程度的影响评价；确定滴灌技术应用过程中的污染控制技术。

3）研究北方旱作农业类型区不同灌溉水源下主要污染物在灌区作物植株体内及相应农产品中的分配特征与吸收累积特征，并解析其成因机制。

4）研究北方旱作农业类型区不同作物应用滴灌节水技术的成本投入、产量、效益及种植户收益，分析评价投入产出比和边际效益的最佳技术模式。

5）基于北方旱作农业类型区滴灌节水技术应用过程中的生态效应、经济效益、人文效应等综合因素，建设资源节约型、环境友好型滴灌节水关键技术应用的综合环境效应评价体系与指标体系。

二、研究方案

（一）研究地点

农业科学研究的终极价值在于应用，研究方向和目标确定以后，研究地点的地理环境及气候特点的代表性直接关系到研究成果的应用范围和效果。本研究涉及我国东北、华北、西北，地理区位路线长，从东至西全长4500多千米。地形复杂，有高山、丘陵、平原和盆地，试验区海拔最高的青藏高原为2982m、海拔最低的山东淄博为34.5m。气候复杂，农区年平均降水量为 22～550mm，而时空分布极为不均；≥10℃的年平均积温为 2850～3800℃，而相同纬度的东北和西北，≥10℃的年平均积温相差近 1000℃。根据各区域的基本情况，分别在吉林的乾安、内蒙古的赤峰、河北的邯郸和石家庄、山东的桓台、宁夏的平吉堡、甘肃的石羊河、青海的海西、新疆的博州和石河子设置了试验示范点，并确定了各点的研究作物。

（二）技术路线

技术路线见图 1-1。

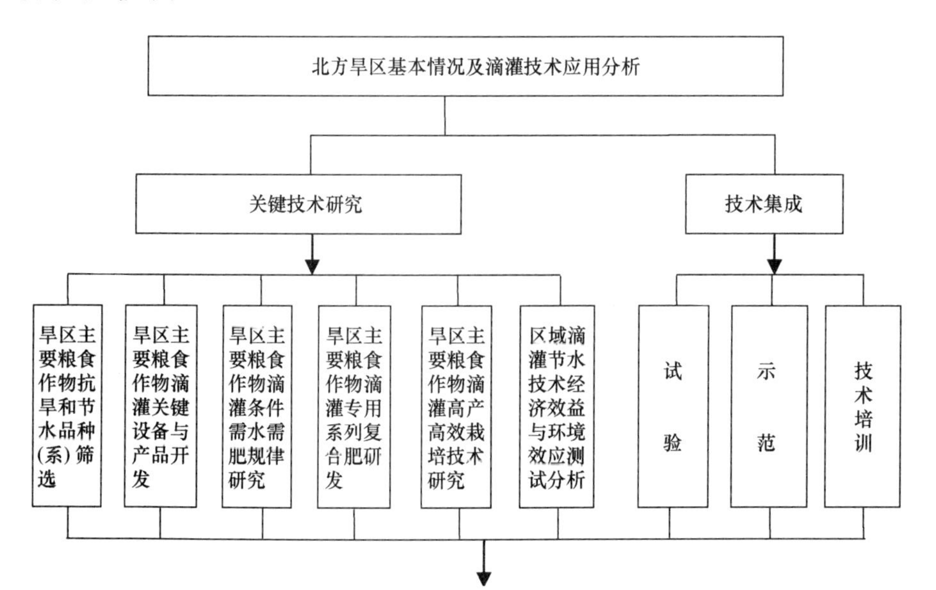

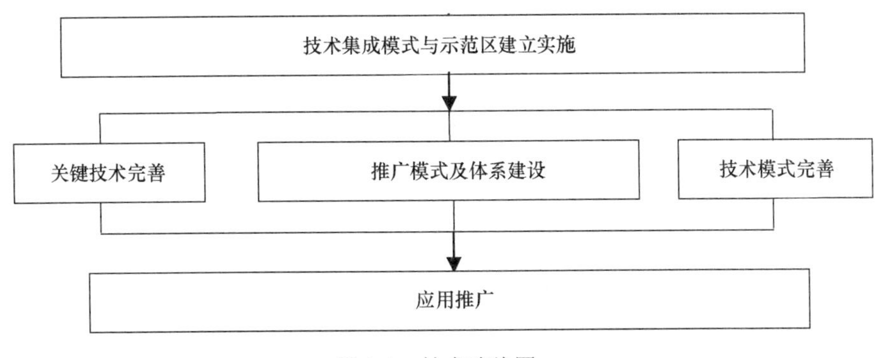

图 1-1　技术路线图

第五节　研究取得的主要成果

按照项目任务的要求，经过 5 年的研究，在抗旱农作物品种筛选、滴灌节水设备及产品开发、主要作物灌溉施肥制度、北方主要粮食作物滴灌模式和北方主要滴灌区经济效益及环境效应评价等方面取得了长足的进展，主要成果概述如下。

一、品种筛选及种质资源创建

（一）品种筛选

筛选出适合我国旱作类型区的抗旱和水分高效利用冬小麦品种 8 个：石麦 19、良星 99、石麦 22、中麦 175、泰水 5366、衡 136、金禾 9123 和汶农 14；春小麦品种 9 个：13QS20、13QS18、13QS26、13QS45、13QS21、新春 6 号、新春 17 号、新春 38 号、13QS19；夏玉米品种 3 个：德利农 988、先玉 335 和三北 21。

（二）种质资源创建

研究、分析了抗旱品种的生理生化特性和形态特征，确定了小麦、玉米抗旱品种鉴选体系，利用单倍体培养技术创新培育耐旱种质资源 15 份；建立了抗旱节水品种的动态数据库，并搭建了节水品种推荐的信息交流平台。

二、装备及产品

1）研制出滴灌小麦播种机。该机一次可完成铺管、施肥、播种联合作业，播种量、施肥量、行距、播种深度均可根据当地农业栽培技术要求进行调整，优化了滴灌带铺设装置的布局。

2）研制出高效精密复式中耕作物免耕播种机。完成了样机制作，经新疆农业机械质量监督管理站（以下简称农机质监站）对产品的检测和鉴定，其播量、播深、粒距等技术指标均达到了设计要求，机型已批准生产。

3）研制出滴灌毛管回收机。其机型解决了滴灌毛管绕带装置的同步问题，机具结构简单，减少了人工辅助作业量，可实现自动捡拾，样机通过了新疆兵团农机质量检测中心的检测。

4）研制出小管径抗堵塞滴灌带。根据中耕及园艺作物和重质土壤的特点，在原有产品的基础上，对小管径滴灌产品的抗堵塞性能进行了研究，完善了产品流道设计，增强了抗堵塞性能。

5）研制出高效低能耗过滤器。针对原有引进过滤产品能耗高、效率低等问题，重点对吸吮嘴、压紧弹簧和控制阀门进行了改进，使整机的过滤单元流量、清洗压力、清洗流量、清洗时间、过滤精度、滤芯平均寿命、过滤器系统成本在实用性方面都有了新的提高。

6）研发出采用太阳能供电，具有自动采集、存储、远程传输土壤温湿度及气象信息的远程自动墒情采集设备——WS1800 墒情监测站；研究完善了自动反冲洗过滤控制器、精准灌溉施肥控制器和可扩展中央灌溉控制设备。

7）研制开发出大量元素水溶性无机肥料系列产品（小麦、玉米、马铃薯、油菜、大豆、棉花、加工番茄）。其理化指标为 $N+P_2O_5+K_2O \geqslant 50\%$，微量元素≥0.5%，水溶性≥98%，符合 NY 1106—2010 标准要求。

三、灌溉及施肥技术

（一）灌溉技术

滴灌是以色列发明的一种先进的节水灌溉技术，经过几十年的发展，已形成了一套适于当地气候、土壤、作物等条件的灌溉技术体系，在灌溉制度上，推行少量多次的“高频灌溉”理念。该技术引入我国后，因北方大部分土壤含盐重、灌溉水矿化度高，采用“高频灌溉”后，负效应突出：一是土壤耕层盐分上升，以每年 15%~21%的速度递增；二是作物根系生长受限，根冠比失调，产量下降趋势明显。针对该问题，经过近年来多点、多作物的研究，总结提出了一套适合北方旱区主要农作物的滴灌灌溉制度，其核心是：控制灌水总量、减少灌溉次数、增加每次灌量的“控、减、增”灌溉技术，结合土壤深松和冬（秋）灌溉技术，形成了盐碱地滴灌技术模式，有效地控制和降低了滴灌田土壤耕层盐分积聚。

（二）施肥技术

灌溉施肥（fertigation）是滴灌技术的重要组成部分，是作物增产增效的关键环节。针对滴灌条件下，传统的化肥施用（深层基施、浅层条施或窝施、表层撒施等）技术已不适应滴灌的局部灌溉、作物根系分布区域和对养分吸收相对集中的需求，依据植物营养经典的“养分归还”“最小养分”和“报酬递减”学说与定律，遵循“养分平衡”“因土施肥”和“因作物施肥”原则，结合不同区域、土壤类型和作物，研究提出了适于不同类型区主要作物的滴灌施肥技术模式：即干旱滴灌区采用“有机肥深施、无机肥随水施、全期配方施”模式，半干旱滴灌区采用“（有机肥+少量无机肥）深施、大部分无机肥随水施、全期配方施”模式。

四、技术模式

（一）东北灌区主要作物滴灌栽培技术模式

1. 吉林玉米滴灌栽培技术模式

品种：农华 101。目标产量：12 000～13 000kg/hm^2；种植密度 75 000 株/hm^2，行距

110～120cm，株距 18～22cm；内嵌迷宫补偿式滴灌管，滴头流量 1.3～1.8L/h，滴头距离 30～40cm。全生育期需水量 450～500mm，土壤相对含水量 60%～80%。全生育期施肥量氮（N）220～240kg/hm^2，磷（P_2O_5）80～90kg/hm^2，钾（K_2O）90～100kg/hm^2；磷肥以基施为主、滴施为辅，以氮肥和钾肥滴施为主、基施为辅。水、肥分配见表 1-1。

表 1-1　吉林玉米滴灌灌溉、施肥表

生育时期	灌水量/mm	施肥量/%			中微量元素肥料/%	有机肥/%	备注
		N	P_2O_5	K_2O			
播种前	0	10	50	30	100	100	施基肥
播后	10～20	0	0	0	—	—	滴灌
拔节期	35～45	10	10	10	—	—	水肥一体
大喇叭口期	40～50	30	20	25	—	—	水肥一体
灌浆期	45～55	40	15	30	—	—	水肥一体
乳熟期	20～30	10	5	5	—	—	水肥一体
合计	150～200	100	100	100	100	100	—

注：“—”表示无数据

2. 吉林春大豆滴灌栽培技术模式

品种：吉育 86。目标产量：3400～3500kg/hm^2；播种时间为 4 月底至 5 月初，行距 110～120cm，株距 10～14cm，播种量 55kg/hm^2，种植密度 22.5 万～30 万株/hm^2；内嵌迷宫补偿式滴灌管，滴头流量 1.3～1.8L/h，滴头距离 30～40cm。全生育期灌水量 410～450mm，土壤相对含水量 60%～85%。全生育期施肥量氮（N）78～84kg/hm^2，磷（P_2O_5）87～93kg/hm^2，钾（K_2O）95～99kg/hm^2。水、肥分配见表 1-2。

表 1-2　吉林春大豆滴灌灌溉、施肥表

生育时期	灌水量/mm	施肥量/%			中微量元素肥料/%	有机肥/%	备注
		N	P_2O_5	K_2O			
播种前	0	5	40	20	100	100	基肥
苗期	60～65	10	10	10	—	—	水肥一体
开花期	70～75	10	10	10	—	—	水肥一体
结荚期	100～110	30	20	25	—	—	水肥一体
鼓粒期	120～130	40	15	30	—	—	水肥一体
成熟期	60～70	5	5	5	—	—	水肥一体
合计	410～450	100	100	100	100	100	—

注：“—”表示无数据

（二）华北灌区主要作物滴灌栽培技术模式

1. 河北冬小麦微灌栽培技术模式

品种：济麦 22、衡 4399。目标产量：9000～9750kg/hm^2；适宜播种期：10 月 2 日～10 日，播种量 150～180kg/hm^2，播种深度 2～3cm，行距 15cm；群体指标：基本苗 300 万～375 万株/hm^2，越冬期 1200 万～1350 万株/hm^2，抽穗期 675 万～825 万株/hm^2；产量结构：穗数 675 万～825 万穗/hm^2，穗粒数 30～34 粒，千粒重 36～40g。

滴灌模式：滴头流量 3.2～4.0L/h，滴头间距 30～40cm，滴灌管铺设间距 60cm。微喷模式：微喷带折径 65mm，孔径 0.5mm，孔距 25mm，微喷带铺设间距 180～240cm。全生育期灌水量 1650～1800m^3/hm^2，土壤相对含水量 65%～80%。全生育期施肥量氮（N）135～155kg/hm^2，磷（P_2O_5）50～58kg/hm^2，钾（K_2O）57～67kg/hm^2。水、肥分配见表 1-3。

表 1-3　河北冬小麦灌溉、施肥表

内容		基肥	分蘖期	拔节期	抽穗期	灌浆期	成熟期	合计
灌水量/（m^3/hm^2）		0	300	300	375～450（2 次）	375～450（2 次）	300	1650～1800
施肥量/（kg/hm^2）	N	15	20～25	20～25	35～40	30～35	15	135～155
	P_2O_5	15	6～8	6～8	8～10	8～10	7	50～58
	K_2O	7	8～10	10～12	12～15	12～15	8	57～67

2. 河北夏玉米微灌栽培技术模式

品种：浚单 20、郑单 958。目标产量：10 500～11 250kg/hm^2；小麦收后带茬播种，行距 60cm，播种深度 3～5cm，种植密度 7.5 万株/hm^2；产量结构：穗数 675 万～750 万穗/hm^2，穗粒数 450～500 粒，千粒重 311～333g。

滴灌模式：滴头流量 3.2～4.0L/h，滴头间距 30～40cm，滴灌管铺设间距 60cm。微喷模式：微喷带折径 65mm，孔径 0.5mm，孔距 25mm，微喷带铺设间距 180～240cm。全生育期灌水量 660～750m^3/hm^2，土壤相对含水量 65%～80%。全生育期施肥量氮（N）195～220kg/hm^2，磷（P_2O_5）75～84kg/hm^2，钾（K_2O）65～73kg/hm^2。水、肥分配见表 1-4。

表 1-4　河北夏玉米灌溉、施肥表

生育时期	灌水量[①]/［m^3/（hm^2·次）］	施肥量/%			中微量元素肥料/%	有机肥/%	备注
		N	P_2O_5	K_2O			
播种	0	10	50	30	100	100	种肥
播后	80～100	0	0	0	—	—	出苗水
苗期	150～170	10	10	10	—	—	水肥一体
大喇叭口期	150～170	30	20	25	—	—	水肥一体
抽雄期	180～200	40	15	30	—	—	水肥一体
灌浆期	100～110	10	5	5	—	—	水肥一体
合计	660～750	100	100	100	100	100	—

注：“—”表示无数据

3. 内蒙古春玉米滴灌栽培技术模式

品种：农华 101、赤单 218。目标产量：15 000kg/hm^2；播种时间为土壤 10cm 处地温需达到 8℃以上，播种量 75kg/hm^2 左右，行距 40cm，宽垄 90cm，种植密度 6.75 万～7.50 万株/hm^2；内嵌迷宫补偿式滴灌管，滴头流量 1.3～1.8L/h，滴头距离 30～40cm，

① 1mm=10m^3/hm^2。

滴灌管铺在40cm窄行中。全生育期灌水量420～470mm，土壤相对含水量60%～80%。全生育期施肥量氮（N）367.5kg/hm^2，磷（P_2O_5）84.0kg/hm^2，钾（K_2O）52.5kg/hm^2。水、肥分配见表1-5。

表1-5　内蒙古春玉米滴灌灌溉、施肥表

生育时期	灌水量/mm	施肥量/%			中微量元素肥料/%	有机肥/%	备注
		N	P_2O_5	K_2O			
播种前	0	0	40	20	100	100	基肥
苗期	70～80	10	5	10	—	—	滴灌
拔节期	130～140	10	15	10	—	—	水肥一体
抽穗期	70～80	30	20	25	—	—	水肥一体
灌浆期	110～120	40	15	30	—	—	水肥一体
乳熟期	40～50	10	5	5	—	—	水肥一体
合计	420～470	100	100	100	100	100	—

注："—"表示无数据

4. 内蒙古马铃薯滴灌栽培技术模式

品种：克新一号。目标产量：55 000～60 000kg/hm^2；播种时间为土壤10cm处地温需达到8℃以上，播种量4500kg/hm^2，行距90cm，株距17cm，种植密度5.25万～5.70万株/hm^2；膜宽110～120cm，内嵌迷宫补偿式滴灌管，滴头流量1.3～1.8L/h，滴头距离30～40cm。全生育期灌水量350～380mm，滴水8～10次，土壤相对含水量55%～75%。全生育期施肥量氮（N）250kg/hm^2，磷（P_2O_5）180kg/hm^2，钾（K_2O）265kg/hm^2。水、肥分配见表1-6。

表1-6　内蒙古马铃薯滴灌灌溉、施肥表

生育时期	灌水量/mm	施肥量/%			中微量元素肥料/%	有机肥/%	备注
		N	P_2O_5	K_2O			
播种前	70	0	15	0	100	100	基肥
条牙生长期	0	5	15	0	—	—	水肥一体
苗期	30～35	10	10	10	—	—	水肥一体
块茎形成期	100～110	25	20	25	—	—	水肥一体
块茎膨大期	120～130	40	30	40	—	—	水肥一体
成熟期	30～35	20	10	25	—	—	水肥一体
合计	350～380	100	100	100	100	100	—

注："—"表示无数据

（三）西北灌区主要作物滴灌栽培技术模式

1. 宁夏春小麦滴灌栽培技术模式

品种：宁春4号。目标产量：7075～7417kg/hm^2；播种时间为地面气温稳定在2～3℃，播种量465kg/hm^2，15cm等间距播种；采用边缝式迷宫滴灌管，滴头流量2.1L/h，滴头间距 30cm，毛管间距 90cm（1 管 6 行）。全生育期灌水量 350mm，分 7～8 次滴入，土壤相对含水量 75%～85%。全生育期施肥量氮（N）160kg/hm^2，磷（P_2O_5）60kg/hm^2，钾（K_2O）170kg/hm^2。水、肥分配见表 1-7。

表 1-7　宁夏春小麦滴灌灌溉、施肥表

内容	施肥时期	基肥	分蘖期	拔节期	抽穗期	灌浆期	成熟期	合计
	施肥日期（月.日）	0	4.24	4.29	5.12	5.29	6.14	
灌水量/mm		0	35	45	90（2 次）	135（3 次）	45	350
施肥量/（kg/hm^2）	N	0	25	40	40	40	15	160
	P_2O_5	12	8	10	12	12	6	60
	K_2O	0	10	45	50	45	20	170

2. 甘肃春小麦滴灌栽培技术模式

品种：永良 4 号。目标产量：7400～7800kg/hm^2；播种时间为地面气温稳定在 2～3℃，播种量 495kg/hm^2，15cm 等间距播种；采用边缝式迷宫滴灌管，滴头流量 2.5L/h，滴头间距 30cm，毛管间距 90cm（1 管 6 行）。全生育期灌水量 320mm，分 8～10 次滴入，土壤相对含水量 75%～85%。全生育期施肥量氮（N）160kg/hm^2，磷（P_2O_5）60kg/hm^2，钾（K_2O）176kg/hm^2。水、肥分配见表 1-8。

表 1-8　甘肃春小麦滴灌灌溉、施肥表

内容	施肥时期	基肥	分蘖期	拔节期	抽穗期	灌浆期	成熟期	合计
	施肥日期（月.日）	0	4.24	4.29	5.12	5.29	6.14	
灌水量/mm		0	30	45（2 次）	80（2 次）	120（3 次）	45	320
施肥量/（kg/hm^2）	N	0	25	40	40	40	15	160
	P_2O_5	12	8	10	12	12	6	60
	K_2O	0	14	46	50	46	20	176

3. 宁夏春玉米滴灌栽培技术模式

品种：正大 12 号、先玉 335。目标产量：11 870～15 000kg/hm^2；播种时间为土壤 10cm 处地温需达到 8℃以上，种植密度 6.75 万～7.5 万株/hm^2；内嵌迷宫补偿式滴灌管，滴头流量 2.1L/h，滴头间距 30cm；滴灌带采用 1 管控制 2 行铺设，间距 110cm；宽窄行种植，宽行 70cm，窄行 40cm，株距 25cm；地膜宽度 90cm，厚度 0.008mm。全生育期灌水量 185mm，土壤相对含水量 65%～85%。全生育期施肥量氮（N）255kg/hm^2，磷（P_2O_5）90kg/hm^2，钾（K_2O）38kg/hm^2。水、肥分配见表 1-9。

4. 甘肃制种玉米滴灌栽培技术模式

制种玉米品种：富农 340。目标产量：4402～4610kg/hm^2；播种时间为土壤 10cm 处地温需达到 8℃以上，宽窄行种植，宽行 80cm，窄行 40cm，株距 18cm，播种量 93.75kg/hm^2，种植密度 6.75 万～7.50 万株/hm^2；内嵌迷宫补偿式滴灌管，滴头流量

表 1-9　宁夏春玉米膜下滴灌灌溉、施肥表

日期（月.日）		4.15（播前）	6.14（拔节）	6.29	7.13（抽穗）	7.24	8.10（灌浆）	合计
灌水量/mm		0	40	40	35	40	30	185
施肥量/（kg/hm^2）	N	0	128	0	51	0	76	255
	P_2O_5	18	36	0	14	0	22	90
	K_2O	0	19	0	8	0	11	38

2.5L/h，滴头间距 30cm；滴灌带铺设在窄行中，1 管控制 2 行；地膜宽度 90cm，厚度 0.008mm。全生育期灌水量 440mm，土壤相对含水量 65%～85%。全生育期施肥量氮（N）130kg/hm^2，磷（P_2O_5）60kg/hm^2，钾（K_2O）100kg/hm^2。水、肥分配见表 1-10。

表 1-10　甘肃制种玉米滴灌灌溉、施肥表

时期		4 月下（播前）	5 月（苗期）	6 月（拔节）	7 月中（抽穗）	8 月（灌浆）	9 月上（成熟）	合计
灌水量/mm		40	70	120	40	140	30	440
施肥量/（kg/hm^2）	N	0	6.5	58.5	39	26	0	130
	P_2O_5	0	2.4	21.6	14	9.6	0	60
	K_2O	0	5	45	30	20	0	100

5. 青海春油菜滴灌栽培技术模式

品种：青杂 7 号。目标产量：2700～3000kg/hm^2；播种时间为 4 月中下旬，播种量 4.5kg/hm^2，行距 30cm，种植密度 37.5 万株/hm^2；内嵌迷宫补偿式滴灌管，滴头流量 2.5L/h，滴头间距 30cm；滴灌管铺设间距 60cm，1 管控制 2 行。全生育期灌水量 5100m^3/hm^2，分 8～9 次滴入，土壤相对含水量 70%～85%。整地前施有机肥 3000kg/hm^2，20%氮肥、20%磷肥、20%钾肥作为种肥施用，剩余 80%肥料在出苗后追施，生育期追肥量氮（N）195kg/hm^2，磷（P_2O_5）165kg/hm^2，钾（K_2O）21kg/hm^2。水、肥分配见表 1-11。

表 1-11　青海春油菜滴灌灌溉、施肥表

时期		4 月下-5 月下（播种-出苗）	6 月上-7 月上（出苗-蕾苔）	7 月上-8 月上（蕾苔-盛花）	8 月上-8 月下（盛花-成熟）	合计
灌水量/（m^3/hm^2）		900	1350	1800	1050	5100
施肥量/（kg/hm^2）	N	37.5	52.5	33	72	195
	P_2O_5	33	45	27	60	165
	K_2O	4.5	6	3	7.5	21

6. 新疆春小麦滴灌栽培技术模式

品种：新春 22 号。目标产量：9000kg/hm^2；播种时间为地面气温稳定在 3～5℃，播种量 465kg/hm^2，15cm 等间距播种；采用边缝式迷宫滴灌管，滴头流量 4.0L/h，滴头间距 30cm，毛管间距 90cm（1 管 6 行）。全生育期灌水量 4200～4500m^3/hm^2，分 7～8 次滴入，土壤相对含水量 75%～85%。全生育期施肥量：低肥力区，氮（N）推荐用量

为 225～285kg/hm^2，磷（P_2O_5）为 105～120kg/hm^2，钾（K_2O）为 45～60kg/hm^2；中等肥力区，氮（N）推荐用量为 225～255kg/hm^2，磷（P_2O_5）为 90～105kg/hm^2，钾（K_2O）为 30～45kg/hm^2；高肥力区，氮（N）推荐用量为 195～225kg/hm^2，磷（P_2O_5）为 75～90kg/hm^2，钾（K_2O）为 15～30kg/hm^2；氮、磷、钾肥（纯量）施用比例范围为 1∶（0.35～0.45）∶（0.10～0.20）。水、肥分配见表 1-12。

表 1-12　新疆春小麦滴灌灌溉、施肥表

项目	基施	出苗-拔节	拔节-开花	开花-成熟	全生育期
灌水比例/%	—	25	50	25	100
灌水次数	—	2	3	2	7
N/%	10	25	35	30	100
P_2O_5/%	30	20	30	20	100
K_2O/%	10	20	40	30	100
施肥次数	—	2	3	2	7

注：“—”表示无数据

7. 新疆春玉米滴灌栽培技术模式

品种：郑单 958。目标产量：15 000～16 500kg/hm^2；播种时间为土壤 10cm 处地温需达到 8℃以上，种植密度 11.25 万～12 万株/hm^2；内嵌迷宫补偿式滴灌管，滴头流量为 2.1L/h，滴头间距为 30cm；滴灌带采用 1 管控制 2 行铺设，间距 90cm，行距 30cm，株距 15cm。全生育期灌水量 4500～4800m^3/hm^2，土壤相对含水量 70%～85%。全生育期施肥量：低肥力区，氮（N）推荐用量为 285～315kg/hm^2，磷（P_2O_5）为 120～135kg/hm^2，钾（K_2O）为 60～75kg/hm^2；中等肥力区，氮（N）推荐用量为 255～285kg/hm^2，磷（P_2O_5）为 105～120kg/hm^2，钾（K_2O）为 45～60kg/hm^2；高肥力区，氮（N）推荐用量为 225～255kg/hm^2，磷（P_2O_5）为 90～105kg/hm^2，钾（K_2O）为 30～45kg/hm^2。氮、磷、钾肥（纯量）施用比例范围为 1∶（0.38～0.48）∶（0.15～0.25）。水、肥分配见表 1-13。

表 1-13　新疆春玉米滴灌灌溉、施肥表

生育阶段		基肥	拔节-抽雄	抽雄-开花	开花-吐丝	吐丝-成熟	全生育期
灌水	分配比例/%	—	10	25	40	25	100
	参考灌水量/（m^3/hm^2）	—	450～480	1125～1200	1800～1920	1125～1200	4500～4800
	灌水次数	—	1	2	3	2	8
施肥	N/%	—	15	20	40	25	100
	P_2O_5/%	10	10	25	35	20	100
	K_2O/%	—	15	25	45	15	100
	随水施肥次数	—	1	2	3	1	7

注：“—”表示无数据

（四）经济效益、环境效应评价

1. 经济效益

2012～2016 年，在新疆、甘肃、宁夏、青海、河北、山东、内蒙古、吉林等省（自治区）建立了 8 个以粮食作物为主体的滴灌水肥一体化示范区，示范区面积在 1334hm^2 以上，辐射面积 3.34 万 hm^2；田间灌溉用水节省 40%左右，灌溉水生产率提高到 2kg/m^3，接近或达到发达国家水平；作物等产量化肥用量减少 30%左右，肥料利用率提高 8～12 个百分点；作物增产 13%～50%，增效 14%～54%；田间滴灌固定设施一次性投入 5400～7200 元/hm^2。具体情况如下。

1）宁夏平吉堡农场春小麦滴灌效益评价。品种：宁春 4 号，滴灌每公顷灌水量 2850m^3，传统地面灌每公顷灌水量 4050m^3，滴灌比传统地面灌节水 29.6%；与传统种植模式相比，滴灌下的施肥减少 20.0%；传统种植模式下春小麦每公顷产量 7500kg，而滴灌条件下春小麦每公顷产量达 8100kg，增产 8.0%；传统种植模式下春小麦灌溉水生产率为 1.85kg/m^3，而滴灌示范地春小麦灌溉水生产率达 2.84kg/m^3，提高 53.5%。

2）宁夏暖泉农场春小麦滴灌效益评价。品种：宁春 4 号，滴灌每公顷灌水量 3900m^3，传统地面灌每公顷灌水量 5400m^3，滴灌比传统地面灌节水 27.8%；与传统种植模式相比，滴灌下的施肥减少 17.6%；传统种植模式下春小麦每公顷产量 6750kg，滴灌示范地春小麦每公顷产量达 7650kg，增产 13.3%；传统种植模式下春小麦灌溉水生产率为 1.25kg/m^3，而滴灌示范地春小麦灌溉水生产率达 1.96kg/m^3，提高 56.8%。

3）宁夏简泉农场玉米滴灌效益评价。品种：明玉 5 号，滴灌每公顷灌水量 4200～4500m^3，传统地面灌每公顷灌水量 9000m^3，滴灌比传统地面灌节水 50%以上；与传统种植模式相比，滴灌示范地玉米的施肥减少量 N 为 98.7kg/hm^2，P_2O_5 为 72.75kg/hm^2，K_2O 为 48.15kg/hm^2，分别减少 30.9%、41.6%和 40.3%；传统种植模式下玉米每公顷产量达 10 170kg，而滴灌示范地玉米每公顷产量达 13 275kg，增产 30.5%；传统种植模式下玉米灌溉水生产率为 1.13kg/m^3，而滴灌示范地玉米灌溉水生产率达 2.95kg/m^3，提高 161%。

4）宁夏平吉堡农场玉米滴灌效益评价。品种：正大 12 号，滴灌每公顷灌水量 3150m^3，而传统地面灌每公顷灌水量 4500m^3，滴灌比传统地面灌节水 30%；与传统种植模式相比，滴灌示范地玉米的施肥减少 22.4%；传统种植模式下玉米每公顷产量 12 825kg，而滴灌示范地玉米每公顷产量达 15 960kg，增产 24.4%；传统种植模式下玉米灌溉水生产率为 2.85kg/m^3，而滴灌示范地玉米灌溉水生产率达 5.07kg/m^3，提高 77.9%。

5）宁夏黄羊滩农场玉米滴灌效益评价。品种：张玉 1355，滴灌每公顷灌水量 5550m^3，传统地面灌每公顷灌水量 8700m^3，滴灌比传统地面灌节水 36.2%；与传统种植模式相比，玉米滴灌下的氮、磷、钾施肥减少量分别为 31.8%、30.8%和 25.0%；传统种植模式下玉米每公顷产量 14 295kg，而滴灌示范地玉米每公顷产量达 17 895kg，增产 25.2%；传统种植模式下玉米灌溉水生产率为 1.64kg/m^3，而滴灌示范地玉米灌溉水生产率达 3.22kg/m^3，提高 96.3%。

6）甘肃石羊河春小麦滴灌效益评价。品种：永良 4 号，滴灌每公顷灌水量 3450m^3，传统地面灌每公顷灌水量 4575m^3，滴灌比传统地面灌节水 24.6%；与传统种植模式相比，滴灌示范地小麦施肥减少 25.0%；传统种植模式下小麦每公顷产量 6997kg，而滴灌示范地小麦每公顷产量达 8136kg，增产 16.3%；传统种植模式下小麦灌溉水生产率为 1.5kg/m^3，而滴灌示范地小麦灌溉水生产率达 2.3kg/m^3，提高 53.3%。

7）吉林玉米滴灌效益评价。2012～2014 年，在吉林白城、松原、双辽、农安，黑龙江大庆，内蒙古开鲁、科左中旗等地示范应用滴灌玉米 48 万 hm^2，平均每公顷产量 10 545kg，比常规每公顷增产 31.5%，每公顷增产 2523kg，每公顷增收 5047.05 元；共增产玉米 171.6 万 t，增收 34.3 亿元。水分利用效率提高 43.1%，化肥利用率提高 30.2%。

8）内蒙古玉米滴灌效益评价。内蒙古松山示范滴灌玉米 367hm^2，其中核心示范区 21hm^2，平均每公顷单产 17 398.5kg（郑单 958），比非滴灌区每公顷平均单产（14 956.5kg）提高了 2442.0kg，增产 16.3%；平均每公顷节水 2475m^3，水分利用效率提高 16.5%，灌溉水利用效率提高 34%；节约耕作燃油用工等生产成本 1275 元/hm^2，效益提高 15.8%。

9）内蒙古马铃薯滴灌效益评价。内蒙古察右中旗马铃薯滴灌示范田 20.7hm^2，平均每公顷产量 51 972.0kg（克新一号），比非滴灌田每公顷产量（47 590.5kg）增产 9.2%，种植户每公顷效益提高 23.9%；其中 1hm^2 超高产滴灌示范田平均产量达 60 471.0kg，比非滴灌田每公顷增产 18 955.5kg，增产幅度达 45.7%，种植户每公顷效益提高 54.6%。

10）青海油菜滴灌效益评价。青海乌兰县滴灌春油菜（青杂 7 号），示范面积 50.7hm^2。滴灌示范地较沟灌地产量提高 28.57%；水分生产率提高 144.08%；亩净收益提高 80.11%；每立方米水效益提高 241.91%；用水量降低 47.32%；单产耗水量降低 59.03%；人工费减少 25.00%。

11）河北冬小麦微灌效益评价。河北藁城丰上村和吴桥县蒋控村，小麦品种济麦 22（藁城）、衡 4399（吴桥），示范面积 46hm^2。微灌示范地较对照地产量提高 20.4%；灌溉水生产率提高 144.05%；亩净收益提高 31.78%；每立方米水效益提高 139.56%；用水量降低 45.0%；单产耗水量降低 52.78%；人工费减少 81.43%。

12）河北夏玉米微灌效益评价。河北藁城丰上村和吴桥县蒋控村，玉米品种浚单 20（藁城）、郑单 958（吴桥），示范面积 46hm^2。微灌示范地较对照地产量提高 25.91%；灌溉水生产率提高 73.4%；亩净收益提高 31.78%；每立方米水效益提高 83.26%；用水量降低 27.41%；单产耗水量降低 42.86%；人工费减少 63.64%。

13）新疆玉米滴灌效益评价。新疆兵团第五师 84 团玉米（先玉 335），示范面积 800hm^2。滴灌示范地较对照地产量提高 47.0%；灌溉水生产率提高 125.9%；亩净收益提高 99.2%；每立方米水效益提高 206.3%；用水量降低 34.9%；单产耗水量降低 55.6%；人工费减少 54.5%。

14）新疆小麦滴灌效益评价。新疆兵团第五师 84 团小麦（新冬 33），示范面积 1667hm^2。滴灌示范地较对照地产量提高 31.0%；灌溉水生产率提高 104.8%；亩净收益提高 125.6%；每立方米水效益提高 252.9%；用水量降低 36.0%；单产耗水量降低 51.3%；人工费减少 45.5%。

15）新疆"农业信息节水示范区"效益评价。在新疆兵团第六师共青团农场建立了"农业信息节水示范区"，总面积为 128.0hm^2。2013 年建成，统计结果表明，项日区年均节水 30%以上，灌溉水利用效率达 80%。

2. 环境效应评价

项目选取我国北方宁夏、吉林及新疆三大典型滴灌示范区，分别开展滴灌节水技术应用对土壤环境质量包括土壤碳、氮含量，以及速效磷、速效钾养分和土壤重金属含量的影响效应研究。研究结果总体上呈现以下规律。

1）滴灌过程中土壤碳积累受到滴灌水量、作物种类及土层深度的影响。总体而言，与漫灌相比，低水量的滴灌方式有利于西北灌区土壤微生物量碳（MBC）和总有机碳（TOC）含量的积累，不利于土壤可溶性有机碳（DOC）的积累。灌水量减少引起土壤有机碳和微生物量碳积累增加的规律也可能因不同的土层有所差异。华北地区，滴灌增加土壤碳的积累情况与所种植的作物种类及土层的深度有一定的关系。总体而言，与漫灌相比，滴灌不利于玉米地 0～20cm 土层碳（DOC、MBC 和 TOC）的积累，也不利于小麦地 0～10cm 土层碳（DOC、MBC 和 TOC）的积累，但是有利于小麦地 10～20cm 土层碳（DOC、MBC 和 TOC）的积累。

2）滴灌过程中土壤硝态氮和铵态氮含量受到滴灌水量和滴灌空间位置（如膜间和膜下；管间和管下）的影响。其中，在宁夏膜下滴灌试验区，除了膜间位置 10～20cm 土层硝态氮含量明显低于漫灌处理外，其他空间位置土层滴灌处理的土壤硝态氮含量均高于漫灌处理。在吉林示范大田中，滴灌示范区土壤硝态氮含量低于漫灌，而铵态氮含量则高于漫灌。在新疆乌兰乌苏滴灌试验区，土壤硝态氮和铵态氮含量规律较为复杂，其中，0～10cm 土壤硝态氮含量表现为管间处理大于管下处理。在管下处理又以低水量滴灌处理土壤硝态氮含量最高，在管间处理则以高水量滴灌处理土壤硝态氮含量最高；10～20cm 管间和管下处理土壤硝态氮含量均以最高灌水量的滴灌处理为最高。土壤铵态氮含量在管下处理中以最高灌水量处理的含量最高，在管间处理 0～10cm 土壤以中等灌水量处理的含量最高，在管间处理 10～20cm 土壤则以高灌水处理为最高。

3）滴灌过程中土壤速效钾的含量受到滴灌水量及土层深度的影响。在宁夏示范区，对于 0～10cm 土壤而言，低水量的滴灌方式利于增加土壤速效钾含量。对于 10～20cm 土壤而言，适中水量的滴灌方式下速效钾含量最高。各灌区速效磷含量的变化规律则较为复杂，不同灌溉方式下不同空间位置规律不一致。

4）不同性质的水溶液对滴灌所使用的管材和覆膜析出重金属的含量有影响。醋酸溶液使管材与覆膜析出重金属的含量最高，普通的水肥溶液会在一定程度上抑制管材与覆膜析出重金属，该条件下通过塑料管材和覆膜途径带入的重金属量非常低。

5）各试验区所采集的管材和覆膜等塑料样品与玉米籽粒均可检测出 PAEs 类增塑剂。总体来看，管材中的 PAEs 类物质含量要高于覆膜。玉米籽粒中检测出两种 PAEs 类增塑剂，但是与塑料制品中的 PAEs 含量相比较低。

6）在滴灌过程中，不同的水肥处理设置对土壤 Cr 与 Cu 的影响比较稳定，而对 Cd 与 Zn 的影响波动较大。滴灌条件下，重金属对土壤的污染程度与灌溉过程中施肥量有一定关联。在各大试验区所采集的土壤样品，经测定，重金属含量均在国家Ⅱ类标准范围内，未发现严重重金属污染情况，这表明滴灌节水技术相对于传统漫灌，并不会造成额外的土壤重金属污染，可以认为是一种安全的灌溉方式。

7）灌溉方式对作物重金属影响的评估结果表明，滴灌对小麦 Cd、Cr、Cu 的影响均低于漫灌一个等级，较漫灌更加安全。滴灌对玉米重金属的影响与漫灌相当，无明显差异，均处在安全生产等级。

8）节水灌溉下由于水量较少，作物的重金属由根部向籽粒的传输过程要弱于漫灌，重金属主要集中在作物的根、茎部分，较少在叶和籽粒富集。此外，滴灌引起增产也是稀释籽粒重金属元素浓度的一个因素。对宁夏、吉林两个试点进行不同灌水水平的水肥耦合试验显示，两个试点的作物均表现为中水平滴灌方式下重金属含量最低。

9）滴灌是水分的点源渗透模式，水分在横向与纵向两个维度进行运移，湿润峰交汇区的滴灌小麦处于较高的水肥、重金属环境内，因此，这可能使得滴灌小麦根部重金属含量随着其距离毛管的距离增大而增加，同时在靠近滴灌管一端的小麦籽粒重金属含量要低于靠近相邻两管中央的小麦。

10）滴灌技术的采用对温室气体排放及土壤碳/氮元素固定的影响在不同区域是有所差异的。西北典型灌区，滴灌技术的采用减少了小麦生长季土壤CO_2的排放量。华北平原地区，滴灌技术的采用则在一定程度上增加了土壤CO_2的排放量，但是与漫灌相比增加的幅度未达到显著差异水平。西北典型灌区，滴灌技术在春小麦乳熟期之前减少了土壤N_2O的排放量，但是在整个春小麦生长季，滴灌技术在一定程度上增加了土壤N_2O的排放量。华北平原地区，小麦和玉米生长季，滴灌技术采用后土壤N_2O的排放量与传统漫灌方式相比，两者并无显著差异。西北典型灌区，滴灌技术的采用利于土壤CO_2和N_2O综合增温潜势的减少。华北平原地区，滴灌技术的采用却在一定程度上增加了土壤CO_2和N_2O的综合增温潜势。

由以上结论可知，滴灌技术使用后对灌区土壤环境质量、作物重金属安全及温室气体排放均产生了相应的影响，但是不同区域采用滴灌技术后其对环境所产生的影响效应及规律也不尽相同，而产生差异的主要原因是不同区域作物、土壤水分、温度条件不同，以及滴灌过程中采用的灌水量和肥料配比不同。充分考虑以上这些因素，利于根据不同区域制定适宜的农田温室气体减排及固碳增汇滴灌措施，这将为滴灌在我国北方地区广泛推广提供重要的理论和实践依据。

第六节　发展前景展望

农业部提出，到 2020 年，我国农业要实现控制农业用水总量，减少化肥、农药使用量，化肥、农药用量实现零增长。而我国仍然将面临以占世界 7%的耕地养活占世界 22%人口的问题，发展滴灌和水肥一体化是解决控水减肥与粮食需求增长之间矛盾的根本途径，对于提高肥料利用率、减轻对环境的压力，以及保障粮食安全、保护生态环境具有极其重要的意义。

一、现代农业发展需求

现代农业的基本特征是用现代科学技术和生产手段装备农业，以先进的科学方法组织和管理农业。滴灌技术是集装备和技术于一体的先进灌溉技术，是实现农业设施化、规范化、自动化的有效途径，它能使种植业最基本的两项农事活动（灌溉、施肥）实现精准化，能大大地提高农业资源产出率和劳动生产率。

二、社会发展需求

水是万物之源，是农业的命脉，涉及我国粮食安全、食品安全、生态安全和可持续、和谐发展的基本国策。实践证明：滴灌技术节水 50%以上，大幅度节省了农业用水；单位面积粮食作物增产 20%以上，水产比提高 80%以上；单位耕地的播种面积增加

5%～7%；单位面积等产量的农药化肥使用量减少30%以上，有效降低了农田和食品的污染源。

三、技术适应性广

滴灌技术是一种广普的节水技术，干旱半干旱、季节性或突发性缺水地区的洼地、坡地、山地等都适宜使用，适宜使用滴灌的作物种类也很广泛。据不完全统计：我国目前适宜使用滴灌的经济作物有油料、棉花、麻类、糖料、烟草、药材、蔬菜、瓜果等，面积约5066.67万hm^2；灌区小麦、玉米等粮食作物播种面积约4000万hm^2；果园面积约920万hm^2，且大部分分布在坡地和丘陵山区，缺少水源工程设施；设施温室、大棚面积约166.67万hm^2；治沙造林（仅经济林）约366.67万hm^2。以上合计1亿hm^2，可见滴灌技术的应用前景广泛。

参 考 文 献

[1] 尹飞虎, 何帅, 高志建, 等. 我国滴灌技术的研究与应用进展. 新疆绿洲农业科学工程, 2015, 1(1): 13-17.
[2] 尹飞虎. 滴灌随水施肥技术理论与实践. 北京: 中国科学技术出版社, 2013: 3-19.
[3] 张福锁, 王激清, 张卫峰, 等. 中国主要粮食作物肥料利用率现状与提高途径. 土壤学报, 2008, 4(5): 915-924.
[4] 蒋和平, 辛岭. 北方干旱对我国粮食生产的影响与抗旱对策. 中国发展观察, 2009, (3): 28-30.
[5] 尹飞虎, 刘辉. 现代农业滴灌节水实用技术. 北京: 金盾出版社, 2014: 2-19.

第二章 大田作物滴灌技术关键设备与配套产品

第一节 滴灌系统设备与产品

一、国内外滴灌系统设备发展现状

（一）滴灌技术在国外的发展历程

滴灌的发展已经有很久的历史了，1860 年德国就开始用排水瓦管进行地下灌溉试验，1920 年美国加利福尼亚州的 Charles Lee 申请了一个多孔灌溉瓦管的技术专利，其特点是只润湿瓦管周围的部分土壤，大家认为这是滴灌技术的雏形，也是世界上最早的滴灌技术。

20 世纪 80 年代，由于各行业科学技术突飞猛进，各方面设备和材料费用大大降低，系统可多年持续运行，滴灌技术再一次引起了大家的重视和关注，并且发展迅速；90 年代至今，人们对滴灌技术的研究主要集中在滴灌带的抗堵塞、灌水的均匀性问题及滴灌设备的深入研究，以及滴灌毛管深度与间距的布设等方面。

以色列、美国、西班牙、意大利、澳大利亚、韩国等国家的研究水平一直处于世界前列。如今，世界上 80 多个国家使用以色列的滴灌技术已经发展到了第六代，其中有完全由计算机操纵的滴灌技术，根据土壤的吸水能力、作物种类、作物生长阶段和气候条件等，可以定时定量定位地把混合了肥料、农药的水滴渗到植株的根部，以最少量的水培育出最多最好的果蔬植物。近年来，美国的微灌面积发展很快，到 2010 年已发展到 1.53×10^6hm^2，是世界上发展微灌最快的国家之一。2003～2008 年，地表滴灌面积从 37 733hm^2 增长到 43 267hm^2，增长率为 14.7%，主要种植经济价值较高的经济作物，如传统水果、坚果和蔬菜[1-2]。

（二）国内滴灌设备发展现状

我国滴灌设备经历了引进、消化吸收、研发的过程，目前滴灌技术标准体系日趋完善，制定了与滴灌技术相关的行业标准、国家标准 22 部，涉及工程技术、管理、产品等滴灌系统的各组成部分，还有些省（自治区、直辖市）根据自身发展条件和发展目标制定了地方标准。对滴灌灌溉制度和滴灌条件下的水、肥运移规律及运移模型，以及滴灌管网水力学和系统优化理论等展开了大量研究，取得了一些可指导滴灌技术实际应用的成果，开展了滴灌灌水器、过滤器等关键产品机理性的研究，打破了过去一贯以仿照或模仿为主要手段的微灌产品生产路线，开始注重原创性产品的研究与开发，基本可满足林果、温室大棚、大田、道路绿化、荒山绿化和园林草坪的需求，质量也得到了较大幅度的提高[3-5]。

截至 2013 年年底，全国有效灌溉面积达 6347 万 hm^2，其中节水灌溉工程面积 2711 万 hm^2，约占有效灌溉面积的 43%。高效节水灌溉面积 1427 万 hm^2，约占有效灌溉面积的22%，其中低压管道输水740万hm^2、喷灌300万hm^2、微灌387万hm^2。“十二五”期间，我国净增高效节水灌溉面积600多万公顷，形成年节水能力150亿m^3，农田灌溉水利用系数由2010年的0.50提高到2015年的0.53。节水灌溉已成为农业稳产增效的根本之策。目前，全国生产节水灌溉设备和材料的厂家已有2000多家，形成了年生产200多万公顷节水灌溉设备和材料的供应规模，推动了我国节水技术和设备的快速发展。

（三）存在的问题

我国微灌技术虽有较大的发展，但仍存在一定的问题，而且与发达国家还有很大距离，主要包括以下几点：①微灌设备种类少，性能差，生产工艺水平还比较落后，材质不耐老化。②微灌系统抗堵塞研究不够深入，过滤设备等水净化装置种类少，造成了微灌系统的报废；田间配水系统不配套，部分田间仍沿用传统沟渠；低压管灌系统的管件、量水装置、连接部件等标准化、系列化生产有待加强。

注重高效、多功能、低能耗、环保、智能化是微灌技术与产品发展的新趋势。加强基础理论研究，加大新技术、新材料、新工艺在微灌领域的研究与应用力度，缩短新产品的开发周期，改进和完善产品的性能，提高设备与技术的可靠性、配套性和先进性，使微灌产品和设备日趋标准化、系列化与通用化，是今后微灌技术与产品研究及开发的目标。

随着能源危机的加剧，国家将节约能源提升到战略高度。开发高效、多功能、低压微灌技术与产品，降低能源消耗，提高微灌技术与设备的利用率将是微灌技术与产品研发的一个重要趋势。微灌灌水器设计理论研究滞后，国内微灌灌水器结构、水力性能、抗堵塞性能等与国外产品均有一定差距，成为阻碍与国外产品竞争的主要因素。微灌系统的过滤器、注肥装置、控制调节装置、自动控制设备等配套设备存在技术水准较低、系列化程度差等问题。因此，提高国内微灌系统理论与技术水平，增强设备可靠性、系统配套水平和专用零部件配套能力，从基础理论、应用技术、动力设备、提水与输水设备到施水、施肥设备等全面考虑，进行合理配套，促使微灌技术健康稳步发展，以取得最佳综合效益，是今后微灌技术与设备的发展趋势。

因此本课题在灌水器的节能降耗、抗堵塞性能、产品质量、过滤装置的高效低能耗等方面展开了研究，并根据新产品进行了田间推广实验工作。

二、滴灌系统设备分类和介绍

（一）滴灌系统

滴灌系统一般由水源工程、首部装置、输配水管网、灌水器及控制、量测和保护装置等组成（图2-1）。

1）水源工程。滴灌水源一般包括河流、湖泊、水库、塘堰、沟渠、井、水窑（窖）等。为了利用上述各种水源进行滴灌，所修建的堤、引、沉淀池、蓄水工程和输配电工程均为水源工程。

2）首部装置。滴灌系统的首部装置包括动力机、水泵、施肥（药）装置、过滤设施、安全保护及量测控制设备。其作用是从水源取水加压并注入肥料（农药），经过滤后按时按量输送进管网，担负着整个系统的驱动、量测和调控任务，是全系统的控制调配中心。

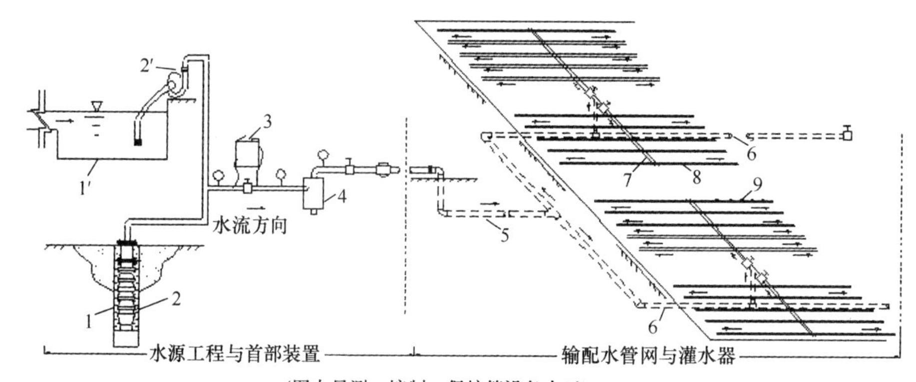

图 2-1　滴灌系统示意图

1. 地下水（1′. 地表水）；2. 潜水泵（2′. 离心泵）；3. 施肥罐；4. 过滤器；5. 主干管；6. 分干管；7. 支（辅）管；8. 毛管；9. 灌水器

3）输配水管网。输配水管网的作用是将首部装置处理过的有压水流按照要求输送分配到每个灌水单元和灌水器，沿水流方向依次为干管、支管、毛管及所需的连接管件和控制、调节设备。毛管是滴灌系统最末一级管道，直接为灌水器提供水量。支管是向毛管供水的管道，在这一环节中，有时仅布设支管，有时增设多条与支管平行的辅助支管（简称辅管），每条辅管上布设多条（对）毛管。此时，支管通过辅管向毛管供水，干管是将首部装置与各支管连接起来的管道，起输水作用。由于滴灌系统的大小及管网布设不同，组成管网的级数也有所不同。

4）灌水器。滴灌灌水器简称滴头。压力水流由毛管进入滴头，经过滴头的减压，以稳定、均匀的低流量施入土壤，逐渐润湿作物根层。一个滴灌系统的好坏，最终取决于滴头施水性能的优劣。因此，通常称滴灌灌水器——滴头为滴灌系统的心脏。

5）控制、量测和保护装置。控制、量测设备包括水表和压力表，以及各种手动、机械操作或电动操作的闸阀，如水力自动控制阀、流量调节器等，为了保证滴灌系统的正常运行，必须根据需要，在系统中的某些部位安装阀门、流量计、压力表、流量和压力调节器、安全阀、进排气阀等。

（二）过滤器

过滤装置是滴灌系统正常运行的关键设备之一，以色列、美国、西班牙等国家砂石过滤器、离心过滤器和网式、叠片式过滤器品种规格较全，逐渐从手动、半自动演变成全自动反冲洗 3 种形式。通过技术措施和不同过滤装置的优化组合，延长过滤时间、缩短或取消反冲洗过程，可提高过滤效果，降低反冲洗能耗。目前，自动反冲洗与自清洗连续过滤控制技术比较成熟，拥有先进的全自动盘式清洗过滤系统、全自动自吸式网式过滤器及全自动过滤站等产品。降低过滤能耗、大流量过滤器和清洁能源的自动反冲洗过滤的发展将是新趋势，是适应滴灌系统大规模化、自动化的必然要求。

我国过滤设备的技术水平和质量基本上满足实际需求，主要有筛网过滤器、叠片式过滤器、旋流式水砂分离器和砂石过滤器几种类型，以满足不同水源条件下微灌用水要求。常用的过滤器按制造材料分为钢制过滤器和塑料过滤器两大类；按过滤器结构原理分为离心过滤器、砂石过滤器、滤网过滤器和叠片式过滤器；按过滤器控制方式分为自动控制过滤器和手动控制过滤器；按过滤器组合形式分为组合型过滤器和大型完整过滤站等。生产实践中，在选配过滤设备时，主要根据灌溉水源的类型、水中污物种类和杂质含量等，同时考虑所采用的灌水器的种类、型号及流道端面大小等来综合确定。

1）离心过滤器。离心过滤器又称水力旋流过滤器或旋流式水砂分离器或涡流式过滤器，常见的形式有圆柱形和圆锥形两种。结构简单是离心过滤器的一大特征，也是它能够得以迅速推广应用的重要原因之一。旋流式水砂分离器一般由进水口、出水口、旋涡室、分离室、储污罐和排污阀等部分组成。优点是能连续过滤高含砂量的灌溉水，其缺点是不能除去密度较水轻的有机质等杂物，水泵启动和停机时过滤效果下降，水头损失也较大。当滴灌水源中含砂量较大时，水砂分离器一般作为初级过滤器与筛网过滤器或叠片式过滤器配套使用。

2）砂石过滤器。砂石过滤器又称砂介质过滤器，采用一层或数层不同粒径的砂子和砾石作为过滤介质，有单罐和多罐之分。过滤原理是含有杂质的水由管道进入过滤器，由上而下通过介质层渗漏流过，杂质被砂床及滤头阻挡，清水由下部流出，即完成过滤。滴灌系统一般以石英砂或花岗岩碎砂为过滤介质，砂石过滤器大部分是立式的，通常至少要使用两个砂石过滤罐。

3）筛网过滤器。筛网过滤器结构简单，一般由承压外壳和缠有滤网的内芯构成。外壳和内芯等部件要求用耐压耐腐蚀的金属或塑料制造，如果用一般金属制造，一定要进行防腐防锈处理。滤网用尼龙丝、不锈钢或含磷紫铜（可抑制藻类生长）制作，但滴灌系统的主过滤器应当用不锈钢制作。此外，结构上必须装卸简单、冲洗容易、密封性良好。

筛网孔径大小（即网目数）应根据灌水器流道尺寸而定。一般要求所选用过滤器的滤网孔径为所使用灌水器流道最小孔径的1/10～1/7。

4）叠片式过滤器。叠片式过滤器是新发展起来的一种过滤器，其过滤介质由很多个可压紧和松开的带有微细流道的环状塑料片组成。压紧环状塑料片使其复合内截面提供了类似于在砂石过滤器介质中产生的三维的、彻底的过滤。冲洗时需要打开回流阀，松开环状塑料片即可。环状塑料片实际上是不会损坏的，叠片式过滤器可提供高水平的过滤，且无杂质泄漏进入灌溉管网的危险，过滤精度远高于筛网过滤器，因此有很高的效率。

（三）地下输水管道及其配套管件

针对一般滴灌工程大多采用塑料管的特点，结合管网等级分类，重点介绍塑料管道。对仅限于大型滴灌工程中引、输水主管道所采用的其他材质的管道，不做介绍。

用于滴灌系统的塑料管道主要有两种：聚乙烯管、聚氯乙烯管。塑料管道具有抗腐蚀、柔韧性较高、能适应土壤较小的局部沉陷、内壁光滑、输水摩阻糙率小、密度小、质量轻和运输安装方便等优点，是理想的滴灌用管道。管道规格多种多样，国外已生产出内径为300mm以上的大口径塑料管，我国已生产出内径为200mm的较大口径聚氯乙烯管，其供工农业生产使用。用于滴灌系统的塑料管内径规格一般在100mm以下。塑料管的缺点是易老化，这是由阳光照射引起的。由于滴灌管网系统大部分埋入地下一定深度，老化问题已得到较大程度的克服，因而延长了使用寿命，埋入地下的塑料管使用寿命一般达 20 年以上。

1）聚乙烯管（PE）。聚乙烯管有高压低密度聚乙烯管，为半软管，管壁较厚，对地形适应性强，是目前国内滴灌系统使用的主要管道；低压高密度聚乙烯管为硬管，管壁较薄，对地形适应性不如高压聚乙烯管。

滴灌用高压聚乙烯管是由高压低密度聚乙烯树脂与稳定剂、润滑剂和一定比例的碳黑配合后经制管机挤出成型，其密度为 0.92～0.94。它具有很高的抗冲击能力，质量轻，韧性较好，耐低温性能强（–70℃），抗老化性能比聚氯乙烯管好。但不耐磨，耐高温性能差（软化点为 92℃），抗张强度较低。

为了防止光线透过管壁进入管内，引起藻类等微生物在管道内繁殖，增强抗老化性能和保证管道质量，要求聚乙烯管为黑色，外观光滑平整，无气泡、裂口、沟纹、凹陷和杂质等。

2）聚氯乙烯管（PVC）。聚氯乙烯管是用聚氯乙烯树脂与稳定剂、润滑剂配合后经制管机挤出成型，它具有良好的抗冲击和承压能力，刚性好。但耐高温性能较差，在 50℃以上时即会发生软化变形。因属于硬质管道，韧性强，对地形适应性不如半软性高压聚乙烯管，滴灌用聚氯乙烯管一般为灰色。为保证使用质量要求，管道内外壁均应光滑平整，无气泡、裂口、波纹及凹陷，对管内径 D 为 40～200mm 管道的扰曲度不得超过 1%，不允许呈 S 形。

（四）地面滴灌（管）带及其配套管件

滴灌灌水器是滴灌系统的核心产品，其好坏影响灌水质量和作物生长情况。灌水器主要经历了孔口式、涡流式、微管长流道式、透水毛管、螺纹长流道式到迷宫流道式及压力补偿灌水器等发展过程，形式越来越多，技术越来越先进，也越来越适合大田各种作物应用。按照滴灌灌水器与毛管的连接方式，大体上可分为两类：一是一体化滴管（带）类，即滴头和滴灌管结合为一体，安装使用非常方便。一体化滴灌管（带）主要有内镶柱式、内镶片式、内镶条式、侧翼迷宫式、压力补偿式和防滴压力补偿式等系列。二是滴头类，滴头类产品种类也很多，有管上式滴头、可拆卸滴头和压力补偿式滴头。为了增强低压滴灌及地下滴灌的灌水均匀性与抗堵塞能力，又开发出了先进的宽流道、双入口、抗根系入侵与缠绕及防负压吸泥等多种滴灌灌水器。发达国家的节水灌溉控制器、电磁阀等自动控制产品较为成熟，滴灌自动控制系统产品完整配套。

自 1974 年由墨西哥政府赠送我国三套滴灌设备开始引进滴灌技术以来，大体经历了以下三个阶段。

第一阶段（1974～1980 年）：引进滴灌设备、消化吸收、设备研制、应用试验与试点阶段。1980 年研制生产了我国第一代成套滴灌设备，从此我国有了自行设计生产的滴灌设备产品。

第二阶段（1981～1986 年）：设备产品改进和应用试验研究与扩大试点推广阶段。由滴灌设备产品改进配套扩展到微喷灌设备产品的开发，微灌设备研制与生产厂由一家发展到多家，微灌试验研究取得了丰硕成果，从应用试点发展到较大面积推广应用。

第三阶段（1987 年至今）：直接引进国外的先进工艺技术，高起点开发研制微灌设备产品。国家把微灌作为攻关项目并正式立项，加大了开发研制投资力度，制定了微灌产品和微灌工程技术规范行业标准，使微灌工程建设与运行管理逐步走向规范，我国的微灌技术已趋于成熟。

1）管上补偿式滴头。安装在毛管上并具有压力补充功能的灌水器。它的优点是安装灵活，能自动调节出水量和自清洗，出水均匀性高，但制造复杂，价格较高（图 2-2）。

图 2-2　管上补偿式滴头

2）内镶式滴灌管。滴头与毛管制造成一个整体，兼具配水和滴水功能的管称为滴灌管。在毛管制造过程中，将预先制造好的滴头镶嵌在毛管内的滴灌管称为内镶式滴灌管。滴灌管有压力补偿式和非压力补偿式之分（图 2-3）。

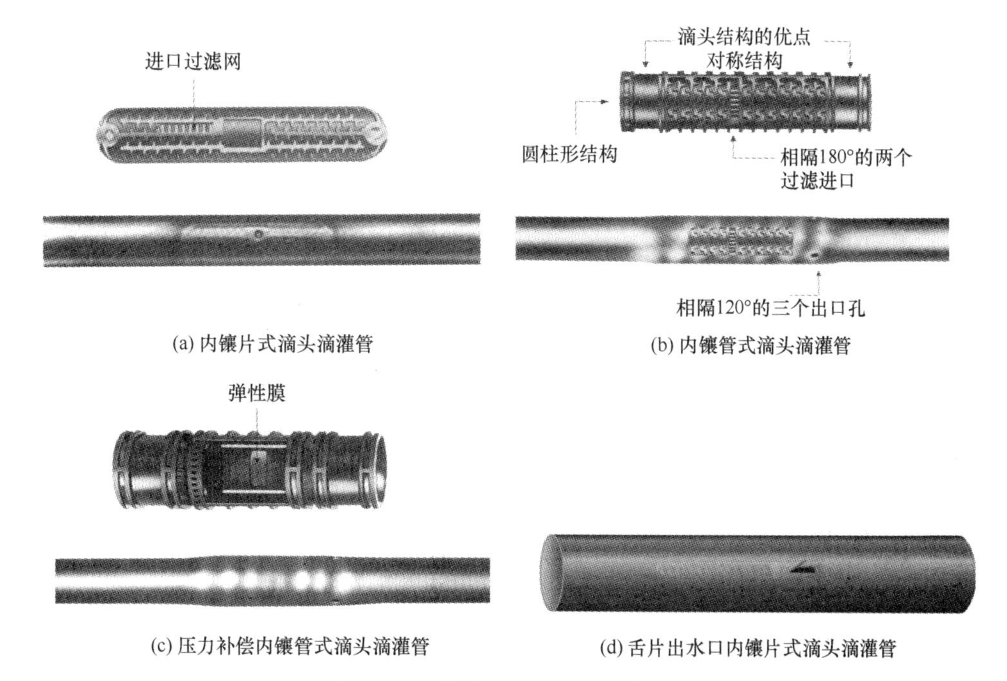

(a) 内镶片式滴头滴灌管　(b) 内镶管式滴头滴灌管

(c) 压力补偿内镶管式滴头滴灌管　(d) 舌片出水口内镶片式滴头滴灌管

图 2-3　不同形式的内镶式滴灌管

3）薄壁滴灌带。目前国内外大量使用、性能较好的薄壁滴灌带有多种，如边缝式滴灌带、中缝式滴灌带、内镶贴片式滴灌带等。滴灌管和滴灌带的主要区别是管壁厚度的不同，壁厚成管状者为滴灌管；壁薄成带状者为滴灌带。滴灌带也有专门用于地下滴灌系统的，也有压力补偿式和非压力补偿式之分（图 2-4）。

4）连接件。连接件是连接管道的部件，又称管件。管道种类及连接方式不同，连接件也不同。例如，铸铁管和钢管可以焊接、螺纹连接和法兰连接；铸铁管可以用承插方式连接；钢筋混凝土管和石棉水泥管可以用承插方式、套管方式及浇注方式连接；塑

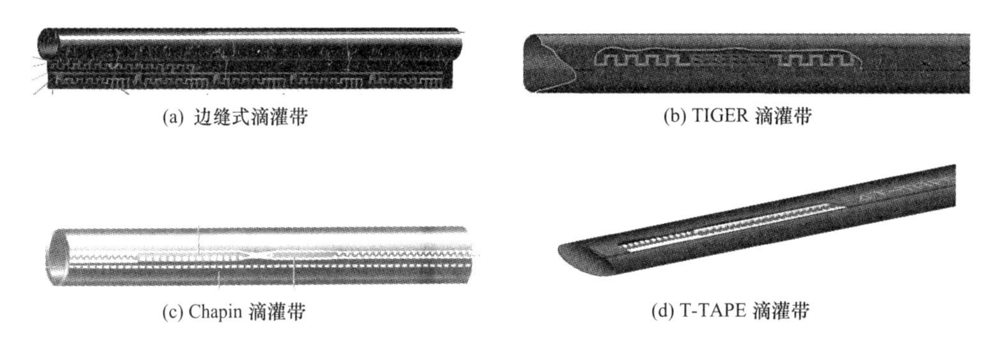

(a) 边缝式滴灌带　(b) TIGER 滴灌带

(c) Chapin 滴灌带　(d) T-TAPE 滴灌带

图 2-4　各种形式的滴灌带

料管可用焊接、螺纹、套管粘接或承插等方式连接；铸铁管、钢管、钢筋混泥管、石棉水泥管等 4 种管道的连接方式与普通压力输水管道相同，此处不再赘述。现在就滴灌用塑料管道的连接方式和连接件分述如下。

接头：作用是连接管道，根据两个被连接管道的管径情况，分为同（等）径和变（异）径接头两种。塑料接头与管道的连接方式主要有套管粘接、螺纹连接和内承插式三种。

三通与四通：主要用于管道分叉时的连接，与接头一样，三通有等径三通和变径三通之分，根据被连接管道的交角情况又可以分为直角三通与斜角三通两种，三通的连接方式、分类和接头相同。

弯头：在管道转弯和地形坡度变化较大之处需要使用弯头来连接管道，弯头有 90°和 45°两种，可满足整个管道系统安装的要求。

堵头：是用来封闭管道末端的管件。毛管在缺少堵头时可以直接把毛管末端折转后扎牢。

旁通：用于毛管与支管的连接，目前毛管和支管的连接有多种不同方式，种类较多，应结合所采用毛管和支管合理选配。大中型固定式滴灌系统多为地埋聚氯乙烯支管，建议采用带橡胶密封圈的直插式旁通，安装引管到地面后与滴灌管或滴灌带连接。若为滴灌带，建议采用螺纹压紧式接头与其相连接。国内一般情况下较多采用与聚乙烯管连接的旁通。

目前国产塑料管道主要有 3 种连接方式：预热承插（聚氯乙烯管）、螺纹连接、套管粘接。对于半软性聚乙烯管，直径 80mm 以下者目前均使用带倒刺的管件结构，采用内承插连接方式；直径 100mm 者采用铸铁法兰与塑料管连接。而对于硬质聚乙烯管，则主要采用螺纹连接方式。

三、滴灌系统选型与配套

滴灌工程是一个复杂的系统工程。滴灌工程必须坚持经济效益、社会效益和环境效应综合考虑，并坚持环境效应优先的原则，特别是生态脆弱的干旱地区，保护环境尤为重要。经济效益主要体现在节水、节能、省工、省地、增产和增效等方面，这些通过合理地进行滴灌系统选型和配套是可以实现的，若系统配套不正确，结果是恰恰相反的，还增加了投入成本；社会效益主要体现在解决我国缺水问题，缓解农业、工业、生活和生态用水矛盾，这也是国家大力倡导滴灌技术的原因所在；环境效应体现在保护水资源、控制地下水位下降、防止超采地下水、降低灌溉定额和防止化肥农药污染地下水源等，在一些地区这些环境问题已经刻不容缓地需要解决了。

滴灌工程是一种涉及面广的涉农工程。要坚持灌溉与栽培技术的协调统一原则，充分发挥滴灌技术带来的最大效益化。不同地区的自然条件不同、经济条件不一，作物种类繁多、栽培条件不同，管理模式不同，这就需要我们紧密结合实际因地制宜地选择合适的滴灌系统和设备，坚持合理性、经济性原则，达到增产增效的目的。

（一）不同水源首部装置的选择

滴灌系统一般由水源工程、首部装置、输配水管网、灌水器及控制、量测和保护装置组成。首部装置包括水泵、施肥（药）装置、过滤装置及保护措施等。其作用是从水源取水加压（自压水源除外）并注入肥料（农药），经净化处理后按时按量输送进管网、灌水器，是全系统的控制调配中心。

（1）滴灌系统首部装置的选择。地表水为水源时，滴灌系统首部装置位置的选择将直接影响到水源工程的布置形式和投资。井水作为水源时，井位尽可能选择在灌区的中心。这样田间管网系统布置简便，主干管、分干管等主要管道长度短，节省投资，也便于管理。当规划井点在灌区周边时，则尽可能地选择在地形的高处，并且靠近连通灌区内外的交通道路、电力系统和通信设施，以便泵站的建设和运行管理。规模较大的首部装置，除应按有关标准合理布设泵房、闸门及附属建筑物外，还应布设管理人员专用的工作、生活用房和其他设施，并与周围环境相协调。

（2）水泵的选择。水泵是多数灌溉系统中不可缺少的一部分，起到提水、加压作用。滴灌常用的水泵主要有潜水泵、离心泵等。水泵选择是否合理，不仅影响到灌溉系统能否按设计要求实现正常运行，还影响到今后长期运行期间费用的高低。因此，水泵的选择显得尤为重要。水泵选择的主要内容是确定水泵的类型、型号和台数等。井水一般用潜水泵，井水选择滴灌系统所需要的水泵型号应根据滴灌系统的设计流量和系统扬程确定。在长期运行过程中，水泵工作的平均效率要高，而且经常在最高效率点的右侧运行为最好，便于运行和管理。根据确定的系统扬程，查阅水泵生产厂家的水泵技术参数表，选出合适的水泵及配套动力。一般水源设计水位或最低水位与水泵安装高度（泵轴）间的高度差超过 8.0m 以上时，宜选用潜水泵。反之，则可选择离心泵[6-7]。水泵的选择可以参考顾烈烽的《滴灌工程规划设计图集》一书。

（3）过滤装置的选择。过滤在滴灌系统中是非常重要的一部分。灌溉用水堵塞滴头，造成漏水、缺水现象，影响灌溉质量效果，过滤装置对于滴灌系统运行及长期性是极其重要的。过滤器一般安装在施肥设施后面。

沉淀池的主要目的是去除水中大量的泥沙，是给水工程常用的设施。渠水中含有两类容易堵塞灌水器的杂质：一类是藻类、水生物和漂浮物；另一类是悬浮泥沙。当水中泥沙含量大于过滤器的处理能力时，筛网过滤器和介质过滤器将因频繁地冲洗而不能正常工作，需要用沉淀池对灌溉水进行初级沉淀处理。

应根据水源水质和滴头抗堵塞能力选择过滤设备型号，由于流道设计上的差异，各种灌水器对水质的要求不同。几种常用滴灌带对水源的物理过滤精度要求为单翼迷宫式滴灌带≥120 目，内镶式滴头≥200 目，压力补偿式滴头（锥形阀芯）≥180 目。

不同的水质处理方式也不同，一般而言，井水较清澈，用一级筛网过滤器即可，若井水中有砂存在，可加一级离心过滤器。含有水藻、鱼卵、漂浮物的地表水，一般选用砂石过滤器+筛网过滤器的两级过滤方式[8]。

若已知灌溉水中各种污物的含量，则可根据以下条件选配过滤设备。

1）当灌溉水中无机物含量小于10ppm①或粒径小于80μm时，宜选用砂石过滤器或筛网过滤器。

2）当灌溉水中无机物含量在10～100ppm，或粒径在80～500μm时，宜先选用离心过滤器或筛网过滤器作初级处理，然后选用砂石过滤器。

3）当灌溉水中无机物含量大于100ppm或粒径大于500μm时，应使用沉淀池（见沉淀池设计）或离心过滤器作初级处理，然后选用筛网过滤器或砂石过滤器。

4）当灌溉水中有机污物含量小于10ppm时，可用砂石过滤器或筛网过滤器。

5）当灌溉水中有机污物含量大于100ppm时，应选用初级拦污筛作初级处理，再选用筛网过滤器或砂石过滤器。

砂石过滤器通过均质颗粒层进行过滤，水由进水口进入过滤器罐体内，通过过滤砂床介质层，杂质被隔离在介质层上部，过滤后的净水经过滤器下部的出水管流入滤网过滤器。在所有过滤器中，以砂石过滤器处理水中有机杂质和无机杂质最为有效，这种过滤器滤出和存留杂质的能力很强，并可不间断供水。只要水中有机物含量超过10mg/L时，无论无机物含量多少，均应选用砂石过滤器。砂石过滤器系统通常为多罐联合运行，以便用一组罐中过滤后的水来反冲其他罐中的杂质，通过流量越大，需要并联运行的罐也越多。

网式过滤器是用筛网作为过滤的一种过滤器，主要用于过滤灌溉水中的粉粒、砂和水垢等污物。水由进水口进入罐体内，通过塑料或不锈钢滤网表面，将大于滤网网孔径的污物截留在滤网外表面，过滤后的净水从出水口流出，完成水的过滤过程。

立式自清洗过滤器，在水泵的作用下，灌溉水从进水口进入罐体，由筛管内侧透过其间隙进入筛管外侧。水中一些粒径大于筛管空隙的固体颗粒物被阻隔在筛管内壁上。当泥沙积累到一定程度时，进出水口压差增大，到达预设定压差时，压差控制器发出开关信号，电动排污阀打开，由传动机构带动吸污装置旋转，从外向里的水流通过吸污盘依次对筛管进行内腔冲洗，将滤筒内杂质除去，脏水从排污口排出。随着污物的清除，滤前滤后的压力差逐渐降低，当降到设定压差下限时，压差控制器再次发出信号，电动排污阀和主旋转电机关闭，排污过程结束。

（4）施肥罐的选择。将肥料溶解到水中，通过滴灌系统同时进行灌溉与施肥，适时、适量地满足农作物对水分和养分的需求，提高了肥料的利用效率，这项技术被称为水肥一体化技术，加快了滴灌技术的推广应用。滴灌系统中向压力管道注入可溶性肥料溶液的设备和装置称为施肥装置。一般施肥罐有压差式施肥罐、文丘里施肥器、注肥泵和自动施肥机等类型。一般压差式施肥罐就可以满足大田作物的生产需求，文丘里施肥器在设施农业使用较多。根据滴灌系统灌水小区面积大小对肥料的需求，施肥罐型号分为13L、25L、100L、150L不等。根据各轮灌区具体面积或作物株数（如果树）计算好当次施肥的数量，选择合适的施肥罐大小[9]。

---

① $1ppm=1\times10^{-6}$

（二）不同土质灌水器的选择

滴灌灌水器又称毛管、滴灌带。压力水流由灌水器进入滴头，以水滴或细流的形式缓慢、均匀而定量地浸润作物根系密集区域的土壤，逐渐湿润作物根层。一个滴灌系统的好坏，最终取决于灌水器的选择和滴水效果的优劣。

土壤、水分与作物的生长有着密不可分的关系，不同土壤类型对作物、灌水器的选择是不同的，深入了解土壤、水与作物之间的关系，充分利用土壤中水的储存和运动规律，以最适宜的水分供应保证作物正常生长的需要。

在选择滴灌灌水器时，了解掌握土壤基本知识是非常重要的，主要参数包括土壤类别及容重、土层厚度、土壤 pH、田间持水量、饱和含水量、永久凋萎系数、渗透系数、土壤结构、含盐量（总盐与成分）、肥力、地下水埋深度和矿化度。

土壤质地是指在特定土壤或土层中不同大小类别的矿物质颗粒的相对比例。土壤结构是指土壤颗粒在形成组群或团聚体时的排列方式。土壤质地与土壤结构两者一起决定了土壤中水和空气的供给状况，是影响滴灌情况下土壤水分分布和湿润模式的最主要和基础因素，见表 2-1。

表 2-1　国际制土壤质地分类

土壤质地名称		各级土粒含量/%		
类别	名称	砂粒（2～0.02mm）	粉砂粒（0.02～0.002mm）	黏粒（<0.002mm）
砂土类	砂土及壤砂土	85～100	0～15	0～15
壤土类	砂壤土	55～85	0～45	0～15
	壤土	40～55	30～45	0～15
	粉砂壤土	0～55	45～100	0～15
黏壤土类	砂质黏壤土	55～85	0～30	15～25
	黏壤土	30～55	25～45	15～25
	粉砂质黏壤土	0～40	45～85	15～25
黏土类	砂质黏土	55～75	0～20	25～45
	粉砂质黏土	0～30	45～75	25～45
	壤质黏土	10～55	0～45	25～45
	黏土	0～55	0～55	45～65
	重黏土	0～55	0～35	65～100

注：摘自《土壤与水资源学基础》

在田间，土壤质地可以凭手指的感觉确定，见表 2-2。

表 2-2　指测法鉴定土壤质地

质地类型	在手掌中研磨时的感觉	用放大镜观察	干燥时状态	湿润时状态	揉捻时状态
砂土	砂粒感觉	几乎完全由砂粒组成	土粒分散不成团	流沙不成团	不能揉成细条
砂壤土	不均匀，主要是砂粒的感觉，也有细土粒的感觉	主要是砂粒，也有较细的土粒	用手指轻压能碎裂成块	无可塑性	揉成的细条易碎成小段或小瓣
壤土	感觉到砂质和黏质土粒	能见到砂粒	用手指难捏破干土块	可塑	能揉成完整的细条，在弯曲成圆环时裂开成小瓣

续表

质地类型	在手掌中研磨时的感觉	用放大镜观察	干燥时状态	湿润时状态	揉捻时状态
壤黏土	感到少量砂粒	主要有粉砂或黏粒，几乎没有砂粒	用手指不能压碎干土块	可塑性良好	易揉成细条，卷成圆环时有裂痕
黏土	很细的均质土，难粉成粉末		形成坚硬的土块，用锤击难使其粉碎	可塑性良好，呈黏糊体	易揉成细条，卷成圆环时不产生裂痕

注：引自《旱地农业节水技术》

滴灌是一种局部灌溉，灌溉时只湿润根区的部分土体，滴灌所湿润土壤体积与计划湿润层土壤总体积之比称为滴灌土壤湿润比。实际应用中，多以地下 15～30cm 处有效湿润面积占作物种植区面积的百分数表示。土壤水分纵方向、横方向的移动范围和湿润模式与土壤特性（土壤质地、结构、初始含水量等）、灌水器流量、灌水时间和灌水器的布置形式等因素有关。

如图 2-5 所示，由于土壤差异很大，湿润模式差别也很大。质地细的土壤，如黏土和黏壤土，由于具有强大的基质势，而重力势相对很小，其渗透模式具有普通灯泡的形状，而且横向湿润有时超过垂直渗透；均匀而疏松的土壤，具有较大的基质势，土壤水分的水平扩散与垂直下渗深度相近，湿润体呈半球形状；对于砂性很强的土壤，基质势比较小，重力势相对较大，湿润体变长，像一个菠萝；梨形模式则经常出现在有砂性表土和黏性底土的土壤上。一般情况下，在同一土壤中，灌水器流量越大，灌水时间越长，其土体湿润范围也越大；同一质地的土壤，土壤初始含水量越大，湿润范围也越大。土壤的湿润体积取决于所灌水量的多少，相对而言与灌水器流量无关。

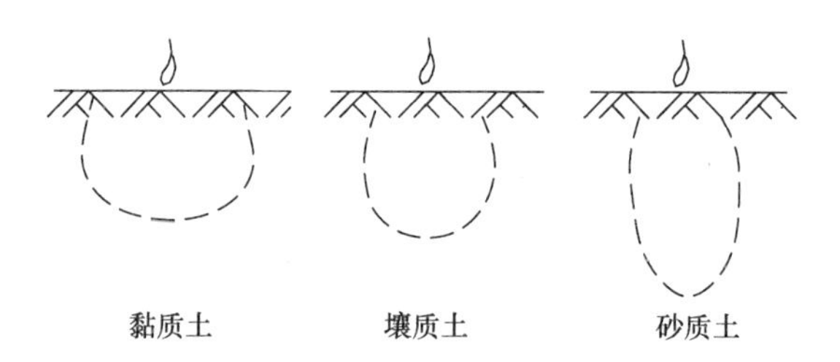

图 2-5　匀质土中滴头湿润土体形状

如图 2-6 所示，“线水源”（滴头间距较小的滴灌管或滴灌带——线源滴头）灌溉时，相当于多个“点水源”有规律地组合在一条直线上，各“点水源”湿润体相互搭接形成湿润带，其大小与形状还取决于出水口间距。

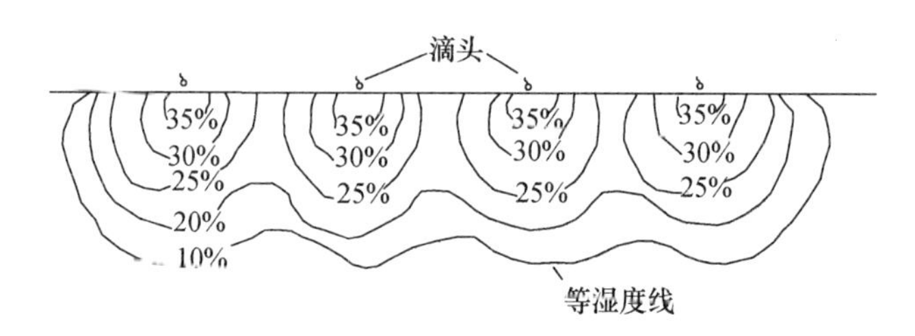

图 2-6　线源滴头土壤湿润模式

土壤质地对滴灌入渗的影响很大，对于砂土，宜选用较大流量的滴头，以增大水分的横向扩散范围。对于黏性土壤，宜选用流量小的滴头，一般灌水器流量在 1.0～1.5L/h，以免造成地面径流。滴头流量增大，可使湿润宽度增大，而滴水量的增加，不但使湿润宽度增加，而且深度也明显增加。但流量太大，易形成径流。对重壤土和中壤土，滴头流量不大于 3L/h，一般选择灌水器流量在 1.5～2.1L/h，砂土湿润宽度较小，在不产生深层渗漏与地表径流的情况下，地表湿润直径为 0.6m 左右，一般选择灌水器流量在 2.1～3.2L/h。

湿润比不仅受作物品种、栽培模式、土壤状况和当地气候条件等因素的影响，还影响系统的投资。湿润比过大，滴灌的许多优点得不到发挥，作物产量不会明显提高，但投资成本显著增加；湿润比过小，虽然投资成本降低，但影响作物的生长发育、降低作物产量。干旱区，在良好的灌溉管理条件下，果树滴灌土壤湿润比为 20%左右即可，一般情况下都应小于 33%；对于降雨较多的地区，灌溉只是一种补充，湿润比可以适当降低；GB/T 50485—2009《微灌工程技术规范》规定的果树滴灌土壤湿润比为 25%～40%。对于大田作物，采用滴灌管（带）形成一条湿润带，应适当改变作物的种植模式，在湿润带上种植两行或两行以上作物并减小株距，扩大湿润带之间的距离，以保证通风透光和方便田间作业；土壤湿润比根据土壤质地控制在 60%～90%。大田甜瓜、西瓜栽培有很宽的供瓜蔓匍匐的垄，一般土壤湿润比在 15%以下。不同土壤质地对土壤水分的湿润峰不同，水分在不同土壤中运动轨迹也不一样，如砂性土壤湿润体呈竖椭圆，黏性土壤中呈扁平状，这样不同的湿润体影响着滴灌带的布置间距，形成的湿润体形状也各有差异。为了降低系统投资，在可能的情况下应选择小流量滴头。

（三）不同作物灌水器的选择

不同作物对滴水的要求不同，相同作物不同种类的种植模式对灌水的要求也不同，要了解作物的种类、种植比例、株行距、种植方向、日最大耗水量、生长期、种植面积、原有的高产农业技术措施、产量及灌溉制度等参数，使之与滴灌技术相结合。

1. 作物需水量和灌溉用水量

作物需水量是指作物在正常生长情况下，供应植株蒸腾和棵间蒸发所需的水量，故也称为作物腾发量。不同的生育阶段作物的耗水情况差异很大，需要考虑作物的最大蒸腾量。灌溉用水量是指作物生育期间灌溉系统供给作物的总水量。如果灌溉是作物的唯一供水来源，灌溉用水量则至少要等于该作物的需水量。考虑到灌溉系统效率，通常情况下灌溉用水量应稍大于作物需水量。满足作物需水要求，特别是需水高峰期的需水要求是至关重要的。

2. 作物种植模式对灌水器选择的影响

1）作物种植模式。作物的不同种植模式对灌水的要求不同，形成的湿润峰不同，对灌水器的滴头流量要求也有所不同，如条播作物，要求带状湿润土壤，湿润比大；而对于果树及高大的林木，其株距、行距大，需要绕树湿润土壤。不同的株行距种植模式，对滴头流量、间距的要求也不同，如一年生大田作物（棉花、加工番茄、玉米等）及大面积栽培的露地蔬菜、甜西瓜，应选用一次性滴灌带；果树，一般采用滴头出水量合适、可多年使用的滴灌管；保护地栽培，宜选用专用小直径的滴灌管或滴灌带。

中等以上间距果树，视每棵树需要滴头的多少，灵活选用合适的滴头，在沿毛管铺设方向地形平坦、铺设长度短的情况下，拟选择非压力补偿式滴头；在沿毛管铺设方向地形复杂、铺设长度长的情况下，拟选择压力补偿式滴头[7]。

根据作物的种植模式，选择合适的滴灌带铺设间距。间距过大，会使远离滴灌带的作物、土壤湿润程度不够，造成作物减产，间距铺设过密，投入成本增加。在滴灌带铺设间距确定的情况下，再确定所选滴头流量，必须满足作物的湿润比要求。

2）一年生作物与一年生作物间作。一年生作物与一年生作物间作，如棉花与玉米间作、蔬菜和粮食间作、不同种类蔬菜间作、粮食和油料间作等。在滴灌带铺设间距确定的情况下，滴头流量选择要满足两种作物生育期过程中最大的需水量；两种作物的株行距不同，要求的灌水器铺设间距也不同，田间灌水器的布设方式也可能不同。

3）轮作倒茬。我国地域辽阔，有的地方一年三熟，有的地方一年两熟，存在轮作倒茬问题。北方地区大多为一年一熟，为防止病虫害发生、培肥地力及适应市场需要，一般都实行轮作倒茬栽培。不同作物的灌溉补充强度不一致，首先应分析可能进行轮作倒茬的作物种类，并按重要性排序。不同作物高峰耗水期的设计灌溉补充强度可能不同，其株行距也可能不同。作物株行距不同，要求的滴头和毛管的布设方式也可能不同。因此滴头流量选择必须与轮灌方式相协调。

原则上应按灌溉补充强度最大者和重要作物的栽培模式进行考虑，适当照顾其他作物的栽培模式。对于一般的一年生作物（甜瓜、西瓜除外）而言，其滴灌情况下的栽培模式是完全可以改变的。

4）滴灌带布置的注意事项。滴灌带一般沿作物种植方向布置。在山丘区作物一般采用等高种植，故滴灌带沿等高线布置。滴灌带长度应控制在允许的最大长度以内，而允许的最大滴灌带长度应满足流量偏差率或设计均匀度的要求，由水力计算确定。一般而言，滴灌带铺设长度越长，管网造价越经济。但滴灌带铺设长度往往还受田间管理、林带道路布置的制约，应权衡各自的利弊做出取舍。滴灌带铺设方向为平坡时，滴灌带应在支管两侧对称双向布置。均匀坡情况下，且坡度较小时，滴灌带在支管两侧双向布置，逆坡向短，顺坡向长；其长度依据滴灌带水力特性进行计算确定。坡度较大，逆坡向滴灌带铺设长度较短情况下，应采用顺坡单向布置。滴灌带不得穿越田间机耕作业道路。在作物种类和栽培模式一定的情况下，滴头布置主要取决于土壤质地情况[7]。

（四）滴灌系统的选择

滴灌系统造价和能量消耗所产生的运行费用必须同时考虑，并根据承受压力确定滴灌系统各管段的管径。从经济上讲，二者之和最低的系统才是最佳系统，特别是作物生育期降水很少的纯灌溉农业区。滴灌系统获得压力的方式可分为自压滴灌系统和加压滴灌系统。一般情况，当水源位于高处时首先应考虑自压滴灌系统，因为它运行费用低、节约能源。根据不同的地形也可以分为山地系统和平原系统。

1. 自压滴灌系统

自压滴灌系统应尽量利用自然水头所产生的压力，以减小输配水管网管径，降低系统造价。该系统符合农户独家使用，尤其在干旱山区和郊区及无电地区更为适宜，适宜于地膜种植的作物，安装方便快捷，拆运轻巧省事，也可用来专门追肥，田块中没有水源或水源较远时也可运水使用。该系统造价较低，技术简单，群众便于操作使用。

水箱可用铁皮式钢板焊成，也可由塑料制成，水箱留有装水口和出水管；水箱通过运输工具运至农田中；除此之外，还可在没有水箱而距集雨水窖（池）、井近的地块，修建增压升温水池，其容积应根据地块大小、远近确定，但必须高出地面 0.8m 以上，水池与水源距离不宜大于 10m。输水干管多用 PE 塑料管。可利用农户自家的拖拉机和自制水箱，因此水源和滴灌过滤设备是可以移动的，也便于一家一户作业，应用范围较广。旱坡地具有一定的自然地形落差，再加上拖拉机的自身高度，水源完全可以满足自压滴灌的条件[9]。

2. 山地滴灌系统

通常，山地滴灌系统近似于平原滴灌系统，但也有明显区别，具有山地高差大、地形复杂等特点，其设备选型与大田存在差异，如首部装置会加大能源消耗，导致装置效率低，运行管理费用高。要因地制宜地选择设备，提高水分利用效率，取得最佳的经济效益。在山区丘陵地区宜采用树状管网，其主要管道应尽量沿山脊布置，以尽量减少管道起伏。地形复杂需要改变管道纵坡布置，管道最大纵坡不宜超过 1∶1.5，应小于或等于土壤的内摩擦角，并在其拐弯处或直管段超过 30m 时设置镇墩。固定管道的转弯角度应大于 90°。山地滴灌有以下 4 种布置形式。

1）管网总线布置形式。这种管网布置形式在山地滴灌系统中较为常用，且大多出现在面积较大的系统中，并能有效地满足山地滴灌的要求。这种管网形式的布置特点是水泵将系统全部用水加压至整个系统的最高高程点或水源位于最高高程点位置，再由这个最高点向各级管道配水到各区域。

2）管网分散布置形式。这种管网布置形式是直接由底部水源供水进入各级管道，而后进入毛管再经滴头滴出，这种形式适宜用于面积较小、落差相对不大且坡度起伏比较平缓的山地丘陵区。

3）管网总线与分散结合布置形式。由管网总线和分散布置相结合的配水干管布置形式，这种形式在实际生产中也较为常用，总线的管网控制落差大的区域，分散的管网控制底部较为平坦的区域，可有效地降低管材的使用量。

4）重力滴灌布置形式。根据地势和水源情况还可以建设重力滴灌系统，一般引水到设置在系统最高点的蓄水池内（也有水源在整个项目区的最高点处或比项目区高出很多的项目区外的某处，如山区水库、高位水池等），然后经过管道输水至项目区各级管道。

山地滴灌系统一般地形起伏较大，压力大，为了确保系统稳定运行，需要在系统中安装减压阀、进排气阀、逆止阀和镇墩等设备。

进排气阀一般设置在滴灌系统管网的高处或局部高处，首部装置应在过滤器顶部和下游管上各设一个，其作用是在系统开启管道充水时排出空气，系统关闭管道排水时向管网中补气，以防止负压产生，系统运行排出水中夹带的空气，以免形成气阻。排气阀的选用，目前可按“四比一”法进行，即排气阀全开直径不小于排气管道内径的 1/4，如 100mm 内径的管道上应安装内径为 25mm 的排气阀。另外在干管、支管末端和管道最低位置应该安装排水阀。

镇墩是指用混凝土、浆砌石等砌体定位管道，借以承受管中由水流方向改变等引起的推力，以及直管中由自重和温度变形产生的推力、拉力。三通、弯头、变径接头、堵头、闸门等管件处也需要设置镇墩。镇墩设置要考虑传递力的大小和方向，并使之安全地传递给地基。

3. 平原滴灌系统

由地表比较平整，坡降在千分之五以内的地块组成的滴灌系统称为平原滴灌系统。根据水源和灌溉地块情况，一般地下输水管道沿地势较高位布置。在平原地区地下输水管可采用树状管网，其各级管道应尽量采取两侧分水的布置形式；埋设深度一般应在冻土层深度以下，若入冬前能保证放空管内积水，则可适当浅埋。地下输水管网进口的设计流量和设计压力，应根据灌溉管道系统所需要的设计流量和大多数配水管道进口所需要的设计压力确定。若局部地区供水压力不足，而提高全系统压力又不经济，应采取增压措施；若部分地区供水压力过高，则可结合地形条件和供水压力要求，设置压力分区，采取减压措施，或采取不同等级的管材和不同压力要求的灌水方法，布置成不同的灌溉系统。在进行各级管道水利计算时，应同时验算各级管道产生水锤的可能性及水锤压力的大小值，以便采取水锤防护措施。特别是在管道纵向拐弯处，应检查是否可能产生真空，导致管道破坏，应在管道规定压力中预留 2～3m 水头的余压。

输配水管网各级管道进口必须设置阀门；分水口较多的配水管道，每隔 3～5 个分水口设置一个阀门。管道最低处应设置排水井，各用水单位都应安设独立的配水口和闸阀，并设置压力和流量装置。

（五）地面输水管的选择

地面输水管主要是指由支管、辅管组成的地面输水管网。支管一般垂直于作物种植行布置，毛管顺作物种植行布置。支管往往是构成灌水小区的关键因素，支管的长短要满足小区内灌水均匀度的要求。当有辅管，并构成灌水范围内的灌水小区时，支管的长度则不受灌水小区水力特性的牵制。当有辅管，并由毛管、辅管、支管共同形成灌水小区时，支（辅）管的长度要根据小区内允许水头差、允许流量偏差来确定，其实际铺设长度还要根据其铺设方向线上地块的长度，进行合理的调整。支管的实际铺设长度决定着分干管的列数，铺设长度长，分干管列数减少，对降低管网系统投资起明显作用。支管间距由毛管的实际铺设长度制约，并依据毛管铺设方向线上地块的尺寸合理调整决定。毛管长度长，支管间距大，支管列数就减少，对降低管网系统投资起一定的作用。沿毛管铺设方向地形为均匀坡时，毛管在支管两侧双向平均布置。

就大田棉花膜下滴灌而言，支管的实际铺设长度 100～150m 较适宜，常用 PE 管材铺设地表，灌溉期结束后回收保存，多年使用，管径一般为 De63、De75、De90。辅管基本上采用 De32，较少采用 De40。双向布设毛管的支管，不要使毛管穿越田间机耕道路。当毛管在支管一侧布设时，支管可以平行田间道路布设。

四、滴灌器材的创新与研制

（一）小管径滴灌带的研制

大田膜下滴灌工程投资主要由首部装置设备、干管及管件、支管及管件、滴灌带等组成。目前，常规滴灌系统各部分投资情况见表2-3。

表2-3　常规大田滴灌系统各部分材料设备投资情况表

滴灌系统各部分	初置投资/（元/亩）
首部装置	50～60
地下管	120～160
地下管件	20
地面管	45～55
地面管件	25
滴灌带	100～160
合计	360～480

注：（1）大田行播作物包括棉花、加工番茄、辣椒、小麦等一年生作物；（2）首部装置包括水泵、配电柜、过滤器、施肥罐及其连接件等；（3）地下管材质为PVC，压力等级为0.4MPa；（4）地面管材质为PE，压力等级为0.25MPa；（5）滴灌带为单翼迷宫式，其用量取决于作物行距；（6）系统控制面积500～2000亩

由表2-3可知，滴灌系统核心部件——滴灌带只占材料设备初置投资的30%左右，辅助材料设备占70%左右。材料设备价格非常透明，企业利润空间很小。

系统运行管理方面，滴灌系统采用轮灌，灌水小区控制面积一般在5～20亩，一个轮灌组包括2～4个轮灌小区，一个滴灌系统约20个轮灌组，管理强度较大。

技术层面上如何优化滴灌系统结构，方便滴灌系统运行管理，降低滴灌系统成本，增加滴灌材料设备利润空间，是个值得思考和研究的问题。

小管径小流量滴灌系统是滴灌技术发展的趋势之一，具有诸多优点。

1）系统构成。①首部装置：包括重力过滤器，需要水位控制装置。②高性能输水软带：主管直径为110～400mm。③薄壁滴灌管：大田滴灌以薄壁滴灌带为主，壁厚一般为0.10～0.15mm，也可使用壁厚为0.2mm的滴灌管，滴头流量为0.4～1.0L/h。

2）系统优点。①节能，系统能耗降低30%以上。②小流量滴灌，水量分布更均匀。③单个阀门控制的面积更大，管理更方便。④灌水持续时间更长，轮灌组少。⑤更好的肥料利用率。⑥独特的滴头流道，在低压和低流量状态下不发生堵塞。

3）小管径滴灌带流道设计。本课题以计算流体动力学（CFD）理论为基础，以实际需求、实验室和田间试验及大田生产实践调查分析为依据，集计算机仿真技术、辅助设计、辅助制造技术及实验测试技术于一体，应用理论分析、数理统计和计算机模拟等方法，建立滴灌灌水器数值化快速开发平台。

本课题依据平台建立了常规单翼迷宫式滴灌带滴头流道的三维模型，并对其滴头流道、流道进出口流速场和滴头抗堵塞性能进行了仿真模拟分析（图2-7，图2-8），采用流场可视化技术对模拟结果进行了可视化测量验证，并将模拟结果与产品实测流态指数值进行对比分析，结果表明：数值模拟流态指数为0.6073，实测流态指数为0.6299，其误差为3.7%，小于10%，可见模拟值与实测值较为接近，本课题通过CFD数值模拟和田间试验测定的滴灌带流道内液体流动状态如图2-7所示。

图 2-7　常规单翼迷宫式滴灌带 CFD 数值模拟与实测对比（彩图请扫封底二维码）

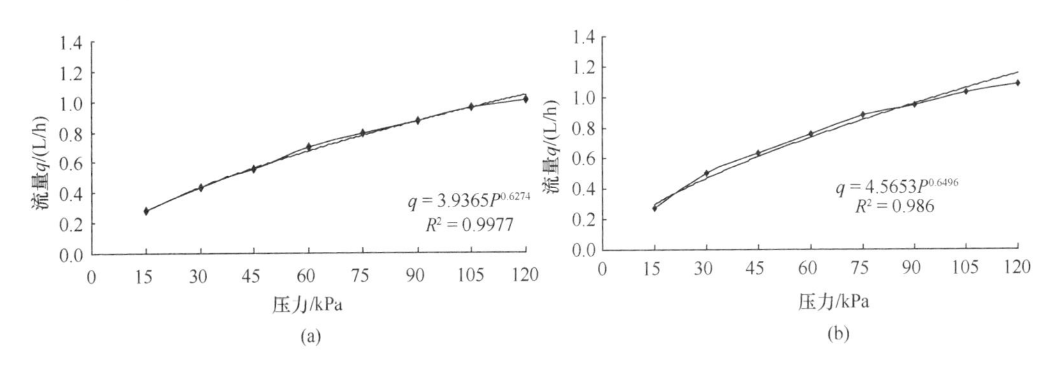

图 2-8　常规单翼迷宫式滴灌带迷宫流道压力-流量关系
数值模拟曲线（a）与实测曲线（b）对比

分析收集数据及仿真模拟模型发现存在以下问题：各进水口进水不均匀，80%以上水流从距离出水口最近的一个进水口流入，如果其进口堵塞，整个迷宫流道无法工作，流态指数较大（0.6 左右）。

本课题根据试验及田间应用情况提出了 3 种新型灌水器流道结构设计：①圆弧形流线形流道；②斜迷宫式流道；③内部锯齿外部梯形流道（图 2-9）。

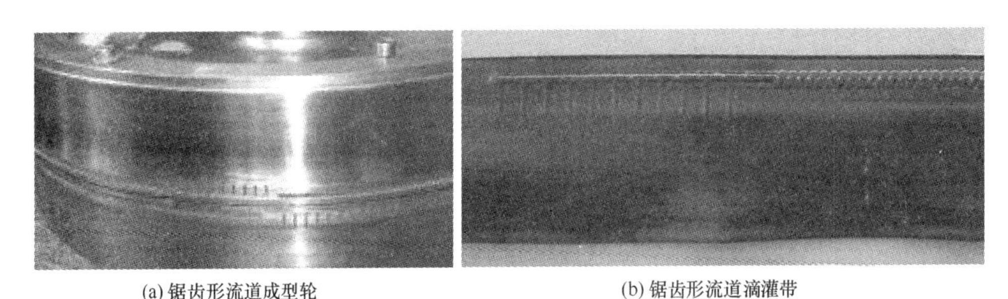

图 2-9　内部锯齿外部梯形流道灌水器产品图（彩图请扫封底二维码）

通过对 3 种迷宫式流道模拟分析得出，流体在锯齿形流道内流动更易形成紊流（图 2-10）。因此本课题选定了迷宫形式为锯齿形，并将其作为解决灌水器抗堵塞性能的突破方向。

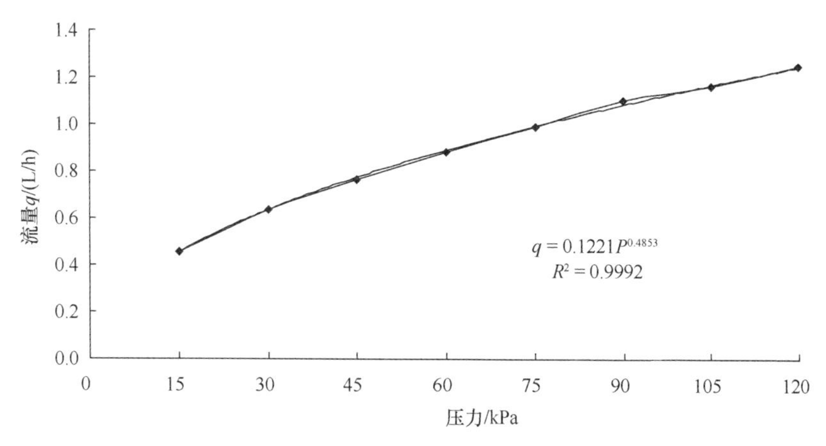

图 2-10　锯齿形滴灌带实测压力流量关系图

4）小管径滴灌带湿润峰测定。湿润峰田间测试结果见表 2-4 和图 2-11～图 2-15。

表 2-4　滴水量相同不同滴头流量湿润峰直径表

流量	时间/h																													
	1	2	3	4	5	6	7	8	9	10	11	12	13	14	15	16	17	18	19	20	21	22	23	24	25	26	27	28	29	30
0.5L/h	20	26	30	33	35	37	39	40	41	43	44	45	46	47	48	49	50	51	52	53	53	53	54	55	56	56	56	57	58	59
1L/h	26	32	38	42	45	47	50	52	53	55	58	59	61	62	64															

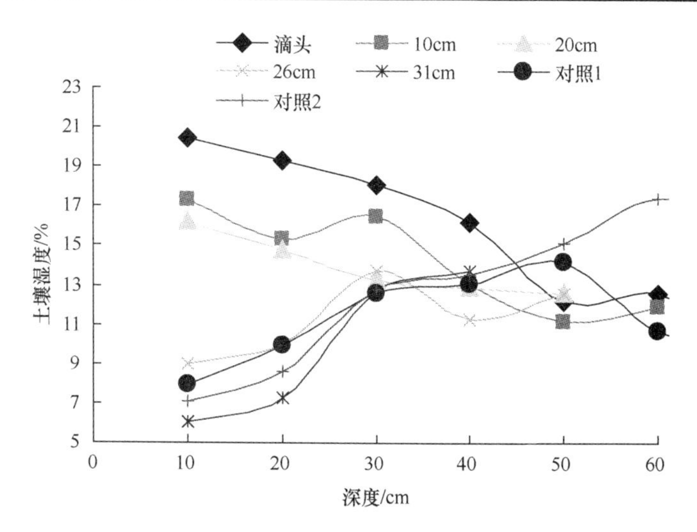

图 2-11　滴头流量 0.5L/滴水 5L 湿润体土壤湿度图

注：滴头指在滴头位置取值观测；10cm、20cm、26cm、31cm 指离滴头 10cm、20cm、26cm、31cm 的位置取值观测曲线；对照 1 和对照 2 曲线指在没有水浸润的范围取值曲线

通过试验数据的采集，可以看出相同灌水量条件下小流量滴灌湿润范围与大流量滴灌湿润范围差别不明显，因此在大田滴灌作物中，可生产小管径小流量滴灌带，以有效降低滴灌系统的成本。

通过田间试验得出以下结果。

1）小管径滴灌带在一膜两管上应用较常规滴灌带滴灌系统在施工安装、材料设备方面均有大幅下降。

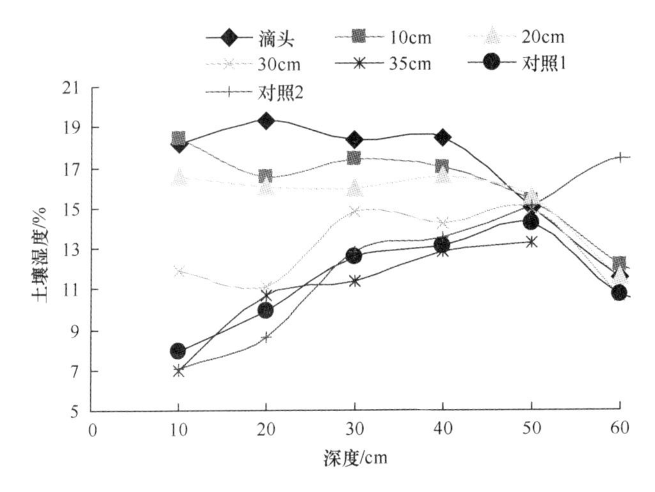

图 2-12 滴头流量 0.5L/滴水 10L 湿润体土壤湿度图

注：滴头指在滴头位置取值观测；10cm、20cm、26cm、31cm 指离滴头 10cm、20cm、26cm、31cm 的位置取值观测曲线；对照 1 和对照 2 曲线指在没有水浸润的范围取值曲线

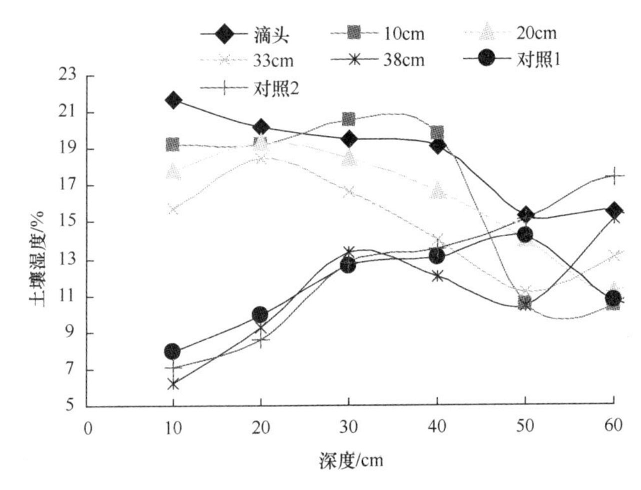

图 2-13 滴头流量 0.5L/滴水 15L 湿润体土壤湿度图

注：滴头指在滴头位置取值观测；10cm、20cm、26cm、31cm 指离滴头 10cm、20cm、26cm、31cm 的位置取值观测曲线；对照 1 和对照 2 曲线指在没有水浸润的范围取值曲线

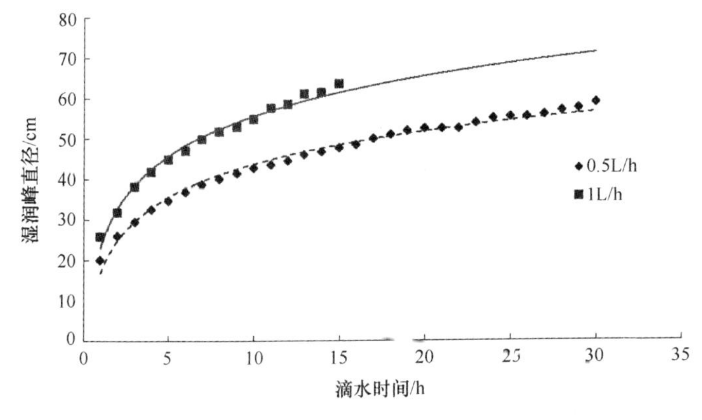

图 2-14 滴头流量 0.5L/h 和 1L/h 湿润峰直径与滴水时间的关系图

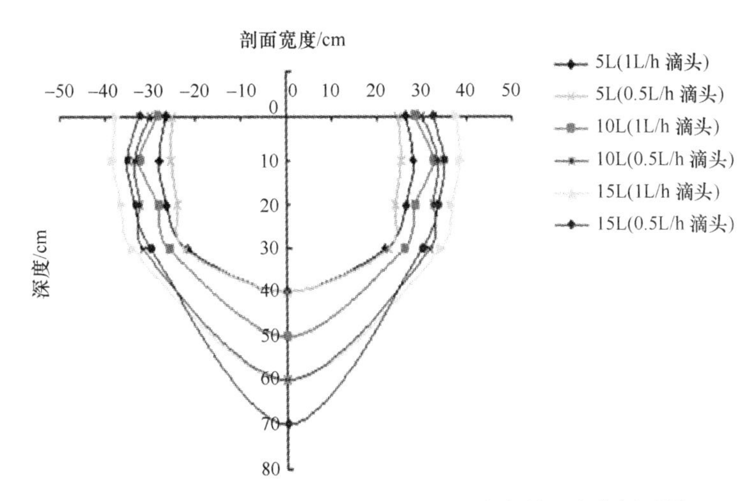

图 2-15　滴头流量 0.5L/h 和 1L/h 不同滴水量湿润体剖面图

2）随着灌水小区的滴灌带铺设长度增加，小区的流量偏差率增大，灌水均匀度降低；在有坡度条件下，灌水小区的灌水均匀度随工作压力降低而降低，其流量偏差率增大。坡度≤5‰，大田滴灌工程可采用较低（3～5m）工作压力。若坡度 5‰～10‰，且灌水器流态指数>0.5，宜采用较高（5～10m）工作压力。若坡度 5‰～15‰，且灌水器流态指数<0.5，可采用较低（3～5m）工作压力。

3）小管径由于降低了滴头流量，因此滴水时在地表更不易产生积水现象，有利于发挥滴灌浸润式湿润土体的特点，保护土壤团粒结构。小管径滴灌带在一膜两管使用时，滴水在 225～375m^3/hm^2，一般湿润直径在 40～55cm，深度在 40～50cm，进入行间的水量较少，较滴头流量大的滴灌带湿润峰的形态更合理。

4）小管径小流量滴灌带具有低系统压力、节水、降低系统成本、提高灌水均匀度等诸多优点，特别适于将要大面积推广的自动化滴灌系统，因而具有较好的推广应用前景。

（二）纳米系列滴灌器材的研制

新疆是我国最早进行大田滴灌试验的地区，取得了多项国内领先研究成果，是公认的滴灌技术理想推广区，国内外灌溉专家一致认为中国滴灌技术在新疆有巨大的发展前景。兵团体制和现有团场具有实现现代化大农业的极其有利条件，特别是近几年发展起来的膜下滴灌加机械采收，能极大地提高农业生产的集约程度，降低农业生产成本，增加农民收入。研究开发经济效益显著、技术先进、能够快速发展的滴灌带新产品，探索一条节水灌溉产业化和工程化发展道路是十分必要的。

将纳米 $CaCO_3$ 应用于塑料滴灌带生产中，这不仅可弥补普通滴灌带部分在物理或化学性能上的缺陷，还能进一步提高现有农用塑料节水灌溉器材的品质，降低产品的成本。该产品主要用于农田节水灌溉，提高农作物产量。

其主要性能为：①具有抗菌作用。滴灌带在农田灌溉使用中，由于与土壤长期接触，土壤与水中细菌和微生物作用，经常堵塞出水孔，将纳米材料加入母料，母料中的抗菌、抑菌助剂会大大提高灌溉的效率。②与普通塑料滴灌带相比，加入纳米材料后，其物理机械性能可提高 10%以上。③在原有滴灌带的基础上，将标准中的耐静水压由 1.2 倍工作压力提高到 1.8 倍工作压力，同时将壁厚要求规格从 0.18mm 降至 0.16mm，进一步降低了成本。课题符合国家产业政策，纳米材料改性滴灌带的优点是降低价格和提高产品质量，为在新疆地区进一步实现节水灌溉的规划目标、推广应用打下基础。纳米材料在滴灌带中的应用，有效提高了产品的综合性能，降低了产品的成本，减少了农业投入，可为干旱半干旱地区大面积推广节水农业打下良好的基础。

1）配方研究。课题将表面处理剂、纳米材料及聚乙烯树脂之间的比例作为制定方案的重点。其中，表面处理剂的用量是配方的关键。若用量过少，就没有足够的有机长链，无法充分达到降低纳米 $CaCO_3$ 的表面活性效果以实现“表面有限钝化”，无法达到表面处理的目的；若用量过多，超过 $CaCO_3$ 表面有限钝化所需的表面处理剂。过量的表面处理剂存在于 $CaCO_3$ 粒子之间，多余的表面处理剂分子之间形成尾-尾连接的吸附层，在 $CaCO_3$ 表面形成了液体桥架，不利于纳米 $CaCO_3$ 的分散。而在纳米 $CaCO_3$ 与聚乙烯树脂用量比例问题上，我们的主导思想是：使纳米 $CaCO_3$ 的填充量达到最大，尽量降低成本，又可保证生产出的纳米母料符合产品技术指标要求。

2）设备的创新。为了改善聚乙烯/纳米 $CaCO_3$ 粒子熔融共混复合材料母料的性能，使 $CaCO_3$ 粒子能在聚乙烯中作纳米级的原生粒子，这种原生粒子分散是最重要的因素之一。因而对生产设备提出了新的更高的要求。

目前熔融共混法制备聚乙烯/纳米 $CaCO_3$ 粒子熔融共混复合材料母料中存在着纳米粒子分散的难题，我们从高速混合机的混合原理出发，认为采用特殊设计的超高速混合机，可以对纳米无机粒子进行有效的分散处理，以达到在聚合物中既可大量添加、又能分散均匀的目的。为此，课题设计出超高速混合机。通过验证，我们对设备改进后，有效地防止了纳米粒子的团聚现象，大大地提高了处理效果，使制品成型后部分性能大幅提高。

3）工艺参数的确定。通过大量的实验研究论证发现，填料粒子与表面处理剂大分子链之间的物理、化学连接使分子链柔顺性下降，缠结密度降低，从而引起黏度下降。在一定范围内纳米粒子分散均匀的情况下，填充量越大，复合材料的表面黏度越低，流动性越好。

本课题组尝试设定工艺温度。轴线采用设定工艺温度组合方案，在相同的配方及其他工艺条件下，作对比试验的方法。在试验中，有的方案因工艺温度设定过低，影响了物料的塑化，纳米 $CaCO_3$ 粒子分布不均匀，挤出拉条表面粗糙，断面有微孔，造成复合材料强度低；有的方案又因工艺温度设定过高，使部分助剂大量挥发，甚至分解，有发黑发黄现象产生。且纳米 $CaCO_3$ 粒子与聚乙烯树脂发生部分分层现象，导致纳米 $CaCO_3$ 粒子在聚乙烯树脂中分布不均匀，挤出拉条没有韧性，易断，复合材料强度也低。在不断地摸索、调整后，终于调试出稳定的工艺温度。

本课题中的纳米材料改性滴灌带的抗静拉伸、拉伸负荷、断裂伸长率等主要性能指标分别比普通塑料滴灌带提高许多；纳米材料改性滴灌带产品单价较普通塑料滴灌带降低 15%。纳米材料改性 PE 输水软管的拉伸强度、断裂伸长率、爆破压力、耐静水压实验等主要技术指标分别比普通 PE 输水软管提高许多；纳米 PE 输水软管单价较普通 PE 输水软管降低 10%左右（表 2-5、表 2-6）。

表 2-5　纳米材料改性滴灌带与普通滴灌带前后产品性能对照表

性能指标	普通滴灌带		纳米材料改性滴灌带	
	正面	反面	正面	反面
拉伸负荷/MPa	29.5		36.3	
断裂伸长率/%	486		632	
耐静水压	1.8 倍工作压力下，10min，无渗漏，无破裂			

注：滴灌带规格为 300×2.8

表 2-6　纳米 PE 输水软管与普通 PE 输水软管前后产品性能对照表

性能指标	普通 PE 输水软管	纳米 PE 输水软管
拉伸强度/MPa	20	26
断裂伸长率/%	350	664
爆破压力/MPa	0.43	0.60
20℃水压试验（耐静水压）	0.25MPa 的压力下，保持 1h，无破裂，无渗漏	0.35MPa 的压力下，保持 1h，无破裂，无渗漏

注：产品规格为 φ63×0.9

（三）高效低能耗过滤器的研制

全自动自清洗过滤器是将水中的杂质污物在一定条件下自动地过滤清除，不需人工操作。全自动自清洗过滤器在国外的发展主要以色列为代表，以色列做过滤器的工厂较多，但成规模的品牌只有“FILTOMAT”“Amiad”“Arkal”。特别是 FILTOMAT 自清洗过滤器的控制方式——水力控制器是最先进、可靠的，也是最受欢迎的。它不需要外部任何能源（如风、水、电、气、电池……），利用过滤器内部能量，就能实现自动过滤、自动清洗、自动排污。目前其他过滤器还不能达到这样的水平。此外还有美国全自动过滤器公司（Automatic Filters Inc.）制造的 TEKLEEN®品牌的自清洗过滤器（全自动反冲洗过滤器），现已安装在世界各地，广泛地应用于炼钢、造纸、塑料、制药、食品、制糖、污水处理、采矿和化工等行业及灌溉中。国外全自动自清洗过滤器在中国各行各业都相继采用，一时也带动了国产全自动自清洗过滤器的发展，目前国内厂家基本处于仿制阶段，国产全自动自清洗过滤器市场占有率、价格低于进口全自动自清洗过滤器，但从使用效果、故障率、使用寿命、维修和使用成本等综合考虑，国内产品质量要低于国外产品。另外，国产全自动自清洗过滤器主要用于工业企业，在农业微灌系统中运用较少。

全自动自清洗过滤器的开发、应用推广将促进节水灌溉的迅速发展。首先是以河水、渠水为水源的微灌面积迅速扩大，其次是更多的用户乐于使用，使具有规模化的农业企业在节水灌溉的新平台上实现农业的新增长，将减轻劳动强度、改善农业结构和生态环境。另外本课题研究的完成，不但能够填补国内空白，缩小与国外过滤器产品技术研究方面的差距，而且能够跟踪国际前沿，加快自动化过滤器技术研究和开发的步伐，促进节水灌溉推广面积的扩大，实现农业可持续增长。

本课题根据农田用水及过滤器现状研发了高效低能耗过滤器，本课题的关键技术在于清洗机构的设计、自动控制阀门的设计和制造、控制器的开发与制造。清洗机构由过滤网支撑机构及其上的吸吮嘴、压紧弹簧、控制阀门（一般为电磁阀）等组成。国内现有的电磁阀一般没有手动控制装置，结合实际应用经验，我们通过改进设计，在国内现有的电磁阀上改装手动控制装置。这样，整个控制器既能自动控制反冲洗操作，又能实现手动反冲洗操作，避免了在控制器系统断电或有故障情况下不能进行自清洗操作的状况。清洗机构的原理是当其到达一定压差或时间时，系统自动进入自清洗状态，控制器打开排污阀门，吸吮嘴贴近过滤网的内侧，在过滤网内外侧负压的作用下吸吮内网的杂质，通过吸吮嘴的收集管联通排污阀排除到外面。图 2-16 为本课题所研究的过滤器工作原理图。

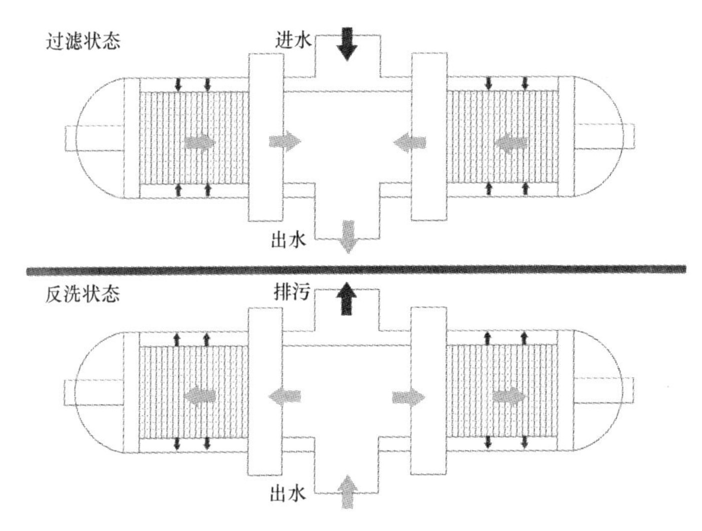

图 2-16 本课题所研究的过滤器工作原理图（彩图请扫封底二维码）

本课题所研究的过滤器技术特点：①在线反冲；②精确过滤；③彻底高效冲洗；④滤芯承压能力大；⑤空载阻力小、冲洗水量少；⑥运行可靠、维护简单；⑦标准化程度高；⑧安装便捷、占地省；⑨使用寿命长；⑩过滤面积大。

本课题由两大试验组成，第一个是清水试验，其试验对象必须为过滤器单体，因为试验的一个目的是测试其静水耐压性能，验证其正常工作最大压力和工作时的密封可靠性；另外一个目的是测试过滤器单体的流量，验证其能否达到设计流量。第二个是模拟大田水源水质试验，过滤器单体必须组成一个系统，按照大田工作时的状态进行试验，验证自动清洗结构工作的可靠性，测定截污效率、最大截污量、最短反冲洗时间间隔等指标。

本课题研究的过滤器与通用叠片式反冲洗过滤器功能对比如表 2-7 所示。

表 2-7 过滤器性能对比表

对比内容	叠片式反冲洗过滤器	本课题过滤器
型号规格	3″ AKF 120 MESH	WF510/120μm
过流量	$96m^3/h$（6*16）	$400\sim450m^3/h$
试验压力	0.24MPa	0.20MPa
排污阀	3 个排污阀，轮流反洗，总计反洗 60s 左右	1 个排污阀，一次反洗，总计反洗 25s 左右
电力要求	需要 AC 220V 电源，控制电源 AC 24V	不需要任何电源
系统压力	不要低于 0.28MPa	不要低于 0.20MPa
控制方式	电子控制器+两位三通电磁阀+排污阀	纯水力控制器+排污阀，不需要任何电源

续表

对比内容	叠片式反冲洗过滤器	本课题过滤器
反洗前的过滤系统		
反洗后的过滤系统		
排污水收集过滤后的效果		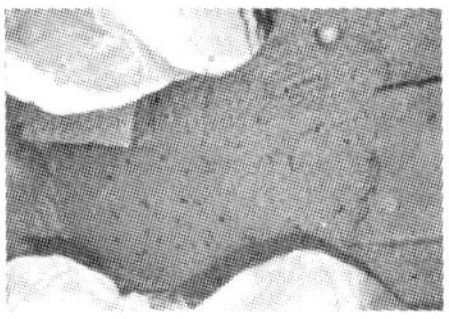
水源要求	对进水的水质有比较苛刻的要求	对进水的水质要求相对而言稍微宽松一些
安装和日常维护	要求技术工人有一定的电气和水力、液压技术基础	不懂电的技术工人也能维护
过滤效果	同样处理 $400m^3/h$，叠片式过滤器需要现有模式的 4 倍，质量与网式过滤器相当	

注：表中彩色图片请扫封底二维码

由表 2-7 可知，叠片式过滤器由于无法模拟腐生质的胶体状微生物杂质，本试验未做滤后水的化验。对于谷壳粉末的滤后水质，肉眼观察颜色差异不明显，而同样处理 $400m^3/h$ 的前提下，本课题过滤器比叠片式反冲洗过滤器拥有更小的体积和占地面积。叠片式反冲洗过滤器的过滤效果略优于单层的网式过滤器；网式过滤器采用多层烧结网的过滤效果优于单层的塑料骨架网。同样在 120μm 过滤精度前提下：叠片式过滤器适合地埋滴灌使用；网式过滤器更适合滴灌带一年一换的滴灌场合使用。本课题研发的过滤器与以色列的网式自清洗过滤器相比，完全可以满足农业节水领域的要求，并有更高的性价比。

第二节　滴灌智能控制设备

一、田间信息获取——土壤墒情信息监测传输设备

土壤墒情是指作物根系层土壤中水分的含量及被作物利用的程度。研究表明，土壤水分条件适宜与否，对作物的生长发育、产量的高低和品质的优劣都有重要的影响。另外，水也是肥料被作物有效利用的重要前提。如果土壤过分缺水将导致肥料无法被作物充分利用，造成土壤的盐碱化；如果土壤水分含量过高，肥料将随水分渗漏到地下水中，不但造成肥料的浪费，而且会造成地下水的污染。因此，开展土壤墒情监测预报工作不仅能实现监测点位的墒情动态，还能较好地掌握大范围农田墒情、旱情严重程度及其在灌溉区域的分布规律，从而为农民适时适量灌溉和政府部门及时制定抗旱减灾对策提供科学依据，此外通过墒情监测系统，建立高效的农田节水灌溉制度，可以防止由过量灌溉和施肥造成的水肥浪费和土壤污染；结合灌溉工程，通过墒情监测，可以在作物需要水分时适时适量地灌溉，从而对作物根系生长进行调控，提高作物产量。

我国是一个水资源严重短缺的国家，总体上年降水量偏低，且降水量年内分布不均匀，特别是西北大部分干旱、半干旱地带，每年都发生旱情，抗旱救灾成为每年政府工作的重头戏[10]。近几年，随着全球气候剧烈变化，我国测墒工作形势变得更加严峻。2009年，发生在河南、安徽、山东、河北、山西、陕西、甘肃等7个小麦主产省份的特大灾害，波及逾3亿亩良田，据测算经济损失高达500亿元。2013年，云南全省因干旱造成农作物受灾1173万亩，成灾537万亩、绝收128万亩，林地受灾面积2331万亩，成灾991万亩，报废362万亩；因灾造成全省需救助人口323万余人，直接经济损失近100亿元[11]。面对如此严峻的形势，国家发展和改革委员会等5个部委联合发布的《中国节水技术政策大纲》要求："发展土壤墒情、旱情监测预测技术。加强大尺度土壤水分时空变异规律研究和土壤墒情与旱情指标体系研究；积极研究和开发土壤墒情、旱情监测仪器设备。"因此，大力发展墒情监测技术，对墒情和旱情的分析、水资源科学管理和抗旱救灾决策等具有重要的意义。

近几年，随着传感器技术、数据融合技术、通信技术及物联网技术的快速发展，我国在墒情监测方面取得了很大的进步。例如，在传感器方面，已经能够开发出性能相对稳定的土壤温湿度、空气温湿度、太阳辐射及飞速风向等传感器，并得到了大范围应用[12]。在系统开发和建设方面，隋东等[13]开发研制的土壤墒情监测与预测系统能够实现对土壤墒情信息的统计、检索、列表显示、图形分析显示和预测等，并且可对土壤墒情变化规律进行实时监测；杨绍辉等[14]以组件式GIS软件为开发平台，建立了北京地区土壤墒情监测与预测预报系统；何新林等[15]在理论分析与计算的基础上，开发了具有各生育阶段土壤墒情跟踪分析及预测系统的应用软件；胡培金等[16]开发的基于Zigbee的无线自组网墒情监测系统，综合了Zigbee无线网络自行组网、自行愈合和超低功耗的优点，实时监测和记录土壤墒情信息；邹春辉等[17]将遥感与GIS集成土壤墒情监测服务系统运行于Windows平台，基于遥感与GIS集成技术，建立土壤墒情监测服务系统。虽然我国在墒情监测方面取得了很大的进步，但也存在一定的缺陷，如传感器种类繁多，标准、接口不一，精度和稳定性参差不齐。土壤墒情监测设备结构类型各异，性价比、操作繁简程度、功能完备性和适用性等各方面也存在明显的差异。

"棱镜门"事件以后，我国把信息安全战略放在很重要的位置，政府部门、企事业单位在信息化系统建设时，必须充分考虑信息安全，要尽可能地选用国产的软硬件产品。同时，我国为了保障粮食信息安全，促进农业技术装备的国产化，农业部要求大力发展农业技术装备水平。因此，我们在吸收国外先进技术的基础上，开发了远程墒情监测站——WS1800墒情监测站，其与国外同类产品相比性价比较高，功能更强，更适应我国农业生产特点，便于推广和应用，有利于国外产品的替代，促进了我国农业墒情监测产业和节水产业的发展。

（一）土壤墒情信息测量采集设备总体描述

WS1800墒情监测站是一款采用太阳能供电，能自动采集、存储、远程传输土壤温湿度及气象信息的远程自动墒情采集设备，实物如图2-17所示。其能够自动计算每小时蒸腾值（*ET*值）和有效降雨量值，并能获取反应作物长势的图像信息。采用短信和无线数据传输等通信方式，配合USB数据导出功能，使墒情数据的获取更加灵活、方便。

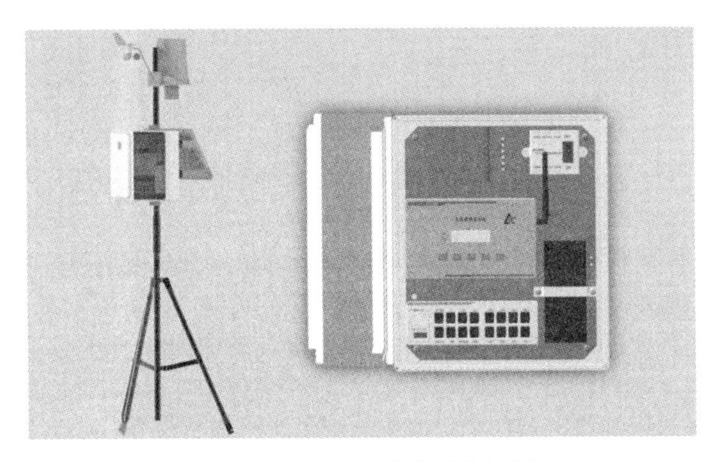

图 2-17　WS1800 墒情监测站实物图

WS1800 墒情监测站可以获取 4 路土壤温度、4 路土壤水分含量信息和气象六要素（空气温度、湿度、气压、风速、风向和降水）信息。用户可以根据不同的应用需求自由裁剪，达到最优的性价比，如在选配空气温湿度、辐射和风速风向传感器后，墒情监测站可自动计算每小时的参考 *ET* 值，并上传参考 *ET* 的实时数值和每日的累积值。在选配土壤湿度传感器的情况下，墒情监测站可自动计算每小时的有效降雨值，并上传有效降雨的实时数值和每日的累积值。在选配摄像头时，可以通过 GPRS 网络上传作物长势的图像信息至服务器。另外，用户可以根据需要选择数据存储和发送时间间隔，选择短消息或 GPRS 通信方式。

（二）总体结构设计及关键技术

WS1800 墒情监测站总体结构如图 2-18 所示，它主要由采集设备、传感器、供电系统及支架构成。采集设备主要负责采集传感器输出的模拟量、数字量和开关量等信息，

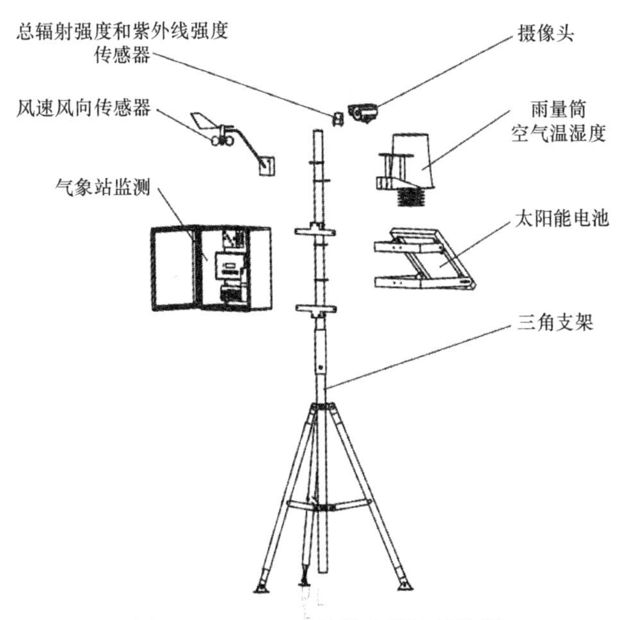

图 2-18　WS1800 墒情监测站结构图

根据不同的物理对象，把这些信息进行加工、处理，反映实际物理量信息，然后根据实际需求对这些数据进行存储和发送。传感器主要是把田间的气象信息和土壤信息转变成可以被采集器获取的模拟量、数字量和开关量信息。供电系统包括太阳能板、控制器和蓄电池，保证整个系统的正常运行。支架采用不锈钢材料，经过防腐处理，保证采集设备及传感器长时间野外工作。

采集设备是墒情监测站的核心部分，它负责采集、存储及发送相关的气象、土壤和作物生长信息。它采用模块化设计，主要包括中央处理器、LCD 显示模块、键盘接口、存储模块、USB 接口、GPRS 模块、标准传感器接口及 RS485 接口等。

标准的传感器接口包括：①4 路土壤水分传感器接口；②4 路土壤温度传感器接口；③气象类传感器接口，包括空气温度、湿度、气压、风速、风向和降水的采集；④摄像头接口；⑤GPRS 接口，采用标准的 GPRS 网络，获取和发送数据；⑥RS485 接口，符合 MODBUS RTU 协议，支持串口无线数传；⑦USB 接口，具有 USB 数据导出功能。图 2-19 所示为 WS1800 墒情监测站采集设备结构简图。

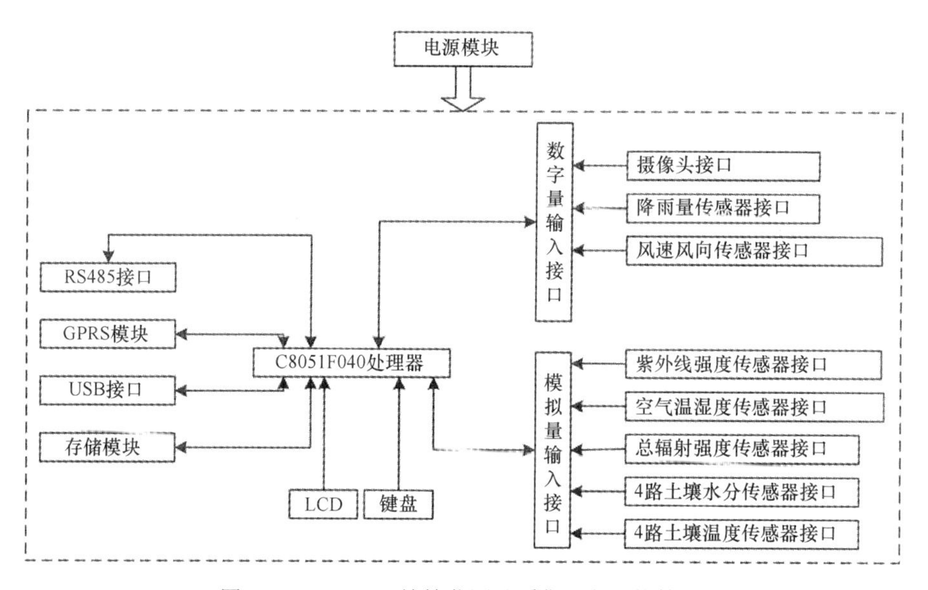

图 2-19　WS1800 墒情监测站采集设备结构简图

如图 2-19 所示，WS1800 墒情监测站以 C8051F040 处理器为核心，通过键盘接口、LCD 显示模块或者 GPRS 模块对系统参数进行手动设置或远程设置，具有良好的人机交互界面。用户可以通过 5 个按键，结合液晶显示，方便对系统参数进行设置，包括设置存储时间间隔、发送时间周期、GPRS 状态、网络 IP 地址、端口号、手机号码、通信方式、传感器类型、海拔高度、经纬度、反射率、节电方式和数据导出方式等。

1. 土壤温度传感器

土壤温度是农作物生长的重要生态因素之一，土壤温度不但能影响植物的外部形态和内部结构，而且会影响植物体内有机物质的变化。土壤温度的高低还关系到作物的播种早晚、分蘖消长和越冬安全等问题。为了便于封装，土壤温度传感器采用分体式结构，不锈钢探头采用锥形结构，套管的厚度很薄，内部封装感温敏感元件 DS18B20，具有耐腐蚀、耐热和很高的机械强度的特点。智能变送部分具有电压电流保护功能，采用环氧树脂密封，探头和智能变送之间通过镀银高温导线连接。土壤温度传感器实物如图 2-20 所示，量程为–30～70℃，精度：≤±0.2℃；响应时间：≤10s，防水等级达到 IP68。

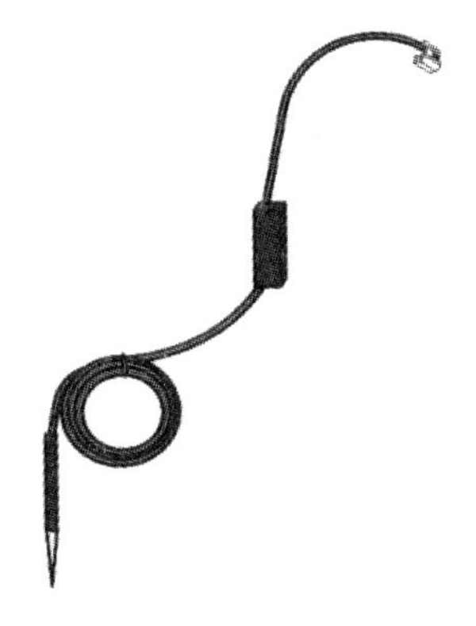

图 2-20　土壤温度传感器

2. 土壤水分传感器

土壤水分是植物所需要水分的主要来源，是植物生存和发展的先决条件，也是肥料被作物有效利用的重要前提，因此，土壤水分的实时测量在高效用水和精确灌溉的自动灌溉控制系统中占据着重要的地位。目前，测量土壤水分的传感器种类较多，主要有电阻型、SWR 型、FDR 型及 TDR 型等。WS1800 墒情监测站可以采用单点式土壤水分传感器和剖面型土壤水分传感器，如图 2-21 所示。

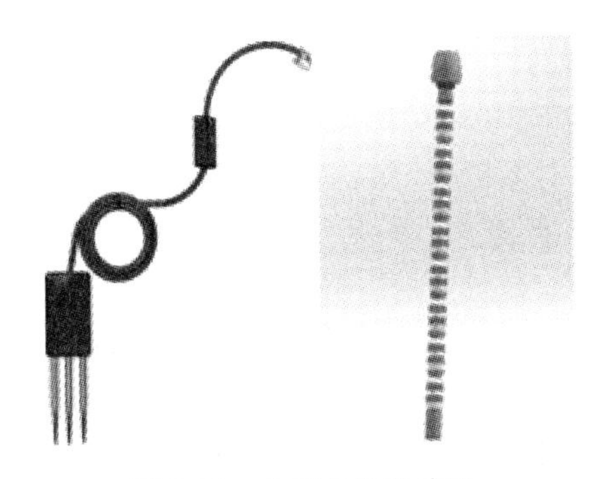

图 2-21　土壤水分传感器

单点式土壤水分传感器采用 SWR 原理，高频振荡电路产生的高频电磁波通过阻抗变换电路到达传感器探头，遇到土壤会有部分电磁波被反射回来，与输入高频电磁波产生叠加，通过计算叠加波的幅值来反演土壤水分含量。其结构设计巧妙，外部以环氧树脂胶封装，密封性好，可直接埋入土壤使用，且不受腐蚀，防水等级达到 IP68。

剖面型土壤水分传感器是基于高频电容的边缘场效应原理，环状传感电极充当高频电路的电容元件，周围土壤充当电介质，当土壤含水量发生变化时，土壤的相对介电常数发生变化，引起探头电容值的变化，进而引起振荡电路频率的变化。它由传感器探头、探体和传感器防护套组成。探体可以根据实际的测量深度要求，通过传感器探头组装而成，其中，探头与探头之间的物理连接通过内外螺纹，电气连接通过触电。传感器防护套作为传感器的一部分，采用优质的 PVC 材料制成，防护等级达到 IP68。

3. 气象类传感器

空气的温度和湿度之间有着密切的关系，是影响作物生长最重要的因素，光照强度直接影响到作物的光合作用、蒸腾作用等生理发育过程，气象预报、墒情监测、智能灌溉及植物蒸腾量等方面的研究，都需测量降雨量。

空气温湿度传感器是一款含有已校准数字信号输出的温湿度复合传感器。它应用工业 COMS 过程微加工技术（CMOSens®），具有超快响应、抗干扰能力强、性价比较高等优点。温度的测量精度为±0.5℃，湿度为±3%。

光照传感器通过内部的硅光电二极管和 CMOS 电流/频率集成转换器，将波长为 400～1100nm 的可见光转换为电流信号，传感器的精度为±5%，非线性典型误差为 0.2%，温度稳定系数为 100ppm/℃。

风速风向传感器种类很多：旋转式风速计利用测速发电机原理，通过测速发电机的输出电压与转速呈线性关系原理，得到风速；压力风速计根据气流对物体的压力和风速的平方呈正比原理制成；热线风速仪利用散热速率和风速的平方呈线性关系原理制成。墒情监测站采用的风速风向传感器为 DAVIS 生产的 WC-1 型风杯，风速感应元件由 3 个碳纤维风杯和杯架组成，转换器为多齿转杯和狭缝光耦。当风杯受水平风力作用时，通过轴转杯在狭缝光耦中的转动，输出频率信号。风向传感器主要由码盘和光电组件组成。当风标随风向变化时，通过轴带动码盘在光电组件缝隙中转动，产生的光电信号对应当时风向的格雷码输出。

翻斗式雨量传感器的工作原理：承雨口采集到雨水，经漏斗进入上翻斗，上翻斗累积一定水量（<0.1mm）时，发生翻转倾倒，经汇集漏斗和节流管注入计量翻斗，把不同强度的自然降水调节为比较均匀的中等强度降水。计量翻斗累积 0.1mm 降水时，计量翻斗翻倒。通过磁钢对固定在机架上的干簧管扫描，使干簧管接点因磁化而瞬间闭合，随即产生一个电信号。气象类传感器如图 2-22 所示。

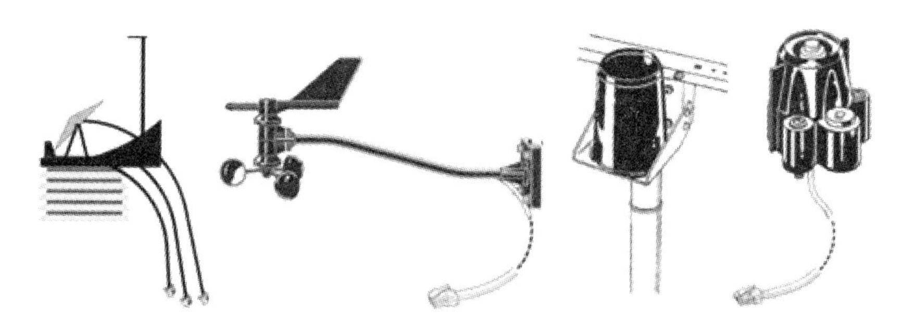

图 2-22　气象类传感器

目前广泛采用的节水灌溉决策方法是利用水量平衡法，它充分考虑了土壤性质、有效降雨、作物蒸腾量和作物需水量。在采用水量平衡的过程中，作物蒸腾量是其中最主要的参数，有效地计算当前的作物蒸腾量，且准确预测未来的作物蒸腾量对节水灌溉决策有重大的意义。

在计算作物蒸腾量时，采用了以小时为尺度的彭曼公式，该方法可以准确地计算出

过去一段时间的 ET_0，如公式（2-1）所示。

$$ET_0 = \frac{0.408\Delta(R_n - G) + \gamma \dfrac{37}{T_{hr}} u_2 (e_s - e_a)}{\Delta + \gamma(1 + 0.34u_2)} \tag{2-1}$$

式中：ET_0 为小时参考作物蒸腾量；R_n 为小时内作物表面的平均净辐射；G 为土壤热通量；T_{hr} 为小时内的平均温度；u_2 为小时内 2m 处的平均风速；e_s 为饱和水汽压；e_a 为实际水汽压；Δ 为饱和水汽压温度曲线上的斜率（kPa/℃）；γ 为温度计常数（kPa/℃）。

温度（T_{hr}）、风速（u_2）可以通过空气温湿度传感器和风速风向传感器测量获取，γ 为海拔高度的函数，如公式（2-2）所示。

$$\gamma = 0.665 \times 10^{-3} \times 101.3 \left(\frac{293 - 0.0065z}{293} \right)^{5.26} \tag{2-2}$$

式中，z 是经度。

e_s、e_a 与 Δ 都是温度的函数，可以通过公式（2-3）、（2-4）与（2-5）求得。

$$e_s = e^0(T_{hr}) = 0.6108 \exp\left[\frac{17.27T_{hr}}{T_{hr} + 237.3} \right] \tag{2-3}$$

$$e_a = e^0(T_{hr}) = \frac{RH_{\text{mean}}}{100} \tag{2-4}$$

$$\Delta = \frac{4098\left[06108 \exp\left(\dfrac{17.27T_{hr}}{T_{hr} + 237.3} \right) \right]}{(T_{hr} + 237.3)^2} \tag{2-5}$$

式中，RH_{mean} 为小时内的平均空气湿度。

R_n 可以利用可获取的参数获得。一般认为，在夜间 G 是 R_n 的 0.5 倍，白天（G）是 R_n 的 0.1 倍。

小时内作物表面的平均净辐射（R_n），由净太阳辐射与净长波辐射（R_{nl}）的差决定，如 $R_n = R_{ns}–R_{nl}$，净太阳辐射（R_{ns}）可以由公式（2-6）计算，R_s 为太阳辐射传感器获取的数值，α 为作物表面的反射率。

$$R_{ns} = (1-\alpha)\ R_s \tag{2-6}$$

净长波辐射（R_{nl}）可以由宇宙辐射（R_a）、平均温度（T_{hr}）、太阳辐射（R_s）和实际水汽压（e_a）计算获得，如公式（2-7）所示。宇宙辐射（R_a）为墒情监测站所在经纬度和时间的函数，利用公式（2-8）求得。

$$R_{nl} = \sigma \left[\frac{{T_{hr}}^4}{2} \right] \left(0.34 - 0.14\sqrt{e_a} \right) \left(1.35 \frac{R_s}{(0.75 + 2 \times 10^{-5})R_a} - 0.35 \right) \tag{2-7}$$

$$R_a = \frac{12(60)}{\pi} G_{sc} d_r [(\omega_2 - \omega_1) \sin\varphi \sin\delta + \text{con}\varphi \cos\delta (\sin\omega_2 - \sin\omega_1)] \tag{2-8}$$

式中，G_{sc} 为太阳常数（=0.0820）；d_r 为太阳地球相对距离；ϕ 为太阳磁偏角；δ 为纬度；ω_1 为开始时间的太阳角度；ω_2 为结束时间的太阳角度。

通过空气温湿度传感器、太阳辐射传感器、风速风向传感器获取的数据，代入以上公式，可以获取小时 ET_0，通过小时累加，可以获取天 ET_0 和月 ET_0。

4. 摄像头

通过图像信息，可以实时获取作物生长过程中对水分、养分的需求状况，以及作物长势及病虫害状况，为农业生产和科学灌溉提供直观的依据。摄像头选择海康威视生产的 DS-2CC12C5T 型摄像头，如图 2-23 所示，其支持同轴高清输出，图像清晰、细腻，自适应数字降噪，采用 130 万逐行扫描 CMOS，捕捉运动图像无锯齿，适合用户自定义设置，符合 IP67 级防水设计，可靠性高。

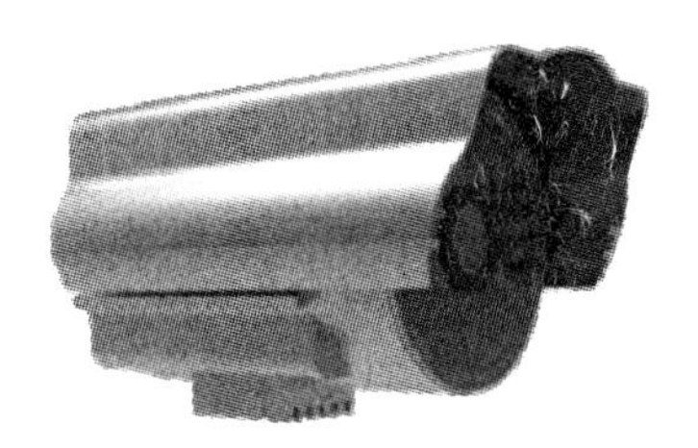

图 2-23　摄像头

5. 供电系统

太阳能供电系统由太阳能板、充电控制器及蓄电池组成。太阳能板把光能转变成电能，在充电控制器的控制下，把电能存储在蓄电池中。太阳能板功率选择 10W，蓄电池选择 7Ah，充电控制器具有过压过流保护。WS1800 墒情监测站的待机电流为 5.3mA，测量电流为 171mA，发送电流为 150mA，GSM 打开等待状态电流为 17mA，假设每 h 测量 1 次，每 4h 发送 1 次数据，则平均功耗为 I_{av}=（5.3×1350+171×48+150×12+17×30）/1440=12.27mA，因此，7Ah 的电池工作时间为 7000×0.6/12.27=342h=14 天。设计的太阳能供电系统能够在连续阴天 14 天的情况下稳定工作。如图 2-24 所示，为 WS1800 墒情监测站工作功耗示意图。

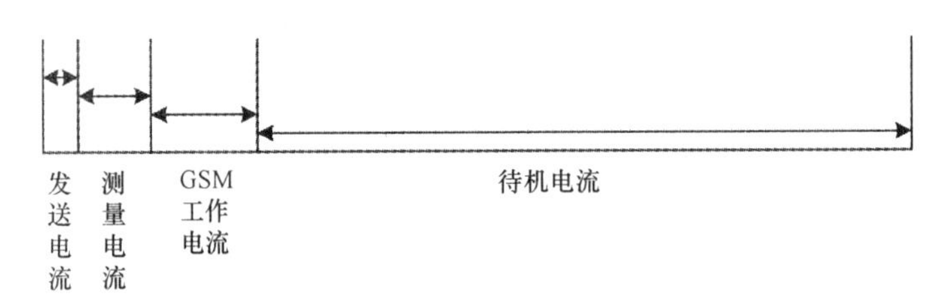

图 2-24　WS1800 墒情监测站工作功耗示意图

（三）主要参数及性能指标

WS1800 墒情监测站的主要参数包括：太阳能供电，DC12V；4 路土壤水分传感器、4 路土壤温度传感器、1 路空气温湿度传感器、1 路紫外线强度传感器、1 路辐射强度传感器、1 路风速风向传感器、1 路降雨量传感器；*ET* 值、有效降雨量实时数值和每日累积值自动计算上传；图像采集与远程上传，最大分辨率 1280*800；USB 数据导出；定时/间隔存储数据；定时/间隔通过短信或 GPRS 发送数据；RS485 接口，符合 MODBUS RTU 协议，支持串口无线数传。

WS1800 墒情监测站的主要性能指标如表 2-8 所示。

表 2-8　WS1800 墒情监测站主要性能指标

指标名称	测量范围	精度	分辨率
风速	1～67m/s	1m/s	0.1m/s，起动风速大于 0.5m/s
风向	0～360°	±7°	1°
空气温度	–40～80℃	±0.5℃	0.05℃
相对湿度	0～100%	±3%	0.5%
降雨量 降雨强度	天：0～13 107mm 月：0～99 999mm 年：0～999 999 999mm	±4%	0.2mm
辐射强度	0～1800W/m^2	±5%	1W/m^2
土壤含水量	0～100%/（m^3/m^3）	±2%	1%
土壤温度	–30～70℃	±0.5℃	0.1℃

（四）结论

WS1800 墒情监测站是一款采用太阳能供电，具有自动采集、存储、远程传输土壤温湿度及气象信息的远程自动墒情采集设备，能够自动计算每小时 *ET* 值和有效降雨量值，并能获取反应作物长势的图像信息。WS1800 墒情监测站的推广应用，可以为政府部门准确地引导和组织农民进行农业结构调整和生产布局、做出科学的宏观决策奠定基础；可以为农技推广部门和农民进行科学农田蓄水保墒、视墒施肥提供科学依据；可以为自动灌溉和精确灌溉提供基础数据。

因此，墒情监测是发展精准农业和现代农业的基础。

二、首部自动控制——精准灌溉施肥控制器

水肥一体化技术是一种对灌水、施肥同步控制的技术，使作物在吸收水分的同时吸收养分，其工作机制是借助灌溉设施和压力系统，根据土壤养分含量和作物水肥需求规律，将可溶性固体或液体肥料与灌溉水混合配比，通过可控管道系统与安装在灌溉系统末级管道上的灌水器灌溉的同时，将肥料一起输入作物根部土壤中，达到精确控制灌水量、施肥量和时间的作用，也可以称为“水肥耦合”或“灌溉施肥”[18-19]。水肥一体化技术具有水肥利用率高、节省用工、调温控湿、增产提质、缩减肥料用量、降低环境污染、减轻病害发生及改善作物微生物环境等特点[20]，被认为是一项当前提高农业生产水肥利用率的最佳技术。

我国农业生产中水肥消耗量大，同时浪费现象严重，农业灌溉用水在水资源总量中比例高、缺口大。与此同时，单位面积施肥量比世界平均水平高一倍以上，但肥料利用率不足 30%。我国是世界上化肥使用量最多的国家，在当季肥料利用率中，氮肥为 30%～50%，磷肥为 10%～25%，钾肥为 50%[21-23]。随着科技和经济的快速发展，传统的灌溉和施肥方式暴露了越来越多的弊端，常常由过量灌溉和施肥造成水肥流失，而引起地下水质差、土壤板结、水源的化学污染、系统的管网化学腐蚀和农药过量施用等问题。水肥一体技术可有效提高水肥利用率，增强农业抗旱减灾能力；在作物生长过程中可有效降低土壤空气湿度，在减少病害发生的同时改善作物微生物环境；有利于推进农业标准化经营，加强农业综合生产力。所以应用水肥一体化技术在我国，特别是北方旱作农业

区具有重要意义。

国外水肥一体化技术应用较早，在 20 世纪 60 年代随着以色列世界上第一个滴灌系统的建成实现，并使农业灌溉技术发生了根本性变化。目前，以色列 90%的灌溉面积均采用水肥一体化技术应用，居世界首位[24-25]。同时，美国、加拿大、荷兰、西班牙等国水肥一体化技术和装备发展迅速，在水肥调控智能控制设备方面形成了一系列自主品牌，包括以色列 TALGIL 的 Frtimix（肥滴美，图 2-25）、Fertigal（肥滴佳）、Fertijet（肥滴杰）自动灌溉施肥器系列产品和拉斐尔（Raphael）RW-003 施肥机，以及荷兰 Priva 的 NuterFit、Nutriflex 和 Nutrijet 三种不同的灌溉施肥机，耐特菲姆（Netfim）[26-28]公司的耐特佳旁路施肥机等，主要应用作物为园艺作物、玉米、棉花和马铃薯等。上述设备均配备先进的计算机控制系统，可根据不同作物设定不同的灌溉施肥制度，调节肥料配比，利用先进的水肥混合技术、EC/pH 检测调节技术、回液检测技术和阀门控制技术，实现对水肥的精细化管理和控制，同时提供平台组网、报警与故障提示、执行数据与硬件系统备份等功能，保证设备的高可靠运转。

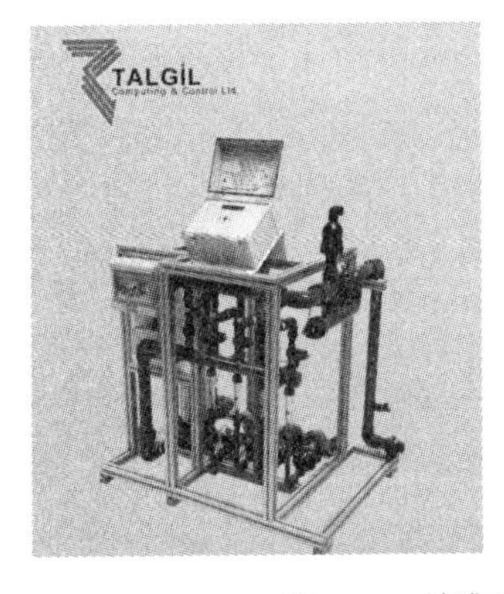

图 2-25　精准灌溉施肥控制器举例

我国水肥一体化技术基础相对薄弱，无论是技术还是应用设备，与农业节水灌溉领域发达的国家有相当大的差别和距离。虽然目前应用面积已经突破 200 万 hm^2，但相对于全国 9 亿亩的灌溉面积来说，应用比例仅为 3%左右，发展潜力巨大。施肥控制多为人工操作，自动化设备研究多，实际使用推广数量相对较少，施肥量与施肥精度低，控制方式单一，以定时控制为主，缺少对监测指标的全面评估。由于大田种植作物的特殊性，水肥一体化技术多数集中在经济作物和设施园艺作物中，大田粮食作物应用推广力度较小。政策方面，农业部在 2013 年印发了《水肥一体化技术指导意见》，指出 2015 年，水肥一体化推广面积达 533.33 万 hm^2 以上，实现节水 50%以上，节肥 30%；2015 年 1 月，农业部制定出台了《农业部关于打好农业面源污染防治攻坚战的实施意见》，明确要求到 2020 年实现“一控两减三基本”的目标，提出控制农业灌溉用水总量和减少农药化肥施用量的目标要求。针对上述情况，研发设计适合于我国国情的自动化精准灌溉施肥技术与设备是解决这一问题的有效手段。

（一）精准灌溉施肥控制器总体概述

针对我国灌溉施肥系统自动化程度不高、一体化设备针对性不强、操作复杂、营养液自动化检测调控干扰因素多、实用性不强的现状，以能够在实际生产中应用为目标，针对灌溉自动化与营养液混合控制技术进行深入研究[29-30]。利用传感器技术、自动控制技术、信息采集与处理技术，研发基于 ARM 处理器的嵌入式施肥灌溉控制系统，实现对施肥过程中的施肥浓度、施肥比例及施肥量进行精确控制，同时易于安装、操作方便，价格低廉。研究基于 EC/pH 条件控制和时间控制的高效精确自动灌溉施肥方法，通过控制 EC/pH、灌溉时间、肥料用量、养分浓度和营养元素间的比例实现水肥自动调配，并与灌区原有灌溉程序无缝集成，提高施肥功效和肥料利用率，节省资源、减少环境污染。

（二）总体结构设计及关键技术

灌溉施肥系统由灌溉系统和肥料溶液混合系统两部分组成。灌溉系统主要由灌溉泵、稳压阀、控制器、过滤器、各灌溉区域管网和灌溉电磁阀等构成，如图 2-26 所示。肥料溶液混合系统由控制器、混合罐、各肥料罐、酸液罐、施肥器、电磁阀、传感器及混合泵组成。肥料罐用来装不同类型的肥料溶液，酸液罐用来装酸液，施肥器和水泵一起用来将肥料溶液和酸液注入主管道中。肥料溶液、酸液、水在主管道中混合后，流入混合罐进行充分混合，传感器用来检测混合罐中溶液的电导率（EC）和酸碱度（pH）；电磁阀用来控制吸肥管路的通断。当混合罐中的溶液达到要求时，混合泵通过灌溉管路把混合溶液输送到指定的施肥区域。营养液混合控制系统启动后，来自主管道的灌溉水注入混合罐中，同时打开吸肥管路上的电磁阀，使肥料溶液和酸液在吸肥器和水

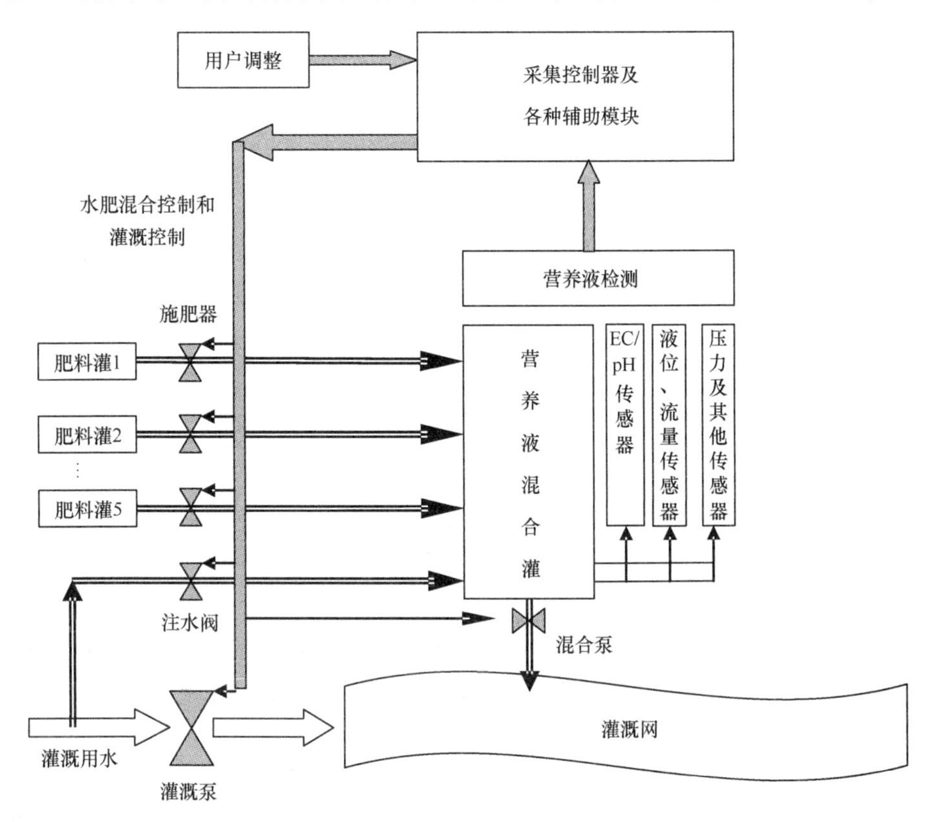

图 2-26　灌溉施肥系统结构设计示意图

泵的作用下注入混合罐中。在肥料溶液中，主要检测电导率（EC）和酸碱度（pH）。肥料溶液混合系统的目标是按用户设定，实时控制混合溶液中的肥料浓度和酸碱度。系统工作时，根据传感器采集到的 EC 和 pH 并将其作为反馈控制参数，由程序控制水泵和电磁阀的开启或关闭，使混合后溶液的电导率和酸碱度稳定在用户的设定值上。

1. 系统管路结构设计

本文设计通用结构（图 2-27）为 4 种模式，所有模式通过对施肥面积的要求，控制注肥设备（如比例施肥器、文丘里施肥器等）的数目，可装配不同的注肥通道或注酸通道，每个定量供应通道都可以配有一个可视的流量表，最多可达 5 路肥液，1 路酸液。检测池为一个封闭容器，混合液可以在封闭的空间内流动，内部装有 EC/pH 传感器、温度传感器、溶氧传感器，用来检测管道中混配好的混合液的 EC/pH、系统溶液温度及营养液的含氧量。图中 15 号设备为检测池，营养液在池中循环流入流出，以闭环形式采集动态 EC/pH，并通过液晶显示屏提供给现场用户。检测池通过模块化设计，可随施肥模式的变化配置在系统的不同位置，当所选场所是已经搭建好的水源管路时，则在选择模式时可不添加 BK 段管道，此时旁接在主管路中。当没有铺设好的水源管路时，则选择添加管道 BK，内接在水主管路中，此时系统同样旁接在主管路中，根据用户设备的选择和场地要求，可建设大小不一、规模不同、功能各异的管路构造和自动化设备。旁路安装简单构成、快速设置、灵活方便。

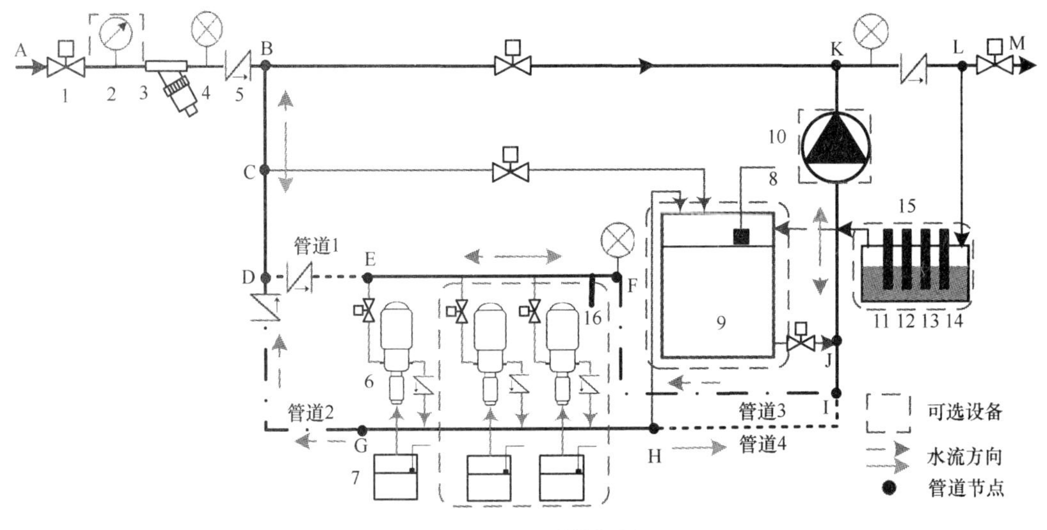

图 2-27 通用结构框图

1. 电磁阀；2. 水表；3. 过滤器；4. 压力计；5. 逆止阀 ；6. 比例施肥器；7. 肥液桶；8. 液位传感器；9. 混肥罐；10. 多功能泵；11. EC 传感器；12. pH 传感器；13. 温度传感器；14. 溶氧传感器；15. 检测池；16. 扩展通道

肥料溶液的浓度往往通过其电导率，即 EC 来反映，故控制灌溉液的 EC 即可控制肥料浓度，另外作物在不同的生长阶段，对灌溉液的 pH 也有一定的要求。为了将其控制在有利于作物生长的范围内，还需要向灌溉液中加入 pH 调节液。为了调节混合肥料溶液的酸碱度，配备 1 路吸肥管用来吸酸并通过电磁阀来控制启闭。

检测池是用来检测肥料混合溶液的 EC 和 pH 的，为了对混合溶液中的 EC 和 pH 实时检测，检测池为封闭容器，混合溶液能够在检测池中流动。控制系统根据用户设置的施肥浓度和检测到的EC/pH，计算出每路电磁阀的开关时间以使混合溶液的肥料浓度保持在给定范围内。放置在肥料桶中的液位开关可以用来监测桶内是否还有溶液。当桶内没有溶液时，控制系统会关闭该吸肥管路上的电磁阀并向用户发出报警信息。

由于肥料溶液有一定的腐蚀性，故水泵选用防腐型施肥专用立式离心泵。文丘里也选用防腐防酸型的，为了防止肥料溶液中的杂质堵塞管路，选用4路过滤器安装在吸肥管的末端。同时选用4路不锈钢浮球开关，检测肥料桶、酸液桶的液位。电磁阀选用直流24V开关阀，成本低且性能可靠，易于控制。

2. 4种模式组成介绍

根据施肥系统管路安装方式区分：旁路式，在线式。

根据设备中是否提供动力系统区分：有多功能电动泵或者无多功能电动泵。

根据设备中施肥系统方式区分：有混肥桶（或者混肥罐）或者在管路中直接混肥。

根据设备中营养液检测部分区分：由EC/pH、温度、溶解氧等传感器构成检测系统或者不添加检测装置。

下面介绍的几种情况都包含在上述4种区分方式中，以下做具体说明。

1）压差式。在图2-27的4条管道中选择管道1、管道4构成系统（管道2，管道3不选择），除去带有混肥罐的部分（蓝色部分），虚线框内（红色）都是可配置的，其余系统固定设备保持不变，混肥系统由成组比例施肥器组成，可设置固定精准比例（文丘里施肥器每个定量供应通道都配有一个可视的流量表），运行水流方向为绿色实线箭头。工作时，系统压力必须足够。在没有提供固定压力的地方使用时，必须包含电动泵为系统提供满足灌溉施肥的压力。在没有电或者在旷野等地使用时，要求灌溉施肥器下游或者水源处有足够的压力，此时电动泵可不添加，节省资源。检测池15接在LJ处。一般情况下，EC和pH测量控制设备是选件配置，可直接与系统接驳使用，除非用户有不要EC和pH检测的特殊需求。

2）注肥式。在图2-27的4条管道中选择管道2、管道3，除去混肥罐（蓝色部分），虚线框内（红色）都是可配置的，其余系统固定设备保持不变，系统运行水流方向为粉色虚线箭头。多功能电动泵接在DG处，主管道所需压力相对小，必须达到规定范围，提供的施肥量也会相对变小。启动比例施肥器（文丘里施肥器等）的压差值是由灌溉施肥机上的电动泵提供压力的。在系统运行时，电动泵使多孔管的水增加压力，泵的功率很小也足够满足吸肥设备工作压差的使用需求，可有效降低能耗。检测池15配置在DG处，也可不配置。

3）吸肥式。在图2-27的4条管道中选择管道2、管道3，除去混肥罐（蓝色部分），虚线框内（红色）都是可配置的，其余系统固定设备保持不变，系统运行水流方向为粉色虚线箭头。电动泵接在KI处，主管道所需压力大，必须达到规定范围，其足够满足灌溉施肥用水需求，产生的施肥量会更大。启动比例施肥器（文丘里施肥器等）的压差值是由安装在灌溉施肥机多功能电动泵提供吸力的。检测池15配置在KI处，也可不配置。

4）混合式。在图2-27的4条管道中选择管道3，加上混肥罐（蓝色部分），虚线框内（红色）都是可配置的，其余系统固定设备保持不变，系统运行水流方向为粉色虚线箭头。在这种模式下，肥料和清水在混合罐中混合，施肥通道都是模块化的，可扩展。检测池 15 检测的肥液进口接在 L 处，出口接在混肥罐上端，检测完流回罐内，避免浪费。

3. 控制系统设计

根据上文提到的设计通用结构方案，结合在实际施肥过程中对肥料液酸碱度、电导率及管道压力、流量等参数的需求，设计了水肥一体化通用设备，此设备是以 LPC2387 微控制器为整个自动通用智能控制系统的核心部分，作为“大脑”使用，在其基础上搭建外围设备构成通用控制系统的硬件平台。

系统采用通用智能硬件模块化设计。模拟量采集模块包括 EC/pH、液位等传感器采集到的 4～20mA 模拟量。开关量输入模块包括电子压力继电器、脉冲水表、开/停命令输入等采集到的开关量（数字量）。开关量输出模块包括灌溉施肥电磁阀、多功能电动泵、肥料泵/注肥器和报警器等设备输出量。通信模块包括 RS232/485 接口、USB、SD 卡接口等。

微控制器对传感器及相应设备采集到的各种量进行处理判读，发出执行灌溉施肥（时间，量）信号，控制外接执行设备实现自动运行和操作，保存历史工作日志，自动调整设备故障报警。

在满足用户灌溉施肥设备所需的通用智能模块和快速构建用户需要施肥方案的连接模式的前提下，还要考虑搭建在通用控制器下控制的施肥器的经济成本、性价比、适用性和扩展性。通用设备平台结构如图 2-28 所示。

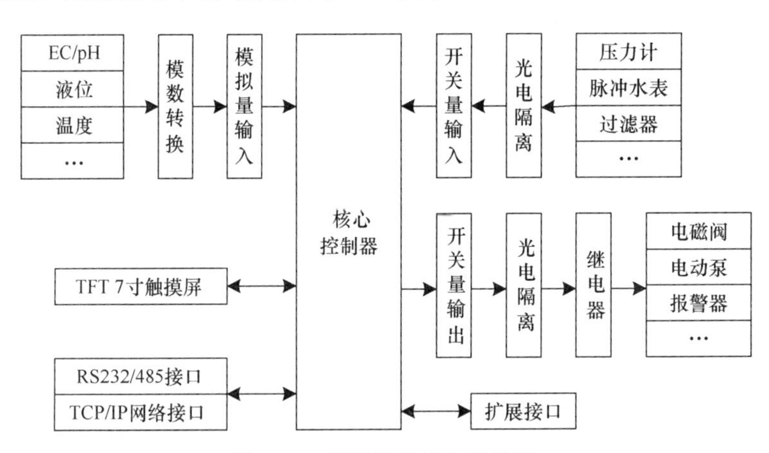

图 2-28　通用设备平台结构图

由于采用了模块设计思路，系统硬件设计被大大简化。核心模块的硬件设计主要包括电源电路设计、RS232 接口电路设计和 RS485 接口电路设计等。核心模块提供的资源很丰富，包括内嵌 uC/OS-II 实时操作系统、FAT32 文件管理系统、USB 协议栈及 TCP/IP 协议，通过软件设计可以实现数据采集、存储、报警、设备控制和远程网络访问等通用功能。采集模块可以实现对模拟量、频率量和状态量的采集，控制模块可以对正反转设备和直接启停设备进行控制。因此整个数据采集控制系统的通用性和实用性都很强。

4. 控制算法设计

模糊控制系统或模糊自动控制系统是以模糊数学，即模糊集合论、模糊语言知识表及模糊逻辑规则推理等作为理论基础，以计算机作为物理基础，以计算机控制技术、自动控制理论作为技术基础的自动控制系统。模糊控制器与常用的负反馈闭环系统相似，不同的是控制装置由模糊控制器来实现。模糊控制算法流程图如图 2-29 所示。

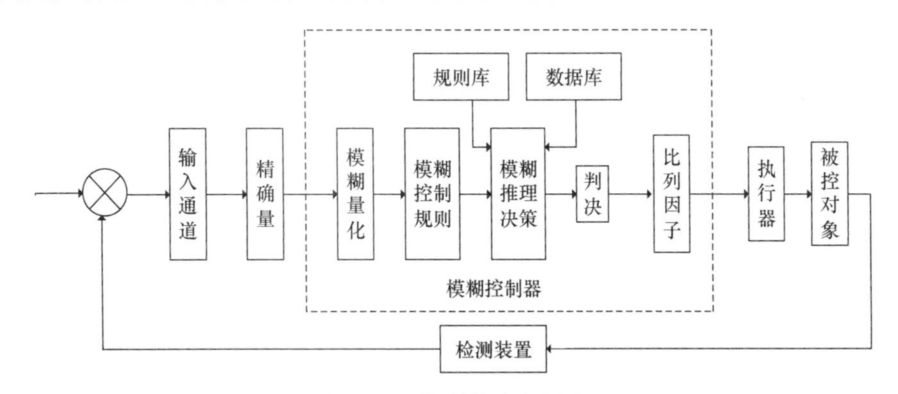

图 2-29　控制算法流程图

本系统是一个大延迟的、有不确定因素的复杂系统。系统的滞后和惯性都很大，传递函数很难确定。同时控制系统的执行机构是只有两种工作状态的开关电磁阀，控制指令只能控制电磁阀的通断，因此本系统选用模糊逻辑控制方法，通过控制每个控制周期内电磁阀的开关时间来实现。模糊控制的基本原理如图 2-30 所示，其二维模糊控制器的模糊控制算法由以下 4 个步骤构成：①确定模糊控制器的输入变量和输出变量；②设计模糊控制器的控制规则；③确立模糊化和非模糊化的方法；④选择模糊控制器的输入变量及输出变量的论域并确定模糊控制器的参数。

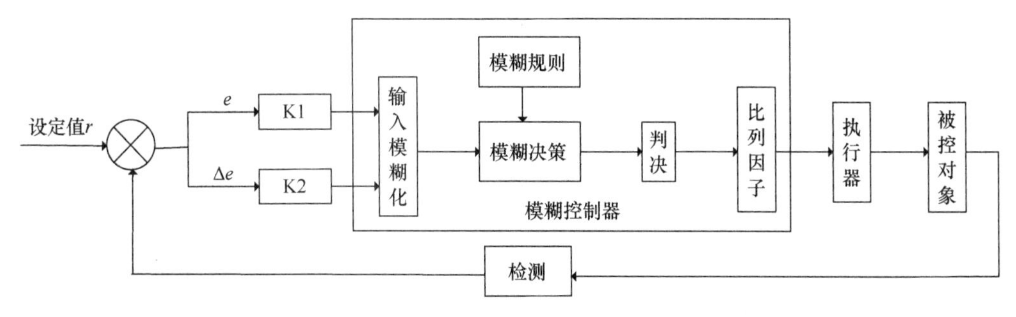

图 2-30　二维模糊控制器结构示意图

K1. 偏差语言变量的量化因子；K2. 偏差变化语言变量的量化因子

本系统选用二维模糊控制器，即以偏差 e 和偏差变化 Δe 作为输入变量，模糊控制系统框图如图 2-30 所示。这时的模糊控制器类似于一个 PD 控制器，从而有利于保证系统的稳定性，减少响应过程的超调量及削弱其振荡现象。输出语言变量一般选取单输出结构，有利于模糊规则的建立。本系统主要有两个控制量：电导率和酸碱度。为了降低模糊控制系统的复杂度，在本系统中设计了 2 个二维模糊控制器，用来分别控制电导率和酸碱度，如图 2-30 所示。

根据系统中电导率、酸碱度的变化规律，结合管道上电磁阀打开的时长，设计了模糊控制规则，如图 2-31 所示，并求出电导率和酸碱度的模糊关系合成矩阵，以重心法作为模糊判断方法，策划模糊推理过程和解模糊化之后的精确输出，即模糊控制查询表，在控制过程中，计算机直接根据采样值和论域变换得到的以论域元素形式表现的 E（电导率误差语言变量）和 Eo（酸碱度误差语言变量），由控制表查找到对应的精确输出量，并以此控制被控对象，达到预期的控制目的。

	−4	−3	−2	−1	0	1	2	3	4
−4	2.11	1.26	1.26	0.97	0.64	0.12	−0.26	−0.67	−1
−3	2.11	1.26	1.26	0.97	0.64	0.12	−0.26	−0.67	−1.0
−2	1.17	0.97	0.97	0.56	0.24	0	−0.36	−0.67	−1.0
−1	1.17	0.97	0.76	0.36	0.24	0	−0.51	−0.82	−0.93
0	0.93	0.82	0.63	0.11	0	−0.11	−0.63	−0.82	−0.93
1	0.93	0.82	0.51	0	−0.24	−0.36	−0.76	−0.97	−1.17
2	1	0.67	0.36	0	−0.24	−0.56	−0.97	−0.97	−1.17
3	1	0.67	0.26	−0.12	−0.64	−0.97	−1.26	−1.26	−2.11
4	1	0.67	0.26	−0.12	−0.64	−0.97	−1.26	−1.26	−2.11

	−4	−3	−2	−1	0	1	2	3	4
−4	2.8	2.8	2.8	1.88	1.57	0.2	−0.22	−0.4	−0.67
−3	2.8	1.88	1.88	1.0	0.67	0.18	−0.2	−0.67	−1.0
−2	2.8	1.88	1.57	0.67	0.67	0.18	−0.44	−0.8	−0.89
−1	1.86	1.0	0.67	0.6	0.6	0	−0.6	−0.91	−0.89
0	1.86	1.0	0.67	0.6	0	−0.6	−0.67	−1.0	−1.88
1	1.0	0.91	0.6	0	−0.6	−0.6	−0.67	−1.0	−1.86
2	0.67	0.6	0.44	−0.18	−0.67	−0.67	−1.57	−1.88	−2.8
3	0.67	0.36	0.2	−0.18	−0.67	−1.0	−1.88	−1.88	−2.8
4	0.25	0	−0.25	−0.67	−1.57	−1.88	−2.8	−2.8	−2.8

图 2-31　电导率、酸碱度模糊控制查询表

以上主要介绍了模糊控制算法的实现、试验方案的设计及试验系统的搭建，包括电导率变送器和 pH 变送器的校验方法，并且针对设计的模糊控制器进行了试验。从试验结果来看，模糊控制器的控制效果较好，满足系统要求。但是由于受文丘里吸肥原理的限制，控制系统的调节时间与肥料母液的浓度有关，因此，为了尽可能加快系统的响应速度，肥料母液的电导率不能太低。

（三）功能特点及性能指标

精准灌溉施肥控制器实物图如 2-32 所示，主要功能包括：通过 EC/pH 自动监测自动配肥；肥料罐液位实时监测，具有缺肥报警功能；支持多种施肥逻辑，可以与灌溉控制系统无缝配合使用；具有远程通信功能，可连接到中央控制系统；7 寸触摸屏作为操作界面。

图 2-32　精准灌溉施肥控制器实物图（彩图请扫封底二维码）

（四）结论

水肥一体化通用设备具有多种模式，既可从设备的有无动力系统部分上进行划分，又可从是否安装检测系统上进行划分。每一种都可快速构建，每个硬件设备完全模块化，通过软件的程序化，设备完全具有逻辑化功能，用户在触摸屏上点击相应的操作按钮，可对模块化的设备执行添加或者删减，依据使用施肥器数量、灌溉施肥面积等诸多条件，及时地快速构建。无论是更换作物还是使用面积增大，均不用更换原有的控制器，只需根据需求增加其灌溉施肥器件即可，节约成本，使用方便。

水肥一体化技术是现代农业生产的综合管理措施，适用于我国耕地面积有限、人口多和水资源短缺的特殊形势，同时对于摘掉我国肥料消耗大国的帽子有重大作用。该技术还可减少因过量施肥导致的元素比例失衡、肥料利用率低和能源浪费严重等问题。随着水肥一体化通用设备的发展，对施肥的控制也将更加精细化和合理化。随着物联网技术和信息技术的发展，从肥料选择、设备结构设计、水肥精确控制方法和在线精确检测技术上将数据挖掘技术深度融合，水肥一体化技术也将更加系统化、模式化、平台化。依托网络功能提供信息共享和更加有针对性的决策服务，也将在很大程度上促进生态环境保护，提高农业综合生产力。随着“一控两减”政策的实施，水肥一体化技术在我国必将得到更加广泛的应用。

水肥一体化通用设备未来的发展趋势可以归纳为以下三点。

1）向高度集成，向高度智能方向发展。水肥一体化是一个系统工程，需要多部门、多学科的融合，利用计算机自动控制灌水时间、灌水量、营养液 EC/pH，达到适时适量按需灌水施肥。很多研究机构把水肥一体化技术与 Web Server、无线技术、组态技术等多种控制技术相结合，向灌溉施肥控制最优化目标拓展。满足施肥定量，技术规范，设备智能，营养液配比精确，器件标准。

2）建立完善的控制技术，制定行业硬件标准。水肥一体化通用设备执行时结合全新的现代控制理论及算法，执行最优策略方法得到推广使用：实时专家控制（Real Time Expert Control）、模糊逻辑控制（Fuzzy Logic Control）、鲁棒控制（Robust Control）、非线性控制（Nonlinear Control）、自适应控制（Adaptive Control）、分布式控制（Distributed Control System）、智能控制（Intelligent Control）等应用在灌溉施肥自动化控制设备中；已由传统压力、机械传动装置发展到结合各种控制理论的智能化、自动化的控制装置，操作简洁，可靠、稳定性高。用于采集部分的传感器和控制输出部分要集约化、标准化、节能化。

3）灌溉行业与水溶肥市场结合配套，推进水肥一体化快速发展。灌溉施肥设备与水溶肥市场巧妙的结合，才能发挥真正意义上的水肥一体化效果。形成水溶肥市场行业标准是正确的、可行的，使用户和商家明确使用的情况和需要，互相匹配使用是必然趋势。国家出台规章制度，制定行业标准，统一服务规范。在采用自动化设备时配备水溶肥，在灌溉施肥时应采用一体化通用设备。

三、首部自动控制——自动反冲洗过滤器控制器

按照灌溉水输送到田间的方式和土壤湿润方式划分，灌溉方式主要包括全面灌溉和

局部灌溉。全面灌溉以地面灌溉和喷灌为主，地面灌溉属于传统灌溉方式，方法简单但灌水均匀性差，水资源浪费严重。随着我国水资源紧张形势的加剧和国内外灌溉技术的发展，微灌已经成为当前灌溉方式的主流，包括渗灌、滴灌、微喷灌、波涌灌及最近兴起的痕量灌溉等，其相比全面灌溉，微灌只维持作物周围土壤的湿润而保持行间和棵间土壤干燥，并将作物所需水分和养分准确、均匀地直接送达根系，从而实现高效的水肥利用，耗水量大大减少，同时具备灌水均匀性好、低耗能、地形适应性强和便于与田间其他自动化设备组成系统进行自动化管理的优点，使之成为干旱缺水区农业节水灌溉的首选，已经越来越受到世界各国的关注和重视，相关研究成果也逐渐增多[31]。但是在微灌系统中前端灌水设备的出水口孔径一般很小，若水在进入灌水器之前没有经过处理直接就使用，水中的杂质会堵塞灌水器，长久被堵塞就会使整个灌溉系统报废。所以对水源水质提出了更高的要求，灌溉水中不能含有造成灌水器堵塞的杂质，而农业灌溉水源 80%以上为地面水源，含有大量的泥沙，即使是净水也不同程度地含有各种污物，所以微灌系统的水源必须经过过滤器才能进入灌溉系统，而水源水质的保证需要使用过滤器来实现，过滤器隶属微灌工程首部装置，首部装置担负着整个系统的驱动、检测和调控任务，是全系统的调度中心，过滤器自身性能和应用效果对微灌系统的正常可靠运行起到决定性作用。

过滤器在运行过程中受过滤杂质的影响，压力损失将逐渐增大，滤网两端压力差的增大最终导致颗粒透过滤网进入系统，这将引起滴灌系统滴头堵塞，所以要保证对过滤器的及时清洗以保证良好的过滤效果[32]。传统手工清洗方法需要关闭水泵停水，一方面占用正常的灌溉时间，另一方面由于灌溉水源水质变化影响因素多，可能导致无法及时地对过滤器进行清洗，并需要人员现场值守，提高了管理的人员成本。具有自控控制功能的过滤器相比传统过滤器更加适应微灌系统，可结合传感器、计算机及变频器等设备组成系统，实现对流量、压力及电控装置的自动调节，其自动化程度高、压力损失小，能够在不停水的情况下，自动开启冲洗阀门，将污染物冲出过滤器之外，不影响正常灌溉，满足了精准灌溉和自动化要求。因此研究反冲洗过滤器自动化控制系统设计及方法，对于提高灌水效率、节约人工、延长过滤器使用寿命有重要意义，也是在未来微灌技术发展和推广过程中过滤器控制发展的主要趋势[33]。

我国对过滤器清洗方式的研究起初阶段是引进国外自动反冲洗过滤器产品，但因为我国微灌的工作环境和单位标准跟国外相差很多，从而导致这些引入产品的性能不够稳定，使用中故障率也比较高，甚至在某些情况时都无法正常使用[34-35]。另外，国外自动反冲洗过滤器的价格也比较昂贵，超出普通用户的承受范围，这造成目前国内很多地方仍然使用传统的手动清洗过滤器。随着近几年国内节水需求的不断扩大，我国也开始研制自清洗过滤器，目前研制比较成熟的过滤器是砂石过滤器和离心式过滤器[36-37]，这两种过滤器在制造工艺方面技术含金量不高，过滤效果粗糙，一般作为初级过滤器使用，过滤水进入微灌系统需要进行再次的处理或者与其他过滤器组合。总之，国产过滤产品相对国外产品而言价格比较便宜，但无论是从使用寿命，还是过滤效果、产品多样和自动化控制方面，都与国外产品存在着比较大的差距[38-40]。

（一）自动反冲洗过滤器控制器总体描述

针对农业灌溉首部控制系统的特点，结合并梳理常用自动反冲洗过滤器工作原理和应用模式，旨在扩展现有反冲洗过滤器控制器在灌溉首部控制系统中的功能，并提高系统的灵活性，提升对整个灌溉首部控制系统的管理水平，应用自动控制技术、智能检测技术、网络技术及无线通信技术，基于嵌入式系统设计了具有网络功能的自动反冲洗过滤器控制器，其具备在线实时流量、压力及传感器数据监测功能；扩展多路电磁阀控制通道，用触摸屏可视化流程式操作代替传统液晶屏生硬的菜单-参数-按键模式，人机交互更为友好；支持多种反冲洗控制模式且控制参数可由用户调整，同时支持故障远程报警功能，可主动连接上位机，报告自身工作状态，适时进行检修和维护。通过上述设计，提升了自动反冲洗过滤器在灌溉首部控制系统中的信息共享程度，有效避免了信息孤岛的产生，同时也有利于构建从水源处理到田间灌溉控制系统的完整控制网络。

（二）总体结构设计及关键技术

网式反冲洗过滤器和叠片式反冲洗过滤器如图 2-33 所示。

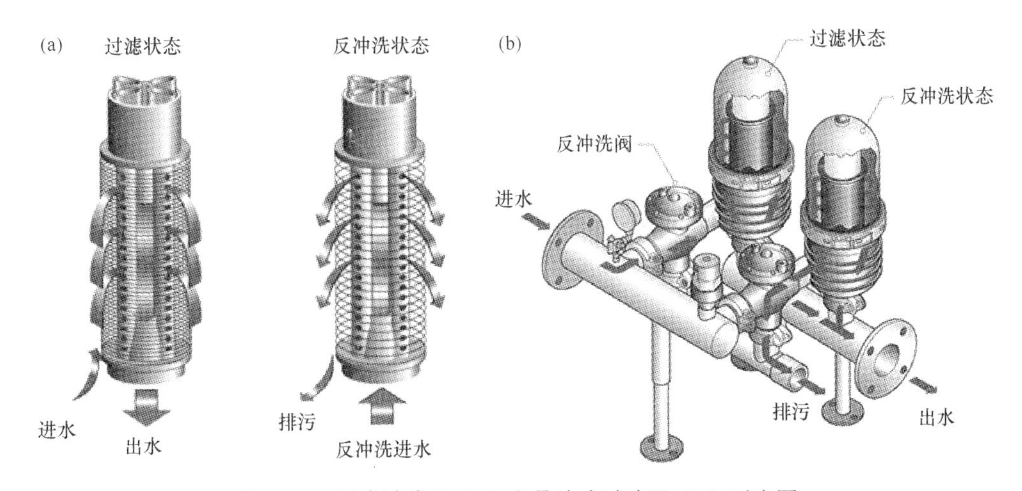

图 2-33　网式过滤器（a）和叠片式过滤器（b）示意图

网式过滤器反冲洗原理：污水通过进水管进入过滤器，若有粗滤网，则先经过粗滤网滤除较大颗粒的杂质，然后经过细滤网滤除细小颗粒的杂质，过滤过程中杂质积累在滤网的内表面，造成一定的水压损失；当滤网内外的压差达到清洗设定的阈值或用户根据水质情况设定的清洗时间时，过滤器控制器启动清洗机构开始清洗，将滤网上的杂质通过排污管道排除，以保证用户对用水水质的需求。

叠片式过滤器反冲洗原理：含有杂质的水从进水管进入过滤器，经过叠片式过滤器压紧的叠片对杂质进行拦截和过滤，一般采用多联式或多单元，随着污染物在叠片间的累计，内外压力差不断增大，当压力差达到设定值时，设备将启动反冲洗过程，反冲洗阀门打开，同时改变反冲洗过滤单元中的水流方向，同时切换进入反冲洗单元的水源为清水，其他过滤单元正常工作，反冲洗单元过滤芯上的单元被水压顶开，从而使盘片之间的孔隙松开，在水流冲刷和盘片高速旋转离心力作用下，过滤杂质被冲洗掉并从排污口流出，压力恢复正常后反冲洗阀门恢复过滤位置，回到过滤状态。

1）设计目标。全自动反冲洗过滤器的控制部分在整个过滤系统中非常重要。作为大型的单元式全自动反冲洗过滤器的控制中心，需要达到以下几个设计目标。

能适应过滤系统的结构变化及能够灵活地调整各个工作运行参数。用户可以根据自己的具体需求将过滤器系统任意组合为若干个过滤单元，具有灵活调整系统运行参数功能，这是由有权限的用户完成设定的。

能够实时监控过滤器的工作状态。当过滤效果下降时，控制器要能够及时调整各过滤单元的工作状态，按照一定的条件对部分过滤单元进行反冲洗，而其他单元保证正常的过滤功能，控制器要能够适时轮换各单元的工作状态，保证各单元都可以被反冲洗，也就是系统过滤功能的连续性保证。

具有检测和报告自身工作状态的远程通信功能。可以用无线或者有线方式连接上位机，报告控制系统各个数据或者状态，控制系统要能够及时地被检修，方便维护。

要求用户能够观察到过滤器的工作状态，并将相应信号输出。用户操作要求简单、方便。

2）系统结构设计。系统硬件结构如图 2-34 所示，针对以上要求，以及在开发成本的考虑下，开发的控制器核心采用的是嵌入式 ARM7 硬件平台，加上外围电路，组成控制系统，并且按照系统集成的原理，使用多个小型过滤单元，构成更大和更复杂的过滤系统。系统以 Silicon Lab 产品 C8051F964 超低功耗 MCU 作为设备的控制核心，人机交互部分采用典型按键加液晶显示方式，并配合数据存储部分实现数据的显示、修改和存储；时钟芯片 PCF8563 作为设备运行阶段的基本时基；数据采集部分对外扩展 4 路标准 4～20mA 电流信号输入，用以连接不同类型的传感器，同时有效控制功耗、相应扩展 4 路可控电源输出；4 路输出控制可产生脉冲式输出用来驱动门闩型电磁阀开关；为实现设备的组网功能和数据远传功能，扩展了 RS485 接口和 GPRS 模块，从而实现设备本地总线式组网和基于 Internet 的数据远程交互。同时系统可扩展彩色触摸屏，方便用户对反冲洗组件进行可视化操作和参数设置，数据及设备状态显示更加直观、简洁。

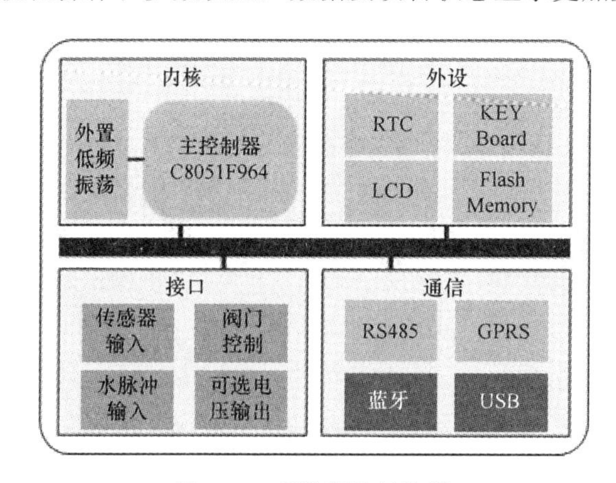

图 2-34　系统硬件结构图

系统采用多点多站控制，即控制系统是由很多个相同的过滤单元构建的。每个过滤单元由进水管、过滤容器、出水管、排污管 4 部分组成，在进水管和排污管处安装电磁阀。每个过滤单元有两个工作状态：过滤状态和反冲洗状态，用户可以根据自身情况，合理地选择不同的分组或多级并串联组合，以达到过滤效果好、流量大的目的。采用多站式控制，如图 2-35 所示，系统具有连续性，清洗过程中过滤工作也能同时进行。系统实时检测过滤系统的工作状态，当过滤效果下降时，并适时按顺序轮换，在连续过滤状态下完成各单元的反冲洗工作，保证系统的连续性。

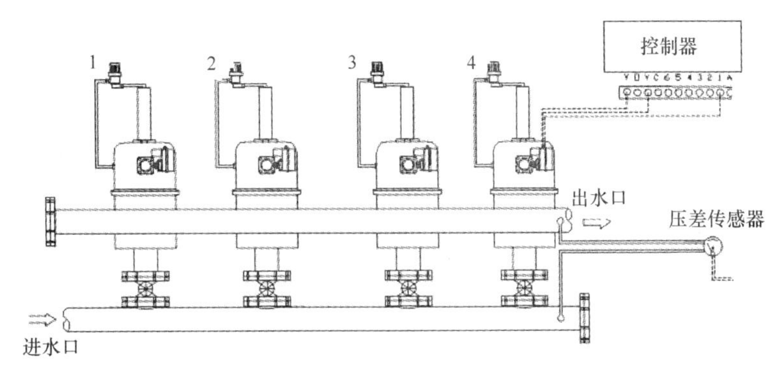

图 2-35　一组四站式过滤模式

系统可以作为控制终端直接连接传感器、电磁阀等设备并构成控制系统，进行信息的采集和阀门控制，也可以作为下行设备，通过串口总线连接到上位机，与大型工控机组成集中式过滤控制系统，考虑到过滤器站点分布比较分散、布线成本高、现场环境恶劣等因素，采用无线系统来收集和传输数据比较合适，系统采用的是发送短信的形式，控制器通过端口与手机模块连接，发送短信，用户可以远程监测控制。系统软件结构图如图 2-36 所示。

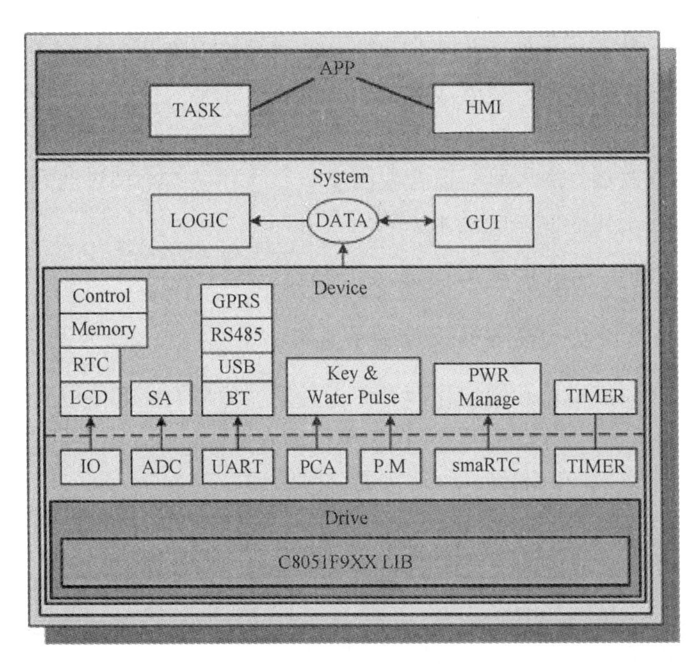

图 2-36　软件结构图

系统通过串口接外围的液晶显示模块，液晶显示模块具触摸功能。这样，操作人员面对的不再是生硬的开关和按钮，而是形象、直观且界面友好的工艺流程、触摸功能，使得操作人员可以按照自己的需求设定参数，在线运行调试参数，操作简单方便，可视化功能加强了操作人员处理故障、过程控制及管理人员的监控能力，提高了生产管理水平。

应用软件设计中充分考虑系统的灵活性和可扩展性，在实际使用中，水源所含污物性质、含量高低、固体颗粒粒径、需水量大小等因素不同，因此需要根据实际使用情况，适时地调整控制相关参数，软件设计中集成了基于时间、压力差、手动控制 3 种反冲洗控制方法。调研了多种主流自动反冲洗过滤器控制器的控制方法，设计了自动反冲洗控制算法，通过设定不同的反冲洗参数实现了上述 3 种反冲洗控制方法。自动反冲洗控制器具有灵活的过滤设置功能，最多可监测 16 路压力、流量信号，并可以根据实际具体需要选择若干过滤单元，组成过滤系统，控制系统能够实时控制过滤和自动反冲洗流程；同时具备远程控制，检测和报告自身工作状态，通过 GPRS 方式实时监测设备状态，并可对故障和异常测量状态实现远程自动报警，适时进行检修或维护功能。

3）功能特点及性能指标。触摸可视化人机操作界面；8 路阀门控制通道，可扩展至 24 路；8 路压力、流量信号检测通道；2 路 RS232、1 路 RS485 通信接口；具备 GPRS 远程报警功能。

（三）结论

针对过滤控制涉及智能、实时性等问题，提出了基于嵌入式平台的控制系统，实现了实时控制；采取的外围电路有带隔离功能的配电器，有光电耦合器的输出电路，并且还可以通过无线技术实现对控制器的远程控制。同时，为了完成过滤器装置的全自动控制，设计采用压力差、时间及手动控制 3 种方式的结合来实现启动，用户可用实际压差方式、定时方式和点动方式用于微灌系统的水质过滤，也可与自动化系统配套使用，实现过滤器的自动反冲洗，系统工作更加可靠，另外系统具有异常情况诊断及报警功能。

国产过滤器研究起步晚，虽然成本低，但可靠性和密闭性与国外有一定差距，同时从节水灌溉角度上，研究重点必然从单纯的灌水器水力性能和优化结构设计研究向微灌用过滤设备的方向发展。深入研究适合我国农业灌溉环境的小型过滤系统和低投入、高效、适用性强及自动化控制系统是未来的研究方向。

四、灌溉中央控制——可扩展中央灌溉控制设备

（一）可扩展中央灌溉控制设备的设计背景意义

现代农业生产向规模化和精细化两个方向发展，传统农业灌溉以人工控制为主，利用人力开关灌溉阀门，监测灌溉状态。在规模化的农业生产中，由于灌溉水压力的限制，整个灌溉区域无法实现同时灌溉，往往需要分区管理，在各分区间实现轮灌。在这种情况下，传统的灌溉方法需要人工值守，通过人的主观判断，轮换不同的灌溉分区。在人的主观判读参与下，造成各灌溉分区的灌溉水量不均匀。人的长时间值守也耗费了大量的人力资源。在灌溉精细化的模式下，灌水量、灌溉时间往往要与施肥、耕作等因素相结合，通过合理灌溉，能够有效地提高肥水的利用率，从而提高产量。人工灌溉无法精准地控制灌溉的开始时间和灌水量。在这样的前提下，研发中央灌溉控制设备显得尤为重要。通过应用自动化的管理和控制，能够根据现场情况，实现对灌溉区域的合理分区，利用自动化手段实现轮灌，同时保证各分区灌水量可控[41-43]。通过应用中央灌溉控制设备能够实现精细化灌溉，在灌溉时间和灌水量上实现精准控制，结合肥水的决策管理，实现增产的目标。

中央灌溉控制器具有很强的可扩展性，通过采集扩展，能够获取如土壤墒情、田间气象等灌溉决策关键信息，通过内置决策方法就可以实现灌溉的精准控制。通过通信扩展，能够将灌溉状态、关键数据和灌区分配等信息通过网络共享，实现灌溉过程、灌溉方法的远程决策与控制[44-45]。将灌溉从一个模糊的过程变为一个过程可控、结果可查的透明过程，大大提升了灌溉过程的可操作性。远程的非值守型操作方式，能够有效地节省人力，提高农业从业者的工作效率。从节省人力提高产量上来讲，中央灌溉控制器的应用能够为农业生产带来可观的经济效益。

（二）研发设备的总体描述

中央灌溉控制器通过对电磁阀的控制实现自动灌溉。中央灌溉控制器以轮灌组为基本控制单元，将整个灌溉区域分成若干个灌溉分区，每个灌溉分区中的电磁阀分配到一个轮灌组中实现统一控制。

中央灌溉控制器自身具备 RTC 时钟，能够根据对灌溉逻辑的设定实现以时间为依据的灌溉控制。中央灌溉控制器同时具有传感器采集功能，通过内置的灌溉决策算法实现反馈控制和智能灌溉。在反馈控制模式中，控制器能够根据特定传感器的采集值（如土壤水分值等）自动地实现灌溉的开始和停止[45]。当控制器具备气象传感器或与墒情监测站配合使用时，控制器能够实现灌溉的智能决策以提高灌溉水的利用率，节约灌溉水资源。

中央灌溉控制器具有灵活的扩展性，通过自身通信接口和扩展模块能够实现 RS485、RS232 总线、网络、GPRS、WiFi 等通信方式。中央灌溉控制器能够利用各种通信方式实现与远程主机的组网通信，实现远程的灌溉逻辑编制、灌溉状态监测[46]。

除完善的控制、采集、决策功能外，中央灌溉控制器具备良好的人机交互单元，采用 7 寸或 15 寸可选的触摸屏，提供良好的用户体验。用户在现场可以通过触摸屏方便地实现对灌溉的实时控制、灌溉逻辑的设计和调整。

（三）总体结构设计及关键技术

中央控制器采用 ARM7+uCOSII 的结构设计，其硬件由中央处理器、存储单元、采集单元、通信单元和人机交互单元等几部分组成。其中中央处理器 MCU 采用 NXP 公司生产的 LPC2387 ARM7 中央处理器，该芯片为工业级芯片，具有很好的稳定性，能够满足农业现场应用的需求。存储单元用于存储编制的灌溉逻辑、系统的基本参数、传感器采集值和灌溉记录，为了数据存储的安全性，中央灌溉控制器的存储单元采用 EEPROM 和 FLASH 结合的存储方法，EEPROM 中存储设备运行的关键数据和经常需要修改的数据，FLASH 中存储历史记录等不常修改的数据。采集单元利用 MCU 内部 ADC 实现对模拟电压电流信号的采集，利用 MCU 内部的时钟实现对脉冲信号的采集。通信单元主要基于 MCU 的 UART 和 SPI 等通用数据接口开发，利用电平转换实现 RS485、RS232 串口通信，利用内置 TCP/IP 协议的 W5500 芯片实现数据的网络传输，利用 GPRS 手机模块实现数据的手机网络接入。

为实现灌溉的时序控制，中央灌溉控制器采用外部 RTC 实现精准计时，利用 RTC 的度数和中断实现灌溉定时控制。对电磁阀的控制采用继电器开关实现，继电器开关为隔离器件，能够在强电弱电结合处实现对弱电设备的保护。可扩展中央灌溉控制器的硬件结构如图 2-37 所示。

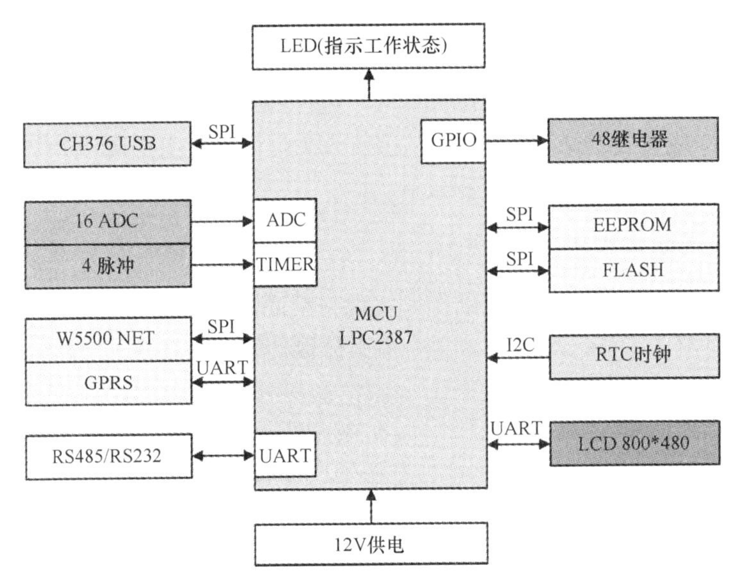

图 2-37　可扩展中央灌溉控制器硬件结构

采用 uCOSII 嵌入式操作系统编写，该操作系统能够实现多任务并行处理，每个任务拥有独立的堆栈和内存空间，任务间互不影响。uCOSII 为实时性操作系统，在控制领域常被采用，任务间利用信号和邮箱的方式传递消息。中央灌溉控制器的任务构成如图 2-38。

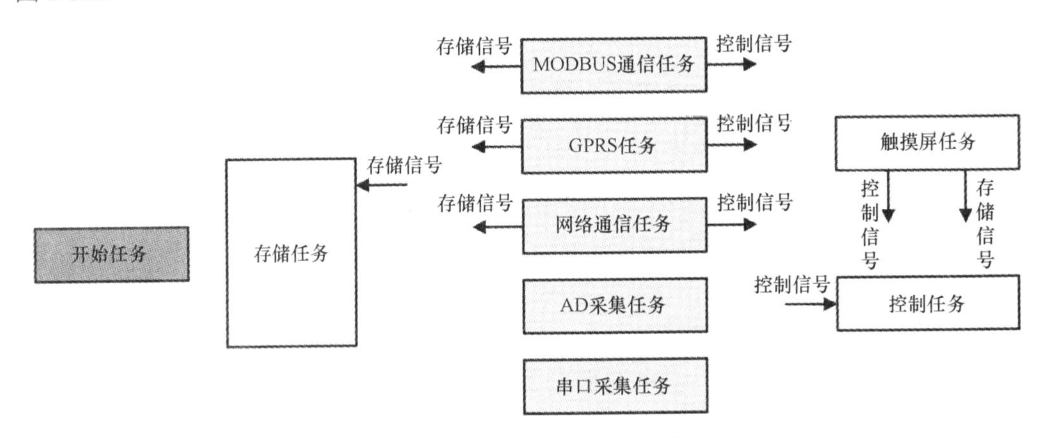

图 2-38　中央灌溉控制器的任务构成

中央灌溉控制器软件包括负责程序初始化任务的“开始任务”，负责数据存储的“存储任务”，负责传感器数据采集的“AD 采集任务”和“串口采集任务”，负责串口组网通信的“MODBUS 通信任务”，负责网络组网的“网络通信任务”，负责手机 GPRS 通信服务的“GPRS 任务”，负责电磁阀控制的“控制任务”和负责人机交互的“触摸屏任务”。

控制器软件的任务中，“开始任务”的主要作用是硬件的底层初始化，引导其他任务运行。“存储任务”用于对整个系统参数和灌溉逻辑参数的管理，该任务能够接收来自其他任务发出的存储信号，并通过对信号的解析，向存储器相应的位置更新存储数据。在该任务中有自主判断时间间隔的功能，能够实现对采集数值的定时存储。

在所有的任务中，“控制任务”是灌溉控制器的核心任务，其他任务对灌溉逻辑的修改和传感器采集数值的变化，最终都会作用在“控制任务”上，“控制任务”通过对继电器的控制，实现最终的灌溉控制。控制器的控制对象为轮灌组，每个轮灌组可以添加若干个站点（电磁阀）。中央灌溉控制器最多支持 48 个轮灌组和 48 个站点，48 个站点可以自由地分配到每个轮灌组中。控制器能够实现“整机轮灌”，即所有轮灌组按照顺序依次灌溉，“独立轮灌”即按照每个轮灌组各自的设定独立轮灌，“手动轮灌”即手动启动一次整机轮灌，“全手动灌溉”即完全根据用户在触摸屏上的操作进行灌溉。中央灌溉控制器的控制逻辑分为 3 种，分别是时序控制、反馈控制和自主决策控制。

时序控制利用控制器的 RTC 进行计时，按照预先设定好的启动时间启动，按照设定好的灌溉时长停止灌溉。在每一次灌溉控制过程中，能够实现灌溉和间歇交替的间隔灌溉。在灌溉启动的判断中，控制器首先判断灌溉日期，用户可以设置为“每天”“单号”“双号”“星期”和“周期”启动模式，其中“星期”启动模式是按照选择的星期启动灌溉，周期启动则可以设定在一定的间隔天数后启动灌溉。图 2-39 为时序逻辑下灌溉控制的流程图。

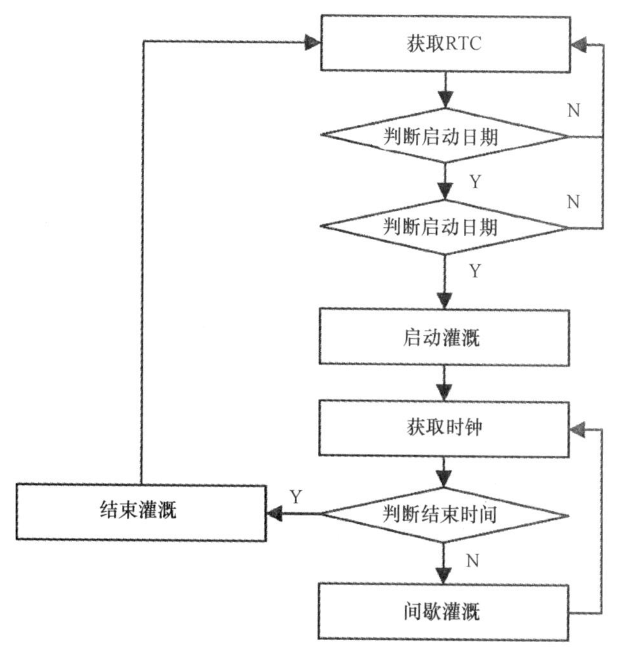

图 2-39　时序逻辑流程图

Y. Yes；N. No

反馈控制是将传感器采集到的实时值当成灌溉启动或停止的判断依据来控制灌溉。例如，以土壤水分传感器采集到的土壤含水量控制灌溉，灌溉过程中当土壤含水量低于预定值时灌溉开启，当土壤含水量升高到一定值时停止灌溉。这样，就可以控制土壤水分含量在一个预想设定的理想范围内变化。

自主决策控制是指控制器根据内置的决策方法对灌区进行定量的补水，是一种智能的灌溉方法。目前常用的自主决策方法是根据作物蒸腾量对灌溉时间和灌水量进行决策。控制器利用水分平衡法，通过田间气象传感器采集的气象值自动计算作物蒸腾量，根据作物的生育期，决策灌水量。这种方法能够在满足作物需求的前提下，最大程度地避免灌溉水资源的浪费。

中央灌溉控制器采用多种方法获取作物生长的环境信息。在软件任务中“AD 采集任务”利用 MCU 内部的 ADC 实现对模拟传感器的采集。在电路的设计上，模拟传感器同时支持电流型和电压型传感器，通过转换公式最终获得传感器监测的物理值。对于数字式传感器，中央灌溉控制器提供标准的 MODBUS 采集接口，所有支持该协议的数字式传感器都可以接入系统中。在系统中，对传感器数值进行统一管理，无论是模拟传感器还是数字式传感器，都可以利用统一的转换公式进行转换。同时，传感器采集数据的存储、显示和共享都不存在差别。传感器采集的流程如图 2-40 所示。

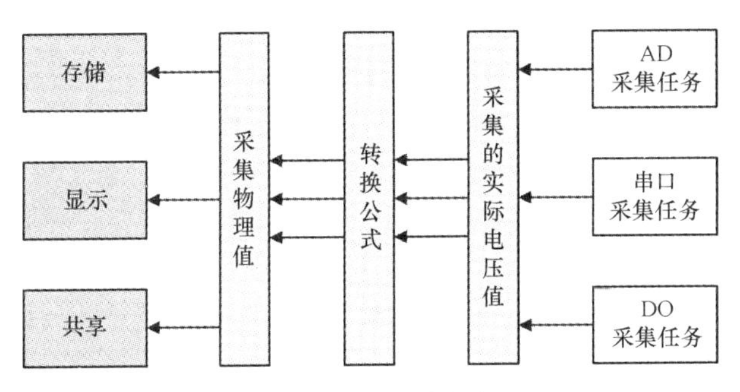

图 2-40　传感器采集流程

中央灌溉控制器提供了可扩展的通信接口，在“MODBUS 通信任务”中，提供利用串口采集的通信接口。在中央服务器的组网过程中，中央服务器能够通过标准的 MODBUS 协议实现对控制器控制逻辑的配置、实时控制，以及对采集数据的远程获取等。由于 MODBUS 协议能够区分设备地址，在同一个灌溉中央服务器下能够连接多个灌溉控制器，实现对更大区域的灌溉控制。基于串口的远程通信通用可以采用无线方式，在串口上安装无线传输模块，同样可以实现方便组网。

当前互联网全面普及，越来越多 BS 模式的网站出现，为满足网络应用的需求，中央灌溉控制器提供了网络接口以实现互联网应用[47-48]。中央灌溉控制器利用 W5500 网络芯片实现网络连接功能，并利用“网络通信任务”专门服务于网络通信。控制器支持 TCP/IP 协议，作为主机端，网络设备可以通过 TCP/IP 连接，实现对控制器的访问。同样，控制器支持 MODBUS TCP 通用通信协议，来自网络的数据通过 MODBUS TCP 协议解析能够实现对设备的控制、灌溉逻辑的设置和采集数值的获取。

（四）功能特点及性能指标

可扩展中央灌溉控制器以轮灌组为主要控制单元，将电磁阀分配到不同的轮灌组中，实现对区域灌溉的整体管理。轮灌组为自动灌溉控制的最小单位，由一个或几个电磁阀构成。灌溉控制器具有整机自动轮灌、轮灌组自动灌溉、手动整机灌溉和全手动灌溉等灌溉方式；在自动灌溉模式下，用户可以设定灌溉的启动时间、启动间隔和启动方式等，在手动灌溉模式下用户可以直接控制整机或各轮灌组灌溉。中央灌溉控制器还提供了数据采集通道，可以采集和记录空气温度、湿度和土壤水分等环境信息。中央灌溉控制器支持 MODBUS 通信协议，可通过串口实现对控制器的控制、灌溉逻辑的配置、采集值的获取。多台控制器与支持 MODBUS 协议的中央服务器相连可组成自动灌溉系统，通过中央服务器连接灌区内的多台灌溉控制器，实现大面积的灌溉管理。可扩展中央灌溉控制器的主要功能和参数如下。

每个灌溉控制器都有唯一的一个 ID 号，1～255。

每台控制器最多具有 48 个轮灌组和 48 个采集通道。

每台控制器可能处于运行和停止两种运行状态；只有处于运行状态的控制器才能进行轮灌组的灌溉。

每台控制器具有整机自动轮灌、轮灌组自动灌溉、手动整机灌溉和全手动灌溉 4 种灌溉模式。

整机自动轮灌：若干轮灌组被加入自动灌溉序列中，控制器按 ID 号从小到大轮流启动灌溉组。每个轮灌组灌溉的时间由轮灌组各自的停止灌溉逻辑停止灌溉。整机自动轮灌方式具有定时、每天、单号、双号、星期、周期 5 种启动方式，每天具有 7 个启动时刻。

轮灌组自动灌溉：每个轮灌组根据各自设定的参数进行自动灌溉。轮灌组自动轮灌方式具有定时、每天、单号、双号、星期、周期 5 种启动方式，每天具有 7 个启动时刻。

手动整机灌溉：用户可以手动控制整个灌溉控制器的运行和停止。

全手动灌溉：包括手动整机灌溉和手动启动轮灌组的操作。

控制器的控制逻辑支持时序逻辑、反馈逻辑和自主决策逻辑。

轮灌组可能处于灌溉和停止两种状态。

控制器有可能使用 48 个采集通道中的任何若干个。每个采集通道都有一个 8 字节的字符名称和 4 字节的浮点数值。

控制器具有 RTC 时钟。

（五）结论

基于 ARM7+uCOSII 的可扩展中央灌溉控制器具有较好的实时性，能够处理时序逻辑、反馈逻辑和自主决策逻辑等自动化智能化的灌溉逻辑，通过对整个灌溉区域的分区化管理，保证各分区灌水量的精确控制，最多 48 个轮灌分区设计能够满足百亩以上的灌溉需求。

中央灌溉控制器具有良好的可扩展性，利用自身串口、网口和可扩展的无线数传模块、GPRS 手机模块等扩展模块，能够实现远程组网、网络发布，从而实现对整个灌区的远程监控管理。在灌溉系统中使用中央灌溉控制器能够将智能化的管理技术引入灌溉控制领域，为灌溉智能控制行业提供硬件核心技术和产品，可以有效地降低灌溉控制系统的实施成本，推动行业发展。

五、田间阀门控制——无线电磁阀及其灌溉控制系统

（一）无线电磁阀及其灌溉控制系统

近年来，全国主要灌区大力进行农业节水设施的基础建设，采用精准灌溉控制技

术，通过自动控制技术，使农业灌溉用水结构逐步优化，在很多干旱地区初步建立了高效实用的农业综合节水体系[49]。以北京市为例，到 2008 年末，北京市农业节水灌溉面积已经接近 400 万亩，占灌溉面积的 85%以上。由于自动灌溉控制可以在保证作物高产的情况下，节水、节能、节约劳动力、降低生产成本，在节水灌溉工程中应用越来越广泛。

但是，随着灌溉园区规模的不断扩大和灌溉控制精度的提高，有线灌溉控制系统在系统安装、调试、维护中出现了不少问题，严重影响了自动灌溉控制系统的应用和推广[50]。有线灌溉控制系统中控制设备和电磁阀数量多，工程需要铺设大量电缆，由此带来工程施工周期长、费用高、维护扩展困难等问题，增加了工程的施工费用。由于需要通过电缆连接计算机、控制器、电磁阀、传感器等，因此，当灌溉控制工程规模扩大后，需要铺设的电缆数量就迅速增加，工程施工周期长，工程的施工费用不断增加。有线灌溉控制系统还阻碍了自动控制系统在灌溉工程改造项目中的应用。在北京存在很多需要改造升级的手动灌溉控制项目，分布在城市公园、绿地、农业园区等，由于灌溉管道等基础工程已经结束并使用多年，通常不具备改造时再挖沟铺设电缆的条件，因此有线灌溉控制系统将很难在这些项目中应用。由于工程铺设的电缆通常同供水管道一起埋在地下，一旦系统通信线缆发生故障，需要重新挖沟修复电缆，修复需要的时间和费用比较高[51-52]。

为解决上述灌溉控制系统中电缆铺设困难的问题，出现了无线灌溉控制设备和控制系统[53-54]。该系统通常采用在电磁阀附近安装无线控制器，通过无线控制器与遥控器或中控计算机通信，采用的无线通信技术有两类，一是使用传统的点对点无线通信技术，如美国 Hunter 公司研制的 ROAM 漫步者遥控器，通过 Smart Port® 智能接口，与控制器配合使用，可实现远程无线控制，该公司研制的 WVS 无线控制系统由 WVC 电磁阀控制器和 WVP 无线编程器组成，所有的程序设置与手动操作均在 WVP 无线编程器上完成，并将指令通过无线信号发射到 WVC 电磁阀控制器上；二是使用无线自组织网技术，如 ZIGBEE 等，通过组网的方式实现控制命令传输[55]。

基于无线电磁阀的灌溉控制系统，采用无线寻呼技术和嵌入式无线宽带网络技术解决灌溉控制系统中施工困难、维护难等问题。作为一种低成本、简单、实用的自动化灌溉方法，其具有良好的应用前景。

（二）研发设备的总体描述

无线电磁阀由阀门控制器和通信基站两部分组成，阀门控制器安装在电磁阀附近，实现对电磁阀的开启关闭及电磁阀状态的监控。通信基站为系统组网的通信节点，能够将灌溉区域内的阀门控制器进行组网，同时转发控制指令[56-57]。

无线灌溉系统包括中央灌溉控制器、无线基站和无线电磁阀控制器 3 部分，如图 2-41 所示。用户终端与中央灌溉控制器通过 Internet 建立连接，中央灌溉控制器通过无线方式发送指令，无线基站接收指令后，将指令也以无线方式传送至安装在阀门附近的无线电磁阀控制器中，先前处于休眠状态的阀门控制器被唤醒后，分析指令内容，并执行相应操作。

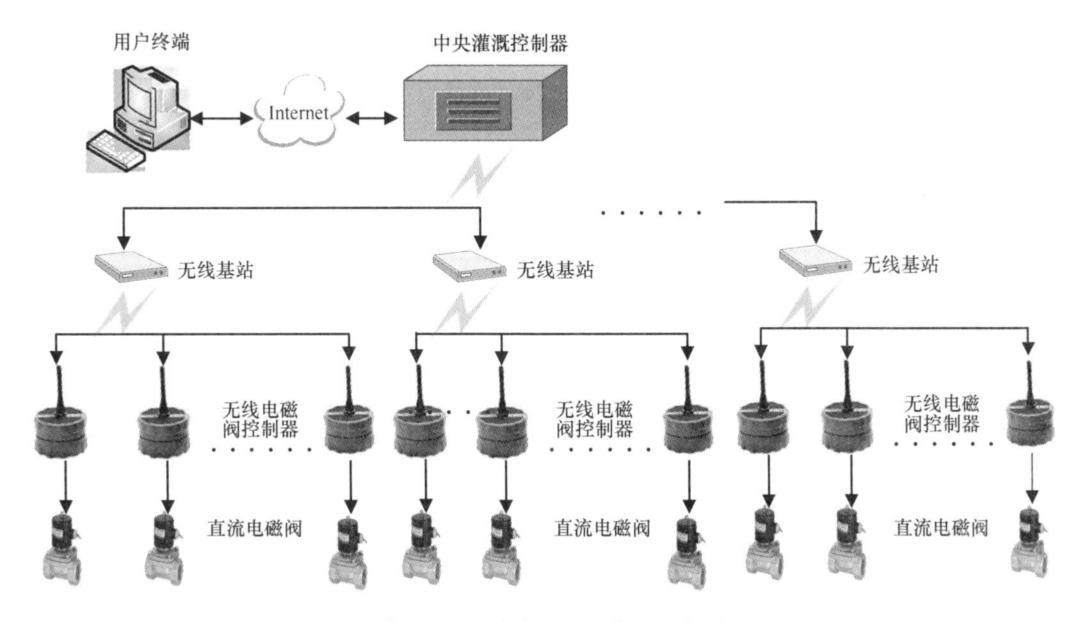

图 2-41　无线灌溉系统应用示意图

（三）总体结构设计及关键技术

无线电磁阀控制器直接控制阀门，其主要包括无线唤醒电路、无线收发电路、直流电磁阀驱动电路、电源和存储电路等。控制器总体结构如图 2-42 所示。

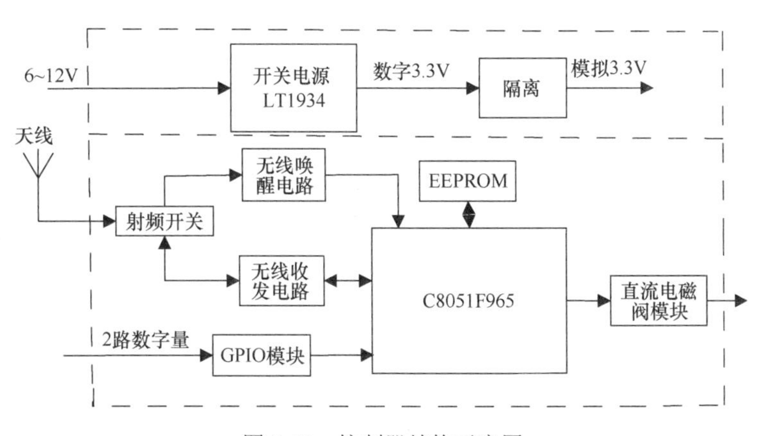

图 2-42　控制器结构示意图

无线唤醒电路实时接收无线基站指令，负责唤醒控制器，是系统的核心单元。无线收发电路主要处理基站与电磁阀控制器之间的通信。电源部分采用 Linear 公司的 LT1934，其静态电流达到微安级，输入电压动态范围宽，负载能力强，不仅满足了系统的低功耗要求，还保障了系统工作时的大电流需求。核心处理器采用 C8051F965，在休眠状态下消耗电流仅为 0.7μA，封装体积小，支持 SPI 协议。系统还设计了 2 路数字量采集通道，用于采集水表等信息。为保存操作状态和本机地址等信息，系统设计了存储电路，选用 AT24CS01，具有功耗低和 24 位全球唯一地址码等特性[58]。

无线电磁阀唤醒电路包括前端匹配电路、包络检波、放大电路和比较电路（图 2-43）。

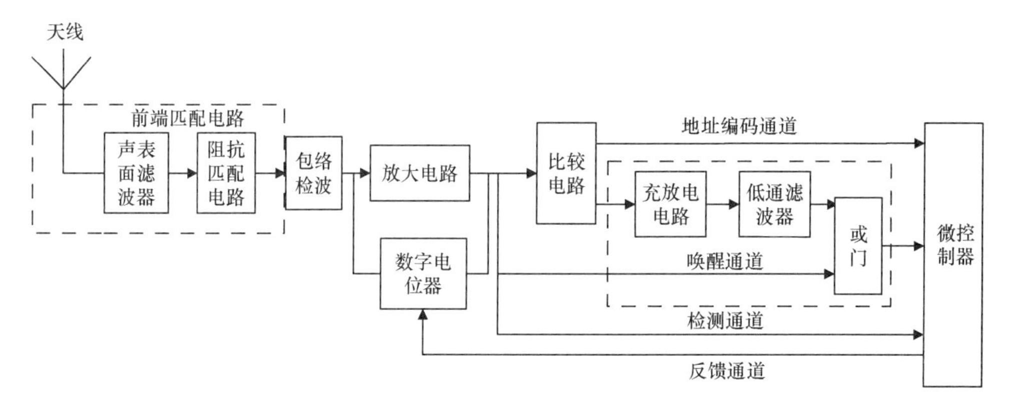

图 2-43　唤醒电路结构框图

天线接收到无线基站发送的 OOK 信号，先经过声表面滤波器滤除其他频段的杂波。声表面滤波器选用 EPCOS 公司的 B3760，其中心频率为 434MHz，带宽仅为 0.68MHz，封装体积小，外接匹配电路简单。由于滤波器的带宽较窄，滤波后通道中仅存载波和调制信号，再经过阻抗匹配电路使得前端电路与后端电路之间的功率损耗降到最低。

控制器中电源电路主要由太阳能供电电路和锂电池充电电路组成。为实现控制器在若干年内无需更换电池的目标，系统选用单节 18 650 锂电池供电，电容量为 2200mAh，同时配套的太阳能电板尺寸也较小，使整个系统较为紧凑。

无线电磁的组网方式分为两种：星型和蜂窝型。在星型组网模式下，在网络中的各阀门控制器都与同一个基站直接通信，基站与中央灌溉控制器通信。在这种组网模式下，基站直接唤醒目标阀门控制器，非目标阀门控制器不被唤醒，在最大程度上节约电能。但是这种模式的覆盖范围有限，阀门控制器必须在基站与阀门无线通信的最大距离以内，星型组网模式如图 2-44 所示。无线电磁阀通常还采用蜂窝型组网模式，即网络中每个阀门控制器都可以转发其他阀门控制器发送的合法信息，信息在每个阀门间传递，最终汇聚到基站，基站再与中央灌溉控制器通信。这种组网模式网络规模可以自由延伸，通信距离不受限制，但是，在中央灌溉控制器向网络中一个阀门控制器发出控制

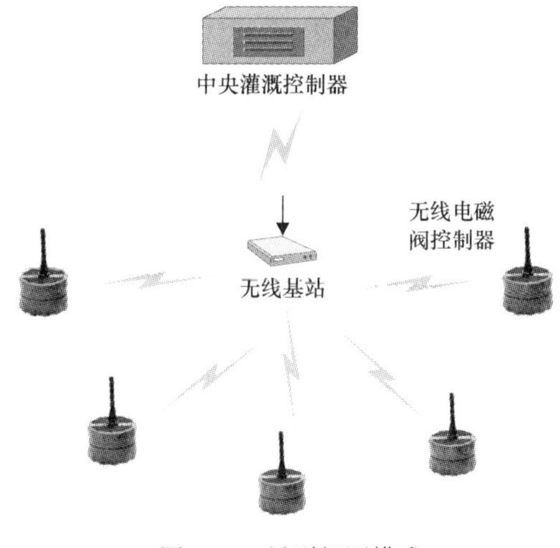

图 2-44　星型组网模式

指令时，多个阀门控制器被唤醒，提高了功耗，由于信息逐级传递也影响了控制的实时性，蜂窝型组网模式如图 2-45 所示。

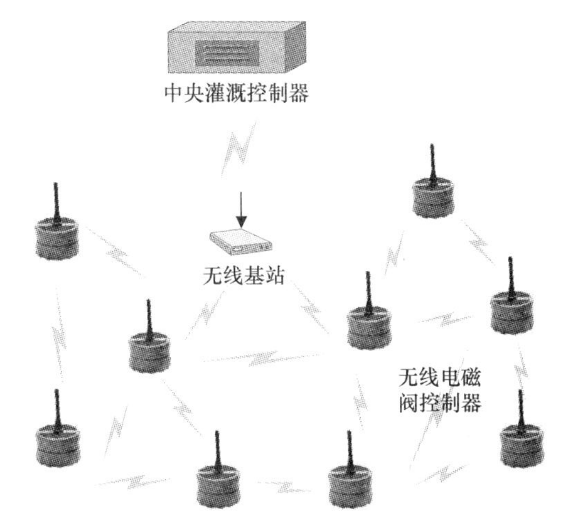

图 2-45　蜂窝型组网模式（彩图请扫封底二维码）

无线通信协议是指无线基站与无线电磁阀控制器之间的通信协议。为识别基站覆盖的各控制器，设定无线控制器识别号（UnID），由电磁阀控制器的 EEPROM 存储器中全球唯一 ID 号取得，共有 128 位，为节约系统开销，将其预先换算为 8 位，预先存储在 EEPROM 中。

系统通信由无线基站进行协调。无线基站发送的命令分为查询指令和控制指令。其中，无线基站发送查询指令后，其采用 10kHz 的 OOK 调制方法发送，无线电磁阀的 Address0 和 Wakeup 引脚都有信号；无线电磁阀无需激活无线收发电路接收指令，直接进行状态应答即可。控制指令用来发送阀门执行命令，采用 4GFSK 方式发送，用于传递操作指令。

控制器空闲时，无线基站每隔一段时间发送查询指令，无线电磁阀在收到查询指令后报告设备状态。基站在每次发送一条单个控制指令后，延迟数秒后，发送一条查询指令。基站在每次发送一条组控制指令后，延迟数秒后，依次按地址发送查询指令。

Si4463 的数据帧结构如图 2-46 所示。

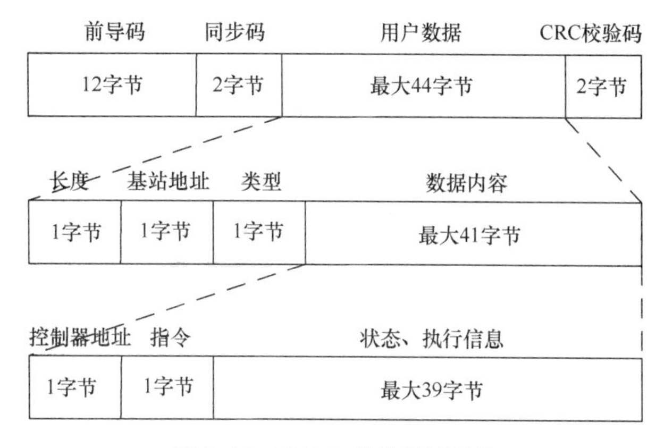

图 2-46　Si4463 的数据帧结构

前导码、同步码、CRC 校验码由 Si4463 硬件自动生产和识别。数据帧中用户数据最大长度为 44 字节，在用户数据中，长度包含实际用户数据的长度；基站地址是本控制器所属的无线基站地址；指令类型分为单个控制指令和组控制指令，其中发送组控制指令时，有多个控制器同时响应，不可与查询指令配合使用。数据内容包含控制器地址、指令及状态和执行信息，其中指令分为查询指令和控制指令。

（四）功能特点及性能指标

无线电磁阀采用被动唤醒技术实现了低功耗，利用一节干电池能够满足一个灌溉季的需要。无线电磁阀的点对点通信距离能够达到 600～1000m，采用星型或蜂窝型组网模式能够实现对大规模灌溉区域的覆盖，在一个频段下，最多可以容纳 255 个控制节点。阀门控制器能够解析中央灌溉控制器的指令，响应灌溉操作反馈阀门的状态。

（五）结论

无线电磁阀利用无线唤醒与低功耗技术，基于 Si4463 射频芯片、C8051F965 处理器和唤醒电路设计研发。它是一种适用于大田灌溉和设施温室的超低功耗无线电磁阀灌溉控制器，其相对于传统周期唤醒式灌溉器具有在能耗和实时响应上的绝对优势。

无线电磁阀中，由无线阀门控制器和无线基站组成通信网络，无线阀门控制器在无需外部供电的情况下，可连续工作一个灌溉季，约 3 个月。结合外观防水和结构防雷设计，系统具备较高的可靠性。

六、自动化灌溉控制软件平台

自动化灌溉控制软件平台是信息节水系统云服务的高层决策部分，通过实时接收、自动处理传感器采集的苗情、气象、墒情等作物与环境信息，根据灌溉决策模型进行墒情预测分析，针对各灌区制定包含精确灌溉时间和灌水量的灌溉计划，并可通过手机短信向相关生产人员发送灌溉提醒，为灌区的节水灌溉和农业生产提供有效建议，也可为灌区管理部门动态调配灌溉水资源提供决策辅助；田间灌溉控制采用组态化平台，人机界面友好，操作简单，可对现场设备进行系统配置、参数修改，是灌溉决策执行的核心，在系统中发挥着举足轻重的作用[59]。

（一）总体结构

系统由两大部分组成，第一部分为云服务端，基于 B/S 三层结构（数据层、业务层、表现层）的体系结构，层与层之间实现了松散耦合，如图 2-47 所示。

1）表现层：基于浏览器的一个客户端互联网应用程序（RIA），为用户呈现一个丰富的、具有高交互性的可视化界面，以图文一体化的方式显示空间和属性信息，主要包括灌溉控制与实时监测、分析决策等。

2）业务层：是负责响应客户端请求的核心层。它接受来自客户端的请求，并根据用户请求类型做出相应响应。通过 Tomcat 应用服务器、ArcGis Server 地图服务器及通信服务器进行响应空间数据和属性数据请求，对空间数据进行分析和控制。业务层通过 Servlet 处理 Flex 的请求，读取数据库，生成 XML 结果文件，并返回客户端；应用服务器定义了系统的业务规则，负责响应请求、记录日志、读取或保存相关数据。

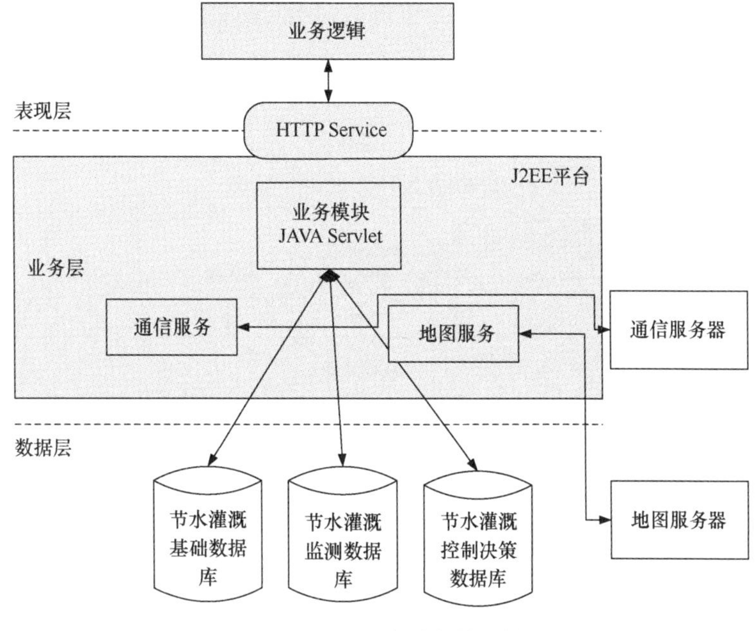

图 2-47　云服务端软件结构

3）数据层：是系统的底层，负责空间数据和属性数据的存取，并维护各种数据之间的关系。数据层由多个数据库构成，主要有节水灌溉基础数据库、节水灌溉监测数据库和节水灌溉控制决策数据库。

第二部分为设备端，基于组态化的灌溉控制体系结构如图 2-48 所示。

（二）关键技术

1. 基于 *ET* 的灌溉决策模型

云服务端软件平台采用基于 *ET* 值和土壤水分的灌溉决策模型，自动生成灌溉制度，形成下次灌溉启动时间、灌溉时长（灌水量）等，并根据设置将灌溉制度发送给现场执行软件或指定操作人员。*ET* 是土壤蒸发量和作物蒸腾量之和，土壤蒸发是物理过程，取决于气温、水温、空气湿度、风速和辐射能量等气象信息，作物蒸腾是生物过程，受蒸发率、叶面积指数（LAI）和根深系数等因素影响。基于 *ET* 值的灌溉决策以水平衡方程为基础，结合作物生长周期和实时气象状况，通过监测土壤墒情值，与作物最佳补水点作比对，确定灌水总量和灌溉时间[60]。

水量平衡法将作物根系活动区域以上的土层视为一个整体，针对不同作物在不同生育期的需水量和土壤质地，根据有效降雨量、灌水量、压间持水量、地下水补给量与作物蒸腾量（*ET*）之间的平衡关系，确定灌水量，如图 2-49，水量平衡法公式如式 2-9。

$$m=W-P-K+ET \tag{2-9}$$

即灌水量=田间持水量–有效降雨量–地下水补给量+作物蒸腾量

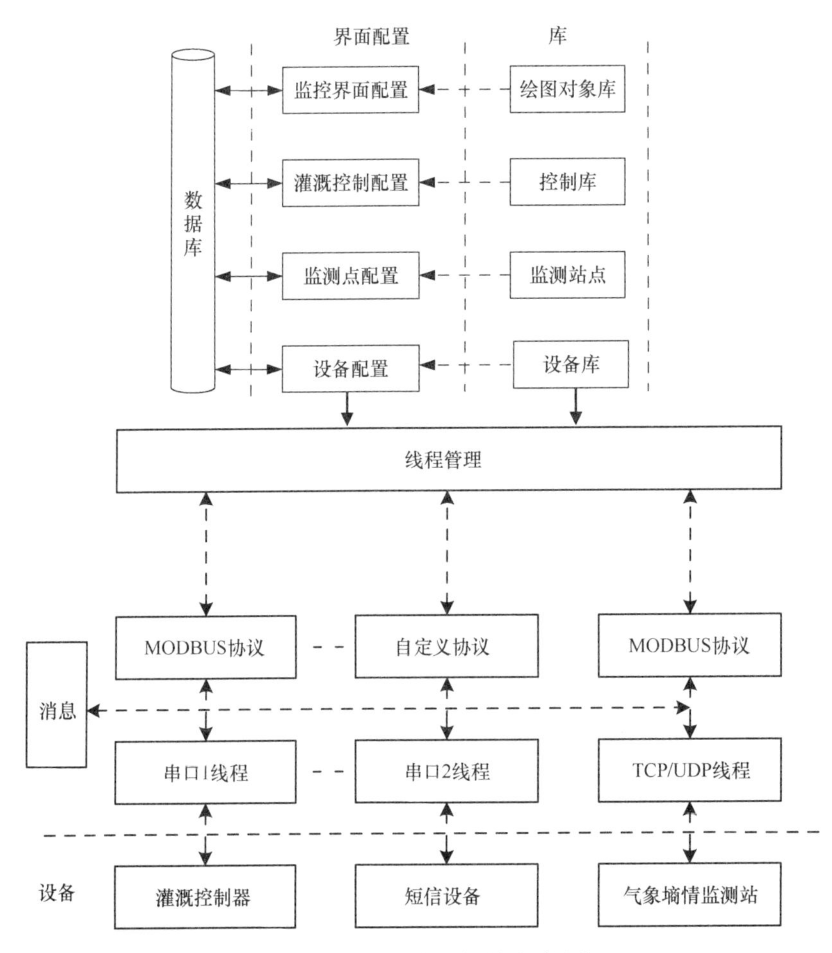

图 2-48　组态化灌溉控制体系结构

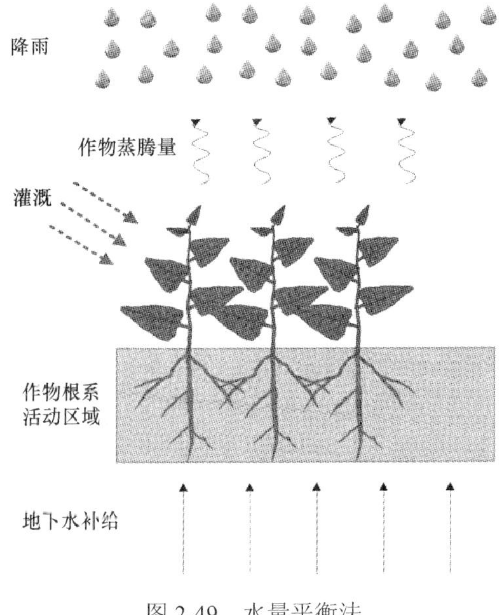

图 2-49　水量平衡法

2. 基于 ArcGis 数据管理

地理信息系统是采集、存储、管理、描述、分析地球表面及空间与地理分布有关的数据信息系统，它是以地理空间数据库为基础，在计算机硬件、软件环境的支持下，对空间相关数据进行采集、管理、操作、分析、模拟和显示的系统。

系统采用自主设计空间数据的数据结构和数据库，进行基础开发，以 GIS 地图为背景，按图层显示供水管道、控制设备、阀门、喷头的位置和工作状态，以灌溉分区为网格，墒情等级按颜色显示当前、历史墒情状况，实时显示和查询灌溉分区的灌溉状态、灌溉时间等信息。

（三）功能特点

节水灌溉决策信息系统运行在云服务端，负责所有示范区域的墒情信息监测、灌溉决策、灌溉监测和异常报警。其功能结构如图 2-50 所示。

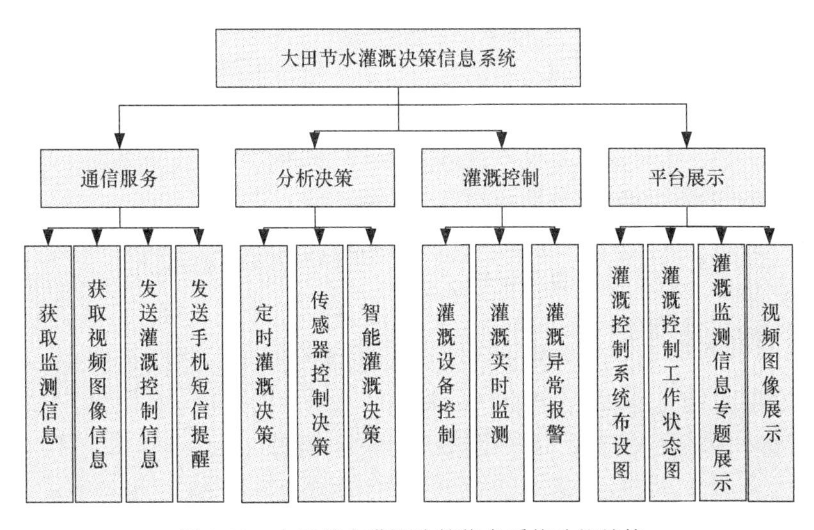

图 2-50　大田节水灌溉决策信息系统功能结构

1. 通信服务模块

系统的基础模块，负责和井房控制站通信，获取灌溉区域内的墒情、气象等传感器信息；负责和手机用户通信，提供基于短信的查询、灌溉控制服务；负责和墒情监测站通信，定时获取灌区的图像信息。

2. 分析决策模块

系统的核心决策模块，根据通信服务模块获取的灌区信息进行灌溉时间和灌水时长的决策。分析决策模块提供多种灌溉决策模型，包括依据时间的定时灌溉决策模型、依据土壤水分状况和气象信息的传感器控制决策模型、依据传感器和作物生长模型的智能灌溉决策模型。

定时灌溉决策。基于时间的灌溉模型，实现大田的定时灌溉。系统提供定时灌溉模型的自定义功能，用户可以参考系统提供的灌溉设备、农田信息和种植信息等基础背景信息，通过模型定制界面灵活配置灌溉模型，系统根据用户定义的灌溉模型控制灌溉设备，继而实现定时灌溉。定时灌溉模型的自定义参数包括灌溉起始时间、灌溉定时周期、设备开合状态、灌水流量等。用户可定义多个定时灌溉模型，并指定各灌溉设备适用的灌溉模型。

智能灌溉决策。基于传感器和作物生长模型，实现大田的智能节水灌溉。系统提供默认的传感器和作物生长模型，以及模型的自定义功能，用户可以通过模型定制界面灵活配置灌溉模型，系统根据传感器控制模型控制灌溉设备，继而实现节水智能灌溉。灌水时间计算方法如下：灌水时间={n/灌水量$-\Sigma ET_{n-1}>0$ &&灌水量$-\Sigma ET_n<0$}，式中 n 为距离上一次灌溉的天数，$n-1$ 表示前一天。

3. 灌溉控制模块

负责现场灌溉设备的监控，包括控制决策的远程发送、灌溉过程的实时监测和供水管道的异常报警等。通过手机短信、电子邮件等方式主动向目标用户推送报警信息。

灌溉设备控制。提供灌溉设备的手动控制功能，控制尺度包括区域（示范区）、地块、阀门三级尺度，可控参数包括灌溉时长、灌水量、阀门开合等。

灌溉实时监测。提供灌溉过程的实时监测功能，监测内容包括灌溉设备状况和灌区作物状况信息，监测信息以灌溉设备状态图和灌溉视频图像的方式展现。其中灌溉设备状态信息采用异步数据访问和数据订阅方式获取。

灌溉异常报警。提供灌溉系统异常状况自动报警功能，当灌溉设备出现故障时，系统即以状态图闪烁等方式进行异常报警。

4. 平台展示模块

以地理信息系统为基础，图形化展示灌溉控制系统的分布、布设和工作状态；以专题图的形式展示区域环境信息（空气温湿度、太阳辐射、风速、风向、降雨量）、土壤墒情信息。

灌溉控制系统布设图。以地图方式展示各灌溉控制系统在示范区内的分布和布设状况，以及灌区基本属性信息，包括①灌溉井信息：机井分布位置、水井深度、灌溉面积。②农田信息：农田位置、面积、土壤类型、灌溉水源、承包人。③种植信息：种植作物类型、种植时间、收割时间、作物生长阶段、产量。④监测设备信息：设备类型、分布位置、设备通信方式、通信基础参数。⑤系统提供属性和图形双向查询及地图定位功能。⑥在地图点击查询或拉框选择多个地图对象，查看其详细属性信息（由图形查属性）。⑦能够通过区域、监测设备类型等属性进行条件查询，并在地图上定位居中高亮显示（由属性查图形）。⑧能够逐级查询。

灌溉控制工作状态图。以 FLASH 动态示意图的方式展示灌溉系统中阀门、喷头等设备的工作运行状态及灌溉任务信息。

灌溉监测信息专题展示。以专题地图、数据列表、视频图像等方式展示墒情与气象监测数据、作物生长状况、设备运行数据、灌溉监测数据等不同主题的灌溉监测信息，其中包括①专题地图展示，提供不同范围不同时间段的灌溉总量统计专题图、与普通灌溉方式相比的节水量统计专题图。②数据列表展示，提供不同范围不同时间段的各监测点的墒情、气象、苗情、井房和灌溉控制等监测信息列表。

视频图像展示。提供监测点的实时视频图像信息展示，组态化灌溉控制软件运行在设备端，负责与现场设备实时通信，其通信的接口包括串口、GPRS 网络、Internet 等；灌溉控制器和短信设备通常为串口连接设备，气象墒情监测站需要通过 GPRS 方式与控制系统连接，系统调用 Windows API 函数，使用类进行封装，建立串口通信的线程。根据控制系统的需要，软件可以建立多个串口对象，使用不同的通信协议类进行控制，从而实现多种协议、多条总线的异步通信[61]。在 TCP/IP 通信方面，使用异步 Socket 建立监听对象，当有设备接入时，经过身份确认后建立 TCP/IP 连接，从而实现与气象墒情监测站的通信[62]。

（四）结论

节水灌溉决策信息系统构建了基于作物需水的“大田灌溉控制系统”云服务，集成了以作物需水模型和彭曼公式为基础的节水灌溉智能决策模型，可以实现农田墒情监测、墒情预报、灌溉决策、灌溉监测和农田生产管理等功能，以农田水分为核心，实现农田的生产综合管理和监测，为农田灌溉决策、种植作业管理提供信息化平台。系统实时监测农田土壤墒情信息，展示土壤墒情动态变化特征；结合可测定的气象信息，根据土壤墒情预报模型，实现对作物耕作层土壤水分的增长和消退规律的预报；在此基础上，基于土壤墒情预报和作物蒸腾信息，进行灌溉自动决策；分析农田生产管理信息，提供作物耗水量统计分析。

组态化灌溉控制软件基于灌溉控制通信协议和接口，与田间灌溉控制器实时通信，依据灌溉计划自动远程控制田间阀门启闭，实现水肥一体化精准节水灌溉。

七、典型应用

（一）基本情况与需求分析

典型应用选择“新疆生产建设兵团第六师共青团农场农业信息节水系统”为案例进行介绍。本项目建设地点位于新疆兵团第六师共青团农场，农场始建于 1958 年，土地总面积 34.3 万亩，可耕面积 27 万亩，种植面积 22 万亩，总人口 1.2 万人。该场距五家渠 8km、乌鲁木齐市 58km、昌吉市 30km，地处准噶尔盆地南缘、天山北坡经济中心地带、乌昌都市经济圈的核心区，省级公路——甘莫公路穿场而过。该场是国家级现代农业示范区、国家级农业科技园区、国家 3A 级旅游景区、第一批全国农垦农机标准化示范农场和全国畜牧业现代化标准化养殖示范区，也是兵团唯一被国家确定为首批 35 个社会管理创新综合试点单位之一。近年来，该场积极推进现代农业发展，累计投入 4.81 亿元，先后建成了节水灌溉示范、农业机械化推广、现代农业生产“三大基地”和全国最大的喷滴两用自动化加压泵站系统，节水灌溉面积达 95%以上。

基于上述定位，综合考虑新疆农业发展的实际需求，2013 年年底兵团拟在甘莫公路以北编号为 73、74、75、76 四块条田，总面积约为 1919.2 亩地块进行农业信息节水技术的推广应用，探索通过上述技术的推广应用提升现有节水设施的利用效率和用水管理水平，从而提高水的利用效率和生产效率，实现水资源的优化配置、合理开发、高效利用，促进全团农业与水资源的可持续发展。图 2-51 为示范点位置图。

图 2-51　示范点位置图（彩图请扫封底二维码）

项目实施地块基础齐全，已配套泵站、田间首部、地下管道等完善的管路设施，项目区域属 2 号泵站 A1 田间首部区域，系统支干管采用 0.6MPa UPVC 管，管径 200mm；支管采用 0.4MPa UPVC 管，管径 200mm，均埋于地下 1.5m，8 条分支管，56 个 DN90 出地桩。

兵团根据本地区实际情况，总结近年来新疆其他地区使用自动灌溉系统时存在的问题，对建设的信息节水系统提出了以下需求。

1）阀门选择：考虑现场水质、管路、使用习惯等情况，选择压力损失小、启闭稳定、结实耐用且带手动启动功能的阀门，同时尝试最经济的方式增加电磁阀启闭检测反馈功能。

2）通信方式：考虑现场气候、遮挡物、种植作物等情况，选择稳定性强、传输质量高、误码率低的通信设备。

3）灌溉决策：信息化系统可根据实时气象、土壤信息及种植作物等情况，进行智能决策，形成灌溉计划。

设计阶段与种植户的实际沟通发现，多数种植户无法接受小流量滴头，至少采用 2.6L/h 流量的滴头，故采用长短管灌溉方式，电磁阀数量为 224 个。

（二）系统整体设计

系统将采用分层分布式结构，由远程控制中心、泵站分控中心、首部控制站及阀门控制器四级控制结构组成。远程控制中心位于共青团农场节水控制中心，通过光纤与泵站分控中心进行通信，实时获取泵房控制站内的监测信息和整个系统的气象和灌溉信息，并可以进行参数设置、灌溉决策等；泵站分控中心在 2 号泵站建设，是整个系统的枢纽，实时监测整个系统的气象和灌溉信息，并负责转发自动灌溉控制策略，进行灌溉控制；首部控制站在 A2 小首部建设，用户可以在田间控制站灌溉控制器上进行灌溉参数设置、灌溉控制等操作；阀门控制器共 56 处，分别安装于 73、74、75、76 四块条田中，是整个系统的执行终端，负责各分区农田土壤墒情信息和灌溉信息的采集及阀门控制器的控制。

系统的整体工作流程：首部控制站实时监测田间墒情数据及视频数据，并上传至泵站分控中心；泵站分控中心接收到上述数据后，直接反馈给远程控制中心，同时远程气象墒情监测站通过 GPRS 网络定时将监测到的气象数据、墒情数据上传至远程控制中心；

远程控制中心将对接收到的数据进行综合分析，形成决策指令，经泵站分控中心反馈至首部控制站，由首部控制站发送指令至各阀门控制器，控制电磁阀动作适时补水，首部控制站同时采集泵站内用水量信息及压力信息；阀门控制器，在电磁阀打开后，检测电磁阀后端压力传感器动作，并检测电磁阀启闭状态，对未打开的阀门状态及时上传至泵站分控中心，在泵站分控中心软件上即可查看各阀门操作状态和实时状态，同时具备手机短信报警功能，及时将已操作但未打开的电磁阀的相关信息发送短信给用水管理人员，由用水管理人员检查、处理，保障系统高效、稳定运行，图 2-52 为系统整体结构框图。

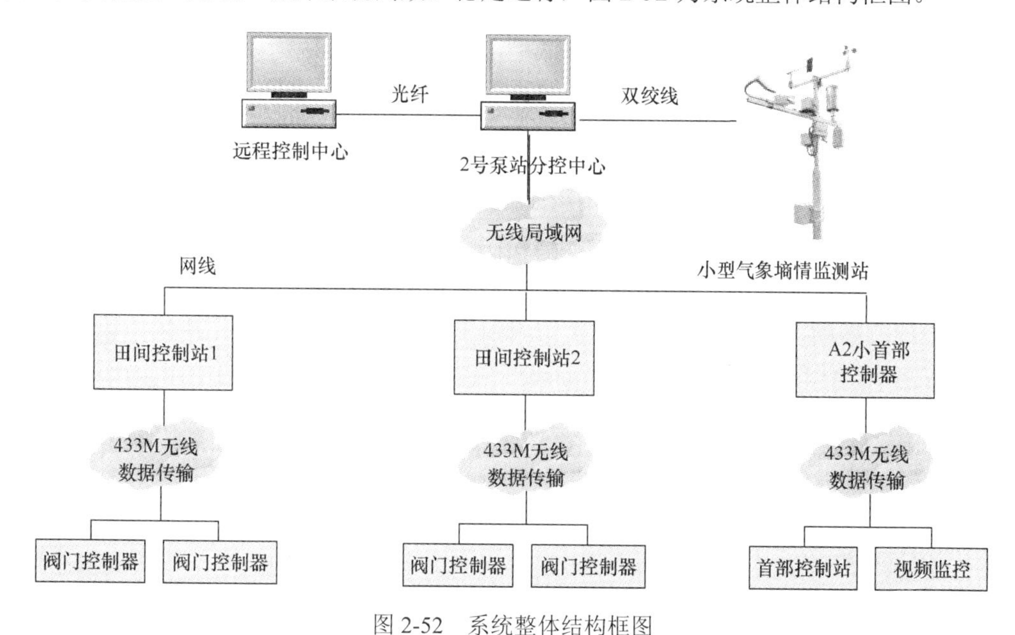

图 2-52　系统整体结构框图

（三）系统实现与效果分析

1. 远程控制中心

远程控制中心建设地点位于共青团农场场部，控制中心是基于地理信息系统的农田灌溉智能决策与监控系统，包括气象墒情监测、灌溉监测、灌溉智能决策、农田生产管理等功能，以实现农田的生产综合管理和监测，为农田灌溉决策、种植作业管理提供信息化平台。系统实时监测农田气象墒情信息，展示气象墒情动态变化特征，在此基础上，基于作物蒸腾信息和作物耗水规律，进行灌溉自动决策；分析农田生产管理信息，提供作物耗水量统计分析，为农业节水、水资源优化配置、合理灌溉提供科学指导与服务。图 2-53 为农场农业信息节水系统系统软件截图。

2. 泵站分控中心

泵站分控中心建设地点位于 2 号泵站，向上通过光缆与远程控制中心进行数据交互，向下通过无线局域网与 A2 小首部建立数据连接，软件拟采用组态软件开发，人机界面友好，性能稳定，操作简单，主要对现场设备进行系统配置、参数设施，是整个系统的数据枢纽，其功能包括信息采集、数据处理、灌溉决策、灌溉控制和异常报警等。灌溉

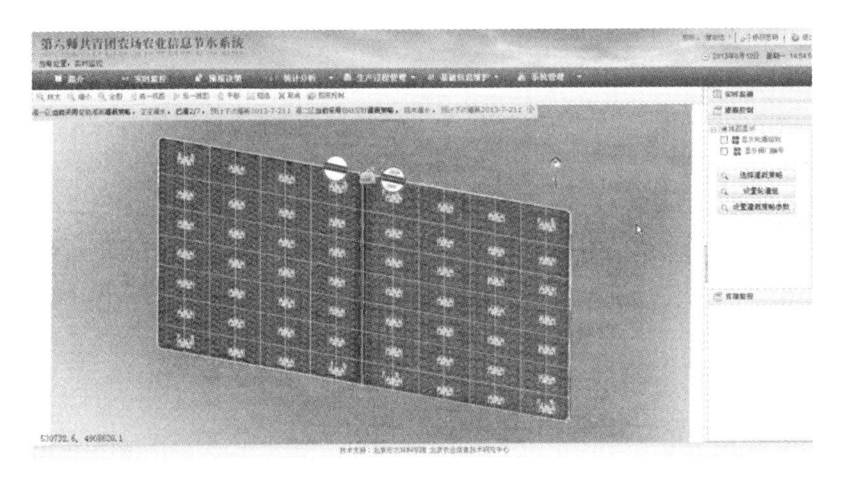

图 2-53　农场农业信息节水系统软件截图

决策方式包括以下两种：①定时方式，用户在软件上设置灌溉启动时间、灌溉时长、轮灌方式等参数后自动生成灌溉计划，软件将灌溉计划发送给田间控制站，由后者根据设置的参数控制灌溉。②智能方式，根据远程控制中心农场农业信息节水系统的决策结果，自动计算每个分区需要的灌水量，生成灌溉计划，并将灌溉计划发送给田间控制站，由后者根据设置的参数控制灌溉。图 2-54 为分控中心组态软件截图。

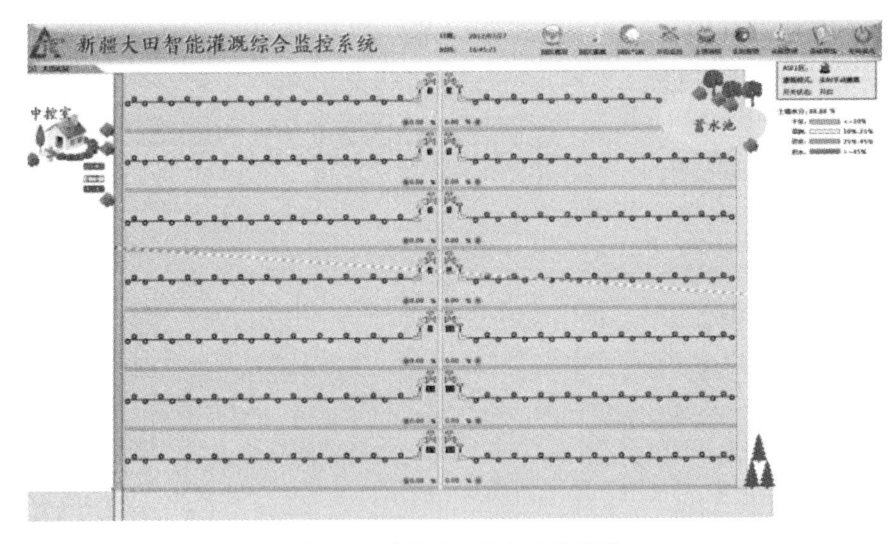

图 2-54　分控中心组态软件截图

同时在 2 号泵站外建设一套远程气象墒情监测站，通过 GPRS 网络将数据发送至远程控制中心，在该处建设的原因是泵站长期有工作人员值守，便于设备的安全和维护。图 2-55 为远程气象墒情监测站现场效果图。

3. 首部控制站

首部控制站建设地点位于 A2 小首部，配套安装了 1 套首部控制器、2 套超声波流量计、2 套压力表、2 套自动反冲洗过滤器。首部控制站是系统的核心，向下通过 433M 无线数传网络与阀门控制器进行数据交互，获取实时墒情信息、阀门状态信息或发送灌

图 2-55 远程气象墒情监测站现场效果图

溉决策指令，向上通过无线局域网经泵站分控中心中转，发送经整理、筛选、打包后的数据或获取灌溉决策指令至远程控制中心，同时实时采集泵站内用水量信息及压力信息。图 2-56 为首部控制站现场安装效果图。

图 2-56 首部控制站现场安装效果图

同时，由于 A2 小首部地理位置偏僻，无市电供应，根据系统用电量核算，在 A2 小首部配套了功率为 500W 的太阳能风光互补发电系统，满足首部内用电设备的使用需求，当前太阳能风光互补发电系统工作稳定，为系统提供了良好的电力保障。图 2-57 为风光互补发电系统效果图。

图 2-57 风光互补发电系统效果图

4. 阀门控制器

阀门控制器安装在 73、74、75、76 四块条田中，累计安装 2 套中继控制器、56 套阀门控制器、224 个电磁阀，中继控制器的配套保障了系统的通信质量。阀门控制器是系统的执行终端，向下通过线缆采集土壤墒情信息、电磁阀状态信息，控制电磁阀启闭，向上通过 433M 无线数传网络与田间控制站通信，及时发送实时墒情信息、阀门状态信息或接收灌溉决策指令，控制阀门启闭。电磁阀的数量与初期设计发生了较大的变化，由于多数农户暂无法接受小流量滴头，故电磁阀数量由初期设计的 112 个变更成 224 个，相应灌溉方式也变更为长短管灌溉。图 2-58 为阀门控制器现场效果图。

图 2-58　阀门控制器现场效果图

电磁阀选用隔膜电磁阀，具有过流量大、压力损失小、启闭稳定等特点，同时提供手动启动及关闭反馈功能，符合新疆地区的使用需求。图 2-59 为磁阀现场安装效果图。

图 2-59　磁阀现场安装效果图

项目的应用示范提高了水资源利用率、作物产量和农业信息化程度，降低了作物生产成本，同时对提高作物的品质和产量具有积极促进作用，有良好的示范效果，具有明显的社会效益。统计结果表明，项目区年均节水30%以上，灌溉水利用率达到80%。

第三节　滴灌田间作业机械

滴灌是将具有一定压力的水，过滤后经管网和滴灌带（管）以水滴的形式缓慢而均匀地滴入植物根部附近土壤的一种灌水方法，是迄今为止最节水的农田灌溉技术之一。具有独特的水肥一体化调控优势，可以适时对作物进行水分和肥料的供给，增产效果明显，近年来被广泛应用于小麦、玉米等大田作物的种植上。

依据其系统组成和灌水方法的不同，要求在作物行间相隔一定距离铺设一条滴灌带。在我国北方干旱半干旱地区，为了实现早播，增温保墒，抵御自然灾害，地膜也被广泛应用于农业生产中，大田作业依靠人力铺设地膜和滴灌带工作量极大，无法完成。因此，研制开发集播种、铺膜、铺滴灌带等多项功能于一体的联合作业机是促进膜下滴灌技术大面积推广应用的前提条件。

2006年，新疆兵团科研工作者成功研发了棉花膜下滴灌精量播种机，将地膜覆盖技术、滴灌技术和机械铺管作业等科学集成，为水肥一体化调控提供了设备支撑。该机具的应用，促进了新疆滴灌技术的大面积推广，并带动了河北、甘肃、内蒙古、山东和青海等地节水技术的发展，经济效益显著。

针对不同区域、不同作物农艺的技术要求，滴灌田间作业机械种类也不尽相同，本节重点介绍了与滴灌技术相关的主要粮食作物播种机械和滴灌带回收机械的结构特点、功能及其技术要求，供读者参考。

一、滴灌小麦播种机

小麦在我国已有5000多年的种植历史，种植面积和总产量仅次于水稻，居我国粮食作物第二位，也是我国北方干旱半干旱地区的主要粮食作物。传统小麦多以条播、漫灌的栽培方式为主，需要在田间开埂筑畦。小麦加压滴灌技术是一项较为先进的种植技术，较传统小麦种植有很多优势，具有省地、增产、增效、缓解劳动强度等方面的好处，特别在省地上，较传统开毛渠省地10%左右。

2009年，滴灌小麦种植技术在新疆兵团试验成功，较常规灌溉小麦亩增产120～170kg，并迅速推广到河南、河北、山东等地进行示范。常规小麦播种机不具备铺设滴灌带的功能，播种后需要人工或单独的铺管机械进行二次作业，劳动强度大，作业质量难以控制[63]。

（一）产品结构特点

滴灌小麦播种机与常规小麦播种机比较，增加了滴灌带支架、开沟装置和覆土刮板。整机结构示意图见图2-60。

滴灌带支架通过螺栓固定在机架后横梁上，滴灌带开沟装置通过四杆机构与固定架连接，并设有加压弹簧，从而实现滴灌带开沟器随地仿形，保证开沟深度一致。覆土刮板在平整地面的过程中，将少量土壤覆盖在滴灌带上。在播种的同时，一次完成滴灌带的开沟、浅埋联合作业，达到滴灌农艺技术要求（图2-61，图2-62）。

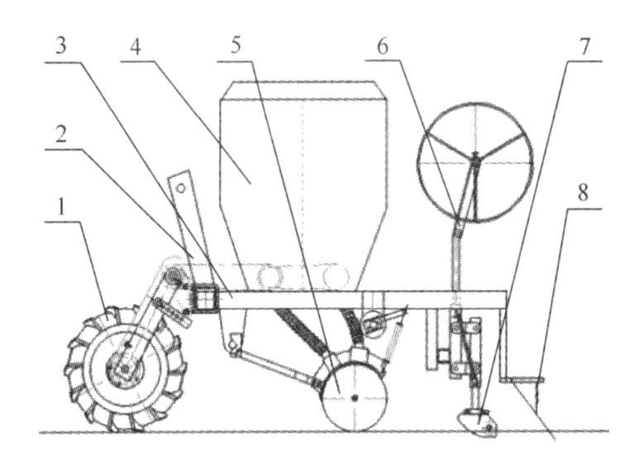

图 2-60 滴灌小麦播种机示意图

1. 地轮；2. 悬挂架；3. 机架；4. 肥箱及排肥装置；5. 种箱及排种装置；6. 滴灌带支架；7. 滴灌带开沟装置；8. 覆土刮板

图 2-61 滴灌小麦播种机 1

图 2-62 滴灌小麦播种机 2

（二）滴灌带铺设机构

大部分小麦滴灌播种机均是在原有小麦播种机的尾部增加了一根横梁，将滴灌带支架和开沟器直接固定在横梁上，在播种的同时虽然可以完成铺设滴灌带。但是，由于不能实现仿形，遇到整地质量差、地表高低不平的土地，会造成滴灌带铺设深度不一致，开沟器入土过深，壅土、损坏零部件等问题经常发生，严重影响作业质量和工作效率。壅土会导致前面播过的种子产生位移，而滴灌带深度不一致影响种子滴水出苗，都是农艺要求上不允许发生的，必须使铺设装置具有仿形功能。

技术方案：①滴灌带支架与过带定位环的中心高度，应大于 80cm，减小滴灌与过带定位环的夹角，减小摩擦力。②过带轮和导向轮表面要光滑，转动灵活，无阻滞现象。③滴灌开沟器可上下调整，与限深轮配合使用，可以调节开沟深度。④滴灌带支架通过四杆机构随地面浮动仿形，适应田间作业。⑤滴灌带支架通用U型螺栓与牵引架连接，方便拆卸及调整各单组之间的距离。

该装置包括四杆机构及与四杆机构铰接的安装座，滴灌带支架和滴灌带开沟器分别与安装座上、下内孔配合，通过螺栓定位，限深轮装配在安装座尾部。工作中，限深轮与地面接触，地面高低不平时限深轮随地形上下运动，四杆机构跟随限深轮上下浮动，完成随地仿形，开沟深度稳定，并且可以调整滴灌带固定支架的位置，按实际农艺要求实现滴灌带不同模式的铺设，调整方便、快捷。详细结构见图2-63。

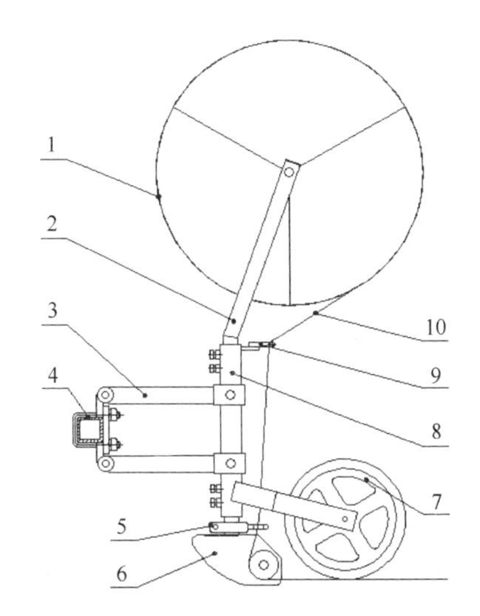

图2-63　小麦播种机滴灌带铺设装置示意图

1. 滴灌带挡圈；2. 滴灌带支架；3. 四杆总成；4. 牵引架；5. 滴灌带导套1；6. 滴灌开沟器；7. 限深轮；8. 安装座；9. 滴灌带导套2；10. 滴灌带

（三）滴灌配置型式

根据目前常用小麦播种机的播种幅宽，设计了以下几种组合：27行和28行可加9组滴灌带；24行可加6组或8组滴灌带；18行和20行可加4组或5组滴灌带。新型结构的滴灌带铺设机构占用空间小，滴灌带铺设质量高，铺设滴灌带的数量、距离任意选择，调整方便。

滴灌带铺设位置按15cm留出，其余行距可调至12.5cm。滴灌带通过滑轮装置和开沟器导入地表下3～5cm处，可以防止大风将滴灌带吹起。

（四）滴灌小麦播种机技术要求

1）播量精确。改变过去大播量和追求基本苗数量的做法，通过精量播种培育壮苗，提高麦苗质量。控制无效分蘖数量，提高有效干物质积累量，建立良好的群体结构，走增穗、增粒、增重高产途径。

2）各行播量一致，无断条。

3）滴灌带铺设深度一致，无损伤。

二、膜下滴灌精密播种机

膜下滴灌栽培技术是地膜和滴灌技术相结合的一种农业技术措施，适宜在北方干旱、半干旱区应用，可抵御低温冷害、保墒增温、灭草、提高水肥利用效率，增产效果明显。随着我国农业机械化发展的不断进步，机具向高效复式联合作业方向发展，要求播种机械在保证播种质量的同时，实现铺膜、铺滴灌带联合作业，减少作业层次，节省成本，降低劳动强度[64]。

（一）机型特点

以新疆农垦科学院研制成功的气吸式精量铺膜播种机为例。该机一次性完成种床平整、开膜沟、铺滴管带、铺膜、打孔、精量播种、覆土、镇压等多道工序，加装施肥系统后，可实现施底肥的功能。整机结构如图 2-64 所示。

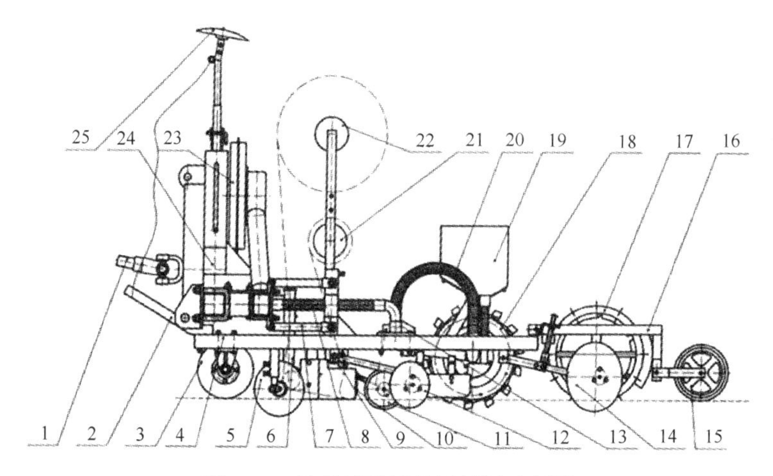

图 2-64　精量铺膜播种机侧视示意图

1. 传动轴；2. 平土框；3. 镇压辊；4. 铺膜框架；5. 开沟圆片；6. 铺滴灌管装置；7. 四杆机构；8. 吸气管 1；9. 涨膜杆；10. 展膜辊；11. 压膜轮；12. 膜边覆土圆片；13. 点种器牵引梁；14. 膜上覆土圆片；15. 镇压轮；16. 覆土花篮框架；17. 覆土花篮；18. 点种器；19. 种箱； 20. 吸气管 2；21. 地膜架；22. 滴灌管架；23. 风机；24. 上悬挂总成；25. 划印器圆片

技术参数：

配套动力（kW）：≥40　　作业速度（km/h）：3～3.5

作业速度（km/h）：3～3.5　　工作幅宽（mm）：3000

工作幅宽（mm）：3000　　铺膜幅数：3

行数：6　　适用薄膜宽度（mm）：700

行距（mm）：400+600（按不同作物可调）

穴粒数：单粒精播、双粒精播或 1∶2∶1 粒精播　空穴率（%）：≤3

随着我国西部干旱地区节水农业的迅速发展，针对不同的种植模式，按配套动力相继开发了 1 膜 2 行、1 膜 4 行、3 膜 6 行、4 膜 8 行、3 膜 12 行、2 膜 12 行、3 膜 18 行、5 膜 20 行等机型。精播的作物种类从棉花发展到玉米、甜菜、瓜类、番茄等，相应的铺管铺膜精量播种机也开发成功，形成了系列产品，如图 2-65、图 2-66 所示。

图 2-65　3 膜 12 行气吸式精量铺膜播种机

图 2-66　2 膜 16 行气吸式精量铺膜播种机

（二）铺滴灌带机构及技术要求

1. 铺滴灌带机构

滴灌带铺设机构一般由铺放架、滴灌带支架、浅埋开沟器和引导环等组成。结构示意如图 2-67 所示。

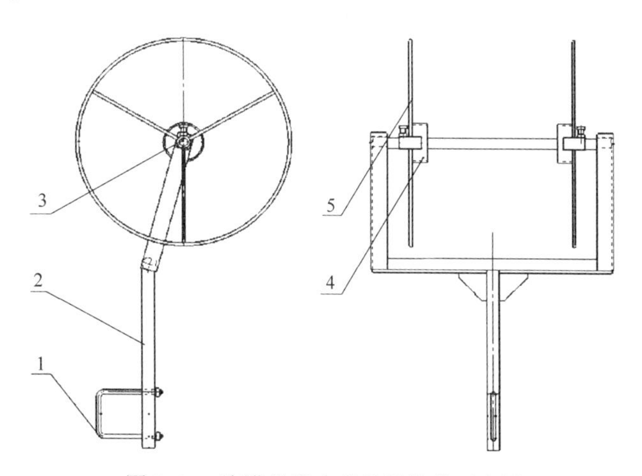

图 2-67　滴灌带卷支承装置结构示意图

1. U 型卡子；2. 支架；3. 滴灌器固定架管支撑；4. 支撑套；5. 管卷挡盘

作业过程：开沟器在待播种床上开出深 3～5cm、宽 4～5cm 的沟槽，滴灌带从安放在支架上的滴灌带卷拉出，经引导环进入开沟器压入开好的沟槽内，随后铺膜作业时展膜辊将土壤碾压回填，完成浅埋。

2. 技术要求

滴灌带是整个滴灌系统的最终执行元件，加压水源经过滤器、干管、支管和若干阀门进入滴灌带，经迷宫式出水口给作物供水。滴灌带的铺设质量直接影响滴灌性能的发挥，一旦铺设过程破损或者与株行间距一致性变异系数过大，将导致供水不均，从而造成植物从水中获取的养分不均衡，发育参差不齐。

提高滴灌带铺设质量的技术要求：①滴灌带浅埋深度一致，出水口朝上，不可铺反。

②与滴灌带接触的部分光滑，去除尖角、毛刺，防止划伤滴灌带。引导环不宜过宽，保证滴灌带的拉出过程平顺、不翻面。③浅埋开沟器中铺放轮转动灵活，能准确将滴灌带平铺在沟槽中，材质硬度高于滴灌带；开沟器对土壤搅动要小，作业后土壤应自行回流一部分，不能外翻影响后续的铺膜作业，结构型式如图 2-68 所示。④支架有一定强度，安装牢固，不晃动。两侧设有挡圈，防止滴灌带卷散落、窜动，带卷应转动平稳灵活，防止时紧时松，造成滴灌带的拉伸不一致，拉伸过大将使滴灌带变形，影响使用。规定滴灌带纵向拉伸率不允许超过 1%，与株行间距一致性变异系数不大于 8%。⑤根据滴灌配置要求，应能在一个种床上同时完成相应数量滴灌带的铺设。⑥滴灌带选用正规厂家生产的合格产品，缠绕紧实，芯管内孔规则。

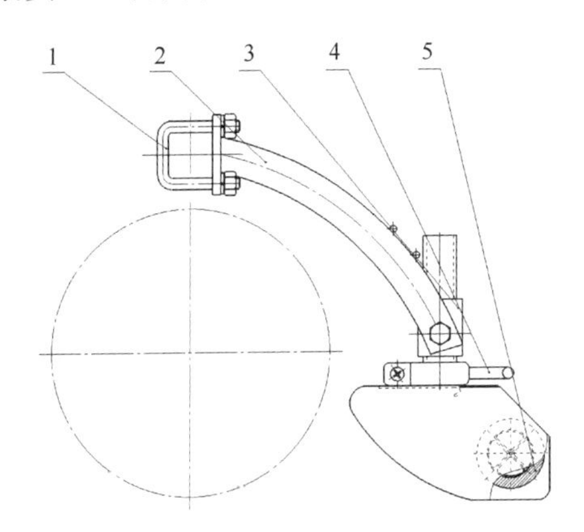

图 2-68　开沟浅埋铺设装置结构示意图

1. 固定卡子；2. 开沟器固定架；3. 开沟器组合；4. 引导环；5. 引导轮

（三）铺膜机构及技术要求

1. 铺膜机构

铺膜机构一般由开沟圆盘、膜卷架、导膜杆、展膜辊、压膜轮、挡土板和膜边覆土圆盘等零部件组成。铺膜机构示意如图 2-69 所示。

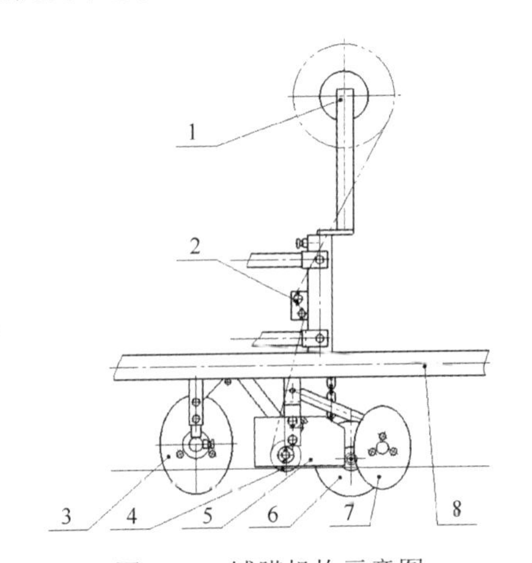

图 2-69　铺膜机构示意图

1. 膜卷架；2. 导膜杆；3. 开沟圆盘；4. 展膜辊；5. 挡土板；6. 压膜轮；7. 覆土圆盘；8. 框架

铺膜过程：开沟圆盘在准备好的种床两边开出膜沟，地膜从安放在膜卷架的膜卷拉出，经导膜杆捋顺，由地面滚动的展膜辊进一步平铺在种床上，压膜轮将膜边压入开好的膜沟内，随后的覆土圆盘将土壤回填膜沟，对膜边压实，完成铺膜作业。

2. 展膜机构

展膜机构一般由展膜辊、压膜轮及其附属零部件组成，主要作用是将地膜平展开来。结构示意如图 2-70 所示。

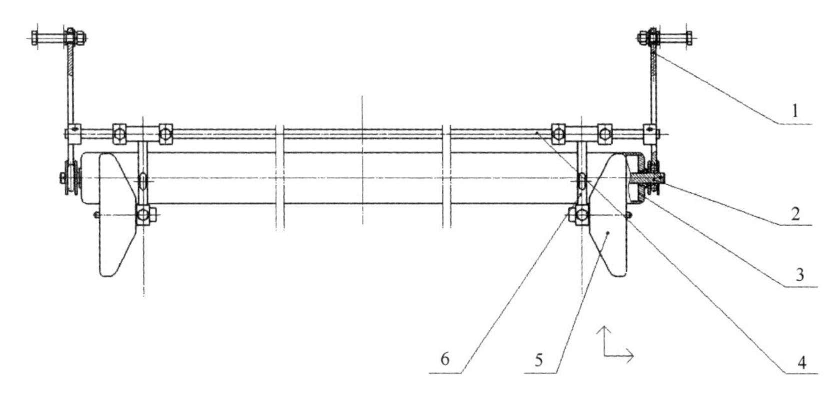

图 2-70 展膜机构结构示意图

1. 展膜辊吊臂；2. 展膜辊轴；3. 展膜辊体焊合；4. 压膜轮牵引轴；5. 压膜轮装配；6. 压膜轮牵引臂

3. 技术要求

膜上播种对铺膜质量要求很高，地膜的横向和纵向应具有一定拉伸，膜面平展，与地表贴合紧密，才能保证播入种穴的种子对准膜孔，不错位，提高自行出苗率。一旦发现种孔错位，出苗后需要及时人工放苗，防止高温烫伤。

提高铺膜质量的技术要求：①各工作部件转动灵活，无卡涩现象，展膜辊、压膜轮和膜边覆土圆盘应随地仿形，浮动自如。②两侧开沟圆盘调整深度一致，与机具前进方向呈倒八字形，角度一致，保证开出的膜沟左右对称、深浅一致。一般根据土质情况，开沟深度 6～8cm，与纵向夹角 20°～25°，不宜过深、过大；为了保证膜面宽度，在压膜轮和覆土圆盘之间应设计挡土板，防止土壤过多进入膜面。③展膜辊轴线与前进方向垂直，长度一般为所选用地膜宽度+7.5cm。压膜轮应设计成弧面状，并具有一定质量，一般 3.5～4.0kg，调整到合适位置如图 2-71 所示，使弧面紧贴膜沟，对地膜产生横向拉

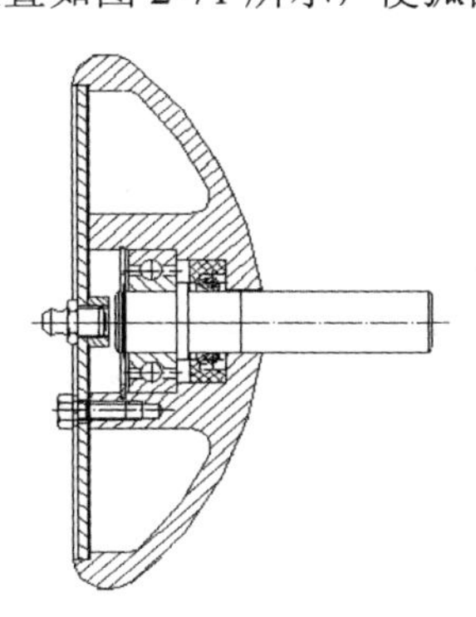

图 2-71 压膜轮示意图

伸。④支膜架上应设有挡膜盘，防止膜卷横向窜动，导膜杆应光滑，无毛刺，防止划伤地膜。⑤铺膜框架内宽一般略大于所选用地膜宽度，一般为地膜宽度+10cm。⑥地膜选用正规厂家生产的合格地膜，无粘连、破损，厚度符合国家相关规定。

（四）排种器及技术要求

1. 排种器

与条播不同，膜上播种是在铺好的膜面上按理论株距进行打孔，然后将定量的种子同步播入种穴，采用的排种器是气吸滚筒式穴播器，主要由刮种器、取种盘、分种盘、鸭嘴滚筒、梳籽板、气轴、接盘等零部件组成（图 2-72）。气轴一端固定于播种机机架上，另一端经接盘直通气室，接盘外侧固定取种盘，通过取种盘边缘的凸台实现与穴播器挡盘同步回转；分种盘紧压在取种盘上，利用沉头螺钉固定于穴播器挡盘上；鸭嘴、种道（滚筒内圈）、滚筒经焊合形成鸭嘴滚筒，通过螺栓固定于挡盘和挡板之间，挡盘经轴承与气轴相配；梳籽板和刮种器固定于穴播器端盖上，端盖利用键槽套接于气轴外侧。

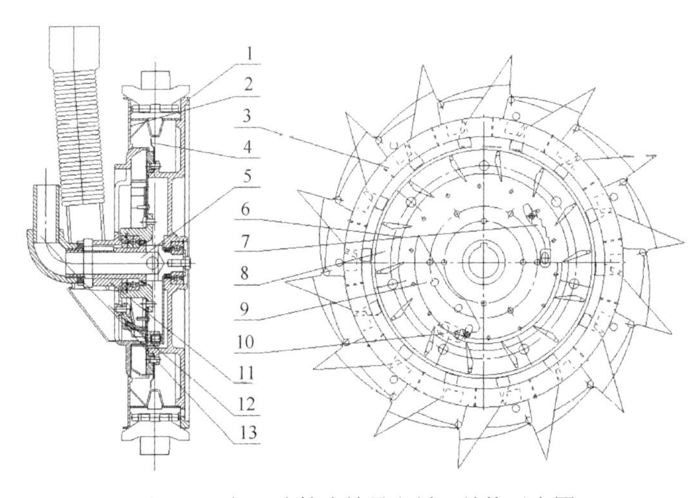

图 2-72 气吸滚筒式精量穴播器结构示意图

1. 铸造挡盘；2. 压盘；3. 腰带总成；4. 挡种盘；5. 中空穴播器轴；6. 气吸取种盘；7. 刷种器；8. 分种盘；9. 刮种器；10. 断气装置；11. 穴播器壳；12. 进种口；13. 吸气口

工作过程：气轴内腔是一全封闭的真空负压室，表面开有与气室相通的孔。鸭嘴滚筒在苗床上滚动，取种盘、分种盘、种道随成穴器做回转运动，经过吸种区时，将种子吸附至吸种孔上；在经过刷种器时，梳籽板对其进行连续轻微碰撞敲打，清除掉多余种子，使吸种孔处仅剩一粒种子。回转至一次投种区时，吸种孔被堵，气压消失，同时刮种器接触到种子并将其推落。脱落的种子在其重力、惯性离心力和刮种器推力的综合作用下经分种盘导向落至种道，被种道内的挡板挡住后随种道一块回转通过输种区，当种道内的种子回转到二次投种区时，种子克服自身与种道壁之间的摩擦力落入鸭嘴内腔，并随鸭嘴滚动落至鸭嘴底部。鸭嘴成穴器滚动至点种区后，破膜入土成穴，同时活动鸭嘴被压开，种子落入穴底，完成一个投种周期。

2. 技术要求

①鸭嘴开启灵活，无卡滞，活动鸭嘴与固定鸭嘴相对张开度保持在10～14mm。②能准确地排出种子，达到合格的穴粒数和空穴率。③鸭嘴入土深度符合规定深度，同时表层的干土不易回落沟内，以免降低土壤湿度。

（五）覆土装置及技术要求

1. 覆土装置

膜上覆土装置一般包括取土圆盘、覆土筒体、镇压轮等零件，结构如图2-73所示。

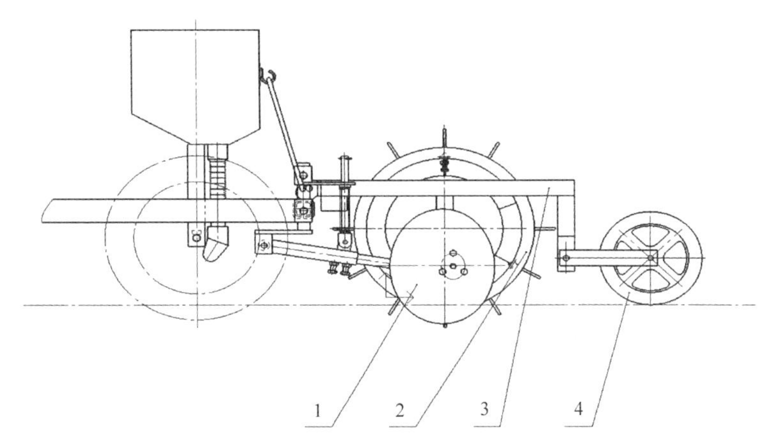

图2-73　膜上覆土装置结构示意图

1. 膜上覆土圆片；2. 覆土筒体；3. 覆土滚筒框架；4. 种行镇压轮

工作原理：取土圆盘安装在覆土筒体两端，与前进方向呈倒八字形，作业时将土壤从筒体两边送入，经筒体内的螺旋导土叶片输送分配到漏土带，落入对应的种行上，完成对种孔的覆盖过程。

2. 技术要求

膜上播种后，膜面产生的孔洞要及时封土压实，防止种子出现架空现象，提高出苗率和保墒增温效果。地膜宽膜较宽时，还应每隔一定距离进行压土，避免大风将铺好的地膜刮起。

①覆土筒体转动灵活，随地仿形，两端设有驱动齿爪，避免筒体直接碾压膜面，造成种孔错位。导土叶片螺旋角、漏土带与播种行距一致，宽度可调，确保土从筒体流出后覆盖在种行上，覆土筒体结构如图2-74。②调整取土圆盘与筒体的前后距离和角度，使进入覆土筒体的土量满足流出到种行的土量需要，不应在筒体内过量堆积，增加筒体重量。③筒体上应避开株行和滴灌带的位置开设排杂口，一般为150mm×180mm左右，未能及时从漏土带流出的土壤和尺寸较大的土块、作物根茬可及时排除；筒体转动一圈，排杂口排放一次，自动实现膜面间隔一定距离的压土功能，防风效果好。④生产实践证明，筒体直径一般设计为350～400mm，过小转动不灵活，通过性降低，容易脱堆；过大重量增加，耗费材料。⑤镇压轮安装在筒体后，随地仿形，对流出的土壤压实，防止

被风吹散到膜面上，影响采光面。镇压轮靠自重工作，既需要有一定重量，又不能粘土。采用铸造轮毂、空心零压橡胶轮圈可满足要求。结构如图 2-75。

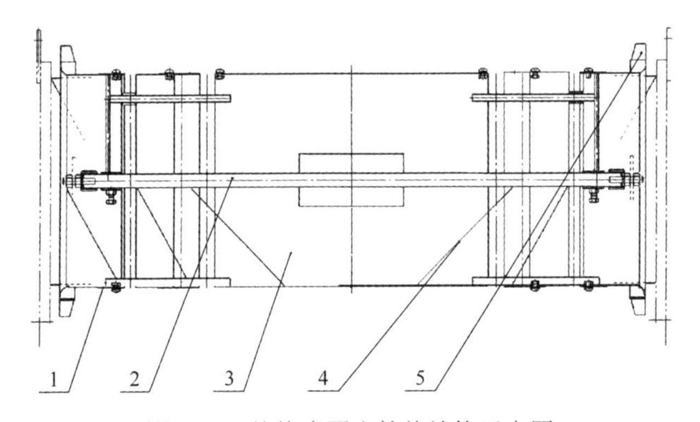

图 2-74 整体式覆土筒体结构示意图

1. 支撑轴；2. 滚筒体；3. 螺旋导土板；4. 调整圈；5. 驱动爪

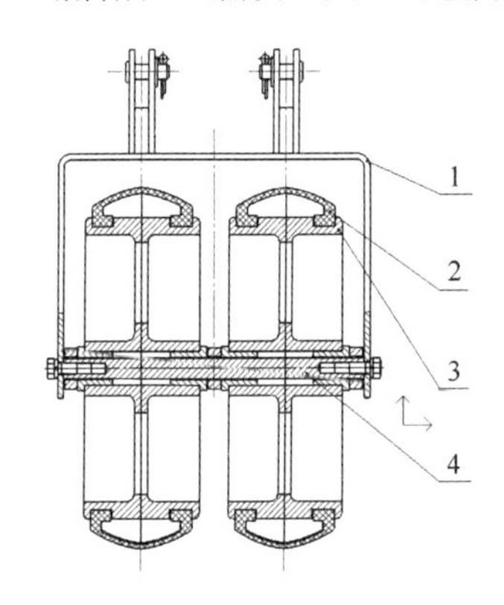

图 2-75 种行镇压装置结构示意图

1. 支架；2. 零压橡胶轮；3. 镇压轮毂；4. 镇压轮轴

三、中耕作物免耕精量播种机

免耕又称零耕，是指作物播前不用犁、耙整理土地，不清理作物残茬，直接在原茬地上播种，播后作物生育期间不使用农具进行土壤管理的耕作方法。在我国北方干旱地区，采用免耕，不但能够防止水土流失，而且可以争取农时，提高土地产出，在滴灌节水技术的推广中，新疆滴灌条件下实行一年两作节水高效栽培技术，实现两茬作物节水条件下高产高效种植。开展免耕精量播种机及配套机具研制，研究小麦和后茬作物节水高效种植技术，进行滴灌、免耕、精量播种等关键技术的集成配套。在小麦收获后采用免耕技术种植玉米，提高滴灌带的利用率，铺一次，用两季。

滴灌条件下，麦后免耕精量播种技术可以实现在高产滴灌小麦麦秆粉碎还田和保持田间原有滴灌带的基础上，进行玉米、油葵等作物的免耕精量复播作业。该技术可以解决播期晚、出苗难等主要问题，最大限度地降低生产成本，在复播作业中实现播种、灌溉和施肥的“精准化”，最终实现高产、高效。实现该技术的关键是免耕精量播种机械[65]。

机型特点：以新疆农垦科学院生产的气吸式精量播种免耕机为例。该机主要是由牵引架、风机装配、肥箱、机架、四连杆机构、地轮、开沟器、镇压轮等结构组成，如图 2-76 所示。

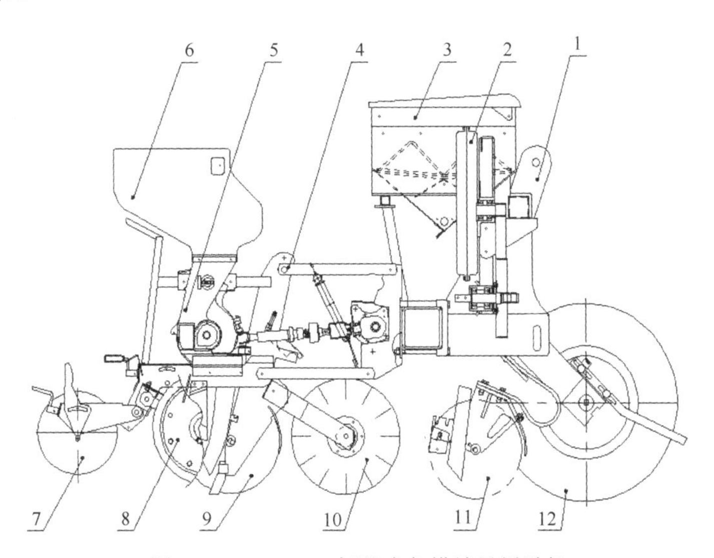

图 2-76　2BQM-8 气吸式免耕精量播种机

1. 牵引架；2. 风机装配；3. 肥箱；4. 四连杆机构；5. 排种器总成；6. 种箱；7. 镇压轮；8. 限深轮；9. 双圆盘开沟器；10. 波纹圆盘；11. 施肥开沟器；12. 地轮

该播种机为悬挂结构，工作时通过两个地轮支撑播种机的重量，并驱动排肥器、排种器转动。作业时通过前面的波纹圆盘将地面的杂草和秸秆轧断，并且在地表面开出一定深度的沟槽，由于波纹圆盘的作用，沟槽土壤形成一定的松软状态，后边的双圆盘开沟器在松软的土壤中重新开出一个种肥沟，这时排肥器排出适量的肥，紧接着排种器将种子排在肥的侧边，使肥和种子分离开，以免种子的芽胚受到破坏，影响发芽率。由其后的覆土镇压，形成了上实下虚的种床，这时完成播种程序。该机具有操作方便、节能、省工、高效率、省种、减少农耗、增加产量等优点。免耕覆盖种植不仅防水分流失，还可防涝抗旱，增加土壤有机质，改善土壤结构，是耕种技术的重大改革，更适合中国的国情（图 2-77、图 2-78）。

图 2-77　作业现场

图 2-78　出苗情况

2BQM-8 气吸式免耕精量播种机主要参数见表 2-9。

表 2-9　2BQM-8 气吸式免耕精量播种机主要性能技术参数

项目名称	技术参数
外形尺寸（长×宽×高）/mm	3410×4965×1430
播种行数/行	8
工作幅宽/mm	3500～4900
行距调节范围/mm	500～700
配套动力/kW	≥55
作业速度/（km/h）	5.5～6.5
株距调节范围/mm	94～303
免耕工作部件型式	S 圆盘型式
开沟器型式	双圆盘
破茬松土深度/mm	80～120
施肥深度/mm	60～120
播种深度/mm	40～100
生产率/（亩/h）	14～18

四、马铃薯种植机

（一）国内外现状

马铃薯种植机是将块状的种子利用播种系统有序地种植在地下的一种机具。在欧美等发达国家发展较早，成型较快，现已初具规模，并形成多样化。计算机、机电一体化、自动化等高科技领域技术的应用，使马铃薯播种作业更加精确化，更能满足人们使用的方便性、安全性与舒适性的要求。

排种器是现代马铃薯种植机的核心工作部分，是种植机工作质量、效能和特征的主要载体和体现者。国外排种装置主要发展了穿扎针式、舀勺杯链式，经过多年的发展，结构功能比较完善。几种排种器结构示意如图 2-79 所示[66]。

我国马铃薯种植机经历了主要靠人力和畜力为主的起步阶段，目前得到了长足发展，播种机械化水平不断提高。但机型单一，以小型为主，链勺式排种器结构简单、实用，制造成本低，是我国马铃薯种植机使用最多的一种取种、投种机构。排种器主要由固定在升运链上的托薯勺、主动链轮、被动链轮、投薯管和薯箱等部分组成。

工作过程：排种勺与升运链一起由下向上运动，经圆锥形箱底孔进入薯箱的喂薯区，穿过薯层，舀取一颗或数颗种薯。在升运的过程中，由于链条的抖动和机器的振动，托薯勺内的多余种薯被筛出托薯勺，重新返回薯箱。剩下的单颗粒种薯在重心力矩的作用下逐渐采取以厚轴平置的方式稳躺在托勺内。当托勺携薯块绕过被动链轮的顶端后，即改变方向朝下，薯块被抛向前进的托勺背上，并进入投薯管。随着链勺的继续下移，种薯沿着投薯管壁摩擦碰撞，采取运动阻力最小最稳定的薯块厚轴与地面平行的状态移到下端的投薯口。当托薯勺通过出口时，活门打开，薯种投落到开沟器开出的种植沟内，再由圆盘覆土，完成种植过程。

国内常见的机型如图 2-80 所示。

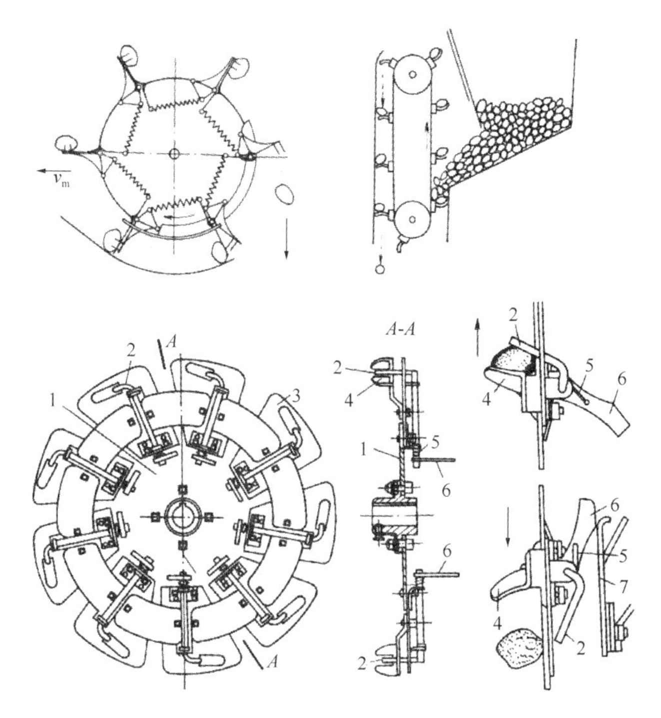

图 2-79　马铃薯排种器

1. 排种盘；2. 夹指；3. 勺盘；4. 种勺；5. 弹簧；6. 夹指拐臂；7. 导轨

图 2-80　2BMF 型马铃薯种植机

（二）滴灌马铃薯种植机

马铃薯喜凉、耐旱、耐贫瘠，我国内蒙古、甘肃、山西、河北、云南、贵州、四川和新疆等地均有大面积种植，并且越来越受到人们的重视。但对于干旱的北方地区，经常由于灌溉不足，产量不高，商品率低。提高马铃薯产量和品质对于我国农业发展和农民增收都具有重要意义。新疆兵团将滴灌水肥一体化技术引入马铃薯种植并获得成功，为马铃薯产业带来了新的契机。

滴灌马铃薯种植机在常规马铃薯种植机上增加了滴灌带铺设机构，提高了作业效率和种植精度。与中大功率拖拉机配套，一次完成开沟、施肥、播种、覆土、铺滴灌带、镇压和起垄等多项作业。工作效率高，作业质量好，与人工、半机械化或小型机械化种植方式相比，大大减轻了劳动强度，减少了拖拉机重复进地次数，避免了对土壤的严重压实，从而影响种薯的发芽和生长。

链勺式马铃薯种植机由投薯管、被动链轮、升运链、托薯勺、薯箱、滴灌管架、地膜架、圆盘覆盖器、展膜辊、地轮、主动链轮、开沟器等组成，如图 2-81 所示。

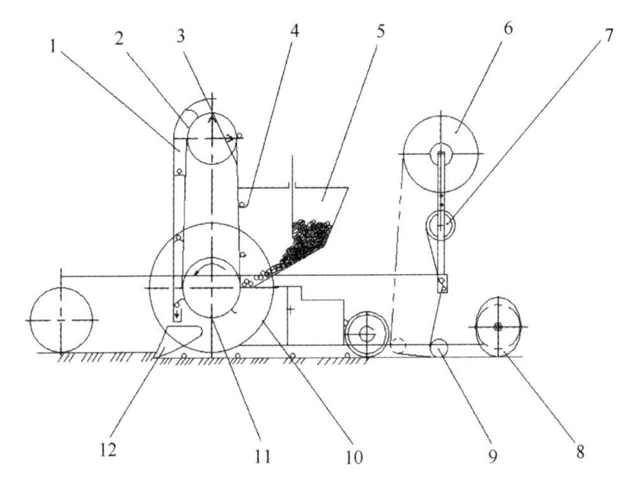

图 2-81 链勺式马铃薯种植机

1. 投薯管；2. 被动链轮；3. 升运链；4. 托薯勺；5. 薯箱；6. 滴灌管架；7. 地膜架；8. 圆盘覆盖器；9. 展膜辊；10. 地轮；11. 主动链轮；12. 开沟器

2BMF 系列滴灌马铃薯种植机特点：①双排链勺设计，降低输送速度，提高取种可靠性，减少漏种，而不降低作业速度；取种机构每行一组，可左右移动，行距可调。②单粒率高，通过控制取种区种薯量和脉冲振动清种机构来保证舀勺取种的单粒化。③适应范围广，设计有 5 种可调垄距，分别为 700mm、750mm、800mm、850mm、900mm。④株距合格率高、重种率低。

通过大面积生产考核和各地区实际应用，表明其适应性、可靠性及各项性能指标等均超过国家标准要求，在国内同类产品中处于领先地位，主要参数见表 2-10。

表 2-10 2BMF 系列滴灌马铃薯种植机技术参数

项目名称	技术参数	
外形尺寸（长×宽×高）/mm	3000×2270×1700	2780×4139×2760
播种及滴灌带行数/行	2	4
种植器型式	勺式	
开沟深度调节范围/mm	50～180	
设计株距调节范围/mm	121～397（30 种）	
配套动力/hp	>80	>160
适应作业速度/（km/h）	5	
作业效率/（亩/h）	9.75	15～22.5
合格率/%	>80	
重种率/%	<12	
漏种率/%	<8	

滴灌马铃薯种植机技术要求：①保证排薯过程的稳定性，旋转一周或数周排薯的数量应一定；多行排薯器的排薯量应相等，各行排薯量应一致；应有较强的适应性和通用

性。不但能排播一般种薯，而且能排播春化种薯、特大种薯和特小种薯。能适应不同分级种薯的要求；排薯频率应能调整，误差不应超过额定量的 8%～10%；漏种率、重种率和伤薯率不应超过现行农业技术要求。②滴灌带铺设一般为 1 带 2 行，也可根据用户要求增加数量，铺设深度一致、可调，与株行距一致性变异系数不大于 8%。③侧施底肥均匀，肥量调节范围大。④使用调整方便，地区适应性强，安全可靠。

五、滴灌带回收机

随着滴灌技术在大田作物中的应用，滴灌带的回收已经成为迫切需要解决的问题。滴灌带的用量大，残存在土壤中将会破坏土壤结构，影响作物生长，采用滴灌的田块，要求当年作物收获前或收获后必须及时清理回收。

滴灌带一般铺设在地表或者浅埋于土壤中 3～5cm 处，经过一个作物生长周期的使用，管道内和出水滴头容易产生积垢堵塞，影响灌水效果，不建议重复使用。可返厂再加工，既节约了原材料，又有利于降低滴灌带的价格。

21 世纪初，滴灌带依靠人工回收，耗费人力多，作业效率低，人工每天可回收 1～1.33hm^2，劳动强度较大。利用机械回收不仅减轻农民的劳动强度，还可以缓解作业季节劳力紧张的局面，是滴灌带回收的必然趋势[67]（图 2-82）。

图 2-82　人工回收滴灌带

目前常见的几种机型

近年来，众多科研和生产单位开展了滴灌带回收机的研制和应用，有些地区农民个人也自发创造了结构各异的回收装置，不仅丰富了滴灌带回收机的种类，还大大提高了滴灌带的回收效率。但是目前机型均存在辅助人工偏多，需要进一步完善。

按回收原理分，目前的机型主要有两类，一类是卷盘缠绕式（图 2-83），以拖拉机输出轴或地轮作为动力源，带动卷带盘转动，将滴灌带整根缠起。该机型的特点是结构简单，造价低，耗费动力小。存在的主要问题是，工作过程中随着卷带盘的直径逐渐增大，线速度不断增加，拖拉机的前进速度控制不好，会出现扯断滴灌带的现象，需要经常停机，人工辅助将断带喂入卷带盘后才能继续工作。

工作过程：工作时，拖拉机传动轴输出动力，经过齿轮箱变速，链传动带动滴管带回收装置转动，随着回收装置旋转，滴灌带快速缠绕在绕臂上，实现滴灌带回收。当滴灌带缠绕到一定量时停机，将缠绕的滴灌带脱下，放至收集箱内，如图 2-84 所示。

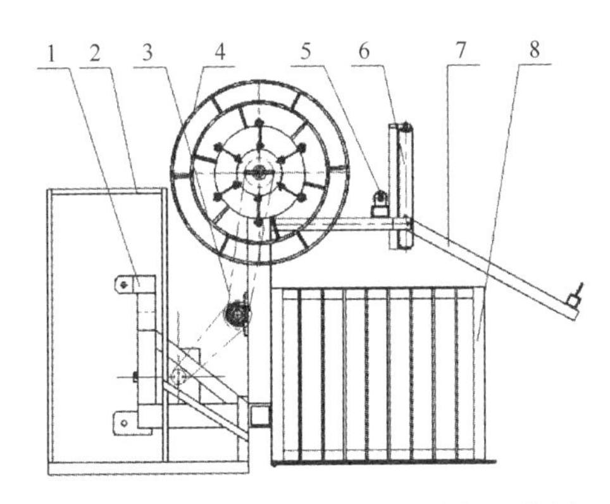

图 2-83　卷盘缠绕式滴灌带回收机示意图

1. 悬挂架；2. 辅助人工站台；3. 传动系统；4. 卷带盘；5. 水平引导轮；6. 倾斜引导轮；7. 滑道；8. 收集箱

图 2-84　机械回收滴灌带

针对断带问题，研究人员进行了改进，增加了无级变速装置和相应的调速机构，以确保卷带管缠绕速度始终与拖拉机前进速度相匹配。

另一类是切段式，利用旋转的切刀，将喂入辊的滴灌带切成段状，装入收集箱。主要由破膜刀、引导轮、破带机构、挤杂机构、破碎机构和收集箱等构成（图 2-85、图 2-86）。

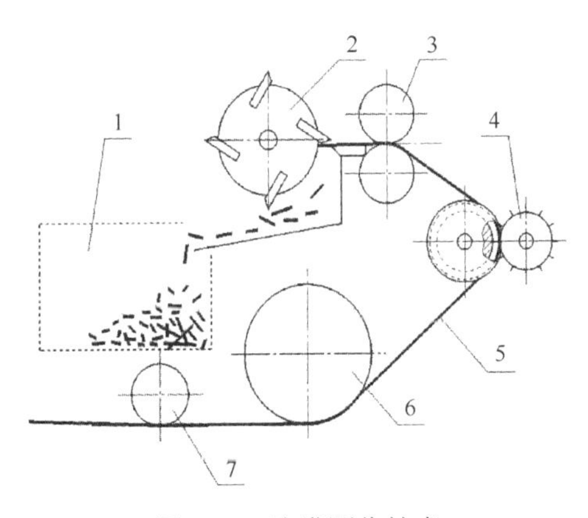

图 2-85　滴灌回收技术

1. 收集箱；2. 破碎机构；3. 挤杂机构；4. 破带机构；5. 滴灌带；6. 引导轮；7. 破膜刀

图 2-86　滴灌带切段机

该技术先对残旧滴灌带进行破带并将带中杂质挤压去除，然后进行粉碎的方法处理，可以使回收机械大大简化，同时能大大减少回收的滴灌带中的杂质含量，使运输和后期处理都大为方便。

作业时，破膜刀在行进中将滴灌带上的地膜破开，引导轮将滴灌带揭起并导入破带机构进行破带；当滴灌带经过两滚筒之间时，针状物即在滴灌带上打出孔洞，挤杂机构将滴灌带中的泥沙类杂物从孔洞中挤出；破碎机构可将滴灌带切成段状，收集箱将破碎的滴灌带进行收集。

滴灌带回收作业技术要求：①回收前应先将田间支管和连接滴灌带的直通、卡子等各类可以重复使用的设施管件人工收回。②滴灌带从支管上取下时，需要将支管两侧的断头打结连接在一起，为后续机械收集创造条件。③机具进地作业前，应在田间出水桩等不可移动的、影响机具作业路线的隐性障碍物位置做好标记。

参 考 文 献

[1] 金宏智, 李光永. 国外节水灌溉技术与设备的发展趋势——美国第24届国际灌溉展览会观感. 水灌溉, 2004, (3): 46-48.

[2] 杨培岭, 雷显龙. 滴灌用灌水器的发展及研究. 节水灌溉, 2000, (3): 17-18, 40.

[3] 韩启彪, 冯绍元, 黄修桥, 等. 我国节水灌溉施肥装置研究现状. 节水灌溉, 2014, (12): 76-79, 83.

[4] 姚振宪. 我国滴灌发展历程及建议. 农业工程, 2011, 2(1): 54-58.

[5] 许平. 我国微灌技术和设备现状及市场前景分析. 节水灌溉, 2002, (1): 33-36.

[6] 姜震. 膜下滴灌工程中水泵最优化选型的探讨. 水利规划与设计, 2014, (4): 67-70.

[7] 严以绥. 膜下滴灌系统规划设计与应用. 北京: 中国农业出版社, 2003.

[8] 顾烈烽. 滴灌工程规划设计图集. 北京: 中国水利水电出版社, 2005.

[9] 何久安. 干旱山区抗旱补灌新措施——家庭移动式自压滴渗灌溉系统. 甘肃水利水电技术, 2009, 12(45): 49-50.

[10] 李应能, 黄修桥, 吴景社. 水资源价与节水灌溉规划. 北京: 中国水利水电出版社, 1998: 3-5.

[11] 王轶庶. 大旱背后. 南方周末. 4 版. [2009-02-12].

[12] 胡建东, 赵向阳, 李振峰. 参数调制探针式电容土壤水分传感技术研究. 传感技术学报, 2007, 20(5): 1057-1060.

[13] 隋东, 张涛, 崔劲松, 等. 沈阳地区土壤墒情监测与预测系统的研制. 辽宁气象, 2005, (3): 23-24.

[14] 杨绍辉, 王一鸣, 孙凯, 等. 土壤墒情(旱情)监测与预测预报系统的设计与开发. 中国农业大学学

报, 2007, 12(4): 75-79.

[15] 何新林, 郭生练, 盛东, 等. 土壤墒情自动测报系统在绿洲农业区的应用. 农业工程学报, 2007, 23(8): 170-175.

[16] 胡培金, 江挺, 赵燕东. 基于 zigbee 无线网络的土壤墒情监控系统. 农业工程学报, 2011, 27(4): 230-238.

[17] 邹春辉, 陈怀亮, 薛龙琴, 等. 基于遥感与 GIS 集成的土壤墒情监测服务系统. 气象科技, 2005, 33(增刊): 61-64.

[18] 中共中央国务院. 关于落实发展新理念加快农业现代化实现全面小康目标的若干意见. 2016.

[19] 吴勇, 高祥照, 杜森, 等. 大力发展水肥一体化, 加快建设现代农业. 中国农业信息, 2011, (12): 19-22.

[20] 张承林, 邓兰生. 水肥一体化技术. 北京: 中国农业出版社, 2012: 1-3.

[21] Madramootoo C A, Jane M. Advances and challenges with Micro-Irrigation. Irrigation and Drainage, 2013, 62: 255-261.

[22] Morais R, Matos S G, Fernandes M A, et al. Sun, wind and water flow as energy supply for small stationary data acquisition platforms. Computers and Electronics in Agriculture, 2008, 64(2): 120-132.

[23] Bautista E, Chemmens A J, Strelkoff T S, et al. Analysis of surface irrigation systems with WinSRFR-Example application. Agricultural Water Management, 2009, 96(7): 1162-1169.

[24] 张承林. 以色列的现代灌溉农业. 中国农资, 2011, (9): 53.

[25] 杜中平. 以色列节水灌溉与水肥一体化考察报告. 青海农林科, 2012, (4): 17-20.

[26] 王亮. 耐特菲姆与以色列式生存. 农经, 2011, (2): 34-35.

[27] 温标堂. 以色列耐特菲姆(NETAFIM)公司灌溉产品在广西的营销策略研究. 南宁: 广西大学硕士学位论文, 2012.

[28] 吴江. “耐特菲姆”的中国之旅——访以色列耐特菲姆现代灌溉和农业系统公司中国总经理李勇. 中国农资, 2010, (9): 66-68.

[29] 徐远军. 微灌技术初探. 农业科技与装备, 2014, (1): 69-70.

[30] 宋金龙. 水肥一体化通用控制设备研发. 哈尔滨: 东北农业大学硕士学位论文, 2015: 35-39.

[31] 郭元裕. 农田水利学. 3 版. 北京: 中国水利水电出版社, 2013: 26-30.

[32] 宗全利, 刘焕芳, 郑铁钢, 等. 过滤器技术及应用. 北京: 化学工业出版社, 2015: 30-33.

[33] 袁寿其, 李红, 王新坤. 中国节水灌溉装备发展现状、问题、趋势与建议. 排灌机械工程学报, 2015, 33(1): 90-91.

[34] 张娟娟, 徐建新, 黄修桥, 等. 国内微灌用叠片过滤器研究现状综述. 节水灌溉, 2015, (3): 59-61.

[35] 梅旭荣. 节水农业在中国. 北京: 中国农业科学技术出版社, 2006: 5-8.

[36] 付琳. 我国微灌发展中值得关注的问题. 节水灌溉, 2002, (1): 24-25.

[37] 邓忠, 霍国亮, 仵峰, 等. 微灌过滤器石英砂滤料过滤与反冲洗研究. 水资源与水工程学报, 2008, 19(19): 9-12.

[38] 潘子衡, 钱才富, 范德顺. 自清洗过滤器吸污器的改进设计. 石油与化工设备, 2009, (2): 34-36.

[39] 周惠臣. 国内外自动清洗过滤器的发展及应用//中国环境保护产业协会水污染防治委员会. 国水污染防治技术装备论文集. 1998, (3): 24-26.

[40] Mitsuo T. Self-cleaning mechanical filter: USA, US 2006/0043014A1. 2002-7-13.

[41] 岳学军, 刘永鑫, 洪添胜. 基于土壤墒情的自动灌溉控制系统设计与试验. 农业机械学报, 2013, (S2): 241-250.

[42] 朱焕立, 茹正波, 荣晓明. 农田灌溉自动化控制系统的开发研究. 灌溉排水学报, 2009, 28(4): 124-126.

[43] 汪志农, 吕宏兴, 王密侠, 等. 节水灌溉管理智能决策支持系统研究. 中国工程科学, 2001, 3(7): 48-53.

[44] 李东升. 精密检测植物器官尺寸变化实现节水灌溉装置: 中国, 03210284. 2005-3-16.

[45] 高胜国, 段爱旺, 孟兆江, 等. 根据作物缺水逆境生理反应进行灌溉的控制方法及其装置: 中国,

200410060260.4. 2005-4-6.
[46] 张建丰, 王文焰, 孙强, 等. 多功能网络式自动灌溉方法及其装置: 中国, 02139540.3. 2003-4-3.
[47] 夏继红, 严忠民, 周明耀, 等. 农田灌溉决策支持与控制系统的设计与应用. 河海大学学报, 2001, 29(6): 6-10.
[48] Cáceres R, Casadesús J, Marfà O. Adaptation of an automatic irrigation-control tray system for outdoor nurseries. Biosystems Engineering, 2007, 96 (3): 419-425.
[49] 罗克勇, 陶建平, 柳军, 等. 基于无线传感网的温室作物根层水肥智能环境调控系统. 农业工程学报, 2012, 2(9): 17-22.
[50] 谢守勇, 李锡文, 杨叔子, 等. 基于 PLC 的模糊控制灌溉系统的研制. 农业工程学报, 2007, 23(6): 208-210.
[51] 刘永鑫, 洪添胜, 岳学军, 等. 太阳能低功耗滴灌控制装置的设计与实现. 农业工程学报, 2012, 28(20): 20-26.
[52] 冯丽媛, 姚绪梁. 温室大棚自动灌溉系统设计. 农机化研究, 2013, (6): 113-115.
[53] 韩安太, 何勇, 陈志强, 等. 基于无线传感器网络的茶园分布式灌溉控制系统. 农业机械学报, 2011, 42(9): 173-180.
[54] 高峰, 俞立, 张文安, 等. 基于无线传感器网络的作物水分状况监测系统研究与设计. 农业工程学报, 2009, 25(2): 107-112.
[55] Buckley J, Aherne K, O'Flynn B, et al. Antenna performance measurements using wireless sensor networks. Electronic Components and Technology Conference, 2006: 145-150.
[56] 李晓东, 张馨, 乔晓军, 等. 低功耗智能灌溉采集控制器的设计. 农机化研究, 2010, (8): 71-73.
[57] 张伟, 何勇, 裘正军, 等. 基于无线传感网络与模糊控制的精细灌溉系统设计. 农业工程学报, 2009, 25(增刊 2): 7-12.
[58] 申长军, 郑文刚, 孙刚. 低功耗无线直流电磁阀及其控制模块设计与应用. 农业机械学报, 2009, 40(增刊): 82-86.
[59] 周平. 智能灌溉系统软件关键技术研究//中国农业科学院. 北京市农林科学院博士后研究工作报告. 2010: 45-50.
[60] 曾磊. 节水灌溉自动化与决策支持系统的研究. 信息技术, 2008(5): 131-133.
[61] 陈天华, 唐海涛. 基于 ARM 和 GPRS 的远程土壤墒情监测预报系统. 农业工程学报, 2012, 28(3): 162-166.
[62] 邹伟, 杨平, 徐德. 基于 MCGS 组态软件的上位机控制系统设计. 制造业自动化, 2008, 30(12): 103-108.
[63] 陈学庚, 胡斌. 旱田地膜覆盖精量播种机械的研究与设计. 乌鲁木齐: 新疆科学技术出版社, 2010: 99-103.
[64] 张伟, 胡军, 车刚. 田间作业与初加工机械. 北京: 中国农业出版社, 2010: 85-90.
[65] 唐军, 陈学庚. 农机新技术新机具. 乌鲁木齐: 新疆科学技术出版社, 2009: 202-205.
[66] 李宝筏. 农业机械学. 北京: 中国农业出版社, 2003: 112-113.
[67] 汤爱民, 罗建和. 2JMSD-4.5 型揭膜、回收滴灌带机. 新疆农机化, 2008, (5): 12-25.

第三章　主要粮食作物滴灌专用肥产品及施肥技术

粮食作物的经济产值较低，因此用于粮食作物滴灌的专用肥料在满足滴灌需要的前提下，降低成本是其推广应用的关键。

根据滴灌专用肥所用原料性质的不同，将滴灌专用肥分为无机水溶肥料、有机无机水溶肥料和生物有机水溶肥料三类。无机水溶肥料是指所用原料全部为无机养分，包括大量元素和中微量元素。有机无机水溶肥料是指所用部分原料为水溶性有机物，包括水溶性的腐殖酸、氨基酸、海藻酸、生化黄腐酸和其他水溶性有机物，其余为无机养分原料。生物有机水溶肥料是指在有机无机水溶肥料的基础上，控制无机养分在30%以下，提高有机成分，添加部分生物菌剂的水溶肥料。下面分别对其进行叙述。

第一节　无机水溶肥料

一、原料选择

水溶性肥料生产原料一般选择水溶性强（速溶、溶解度高）、杂质少、有效成分高、副成分少的单一元素或多元素原料，原料的质量直接决定水溶肥料产品的质量。目前无机水溶肥料常用的一些生产原料主要有以下几种。

（一）氮肥

氮肥分为铵态氮肥、硝态氮肥和酰胺态氮，目前常用的铵态氮肥主要有液氨、氨水、碳酸氢铵、氯化铵、硝酸铵和硫酸铵。硝态氮肥主要有硝酸钙、硝酸钠、硝酸铵钙和硝酸钾等。酰胺态氮则主要以尿素为主。

1. 液氨

又称无水氨，是一种无色液体，有强烈刺激性气味，分子式：NH_3，分子量为17.04，含氮82.1%。氨作为一种重要的化工原料，为运输及储存便利，通常将气态的氨气通过加压或冷却得到液态氨。氨易溶于水，溶于水后形成铵根离子（NH_4^+）、氢氧根离子（OH^-），呈碱性的碱性溶液。液氨多储于耐压钢瓶或钢槽中，且不能与乙醛、丙烯醛、硼等物质共存。液氨在工业上应用广泛，具有腐蚀性且容易挥发，因此其化学事故发生率很高。

液氨主要用于生产硝酸、尿素和其他化学肥料，还可用作医药和农药的原料。

2. 碳酸氢铵

又称碳铵，是一种碳酸盐，含氮17.7%左右。可作为氮肥，由于其可分解为NH_3、CO_2和H_2O三种气体而消失，故又称气肥。生产碳铵的原料是氨、二氧化碳和水。碳酸氢铵为无色或浅粒状、板状或柱状结晶体，碳铵是无（硫）酸根氮肥，其三个组分都是作物的养分，不含有害的中间产物和最终分解产物，长期使用不影响土质，是最安全氮肥品种之一。

碳酸氢铵（ammonium bicarbonate）是氨的碳酸盐，分子式为NH_4HCO_3。二氧化碳通入碳酸铵溶液中也可得到碳酸氢铵。它是白色粉末，有强烈的氨臭味，易溶于水。碳酸氢铵溶液放置在空气中或加热时会放出二氧化碳，溶液也变为碱性。

碳酸氢铵的化学性质不稳定。碳酸氢铵受热易分解生成氨气（NH_3）、水（H_2O）、二氧化碳（CO_2）。化学方程式为

$$NH_4HCO_3 \longrightarrow NH_3 \uparrow + H_2O + CO_2 \uparrow \tag{3-1}$$

其中氨气有特殊的氨臭味，所以在长期堆放碳酸氢铵化肥的地方会有刺激性气味。

因为碳酸氢铵是一种碳酸盐，所以一定不能和酸一起放置，因为酸会和碳酸氢铵反应生成二氧化碳，使碳酸氢铵变质。但是也有农村利用碳酸氢铵能和酸反应这一性质，将碳酸氢铵放在蔬菜大棚内，将大棚密封，并将碳酸氢铵置于高处，加入稀盐酸。这时，碳酸氢铵会和盐酸反应，生成氯化铵（NH_4Cl）、水（H_2O）和二氧化碳（CO_2）。二氧化碳可促进植物光合作用，增加蔬菜产量，而生成的氯化铵也可再次作为肥料使用。

碳酸氢铵的分子式中有铵根离子（NH_4^+，即带 1 单位正电荷），是一种铵盐，而铵盐不可以和碱共放一处，所以碳酸氢铵切忌和 NaOH（俗名火碱、烧碱、苛性钠，化学名氢氧化钠）或$Ca(OH)_2$（俗名熟石灰，化学名氢氧化钙）放在一起。因为铵盐和碱共热会生成氨气，使化肥失效。

碳铵在水中呈碱性反应。易挥发，有强烈的刺激性臭味。10～20℃时，不易分解，30℃时开始大量分解。我国多数地区主要作物的施肥季节在5～10月，其间平均温度在20℃以上，恰值碳铵开始较多分解的转折点，施用时必须采取各种防挥发措施。

碳酸氢铵是一种无色或浅色化合物，呈粒状、板状或柱状结晶，比重 1.57，容重 $0.75g/cm^3$，较硫酸铵（0.86）轻，略重于粒状尿素（0.66）。易溶于水，0℃时溶解度为 11.3%；20℃时为 21%；40℃时为 35%。

用作氮肥，适用于各种土壤，可同时提供作物生长所需的铵态氮和二氧化碳，但含氮量低、易结块；用作分析试剂，也用于合成铵盐和织物脱脂；用作化学肥料；能促进作物生长和光合作用，催苗长叶，可作追肥，也可作底肥直接施用。

3. 氯化铵

氯化铵（分子式：NH_4Cl），简称氯铵，又称卤砂，是一种速效氮素化学肥料，含氮量为 24.0%～25.4%，属于生理酸性肥料。氯化铵为无色结晶或白色结晶性粉末；无臭，味咸、凉有微苦；有引湿性。在水中易溶，在乙醇中微溶但不溶于丙酮和乙醚。水溶液呈弱酸性，加热时酸性增强。对黑色金属和其他金属有腐蚀性，特别对铜腐蚀作用更大，对生铁无腐蚀作用。氯化铵由氨气与氯化氢或氨水与盐酸发生中和反应得到，受热容易分解。主要用于制造干电池、蓄电池、铵盐，以及鞣革、电镀、精密铸造、医药、照相、电极，为黏合剂。有时还用作酵母菌的养料和面团改进剂等。

氯化铵在农业上可作氮肥施用，其作用机制与硫酸铵相似，但施用氯化铵造成的土壤酸化较硫酸铵严重。可作基肥、追肥，不能用作种肥。此外，对于对氯敏感的作物（烟草、甘蔗、马铃薯等）也不可大量施用。

4. 硝酸铵

硝酸铵（NH_3NO_3），简称硝铵，为白色结晶，铵态氮和硝态氮的总含量为 35%。熔点为 169.6℃，熔融热为 67.8kJ/kg，在 20～28℃时的比热容为 1.76kJ/（kg·℃）。

硝铵易溶于水，溶液的沸点和相对密度随浓度的增加而增大。硝铵还易溶于液氨、甲醇和丙酮等溶剂中。硝铵溶于液氨生成 $NH_4NO_3·2NH_3$ 等类型的氨络合物，氨络合物比液氨的蒸气压小得多，故氨络合物较易贮存和运输，因此，常作为复合肥料生产中的中间体。

硝酸铵特殊的物理化学性质和硝铵性能的改善如下。

1）多晶性。硝铵具有不同的 5 种结晶变体，都只在一定的温度范围内才是稳定的。32.1℃以下结晶的正交晶体最稳定，密度最大且不易潮解。将硝铵缓慢加热或冷却时，它可以缓慢地从一种晶型变化到另一种晶型。如果骤然从高温冷却至低温，就可以从一种晶型直接变化到另一种晶型，而不生成中间的晶型。平时使用硝铵作肥料时，易于发生的晶型变化是Ⅲ和Ⅳ两种晶型的互变。因为它们的转变温度（32.3℃）接近于常温。

因此当空气的温度和湿度变化时，硝铵会发生再结晶，并由一种晶体变化到另一种晶体。硝铵晶体在贮藏中有发生吸湿黏结和结块硬化的能力。

2）吸湿性。硝酸铵具有较高的吸湿性，它极易从空气中吸收水分而潮解，甚至变成溶液。

硝酸铵吸湿性的强弱以吸湿点来衡量，所谓吸湿点，就是硝酸铵饱和溶液上面的平衡水蒸气压力与同温度下空气的饱和水蒸气压之比，用百分数表示。

5. 硫酸铵

肥料级硫酸铵，简称硫铵，分子式：$(NH_4)_2SO_4$，分子量为 132.14，含氮量为 21.2%。

硫铵是白色斜方晶系结晶，易溶于水，不溶于酒精、丙酮和氯中，含有杂质的硫铵显浅色或暗褐等，与碱性物质相混反应放出氨气，潮湿的硫铵对钢铁有腐蚀性。硫铵分解温度为 280℃，放出氨气变为酸式硫酸铵 NH_4HSO_4，温度的变化对硫酸铵在水中的溶解度影响不大，本身相对吸湿性较小。

硫铵主要在农业上作为氮肥，优点是吸湿性相对较小，不易结块，与硝酸铵和碳铵相比具有优良的物理性质和化学稳定性；硫酸铵是速效肥料、很好的生物性肥料，在土壤中的反应呈酸性，适于碱性土壤和碳质土壤。缺点是含氮偏低，但是硫铵除含氮外，硫酸铵还含硫，对农作物极为有利。另外，在工业上应用也很广泛，如在医药上用作制酶的发酵氮源，纺织上用作染色印花助剂，精制的硫铵用于啤酒酿造。

6. 硝酸钙

硝酸钙含氮量为 13.0%，硝酸钙的外观为白色或略带其他颜色的细小晶体，吸湿性较强，容易结块，易溶于水，水溶液呈酸性，为生理碱性肥料。它含有丰富的钙离子，连年施用能改善土壤的物理性质。

农业硝酸钙是一种典型的快速作用的叶面肥料，它能作用于酸性土壤，肥料中的钙能中和土壤中的酸性。对于消耗过多的苜蓿生长施肥，糖用甜菜、饲料甜菜、玉米、绿色饲料混合物能有效地消除植物钙营养不足的附加施肥，尤其方便。

采用最先进的植物生长理论，其有快速补钙、补氮的特点。它的硝态氮与百分之百水溶性钙的独特结合，提供了许多其他化肥所没有的性质和优点，是市场上最有价值的化肥之一。硝酸钙每粒中均匀地含有 11.8%氮（硝态）及 23.7%的水溶性钙（CaO），有利于作物对营养元素的吸收，增强瓜果蔬菜抗逆性，促进早熟，提高果蔬品质，在农业上广泛用于基施、追施、冲施和叶面喷施，还可作为无土栽培的营养液。它含有丰富的钙离子，连年施用不仅不会使土壤的物理性质变坏，还能改善土壤的物理性质。最适宜施用于甜菜、马铃薯、大麦和麻类等作物，而且广泛适用于各类土壤，特别是在缺钙的酸性土壤上施用，其效果会更好。

7. 尿素

尿素是由碳、氮、氧和氢组成的有机化合物，又称脲（与尿同音）。其分子式为 CON_2H_4、$(NH_2)_2CO$ 或 CN_2H_4O，分子量为 60，无色或白色针状或棒状结晶体，工业或农业品为白色略带微红色固体颗粒，无臭无味。含氮量约为 46.67%。密度为 $1.335g/cm^3$。熔点为 132.7℃。溶于水、醇，难溶于乙醚、氯仿。呈弱碱性，可与酸作用生成盐，有水解作用。在高温下可进行缩合反应，生成缩二脲、缩三脲和三聚氰酸。加热至 160℃分解，产生氨气同时变为氰酸。由于在人尿中含有这种物质，因此取名尿素。尿素含氮 46%，是固体氮肥中含氮量最高的。

尿素在酸、碱、酶作用下（酸、碱需加热），能水解生成氨和二氧化碳。

尿素易溶于水，在 20℃时 100ml 水可溶解 105g 尿素，水溶液呈中性反应。尿素产品有两种：结晶尿素呈白色针状或棱柱状晶形，吸湿性强；粒状尿素为粒径 1～2mm 的半透明粒子，外观光洁，吸湿性有明显改善。20℃时临界吸湿点为相对湿度 80%，但 30℃时临界吸湿点降至 72.5%，故尿素要避免在盛夏潮湿气候下敞开存放。目前在尿素生产中加入石蜡等疏水物质，其吸湿性大大下降。

尿素是一种高浓度氮肥，属于中性速效肥料，也可用于生产多种复合肥料。在土壤中不残留任何有害物质，长期施用没有不良影响。畜牧业可用作反刍动物的饲料。但在造粒中温度过高会产生少量缩二脲（又称双缩脲），对作物有抑制作用。我国规定肥料用尿素缩二脲含量应小于 0.5%。缩二脲含量超过 1%时，不能作种肥、苗肥和叶面肥，其他施用期的尿素含量也不宜过多或过于集中。

尿素是有机态氮肥，经过土壤中的脲酶作用，水解成碳酸铵或碳酸氢铵后，才能被作物吸收利用。因此，尿素要在作物的需肥期前 4～8d 施用。

8. 尿素硝铵溶液

尿素硝铵溶液（Urea Ammonium Nitrate solution），简称 UAN 溶液，国外也称为氮溶液（N solution），是由尿素、硝铵和水配制而成。尿素硝铵溶液是目前国外生产液体肥料最为普遍的一种氮源，国内对氮溶液的生产和应用尚处于起始阶段。尿素硝铵溶液的生产始于 20 世纪 70 年代的美国，目前已得到广泛使用。2012 年全球尿素硝铵溶液的产量超过 2000 万 t，其中美国占全球产量的 2/3，达到 1360 万 t，法国 200 万 t，其他国家如加拿大、德国、白俄罗斯、阿根廷、英国、澳大利亚等的产量在 100 万 t 以内。我国是氮肥生产大国，但尿素硝铵溶液的生产基本空白，现有个别企业开始生产。在国际市场上一般有 3 个等级的尿素硝铵溶液销售，即含 N 28%、30% 和 32%。不同含量对应不同的盐析温度，适合在不同温度地区销售。含 N 28%的盐析温度为–18℃，含 N 30%的盐析温度为–10℃，含 N32%的盐析温度为–2℃。在尿素硝铵溶液中，通常硝态氮含量在 6.5%～7.5%，铵态氮含量在 6.5%～7.5%，酰胺态氮含量在 14%～17%（表 3-1）。

表 3-1　不同等级 UAN 基本情况

原料	含氮/%		
	28	30	32
硝酸铵/%	41	44	47
尿素/%	32	34	37
水/%	27	22	16
密度/（g/cm^3）	1.283	1.303	1.32
盐析温度/℃	–18	–10	–2

由于灌溉设备和施肥机械的推广，美国在 20 世纪 60 年代以前已经大量使用氨水和液氨。由于这两种液体氮肥存在安全问题，因此在贮藏、运输和施用过程中都有特殊的设备和操作要求。尿素硝铵溶液是一种常压下的稳定产品，对设备和操作要求均比氨水低。该溶液除含有铵态氮外，还有其他氮形态。肥效上也优于氨水，特别是硝酸铵原料，作为固体原料，其存在危险性，但与尿素配成溶液后，消除了它的可燃性和爆炸性，十分安全。因此尿素硝铵溶液一推出市场，比氨水、液氨更受欢迎。

尿素硝铵溶液将 3 种氮源集中于 1 种产品，可以发挥各种氮源的优势。硝态氮可以提供即时的氮源，供作物快速吸收。铵态氮一部分被即时吸收，一部分被土壤胶体吸附，从而延长肥效。尿素水解需要时间，尤其在低温下通常起到长效氮肥的作用。为减少氮的淋溶损失，现在尿素硝铵溶液中通常会加入硝化抑制剂和脲酶抑制剂。

在国外，尿素硝铵溶液主要用于各种灌溉系统作追肥，如移动式喷灌机、微喷灌、滴灌等应用。单独使用已越来越少。尿素硝铵溶液稳定性好，兼容性好，可与其他化学肥料混合，一次施肥，多种用途，省时省力。所以大部分情况下尿素硝铵溶液作为氮的基础原料，与水溶性的磷钾肥（磷酸一铵、磷酸二铵、聚磷酸铵、氯化钾、硝酸钾等）及其他中微量元素肥料一起配成液体复混肥。美国现有 3000 多家液体肥料工厂，绝大部分用尿素硝铵溶液作为氮肥基础原料，生产各种配方的清液或悬浮态液体复混肥料。

尿素硝铵溶液通常用塑料材料包装或贮藏。液体肥料工厂可以选择由玻璃钢制作的储罐。碳钢储罐也可以应用，但要加防腐剂。常用的防腐剂为磷酸二氢铵，每吨加入 0.4～0.5kg。其防腐蚀的原理是磷与铁形成磷酸铁的沉淀，形成一层膜覆盖在储罐内壁，从而防止罐壁腐蚀。

国内完全具备尿素硝铵溶液的生产能力。理论上讲，同时生产尿素和硝铵的厂家都可以生产尿素硝铵溶液。由于国内以氮磷钾为主的液体肥料暂未形成市场，因此对尿素硝铵溶液还未产生大的需求。个别厂家已在生产尿素硝铵溶液，满足局部市场的需求。目前市场上已有国外进口的产品在销售，定位上仍是高端液体水溶肥，限制了尿素硝铵溶液的推广应用，按其含氮量和利用率，市场价位应与尿素价位相当，运输距离不能太远，才有利于推广应用。2013 年 4 月第七届农业部肥料登记评审委员会第一次会议上通过了 2 个国产尿素硝酸铵溶液的登记，并将“尿素硝酸铵溶液”作为肥料通用名称列入肥料登记目录。

（二）磷原料

相对于氮源而言，目前用于生产水溶性肥料的磷源相对较少，主要有工业级磷酸一铵、磷酸二铵、磷酸二氢钾、磷酸脲、聚磷酸铵、正磷酸盐、亚磷酸盐等。目前我国水溶性肥料生产过程中以工业级磷酸一铵、磷酸二铵使用最为普遍，磷酸二氢钾和磷酸脲因价格相对较昂贵而使用较少，部分企业还以亚磷酸盐和正磷酸盐作为磷源。而据了解，相较于其他磷源，美国等发达国家更青睐于聚磷酸铵，美国早在 20 世纪 60 年代对于聚磷酸盐就已形成成熟的研究结果，并逐步应用于液体肥料生产中，目前美国每年需要消耗近 150 万 t 的聚磷酸铵。

1. 工业级磷酸一铵

磷酸一铵又称磷酸二氢铵，分子式：$NH_4H_2PO_4$，无色或白色四方晶体。相对密度 1.803，熔点 180℃，在空气中稳定，100℃时有小部分分解。易溶于水，水溶液呈酸性，微溶于醇，不溶于酮。25℃下 100g 水中的溶解度为 41.6g，生成热 121.42kJ/mol。1%水溶液的 pH 为 4.40。由于磷酸一铵有良好的热稳定性，并且在高温下会脱水成黏稠的焦磷酸铵、聚磷酸铵、偏磷酸铵等链状化合物，广泛用作木材的阻燃剂和森林灭火剂、干粉灭火剂的主要配料。也可应用于酵母培养的磷素营养源和医药方面，磷酸一铵还主要用作肥料。

按照生产工艺可分为湿法工业级磷酸一铵和热法工业级磷酸一铵；按用途可分为复合肥用磷酸一铵、灭火剂用磷酸一铵、防火用磷酸一铵、药用磷酸一铵等；按成分含量（以 $NH_4H_2PO_4$ 计）可分为 98%（98 级）工业级磷酸一铵、99%（99 级）工业级磷酸一铵；按照执行标准（HG-T 4133—2010）可分为Ⅰ类、Ⅱ类和Ⅲ类。一般情况下总养分（$N+P_2O_5$= 12+61）为 73%。技术指标见表 3-2。

表 3-2　工业级磷酸一铵技术指标

项目		指标		
		Ⅰ类	Ⅱ类	Ⅲ类
主含量（以 $NH_4H_2PO_4$ 计）/%	≥	98.5	98.0	96.0
五氧化二磷（以 P_2O_5 计）/%	≥	60.8	60.5	59.2
氮（以 N 计）/%	≥	11.8	11.5	11.0
砷（As）/（w/%）	≤	0.005	—	—
氟化物（以 F 计）/（w/%）	≤	0.02	—	—
硫酸盐（以 SO_4 计）/（w/%）	≤	0.9	1.2	—
水分/（w/%）	≤	0.5	0.5	1.0
水不溶物/（w/%）	≤	0.1	0.3	0.6
pH（10g/L 溶液）		4.2～4.8	4.0～5.0	4.0～5.0

主要用途：用作木材、纸张、织物的防火剂（如火柴梗和蜡烛芯的灭烬剂），也用作防火涂料添加剂、干粉灭剂、印刷版和制药材工业，还用作高效复合肥料，是配制N、P、K三元复混肥的优质基础原料。

2. 工业级磷酸二铵

磷酸二铵又称磷酸氢二铵（DAP），是含氮、磷两种营养成分的复合肥。分子式：$(NH_4)_2HPO_4$，分子量132.056，呈灰白色或深灰色颗粒，相对密度1.619，易溶于水，不溶于乙醇。有一定吸湿性，在潮湿空气中易分解，挥发出氨变成磷酸二氢铵。水溶液呈弱碱性，pH 8.0。

磷酸氢二铵是一种无机化合物，无色透明单斜晶体或白色粉末，广泛用于印刷制版、医药、防火、电子管等，是一种广泛适用于蔬菜、水果、水稻和小麦的高效肥料，工业上用作饲料添加剂、阻燃剂和灭火剂的配料等。

目前工业生产的主要方法一种是热法磷酸和萃取磷酸与液氨反应中和生产磷酸氢二铵。前者产品纯度高，后者产品成本较低。热法磷酸中和液氨法将热法磷酸用蒸馏水稀释（水∶磷酸=1.3∶1）成稀磷酸，用输酸泵送入第一段管式反应器中与氨气进行中和反应，把反应液用泵送入第二段管式反应器中与氨气进一步反应，使反应液pH达8.0左右，加入除砷剂和除重金属剂进行溶液净化、过滤，除去砷和重金属等杂质，滤液送入精调罐中调节pH至7.8～8.0，送入蒸发器蒸发浓缩至相对密度1.3，送入冷却结晶器，经冷却结晶，离心分离出母液后，干燥，制得食用磷酸氢二铵成品。另一种是湿法磷酸和液氨进行中和反应。该方法首先在湿法萃取磷酸中加入一定量的过氧化氢，使磷酸中的二价铁氧化，然后再与氨气进行中和反应，经压滤、浓缩、冷却结晶、离心分离、干燥，制得磷酸氢二铵。

3. 聚磷酸铵

聚磷酸铵（APP），是由湿法或热法聚磷酸在高温下与氨气反应而成的化合物。其中聚磷酸则由正磷酸聚合而成，根据聚合度的大小可以分为二聚磷酸、三聚磷酸、四聚磷酸或多聚磷酸，由此合成的聚磷酸铵也可以照此分类。通常农用聚磷酸铵在2～10聚，不同聚合度的聚磷酸盐其溶解度也各不相同，随着聚合度的增加，其溶解度逐渐降低。农用聚磷酸铵产品并不是由单一聚合度的聚磷酸铵构成的，而是由多种聚合度的聚磷酸铵构成的，以含五氧化二磷37%的聚磷酸铵为例，不同聚合度的磷形态含量为正磷酸形态7.8%、焦磷酸形态11.4%、三聚磷酸形态8.5%、四聚磷酸形态4.4%和五聚磷酸形态2.6%，大于六聚形态的占 2.3%。因此，不同厂家生产的聚磷酸盐即使是在含量相同的情况下，磷形态的比例也是存在差异的。所以，判断某种聚磷酸铵产品是否满足生产要求，不仅需要了解聚磷酸铵中五氧化二磷的含量，还需要通过检测手段了解不同形态磷含量的比例，这样才能够基本掌握该种产品的基本情况。聚磷酸铵在液体肥料生产应用中有较多的优点，具体如下。

1）聚磷酸铵有较强的溶解性。不但能够达到全水溶状态，而且聚磷酸铵养分含量高，可以解决液体肥料生产中磷溶解的问题。

2）聚磷酸铵有较好的兼容性，相比正磷酸盐，聚磷酸盐能够与多种原料兼容而不发生沉淀反应，在原料的选择上范围相对更为广阔。

3）聚磷酸铵可有效降低肥料的结晶温度，避免因温度过低造成肥料浓度的下降。中国幅员辽阔，气候存在多样性，温度跨度较大，聚磷酸铵的使用不但降低了液体肥料的结晶温度，在应用上范围可以更为广泛，而且在冬季储存过程中也可以使液体肥料，理化性质更加稳定。

4）聚磷酸铵具有一定的螯合性，能够螯合多种中微量元素，在液体肥料生产中可以在一定程度上减少 EDTA 的使用。用 EDTA 螯合的微量元素作为生产原料，成本相对较高，不利于液体肥料的推广应用，同时，EDTA 的大量使用也可能会存在一定的风险，EDTA 能够螯合微量元素，进入土壤后，可能也会螯合土壤中的重金属成分，使其活化而被植物吸收。

当然，聚磷酸铵在液体肥料中的应用，除优点以外，也还存在一定的不足之处，主要体现在聚磷酸铵产品本身的稳定性方面，聚磷酸铵在溶解过程中，聚合度会逐渐下降，如十聚形态的磷会逐渐水解成七聚或六聚形态的磷，直至达到五聚形态左右或以下才稳定下来。除此之外，随着时间的推移，聚磷酸铵会发生水解，聚合率和聚合度均会下降，产品保质期相对较短，不同时期的聚磷酸铵质量存在差异，在使用时需要重新进行检测。因此，在生产液体肥料时，聚磷酸铵建议现配现用或现购现用。聚磷酸铵的水解受温度和 pH 的影响，随着温度的上升和 pH 的下降，聚磷酸铵的水解速度会逐渐加快，因此聚磷酸铵的储存需要处于较低温条件下。

目前我国对于聚磷酸铵的使用尚处于初始阶段，原料也仅有少数几家企业生产，如云天化集团有限责任公司、广西越洋化工实业集团等，降低成本是聚磷酸铵大量应用的关键。

4. 磷酸脲

磷酸脲是由等摩尔的尿素与磷酸反应制得，分子式：$H_3PO_4CO(NH_2)_2$，分子量 158.06，密度 1.74g/cm^3，熔点 117.3℃。按理论化学量计算，磷酸脲含 P_2O_5 44.9%、N 17.7%。磷酸脲系氨基结构的配位络合化合物——$NH_2\ CONH_3\ H_2PO_4$，为无色透明棱柱状晶体，呈平行层状结构，层与层之间以氢键相连，属于斜方晶系。晶体易溶于水和乙醇，不溶于非极性的有机溶剂（醚类、甲苯、四氯化碳和二噁烷），46℃时的溶解度为 202g/L。水溶液呈酸性，1%的水溶液 pH 为 1.89。

磷酸脲的标准生成热 ΔH=–1643.78kJ/mol，在水中的溶解热为–31.98kJ/mol。由于磷酸脲属于氨基结构的复盐，稳定性较差，受热易分解。经热分解研究表明，产品在熔点温度和 120℃以下时稳定，126℃以下热分解速度缓慢。随温度的升高热分解速度加快，128～185℃结晶磷酸脲分解生成偏磷酸铵，220～450℃分解生成偏磷酸并放出氨气，当温度高于 445℃时，偏磷酸分解，且 P_2O_5 开始蒸发。通常在 127～135℃磷酸脲分解按如下公式反应进行。

$$2\left[H_3PO_4CO\left(NH_2\right)_2\right]=2NH_4PO_3+CO\left(NH_2\right)_2+CO_2\uparrow \qquad (3\text{-}2)$$

磷酸脲水溶液中尿素分解动力学研究表明，在 50～60℃尿素有少量分解，得到 CO_2 和 NH_3。当磷酸脲浓度为 58%或温度达到 90℃以上时，尿素分解率最高。磷酸脲中水分的含量对其熔点和熔融物黏度有明显的影响。随产品水分的增加，熔点和黏度明显降低。

磷酸脲的生产工艺简介：磷酸脲是一种无机精细化工产品、由等摩尔磷酸和尿素反应生成的络合物，反应为放热过程。合成工艺按其所用原料磷酸的不同，分为热法磷酸法和湿法磷酸法，按操作方式又分为间歇法和连续法。随着工业生产水平的发展，为了制备高纯安全的饲料级磷酸脲，湿法磷酸法连续化、大规模生产方式是发展磷酸脲产品的方向，尤其世界各国极重视湿法磷酸法的净化研究。

1）热法磷酸合成磷酸脲。将工业热法磷酸（含量≥85%）及农用尿素（含量≥46%）计量后加入反应器中，常压下，75～85℃反应 10～30min 后，结晶，分离，干燥制得产品。该工艺简单，反应时间短，生产过程无三废污染，所需设备少，产品回收率可达 98%以上且质量稳定，可直接得到饲料级磷酸脲，主要缺点是原料成本较高。

2）湿法磷酸合成磷酸脲。与前者相比，原料磷含量低，杂质含量高，生产工艺复杂；但生产成本低，是生产磷酸脲的发展方向。由于湿法磷酸含氟较高，一般以氟硅酸（主要形式）和氟化物形式存在，用钠盐和石灰乳除去，反应式如下。

$$H_2SiF_6 + Na_2CO_3 = Na_2SiF_6\downarrow + H_2O + CO_2\uparrow \quad (3\text{-}3)$$

$$H_2SiF_6 + Ca(OH)_2 = 3CaF_2\downarrow + 4H_2O + SiO_2\downarrow \quad (3\text{-}4)$$

$$2HF + Ca(OH)_2 = CaF_2\downarrow + 2H_2O \quad (3\text{-}5)$$

通过正交实验，对反应温度、反应时间、物料比及母液的循环利用等各影响因素加以分析，结果确定了湿法磷酸合成磷酸脲的最佳工艺条件为反应温度 r=70℃；反应时间 t=35min；摩尔比[$n(CO(NH_3)_2)$ ∶ $n(H_3PO_4)$]=1.05 ∶ 1。

结论：湿法磷酸合成磷酸脲要求磷酸浓度低，生产成本较低，且生产中母液可循环使用，使废料排放降至最低。

湿法磷酸合成磷酸脲的方法根据其净化方式不同，在国外主要有一段法、二段法、二次结晶法和浓缩结晶法等。

5. 磷酸二氢钾

磷酸二氢钾（分子式：KH_2PO_4）为无色四方晶体或白色结晶性粉末。分子量为 136.09，pH 为 4.4～4.7，相对密度为 2.238，熔点为 257.6℃。溶于水（90℃时为 83.5g/100ml 水），水溶液呈酸性，1%磷酸二氢钾溶液的 pH 为 4.6。不溶于醇，有潮解性。在空气中稳定，加热至 400℃时熔化成透明的液体，冷却后固化为不透明的玻璃状偏磷酸钾。纯品含 K_2O 34.61%、P_2O_5 52.16%。在 400℃时失去水，变成偏磷酸盐。溶于约 4.5 份水，不溶于乙醇。

磷酸二氢钾的生产方法很多，大致概括为中和法、萃取法、离子交换法、复分解法、直接法、结晶法和电解法等。在中国，生产工艺多采用中和法，其次还有有机萃取法、复分解法、离子交换法。

（1）磷酸二氢钾中和法

中和法，是将苛性钾或碳酸钾配成 30%的溶液后送至中和器，在搅拌下与 50%的磷酸溶液中和，控制温度在 80～100℃，pH 为 4.0～5.0，中和产物经过滤、浓缩、冷却结晶、离心分离、干燥后即得成品，结晶母液返回浓缩工段进行回收利用。中和法生产磷酸二氢钾其化学反应式如下。

$$H_3PO_4 + KOH = KH_2PO_4 + H_2O \quad (3\text{-}6)$$

$$2H_3PO_4 + K_2CO_3 = 2KH_2PO_4 + H_2O + CO_2\uparrow \quad (3\text{-}7)$$

中和法的特点是工艺流程短，技术成熟，设备少，产品质量高，能耗低，投资少。该法以热法磷酸和钾碱为原料，生产成本高，难以在农业上应用，主要用于生产食品、医药和工业级磷酸二氢钾，今后此法产量会有较多下降，但目前尚无其他方法能动摇其产品在食品工业中的主导地位。当前，全国中和法磷酸二氢钾的生产能力占总生产能力的90%以上。

（2）磷酸二氢钾萃取法

萃取法分为有机萃取法和无机萃取法，目前工业化的方法为有机萃取法。

有机萃取法是根据有机溶剂对不同化合物具有不同溶解度的特性，选择性地使用有机溶剂进行萃取分离来制取磷酸二氢钾的方法。它是在合适的有机溶剂（S）存在下，通过氯化钾和磷酸反应，生成的盐酸被萃取到有机溶剂中，待分相、分离后，磷酸二氢钾从水相中结晶出来，经洗涤、干燥即得产品磷酸二氢钾，分离后母液循环使用；盐酸由反萃剂从有机相中反萃出来，萃取剂在过程中循环使用。

（3）磷酸二氢钾离子交换法

利用氯化钾溶液通过苯乙烯系阳离子交换树脂，从溶液中吸附 K^+，然后将磷酸二氢铵溶液通过树脂进行置换，制得磷酸二氢钾溶液，然后料液经浓缩、冷却结晶、离心分离、干燥后得到成品磷酸二氢钾，结晶母液返回到浓缩工段进行回收利用。

磷酸二氢钾属于新型高浓度磷钾二元素复合肥料，其中含五氧化二磷52%左右，含氧化二钾34%左右。磷酸二氢钾产品广泛适用于各类型经济作物和粮食、瓜果、蔬菜等，通过各地对各类型作物的实际施用效果证明，磷酸二氢钾具有显著增产增收、改量优化品质、抗倒伏、抗病虫害、防治早衰等许多优良作用，并且具有克服作物生长后期根系老化吸收能力下降而导致营养不足的作用。磷酸二氢钾中磷钾均能被植物吸收，为低盐肥料，是水溶肥料理想的原料，但较高的价格限制了其广泛运用。

（三）钾原料

钾源主要有氯化钾、硫酸钾、硝酸钾和磷酸二氢钾。

1. 氯化钾

氯化钾（分子式：KCl）的纯品含氧化钾63.17%，商品肥一般含氧化钾 50%～62%，钾素以钾离子形态存在，属于水溶性钾肥。氯化钾通常从钾石盐、光卤石或含氯化钾卤水中提取。钾石盐是石钾盐（KCl）和石盐（NaCl）的混合物，矿石大多呈橘红色，间有白色、青灰色等，含氯化钾量可高达40%以上，余为少量光卤石、硬石膏、黏土物质等。加拿大产的氯化钾是以钾石盐矿为原料，经浮选法分离出氯化钾，产品未经溶解结晶等处理，故仍保留原矿石橘红色，使其产品仍呈浅砖红色，习称红色钾肥。用其他方法（溶解结晶法）生产的氯化钾产品则大多呈白色或淡黄色结晶。氯化钾相对密度为1.984，易溶于水，溶解度随温度升高而增大，20℃时每50kg水中可溶17kg氯化钾，在100℃时则可溶解 28.3kg，水溶液呈中性。氯化钾物理性质好，但仍有吸湿性，其吸湿性比硫酸钾强，吸湿后易结块。氯化钾化学稳定性好，溶点为776℃，沸点为1500℃，一般灼烧不溶化。氯化钾中氯离子（Cl^-）与硝酸银反应，生成不溶于稀硝酸的氯化银白色沉淀，这是其区别硫酸钾的特征反应。氯化钾中钾离子（K^+）在火焰上能产生紫色火焰，这是鉴定钾离子存在的特征焰色反应。

肥料级氯化钾一般含 K_2O 57%～62%，氯化钾主要用于粮食、棉花的基肥或追肥。氯化钾中氯离子对烟草、马铃薯、甘薯、柑橘等作物敏感，不宜过多施用。氯化钾易吸湿，结块，包装、贮存和运输时要密封，注意防水防潮。氯化钾是一种生理酸性肥料，使用后，部分氯离子残留于土壤中，使土壤酸化，降低肥效，因此，土壤中长期使用氯化钾后，应施加适量的石灰来中和积累的氯根，改善土壤性质。

2. 硫酸钾

硫酸钾是由硫酸根离子和钾离子组成的盐，通常状况下为无色或白色结晶、颗粒或粉末。无气味，味苦。质硬。化学性质不活泼。在空气中稳定。密度 2.66g/cm^3，熔点 1069℃。水溶液呈中性，常温下 pH 约为 7。1g 溶于 8.3ml 水、4ml 沸水、75ml 甘油，不溶于乙醇。硫酸钾（K_2SO_4）纯品含氧化钾（K_2O）54.06%，商品肥一般含氧化钾（K_2O）50%～51%，钾素以钾离子形态存在，属于水溶性钾肥。通常由某些含钾硫酸盐矿物经富集或由氯化钾和硫酸反应制成，外观为白色细粒结晶或颗粒状。粗制品常为灰白色、灰绿或浅棕色，相对密度为 2.662。硫酸钾易溶于水，水溶液呈中性，在 20℃时每 50kg 水中能溶解 5.5kg 硫酸钾，100℃时可溶解 12kg 硫酸钾。其物理性质良好，吸湿性小，不结块，但其粗制品稍有吸湿性。硫酸钾除具有钾离子（K^+）特征紫色焰色反应外，其中硫酸根离子能与氯化钡反应生成不溶于酸的硫酸钡沉淀，这是其区别于氯化钾的特征反应。

硫酸钾的用途：主要用于农业，是无氯化肥的主要品种，特别适于烟草、棉花、葡萄、茶叶、柑橘、马铃薯、麻类及甜菜等多种经济作物。工业上用于制造碳酸钾、过硫酸钾、硫酸铝钾等钾盐，以及染料中间体、玻璃工业的沉淀剂、香料的助剂、医药上的缓泻剂制造。

硫酸钾生产方法很多，但能形成规模效益的最终可以归纳为两大类：一是利用卤盐或矿石进行提取，该法生产密度不断下降；另一种方法是以 KCl 为基本原料，采用多种方法转化而来。该法又可分曼海姆法、硫酸盐复分解法、缔置法等，其中曼海姆法产量约占世界产量的 46%，硫酸盐复分解法及缔置法占 40%左右；而矿石及卤盐提取占 13%左右，其他方法仅为 1%左右。

3. 硝酸钾

硝酸钾是钾的硝酸盐，分子式为 KNO_3（硝酸钾是离子化合物，并没有分子，所以没有分子量，只有式量）。外观为透明白色粉末状结晶。相对密度 2.1062，熔点 334℃。易溶于水，随水温升高，其溶解度大幅度增大；溶于稀乙醇、甘油，不溶于无水乙醇和乙醚。溶于水时吸热，溶液温度降低。在空气中不潮解。338℃时分解放出氧，转变成亚硝酸钾，再加热生成四氧化二钾（K_2O_4），400℃左右自行分解。强氧化剂，与有机物接触能燃烧爆炸。

硝酸钾主要为制造烟花、鞭炮、黑色火药、导火索、火柴的主要原料；在医药卫生上用来制造利尿药、清凉剂等。硅酸盐工业用于制造玻璃、陶瓷的助剂；冶金工业中作氧化剂。农业上用作肥料，硝酸钾中的硝酸根和钾离子都可被植物吸收，为低盐肥料，是水溶性肥料理想的原料，降低生产成本是其大量应用的关键。硝酸钾质量标准如表 3-3 所示。

表 3-3　硝酸钾质量标准

项目		一级品	二级品
外观		白色结晶	白色结晶
硝酸钾（KNO_3）/%	≥	99.6	99.0
水分/%	≤	0.10	0.30
氯化物（以 NaCl 计）/%	≤	0.03	0.20
水不溶物/%	≤	0.01	0.03
硫酸盐（以 K_2SO_4 计）/%	≤	0.01	0.01
吸湿性/%	≤	0.25	—

硝酸钾的生产有以硝酸钠和氯化钾为原料和以硝酸铵和氯化钾为原料的两种方法；工艺路线有复分解法和离子交换法两大类。

复分解法是硝酸钠和氯化钾进行反应后，经分离、精制、干燥而制得的。此方法工艺简单，投资少，产品质量可靠；缺点是原料硝酸钠价格昂贵，氯化钾质量要求高，因而生产成本高，市场竞争力较差。

离子交换法以硝酸铵和氯化钾为原料。其饱和水溶液交替进入离子交换柱，分别取出所生成的硝酸钾水溶液和氯化铵水溶液后，经浓缩、精制、干燥，最后制成产品。此生产工艺的优点在于生产成本低，可建成较大规模的自动化生产线。缺点在于一次性投资大，产品中的残留铵离子难以除尽，造成产品易吸潮。

（四）中微量元素

在生产水溶性肥料过程中，钙肥常用的有硝酸钙、硝酸铵钙、氯化钙。镁肥常用的是硫酸镁，溶解性好，价格便宜。硝酸镁由于价格昂贵较少使用。现在硫酸钾镁肥越来越普及，既补钾又补镁。硼酸和硼砂在常温下溶解性很低，但在灌溉施肥时有大量的水去溶解，且施肥时间长，一般不存在溶解难的问题。微量元素很少单独通过灌溉系统应用，主要是通过将含微量元素的水溶性复合肥一起施入土壤。由于配制复合肥要考虑沉淀结块等问题，通常金属微量元素以螯合态形式加入复合肥中。具体中微量元素原料如表 3-4。

表 3-4　水溶性肥料生产中常用的中微量元素肥料（20℃）

肥料	养分含量/%	分子式	溶解度/（g/100ml）
硝酸钙	19.0（Ca）	$Ca(NO_3)_2·4H_2O$	100
硝酸铵钙	19.0（Ca）	$5Ca(NO_3)_2·NH_4NO_3·10H_2O$	易溶
氯化钙	27.0（Ca）	$CaCl_2·2H_2O$	75
硫酸镁	9.6（Mg）	$MgSO_4·7H_2O$	26
氯化镁	25.6（Mg）	$MgCl_2$	74
硝酸镁	9.4（Mg）	$Mg(NO_3)_2·6H_2O$	42
硫酸钾镁	5.0～7.0（Mg）	$K_2SO_4·MgSO_4$	易溶
硼酸	17.5（B）	H_3BO_3	6.4
硼砂	11.0（B）	$Na_2B_4O_7·10H_2O$	2.10
水溶性硼肥	20.5（B）	$Na_2B_8O_{13}·4H_2O$	易溶

续表

肥料	养分含量/%	分子式	溶解度/（g/100ml）
硫酸铜	25.5（Cu）	$CuSO_4·5H_2O$	35.8
硫酸锰（酸化）	30.0（Mn）	$MnSO_4·H_2O$	63
硫酸锌	21.0（Zn）	$ZnSO_4·7H_2O$	54
钼酸	59.0（Mo）	$MoO_3·H_2O$	0.2
钼酸铵	54.0（Mo）	$(NH_4)_6Mo_7O_{24}·4H_2O$	易溶
螯合锌	5.0～14.0（Zn）	DTPA 或 EDTA	易溶
螯合铁	4.0～14.0（Fe）	DTPA、EDTA 或 EDDHA	易溶
螯合锰	5.0～12.0（Mn）	DTPA 或 EDTA	易溶
螯合铜	5.0～14.0（Cu）	DTPA 或 EDTA	易溶

注：氯化钙有多种结晶水状态，含钙量与结晶水多少有关

国内肥料企业虽然也在生产中加入了中微量元素，但忽视了中微量元素的有效性，且忽视了中微量元素在肥料加工及在施入土壤后可能发生的副反应而失效的问题。如何保持必需元素，尤其是中微量元素的活性，是肥料二次加工的难题。因为中微量元素在肥料加工过程中极易与 PO_4^{3-}反应生成不溶于水的磷酸盐，即使在肥料中防止了这一问题，进入土壤后也会受土壤 pH 和其他因素的影响而失效。为保持中微量元素的稳定性，发达国家利用 EDTA、EDDHA 等有机螯合剂将中微量元素螯合起来，使之处于稳定的可溶于水的状态，即使 pH 发生变化，也不会因此发生水解而失效。国内的肥料企业把未经螯合的含有必需元素的水溶性无机盐加入复合肥后，立即与复合肥中的 PO_4^{3-}发生反应而失去活性。所以，对于微量元素铁、铜、锰、锌，最好采用螯合态的原料，可减少与其他元素的反应，提高产品质量及施用效果。

二、生产工艺

水溶肥的生产工艺有物理混配和化学合成两种，物理混配工艺简单，在产品应用地区生产有较好的针对性，在水溶肥产品生产和推广应用中均占相当大的比例，其产品质量控制的关键是原料的选择与处理。采用化学合成方法生产，要实现全化学反应，必须在生产系统的液相中进行化学反应，相对较复杂，在原料生产企业中具有一定的成本优势。

（一）物理混配及设备

物理混配通常包括物料破碎、筛分、计量、混合、包装等步骤，主要生产设备有破碎机、筛分机、输送机、计量称、混合机、包装机、除湿和除尘设备等。颗粒状水溶性肥料生产与复合肥生产类似，包括计量、混合、造粒、包膜等。

水溶性肥料生产过程中要注意混合的均匀性、肥料吸潮结块性、肥料溶解后抗硬水性、肥料各组分（大量元素、中微量元素、相关助剂与染色剂等）的可反应性与添加顺序等方面问题。为了防止中微量元素有效性的降低，投料时通常应先将中微量元素肥料与酸性肥料混合，再加入其他原料。生产环境中往往需要进行除湿与除尘处理。

目前，固体水溶肥在生产中需重点关注以下问题。

1）吸潮结块。固体水溶肥成品贮藏一段时间后易出现吸潮和结块。引起结块的原

因主要有原料的吸潮性、含水（或含结晶水）、堆压质量大、生产环境相对湿度高、包装材料吸水性等。一般来说，含尿素、磷酸二氢钾、硫酸镁（带结晶水）、螯合微量元素的产品易吸潮结块。由于对水不溶物含量有限量要求，通常添加在常规复合肥中的抗结块剂不能用于水溶性肥料。

2）胀气。包装后的固体水溶肥成品在较高温度环境（如夏天）下放置一段时间，有时袋内产生的气体可将包装鼓起或胀破。含尿素的水溶肥产品往往易出现胀气。气体成分主要为二氧化碳。常用解决办法是采用透气性包装材料。

3）包装材料腐蚀。一些肥料配方组分可对包装材料造成腐蚀。包装前须做试验，确保包装材料合格、耐用。

固体物理混配生产水溶肥工艺流程如图 3-1。

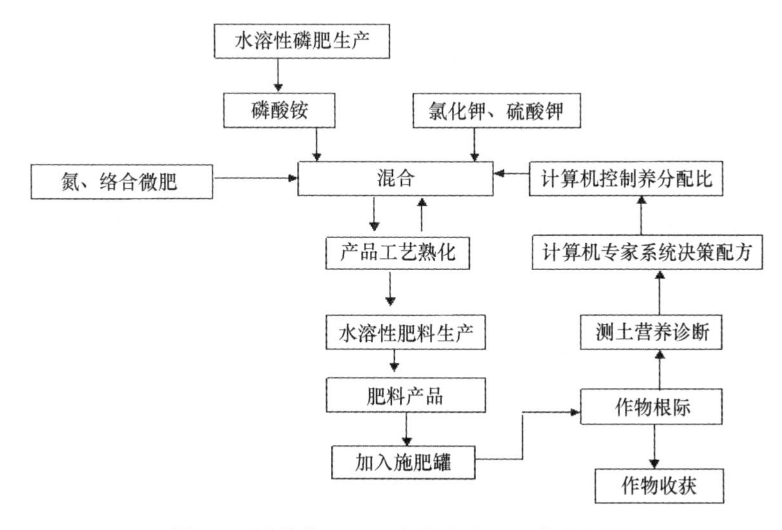

图 3-1　固体物理混配生产水溶肥工艺流程图

（二）化学合成及设备[1]

化学合成的产品有液体和固体两种，液体水溶肥产品生产主要通过溶解、螯合等工序，将各种营养组分、助剂、活性物质等成分溶解到水中，加工成液体剂型。生产工艺过程包括水质净化、原料称量与溶解、营养组分螯合与复配、酸碱度检验及调整、透明度检验、养分含量检测、灌装等。生产设备主要有原料溶解槽、搅拌混合槽或反应釜、储存罐、灌装设备等。

液体水溶肥的生产比固体水溶肥相对复杂。由于所有成分要溶解于水中，其养分含量受到很大的限制。在液体水溶肥生产过程中，要关注生产用水的水质情况、工艺操作条件（如加料顺序、反应时间与温度等）、pH 变化及微量元素的溶解度等。液体水溶肥研究开发重点是提高养分含量，优化生产工艺（尤其是螯合、匀质、过滤等工艺），解决产品结晶析出、胀气等问题，进行促溶剂、稳定剂、吸收助剂等方面研究开发工作。

液体水溶肥生产经常出现以下问题：①结晶，尽管液体水溶肥生产时养分元素处于完全溶解状态，但遇外界条件的改变时可能出现养分元素处于过饱和状态，导致结晶产生。结晶体有快速生长和缓慢生长的差异，一个液体肥料新配方通常要观察半年至一年的时间。②分层，悬浮性肥料经一段时间的放置后可能出现分层，原因是粒子大小的不均匀性。解决办法是使粒子直径尽可能小，并使用合适的悬浮剂。③黏度增加与流动性变差，在高盐浓度下，温度降低时，悬浮性液体肥料往往出现黏度升高、流动性显著降低的情况，肥料使用时不易倒出。④胀气，这是液体水溶肥包装中易出现的问题。解决办法是增加包装瓶抗压强度、调整肥料酸碱度（如偏碱性有利于减少胀气），以及减少尿素等肥料的使用量、采用有适度透气性的包装材料等。

水溶性肥料开发与生产难点主要有：①肥料的水溶性，尤其是磷的水溶性问题，要求磷完全溶解，又不能与灌溉水中的溶质（尤其是硬度高的水）发生沉淀。②水溶性专用肥料多种营养元素的合理配比和有关元素之间的拮抗。③水溶性专用肥料在应用时农户所能承受的投入成本。

化学合成的固体产品是将各种含氮、磷、钾等养分的原料在一定的温度、酸碱度等控制条件下，经过溶解、过滤除杂、反应、蒸发浓缩、冷却结晶等一系列特定的化学反应及工艺过程后，最终通过结晶分离得到全水溶的结晶产品。化学合成水溶肥的困难之处在于合成反应过程中，单一物质的溶液容易掌握，而存在两相、三相甚至更多相的循环溶液，在低温冷却结晶的过程中就会出现共结晶现象，也就是产品在析出过程中实际形成了较为复杂的复盐，直接导致产品氮磷钾的养分出现波动，不会按照设想的配比析出产品。

化学反应合成的固体水溶肥相对于简单物理混配的产品而言，具有外观好、品相均匀、纯白结晶等特点，可以真正确保 100%全水溶，速溶性和吸收率更好，产品酸碱度也更容易控制。由于在生产过程中通过多级过滤系统，可确保除去水不溶物和其他杂质。尿素等容易吸潮结块的原料肥通过在液相中的化学反应过程，较好地解决了产品易结块的问题。

三、产品简介

在无机水溶肥料中，主要有大量元素水溶肥料、中量元素水溶肥料和微量元素水溶肥料三种，目前在大田滴灌作物中应用最多的是大量元素水溶肥料（微量元素型）。

（一）大量元素水溶肥料

大量元素水溶肥料主要是含氮磷钾的水溶肥料，在滴灌作物中应用最多，以大量元素水溶肥料（微量元素型）为主。在这类肥料中一类是根据作物需肥规律及土壤肥力状况配制的全营养水溶肥料，不需要再施其他肥料，不同生育期配方不同；另一类是以磷钾为主的水溶肥料，在施用中需要配合尿素使用，与尿素的配比根据作物需肥规律来确定，满足作物生长需求，这类产品在尿素生产厂多、运输距离远的新疆，可降低水溶肥料的氮原料成本，使用灵活方便。

大量元素水溶肥料采用的原料：氮为尿素、硫酸铵，磷为磷酸一铵，钾为氯化钾、硫酸钾，微量元素为络合锌、络合锰、硼酸等，按照配方进行处理混合而成。

大量元素水溶肥料产品的技术指标：$N+P_2O_5+K_2O \geq 50\%$，微量元素 0.2%～3%，水不溶物≤1%，水分≤2%。

（二）含碳素水溶肥料[2]

含碳素水溶肥料也是大量元素肥料，其与大量元素水溶肥料的区别在于既能达到随水施肥、补充作物养分、增进肥效，同时又能提供二氧化碳以提高作物的光合效率，促进生长、抗逆和提高作物产量及品质。

含碳素水溶肥料是通过如下技术方案来实现的。

1）碳素原料选用碳酸氢铵或与碳酸氢钾的混合物：碳酸氢铵 N≥17%，CO_2≥55%；碳酸氢钾 K_2O≥46%，CO_2≥43%。

2）磷原料选用磷酸氢二铵或磷酸氢二钾：磷酸氢二铵 N≥21%，P_2O_5≥53%；磷酸氢二钾 P_2O_5≥40%，K_2O≥53%。

3）钾原料选用氯化钾或硫酸钾：氯化钾 K_2O≥60%；硫酸钾 K_2O≥50%。

4）微量元素选用 Zn、B、Mn、Fe、Cu、Mo 的可溶性盐的任一种或几种，进行络合反应。

微量元素 Fe、Cu、Zn、B、Mn、Mo 的可溶性盐优选为：硫酸亚铁、硫酸铜、硝酸铜、硫酸锌、硼酸、硫酸锰、钼酸铵。

微量元素 Zn、B、Mn、Fe、Cu、Mo 的可溶性盐最好按 Fe、Cu、Zn、B、Mn、Mo 的先后顺序加入溶解，进行共体分步络合，喷雾干燥至水分含量≤2%。微量元素含量≥20%。

采用本方法制取的含碳素水溶肥料，既能补充作物养分、增进肥效、促进生长，同时又能提供二氧化碳，提高作物的光合效率、产量及品质，特别是能够方便地根据土地和作物生长的实际需要灵活地进行调配养分配比，因而极大地方便了使用。

根据本方法生产的含碳素水溶肥料为结晶粉末状，有利于肥料快速溶解而不易结块。

含碳素水溶肥料产品的技术指标：CO_2 含量 33%～46%，微量元素≥0.2%，$N+P_2O_5+K_2O$≥25%，pH 8，水不溶物≤1%，水分≤2%。

根据本方法生产的含碳素水溶肥料的各组分配比，应考虑具体的土壤条件、作物种类及不同生育期的需肥规律，进行适当的调整，以满足作物生长的需要。

含碳素水溶肥料的使用方法：可以根据土壤供肥能力、作物需肥规律和目标产量，确定各生育期的肥料养分配比和施用数量。要肥水同进，少量多次，以满足作物的生长需要。①将该肥料加入肥料容器中溶解。②在一次滴灌延续时间的中间时段注入肥料溶液，开启阀门先小后大，注入量尽量少，保持均匀。杜绝快速注入，施肥不匀。③可根据作物的长势，适当对滴灌肥的用量进行调整。

含碳素水溶肥料达到无公害肥料标准，具有以下特点：①CO_2 含量高达 30%以上。②养分含量高（$N+P_2O_5+K_2O$≥25%）。③营养全，含有氮、磷、钾和多种微量元素，可使作物营养均衡协调。④水溶性好，≥99%，杂质少，水不溶物≤1%。⑤肥料利用率高，产品随水施用，针对性强，氮的利用率可达 70%、磷的利用率可达 30%、钾的利用率可达 70%，比常规施肥利用率提高 10%以上。

与现有技术相比，根据本方法生产的含碳素水溶肥料克服了现有肥料的不足。首先，本方法生产的固体肥料易储藏、耐运输且成本低；其次，水溶性肥料水溶性好，≥99%，杂质少，水不溶物≤1%，能够迅速溶解于水中，随水均匀分布到植物根部土壤，在作物吸收养分的同时分解转化后释放出 CO_2，提高作物产量。

四、主要配方

（一）小麦滴灌专用肥料配方

1. 滴灌春麦的需肥规律

滴灌春麦氮、磷、钾养分阶段吸收量和分配特征：根据滴灌春麦不同生育期取样的化验结果，春麦植株体内氮、磷、钾养分的含量（即养分的浓度）苗期最高，氮素 3.21%、磷素 0.44%、钾素 2.95%，随着植株的生长，氮、磷、钾养分的含量逐渐降低，即后期低于中期，中期低于前期（表 3-5）。

表 3-5　不同时期滴灌春麦植株养分含有率

生育期	N/%	P/%	K/%
苗期	3.21	0.44	2.95
拔节期	2.64	0.44	2.83
孕穗期	2.30	0.40	2.64
开花期	1.92	0.36	1.82
乳熟期	1.48	0.31	1.91
成熟期	1.33	0.30	1.77

春麦生育期短，生育进程快，吸肥较早。根据试验测定结果，滴灌春麦全生育期吸收的氮、钾较多，并且接近，而磷较少。单产 7500kg/hm^2 的滴灌春麦，苗期苗体小，干物质积累少，吸收的氮、磷、钾养分数量也少，占全生育期吸收总量的 6.37%～7.91%。进入拔节期，吸收氮、磷、钾养分的数量剧增，并且氮素达最高峰，磷、钾到孕穗期达最高峰，以后逐渐降低，从表 3-6 可以看出，滴灌春麦拔节期至孕穗期氮素吸收量占全生育期总吸收量的 57.05%，磷占 53.52%、钾占 59.48%。由此说明，滴灌春麦吸肥高峰来得早，需肥时期较集中，生育中前期是施用化肥的关键时期，应重视拔节期至孕穗期前化肥的随水施用量及配比。

表 3-6　滴灌春麦氮、磷、钾肥施用量试验不同生育期养分吸收量

生育期	氮		磷		钾	
	吸收量/（kg/hm^2）	吸收比例/%	吸收量/（kg/hm^2）	吸收比例/%	吸收量/（kg/hm^2）	吸收比例/%
苗期	12.90	6.37	6.41	8.13	15.42	7.91
拔节期	42.97	21.22	20.28	25.74	51.29	26.30
孕穗期	53.89	26.61	21.77	27.63	64.70	33.18
开花期	48.40	23.90	16.23	20.60	34.14	17.51
乳熟期	26.85	13.26	8.47	10.75	16.09	8.25
成熟期	17.50	8.64	5.60	7.11	13.36	6.85
全生育期	202.51	100	78.76	100	195.00	100

2. 小麦滴灌专用肥料配方

小麦滴灌专用肥料配方是根据小麦的需肥规律和土壤肥力的特性来确定的，以补充土壤供肥的不足，满足小麦生长所需营养。

新疆地区的耕地土壤肥力状况一般为：有机质含量 8～12g/kg、碱解氮 40～60mg/kg、速效磷（P_2O_5）18～25mg/kg、速效钾（K_2O）150～200mg/kg，在这个基础上，滴灌小麦目标产量 9000～97 500kg/hm^2、基施普钙 600kg/hm^2 或三料过磷酸钙 225kg/hm^2，小麦生育前期施用配方为 34-10-6，水溶肥料 225～270kg/hm^2，分 2 次施入；小麦生育中后期施用配方为 32-15-6.5，水溶肥料 525～570kg/hm^2，分 4 次施入，施肥方案如表 3-7。

表 3-7　新疆滴灌小麦施肥方案

时期	分蘖	拔节	拔节后期	孕穗	抽穗	开花	乳熟
水/%	15	15	15	15	15	15	10
肥/%	10	20		20	30	20	
配方 34-10-6			配方 32-15-6.5				

小麦滴灌施用水溶肥料的配方和用量，要根据土壤养分状况和产量水平进行调整，以保证滴灌小麦水肥一体化的准确性，提高肥料利用率，或是参照滴灌水肥一体化智能决策系统给出的数据进行配比。

（二）玉米滴灌专用肥料配方

1. 滴灌玉米的需肥规律

滴灌玉米氮、磷、钾养分阶段吸收量和分配特征：根据滴灌玉米不同生育期取样化验结果（表 3-8），玉米植株体内氮、磷、钾养分的含量（即养分的浓度）苗期最高，氮素 3.39%、磷素 0.43%、钾素 3.59%，随着植株的生长，氮、磷、钾养分的含量明显降低，即后期低于中期，中期低于前期。

表 3-8　不同时期滴灌玉米植株养分含有率

生育期	N/%	P/%	K/%
苗期	3.39	0.43	3.59
拔节期	2.44	0.39	3.41
抽雄期	2.01	0.36	3.22
开花期	1.83	0.35	2.85
吐丝期	1.26	0.28	1.41
成熟期	1.10	0.25	1.48

根据本试验测定结果，滴灌玉米全生育期吸收的氮、钾接近，并且最多，而磷较少。单产 14 000kg/hm^2 的滴灌玉米，苗期苗体小，干物质积累少，吸收的氮、磷、钾养分数量也少，占全生育期吸收总量的 1.28%～2.83%。进入拔节期，吸收氮、磷、钾养分的数量剧增，直到抽雄期至开花期达最高峰，以后逐渐降低，从表 3-9 可以看出，滴灌玉米拔节期吸收氮、磷、钾养分数量分别占全生育期总吸收量的 28.16%、18.36%和 23.47%。抽雄期至开花期氮素吸收量占全生育期总吸收量的 48.23%、磷占 52.4%、钾占 51.38%。同时可以看出，滴灌玉米吸收氮、钾的高峰期较磷来得早，由此可见，滴灌玉米要注重化肥早期施用，即保证生育前期的养分供应，同时更要注重生长中期（即抽雄期至开花期）化肥的随水施用量及养分的配合比例。

表 3-9　滴灌玉米不同生育期养分吸收量及比例

生育期	氮		磷		钾	
	吸收量/（kg/hm^2）	吸收比例/%	吸收量/（kg/hm^2）	吸收比例/%	吸收量/（kg/hm^2）	吸收比例/%
苗期	5.53	2.32	0.95	1.29	6.46	2.82
拔节期	67.15	28.16	13.57	18.36	53.73	23.47
抽雄期	60.69	25.45	19.72	26.68	66.67	29.12
开花期	54.32	22.78	19.01	25.72	50.73	22.16
吐丝期	35.13	14.73	14.22	19.24	33.38	14.58
成熟期	15.64	6.56	6.45	8.37	17.94	7.84
全生育期	238.46	100	73.92	100	228.91	100

2. 玉米滴灌专用肥料配方

玉米滴灌专用肥料配方是根据玉米的需肥规律和土壤肥力的特性来确定的，以补充土壤供肥的不足，满足玉米生长所需营养。新疆地区的土壤肥力状况一般为：有机质含量 8～12g/kg、碱解氮 40～60mg/kg、速效磷（P_2O_5）18～25mg/kg、速效钾（K_2O）150～200mg/kg，在这个基础上，滴灌玉米目标产量 16 500～18 000kg/hm^2，种肥施普钙 300kg/hm^2 或三料过磷酸钙 150kg/hm^2，玉米生育前期施用配方为 36-8-6，水溶肥料 225～270kg/hm^2，分 2 次施入；玉米生育中后期施用配方为 33-14-6，水溶肥料 525～600kg/hm^2，分 5 次施入，施肥方案如表 3-10。

表 3-10　新疆滴灌玉米施肥方案

时期	出苗	拔节	小喇叭	大喇叭	抽雄	开花-吐丝	籽粒建成	乳熟
水/%	5	10	15	15	15	15	15	10
肥/%	—	20	—	20	25	10	20	5
	配方 36-8-6			配方 33-14 6				

玉米滴灌施用水溶肥料的配方和用量，要根据土壤养分状况和产量水平进行调整，以保证滴灌玉米水肥一体化的准确性，提高肥料利用率，或是参照滴灌水肥一体化智能决策系统给出的数据进行配比。

（三）马铃薯滴灌专用肥料配方

1. 滴灌马铃薯的需肥规律

根据滴灌马铃薯不同生育期取样化验结果，生育时期干物质结合单株氮、磷、钾浓度，得出单株养分积累的全生育期变化规律即需肥规律，按照最优化肥料施用量，苗期施肥量为 N 37.04kg/hm^2、P_2O_5 16.13kg/hm^2、K_2O 34.36kg/hm^2，形成期施肥量为 N 111.11kg/hm^2、P_2O_5 107.55kg/hm^2、K_2O 105.72kg/hm^2，膨大期施肥量为 N 79.01kg/hm^2、P_2O_5 44.81kg/hm^2、K_2O 71.36kg/hm^2，积累期施肥量为 N 19.75kg/hm^2、P_2O_5 10.76kg/hm^2、K_2O 52.86kg/hm^2。

用“3414”田间试验与数据分析管理系统对三种肥料因素作三元二次回归分析，得出最佳施肥量为 N 246.9kg/hm^2、P_2O_5 179.25kg/hm^2、K_2O 264.3kg/hm^2，最佳施肥量下的预期产量为 13 553.25kg/hm^2，该产量为干基产量，折合为鲜薯约 45 177.5kg/hm^2。

马铃薯在整个生育时期，因生育阶段不同，所需营养物质的种类、比例和数量也不同，苗期吸肥量很少，到现蕾期吸肥量迅速增加，到初花期达到最大量而后吸肥量急剧下降，各生育期吸收的 N、P_2O_5、K_2O 三要素按占总吸收量计算，发芽到出苗分别为 6%、8%、9%，现蕾期为 38%、34%、36%，结薯期为 56%、58%、55%，三要素中以钾的吸收量最多，其次是氮，磷最少。试验表明，生产 1000kg 块茎需吸收 N 5～6kg、P_2O_5 1～3kg、K_2O 12～13kg ，吸收比例为 1∶0.27∶2.27，马铃薯对氮、磷、钾肥的吸收量随茎叶和块茎的不断增长而增加，在块茎形成盛期吸肥量占总需肥量的 60%，生长初期和后期各占 20%。

2. 马铃薯滴灌专用肥料配方

马铃薯滴灌专用肥料配方是根据马铃薯的需肥规律和土壤肥力的特性来确定的，以补充土壤供肥的不足，满足马铃薯生长所需营养。内蒙古地区的土壤肥力状况一般为：有机质含量 8～12g/kg、碱解氮 35～50mg/kg、速效磷（P_2O_5）15～23mg/kg、速效钾（K_2O）130～180mg/kg，在这个基础上，滴灌马铃薯目标产量 45 000～52 500kg/hm^2，种肥施普钙 450kg/hm^2 或三料过磷酸钙 225kg/hm^2，马铃薯现蕾期前施用配方为 26-11-15，水溶肥料 270～345kg/hm^2，分 3 次施入；马铃薯生育中后期施用配方为 8-14-41，水溶肥料 600～750kg/hm^2，分 6 次施入，施肥方案如表 3-11。

表 3-11　内蒙古马铃薯滴灌施肥方案

时期	苗期	现蕾	现蕾	初花	初花	盛花	盛花	盛花	终花
水/%	5	10	10	15	15	15	15	10	5
肥/%	5	5	10	15	20	15	15	10	5
配方 26-11-15				配方 8-14-41					

马铃薯滴灌施用水溶肥料的配方和用量，要根据土壤养分状况和产量水平进行调整，以保证滴灌马铃薯水肥一体化的准确性，提高肥料利用率，或是参照滴灌水肥一体化智能决策系统给出的数据进行配比。

第二节　有机无机水溶肥料

有机无机水溶肥料是将水溶性有机物与无机肥料结合的肥料产品，目的是在滴灌水肥一体化中有机无机结合，提高肥料利用率及作物产量，充分利用有机物资源，减少施肥成本，改善耕地质量，实现节水农业可持续发展。

一、原料选择

（一）氨基酸

氨基酸含有多种营养成分，其养分全、活性高。在几十种氨基酸中，农作物所必需的有 9 种，分别是苏氨酸、缬氨酸、蛋氨酸、异高氨酸、苯氨酸、精氨酸、甘氨酸、赖氨酸、组氨酸。氨基酸本身就是一种非常有效的动植物营养剂，尤其是其中的甘氨酸、赖氨酸、谷氨酸、亮氨酸等合理地应用，对植物有着奇特的光合作用、调节作用、保健作用等多重功效。

1）氨基酸可以促进植物的光合作用。这是由于氨基酸本身的特性所决定的，尤其是其中的甘氨酸可以增加植物叶绿素的含量，提高多种酶的活性，促进作物对二氧化碳的吸收利用，为光合作用增加动力，使光合作用更加旺盛，这对提高作物品质、增加产品的维生素 C 含量和含糖量都有重要的作用。氨基酸中还含有多种营养元素，这些营养元素对农作物的生长具有长效和速效的补肥作用，因此，可以将氨基酸做成叶面肥料，进行叶面喷施，这样可以将补充营养与提高光合作用双效合一，同时进行，为作物的丰产丰收打下坚实的基础。

2）氨基酸是有效的植物生长调节剂。作物生长发育过程中需要多种营养元素物质，这些物质的吸收数量、比例及在植物体内的平衡状况，对农作物各时期的生长影响很大，直接关系到作物产品的品质，而氨基酸正是解决这一问题的关键成分，植物灌施氨基酸营养液肥可增加植物体内所需的各种元素，从而加剧干物质的积累，提高各种元素从植物根部或叶部向其他部位的运转速度和数量，调节各种营养成分的平衡比例，从而起到调节植物生长的作用。

3）氨基酸也是强有力的络合剂。它可以将农作物生长所需的大量元素和微量元素充分螯合在一起，对作物所需元素产生保护作用，并且生成溶解度好、易被作物吸收的螯合物，从而有利于农作物的吸收。

氨基酸原料的产品质量指标：氨基酸原粉，氨基酸≥50%，水不溶物≤1%，水分≤1%。

（二）腐殖酸

了解和掌握腐殖酸的理化性质对生产使用腐殖酸类物质和开发腐殖酸类产品具有重要的指导作用。腐殖酸的一些理化性质，可用腐殖酸的热稳定性、表面活性、吸附性能、络合作用和黏度特征来描述。

（1）热稳定性。热重分析和微热重分析是研究腐殖酸的主要手段。大家知道，腐殖酸为有机弱酸，其羧基的稳定程度可表现腐殖酸的稳定性。经测定，土壤腐殖酸在 200℃左右开始脱羧，风化煤腐殖酸在 250℃开始脱羧，而泥炭腐殖酸在脱除羧基温度上与土壤腐殖酸相近。由此可见，在生产开发腐殖酸类产品的过程中，了解腐殖酸的稳定性对设计生产工艺很重要。

（2）表面活性。农用化学品具有一定的表面活性，对产品定形和作物吸收运转均产生影响。腐殖酸是天然有机大分子化合物，其中低分子质量部分称为黄腐酸，在同行的研究工作中对其也比较偏重。就某种风化煤黄腐酸而言，经测定表面张力，其浓度在 0.1%时为 75.2dyn[①]/cm，0.4%时为 59.5dyn/cm，而同等条件下水的表面张力为 75.6dyn/cm。水中溶入黄腐酸后引起表面张力改变的事实，则进一步说明腐殖酸所具表面活性的存在势必在其使用的过程中会产生积极的影响。

（3）吸附性能。腐殖酸在农业上的应用国外曾有报道，腐殖酸对农药具有吸附作用，

① $1dyn=10^{-5}N$

通过红外光谱分析，得出二者之间存在氢键和离子键的作用。一些研究数据也表明，在吸附过程中，羧基和以醌基形式存在的羰基都是活性基团。在我们的工作中，以氧化乐果和黄腐酸进行热重分析时，其测定结果说明黄腐酸对氧化乐果具有吸附作用，而且黄腐酸中的羧基是活性基团，在吸附中起主导作用。这种吸附性能对腐殖酸类物质与农药一起使用时产生减少农药流失和持续药效的功能。

（4）络合作用。腐殖酸在其化学结构上带有大量的活性基团，并且以羧基和酚羟基为主要结构基团，客观上有与金属离子形成络合物的可能性。经测定，腐殖酸对金属离子的饱和吸附量和选择吸附量与自身的羧基和酚羟基的含量有关，进一步研究证实，羧基起主要作用。另外的研究认为，腐殖酸与金属离子的主要反应有离子交换、络合和表面吸附，其中前两者是主要的。由此可见，腐殖酸具有络合作用是无疑的。

（5）黏度特征。黏度测定是获得腐殖酸在溶液中分子的形状、大小、质量、聚集状态或氢键缔合情况等信息的主要手段之一。但是，浓度、温度和 pH 均对黏度产生影响，如某种溶液风化煤黄腐酸，在黏度<1%时，其黏度随浓度的增加而增加相当缓慢；浓度在 1%～2%时，黏度增加逐步变快；在浓度>2%时，其黏度变化几乎呈直线上升。这种黏度特征不仅反映了其聚电解质性质和浓度加大时氢键缔合的增加，而且还反映了质点间的相互缠结程度。

（6）腐殖酸的生物活性。长期以来，国内外对腐殖酸类物质在农业上的应用研究中，主要在于腐殖酸对土壤的改良作用，以及腐殖酸肥料的效果及其对其他肥料的增效作用，而对腐殖酸类物质的生物活性及生理效应的研究都相当薄弱。一般情况下，将其归纳为提高酶活性及增加呼吸作用。20 世纪 90 年代初期，国外对腐殖酸类物质的生理生化效应方面的研究仍着重于它对膜透性、能量代谢及酶活性等的影响，国内则进行的是腐殖酸的生物活性和生理效应作为生物学基础方面的研究。归纳的效应特征为以下几个方面。

1）改变气孔开张度。以小麦叶面喷施黄腐酸证明，气孔开张度降低，可抑制水分蒸腾。经测定而知，小麦叶片气孔的平均宽度由原来的 2μm 缩小为 0.6μm，而且持续时间可达 13～21d，在此期间的水分蒸腾量可下降 20%～50%。因耗水量减少，水分利用效率可提高 20%左右，达到节水抗旱的作用。

2）根系及分蘖效应。根系是植物吸收水分和养料的器官，也是合成活性物质的场所，根量的增加和根系活力的提高是植物生长发育的关键。而分蘖又是构成产量的重要组成部分，腐殖酸类物质对植物根系的发育提高、保持根系活力、增加分蘖数和有效分蘖具有明显的效果。腐殖酸类物质使植物增加次生根条数和长度，使分蘖提前出现，总分蘖数及有效分蘖增加无疑使植物对水分和养料的吸收运转加强，促使植株生长健壮和产量基础因素形成。无论采取什么样的使用方法，腐殖酸类物质对植物根系和分蘖的影响均表现出明显的植物生长动态效应。

3）种子的发芽效应。种子的发芽率和发芽势是评价种子的重要指标之一。长期以来种子处理多采用拌种、浸种和包衣的方法。使用目的除了防治病虫害外，主要就是为了提高种子的发芽率和发芽势，这是现代农业的需要，也是科学种植的有效措施。用腐殖酸类物质进行种子处理，对种子的发芽率和发芽势具有明显的提高，同时也表现出出苗早、多、齐、壮等效果。但是，只有在适播温度和低于适播温度而且腐殖酸的浓度在一定范围时，才对发芽有促进作用。温度较高时则出现抑制作用，这是因为种子发芽时需要一定的条件，在一定温度范围内，温度越高，吸水越快，酶活性越强，物质和能量的转化也越快，因而种子的发芽也就越快。在有效时间内促使种子发芽，表现为发芽率的提高。在种子萌发条件具备、不需要促进时，或者浓度过大破坏萌发条件时，也出现抑制现象，这种现象称为药物效应。

4）对酶活性的影响。腐殖酸类物质对多种酶都能够产生不同程度的影响。对植物来说，酶活性的高低与植物对养分的吸收、干物质的积累、产量的提高和品质的改善是密切相关的。植物体内的一切合成、转化与分解等生物化学反应都是在酶的参与下进行的。酶的作用大小则是以酶的活性来体现的，如提高过氧化氢酶的活性，使植物新陈代谢旺盛，抗御衰老；提高硝酸还原酶和多酚氧化酶的活性，可使植物在逆境条件下生存和提高抗病能力；提高转化酶的活性，可改善果实的品质；另外，对酸性转化酶和细胞超氧物歧化酶同样具有提高活性的作用。

5）对叶绿素的影响。叶绿素是植物把从根部和叶片吸收的物质合成为碳水化合物的媒介。在植物生长发育过程中，其作用与根系同等重要。叶绿素的分解对水分胁迫最为敏感，在水分胁迫和干热风的影响下其分解加强，叶绿素的含量下降，光合作用的强度同时下降。腐殖酸类物质对提高植物叶绿素含量的效应非常明显。凡是经腐殖酸类物质作用，无论采用什么方法处理的作物都能显著地提高叶绿素的含量，而且在植物生长发育的不同时期均能表现出叶绿素的增加。

综上所述，腐殖酸类物质的理化性质和对植物的作用，是长期以来多学科的研究结果，其作用机制也从多方面得到了解释，并将成功地应用于多种草本植物和木质植物。它的主要作用一般认为是由前面所述的它对植物所产生的生理效应，从而使植物对水分和养料的吸收运转加强，促使物质和能量转化，干物质积累增加，调节植株体内平衡，改善品质和提高产量。尤其在逆境条件下，腐殖酸类物质可使植物保持有一定的生存活力，也就是在生理机能上产生抗逆能力，并按照植物自身的生长发育规律，强化其完成整个生命的新陈代谢过程。这就是腐殖酸类物质对植物作用的具体表现，同时也是其在农业上应用的科学依据和产生社会效益及经济效益的理论基础。

腐殖酸钾原料产品质量指标：腐殖酸≥60%，K_2O≥10%，水分≤2%，水不溶物≤5%。

二、生产工艺

固体产品生产工艺，如图 3-2 所示。

三、产品简介

（一）含腐殖酸水溶肥料[3]

含腐殖酸水溶肥料是一种高浓度、水溶性好、无公害、利用率高、有机无机结合用于滴灌随水施肥的专用肥料。该产品可供各种滴灌作物用于随水施肥，提高作物产量和品质。

含腐殖酸水溶肥料是通过如下技术方案来实现的，腐殖酸多元水溶性固体肥料的生产工艺按照以下步骤进行。

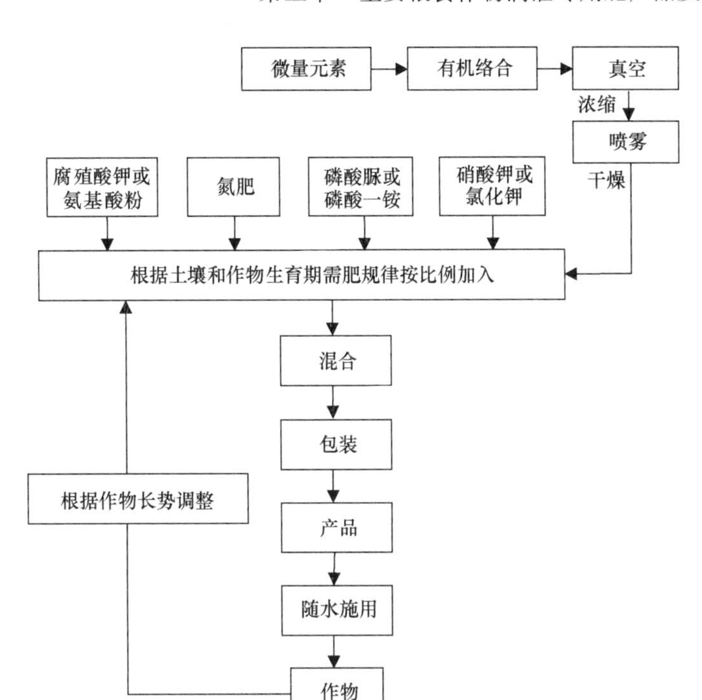

图 3-2　固体产品生产工艺

组分 A：水溶性腐殖酸。它是用氢氧化钾或氨水从风化煤中提取出来的钾盐或铵盐，属于可溶于水的高分子有机化合物，是土壤团粒结构的主要组成部分，不但能显著提高作物产量与品质，而且能有效增加土壤有机质含量与土壤微生物的数量和活性，改善土壤生态环境，提高肥料利用率；原料质量要求：水溶性≥95%，腐殖酸≥60%。

组分 B：氮元素的选择。氮元素肥料有尿素、硫酸铵和硝酸铵。尿素含氮量高、水溶性好，在加入前进行破碎。

组分 C：水溶性磷的选择。水溶性好的磷肥有磷酸二氢钾、磷酸一铵和磷酸脲。磷酸脲有很好的水溶性，溶液为酸性（pH=2），在溶解过程中能有效地缓解灌溉水中钙镁离子与磷酸根的反应，提高利用率。

组分 D：钾元素的选择。钾元素肥料有氯化钾、硝酸钾。对于忌氯作物如烟草、甜菜、瓜果等选用硝酸钾，其他作物可选用氯化钾。

组分 E：微量元素原料的选择与制备。

根据施用的土地养分丰缺情况和作物需肥规律，选择需要补充的微量元素（如 Zn、B、Mn、Fe、Cu、Mo）其中的几种和数量，有机络合剂用 EDTA（乙二胺四乙酸）和柠檬酸按 1∶2 搭配使用。步骤：①在 1000L 的反应釜中加入 500L 水，加热到 70～90℃；②加入有机络合剂 75kg 到反应釜中搅拌溶解；③微量元素原料 500kg 按 Fe、Cu、Zn、B、Mn、Mo 的顺序逐一加入溶解，在 70～90℃下进行 0.5～1h 的络合反应；④真空浓缩喷雾干燥制得组分 E（微量元素≥20%）。

由以上组分 A 6%～8%、组分 B 30%～75%、组分 C 10%～50%、组分 D 10%～40%、组分 E 2%按比例混合均匀即得到含腐殖酸水溶肥料。

水溶性腐殖酸多元固体肥料的质量指标：腐殖酸≥5%，$N+P_2O_5+K_2O$≥45%，微量元素≤0.2%，pH 6，水不溶物≤1%，水分≤2%。

水溶性腐殖酸多元固体肥料为结晶粉末状，有利于肥料快速溶解而不易结块。

水溶性腐殖酸多元固体肥料的各组分配比，应考虑具体的土壤条件、作物种类及不同生育期的需肥规律，进行适当的调整，特别是组分B、组分C、组分D的比例，以满足作物生长的需要。

（二）含氨基酸水溶肥料

含氨基酸水溶肥料是一种高浓度、水溶性好、无公害、利用率高、有机无机结合用于滴灌随水施肥的专用肥料。该产品可供各种滴灌作物用于随水施肥，提高作物产量和品质。

含氨基酸水溶肥料是通过如下技术方案来实现的，氨基酸水溶性固体肥料的生产工艺按照以下步骤进行。

组分A：水溶性氨基酸。它是用动物蛋白质或植物蛋白质与无机酸反应，提取出来的水溶性有机物。氨基酸能促进光合作用和叶绿素的形成，对氧化物活性、酶类活性、种子发芽、营养物质吸收、根系生长发育等生理生化过程均有明显的促进和激活作用。不但能显著提高作物的产量与品质，而且能有效增加土壤有机质含量与土壤微生物的数量和活性，改善土壤生态环境，提高肥料利用率；原料质量要求：水溶性≥98%，氨基酸≥50%。

组分B：氮元素的选择。氮元素肥料有尿素、硫酸铵和硝酸铵。尿素含氮量高、水溶性好，在加入前进行破碎。

组分C：水溶性磷的选择。水溶性好的磷肥有磷酸二氢钾、磷酸一铵和磷酸脲。磷酸脲有很好的水溶性，溶液为酸性（pH=2），在溶解过程中能有效缓解灌溉水中钙镁离子与磷酸根的反应，提高利用率。

组分D：钾元素的选择。钾元素肥料有氯化钾、硝酸钾。对于忌氯作物如烟草、甜菜、瓜果等选用硝酸钾，其他作物可选用氯化钾。

组分E：微量元素原料的选择与制备。

根据施用的土地养分丰缺情况和作物需肥规律，选择需要补充的微量元素（如Zn、B、Mn、Fe、Cu、Mo）其中的几种和数量，有机络合剂用EDTA（乙二胺四乙酸）和柠檬酸按1∶2搭配使用。步骤：①在1000L的反应釜中加入500L水，加热到70～90℃；②加入有机络合剂75kg到反应釜中搅拌溶解；③微量元素原料500kg按Fe、Cu、Zn、B、Mn、Mo的顺序逐一加入溶解，在70～90℃下进行0.5～1h的络合反应；④真空浓缩喷雾干燥制得组分E（微量元素≥20%）。

由以上组分A 20%、组分B 30%～75%、组分C 10%～50%、组分D 10%～40%、组分E 2%按比例混合均匀即得到含氨基酸水溶性固体肥料。

含氨基酸水溶肥料的产品质量指标：氨基酸≥10%，$N+P_2O_5+K_2O$≥35%，微量元素≥0.3%，pH 6，水不溶物≤1%，水分≤2%。

含氨基酸水溶肥料为结晶粉末状，有利于肥料快速溶解而不易结块。

含氨基酸水溶肥料的各组分配比，应考虑具体的土壤条件、作物种类及不同生育期的需肥规律，进行适当的调整，特别是组分B、组分C、组分D的比例，以满足作物生长的需要。

含氨基酸水溶肥料是以氨基酸作为基质，利用其巨大的表面活性和吸附保持能力，加入植物生长发育所需要的营养物质（氮、磷、钾、铁、铜、锰、锌、硼等），经过螯合和络合形成的有机、无机复合物。这种肥料既能保持大量元素的缓慢释放和充分利用，又能保证微量元素的稳效和长效，具有增强植物呼吸作用、改善植物氧化还原过程、促进植物的新陈代谢的良好作用。尤其是它与植物的亲和性是其他任何一种物质所无法比的，氨基酸肥料的功效集有机肥的长效、化肥的速效、生物肥的稳效和微肥的增效于一体。

四、主要配方

有机无机水溶肥料的配方，氮磷钾配比在不同作物上可参照大量元素水溶肥料的配比，或是参照滴灌水肥一体化智能决策系统给出的数据进行配比。

第三节　生物有机水溶肥料

微生物是土壤活性和生态功能的核心，是耕地土壤质量提升的关键要素。各种功能的微生物肥料在耕地质量提升中发挥着重要作用。具有固氮、溶磷、解钾等功能的微生物肥料，可以增加土壤氮素，活化土壤中的磷钾元素，促进养分的转化循环，提高耕地土壤的生物肥力和基础地力。具有根际促生功能的微生物肥料，通过分泌植物生长激素等促进植物生长，降低化肥用量，提高化肥利用率，既提高了耕地土壤的肥力，又改善了耕地土壤的环境质量。一些具有生防作用的微生物，通过竞争及重寄生作用与病原菌争夺生长的空间和营养，抑制了病原菌的繁殖危害，可显著减轻作物病害的发生，提高作物产量。土壤有机质含量偏低是我国耕地的一个特征，微生物是土壤有机质形成和分解过程的主要驱动力量。

在滴灌水肥一体化中应用生物有机水溶肥料具有一定优势：微生物滴施在作物根区湿润土壤中，具有较好的水肥生存条件，有利于微生物的繁殖，发挥其功能作用。应用的关键：一是微生物菌剂的筛选，要保证微生物对本地土壤、气候的适应性；二是为微生物创造较好的生存环境，新疆土壤有机质含量较低，一般在 0.8%～1.2%，不利于微生物的繁殖，将水溶性有机物与微生物菌剂有效结合，可提高微生物的繁殖效率，增强其应用效果。生物有机水溶肥料，是在有机无机水溶肥料的基础上，加大有机物的比例，添加有益微生物，实现滴灌水肥一体化中生物有机无机结合。

一、原料选择

在生物有机水溶肥料中，可用的生物菌剂有枯草芽孢杆菌、侧孢芽孢杆菌、淡紫拟青霉菌、哈茨木霉菌、拟康氏木霉菌和腊样芽孢杆菌等，这些菌剂各有特点。

（一）枯草芽孢杆菌

1）枯草芽孢杆菌具有竞争优势。枯草芽孢杆菌施入土壤后，和其他微生物争夺氧气和营养物质，具有竞争排他性，它在作物根部形成了优势生物种群。通过这种方式，枯草芽孢杆菌就有效地防止了其他病菌的侵入，获取了周围菌的营养，病原菌的生长受到抑制，枯草芽孢杆菌像疫苗一样起到了防病抗病的作用。

2）枯草芽孢杆菌的生物拮抗作用。枯草芽孢杆菌生长过程中能代谢分泌细菌素（枯草菌素、多黏菌素、制霉菌素等）、脂肽类化合物、有机酸类物质等，这些代谢产物可有效抑制病原菌的生长或溶解病原菌，以致杀死病菌，高抗重茬。

枯草芽孢杆菌分泌的酶类有几丁质酶抗菌蛋白，对多种植物病原菌具有强烈抑制作用。枯草芽孢杆菌代谢分泌的脂肽类化合物可用于防治小麦白粉病、稻瘟病、赤霉病、纹枯病、炭疽病、黄瓜霜霉病、番茄青枯病、灰霉病等植物病害。

3）枯草芽孢杆菌的杀菌溶菌作用。枯草芽孢杆菌可在病原菌的菌丝上伴随生长，分解消耗病原菌，使病菌菌丝发生断裂、解体细胞消解，这样病原菌就不能进一步侵染植株。

4）枯草芽孢杆菌可大幅促进植物生长。枯草芽孢杆菌防病抗病的同时，它还可诱导作物产生吲哚乙酸等物质，提高作物生长刺激素的水平，从而促进作物的生长繁殖。

5）枯草芽孢杆菌可诱导植物产生抗性。枯草芽孢杆菌能通过诱发植物自身抗病机制增强植物的抗病性能，具有诱导植物抗病性作用。枯草芽孢杆菌激活植物的天然防御机制，使植物免受病原物危害，这是枯草芽孢杆菌作为生防菌发挥生防作用的一个重要方面。

（二）淡紫拟青霉菌

淡紫拟青霉菌是新型纯微生物活孢子制剂，具有高效、广谱、长效、安全、无污染、无残留等特点，可明显刺激作物生长。试验证明，在植物根系周围施用淡紫拟青霉菌剂，不但能明显抑制线虫侵染，而且能促进植物根系及植株营养器官的生长，如播前拌种，定植时穴施，对种子的萌发与幼苗生长具有促进作用，可实现苗全、苗绿、苗壮，一般可使作物增产 15%以上。

淡紫拟青霉菌具有繁殖快速、生命力强、安全无毒等特点；淡紫拟青霉菌分泌合成多种有机酸、酶、生理活性物质等。淡紫拟青霉菌属于内寄生性真菌，是一些植物寄生线虫的重要天敌，能够寄生于卵，也能侵染幼虫和雌虫，可明显减轻多种作物根结线虫、胞囊线虫、茎线虫等植物线虫病的危害。

（三）哈茨木霉菌

哈茨木霉菌 T-22 作为一种生防菌，可以用来预防由腐霉菌、立枯丝核菌、镰刀菌、黑根霉、柱孢霉、核盘菌、齐整小核菌等病原菌引起的植物病害。其主要有效成分为哈茨木霉菌 T-22 株系，木霉菌是广泛存在于自然界中的一种微生物，哈茨木霉菌是木霉菌中应用的一个菌种，哈茨木霉菌 T-22 株系是人工修饰的株系，是以 T95 株系和 T12 株系为父本通过细胞融合技术获得的人工杂交株系。T95 株系对植物根系的缠绕能力和定植能力强，T12 株系对病害的防治能力强，通过细胞融合技术将两者的优点结合到一起，从而获得了根系缠绕、定植、病害防控能力皆优的 T22 株系，同时获得了其父本对不同土壤类型的适应能力，可以在沙壤土和黏性土壤中良好地定植繁殖，使 T22 的应用更具适应性。

1）竞争作用。哈茨木霉菌 T-22 在植物的根围、叶围可以迅速生长，抢占植物体表面的位点，形成一个保护罩，就像给植物穿上靴子一样，阻止病原真菌接触到植物根系及叶片表面，以此来保护植物根部、叶部免受上述病原菌的侵染，并保证植株能够健康地成长。

2）重寄生作用。重寄生作用是指对病原菌的识别、接触、缠绕、穿透和寄生一系列连续步骤的复杂过程。在木霉菌与病原菌互作的过程中，寄主菌丝分泌一些物质使木霉菌趋向寄主真菌生长，一旦寄主被木霉菌寄生物所识别，就会建立寄生关系。木霉菌对寄主真菌识别后，木霉菌丝沿寄主菌丝平行生长和螺旋状缠绕生长，并产生附着胞状分枝吸附于寄主菌丝上，通过分泌胞外酶溶解细胞壁，穿透寄主菌丝，吸取营养，进而将病原菌杀死。

3）抗生素作用。哈茨木霉菌分泌一部分抗生素，可以抑制病原菌的生长定植，减轻病原菌的危害。

4）植物生长调节作用。木霉菌在植物根系定植并且产生刺激植物生长和诱导植物防御反应的化合物，改善根系的微环境，增强植物的长势和抗病能力，提高作物的产量和收益。

生产微生物水溶肥料，关键是解决菌剂的水溶性和生存环境，水剂菌剂不存在水溶问题，对于粉剂菌剂，要考虑菌剂载体的水溶性及水溶性有机物的添加，改善生物菌剂的保存环境和应用后的生存环境，充分发挥微生物的功能；菌剂的种类可以是一种或几种的混合制剂。从包装运输成本考虑，重点是发展固体粉剂产品。

二、生产工艺

固体产品生产工艺，如图 3-3 所示。

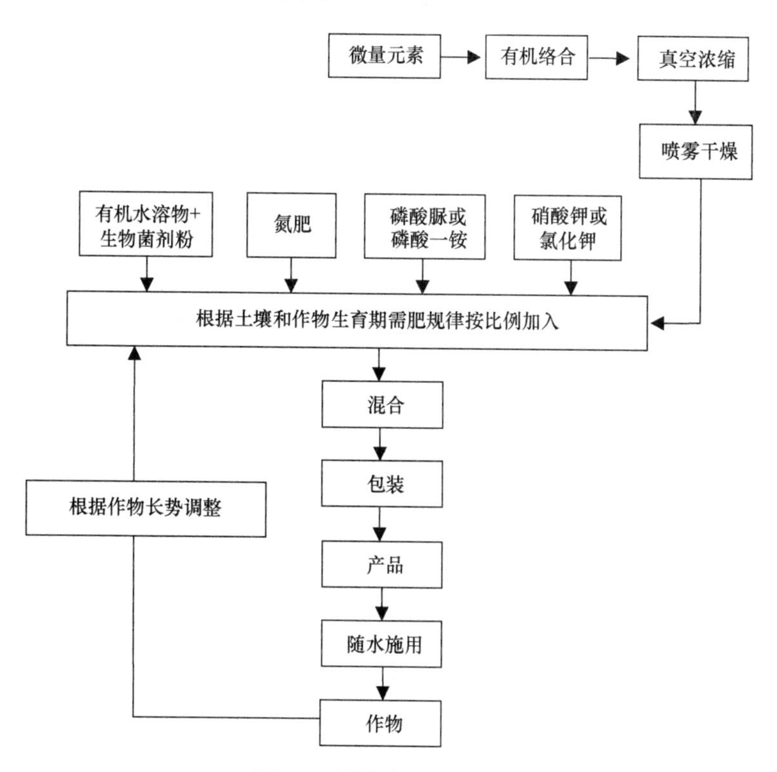

图 3-3　固体产品生产工艺

三、产品简介

（一）生物有机水溶肥料（大量元素型）[4]

生物有机水溶肥料（大量元素型）是根据新疆土壤特点和滴灌作物生长需求，研发的新一代生物有机水溶肥料，产品以水溶性有机质为主，富含氨基酸、腐殖酸，无机养分以磷、钾、氮为主，易于植物吸收利用，无毒无害，无残留无污染，有利于保护生态环境，适宜于生产无公害食品、绿色食品和有机食品。

1. 产品生产方法

生物有机水溶肥料（大量元素型）的生产方法，工艺步骤主要包括将以下重量份数的主要组分混合均匀后即得到水溶性微生物多元固体肥料。组分 A ：10～50 份；组分 B：1～60 份；组分 C：5～30 份；组分 D：1～50 份；组分 E ：0.1～10 份；组分 F：10～40 份；组分 G：0.1～10 份。

其中组分 A 为水溶性腐殖酸；组分 B 为氮肥；组分 C 为水溶性磷肥；组分 D 为水溶性钾肥；组分 E 为固体微生物菌剂；组分 F 为氨基酸；组分 G 为微量元素。

组分 A 最好为水溶性腐殖酸，所述的水溶性腐殖酸为腐殖酸钾盐或腐殖酸铵盐；原料质量要求：水溶性≥90%，腐殖酸≥70%。

组分 B 最好为尿素、硫酸铵、硝酸铵中的一种。尿素含氮量高、水溶性好，在加入前进行破碎。

组分 C 最好为水溶性好的磷酸二氢钾、磷酸一铵、磷酸脲中的一种。采用湿法磷酸精制浓缩后与液氨或尿素反应，生产磷酸一铵或磷酸脲，可降低成本；磷酸一铵原料质量要求含量大于 98%，磷酸脲含量大于 98%；磷酸脲有很好的水溶性，溶液为酸性（pH=2），在溶解过程中能有效缓解灌溉水中钙镁离子与磷酸根的反应，提高利用率。

组分 D 最好为水溶性好的氯化钾、硝酸钾、硫酸钾中的一种。对于忌氯作物如烟草、甜菜、瓜果等选用硫酸钾，其他作物可选用氯化钾，氯化钾为含量 98%的白色结晶，硫酸钾为含量 98%的白色结晶。

组分 E 最好为固体芽孢杆菌菌剂。其质量要求：有效活菌数（芽孢杆菌）≥200 亿/g，杂菌率≤30%，细度≥80%，水不溶物≤2%，水分≤2%。神州汉邦（北京）生物技术有限公司生产的禾神元-复合微生物菌剂或北京中农新科生物科技有限公司生产的联抗・II 型复合功能菌均可选用。

组分 F 为氨基酸，最好是由以下主要工艺步骤制备而成：以蛋白质含量≥40%的棉粕为原料，通过棉粕的生物发酵，过滤和风干滤液，得到水溶性好、高含量的氨基酸和少量的寡肽氨基酸混合物。该混合物含有丰富的氨基酸、有机质、氮及其他植物营养成分，能快速被植物吸收利用，还能够增加土壤有机质的含量，疏松土壤，改善土壤中微生物的生长环境，提高化学肥料的利用率。

组分 G 微量元素最好为锌肥、硼肥、锰肥、铁肥、铜肥、钼肥中的两种或几种，经络合反应喷雾干燥而制得的复合微量元素。

2. 产品技术指标

按上述方法生产的生物有机水溶肥料（大量元素型）产品的技术指标：有机质≥30%，腐殖酸≥15.0%，$N+P_2O_5+K_2O$≥25%，微量元素≥0.5%，有效活菌数（即芽孢杆菌）≥0.2 亿/g，杂菌率≤30%，pH 5～8，细度≥80%，水不溶物≤2%，水分≤2%。

生物有机水溶肥料（大量元素型）的各组分配比，应考虑具体的土壤条件和作物种类及不同生育期的需肥规律，进行适当的调整，特别是组分 B、组分 C、组分 D 的比例，以满足作物生长的需要。

3. 产品特点及主要功能

活性微生物含量高达 0.2 亿/g；养分含量高 $N+P_2O_5+K_2O$≥25%；营养全：含有有机质、氮、磷、钾和多种微量元素，可使作物营养均衡协调；水溶性好（≥98%），杂质少水不溶物≤2%；生物有机无机相结合，提高肥料功效，由于加入活性微生物和腐殖酸，增进了肥效，可改良土壤、改善农产品品质、调节作物生长和增强作物抗逆性；肥料利用率高，产品随水施用，针对性强，氮的利用率可达 60%，磷的利用率可达 30%，钾的利用率可达 60%，比常规施肥利用率提高 10%以上。

（二）生物有机水溶肥料（微量元素型）

生物有机水溶肥料（微量元素型）是根据新疆土壤特点和滴灌作物生长需求，研发的新一代生物有机水溶肥料，产品以水溶性有机质为主，富含氨基酸、腐殖酸，无机养分以钾、氮及微量元素为主，易于植物吸收利用，无毒无害，无残留无污染，有利于保护生态环境，适宜于生产无公害食品、绿色食品和有机食品。

1. 产品主要功能

1）培肥土壤，改善土壤结构，保持地力常新。该肥料施入土壤后，土壤中的有益微生物以有机物质为载体迅速繁殖，活性可提高 10 倍以上，使土壤结构得到优化，保肥保水能力显著提高，可使土壤中缓效态养分转化为速效态养分，增加土壤肥力。

2）提高产量，改善品质。有机水溶肥料能调节、平衡植物的生长发育，滴灌随水施肥可促进植物生根、刺激根系生长（多、粗、长），对所需的各种营养元素吸收均衡，防止各种营养缺乏症，使叶色浓绿，茎秆粗壮，促进作物的光合作用，并促进作物提早开花和坐果，果实膨大快、色泽好，有效改善产品品质。

3）增强作物的生理机能和抗逆能力（抗冻、抗旱、抗涝、抗病虫、抗早衰、抗盐碱）。本品所含的水溶性营养元素可迅速被作物吸收，提高作物抗逆能力。

4）减少化肥和农药的使用量。施用有机水溶肥料可活化土壤，提高土壤供肥保水能力，大幅提高作物对化肥的利用率（可提高 10%～30%），所以可适量减少化肥用量，不会影响作物的产量，还有利于作物品质的提高。本产品有一定的抗病虫害能力，因此可减少农药用量、使用次数和使用浓度。

2. 产品技术指标

生物有机水溶肥料（微量元素型）产品技术指标：有机质≥40%，氮磷钾养分≥9%，微量元素（铁、锌、锰、硼、铜）≥3.0%，有益微生物≥0.3 亿/g。

3. 产品使用范围及用法

使用范围：滴灌作物。用法：随水滴施，配合大量元素肥料使用。用量：苗期每次 0.5～1kg/亩，花期每次 1～2kg/亩，成熟期每次 0.5～1kg/亩。

4. 注意事项

1）本品易吸潮，开袋后应尽快用完或扎口；可与中性、酸性肥料和农药混用。吸潮结块不影响肥效。

2）滴灌或冲施，应配合氮磷钾施用，按每次施用量施用。

3）本产品适用于各种农作物，保质期 3 年，在蔽光阴凉干燥处存放。

四、主要配方

生物有机水溶肥料的配方，氮磷钾配比在不同作物上参照大量元素水溶肥料的配比，或是参照滴灌水肥一体化智能决策系统给出的数据进行配比。

第四节 主要作物滴灌水肥一体化智能决策与监测管理软件平台

滴灌水肥一体化技术是利用滴灌灌溉系统，将水和肥料同步输送到作物的根区土壤中，以适时、适量地满足作物对水分和养分的需求。滴灌水肥一体化技术实现了作物水肥供给的优化管理，能够显著提高作物对灌溉水和肥料的吸收利用效率，对增加作物产量和改善农产品品质具有非常明显的作用，是现代农业中重点发展的关键技术之一[5-7]。

水肥一体化决策是滴灌水肥一体化技术的重要技术内容，主要包括滴灌灌溉定额、灌溉次数、灌水时期、灌水定额及与灌溉制度相匹配的肥料种类、肥料用量等内容的决策。通俗地说，滴灌水肥一体化决策主要就是要解决滴灌作物需要多少水、具体分几次滴、每次在什么时候滴、每次滴多少水及滴灌每水带什么肥、每种肥料带多少等问题。

各地土壤条件、气候环境和作物种类复杂多样，不同作物在不同区域内对水分和养分的需求不同，即使同一作物在相同区域的不同土壤条件下，对水分和养分的需求也存在差异，加之各地的生产条件和技术水平也不尽一致，使得适时、适量地提出滴灌作物生长所需的水分和养分存在着诸多的困难[8]，这也是制约滴灌水肥一体化技术应用的技术难题之一。

如果按照传统的方法进行滴灌水肥一体化决策，不但技术要求高，而且耗时费力，效率低下。而随着现代计算机技术和信息传输与处理技术的发展，计算机决策技术对于提高滴灌水肥一体化决策的精准度和改善滴灌灌溉系统的运行管理效率具有较为突出的优势，已成为解决这一难题的有效手段并在近年来得以快速的发展[9-11]。

我们利用数据库技术、GIS 技术、线性非线性回归统计及 BP 神经网络技术，使用跨平台开发语言 Java 研发了一套滴灌水肥一体化智能决策与监测管理软件平台。该平台整合了土壤与植株测试分析、作物水肥试验分析、水肥一体化决策、作物视频监测、水盐监测、智能预测和滴灌自动化控制等方面的内容，实现了一站式的作物滴灌水肥一体化智能决策、监测管理与自动控制。

一、设计目标

针对滴灌水肥一体化技术中的决策与管理，利用计算机技术，通过自主开发与系统集成，整合土壤与植株测试分析、作物水肥试验分析、水肥一体化决策、作物视频监测、水盐监测、智能预测和滴灌自动化控制等内容，打造一个跨平台、可视化、多任务、多用户协同作业的软件平台，实现一站式的作物滴灌水肥一体化智能决策、监测管理与自动控制，满足不同地区、不同装备水平的不同用户群的实际需求。

二、总体结构

采用 B/S（Browser/Server）和 C/S（Client/Server）混合构架，系统由数据层、决策层和表现层三大部分组成（图 3-4）。数据层由 GIS 空间数据库和 SQL 数据库组成，包含地理、气象、作物、土壤和肥料等不同数据源的各种信息数据，并按用途的不同组建基础属性数据库、参数数据库和空间属性数据库。决策层主要为各种决策模型，包括滴灌用水决策模型、肥料决策模型、产量模型和肥料配方模型等。表现层主要包括图文、报表等信息的输出和人机交互窗口等。

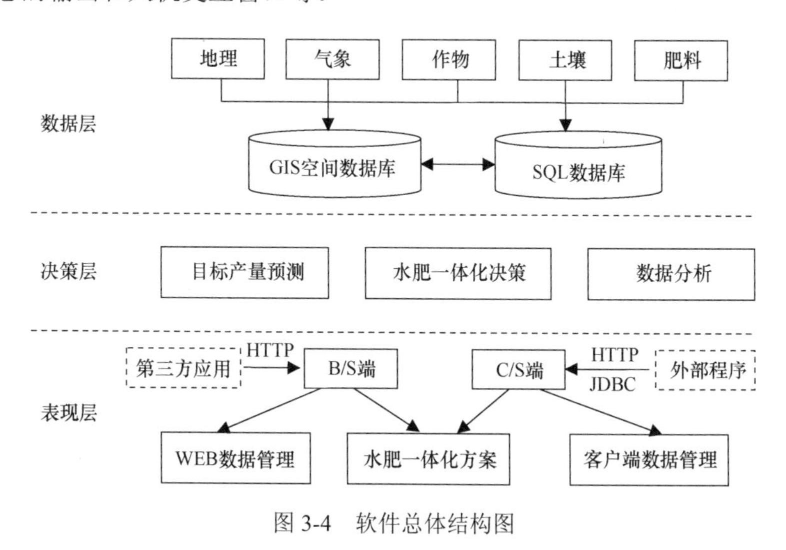

图 3-4 软件总体结构图

三、关键技术

（一）基于空间数据库的网络信息数据管理技术

利用 PostgreSQL 和 PostGIS 进行基本属性数据和空间地图数据的管理。PostgreSQL 是全功能的自由软件数据库，覆盖 SQL-2/SQL-92 和 SQL-3/SQL-99，支持事务、子查询、多版本并行控制系统（MVCC）、数据完整性检查等，并且接口丰富，利于农田基本属性数据的管理。PostGIS 是 PostgreSQL 数据库对空间数据管理的实现，支持包括点

（point）、线（linestring）、多边形（polygon）、多点（multipoint）、多线（multilinestring）、多多边形（multipolygon）和集合对象集（geometry collection）等在内的所有空间数据类型，支持 WKT 和 WKB 等对象表达方法，支持 GeomFromText()、AsBinary()及GeometryN()等所有的数据存取和构造方法，能够实现对农田空间网络信息数据的管理。PostgreSQL 和 PostGIS 的结合实现了农田空间数据和属性数据的管理。

（二）基于 Java 的 B/S 和 C/S 混合构架技术

利用 Java 语言开发，采用 B/S 和 C/S 的混合构架。对专业性要求高、交互性强和数据处理量大、安全性要求高及需要硬件通信的内容，全部采用 C/S 构架，并可根据不同用户的需求实现差异化开发；而对于水肥一体化决策信息的发布、简单的数据维护等内容，则采用 B/S 构架，这一构架可保证简单通用，方便普通农户使用。B/S 和 C/S 的混合构架，可满足不同条件用户的差异化需求，实现了专业性和易用性的有机统一。

C/S 构架中，Client 端采用 Java SE 开发，利用 Awt、Geom、Swing 组件开发软件界面、数据管理组件、绘图组件和 GIS 组件。Client 端实现对数据的检索、插入、修改和删除，以及对空间地图数据的调用、渲染及对地图对象的增加、修改和删除等。绘图组件实现对标准曲线的绘制和对第三方土壤水盐监测数据 *K* 线图的绘制。GIS 组件由 Java 底层开发，支持 WGS84 坐标系统，实现地图的分层管理、分块检索、地图缩放和视野管理，以及丰富的专题地图功能。

B/S 构架中，Server 端采用 Java EE 开发，利用 HttpServlet 提供服务，完成对业务逻辑的处理、数据库的访问和对客户端的请求响应；Browser 端采用 HTML+CSS+JavaScript 组合开发。

（三）基于 Web Map Service 云地图技术

云地图服务平台基于 Web Map Service 地图服务器软件——TerServer，采用纯 Java 开发，支持 OGC 标准的服务方式（WMS），支持集群云服务，支持 PostGIS、MySQL、MS SQL Server Spatial、Oracle Spatial 等空间数据库，支持 json、xml 规范，并支持 tab、shp、xml、txt 等多种地图格式文件的载入，以及 GPS 数据的跟踪显示。地图服务平台能够快速构建内容丰富、响应迅速、体验流畅的地图应用，支持大数据量高效地交互渲染，动态实时地要素标绘，以及与多源 GIS 服务地高效交互。平台通过多种方式组织不同类别的地图数据，并按区域及比例尺建立各自独立的工作空间，不同工作空间以各自的范围和分辨率规定显示时机，显著提高了地图云服务的速度和效率。

服务器端通过 tomcat 以 png 格式发布地图，支持地图瓦片的动态和预生成，并可无缝集成第三方地图服务数据（如 Google Map、Bing Map、Open OSM 等），实现地图信息的浏览、查询和重绘等。

客户端采用 HTML+CSS+JavaScript 的开发组合，支持 PC、手机等终端的直接访问，并且无需安装任何插件，便可在终端浏览器上实现美观的地图呈现。

（四）多元化水肥一体化决策技术

通过“以区域和作物定水、以地力和产量定肥”，并结合“以水分肥、以肥定方”

的方式来进行水肥一体化决策，并同时提供多种模式供不同条件的用户选择使用。其中用水决策支持事前决策和实时决策两种模式，事前决策以区域和作物定水，通过建立区域化的作物滴灌灌溉制度数据库和设置不同的阈值，来方便用户根据田间实际情况对决策结果进行适当微调；实时决策则依据水量平衡原理，根据田间持水量、有效降水量、地下水补给量和作物蒸腾量来确定灌水量，也支持以 html 形式调用第三方滴灌自动化控制软件进行实时决策。肥料决策支持目标产量法、肥料效应函数法（二元、三元）和模糊决策三种方法，并通过肥料配方计算实现用肥的实物化。主要的决策模型有以下几种。

1. 灌水实时决策模型

$$灌水量(m)=田间持水量(W)-有效降水量(P)-地下水补给量(K)+作物蒸腾量(ET) \quad (3\text{-}8)$$

2. 目标产量法

$$施肥量(纯量)=\frac{目标产量\div 100\times 百千克产量养分吸收量-土壤养分测定值\times 0.15\times 土壤养分校正系数}{肥料当季利用率} \quad (3\text{-}9)$$

3. 肥料效应函数法

二元肥料效应模型：

$$Y=b_0+b_1x_1+b_2x_2+b_3x_3^2+b_4x_2^2+b_5x_1x_2 \quad (3\text{-}10)$$

三元肥料效应模型：

$$Y=b_0+b_1x_1+b_1x_1^2+b_3x_2+b_4x_2^2+b_5x_3+b_6x_3^2+b_7x_1x_2+b_8x_1x_3+b_9x_2x_3 \quad (3\text{-}11)$$

4. 肥料配方模型

$$\begin{cases}\sum_{i=1}^{n} m_i c_{N_i}=m_N\\ \sum_{i=1}^{n} m_i c_{P_i}=m_P\\ \sum_{i=1}^{n} m_i c_{K_i}=m_K\end{cases} \quad (3\text{-}12)$$

式中，i 为肥料数量，m_i 为第 i 种肥料的质量，c_{N_i} 为第 i 种肥料的 N 含量，c_{P_i} 为第 i 种肥料的 P_2O_5 含量，c_{K_i} 为第 i 种肥料的 K_2O 含量，m_N 为需 N 量，m_P 为需 P_2O_5 量，m_K 为需 K_2O 量。

（五）智能预测技术[12-13]

采用 BP 神经网络法，输入层 X 选用 5 个输入变量（有机质、碱解氮、速效磷、速效钾、n–1 年份的产量），输出层 Y 为 n 年份的目标产量。输入层神经元节点数为输入层变量数 5，输出层神经元节点数为输出层变量数 1，隐含层网络层数为 1，隐含层节点数按经验取 4，网络拓扑结构为 5-4-1 型（图 3-5）。

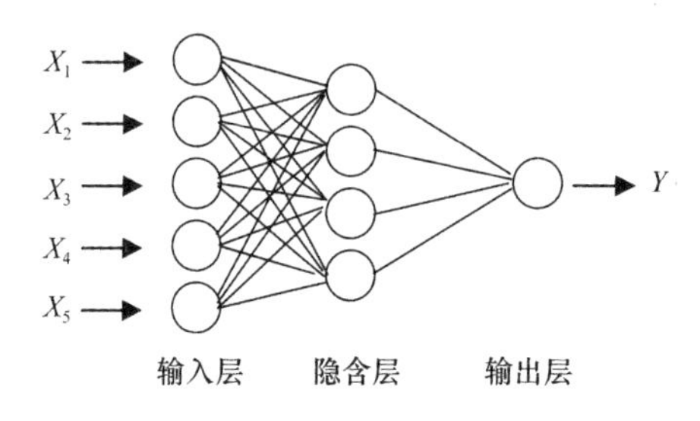

图 3-5　BP 神经网络拓扑结构图

BP 神经网络法通过对农田理化性质和产量水平的深度分析，批量预测出农田的最佳目标产量，其预测精度可通过不同的误差设置进行调节。该算法预测效率高，与常规取三年平均产量法相比具有更好的预测精准度（表 3-12）。

表 3-12　不同预测模型对作物产量的预测性能对比

作物	平均预测误差率（MAPE）/%		预测准确率（ACCU）/%	
	三年平均产量法	BP 神经网络法	三年平均产量法	BP 神经网络法
春小麦	4.5	3.9	95.6	98.3
春玉米	4.7	4.1	95.1	97.8
棉花	5.8	4.3	92.6	96.2

（六）第三方应用的集成

支持以文件共享、http 调用、JDBC 连接等多种方式，与第三方应用（土壤水盐监测仪器、田间视频监控装置、滴灌自动化控制系统等）相集成，实现了平台内第三方应用的无缝加载，不但扩展了平台的功能，而且兼容性良好。

第三方土壤水盐监测仪器的测量数据可通过数据文件共享、JDBC 连接等方式调用，这些数据既可用于水肥的实时决策，又可按日期绘制成不同深度的水分及电导率 *K* 线图，方便用户全面了解农田的水盐动态数据及其关联效应。

Client 端采用 SWT 的 Browser 控件在平台内进行第三方田间视频监控装置和滴灌自动化控制系统的调用，通过创建 GIS 图层，建立相关数据，包括节点名称、链接 IP、链接账号和密码等，用户在地图窗口选中相应节点，点击即可进入第三方应用，进行相应操作。

四、主要功能

滴灌水肥一体化智能决策与监测管理系统的主要功能如图 3-6 所示。

（一）基于 GIS 的云地图服务

自建的 GIS 云服务平台，可与 Google Map、Bing Map、Open OSM 等地图在线叠加，实现县域地图的浏览、查询、重绘等，并支持 PC、手机等终端的直接访问。定制的农田级电子地图服务，可提供翔实的数字化农田档案，包括农田地号、面积、土壤质地、承包户、土壤养分、历年作物、栽培措施、水肥投入等多种信息，并以数据条的方式直观地显示农田不同养分的含量水平，支持作物、土壤养分等多种专题图的生成。

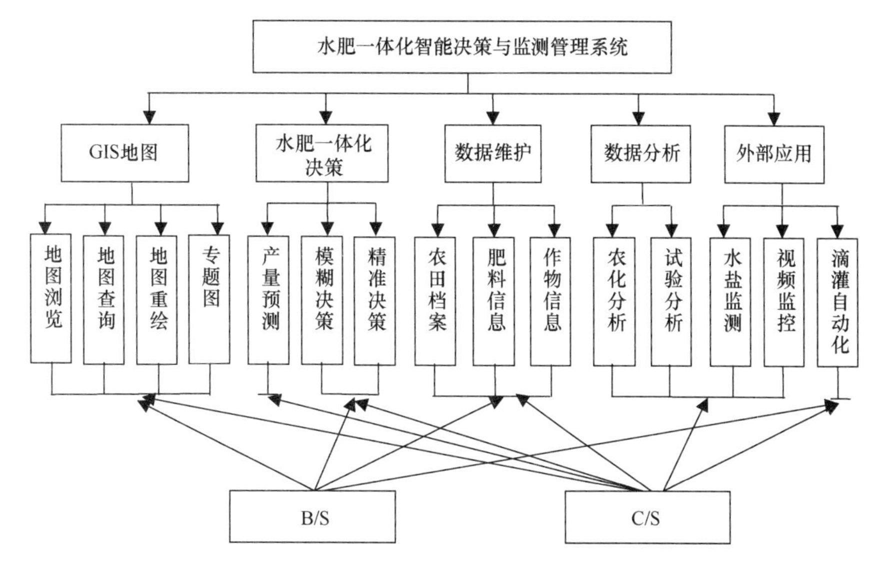

图 3-6　水肥一体化智能决策与监测管理系统主要功能

定制地图也可与多种遥感影像（TM、SPOT 等）加成，并通过对遥感影像的深加工，进行农田面积估算、土壤质地识别、作物种类识别、水分/养分/盐分的遥感反演、作物产量的智能预测等。

（二）数字化农田档案功能

数字化农田档案包括空间属性（坐标、几何特征），基本特征（面积、长度、宽度、种植户等），理化性质（土壤质地、pH、有机质、全氮、碱解氮、全磷、速效磷、全钾、速效钾、总盐、速效锌/锰/硼/铁/铜等），栽培信息（播种日期、播种方法、栽培方式、栽培规程等），水肥投入和时序（年、月、日）等信息。农田档案支持 GIS 环境下浏览、查询和修改，数据信息的维护支持直接录入和批量导入（txt、xls、dbf 等格式）等方式。

（三）水肥一体化决策功能

水肥一体化决策提供极简模式和精准模式两种决策模式，供不同条件的用户选择使用，目前支持春小麦、冬小麦、春玉米、夏玉米、棉花、春油菜、甜菜、油葵、打瓜等 9 种作物，并可根据用户需要对目标作物进行扩展。

极简模式仅需选择区域、作物、产量水平、土壤质地和所用实物肥料，即可决策出基肥、种肥、不同生育期的灌水次数、每次的灌水量和每水的施肥量（实物肥料）。

精准模式可根据土壤质地、前茬、土壤养分的不同，以及作物的需肥规律和肥料特性，提出不同目标产量下作物的基肥、种肥和滴灌随水施肥的养分投入，并根据作物的滴灌灌溉制度计算出每次灌水所需的肥料配方。

（四）目标产量智能预测功能

采用 BP 神经网络方法进行目标产量预测，预测精度可通过循环次数和误差设置进行调节，用户只需选择目标作物、输入循环次数（默认 10 000）和最大误差（默认 0.001），系统即可在后台根据农田理化性质、栽培信息和产量结果进行深度分析，批量预测出农田的最佳目标产量。BP 神经网络法对小麦、棉花、玉米等作物的平均预测误差率均<5%，预测准确率>95%，与常规取三年平均产量值法相比具有更好的预测精准度。

（五）肥料试验分析功能

集成“3414”肥料试验分析功能，用户只需录入原始试验数据，即可拟合出一元、二元、三元肥料效应函数方程，并自动对肥料效应函数方程进行评判，进而利用合格的拟合结果进行肥料函数法施肥决策。

（六）农化分析功能

农化分析功能可辅助用于土壤和植株样品的测试分析，只需输入实验室取得的原始测量数据，即可自动计算出样品的养分含量，并对异常结果进行评判，可极大地提高测试分析的工作效率并减少测试失误，确保结果的准确性。样品分析结果可通过软件的数据导出和导入功能直接与农田信息自动关联，并用于施肥决策。

目前农化分析功能已集成土壤有机质（重铬酸钾容量法——外加热法）、土壤速效磷（0.5mol/L $NaHCO_3$ 法）、土壤碱解氮（碱解扩散法）、土壤速效钾（火焰光度法）、土壤有效锌/锰/硼/铁、植物全氮/全磷/全钾等十几种养分的测试分析方法[14]。

（七）水盐监测功能

通过共享文件、JDBC 连接等方式调用第三方土壤水盐监测仪器的测量数据，并按日期绘制成不同深度土壤的水分及电导率 *K* 线图，方便用户全面了解农田的水盐动态数据及其关联效应。

（八）滴灌自动化控制和视频监测功能

有关滴灌自动化控制和视频监测具体功能视第三方应用程序而定，本系统采用 SWT 的 Browser 控件，在平台内进行第三方田间视频监控装置和滴灌自动化控制系统的调用，通过创建 GIS 图层，建立相关数据，包括节点名称、链接 IP、链接账号、密码等，用户在地图窗口选中相应节点，点击即可进入第三方应用进行相应操作。

五、结论

滴灌水肥一体化智能决策与监测管理平台是针对滴灌水肥一体化决策与管理需求，综合利用数据库、GIS、线性非线性回归统计、BP 神经网络等技术，使用 Java 语言开发的一个基于 B/S 和 C/S 混合构架的综合性软件平台。该平台整合了土壤与植株测试分析、作物水肥试验分析、水肥一体化决策、作物视频监测、水盐监测、智能预测和滴灌自动化控制等方面的内容，实现了一站式的作物滴灌水肥一体化智能决策、监测管理与自动控制，可供不同地区、不同装备水平的不同用户群跨平台、可视化、多任务协同作业。

平台提供基于GIS的云地图服务，支持跨PC、手机等终端的直接访问，实现了农田空间信息数据的信息化、可视化管理；平台的水肥一体化决策支持事前决策、实时决策、精准决策、模糊决策等多种决策方法，可供不同条件的用户选择使用；平台基于BP神经网络法的目标产量智能预测较常规方法具有更高的预测精准度；平台可辅助用于土壤农化分析、水肥试验分析，分析结果自动用于水肥一体化决策；平台可集成水盐监测设备，提供对农田土壤的动态监测与管理；平台支持第三方应用的集成，方便对平台的功能进行扩展，如视频监控与自动化控制；平台也可通过深度定制与多种遥感影像（TM、SPOT等）加成，并通过对遥感影像的深加工，进行农田面积估算、土壤质地识别、作物种类识别、水分/养分/盐分的遥感反演、作物产量的智能预测等。

参考文献

[1] 傅送保, 李代红, 王洪波, 等. 水溶性肥料生产技术. 安徽农业科学, 2013, 41(17): 7504-7507.

[2] 陈云, 尹飞虎, 曾胜和, 等. 一种含碳素水溶肥料: 中国, ZL 201410157606.6. 2016.

[3] 陈云, 樊庆鲁, 尹飞虎, 等. 水溶性腐殖酸多元固体肥料及其生产方法: 中国, ZL 200910130413.0. 2010.

[4] 王军, 关新元, 尹飞虎, 等. 一种水溶性微生物多元固体肥料: 中国, ZL 201210157899.9. 2013.

[5] 高祥照, 杜森, 钟永红, 等. 水肥一体化发展现状与展望. 中国农业信息, 2015, (4X): 14-19.

[6] 尹飞虎, 何帅, 高志建, 等. 我国滴灌技术的研究与应用进展. 绿洲农业科学与工程, 2015, (1): 13-17.

[7] 张凌飞, 马文杰, 马德新, 等. 水肥一体化技术的应用现状与发展前景. 农业网络信息, 2016, (8): 62-64.

[8] 陈防, 张过师. 农业可持续发展中的“4R”养分管理研究进展. 中国农学通报, 2015, 231(23): 245-250.

[9] 蔡甲冰, 刘钰, 雷廷武. 精量灌溉决策定量指标研究现状与进展. 水科学进展, 2004, 15(4): 531-537.

[10] 石琳, 陈帝伊, 马孝义. 专家系统在农业上的应用概况及前景. 农机化研究, 2011, 33(1): 215-218.

[11] 刘永华, 俞卫东, 沈明霞. 智能化精准灌溉施肥技术研究现状与展望. 江苏农业科学, 2014, 42(8): 384-387.

[12] 杨建刚. 人工神经网络实用教程. 杭州: 浙江大学出版社, 2001: 47-69.

[13] 张淑娟, 何勇, 方慧. 人工神经网络在作物产量与土壤空间分布信息关系分析中的应用. 系统工程理论与实践, 2003, (12): 121-127.

[14] 鲍士旦. 土壤农化分析. 3版. 北京: 中国农业出版社, 2008: 25-149.

第四章　大田主要粮食作物抗旱节水品种筛选

我国是一个水资源贫乏的国家，全国水资源占有量仅为2.8万亿m^3，人均水资源占有量仅为世界平均水平的1/4，而且时空分布极为不均。占国土面积65%、人口40%和耕地65%的北方地区，水资源总量不到全国的1/3。水资源的严重不足，已经成为我国北方旱区社会和经济发展的瓶颈，发展节水农业已刻不容缓。

农业是用水大户，占国民经济总用水量的72%，发展节水农业是缓解水资源危机的必然选择；小麦又是农业用水大户，占农业总用水量的50%左右，节水的意义和潜力巨大。微灌是目前国内外农业灌溉的现代农业新技术，节水节肥效果显著。我国自20世纪70年代开始引进滴灌技术，“九五”以前主要应用于设施园艺、瓜果蔬菜等作物上；1996年后，新疆兵团将滴灌技术广泛应用于棉花、加工番茄、甜菜等经济作物上；2009年开始在我国东北、华北、西北地区的小麦、玉米、大豆、马铃薯等作物上试验研究；为加快微灌技术在北方小麦、玉米生产中的应用，2012年在国家农业部公益性行业专项的支持下，由河北省农林科学研究院牵头，在河北石家庄、衡水和新疆石河子进行了适合微灌条件下的小麦、玉米品种的筛选研究。经过5年的努力，筛选并确定了适合北方旱作农业类型区，特别是适合微灌条件下栽培的小麦、玉米抗旱品种，同时研究、分析了抗旱品种的生理生化特征和形态特征，确定了抗旱品种鉴选体系；经试验示范，效果良好。

第一节　冬小麦耐旱品种筛选及鉴选指标

一、适合微灌、滴灌冬小麦品种的筛选

2012～2015年，以华北省区生产上大面积应用的35个冬小麦品种为试验材料，进行了微灌和常规灌溉条件下产量和水分利用效率比较，筛选出适宜微灌栽培的耐旱和水分高效品种14个：石麦15号、石麦19号、良星66、邯麦14、石优20、河农5290、良星99、河农6049、汶农14、中麦175、石麦22、泰山5366、衡136和金禾9123。鉴选品种在微灌栽培条件下实现了产量和水分利用效率的同步提高，并且多年重复试验表现年际较稳定。

（一）试验设计

1. 灌溉方式及灌水量

设2种灌水模式：常规灌水和滴灌，表4-1为不同灌水模式的灌水时期和灌水量。

表4-1　不同灌水模式的灌水时期和灌水量　　（单位：m^3/hm^2）

灌水模式	起身期	拔节期	孕穗期	灌浆期
滴　灌	375	300	300	300
常规灌水	0	600	600	600

2. 施肥方式及施肥量

底肥：常规灌水处理和滴灌处理均为亩施尿素10kg，磷酸二铵10kg。

追肥：常规灌水于拔节期追纯氮（N）7.5kg，纯磷（P_2O_5）3kg，纯钾（K_2O）2.5kg；滴灌模式追肥总量为纯氮7.5kg，纯磷3kg，纯钾2.5kg，分3次施肥，分别于起身期、拔节期和孕穗期，施肥比例为6∶3∶1。

追施肥料种类：常规灌水为尿素、磷酸二铵和硫酸钾；滴灌模式用可溶性专用II型肥料（N 30、P 12、K 10）。

（二）2012年试验结果

2011～2012年，参试品种18个，均为华北省区生产上大面积应用品种，分别为：轮选061、郯麦98、鲁垦麦9号、良星66、邯麦14、河农5290、石麦19号、石麦15号、河农6049、石新828、邯麦13、冀5265、山农17、河农9206、石优20、河农58-3、石新811、轮选987。由表1-2可得，在滴灌条件下，石麦15号、石麦19号、良星66、邯麦14产量显著高于其他参试品种，较常规灌水模式分别增产13.00%、8.70%、8.90%、10.90%，增产幅度较大，且水分利用效率显著高于其他参试品种，说明这4个品种适宜滴灌模式，详见表4-2和表4-3。

表4-2　不同品种不同灌水模式产量结果（2011～2012年　石家庄）

品种	常规灌溉/（kg/hm^2）	较平均/%	位次	滴灌/（kg/hm^2）	较平均/%	位次	较常规灌溉/%
石麦15号	7041.00	7.56	3	7954.50	13.58	1	13.00
石麦19号	7255.50	10.84	1	7887.00	12.62	2	8.70
良星66	7182.00	9.72	2	7822.50	11.69	3	8.90
邯麦14	6846.00	4.58	4	7591.50	8.40	4	10.90
石优20	6763.50	3.32	5	7095.00	1.31	5	4.90
河农5290	6544.50	–0.02	10	7042.50	0.56	6	7.60
轮选987	6330.00	–3.30	13	7005.00	0.02	7	10.70
鲁垦麦9号	6690.00	2.20	7	6993.00	–0.15	8	4.50
山农17	6741.00	2.98	6	6910.50	–1.33	9	2.50
河农58-3	6609.00	0.96	9	6868.50	–1.93	10	3.90
冀5265	6280.50	–4.06	14	6850.50	–2.18	11	9.10
河农6049	6625.50	1.21	8	6801.00	–2.89	12	2.70
石新828	6331.50	–3.28	12	6793.50	–3.00	13	7.30
郯麦98	6427.50	–1.81	11	6738.00	–3.79	14	4.80
石新811	6042.00	–7.70	16	6555.00	–6.40	15	8.50
河农9206	6018.00	–8.07	17	6492.00	–7.30	16	7.90
轮选061	6100.50	–6.81	15	6345.00	–9.40	17	4.00
邯麦13	5988.00	–8.52	18	6316.50	–9.81	18	5.50
平　均	6546.00			7003.50			7.00

表 4-3　不同品种不同灌水模式的水分利用效率（2011～2012 年　石家庄）

品种	常规灌溉/（kg/ m³）	较平均/%	滴灌/（kg/m³）	较平均/%	较常规灌溉/%
石麦 15 号	1.88	7.43	2.31	13.79	22.87
石麦 19 号	1.93	10.29	2.29	12.81	18.65
良星 66	1.92	9.71	2.27	11.82	18.23
邯麦 14	1.83	4.57	2.2	8.37	20.22
石优 20	1.8	2.86	2.06	1.48	14.44
河农 5290	1.75	0.00	2.04	0.49	16.57
轮选 987	1.69	−3.43	2.03	0.00	20.12
鲁垦麦 9 号	1.78	1.71	2.03	0.00	14.04
山农 17	1.8	2.86	2	−1.48	11.11
河农 58-3	1.76	0.57	1.99	−1.97	13.07
冀 5265	1.67	−4.57	1.99	−1.97	19.16
石新 828	1.69	−3.43	1.97	−2.96	16.57
河农 6049	1.77	1.14	1.97	−2.96	11.30
郑麦 98	1.71	−2.29	1.95	−3.94	14.04
石新 811	1.61	−8.00	1.9	−6.40	18.01
河农 9206	1.6	−8.57	1.88	−7.39	17.50
轮选 061	1.63	−6.86	1.84	−9.36	12.88
邯麦 13	1.6	−8.57	1.83	−9.85	14.38
平 均	1.75		2.03		16.30

（三）2013 年试验结果

2012～2013 年，参试品种 12 个：尧麦 16、冀 5265、邢麦 6 号、石麦 15 号、石麦 19 号、石优 20、衡 136、邯麦 13、良星 99、石新 828、河农 6049、衡 4399。由表 4-4 可得，滴灌条件下石优 20、石麦 19 号、良星 99、河农 6049 产量显著高于其他参试品种，较常规灌溉分别增产 5.30%、4.40%、5.30%、9.10%，增产显著，水分利用效率均显著高于其他品种，且滴灌较常规灌溉水分利用效率提高幅度较大，表明从产量和水分利用角度考虑这 4 个品种适宜滴灌模式，详见表 4-4 和表 4-5。

表 4-4　不同品种不同灌水模式产量结果（2012～2013 年　石家庄）

品种	常规灌溉/（kg/hm²）	较平均/%	位次	滴灌/（kg/hm²）	较平均/%	位次	较常规灌溉/%
石优 20	7311.00	3.40	2	7699.50	4.30	1	5.30
石麦 19 号	7363.50	4.10	1	7686.00	4.10	2	4.40
良星 99	7267.50	2.80	3	7650.00	3.60	3	5.30
河农 6049	6967.50	−1.50	9	7600.50	2.90	4	9.10
石麦 15 号	7188.00	1.60	4	7351.50	−0.40	5	2.30
尧麦 16	7006.50	−0.90	6	7347.00	−0.50	6	4.80
邯麦 13	6928.50	−2.00	11	7300.50	−1.10	7	5.40
冀 5265	7140.00	0.90	5	7246.50	−1.80	8	1.50
衡 136	6967.50	−1.50	8	7236.00	−2.00	9	3.80
衡 4399	7000.50	−1.00	7	7231.50	−2.00	10	3.30
石新 828	6954.00	−1.70	10	7185.00	−2.70	11	3.30
邢麦 6 号	6771.00	−4.30	12	7060.50	−4.40	12	4.30
平均	7072.50			7383.00			4.40

表 4-5　不同品种不同灌水模式的水分利用效率（2012～2013 年　石家庄）

品种	常规灌溉/（kg/m^3）	较平均/%	位次	滴灌/（kg/m^3）	较平均/%	位次	较常规灌溉/%
石麦 19 号	1.60	5.96	1	1.86	12.05	1	16.25
石优 20	1.58	4.64	3	1.80	8.43	2	13.92
良星 99	1.59	5.30	2	1.77	6.63	3	11.32
河农 6049	1.53	1.32	5	1.75	5.42	4	14.38
石麦 15 号	1.56	3.31	4	1.68	1.20	5	7.69
邯麦 13	1.50	–0.66	8	1.67	0.60	6	11.33
石新 828	1.51	0.00	7	1.65	–0.60	7	9.27
尧麦 16	1.52	0.66	6	1.58	–4.82	8	3.95
冀 5265	1.45	–3.97	10	1.56	–6.02	9	7.59
衡 136	1.41	–6.62	12	1.56	–6.02	10	10.64
衡 4399	1.42	–5.96	11	1.56	–6.02	11	9.86
邢麦 6 号	1.47	–2.65	9	1.52	–8.43	12	3.40
平均	1.51			1.66			9.97

（四）2014 年试验结果

2013～2014 年，参试品种 12 个：石优 20、石麦 19 号、良星 99、河农 6049、汶农 14、济麦 22、石 4185、中麦 175、石麦 22、观 35、金禾 9123、石麦 18。由表 4-6 可以看出，滴灌条件下石麦 19、良星 99、汶农 14、中麦 175 和石麦 22 号产量均在 600kg 以上，且水分利用效率均显著高于其他品种，大约为 2.00kg/hm^2，表明这 5 个品种适宜滴灌栽培管理模式，详见表 4-6 和表 4-7。

表 4-6　不同品种不同灌水模式产量结果（2013～2014 年　石家庄）

品种	常规灌溉/（kg/hm^2）	较平均/%	位次	滴灌/（kg/hm^2）	较平均/%	位次	较常规灌溉/%
石麦 19 号	9024.00	7.54	2	9856.50	11.90	1	9.20
良星 99	9207.00	9.72	1	9315.00	5.70	2	1.20
汶农 14	8668.50	3.31	5	9274.50	5.20	3	7.00
中麦 175	8706.00	3.75	4	9147.00	3.80	4	5.10
石麦 22	8758.50	4.38	3	9048.00	2.70	5	3.30
济麦 22	8380.50	–0.13	6	8959.50	1.70	6	6.90
金禾 9123	8139.00	–3.00	7	8547.00	–3.00	7	5.00
石优 20	8064.00	–3.90	10	8514.00	–3.40	8	5.60
石麦 18	8127.00	–3.15	8	8460.00	–4.00	9	4.10
河农 6049	8091.00	–3.58	9	8404.50	–4.60	10	3.90
石 4185	7819.50	–6.81	11	8380.50	–4.90	11	7.20
观 35	7705.50	–8.17	12	7834.50	–11.10	12	1.70
平均	8391.00			8812.50			5.02

表 4-7 不同品种不同灌水模式的水分利用效率（2013～2014 年 石家庄）

品种	常规灌溉/（kg/m³）	较平均/%	位次	滴灌/（kg/m³）	较平均/%	位次	较常规灌溉/%
石麦 19 号	1.75	9.40	1	2.19	11.80	1	25.20
石麦 22	1.69	5.60	3	2.06	5.10	2	21.90
中麦 175	1.68	5.00	4	2.05	4.60	3	22.00
汶农 14	1.65	3.10	5	2.03	3.70	4	23.20
良星 99	1.74	8.70	2	2.01	2.60	5	15.50
济麦 22	1.60	−0.20	6	1.99	1.60	6	24.70
金禾 9123	1.55	−3.10	7	1.94	−1.00	7	25.10
石优 20	1.54	−4.00	10	1.93	−1.50	8	25.70
石麦 18	1.55	−3.30	8	1.88	−4.10	9	21.50
石 4185	1.54	−3.70	11	1.87	−4.70	10	21.20
河农 6049	1.49	−6.90	9	1.85	−5.60	11	24.20
观 35	1.47	−8.30	12	1.74	−11.20	12	18.60
平均	1.60			1.96			22.40

（五）2015 年试验结果

2014～2015 年，参试品种 12 个：衡 136、石麦 19 号、良星 99、尧麦 16、汶农 14、临旱 6 号、泰山 5366、中麦 175、石麦 22、邯 08-6012、金禾 9123、科农 199。由表 4-8 可以看出，滴灌栽培条件下石麦 19 号、良星 99、石麦 22、中麦 175、泰山 5366、衡 136、金禾 9123 和汶农 14 产量水平较突出，亩产均在 620kg 以上，较常规灌溉增产幅度较大，均在 10%以上，且水分利用效率较高，较常规灌溉水分利用效率提高均在 20%以上，适宜滴灌栽培管理模式，详见表 4-8 和表 4-9。

表 4-8 不同品种不同灌水模式产量结果（2014～2015 年 石家庄）

品种	常规灌溉/（kg/hm²）	较平均/%	位次	滴灌/（kg/hm²）	较平均/%	位次	较常规灌溉/%
石麦 19 号	8623.50	1.20	4	10005.00	6.70	1	16.00
良星 99	8794.50	3.20	1	9804.00	4.50	2	11.50
石麦 22	8785.50	3.00	2	9768.00	4.10	3	11.20
中麦 175	8589.00	0.70	5	9736.50	3.80	4	13.40
泰山 5366	8530.50	0.10	6	9561.00	1.90	5	12.00
衡 136	8490.00	−0.40	9	9484.50	1.10	6	11.70
金禾 9123	8514.00	−0.10	8	9442.50	0.70	7	10.90
汶农 14	8445.00	−1.00	10	9427.50	0.50	8	11.60
尧麦 16	8515.50	0.10	7	8895.00	−5.20	9	4.50
科农 199	8644.50	1.40	3	8851.50	−5.60	10	2.40
临旱 6 号	8302.50	−2.60	11	8808.00	−6.10	11	6.10
邯 08-6012	8082.00	−5.20	12	8781.00	−6.40	12	8.60
平均	8526.00			9381.00			10.00

表 4-9 不同品种不同灌水模式的水分利用效率（2014～2015 年 石家庄）

品种	常规灌溉/（kg/m^3）	较平均/%	位次	滴灌/（kg/m^3）	较平均/%	位次	较常规灌溉/%
泰山 5366	1.68	3.10	1	2.22	10.40	1	32.10
石麦 19 号	1.65	1.20	4	2.21	10.00	2	33.90
金禾 9123	1.67	2.50	2	2.16	7.50	3	29.30
良星 99	1.64	0.60	6	2.12	5.50	4	29.30
汶农 14	1.64	0.60	8	2.09	4.00	5	27.40
中麦 175	1.62	–0.60	9	2.03	1.00	6	25.30
石麦 22	1.56	–4.30	12	1.97	–2.00	7	26.30
衡 136	1.58	–3.00	11	1.93	–4.00	8	22.20
科农 199	1.65	1.20	3	1.91	–5.00	9	15.80
尧麦 16	1.64	0.60	7	1.86	–7.50	10	13.40
临旱 6 号	1.64	0.60	5	1.82	–9.50	11	11.00
邯 08-6012	1.62	–0.60	10	1.78	–11.40	12	9.90
平均	1.63			2.01			23.00

二、冬小麦抗旱节水品种鉴选指标

（一）适合滴灌冬小麦品种鉴选指标

1. 水分利用效率

将 2012～2015 年筛选出的适合微灌品种汇总分析，常规灌溉模式下水分利用效率平均为 1.69 kg/m^3，滴灌模式水分利用效率平均为 2.06kg/m^3，滴灌较常规灌溉水分利用效率平均增 22.30%，所以将微灌条件下水分利用效率 2.00kg/m^3 以上作为抗旱节水品种的鉴选指标，详见表 4-10。

表 4-10 适合微灌品种水分利用效率（2012～2015 年 石家庄）

品种	年度	常规灌溉/（kg/m^3）	滴灌/（kg/m^3）	较常规灌溉/%
石麦 15 号	2012	1.88	2.31	22.9
石麦 19 号	2012	1.93	2.29	18.7
良星 66	2012	1.92	2.27	18.2
邯麦 14	2012	1.83	2.2	20.2
石麦 19 号	2013	1.6	1.86	16
石优 20	2013	1.58	1.8	13.8
良星 99	2013	1.59	1.77	11.3
河农 6049	2013	1.53	1.75	14.6
石麦 19 号	2014	1.75	2.19	25.2
石麦 22	2014	1.69	2.06	21.9
中麦 175	2014	1.68	2.05	22
汶农 14	2014	1.65	2.03	23.2
良星 99	2014	1.74	2.01	15.5

续表

品种	年度	常规灌溉/（kg/m^3）	滴灌/（kg/m^3）	较常规灌溉/%
泰山 5366	2015	1.68	2.22	32.1
石麦 19 号	2015	1.65	2.21	33.9
金禾 9123	2015	1.67	2.16	29.3
良星 99	2015	1.64	2.12	29.3
汶农 14	2015	1.64	2.09	27.4
中麦 175	2015	1.62	2.03	25.3
石麦 22	2015	1.56	1.97	26.3
衡 136	2015	1.58	1.93	22.2
平均		1.69	2.06	22.3

2. 滴灌适合系数和滴灌适合指数

借鉴抗旱评价中抗旱系数和抗旱指数，定义滴灌适合系数和滴灌适合指数。

滴灌适合系数=待测品种滴灌产量/待测品种常规灌溉产量

滴灌适合指数=（待测品种滴灌产量）^{2}×（待测品种常规灌溉产量）$^{-1}$×（参试品种常规灌溉平均产量）×（参试品种滴灌平均产量）$^{-2}$

2012～2015 年，常规灌溉平均产量为 8113.50kg/hm^2，滴灌平均产量为 8845.50kg/hm^2，滴灌适合系数平均为 1.10、滴灌适合指数平均为 1.00，所以将滴灌适合系数 1.10、滴灌适合指数 1.00 作为适宜滴灌条件下冬小麦品种的筛选标准，详见表 4-11。

表 4-11　滴灌适合系数和滴灌适合指数（2012～2015 年　石家庄）

品种	年度	常规灌溉/（kg/hm^2）	滴灌/（kg/hm^2）	滴灌适合系数	滴灌适合指数
石麦 15 号	2012	7041.00	7954.50	1.10	0.90
石麦 19 号	2012	7255.50	7887.00	1.10	0.90
良星 66	2012	7182.00	7822.50	1.10	0.90
邯麦 14	2012	6846.00	7591.50	1.10	0.90
石优 20	2013	7311.00	7699.50	1.10	0.80
石麦 19	2013	7363.50	7686.00	1.00	0.80
良星 99	2013	7267.50	7650.00	1.10	0.80
河农 6049	2013	6967.50	7600.50	1.10	0.90
石麦 19	2014	9024.00	9856.50	1.10	1.10
良星 99	2014	9207.00	9315.00	1.00	1.00
汶农 14	2014	8668.50	9274.50	1.10	1.00
中麦 175	2014	8706.00	9147.00	1.10	1.00
石麦 22	2014	8758.50	9048.00	1.00	1.00
石麦 19	2015	8623.50	10005.00	1.20	1.20
良星 99	2015	8794.50	9804.00	1.10	1.10
石麦 22	2015	8785.50	9768.00	1.10	1.10
中麦 175	2015	8589.00	9736.50	1.10	1.10
泰山 5366	2015	8530.50	9561.00	1.10	1.10
衡 136	2015	8490.00	9484.50	1.10	1.10
金禾 9123	2015	8514.00	9442.50	1.10	1.10
汶农 14	2015	8445.00	9427.50	1.10	1.10
平均		8113.50	8845.50	1.10	1.00

3. 形态指标

对所筛选出的适合滴灌条件下的冬小麦品种的形态特征（根系、分蘖力、成穗率、抗寒性、株型、叶功能和灌浆速率等）进行了共性研究，总结出适合滴灌条件下冬小麦品种的形态特征，详见表 4-12。

表 4-12　适合滴灌栽培的冬小麦品种形态鉴选指标

性状	对节水抗旱贡献	选用标准
根系发达	增强深层土壤水利用，减少灌溉	初生根 4～6 条，总根量显著高于对照，总根长≥1000cm，主根长≥200cm
分蘖力强 成穗率高	减少水分蒸发，提高水分利用效率	点播单株分蘖 20 个以上，成穗 10 个以上，群体条件下亩穗数 45 万～50 万穗，单株成穗 2～2.5 个
抗寒性强	节水栽培灌水减少、抗寒性较强才能保证小麦安全越冬，实现节水稳产	冻害≤2 级；越冬死亡率≤5%
株型结构好	减少水分蒸腾，合理结构利于下部叶片光合能力提高，增强对根系养分供应，提高后期抗旱能力	株高 70～80cm，株型紧凑，茎秆细实坚韧
叶功能强	抗后期干热风 维持根系活力	旗叶、倒二叶与茎秆夹角≤35°，旗叶上冲，倒二叶较小，不早衰
灌浆速率快	躲避后期干热风	籽粒饱满

4. 产量构成因素指标

通过对 2012～2015 年筛选的适合微灌栽培的冬小麦品种产量 3 要素共性分析（表 4-13），得出适合微灌栽培的品种产量构成因素指标：亩穗数 50 万穗左右，穗粒数 33 个左右，千粒重 43g 左右。

表 4-13　不同年份适合微喷栽培模式产量三要素

年 度	亩穗数/万穗		穗粒数/个		千粒重/g	
	常规灌溉	微灌处理	常规灌溉	微灌处理	常规灌溉	微灌处理
2012	37.5	41.9	32.7	32.8	45.5	45.5
2013	47.5	51.7	36.8	36.1	34.6	37.3
2014	51.9	53.7	30.7	30.5	45.3	47.2
2015	45.8	50.2	33.3	32.6	43.0	44.4
平均	45.7	49.4	33.4	33.0	42.1	43.6

（二）抗旱节水品种评价

抗旱性评价的主要目的是培育干旱条件下能够高产、稳产的品种。因此，最直接的评价指标来自于对作物产量变化的评价，干旱下作物的产量和减产百分率（产量因素降低指数）常被用作抗旱性评价的重要指标，已用于小麦、棉花、玉米、豇豆、大豆等作物的抗旱性鉴定。目前比较通用的抗旱指标还有与产量因素降低指数等价的抗旱系数、Fisher 等提出的胁迫敏感指数、兰巨生提出的优化过的抗旱指数等。虽然干旱胁迫下的产量试验常被当作一个最可靠的抗旱性综合指标，而用于品种抗旱性的最终鉴定，但工作量大且费时，难以大批量进行。除了产量指标外，可用于抗旱性评价的指标还包括形态指标、生长指标、生理生化指标和物理化学指标等。

（三）抗旱节水综合鉴定筛选指标体系

1. 形态指标

形态结构是人们早期对作物抗旱性研究最多的方面，其中主要是地上部分形态，以禾本科作物为例，一般认为叶片较小、窄而长，叶片薄，叶色淡绿，叶片与茎秆夹角小，叶片具有表皮毛及蜡质，干旱时卷叶，有效分蘖多，茎秆较细、有弹性，干旱情况下植株萎蔫较轻等是抗旱的形态结构指标。根系是作物直接感受土壤水分信号并吸收土壤水分的器官，因此，一些学者曾努力探讨作物根系发育、根群分布、不同生育期根系活力，以及不同环境条件下的根系变化等与抗旱性的关系。一些研究认为，根系大、深、密是抗旱作物的基本特征；而另有研究认为，较多的深层根对抗旱性更重要。

近年来，有研究指出渗透胁迫下小麦幼苗胚芽鞘的长度能够较好地指示品种的抗旱性，可以作为苗期小麦抗旱性鉴定的指标，同时指出该指标的遗传力很高。国外也有相关报道指出该指标是一个很有潜力的抗旱性鉴定指标。

2. 生理生化指标

作物体内一系列复杂的代谢过程维持着作物正常的生理活动。在遭受干旱胁迫时，作物会调节体内代谢的途径和程度以适应恶劣环境，从而减少或避免系统受到伤害。维持自身渗透压是适应干旱环境的一个重要途径，而其中渗透调节物质的累积起着关键的作用。已有研究表明，品种的渗透调节能力与该品种的抗旱性呈显著正相关。渗透调节作用是由干旱胁迫下一系列渗透调节物质在细胞中的累积而实现的。渗透调节物质包括蔗糖、果糖、脯氨酸、甜菜碱、蛋白质及离子等。干旱胁迫下，作物的细胞膜最容易受到损伤，表现为膜通透性的增加，这也是干旱伤害的最主要表现。作物体内维持细胞膜的良好状态及负责细胞膜损伤修复的系统是抗氧化酶系统，包括过氧化氢酶（CAT）、超氧化物歧化酶（SOD）和过氧化物酶（POD）在内的酶系活性下降，从而引起作物膜系统的损伤。很多研究表明，作物的抗旱性与作物受到胁迫时体内所能维持的抗氧化酶活性水平呈显著正相关。与抗氧化酶系统相对的，作物细胞膜在受到损伤之后会释放出丙二醛(MDA)。丙二醛的含量与 SOD 酶活性呈现出显著负相关，在受到严重的干旱胁迫及衰老过程中，作物体内会表现出丙二醛含量的累积。MDA 的含量水平表示出作物受损伤的程度。随着丙二醛的生成及在细胞中的积累会进一步对细胞膜系统造成损伤，促进作物衰老，最终表现为作物产量的下降。

第二节 春小麦抗旱节水品种鉴选指标体系

一、春小麦鉴选指标

通过对春小麦不同灌水量研究表明，春小麦形态上存在不同差异，抗旱与对水分敏感材料之间在农艺性状和生理指标上存在一定差异，可能作为抗旱节水品种选育的鉴选指标。

（一）农艺表型性状

在种子萌发期，胚芽鞘长度、胚根长度和侧胚根数目的抗胁迫系数（胁迫条件/对照）等指标可以用来鉴定小麦品种的抗旱性，在 PEG6000（–0.975MPa）胁迫条件下，当品种的胚芽鞘长度、胚根长度和侧胚根数目的抗胁迫系数分别大于 0.7、1.0 和 0.6 时为抗旱性强品种；而分别小于 0.5、0.8 和 0.5 时则为抗旱性较差品种。在幼苗期，渗透胁迫条件下，幼苗的根冠比可以作为抗旱性鉴定指标，大于 0.6 的品种抗旱性较强，小于 0.5 的品种抗旱性较差。也就说抗旱性好的材料胚芽鞘较长，胚根长，初次根多，是选育抗旱材料的指标之一[1]。

干旱对株高影响显著，抗旱品种受影响小，不抗旱品种受影响大。一定条件下抗旱性与株高呈正相关，一般认为理想的抗旱小麦品种应该是：干旱胁迫时株高不显著降低，在水分充沛时株高不猛增。因此可将株高作为小麦抗旱选育指标之一[2]。

叶色、叶姿、叶片大小、蜡质有无等均可作为直观指标。一般认为，叶片窄长、叶色淡绿，厚度较薄，叶脉较密，叶姿平伸或下披，有蜡质，干旱情况下叶片萎蔫较轻的品种比较抗旱。试验证明，在气候干旱的地方，叶片下披的小麦品种产量往往高于叶片直立的品种。也有一些研究者认为既抗旱又高产的小麦应该是叶片较大、叶色深绿、叶姿具有动态变化功能的叶片（苗期匍匐，拔节期直立，抽穗后逐渐由直立转为下垂贴茎）可能是理想的抗旱类型。对于新疆滴灌节水小麦来说，叶色绿到深绿，叶中等，直立，叶片有蜡质和绒毛，抗旱性较强[3]。

有芒材料的抗旱性强于无芒材料的抗旱性[3]。

对于多花多实型小麦，千粒重是重要抗旱指标，在育种中注重提高千粒重[3]。

对于大穗型小麦，单穗粒重是重要抗旱指标，在育种中注重提高粒数、粒重；对于中穗型小麦，注重产量结构均衡发展，有利于提高抗旱性[4]。

（二）产量与产量构成因素的关系

我们研究表明，在滴灌条件下春小麦对产量影响的主要因子依次为穗粒数、千粒重、基本苗、容重、收获穗数、结实小穗数、穗长、最高总茎数、穗粒重、株高。其中穗粒数的多少与产量呈高度正相关，说明在滴灌条件下，要注重穗粒数的选择；千粒重、基本苗、容重、收获穗数对产量的影响虽然呈正相关，但大多通过其他因子的影响而影响产量的高低；收获穗数和穗长对产量的影响可以不计；株高对产量的影响呈中度负相关，说明在滴灌栽培条件下，不能有较高的株高。

对于不同穗型的春小麦来说，株高保证在 85～90cm 比较合适，在保证一定分蘖的前提下，增加穗粒数和提高千粒重是目前增产的主要途径。

（三）主要生理指标与小麦抗旱的关系

干旱条件下维持较高的叶片水势是植物抗旱性的一个重要生理机制。在小麦、水稻、玉米及部分园艺植物上已证明抗旱型品种受水分胁迫影响较小，而且生理响应的时间也较晚，而避旱型品种可维持较高叶片水势。有报告还表明对小麦生长前期水分胁迫的时间越长，叶片水势和渗透势下降越多，但是抗旱性较强的品种下降较少。因而，以叶片水势的高低作为小麦抗旱性强弱的指标。许多学者研究小麦开花期旗叶水势的晴天昼夜变化规律后认为，不同品种的小麦在不同时间的水势变化区间及变化速率不同，水势变化并不是按起始高低顺序呈平行的变化规律，因此不同时间的品种水势大小、变化速率、变化极差和日变化平均的排列并非完全对应，旱地品种和水地品种并不能按上述指标截然区分。传统观点认为植物在夜间恢复水势，黎明前水势最高[5]。

二、渗透调节与小麦抗旱性的关系

研究表明，许多植物或品种在水分胁迫条件下可以诱导细胞内溶质积累，渗透势降低，从而保证组织水势下降时细胞膨压得以维持，这便是渗透调节（osmoregulation），渗透调节是植物抗旱性的一种重要生理机制。Cohen 等对 260 多个小麦品种的研究表明，小麦渗透调节能力与抗旱性呈显著正相关，不同生育期渗透调节能力不同，灌浆期最高，苗期次之，孕穗期最低。小麦旗叶的渗透调节强度不仅仅与抗旱性呈正相关，而且与干物质积累量也呈正相关。邹琦经过多年的研究表明，在土壤干旱胁迫下，抗旱性强的小麦品种渗透调节能力大于抗旱性弱的品种，渗透调节物质的相对贡献率为 K^+>可溶性糖>其他游离氨基酸>Ca^{2+}>Mg^{2+}>PID。同时把小麦叶片渗透调节区分为 2 种机制，一种以渗透调节压（Pm）及其他有机溶质为渗透调节物质，主要调节细胞质的渗透势，同时对酶、蛋白质和生物膜起保护作用；另一种是以 K^+和其他无机离子为渗透调节物质，主要调节液泡的渗透势，以维持膨压等生理过程。研究发现植物水分亏缺时，K^+的存在对脯氨酸（Pro）的累积有促进作用，K^+还可能参与甜菜碱（betaine）合成积累及甜菜碱醛脱氢酶（BADH）活性的调节。他们的研究结果得到了其他学者的证实，并且研究结果进一步显示在胁迫条件下，甜菜碱含量的变化与 BADH 活性的变化基本同步，小麦幼苗中甜菜碱最大含量比可溶性糖和 Pro 最大含量出现得早；甜菜碱含量高、最大含量出现较晚的小麦，幼苗抗旱能力较强。但也有研究表明甜菜碱不一定是永久渗透调节剂，植株相对含水量（RWC）过高或过低都会导致甜菜碱含量下降。新的研究表明小麦幼苗在水分胁迫下，氨基酸有所积累，但 Pro 积累更多。Δ吡咯啉-5-羧酸还原酶（P5C）和脯氨酸脱氢酶是控制 Pro 生物合成和分解的关键酶。在水分胁迫下，P5C 活性增强而脯氨酸脱氢酶活性受抑制，导致 Pro 增加。目前虽然对渗透调节物质种类和所起作用研究有一些认识，但是对此物质响应干旱胁迫的产生机制了解不多[1, 5]。

植物的叶片是最主要的光合作用器官，水分胁迫通过抑制叶片伸展，影响或降低叶绿体（chloroplast）光化学特性及生化特性等，使光合作用受到抑制。大量资料表明干旱胁迫下，小麦的光合强度下降，而抗旱性较强的品种能维持相对较高的光合速率或净光合生产率。另外，小麦同株不同部位的叶片光合速率对水分胁迫的反应不同，上部叶片的光合速率受影响较小；而且灌浆期轻度干旱还能促进小麦叶片的光合作用，轻度及中度干旱还能促进穗子的光合作用。国外学者研究还发现轻度、中度等干旱能有效启动光破坏的防御系统，C_3 植物大豆与 C_4 植物玉米依赖叶黄素循环的非辐射能量耗散来防御光破坏。相对于小麦来讲，该防御系统似乎并不明显，还需进一步证实。尽管如此，光合作用强度仍可以作为评价小麦抗旱性的一个重要生理学参数[5]。

三、水分利用效率及抗旱指标

研究表明，水分利用效率高的材料抗旱能力强，水分利用效率是指单位耗水量生产的生物学和经济产量及经济价值，“只有提高作物自身的水分利用效率才有可能取得节水上的新突破”[6]。

四、春小麦抗旱节水综合鉴定筛选指标体系

通过正常灌溉和减水灌溉，在苗期选择出苗率高、叶片深绿、半匍匐的材料进行标记；在分蘖期选择分蘖数多且无效分蘖迅速死亡，有效分蘖生长发育快的材料进行标记；在抽穗期和灌浆期选择灌浆速度快，不孕小穗少，千粒重高的材料进行标记。通过室内考种，选择株高变异小、穗粒数多、穗下茎长的材料，再经正常灌溉和减水灌溉筛选产量变异小的材料，可以认为其是抗旱材料。

第三节　夏玉米抗旱节水品种评价指标体系

一、夏玉米抗旱节水品种鉴选指标

（一）主要形态指标

由于玉米植株高大，叶片生长茂盛，生长期又多处于高温季节，植株的叶面蒸腾和棵间蒸发量大，因此，从形态指标鉴定和筛选抗旱节水玉米品种显得尤为重要[7]。但在生产上，抗旱性玉米和普通玉米的外部形态没有明显的区别，抗旱性玉米大都是由普通玉米杂交或利用现代生物技术转基因培育而成的，抗旱品种的外表和普通玉米的形态是基本一样的，但它们的解剖结构明显不同。

根系是作物吸收矿质营养和水分的主要器官，玉米根的多少和质量与产量有关，而根的深度与产量无关。在干旱条件下，抗旱品种的根与植株干重比率更高。初生根数较多的玉米品种在干旱条件下存活率高，抗旱性较强。苗期有较高根苗比的品种抗旱性较强。因此，玉米根系与其抗旱性密切相关，抗旱性强的品种，侧根发生能力强，发生早，下扎深，能够在土壤中最大限度地吸收水分和养分[8]。

叶片的形态指标（叶片茸毛、蜡质层厚度、角质层厚度、栅栏细胞的排列、叶形、叶色、叶向、叶片卷曲程度、叶片烧灼程度等）均能影响玉米的抗旱性，密集茸毛型、蜡质多、叶片厚而致密的品种及小叶直立的株型，有利于提高叶片的保水能力，增强光合系统，提高缺水条件下的碳同化能力，更有利于抵御干旱。抗旱品种的气孔数量多，气孔的表面积小，有利于植株在干旱条件下保持体内水分和保证呼吸，从而提高了该品种对干旱的适应性[9]。但品种间叶片厚度、气孔指数、每平方毫米气孔数等抗旱性结构指标存在差异，一般认为这些形态结构指标可以在玉米抗旱育种与栽培中应用。叶片超微结构在干旱胁迫条件下也会有所改变，研究发现水分胁迫可以导致叶绿体基粒片层结构扭曲，类囊体腔增大，线粒体外膜损伤，细胞核内染色质凝聚，这些形态指标中部分可以直接应用于玉米抗旱性鉴定，形成玉米抗旱性鉴选的指标体系。

（二）主要生理指标

干旱胁迫可以导致玉米产生一系列生理变化，这可能也是玉米抗旱性呈现数量遗传的生理基础。通过研究这些生理变化，不仅可以总结出一系列筛选抗旱玉米材料的生理

生化指标，还可以从分子生物学水平了解玉米的抗旱性机制。

干旱胁迫下，植物为减缓由胁迫造成的压力，生理代谢迅速做出调整以保证细胞的正常生理功能。其中，水分状况变化及时且敏感，干旱条件直接影响玉米的水分状况，如叶片水势、相对含水量、束缚水含量、叶片膨压、蒸腾速率和细胞膜的稳定性。干旱也影响到渗透物质及激素的积累和浓度：脯氨酸累积量、脱落酸（ABA）积累、丙二醛含量、细胞膜透性等。20 世纪 70 年代以来，脯氨酸积累被认为是逆境表征之一而广受重视。细胞在胁迫条件下大量积累脯氨酸，以通过渗透调节来降低水势，维持高的细胞质渗透压。这些脯氨酸的大量积累不会破坏生物大分子的结构和功能，同时表现出良好的亲和性，也具有较强的渗透调节作用，因此，脯氨酸是理想的渗透物质。干旱胁迫能够增加玉米自交系的脯氨酸含量，提高电导率，不同自交系之间的脯氨酸含量、电导率差异较大。脯氨酸含量可以作为玉米品种抗旱性的一个筛选指标。但是，脯氨酸含量的变化是否可以作为抗旱性检测的生理指标存在一些争论。

超氧化物歧化酶（SOD）、过氧化物酶（POD）和过氧化氢酶（CAT）是膜系统保护酶。干旱胁迫条件下，玉米幼苗叶片的 SOD、CAT 和 POD 活性明显提高。SOD 可消除作物体内活性氧的累积，减少其对细胞膜结构的伤害，POD 和 CAT 可把 SOD 等产生的 H_2O_2 变成 H_2O，与 SOD 有协调一致的作用，使活性氧维持在较低水平上，以维持植物正常的生命活动。在干旱胁迫下，植物的膜系统受到破坏，导致电导率增加，为了降低危害，SOD 和 POD 活性也有较大幅度增加，以缓解逆境胁迫对膜系统的伤害。干旱条件也影响作物的光合代谢，如光合强度与呼吸强度、电子传递速率、光合磷酸化活性等。

干旱胁迫会对叶片光合作用产生影响，轻度水分胁迫条件下，以气孔因素限制为主，在严重水分胁迫时光合作用的抑制可能主要是 RuBP 羧化酶（RuBPC）和 PEP 羧化酶（PEPC）活性大大降低。干旱胁迫也直接影响光合机构的结构和活性。例如，叶绿体类囊体膜脂的组分、透性及流动性改变，以及叶绿体的超微结构、叶绿素含量及叶绿素 a、叶绿素 b 比值的变化。最终干旱胁迫导致光合作用减弱和光合速率下降，是作物减产的一个重要原因。干旱胁迫条件下，外源 ABA 浓度能影响叶绿体的超微结构，增加 ABA 浓度会导致外膜破裂，完全破坏膜结构，但是不影响气孔运动。渗透胁迫条件下，ABA 不但能提高玉米根系水势、降低渗透势、增加渗透调节能力，而且能够显著地提高脯氨酸含量，对可溶性糖含量也有一定的影响。多胺是生物体代谢过程中产生的具有生物活性的低分子量脂肪族含氮碱，主要参与 DNA、RNA 和蛋白质的合成调节等过程，也参与细胞质膜稳定性和酶活性的调节。

二、关键用水点形态和生理指标

玉米作为一种 C_4 作物，水分利用效率一般比 C_3 作物高 2 倍。玉米的蒸腾系数为 250～300，低于小麦、棉花等 C_3 作物，但玉米的需水量又显著多于谷子、高粱等其他 C_4 作物[10]。受大陆性季风气候的影响，在夏玉米生育期间，常有季节性干旱，从而影响夏玉米产量的稳定性。干旱一般可使玉米减产 20%～30%，是影响玉米生产的重要因素。明确玉米关键用水点形态和生理指标对生产具有重要意义。

高产玉米的需水量一般为 400～500mm，因气象条件的不同年间玉米的需水量存在差异。由表4-14可见，苗期的需水量最小，不足全生育期的10%，日需水强度为1.41mm/d。随着夏玉米的快速生长、叶面积的增加及气温的升高，需水量逐渐增大，拔节期需水量为100mm左右，需水量为全生育期20%以上，日需水强度为4mm/d左右。进入抽雄期，夏玉米的需水量大于100mm，耗水模系数为20%左右，该生育阶段玉米的株高及叶面积达到最大，日需水量因此也达到峰值，为10mm/d以上。到了灌浆期，因玉米的叶面积逐渐衰老死亡及气温下降，其需水量逐渐下降，不足5mm/d，但阶段需水量最大，为200mm左右，需水量占全生育期的50%[11]。

表4-14　2010年高产夏玉米的需水量与需水规律

生育期	苗期	拔节期	抽雄期	灌浆期	全生育期
时间（月.日）	6.13～7.07	7.08～8.01	8.02～8.10	8.11～10.06	6.13～10.06
天数/d	24	25	9	57	115
阶段需水量/mm	33.7	94.35	108.15	181.05	417.30
耗水模系数/%	8.09	22.61	25.92	43.39	100.00
日需水量/（mm/d）	1.41	3.77	12.02	3.18	3.63

资料来源：刘占东，肖俊夫，刘祖贵，等. 高产条件下夏玉米需水量与需水规律研究.节水灌溉，2011，（6）：4-6

玉米不同生育时期抗旱性不同，是由其内部生理生化变化不同而决定的。玉米苗期干旱会抑制玉米的生长速率，使发育期显著延迟，而在拔节期干旱会促进玉米早熟，导致发育期明显缩短。干旱对玉米株高产生明显抑制，使叶片干卷萎蔫，进行光合作用的绿叶面积减少。干旱会使玉米果穗变短，果粒数减少，最终导致玉米减产。

不同时期干旱对玉米生长季的产量影响不同。苗期干旱，植株生长缓慢，叶片发黄，茎秆细小，即使后期雨水调和也不能形成粗壮茎秆，影响孕育大穗。玉米喇叭口期干旱，雌穗发育缓慢，形成半截穗、穗上部退化，严重时雌穗发育受阻、败育，形成空穗植株。抽雄前期干旱，雄蕊抽出推迟，造成授粉不良，形成花籽粒。授粉期如果遇到干热天气，特别是连续35℃以上的高温天气，造成花粉生命力下降，影响授粉，形成稀粒棒或空棒，外观上花丝不断伸出苞叶，形成长长的胡须。一直处于干旱或半干旱状态的玉米，其植株矮小，生长缓慢或停止生长，叶片卷皱，发黄，甚至枯死。如果旱情得到缓解，植株恢复生长，会恋青，在穗部上下节形成多个小的无效穗，并且容易招引玉米螟为害茎秆与嫩穗。灌浆期的玉米遭遇旱灾，则籽粒不饱满，穗棒松软，有的穗轴上籽粒呈从大至小梯状排列。

三、水肥利用效率及抗旱指标

农业生产最大的挑战是开发提高水分利用效率的技术。半干旱区的水资源少，高效利用有限的水资源，对提高水分利用效率的任务更为重要。美国、澳大利亚、以色列等都在综合提高水分利用效率研究方面取得了很大进展，并已在农业生产中发挥了作用，目前已开始把注意力转向如何改善植物蒸腾效率本身。例如，以色列在大幅度增加农田蒸腾/蒸发比例、改善和提高灌溉水分利用效率上取得举世公认的成就之后，致力于提高单位蒸腾水的生产能力（WUE的一种表述），以色列认为只有这样，才能在进一步大幅度减少农业用水方面取得新的突破。

水分和养分之间、各养分之间及作物与水肥之间相互激励与遏制的动态平衡关系，以及作物生长发育和产量的形成对这些相互作用的影响称为作物的水肥耦合效率。在我国，通过无机营养的调节、供水方法的改进来改善WUE，以促进农业增产是近几年WUE研究内容的重要组成部分。研究发现高肥处理与低肥处理相比，WUE可提高35%～75%。在有限灌溉条件下，配合适量的养分能够使水分得到更有效的利用。在我国北方旱作区，在水分不足的情况下，补充水分能增加产量，施肥的增产效果大于水分的增产效果。当土壤自然肥力水平低时，施肥的增产作用显著，而随着自然肥力提高水分作用越来越大，且水和肥对产量有耦联效应；施肥有明显的调水作用，灌水也有显著的调肥作用。灌水量少时，水肥的交互作用随肥料用量增高而增高；灌水量高则有相反趋势。可见，提高水肥利用效率可改善作物抗旱指标。

在生产上，玉米施肥掌握“限氮稳磷补钾锌、有机无机相结合”的原则，适量肥料作基肥，促进前期根系发育和养分吸收，可以补偿因晚播和前中期上层土壤水分亏缺对穗粒数的不利影响，并为后期多利用下层土壤水分创造条件。同时，可以简化田间作业，减少氮肥损失，进一步提高肥料利用率。在干旱条件下，不施肥可以使玉米生育期提前，并且增施有机肥可以增加叶面积指数。而在充足水分条件下无机肥和有机肥都可以增加叶面积指数。生育后期已是雨季，水分不是叶面积指数的限制因素，施肥的多少和种类是主要因素，增施无机肥和有机肥的处理叶面积指数增加的最多[12]。在旱地条件下，施肥能提高土壤水势，从而提高土壤水分的有效性，使一部分原来对植物生长“无效”的水变得“有效”，使植物能吸收利用更多的土壤水分，提高了水分利用效率。

随着对作物抗旱机制研究的深入，学者提出了许多可用于抗旱性鉴定的方法与指标，这些方法与指标从不同角度和程度上反映了玉米品种的抗旱性，但抗旱性是一个复杂的生物性状，不但受多个基因控制，而且是通过多个途径实现的。特别是抗旱性与丰产性之间往往存在矛盾，至今尚未形成一套简单、准确、被大家公认的指标体系。现有玉米抗旱性鉴定指标已很多，单一指标评价抗旱性是很难符合实际的，因此众多学者提出进行多指标的重复测定。但在玉米抗旱性鉴定指标的使用中尚需注意：首先，形态指标反映了作物在遭受干旱胁迫后植株的整体表现，具有简单易测的优点，在鉴定中应注意采用；其次，在干旱胁迫下需将生理生化指标与玉米抗旱能力的关系进行系统研究，从而筛选出抗旱鉴定的优化指标；最后，产量指标虽然是评价抗旱性的一个相对的综合指标，但不可以一代全。对一个品种全生育期抗旱性进行鉴定，不仅需将形态指标、生理生化指标及产量指标相结合，还需综合评定各时期的抗旱性，从而提高抗旱性鉴定的可靠性和科学性。

四、抗旱节水品种评价

干旱对农业生产的威胁已成为一个世界性问题。玉米适应性强、分布广、用途多、增产潜力大，在粮食生产中占有极为重要的地位。要减少或消除干旱的威胁，提高玉米自身抗旱能力是一种重要、经济、有效的途径[8, 13]，提高玉米品种的抗旱性并准确鉴定品种的抗旱性尤为重要，是节水农业研究中的重要课题。提高玉米的抗旱性依赖于对玉米抗旱性科学且准确的评价。目前可用于抗旱性评价的指标主要包括生长发育指标、形态指标、生理生化指标和产量指标。由于选择的材料、干旱胁迫的条件和时期不同，结果不甚一致。

抗旱性鉴定是按作物抗旱能力大小进行鉴定评价的。但在测定植物对各种不利环境胁迫的抗性中，抗旱性最难测定。目前，也没有一种绝对的简单方法能测定植物的抗旱性，这种状况给抗旱育种工作带来了极大的困难。在作物抗旱育种中，创造抗旱种质资源，选配抗旱亲本组合，在分离后代中选择抗旱基因型，特别是育种早期世代，都需要比较简单、比较准确的抗旱性鉴定方法和鉴定指标。因此，探讨科学的抗旱性评定方法和鉴定指标，对培育高产、抗旱的玉米新品种及加快育种进程都具有十分重要的意义。许多学者围绕农作物抗旱性鉴定开展了大量研究工作，这些研究主要集中在抗旱性鉴定研究方法、抗旱性鉴定指标两个方面。

目前，作物抗旱性鉴定研究方法主要有田间直接鉴定法，干旱棚、抗旱池、生长箱或人工模拟气候箱法，以及实验室鉴定法三种。

田间直接鉴定法是将鉴定品种直接种于田间，在自然条件下控制灌水，造成不同的水分胁迫条件，使植株受到影响，以此来评价品种的抗旱性。由于该方法受环境条件影响较大，特别是降水，年际变幅较大，每年测定的结果很难重复，因此需要进行多年多点鉴定才能正确评价一个品种的抗旱性。田间直接鉴定法方法简单，无需特殊设备，又有产量结果，在进行大规模鉴定时十分有效，所获结果在当地条件下十分可靠。

将鉴定品种种植于可控制水分及其他环境条件下的干旱棚、抗旱池、生长箱或人工模拟气候箱内，进而研究不同生育期内水分胁迫对生长发育、生理过程或产量的影响，或以田间自然土壤水分状况为对照，比较抗旱指标的变化来评价作物的抗旱性。干旱处理方法为控制土壤含水量造成水分胁迫或控制空气湿度施加干旱胁迫、给作物喷施化学干燥剂。这种方法克服了田间鉴定的一些缺点，鉴定结果便于比较，也比较可靠。同时便于控制胁迫时间、强度和重复次数，可选择任何生长发育阶段进行鉴定。

实验室鉴定法包括高渗溶液法和分子生物学法。高渗溶液法就是用不同浓度的高渗溶液对种子萌发或苗期生长进行处理，造成作物的生理干旱，观察种子萌发率和植株能否正常生长发育，并结合测定一些指标来鉴定作物抗旱性。常用的渗透物质有聚乙二醇和甘露醇等，但此方法目前仍有较大争议。分子生物学及分子克隆技术，在作物抗旱性鉴定时，用特定的标记探针便可鉴别其有无抗旱基因存在，虽然这种方法不受环境和季节限制，准确可靠，但尚处于研究探索阶段，并且成本很高。

五、抗旱节水综合鉴定筛选指标体系

多年来，前人从生理、生态、遗传和育种等[7, 13, 14-17]不同角度对玉米抗旱性做了大量卓有成效的研究，先后提出了与抗旱性有关的形态及生理生化等第二性状指标，并不同程度地应用于玉米育种实践中[7]。但由于抗旱性是多个性状综合作用的结果，任何单项指标对玉米抗旱性评价都难以获得准确有效的结果。研究人员在上述研究方法基础上，日益强调抗旱性的综合评价。对一个品种全生育期抗旱性进行鉴定，不仅需要将形态指标、生理生化指标及产量指标相结合，还需要综合评定各生育时期的抗旱性，从而提高抗旱性鉴定的可靠性和科学性。

作物基因型在抗旱性方面所表现的差异，都有其相应的生理生化基础。干旱环境对作物的影响广泛而深刻，其首先影响作物光合作用、呼吸作用、水分和营养的吸收运输等各种生理过程，进而使其细胞的结构、生理及生物化学等发生一系列适应性改变，最终导致作物生长状况发生变化，并对体内代谢产生反馈调节作用。因此，生理生化指标（气孔扩散阻力、蒸腾速率、外渗电导率、光合速率、ABA 含量、SOD 活性等）、生长发育指标（根系发达程度、茎的水分输导能力及叶片形态等）及形态指标（株高、干物质积累速率、叶面积、叶片扩展速率等）被广泛应用于作物抗旱性研究。作物的抗旱性是一个复杂的综合特性，作物产量形成是其生理过程、生长发育及形态特征综合作用的结果，因而采用上述某一或某几个指标很难对作物的抗旱性做出科学准确的判断。

作物的抗旱性有别于一般植物品种的抗旱性。植物的抗旱性主要是指干旱条件下植物本身生存的能力，而作物以收获产品为目的，其抗旱性必然与产量直接相关，因此产量成为作物最直接的抗旱性鉴定指标。对包括玉米在内的农作物来说，用产量及其产量因子来研究其抗旱性完全可以满足实际的需要，产量作为玉米对干旱胁迫的反应结果，也可以在很大程度上说明其抗旱性的强弱。因此，产量及其产量指标可作为抗旱性鉴定的直接指标。但要全面鉴定和评价玉米品种的抗旱性，采用单一指标的评价结果应该是不全面的，要科学地采用众多的鉴定指标来准确鉴定玉米的抗旱性，建立一套标准的鉴定指标体系，并在相同的鉴定方法、鉴定时期、胁迫强度和统一对照品种的层面上来全面比较、认识和解释玉米的抗旱性。

河北省农林科学院旱作农业研究所经过近 20 年的研究，制定了河北省地方标准“玉米抗旱性鉴定技术规范”（DB13/T 1282—2010）[18]，该规范系统研究了玉米各生育期的抗旱性鉴定指标，对玉米的抗旱性得出了系统的综合评价标准，如表 4-15～表 4-19，指标的具体计算方法见该规范。该规范规定，玉米品种（系）、种质资源的抗旱性鉴定应以全生育期抗旱性鉴定结果为准；其他目的的抗旱鉴定，应以种子萌发期、苗期、花期、灌浆期的鉴定结果作为该时期的评价指标。

表 4-15　玉米种子萌发期抗旱性评价标准

级别	种子萌发抗旱指数/%	抗旱性
1	≥85.0	极强（HR）
2	70.0～84.9	强（R）
3	55.0～69.9	中等（MR）
4	40.0～54.9	弱（S）
5	≤39.9	极弱（HS）

资料来源：河北省农林科学院旱作农业研究所. DB13/T 1282—2010 玉米抗旱性鉴定技术规范. 2010

表 4-16　玉米苗期抗旱性评价标准

级别	反复干旱存活率/%	抗旱性
1	≥80.0	极强（HR）
2	66.0～79.9	强（R）
3	50.0～65.9	中等（MR）
4	40.0～49.9	弱（S）
5	≤39.9	极弱（HS）

资料来源：河北省农林科学院旱作农业研究所. DB13/T 1282—2010 玉米抗旱性鉴定技术规范. 2010

表 4-17　玉米花期抗旱性评价标准

级别	抗旱指数	抗旱性
1	≥1.30	极强（HR）
2	1.10～1.29	强（R）
3	0.90～1.09	中等（MR）
4	0.70～0.89	弱（S）
5	≤0.69	极弱（HS）

资料来源：河北省农林科学院旱作农业研究所. DB13/T 1282—2010 玉米抗旱性鉴定技术规范. 2010

表 4-18　玉米灌浆期抗旱性评价标准

级别	抗旱指数	抗旱性
1	≥1.20	极强（HR）
2	1.00～1.19	强（R）
3	0.80～0.99	中等（MR）
4	0.60～0.79	弱（S）
5	≤0.59	极弱（HS）

资料来源：河北省农林科学院旱作农业研究所. DB13/T 1282—2010 玉米抗旱性鉴定技术规范. 2010

表 4-19　玉米全生育期抗旱性评价标准

级别	抗旱指数	抗旱性
1	≥1.20	极强（HR）
2	1.00～1.19	强（R）
3	0.80～0.99	中等（MR）
4	0.60～0.79	弱（S）
5	≤0.59	极弱（HS）

资料来源：河北省农林科学院旱作农业研究所. DB13/T 1282—2010 玉米抗旱性鉴定技术规范. 2010

参 考 文 献

[1] 田士林, 李莉. PEG6000 渗透胁迫对小麦抗旱性的影响. 湖北农业科学, 2008, 47(1): 19-21.
[2] 熊乐, 马富裕, 樊华, 等. 不同节间位化学调控对滴灌春小麦产量及其构成因子的影响. 石河子大学学报, 2012, 30(3): 308-312.
[3] 武仙山, 昌小平, 景蕊莲. 小麦灌浆期抗旱性鉴定指标的综合评价. 麦类作物学报, 2008, 28(4): 626-632.
[4] 李友军, 郭秀璞. 小麦抗旱鉴定指标的筛选研究. 沈阳农业大学学报, 1999, 30(6): 586-590.
[5] 张娟, 谢惠民, 张正斌, 等. 小麦抗旱节水生理遗传育种研究进展. 干旱地区农业研究, 2005 , 23(3): 231-238.
[6] 张灿军, 冀天会, 杨子光, 等. 小麦抗旱性鉴定方法及评价指标研究 I 鉴定方法及评价指标. 中国农学通报, 2007, 23(9): 226-230.
[7] 孙彩霞, 武志杰, 张振平, 等. 玉米抗旱性评价指标的系统分析. 农业系统科学与综合研究, 2004, 20(1): 43-47.
[8] 王泽立, 张恒悦, 阎先喜, 等. 玉米抗旱品种的形态解剖学研究. 西北植物学报, 1998, 18(4): 581-583.
[9] 李芳兰. 包维楷植物叶片形态解剖结构对环境变化的响应与适应. 植物学通报, 2005, 22(增刊): 118-127.
[10] 李爱国, 李积铭, 宋聪敏. 河北省低平原区旱作节水农业技术. 北京: 中国农业出版社, 2015: 75.

[11] 刘占东, 肖俊夫, 刘祖贵, 等. 高产条件下夏玉米需水量与需水规律研究. 节水灌溉, 2011, (6): 4-6.
[12] 张秋英, 刘晓冰, 金剑, 等. 水肥耦合对玉米光合特性及产量的影响. 玉米科学, 2001, 9(2): 64-67.
[13] 黎裕, 王天宇, 刘成, 等. 玉米抗旱品种的筛选指标研究. 植物遗传资源学报, 2004, 5(3): 210-215.
[14] 罗淑平. 玉米抗旱性及鉴定指标相关分析. 干旱地区农业研究, 1990, 8(3): 72-78.
[15] 师公贤, 张仁和, 薛吉全, 等. 玉米与抗旱性有关的产量性状遗传研究. 干旱地区农业研究, 2004, 22(4): 37-39.
[16] 宋凤斌, 徐世昌. 玉米抗旱性鉴定指标的研究. 中国生态农业学报, 2004, 12(1): 127-129.
[17] 孙彩霞, 武志杰, 张振平, 等. 玉米抗旱性评价指标的系统分析. 农业系统科学与综合研究, 2004, 20(1): 43-47.
[18] 河北省农林科学院旱作农业研究所. DB13/T 1282—2010 玉米抗旱性鉴定技术规范. 2010.

第五章　北方滴灌区主要粮食作物需水需肥规律及水肥耦合量化指标

第一节　西北滴灌区主要粮食作物需水需肥规律及水肥耦合量化指标

一、新疆小麦、玉米需水需肥规律及水肥耦合量化指标

新疆绿洲灌溉农业区地处我国西北内陆干旱区，光热资源充足且昼夜温差大[1]，农作物的生产潜力可观，是我国重要的粮棉生产基地。小麦、玉米等粮食作物是本地区主要种植的农作物[2]。然而，淡水资源紧缺是制约新疆绿洲区作物产量和农业发展的重要因素[3-4]，加之作物生长季有效降雨很少（50～100mm），没有灌溉就没有农业生产，农业生产对灌溉水的需求非常大[5-6]。在新疆滴灌技术早已服务于棉花、加工番茄等经济作物[7]，不仅可实时、精量地控制水、肥，还能有效减少地表径流、棵间蒸发和深层渗漏[8-9]。但小麦、玉米等粮食作物的滴灌技术发展落后于棉花、加工番茄等经济作物[10]，与之对应的灌溉制度研究也较少。实际生产中农户不合理灌溉的现象普遍存在，灌量过大时甚至会产生地表径流，严重降低了滴灌的节水、增效效果。

近年来，国家对新疆及新疆兵团的棉花生产进行了适当的调整，出台了“减棉增粮”等政策，这导致小麦、玉米等粮食的播种面积不断扩大，滴灌小麦、玉米技术等在该地区得到了迅速的推广[11]。在这种背景下，研究滴灌小麦、玉米等粮食作物需水需肥规律，制定更为合理的水肥耦合量化指标，对提高新疆绿洲干旱农田水肥利用效率和粮食产量，以及实现绿洲区农业科学用水、施肥和现代化农业可持续发展，具有十分重要的意义。

（一）新疆滴灌春小麦需水规律研究

本试验开展了滴灌条件下春小麦需水规律研究；明确了春小麦需水高峰期；制定了水分管理制度。试验设于在新疆石河子天业化工生态园试验田（45°38′N，86°09′E），研究区域属于典型的温带大陆性气候，年均气温 6.5～7.2℃，年平均降雨量 115mm、蒸发量 1942mm，蒸降比 16.9。试验土壤为灌耕灰漠土（灌淤旱耕人为土，*Calcaric Fluvisals*），试验地 0～40cm 土壤性质如表 5-1。

表 5-1　试验土壤耕层容重、田间持水量和养分含量情况

土层/cm	容重/（g/cm^3）	田间持水量/%	有机质/（g/kg）	碱解氮/（mg/kg）	速效磷/（mg/kg）	速效钾/（mg/kg）
0～20	1.15	21.03	24.26	105.07	13.11	55.81
20～40	1.08	21.58	27.12	116.21	14.38	36.16

试验采用随机区组设计，设置5个土壤水分灌溉下限处理，不同生育时期土壤水分控制水平为田间持水量的百分比（表5-2）。供试品种新春22号，15cm等行距播种，1管4行，第2～3行铺设滴管带，播种密度6.3×10^6株/hm^2，滴头流量2.4L/h，小区面积$60m^2$，重复3次，井水滴灌，单独水表计量。施肥量同一水平（N 225kg/hm^2，P_2O_5 105kg/hm^2，K_2O 75kg/hm^2）。氮肥、钾肥全部滴施；磷酸一铵基施30%，滴施70%，其他管理措施同大田一致。

表5-2　不同处理土壤水分下限控制设计（田间持水量的%）

处理	苗期-拔节期/%	孕穗期-乳熟期/%	成熟期-收获期/%
T1	60	65	50
T2	65	70	55
T3	70	75	60
T4	75	80	65
T5	80	85	70

1. 灌水对小麦株高、干物质量和叶面积指数的影响

由表5-3可知，各滴灌处理小麦株高均为开花期>孕穗期>拔节期，拔节期和开花期T4株高最大、孕穗期T3最大，T1各时期株高最低。干物质积累至开花期迅速升高，积累量随土壤水分及灌量的增加呈显著增加趋势。不同处理的叶面积指数（LAI）孕穗期最高，开花期后开始降低；同一生育时期，叶面积指数随墒度及灌量的增加呈显著趋势，各时期T5分别比T1高出48.4%、39.0%和43.7%，这表明，高水分及灌量下可使小麦在生育后期保持更大的绿叶面积，有利于光能的截获，并向籽粒提供更多的同化物。

表5-3　不同处理春小麦株高、干物质和叶面积指数变化

处理	株高/cm			干物质/（$\times10^3$kg/hm^2）			叶面积指数		
	拔节期 4.29	孕穗期 5.18	开花期 6.02	拔节期 4.29	孕穗期 5.18	开花期 6.02	拔节期 4.29	孕穗期 5.18	开花期 6.02
T1	41.4c	59.5b	69.2c	4.52e	7.68d	20.21d	3.80d	4.90d	4.21c
T2	45.3b	62.1b	78.5b	5.12d	9.20c	22.88c	4.87c	5.94cd	5.03bc
T3	48.9a	75.1a	88.8a	7.05c	9.29c	25.13b	6.32b	6.54bc	5.72b
T4	49.7a	71.4a	91.5a	7.85b	10.34b	26.11b	7.27a	7.34ab	6.02b
T5	47.6ab	74.2a	90.3a	10.6a	11.02a	30.49a	7.37a	8.04a	7.48a

注：同一列中不同字母表示差异显著（$P<0.05$）

2. 不同灌量对小麦各生育时期旗叶光合特征的影响

如图5-1所示，小麦旗叶净光合速率（*Pn*）、气孔导度（*Gs*）、蒸腾速率（*Tr*）和单叶水分利用效率（WUE_L）随生育进程的推移均呈单峰变化趋势。在T1和T2处理下，*Pn*于孕穗期到达峰值，之后迅速下降；其余处理的*Pn*峰值推迟至扬花期；T3、T4处理扬花期后*Pn*下降速率较为缓慢，叶片表现出较强的光合能力；处理T5墒度过高，乳熟期*Pn*的下降较快，不利于同化物向籽粒的运输。各处理的*Tr*至灌浆期达到最高，之后不同程度降低；乳熟期水分亏缺和过量的T1、T2和T5处理，*Tr*显著降低，同T4相比分别降低40.04%、31.75%和29.51%。各处理WUE_L孕穗期后逐渐下降，T1的WUE_L

全生育期显著低于其他，水分及灌量对 WUE_L 的影响显著。

G_s 变化规律与 T_r 相同，前中期逐渐升高，乳熟期显著降低，于灌浆期达到峰值；T4 全生育期保持最高，而 T1 显著低于其他；乳熟期 T5 下降显著。这表明，水分过高或过低均会引起降低气孔开度，导致 P_n 和 T_r 下降。胞间 CO_2 浓度（C_i）与气孔限制值（*Ls*）随进程的推移均呈“V”形变化，孕穗期均最小；T1 处理 C_i 在孕穗-乳熟期最高，T5 最低。*Ls* 变化趋势平缓，逐渐升高；至乳熟期，T1 显著升高，同时 C_i 并无显著降低。这表明，P_n 的降低并非由气孔限制引起，可能原因为叶片功能衰退降低了旗叶的光合与同化。

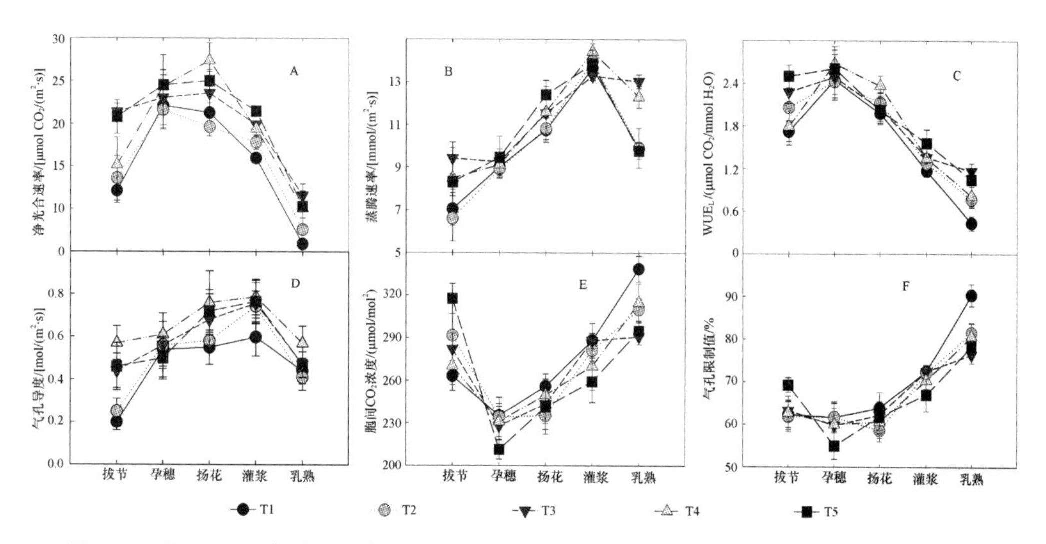

图 5-1 不同处理对各时期小麦旗叶净光合速率（*Pn*）、气孔导度（*Gs*）、蒸腾速率（*Tr*）、胞间 CO_2 浓度（*Ci*）、单叶水分利用效率（WUE_L）和气孔限制值（*Ls*）的影响

3. 不同灌量对春小麦成熟期干物质分配和同化物转运的影响

由表 5-4 可知，成熟期小麦干物质在茎叶鞘和颖壳中的分配量均随土壤水分的增加呈显著增加趋势，同时分配比例也呈递增趋势；干物质在籽粒中的分配量从处理 T1 到 T4 递增，T4 达到最高，T5 有所降低。小麦籽粒干重占地上部的比例又称为收获指数(*HI*)，本试验为 T2 最高，之后随土壤水分及灌量的增加 *HI* 显著降低。这表明，水分及灌量的提高虽可增加干物质向籽粒的分配数量，但过量灌溉致使营养生殖过剩，同化物向籽粒的分配比例显著降低，不利于水分利用效率的提高。

表 5-4 不同处理对春小麦成熟期干物质分配的影响

处理	茎叶鞘		颖壳		籽粒	
	数量/（g/stalk）	比例/%	数量/（g/stalk）	比例/%	数量/（g/stalk）	比例/%
T1	0.98±0.08c	31.35a	0.57±0.05d	18.36b	1.57±0.12d	50.29bc
T2	1.07±0.07c	27.62b	0.70±0.05c	18.10b	2.11±0.12c	54.29a
T3	1.38±0.09b	30.99ab	0.80±0.07b	17.93c	2.27±0.12bc	51.07b
T4	1.54±0.11a	31.44a	0.95±0.09a	19.37a	2.41±0.08a	49.19c
T5	1.58±0.11a	32.05a	0.99±0.06a	20.00a	2.37±0.17b	47.95d

注：同一列中不同字母表示差异显著（$P<0.05$）

由表 5-5 可知，营养器官开花前贮藏同化物向籽粒的转运量和转运率均为 T2 最高，之后逐渐降低；花前同化物转运量对籽粒的贡献率随墒度及灌量增加呈显著递减趋势；花后同化物输入籽粒量和对籽粒的贡献率变化趋势相反。这表明，土壤水分降低有利于花前储存碳库的再转运，升高则促进自花后同化物向籽粒的输入。适度的水分是同时保持花前和花后同化物向籽粒运输的关键，有利于获得较高的籽粒产量。

表 5-5　不同处理对开花后营养器官干物质再分配量和开花后积累量的影响

处理	开花前同化物转运量/（g/stalk）	开花前同化物转运率/%	花前转运量对籽粒的贡献率/%	花后同化物输入籽粒量/（g/stalk）	花后同化物对籽粒的贡献率/%
T1	0.60±0.15ab	37.85±7.76a	38.13±7.46a	0.97±0.08e	61.87±7.46c
T2	0.77±0.06a	41.64±2.07a	36.40±3.49a	1.34±0.13d	63.60±3.49c
T3	0.50±0.21b	26.01±9.17b	21.88±8.92b	1.77±0.22c	78.12±8.92b
T4	0.29±0.06c	16.10±3.54c	11.84±2.38c	2.13±0.07b	88.16±2.38a
T5	0.24±0.08c	13.52±4.00c	8.93±3.24c	2.50±0.20a	91.07±3.24a

注：同一列中不同字母表示差异显著（P<0.05）

4. 不同灌量对春小麦耗水特征、产量构成因素、水分利用效率的影响

由表 5-6 可知，不同灌水处理滴灌春小麦在整个生育期的总体耗水规律相同，均为孕穗期-乳熟期最高，拔节期-孕穗期次之，苗期和成熟期耗水量较小，表明从拔节期始至乳熟期这个阶段是春小麦需水的关键阶段。各生育时期的耗水强度均随土壤墒度及灌量的增加呈增加趋势。苗期和成熟期占总耗水量的比例随土壤墒度及灌量的增加而提高，而孕穗期-乳熟期、拔节期-孕穗期则相反。

表 5-6　不同处理滴灌春小麦的阶段耗水特征

处理	项目	苗期-拔节期（3.25～4.25）	拔节期-孕穗期（4.26～5.25）	孕穗期-乳熟期（5.26～6.25）	乳熟期-成熟期（6.26～7.05）	全生育期
T1	耗水量/mm	24.05	136.65	144.02	28.55	333.27
	耗水强度/（mm/d）	0.78	4.56	4.65	2.86	3.21
	占总耗水量的比例/%	7.22	41.00	43.21	8.57	100
T2	耗水量/mm	30.05	139.30	158.15	37.55	365.05
	耗水强度/（mm/d）	0.97	4.64	5.10	3.76	3.62
	占总耗水量的比例/%	8.23	38.16	43.32	10.29	100
T3	耗水量/mm	44.05	151.63	174.62	45.55	415.85
	耗水强度/（mm/d）	1.42	5.05	5.63	4.56	4.17
	占总耗水量的比例/%	10.59	36.46	41.99	10.95	100
T4	耗水量/mm	52.05	156.51	179.84	49.55	437.95
	耗水强度/（mm/d）	1.68	5.22	5.80	4.96	4.41
	占总耗水量的比例/%	11.88	35.74	41.06	11.31	100
T5	耗水量/mm	59.05	171.63	191.78	53.55	476.01
	耗水强度/（mm/d）	1.90	5.72	6.19	5.36	4.79
	占总耗水量的比例/%	12.41	36.06	40.29	11.25	100

最终籽粒产量以 T4 最高（表 5-7），同 T1 相比高出 76.93%；灌溉频率随控水墒度的提高加快；灌溉量和小麦耗水量均随墒度的提高增加；灌溉效益与 WUE 均为 T3 和

T4 显著（P<0.05）高于其他处理，T1 最低。这表明，墒度下限提高导致了灌溉频率和总灌量的最终增加，但灌溉效益和 WUE 不随灌溉量的增加而提高，小麦耗水量则主要受灌溉量的影响。

表 5-7　不同处理对春小麦产量、灌溉效益和水分利用效率的影响

处理	产量/（kg/hm²）	灌溉频率/（d/次）	灌溉量/mm	灌溉效益/[kg/（hm²·mm）]	耗水量/mm	水分利用效率/[kg/（hm²·mm）]
T1	4425.8d	13	266.7	16.59d	333.27	13.28c
T2	5220.1c	9	291.7	17.90c	365.05	14.30bc
T3	7720.7ab	7	350.0	22.06a	415.85	18.57a
T4	7830.5a	5	375.0	20.88b	437.95	17.88a
T5	7224.2b	4	433.3	16.67d	476.01	15.18b

注：同一列中不同字母表示差异显著（P<0.05）

产量、灌溉效益、水分利用效率分别与灌溉量、耗水量符合一元二次方程 $y=ax^2+bx+c$ 的抛物线关系（图 5-2），公式如下

$$Y_{GY}=-3.061e+1.997e^{-1}x-2.591e^{-4}x^2 \quad (R=0.8258>0.549,\ n=20,\ P<0.01) \tag{5-1}$$

$$Y_{IE}=-6.851e+5.103e^{-1}x-7.236\ e^{-4}x^2 \quad (R=0.8336>0.549,\ n=20,\ P<0.01) \tag{5-2}$$

$$Y_{GY}=-4.864e^{4}+2.530e^{2}x-2.843e^{-1}x^2 \quad (R=0.8236>0.549,\ n=20,\ P<0.01) \tag{5-3}$$

$$Y_{\mathrm{WUE}}=-1.067e^{2}+5.941e^{-1}x-7.085e^{-4}x^2 \quad (R=0.6865>0.549,\ n=20,\ P<0.01) \tag{5-4}$$

式中，CY 为产量；x 为灌溉量；IE 为灌溉效益；x 为耗水量；WUE 为水分利用效率。

方差分析表明，灌溉量与产量、灌溉效益，耗水量与产量和 WUE 间均呈极显著（P<0.01）的抛物线关系，但变化趋势并不同步，分别在 371mm、7450kg/hm²、21.18kg/（hm²·mm）和 430mm、7601kg/hm²、17.73kg/（hm²·mm）处交汇，理论上为最佳结合点，可同时取得最高的经济产量和最大的水分利用效率。

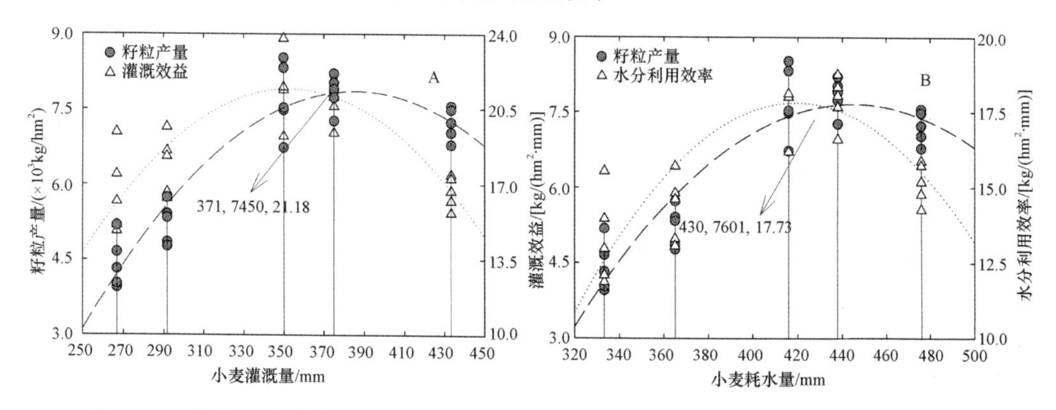

图 5-2　不同处理春小麦的产量、灌溉效益、水分利用效率与灌溉量、耗水量间的关系

5. 小结

合理的灌溉定额确定是制定灌溉制度的重要指标[12]，本试验基于灌溉效益和水分利用效率的考虑分别估算了滴灌春小麦的最佳灌溉量和耗水量。结果表明，籽粒产量、灌溉效益、WUE 分别与灌溉量、耗水量呈二次抛物线线关系，交汇点分别在 371mm、7450kg/hm²、21.18kg/（hm²·mm）和 430mm、7601kg/hm²、17.73kg/（hm²·mm）。灌溉

次数则是对灌溉量在不同生育阶段进行水量配置的体现。蒋桂英等[13,14]认为在 375mm 灌溉量下，4d/次（高频）表层土壤贮水量较高；10d/次（低频）有利于水分的下渗和侧渗，但水分补给不及时；7d/次作物产量最优。本试验的 T3 灌溉间隔也约为 7d/次，灌溉效益、WUE 和产量最高，这与前人研究结果一致。二次曲线拟合表明，滴灌定额 371mm（灌溉频率约 7d/次）可保障土壤处于最优的水分供应状态，是本地区春小麦获得高产的最佳节水方案。

（二）新疆滴灌玉米需水规律研究

本试验开展了滴灌条件下玉米需水规律研究；明确了滴灌玉米需水高峰期；制定了水分管理制度。试验设于农业部作物高效用水石河子科学观测实验站（新疆石河子市，45°38′N，86°09′E）。区域具典型干旱半干旱大陆性气候，降水稀少、空气干燥、光热集中，年均气温 6.5～7.2℃，年平均降雨量 115mm、蒸发量 1942mm 左右。试验田为灌耕灰漠土（*Calcaric Fluvisals*），地力均匀，耕层土壤（0～20cm）含有机质 13.58g/kg，全氮 1.34g/kg，速效磷 18.38mg/kg，速效钾 201.5mg/kg，土壤 pH 8.4，土壤容重 1.17g/cm^3，田间持水量 21.03%。

试验设置了 5 个土壤墒度控制下限（以田间持水量的%计，表 5-8），土壤墒度采用美国产 Watchdog 土壤水分传感器（Spectrum Technologies，Inc.）实时监测，传感器埋置于滴灌带正下方 40cm 处。生育期内各处理土壤墒度低于设计下限时即进行滴灌，灌至田间持水量的 100%。

表 5-8　不同处理控墒下限设计（以田间持水量的%计）

处理	苗期-拔节期	小喇叭口期-大喇叭口期	抽雄期-吐丝期	灌浆期	蜡熟期-成熟期
W1	50	60	65	70	50
W2	55	65	70	75	55
W3	60	70	75	80	60
W4	65	75	80	85	65
W5	70	80	85	90	70

供试玉米品种为郑单 958，30+90cm 宽窄行距播种，株距 14cm，播种密度 12×10^4 株/hm^2。1 管 2 行，铺设 1 条滴管带，滴头流量 2.8L/h。试验小区 60m^2，重复 3 次，随机区组排列。井水滴灌，单独水表计量，施肥量设同一水平（N 240kg/hm^2、P_2O_5 120kg/hm^2、K_2O 60kg/hm^2）。氮肥尿素（N 46%）和钾肥（K_2O 63%）全部随水滴施；磷肥磷酸一铵（N 12%、P_2O_5 60%）基施 30%，滴施 70%。分别于小喇叭口期、大喇叭口期、抽雄期、吐丝期、灌浆期按照 10%、20%、20%、30%、20%追施。拔节期与大喇叭口期高架喷雾机混合喷施炔螨特、阿维菌素、溴氰菊酯抑制虫害；同时混入 40%羟烯乙烯利控制株高，其他管理同大田生产。

1. 不同灌量对玉米株高、干物质量和叶面积指数的影响

由表 5-9 可知，不同土壤墒度下株高随生育进程逐渐升高，吐丝期各处理株高达到最大；各生育时期均以 W4 最高，W1 显著最低。干物质的积累趋势与株高一致，大口期以 W4 最高，抽雄期、吐丝期则以 W5 最高；至吐丝期各处理干物质积累均迅速升高，

表 5-9　控墒补灌对玉米各生育时期株高、干物质和叶面积指数的影响

处理	株高/cm			干物质/（$\times10^3$kg/hm^2）			叶面积指数		
	大口期	抽雄期	吐丝期	大口期	抽雄期	吐丝期	大口期	抽雄期	吐丝期
W1	180.2b	190.4c	197.5c	8.41c	11.8b	14.3c	4.87c	6.12c	7.05c
W2	185.4b	197.0c	220.7b	9.82bc	12.4b	16.7b	5.24b	7.08bc	7.84b
W3	201.8a	219.2ab	233.0a	10.42b	13.7b	17.4b	6.23ab	7.53b	8.10ab
W4	203.5a	224.7a	235.4a	12.88a	15.4ab	20.1a	7.42a	8.37a	8.92a
W5	197.6ab	213.0b	223.0ab	12.26ab	17.2a	21.9a	6.58ab	7.68b	8.04ab

注：同一列中不同字母表示差异显著（$P<0.05$）

且 W4、W5 具有更高的积累量。叶面积指数（LAI）均随生育进程推移升高，各时期随土壤墒度增加先升后降；以 W4 显著最高，较 W1 高 52.4%、36.8%和 26.5%。表明适宜的土壤墒度是保持玉米良好生长状态的关键，土壤墒度过高或过低均不利于玉米的正常生长。

2. 不同灌量对花前及花后同化物转运的影响

由表 5-10 可知，土壤墒度的增加显著降低了花前同化物的转运量、转运率及对籽粒的贡献率，均以 W1 显著最高。花后同化物输入籽粒量和对籽粒的贡献率均随土壤墒度增加先升后降，均以 W4 最高，W1 显著低于其他。表明土壤墒度过低虽促进了花前储存碳库的再转运，但总体转运量的数量下降，而高墒则有利于花后同化物的合成，同时转运量也更高。

表 5-10　控墒补灌对滴灌玉米干物质转运量、转运率及花前贮藏同化物对籽粒贡献率的影响

处理	花前同化物转运量	花前同化物转运率/%	花前转运量对籽粒的贡献率/%	花后同化物输入籽粒量/（kg/hm^2）	花后同化物对籽粒的贡献率/%
W1	2 665.1a	35.5a	28.9a	6 548.6d	71.1c
W2	2 589.4a	27.4b	20.5b	10 053.4c	79.5b
W3	2 553.8ab	24.5bc	17.6c	11 974.1b	82.4a
W4	2 372.6b	18.0d	15.2c	13 237.5a	84.8a
W5	2 439.8b	21.4c	16.2c	12 652.5b	83.8a

注：同一列中不同字母表示差异显著（$P<0.05$）

3. 吐丝期后叶片衰老变化特征

由图 5-3 可看出，吐丝期后玉米叶片的衰老速率均呈下降趋势，但各处理间土壤墒度越高同时期的相对绿叶面积（RGLA）越大，两年间 W5 较 W1 高于 50.3%（表 5-11）。曲线方程拟合得出的最大衰老速率和天数表明，W1 的最大衰老速率显著高于其他处理，2014 年较 W3、W4 高 9.46%和 15.32%。绿叶最大衰老速率出现的天数，W5 较 W1 延长了 10.1d。较高的土壤墒度延缓叶片衰老的速率与时间，有利于灌浆后同化物的合成与转运。

4. 控墒补灌玉米产量构成、水分利用效率及最佳灌量估算

由表 5-12 可知，不同灌水处理滴灌春玉米在整个生育期的总体耗水规律相同，拔节期耗水量、耗水强度及占总耗水量的比例增加；抽雄、灌浆达到最高峰值，表明从此阶段是滴灌玉米需水的关键阶段；苗期、成熟期的需水量相对较小。总耗水量和耗水强度均随土壤墒度及灌量的提高，呈增加趋势。

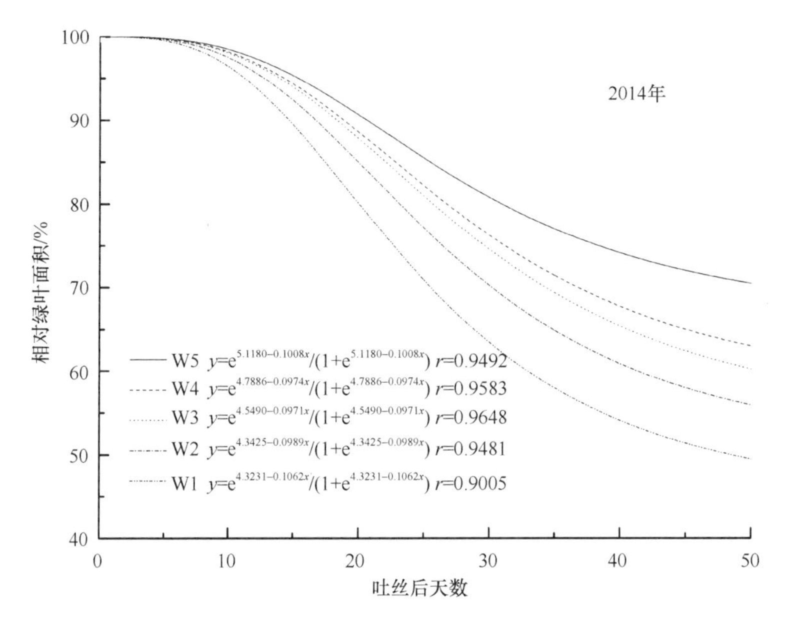

图 5-3 不同处理玉米相对绿叶面积（RGLA）动态变化

表 5-11 不同处理滴灌春玉米叶片衰老特征

处理	成熟期相对绿叶面积/%	最大衰老速率/%	天数
W1	43.5d	2.66a	40.7d
W2	49.2c	2.47bc	43.9c
W3	52.9bc	2.43c	46.8b
W4	56.3ba	2.44c	49.2ab
W5	65.4a	2.52b	50.8a

注：同一列中不同字母表示差异显著（P<0.05）

表 5-12 不同处理滴灌春玉米阶段耗水量、耗水强度及总耗水量

处理	项目	苗期-拔节期（4.25～5.25）	拔节期-抽雄期（5.25～7.10）	抽雄期-灌浆期（7.10～8.10）	灌浆期-蜡熟期（8.10～9.10）	蜡熟期-成熟期（9.10～9.25）	全生育期
W1	耗水量/mm	52.8	128.7	133.3	114.3	33.8	462.9
	耗水强度/（mm/d）	1.76	2.80	4.30	3.69	2.25	2.96
	占总耗水量的比例/%	11.4	27.8	28.8	24.7	7.3	100
W2	耗水量/mm	69.7	142.0	126.3	133.9	33.3	505.2
	耗水强度/（mm/d）	2.32	3.09	4.07	4.32	2.22	3.21
	占总耗水量的比例/%	13.8	28.1	25.0	26.5	6.6	100
W3	耗水量/mm	81.4	161.7	137.4	149.3	35.6	565.4
	耗水强度/（mm/d）	2.71	3.52	4.43	4.82	2.37	3.57
	占总耗水量的比例/%	14.4	28.6	24.3	26.4	6.3	100
W4	耗水量/mm	99.1	197.0	152.6	150.6	44.4	643.8
	耗水强度/（mm/d）	3.30	4.28	4.92	4.86	2.96	4.07
	占总耗水量的比例/%	15.4	30.6	23.7	23.4	6.9	100
W5	耗水量/mm	125.1	215.3	185.5	169.8	49.2	744.9
	耗水强度/（mm/d）	4.17	4.68	5.98	5.48	3.28	4.72
	占总耗水量的比例/%	16.8	28.9	24.9	22.8	6.6	100

由表 5-13 可知，2014 年籽粒产量均随土壤墒度增加先升后降，W4 为最高。灌溉量和耗水量均随控墒下限的提高显著增加。灌溉效益（IB）与水分利用效率（WUE）均随土壤墒度增加先升后降；IB 与 WUE 均为 W3 最高。土壤控墒下限提高，灌溉量和玉米耗水量显著增加，但 IB 和 WUE 显著降低。

表 5-13　控墒补灌对玉米籽粒产量、灌溉效益和水分利用效率的影响

处理	籽粒产量/（$\times10^3$ kg/hm^2）	灌溉量/mm	灌溉效益/[（kg·hm^{-2}）/mm]	耗水量/mm	水分利用效率/[（kg·hm^{-2}）/mm]
W1	9.2d	403.1e	22.8b	462.9e	19.3b
W2	12.6c	445.1d	28.4a	505.2d	25.0a
W3	14.5b	505.2c	28.6a	565.4c	25.6a
W4	15.6a	583.2b	26.7a	643.8b	24.2a
W5	15.0ab	684.1a	21.9b	744.9a	20.1b

注：同一列中不同字母表示差异显著（$P<0.05$）

产量、灌溉效益、水分利用效率分别与灌溉量、耗水量符合一元二次方程 $y=ax^2+bx+c$ 的抛物线关系（图 5-4），将 2014 年数据进行拟合，公式如下

$$Y_{GY}=-45.5920+0.2056x-0.0002x^2 \quad (R=0.9253>0.403,\ n=40,\ P<0.01) \tag{5-5}$$

$$Y_{IE}=-61.6160+0.3395x-0.0003x \quad (R=0.7968>0.403,\ n=40,\ P<0.01) \tag{5-6}$$

$$Y_{GY}=-61.2300+0.2347x-0.0002x^2 \quad (R=0.9291>0.403,\ n=40,\ P<0.01) \tag{5-7}$$

$$Y_{\mathrm{WUE}}=85.3430+0.3699x-0.0003x^2 \quad (R=0.8044>0.403,\ n=40,\ P<0.01) \tag{5-8}$$

式中，*GY* 为产量；*IE* 为灌溉效益；WUE 为水分利用效率。

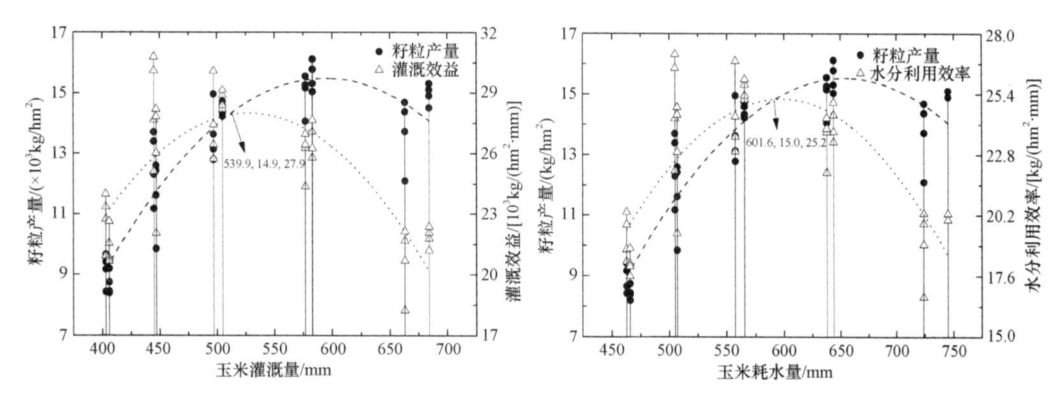

图 5-4　不同处理玉米的产量、灌溉效益、水分利用效率与灌溉量、耗水量间的关系

方差分析表明，灌溉量与产量、灌溉效益，耗水量与产量和 WUE 间均呈极显著的抛物线关系，但变化趋势并不同步，分别在 539.9mm、14.9×10^{3}kg/hm^2、27.9（kg·hm^{-2}）/mm 和 601.6mm、15.0×10^{3}kg/hm^2、25.2（kg·hm^{-2}）/mm 处交汇，理论上为最佳结合点，可同时取得最高的经济产量和最大的水分利用效率。

5. 结论

玉米作为公认的高耗水作物[15]，拔节期前玉米的水分需求较少，大口期后玉米开始对水分需求旺盛，轻度干旱即可导致生长明显受阻，影响玉米同化物及干物质的合成与积累[16-17]。本试验基于灌溉效益与水分利用效率的综合考量，估算了本地区滴灌春玉米

的最佳灌溉量和耗水量，籽粒产量、灌溉效益、WUE 分别与灌溉量、耗水量符合二次抛物线关系，分别在 539.9mm、$14.9×10^3$kg/hm^2、27.9（kg·hm^{-2}）/mm 和 601.6mm、$15.0×10^3$kg/hm^2、25.2（kg·hm^{-2}）/mm 处交汇，是最佳灌量的结合点，能同时取得较高的经济产量和最大的水分利用效率。

（三）新疆滴灌春小麦需肥规律研究

试验设在新疆兵团农八师 149 团。土壤为灰漠土，质地壤土，肥力中下，前茬小麦。耕层土壤有机质含量 9.4～12.2g/kg，碱解氮 38.6～46.2mg/kg，速效磷（P_2O_5）28.4～31.2mg/kg，速效钾（K_2O）198.7～224.6mg/kg，有效锌 0.9～1.1mg/kg，有效锰 8.1～8.4mg/kg，有效硼 2.8～3.1mg/kg，土壤容重 1.21～1.24g/cm^3。供试小麦品种新春 6 号，供试肥料品种各试验均为尿素（N 46%）、三料磷肥（P_2O_5 46%）、氯化钾（K_2O 60%）和磷酸一铵（12-64-0）。N、P 施用量试验采用 2 因素 4 水平不完全设计，处理 9 个，重复 4 次，小区面积 0.009hm^2（4.5m×20m）。施肥组合：①N0P0K0；②N0P105K37.5；③N120P52.5K37.5；④N120P105K37.5；⑤N240P0K37.5；⑥N240P52.5K37.5；⑦N240P105K37.5；⑧N240P157.5K37.5；⑨N360P105K37.5。K 施用量试验采用单因子设计，处理 6 个，重复 4 次，施肥组合：①N225P112.5K0；②N225P112.5K22.5；③N225P112.5K45；④N225P112.5K67.5；⑤N225P112.5K90；⑥N225P112.5K112.5。灌溉采用滴灌，设 1 个灌水量水平，总灌水量 4200m^3/hm^2，每个处理均采用单独施肥装置。播种采用 15cm 等行距，畦宽 90cm，1 管 6 行。全生育期灌水 7 次，随水施肥 4 次，其他同大田“密、壮、均、控”栽培模式生产，试验结果见表 5-14。

表 5-14 滴灌小麦 N、P 施用量试验水肥分配比例表

项目	基施	出苗期-拔节期	拔节期-抽穗期	抽穗期-成熟期	全生育期
灌水分配比例/%	—	25	50	25	100
灌水次数	—	2	3	2	7
氮肥分配比例/%	25	15	35	25	100
磷肥分配比例/%	70	5	15	10	100
钾肥分配比例/%	50	10	25	15	100
施肥次数	—	1	2	1	4

1. 滴灌小麦氮、磷、钾肥的增产效应

试验结果见表 5-15、5-16。结果表明，在新疆干旱区中下等肥力条件下，增施氮磷肥，都可使滴灌小麦增产，但也有不同，全肥区小麦产量最高，增产率 26.5%～41.5%。单一肥料氮肥的作用最大，效果最为明显，增产率 35.9%；磷肥也有较好的增产效果，增产率 13.8%。经方差分析，氮磷肥的增产效应差异达极显著水平，F 值为 20.53（$F_{0.01}$=3.55）。钾肥的增产率不如氮磷肥明显，平均增产率 8.1%，经方差分析达显著水平，F 值为 9.1（$F_{0.05}$=3.1），说明在新疆富钾土壤上施用钾肥仍有一定的增产效果。

表 5-15 滴灌小麦氮磷肥施用量试验产量表

处理	N0P0K0	N0P2K2	N1P1K2	N1P2K2	N2P0K2	N2P1K2	N2P2K2	N2P3K2	N3P2K2
产量/（kg/hm^2）	4986.0	5675.1	6306.9	6347.6	6776.3	7008.3	6881.4	7053.2	6834.6
增产率/%	—	13.8	26.5	27.3	35.9	40.6	38.0	41.5	37.1

表 5-16　滴灌小麦钾肥施用量试验产量表

处理	N225P112.5K0	N225P112.5K22.5	N225P112.5K45	N225P112.5K67.5	N225P112.5K90	N225P112.5K112.5
产量/（kg/hm^2）	5992	6201.7	6447.4	6944.7	6357.5	6435.4
增产率/%	—	3.5	7.6	15.9	6.1	7.4

2. 滴灌小麦氮、磷、钾肥的施用量及比例

根据滴灌小麦产量 Y 与氮、磷、钾肥之间的变化关系，建立施肥效应方程如下

$$\text{氮、磷肥试验：} Y=4988.9027+11.3880N+5.4584P-0.0155N^2+0.006P^2-0.0222NP \quad (R=0.9856^{**}) \tag{5-9}$$

$$\text{钾肥试验：} Y=5931.6+19.876K-0.1408K^2 \quad (R=0.8113^{*}) \tag{5-10}$$

根据方程及肥料、产品价格计算（小麦单价按 2 元/kg、氮肥 3.59 元/kg、磷肥 3.52 元/kg、钾肥 5.0 元/kg），在干旱区灰漠土中下等肥力条件下，滴灌小麦氮肥最佳施用量为 $234kg/hm^2$，磷肥最佳施用量为 $108kg/hm^2$，最佳施肥量产量为 $6902.6kg/hm^2$，氮肥与磷肥的适宜配合比例为 1∶0.46；滴灌小麦钾肥最佳施用量为 $61.7kg/hm^2$，最佳施肥量产量为 $6621.9kg/hm^2$，氮肥与钾肥的适宜配合比例为 1∶0.26。

3. 滴灌对小麦氮、磷、钾肥利用率的影响

通过收获期取样化验分析，依据差减法，在干旱区灰漠土中下等肥力条件下，氮肥 50%以上滴施的 3 个不同施肥方法处理（表 5-17），小麦吸氮总量为 336.7～$340.2kg/hm^2$，氮肥利用率为 58.6%～61.7%。磷肥试验 5 种不同施肥方法处理，小麦吸磷总量为 85.5～$88.4kg/hm^2$，利用率为 22.9%～25.7%，其中磷肥 75%基施配合 25%滴施利用率略高。钾肥试验 3 个不同施肥处理，小麦吸钾总量为 304.6～$305.8kg/hm^2$，钾肥利用率为 56.4%～62.1%，其中钾肥 50%基施配合 50%滴施利用率最高。

表 5-17　滴灌小麦氮、磷、钾肥不同施用方法利用率对比

项目	N			P					K		
	$N_{全滴}$	$N_{75\%滴}$	$N_{50\%滴}$	$P_{全基}$	$P_{75\%基}$	$P_{50\%滴}$	$P_{75\%滴}$	$P_{全滴}$	$K_{全滴}$	$K_{50\%基施}$	$K_{全基}$
利用率/%	59.7	61.7	58.6	25.4	25.7	25.1	22.9	23.4	58.9	62.1	56.4

4. 植株氮、磷、钾含量与氮、磷、钾肥施用量的关系

根据化验分析，在小麦植株各部位中，籽粒含氮、磷最高，分别为 2.47%～2.91%和 0.91%～1.08%，其次为叶片、茎秆，最低为颖壳（0.89%～0.95%和 0.24%～0.29%）。钾含量以茎秆最高，为 2.84%～2.96%，其次是颖壳、叶片，含量最低为籽粒，为 0.66%～0.71%。根据氮、磷、钾肥施用量与小麦植株体内氮、磷、钾含量的变化关系，得出效应函数。由图 5-5 可以看出，在一定施肥量范围内，小麦植株体内各部位氮、磷、钾含量均随氮、磷、钾肥用量的增加有增高趋势，并由方程得出，灰漠土在中下等肥力条件下，每公顷氮、磷、钾肥用量增加 1kg，小麦植株体内氮、磷、钾的含量分别提高 9.95%、3.09%和 11.26%。

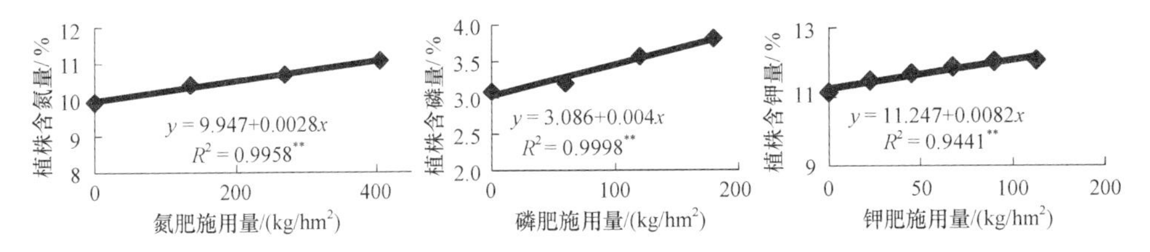

图 5-5　氮、磷、钾肥施用量与试验植株氮、磷、钾含量拟合曲线

**表示极显著差异

5. 结论

在新疆干旱区中下等肥力条件下，滴灌春小麦全肥区增产率 26.5%～41.5%，氮肥增产率 35.9%，磷肥增产率 13.8%，钾肥平均增产率 8.1%，但钾肥（K_2O）施用量不宜过大。在干旱区中下等肥力条件下，滴灌小麦氮肥最佳施用量为 234kg/hm²，磷肥最佳施用量为 108kg/hm²，钾肥最佳施用量为 61.7kg/hm²，氮、磷、钾肥的适宜配合比例为 1∶0.46∶0.26。在中下等肥力条件下，小麦植株体内各部位氮、磷、钾的含量均随氮、磷、钾肥用量的增加有增高趋势，每公顷氮、磷、钾肥用量增加 1kg，小麦植株体内氮、磷、钾的含量分别提高 9.95%、3.09%和 11.26%。

（四）新疆滴灌玉米需肥规律研究

试验设于新疆农垦科学院国家农业部作物高效用水观测实验站（新疆石河子市 45°38′N，86°09′E）。研究区域位于天山北麓的冲积扇平原，年均气温 6.5～7.2℃，年平均降雨量 115mm、蒸发量 1942mm，气候类型属于典型的干旱半干旱大陆性气候。试验土壤为灌耕灰漠土（*Calcaric Fluvisals*），耕层土壤（0～20cm）pH 8.2，有机质 7.14g/kg，碱解氮 34.30mg/kg，速效磷 18.08mg/kg，速效钾 130.46mg/kg，土壤容重 1.67g/cm³、田间持水量 17.7%。

试验方案采用“3414”二次最优回归设计[18]，氮、磷、钾 3 因素 4 水平，共计 14 个处理，重复 4 次，随机区组设计。4 个水平含义：0 水平指不施肥；2 水平指当地推荐施肥量；1 水平为 2 水平的 0.5 倍，施肥不足；3 水平为 2 水平的 1.5 倍，过量施肥，施肥量详见表 5-18。供试品种郑单 958，4 月 22 日播种，播种密度 1.05×10^5 株/hm²，行距配置为宽窄行设计（90cm+30cm），1 膜 2 行铺设 1 条滴管带，滴头流量 2.4L/h，小区面积 60m²（每小区包括 5 条滴灌带，铺设长度 10m，最外 2 行为保护行），井水滴灌，单

表 5-18　试验设计

序号	处理	N/(kg/hm²)	P_2O_5/(kg/hm²)	K_2O/(kg/hm²)	序号	处理	N/(kg/hm²)	P_2O_5/(kg/hm²)	K_2O/(kg/hm²)
1	N0P0K0	0	0	0	8	N2P2K0	300	90	0
2	N0P2K2	0	90	60	9	N2P2K1	300	90	30
3	N1P2K2	150	90	60	10	N2P2K3	300	90	90
4	N2P0K2	300	0	60	11	N3P2K2	450	90	60
5	N2P1K2	300	45	60	12	N1P1K2	150	45	60
6	N2P2K2	300	90	60	13	N1P2K1	150	90	30
7	N2P3K2	300	135	60	14	N2P1K1	300	45	30

独布设施肥装置。供试氮肥为尿素（N 46%）、磷肥为磷酸一铵（N 12%、P_2O_5 60%）、钾肥为氯化钾（K_2O 63%）；磷肥基施 30%，氮肥、钾肥和剩余 70%的磷肥分别于拔节期、大喇叭口期、抽雄期、籽粒建成期、乳熟期按 20%、20%、30%、20%、10%的比例全部滴施。灌水量为同一水平，均为 4200m^3/hm^2，全生育期灌水 8 次，随水施肥 5 次，其他管理同大田生产。

1. 不同施肥量的产量效应

玉米施氮(N)后平均增产 $1.41\times10^3kg/hm^2$，较不施氮处理平均增产 12.48%(表 5-19)；施用磷肥（P_2O_5）平均增产 $1.35\times10^3kg/hm^2$，较不施磷处理平均增产 11.69%；施用钾肥（K_2O）平均增产 $1.04\times10^3kg/hm^2$，较不施钾处理平均增产 11.12%。增产量、增产率、肥料贡献率和农学效率均表现为 N>P_2O_5>K_2O，施用氮、磷、钾肥的增产效果显著，其施用水平均以当地推荐的施肥水平最高，N 和 P_2O_5 过量投入不会导致显著减产，但过量 K_2O 的施用显著降低了玉米产量（P<0.05）。由此可见，本研究的推荐施肥量总体上是合理的，合理施肥量可达到作物高产和高效，同时可避免肥料的浪费和过量施肥带来的面源污染等问题。

表 5-19　不同氮、磷、钾水平的玉米施肥效应

肥料类型	处理	产量/($\times10^3$ kg/hm^2)	增产量/($\times10^3$ kg/hm^2)	增产率/%	肥料贡献率/%	农学效率/(kg/kg)
N	N0P2K2	11.31±0.26b	—	—	—	—
	N1P2K2	11.95±0.14b	0.64±0.39b	5.72±3.62b	5.36±3.24b	4.27±2.63b
	N2P2K2	14.13±0.50a	2.82±0.24a	24.97±1.59a	19.98±1.02a	9.41±0.81a
	N3P2K2	12.07±0.40ab	0.76±0.21b	6.15±2.90b	5.79±2.62b	1.54±0.72c
	均值	—	1.41	12.48	10.53	5.12
P_2O_5	N2P0K2	11.56±0.12c	—	—	—	—
	N2P1K2	12.16±0.04bc	0.60±0.16b	5.17±1.42b	4.92±1.28b	3.98±1.05b
	N2P2K2	14.13±0.50a	2.57±0.39a	22.27±3.13a	18.21±2.10a	8.58±1.29a
	N2P3K2	12.44±0.39ab	0.88±0.51b	7.64±4.47b	7.09±3.87b	1.96±1.13c
	均值	—	1.35	11.69	10.03	4.84
K_2O	N2P2K0	12.37±0.08b	—	—	—	—
	N2P2K1	13.46±0.38b	1.09±0.30a	8.80±3.10b	8.08±1.99b	7.25±1.98a
	N2P2K2	14.13±0.50a	1.76±0.42a	14.23±4.09a	12.46±2.53a	5.87±1.40ab
	N2P2K3	12.65±0.03b	0.28±0.05b	2.25±0.47c	2.20±0.38c	0.62±0.11c
	均值	—	1.04	11.12	7.55	4.58

注：同一列中不同字母表示差异显著（P<0.05）

2. 肥料效应函数的建立

对玉米“3414”试验全部结果进行肥料效应回归模型模拟，得到产量与肥料之间的数学模型为

$$Y=10\,277.4965+14.3934x_1+31.7055x_2-47.4004x_3-0.0177x_1^2-0.1202x_2^2-0.0987x_3^2-0.0908x_1x_2+0.0841x_1x_3+0.3784x_2x_3 \quad (5\text{-}11)$$

F 检验结果表明，相关系数 R^2 为 0.8387，各模拟项总的 F=1.0548，大于 $P_{0.05}$ 的 F

值（0.5203），这表明玉米产量与氮、磷、钾施肥量间的回归关系达显著水平，能够反映氮、磷、钾三因素间的关系。各回归项系数 x_1、x_2 项及 x_1^2、x_2^2、x_1x_2 均达到显著水平，表明氮肥、磷肥及氮、磷肥的交互作用对产量有显著影响。二次项 x_1^2、x_2^2、x_2^3 的系数均为负数，呈开口向下的抛物线变化，表明在设计范围内氮、磷、钾三因素均存在一个最高值，过量投入会引起产量的降低，同时造成肥料的浪费。

3. 单因素效应分析

探讨各因素的单因子效应，在 P_2K_2、N_2K_2 和 N_2P_2 水平下，分别对 N、P_2O_5 和 K_2O 的投入量与玉米产量拟合，则可得到一元二次子模型

$$Y_N=11\,018.6922+16.4920x_1-0.0300x_1^2 \quad (R^2=0.7729) \tag{5-12}$$

$$Y_P=11\,306.2632+48.4155x_2-0.2825x_2^2 \quad (R^2=0.7778) \tag{5-13}$$

$$Y_K=12\,284.1683+69.2944x_3-0.7141x_3^2 \quad (R^2=0.8992) \tag{5-14}$$

将回归模型（5-12）、（5-13）、（5-14）分别绘图即可得到各因子的产量效应图（图 5-6），如图所示各因子的增产效应明显，均呈开口向下的抛物线状，符合报酬递减定律。各抛物线的顶点就是各因子对应的最高产量，与其对应的是各肥料的最适投入量。当肥料投入过量时，随着钾肥投入的增加产量快速降低，钾的增产负效果明显大于氮和磷。在本试验中，N、P_2O_5、K_2O 的最适施肥水平为 1.83、1.90、1.62，折算为肥料投入量为 274.86kg/hm^2、85.69kg/hm^2、48.52kg/hm^2，对应产量分别为 13 285.74kg/hm^2、13 380.65kg/hm^2、13 965.21kg/hm^2。

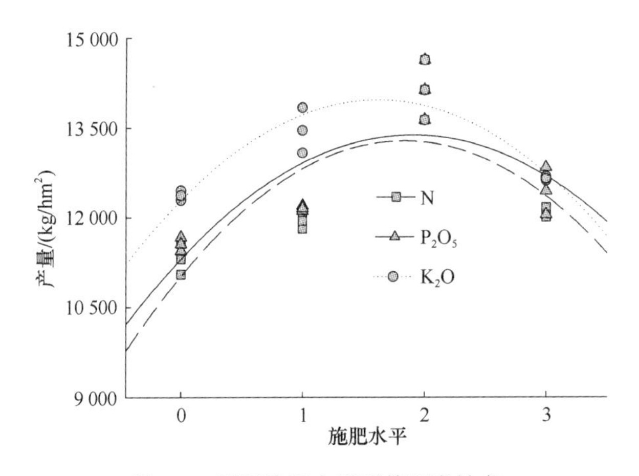

图 5-6　不同施肥水平下单因素效应

4. 单因素边际效益

边际效益分析可反映各因素的最适投入量和单位投入量变化对产量增减速率的影响。对回归子模型（5-12）、（5-13）、（5-14）求一阶偏导，可得到 N、P_2O_5、K_2O 三因素的边际产量效应方程式（5-15），（5-16），将施肥水平值代入（5-17），则可得到图 5-7。同时，当各因子的边际产量为零时，即令 $dy/dx=0$，可得到产量的最高点，此时求得的 x 值为产量最佳施肥水平。

$$dy/dx_1=16.4920-0.0600x_1 \tag{5-15}$$

$$dy/dx_2=48.4155-0.5650x_2 \tag{5-16}$$

$$dy/dx_3=69.2944-1.4282x_3 \tag{5-17}$$

N、P_2O_5、K_2O 三因素的边际产量均呈递减趋势（图 5-7），斜率表现为 N>K_2O> P_2O_5，说明各因素中氮素投入对玉米产量的贡献最大，钾素次之。随着投入量的增加，各因素与 x 轴相交时达到最高产量的肥料最适施肥水平（N：1.83，P_2O_5：1.90，K_2O：1.62），之后过量投入产量不再增加，甚至表现出负效益。

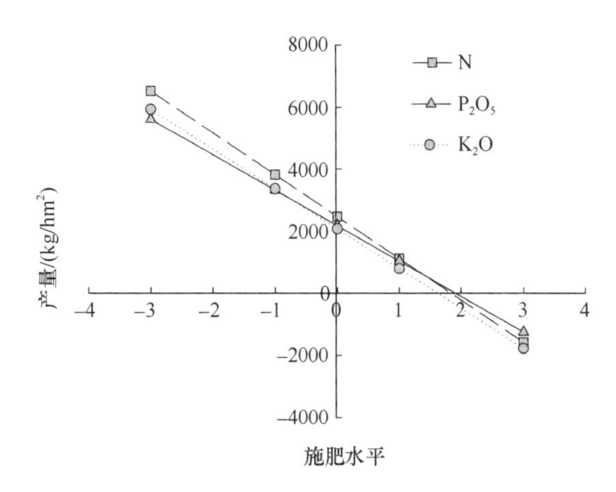

图 5-7　不同施肥水平下单因素边际效益

5. 氮磷钾肥耦合效应分析

为进一步探讨双因素间的耦合效应，NP、NK、PK 与产量二元二次肥料效应曲线分别固定在 K_2、P_2 和 N_2 水平下进行拟合，可得到任意双因素的交互作用模型如下

$$Y_{NP}=3536.8848+33.7078x_1+101.9688x_2-0.0250x_1^2-0.2008x_2^2-0.2202x_1x_2 \quad (R^2=0.8422) \tag{5-18}$$

$$Y_{NK}=8242.6913+22.2016x_1+66.5550x_3-0.0268x_1^2-0.3259x_3^2-0.1229x_1x_3 \quad (R^2=0.7684) \tag{5-19}$$

$$Y_{PK}=7749.3182+78.2582x_2+88.5200x_3-0.2948x_2^2-0.4915x_3^2-0.4660x_2x_3 \quad (R^2=0.8467) \tag{5-20}$$

对模型（5-18）、（5-19）、（5-20）进行绘图可得到双因素耦合效应图（图 5-8），氮、磷、钾三因素均表现出显著的正交互效应。在 NP 的交互效应中，玉米产量随着氮、磷施肥量的增加显著提高，两者交互促进作用明显；NK 交互效应中，在较低的施氮水平下，钾肥的增产效应不明显，高氮条件下钾肥的增产效应显著提升；PK 的交互效应与 NK 相同，且效果更为明显；各交互效应在过量施肥时玉米产量均显著降低。

6. 施肥量推荐

为明确密植条件下滴灌玉米的最佳施肥水平，运用导数法分别对模型（5-1）～（5-4）和（5-18）～（5-20）求解，可求得不同模型的产量最大值及对应的氮、磷、钾肥的投入量。将玉米产量及肥料投入进行对比，最高产量的施肥量氮肥为 274.86～314.06kg/hm^2，平均为 296.3kg/hm^2；磷肥为 80.47～98.44kg/hm^2，平均为 86.61kg/hm^2；钾肥为 35.98～48.52kg/hm^2，平均为 43.01kg/hm^2，N、P_2O_5、K_2O 的投入比例为 1∶0.29∶0.16（表 5-20）。7 个模型模拟的最高产量为 12 757.27～13 965.21kg/hm^2，平均为 13 297kg/hm^2，其中以 K_2O（模型 4）一次拟合产量最高，而交互作用中以 PK（模型 10）拟合产量最高，

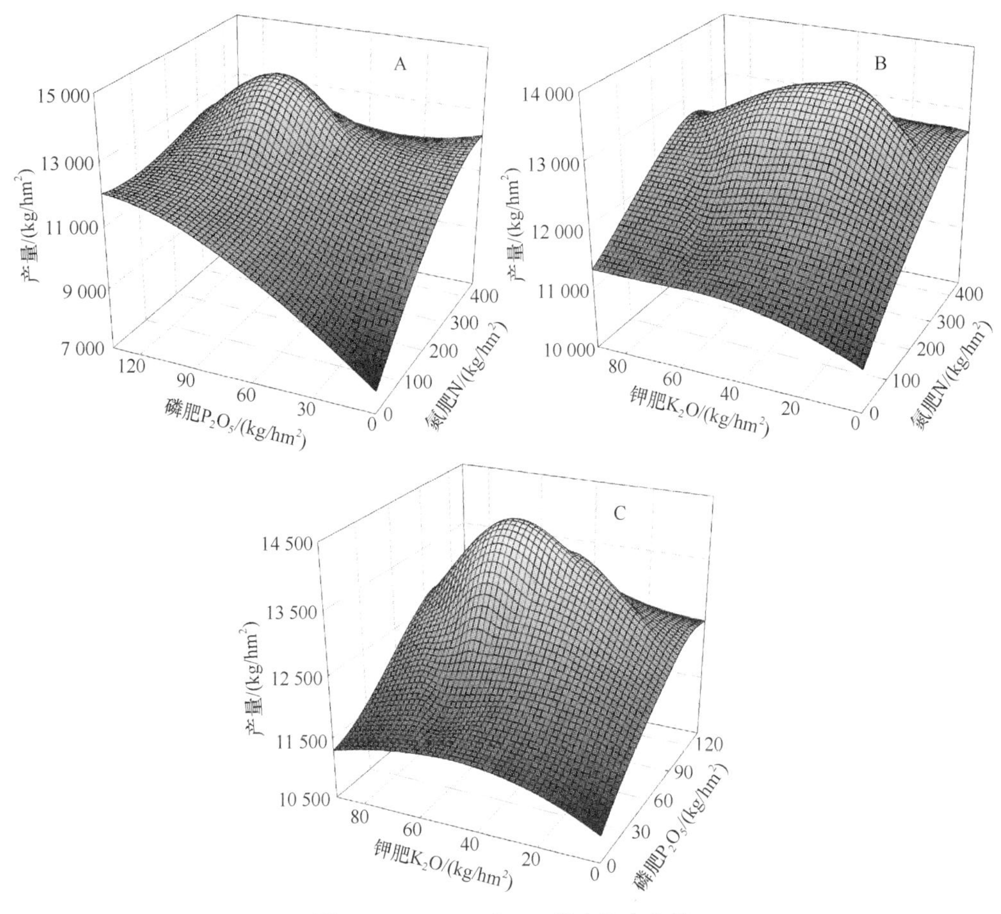

图 5-8 NP、NK 和 PK 耦合效应分析

综合考虑可认为钾肥的投入对本区域滴灌玉米产量的提高起着关键作用，同时还应注意 P_2O_5 的配合施用，有利于获得高产。

表 5-20 不同模型下最高产量的估算及其对应肥料投入

模型	类型	N/（kg/hm²）	P_2O_5/（kg/hm²）	K_2O/（kg/hm²）	产量/（kg/hm²）
1	NPK	285.67	80.47	35.98	12 757.27
2	N	274.86	—	—	13 285.74
3	P	—	85.69	—	13 380.65
4	K	—	—	48.52	13 965.21
8	NP	314.06	81.85	—	12 997.80
9	NK	310.61	—	44.15	13 170.98
10	PK	—	98.44	43.39	13 521.47
均值	—	296.30	86.61	43.01	13 297.02

7. 结论

施肥对新疆绿洲区密植滴灌玉米产量的增产效果显著[19,20]，增产量、增产率、肥料贡献率和农学效率均表现为 N>P_2O_5>K_2O，肥料投入符合养分报酬递减定律，过量投入表现出负效益。玉米对钾素的敏感性高于氮、磷，较低施钾水平时限制了氮、磷的耦合增产效应，实际生产中应重视钾肥的施用。综合分析，适宜本地区密植滴灌条件下的玉米施肥量推荐 N、P_2O_5 和 K_2O 分别为 296.3kg/hm^2、86.6kg/hm^2 和 43.0kg/hm^2。

（五）新疆主要作物（小麦、玉米）高产水肥耦合量化指标

1. 新疆滴灌小麦高产水肥耦合量化指标

（1）滴灌小麦氮磷钾肥施肥指标

根据小麦目标产量和干旱区主要土类麦田不同肥力等级，确定滴灌小麦氮磷钾肥施肥量及比例。干旱区灰漠土小麦籽粒目标产量为 7500～9000kg/hm^2，低肥力区，氮肥推荐施用量为 255～285kg/hm^2，磷肥（P_2O_5）为 105～120kg/hm^2，钾肥为 45～60kg/hm^2。中等肥力区，氮肥推荐施用量为 225～255kg/hm^2，磷肥（P_2O_5）为 90～105kg/hm^2，钾肥为 30～45kg/hm^2。高肥力区，氮肥推荐施用量为 195～225kg/hm^2，磷肥（P_2O_5）为 75～90kg/hm^2，钾肥为 15～30kg/hm^2。氮、磷、钾肥（纯量）施用比例范围为 1∶（0.35～0.45）∶（0.10～0.20）。

（2）滴灌小麦施肥方法

肥料的施用方法是提高滴灌小麦化肥利用率的关键方法之一。滴灌小麦氮磷钾肥的施用方法主要取决于土壤质地、土壤肥力、肥料特性及小麦需肥规律及特点等。根据田间试验结果和多年研究成果，氮肥移动性较强，冬春麦氮肥全部采用随水滴施。磷肥移动性较差，以随水滴施为主、基施为辅，磷肥黏土基施比例大于壤土，壤土又大于砂土。钾肥移动性强于磷肥，但弱于氮肥，并且钾肥施用量少，钾肥全部采用集中随水滴施。

（3）滴灌小麦生长期水肥耦合优化配置与管理技术规程

小麦滴灌施肥与常规施肥有所不同，在滴灌条件下肥料在小麦不同生长期随水施肥能较好地满足小麦的需肥期。根据小麦的需肥规律及特点，随水施肥要重点放在小麦的生长中前期，尤其是春麦。滴灌施肥在充分考虑小麦滴灌水分、养分阶段性需求规律及水分、养分交互作用的基础上，根据试验研究制定出滴灌小麦不同生长阶段的水肥耦合优化配置与管理技术规程（表 5-21，表 5-22）。

2. 新疆滴灌玉米高产水肥耦合量化指标

（1）滴灌玉米氮磷钾肥施肥指标

根据玉米目标产量和干旱区主要土类不同肥力等级，确定滴灌玉米氮磷钾肥施肥量及比例。干旱区灰漠土玉米籽粒目标产量为 15 000～16 500kg/hm^2，低肥力区，氮肥推荐施用量为 285～315kg/hm^2，磷肥（P_2O_5）为 120～135kg/hm^2，钾肥为 60～75kg/hm^2。中等肥力区，氮肥推荐施用量为 255～285kg/hm^2，磷肥（P_2O_5）为 105～120kg/hm^2，钾肥为 45～60kg/hm^2。高肥力区，氮肥推荐施用量为 225～255kg/hm^2，磷肥（P_2O_5）为 90～105kg/hm^2，钾肥为 30～45kg/hm^2。氮、磷、钾肥（纯量）施用比例范围为 1∶（0.38～0.48）∶（0.15～0.25）。

表 5-21　滴灌冬麦生长期水肥耦合优化配置比例

生育阶段		基肥	分蘖-越冬	返青-拔节	拔节-开花	开花-成熟	累计
水分	分配比例/%	—	10	25	40	25	100
	参考灌水量/（m^3/亩）	—	28～30	70～75	112～120	70～75	280～300
	灌水次数	—	1	2	3	2	8
氮肥	砂土分配比例/%	—	15	20	40	25	100
	壤土分配比例/%	—	15	25	40	20	100
	黏土分配比例/%	—	15	25	45	15	100
	随水施肥次数	—	1	1	2	1	5
磷肥	砂土分配比例/%	10	—	25	35	30	100
	壤土分配比例/%	30	—	20	25	25	100
	黏土分配比例/%	50	—	15	20	15	100
	随水施肥次数	—	—	1	1	1	3
钾肥	砂土分配比例/%	—	—	30	35	35	100
	壤土分配比例/%	—	—	35	35	30	100
	黏土分配比例/%	—	—	35	35	30	100
	随水施肥次数	—	—	1	1	1	3

表 5-22　滴灌春麦生长期水肥耦合优化配置比例

生育阶段		基肥	出苗-拔节	拔节-开花	开花-成熟	累计
水分	分配比例/%	—	25	50	25	100
	参考灌水量/（m^3/亩）	—	70～75	140～150	70～75	280～300
	灌水次数	—	2	3	2	7
氮肥	砂土分配比例/%	—	20	55	25	100
	壤土分配比例/%	—	25	55	20	100
	黏土分配比例/%	—	25	60	15	100
	随水施肥次数	—	1	2	1	4
磷肥	砂土分配比例/%	0	30	35	35	100
	壤土分配比例/%	20	20	30	30	100
	黏土分配比例/%	40	15	25	20	100
	随水施肥次数	—	1	1	1	3
钾肥	砂土分配比例/%	0	30	35	35	100
	壤土分配比例/%	0	35	35	30	100
	黏土分配比例/%	0	35	35	30	100
	随水施肥次数	—	1	1	1	3

（2）滴灌玉米氮磷钾肥的施用方法

肥料的施用方法是提高滴灌玉米化肥利用率的关键方法之一。滴灌玉米氮磷钾肥的施用方法主要取决于土壤质地、土壤肥力、肥料特性及玉米需肥规律及特点等。根据田间试验结果和多年研究成果，氮肥移动性较强，氮肥全部采用随水滴施。磷肥移动性较差，以随水滴施为主、基施为辅，磷肥黏土基施比例大于壤土，壤土又大于砂土。钾肥移动性强于磷肥，但弱于氮肥，并且钾肥施用量少，钾肥全部采用集中随水滴施。

（3）滴灌玉米生长期水肥耦合优化配置与管理技术规程

在滴灌条件下，肥料在玉米不同生长期随水施肥能较好地满足玉米的需肥期。根据玉米的需肥规律及特点，随水施肥要重点放在玉米的生长中前期。滴灌施肥在充分考虑玉米滴灌水分、养分阶段性需求规律及水分、养分交互作用的基础上，根据试验研究制定出新疆滴灌玉米不同生长阶段的水肥耦合优化配置与管理技术规程（表 5-23）。

表 5-23　滴灌玉米生长期水肥耦合优化配置比例

生育阶段		播种出苗	拔节期	大喇叭口期	抽雄期	灌浆期	乳熟期	全生育期
水分	分配比例/%	5	10	10	25	30	20	100
	参考灌水量/（m^3/亩）	15～20	30～35	30～35	80～85	100～105	60～65	310～340
	灌水次数	1	1	1	2	3	2	10
氮肥	分配比例/%	5	10	15	25	35	10	100
	随水施肥次数	1	1	1	2	3	1	9
磷肥	分配比例/%	10	10	15	30	35	—	100
	随水施肥次数	1	1	1	2	3	—	8
钾肥	分配比例/%	—	15	15	35	35	—	100
	随水施肥次数	—	1	1	2	2	—	6

二、宁夏小麦、玉米需水需肥规律及水肥耦合量化指标

宁夏回族自治区位于西北内陆高原，属典型的大陆性半湿润半干旱气候，人均用水量仅 186m^3，为黄河流域的 1/3、全国的 1/12，每公顷平均用水量仅 1050m^3；并且宁夏还存在着用水结构严重不合理的情况。2004 年宁夏引黄灌区平均净灌溉定额为 714mm，灌溉水利用系数为 0.37，单立方米引水水分生产率为 0.42kg/m^3[21]；2009 年引黄灌区用水总量为 65 亿 m^3，农业用水占 90%，灌溉水利用效率较 2004 年有所增长，为 40%[22]；2013 年宁夏全区取水为 72.13 亿 m^3，其中农业用水占 87.5%，工业用水占 6.9%，因此解决当地用水矛盾的关键在于农业节水。根据宁夏政府出台的有关规定，到 2020 年宁夏高效节水灌溉面积将达到 26.7 万 hm^2[23]。研究与高效节水灌溉相对应的灌溉施肥技术对于宁夏节水农业的推广和发展有着极其重要的意义。

滴灌技术在宁夏试验和应用已经有很多年的历史，人们探索了多种滴灌技术在宁夏应用的可行性。早在 1986～1987 年，宁夏大学农学院、宁夏回族自治区林业厅、宁夏盐池县机械化林场等在盐池机械化林场城南分场将滴灌技术应用于青香蕉、红元帅、金冠、国光 4 种果树上，发现果树滴灌相较漫灌能够增产 3735kg/hm^2，但同时也存在滴头容易堵塞的问题[24]。罗健恩等于 1996～1997 年在宁夏南部窖水区研究了利用窖水的移动式滴灌技术，发现滴灌地相较不滴灌地玉米增产 38%[25]。刘维斌等于 2008 年对宁夏红寺堡应用的膜下滴灌技术进行了归纳总结，提出了膜下滴灌技术在宁夏的可行性[26]，发现膜下滴灌地瓜相较传统灌溉节水 58%，水分生产率增加 58%。2011 年，宁夏海原水务局在官桥乡发展了 33.3hm^2 的大棚滴灌，为当地农民解决了灌溉问题[27]。宁学岐等在宁夏永宁县望远镇设施农业种植区对果树滴灌和果树沟灌进行了比较，发现宁夏引黄灌区温室内使用滴灌种植葡萄和油桃较沟灌节水增产效果显著[28]。近年来，随着滴灌技术在宁夏地区的应用，很多专家学者也开始对宁夏滴灌灌溉施肥制度进行研究。杜军等于 2010 年 10 月～2011 年 6 月在宁夏平原西北部对冬小麦水肥一体化灌溉施肥技术进行了研究，提出在灌水量为 247.5mm 时，滴灌冬小麦在返青期不能缺水，在拔节-灌浆期内也应有足够的水量供应，而在乳熟-成熟期可以适当控水；提出了滴灌水肥一体化处

理的冬小麦能够增产 4.0%，节水 62.2%，节肥 58.1%[29]。侯峥等在宁夏银川暖泉农场四队，采用 2 因素 3 水平正交试验分析了当地玉米滴灌灌溉施肥制度，提出了在灌水量为 315mm（灌水 6 次）时玉米产量较高，但其灌溉水生产率要低于灌水量为 270mm 的灌溉水生产率；滴灌种植玉米要比常规灌水增产 33%，节水 52%，节肥 48.5%[30]。虽然滴灌技术在宁夏试验应用较早，且多集中在果树等经济作物上，但大规模推广应用还是在近些年才开始的，因此虽然已经对滴灌相配套的灌溉施肥制度进行了研究，但研究数量还是相对较少。

2012 年我们在宁夏进行了春小麦、春玉米需水需肥规律田间试验工作，试验地点为宁夏农科院试验基地，地处宁夏回族自治区石嘴山市平罗县，位于宁夏平原北部。试验区紧邻黄河约 1km，北纬 38°55′，东经 106°45′，海拔 1098m。0～20cm、20～40cm、40～60cm 土壤容重分别为 1.52g/cm^3、1.54g/cm^3、1.37g/cm^3，田间持水量分别为 38%、42%、44%。土壤碱解氮含量为 43.34mg/kg，速效磷为 164.95mg/kg，有效钾为 313.88mg/kg。土壤质地（按国际制土壤质地分类）0～40cm 为粉砂黏土，40～60cm 为粉砂壤土，60～80cm 为砂壤土，80～100cm 为壤砂土。地下水埋深低于 1.5m。

2013 年进行了水肥耦合量化指标田间试验工作，试验地点在宁夏农垦国家现代农业示范园区，宁夏回族自治区银川市西夏区平吉堡镇（E 106°04′，N 38°42′），银川市西南 14km，海拔 1120m。土质为典型的淡灰钙砂性土壤，土壤质地（按国际制土壤质地分类）0～20cm 为砂质黏壤土，20～40cm 为砂质黏壤土，40～60cm 为壤质黏土，60～80cm 为壤质黏土，80～100cm 为壤质黏土，0～20cm 耕层含有机质 0.972%、碱解氮 63.10mg/kg、速效磷 21.30mg/kg、速效钾 144.26mg/kg、全盐 0.039%、pH 8.06～9.14。地下水埋深低于 2.0m。

（一）宁夏春小麦需水需肥规律

宁夏春小麦（试验品种为宁春 4 号）播种间距 12.5cm，播量为 375kg/hm^2，试验小区毛管间距 90cm（1 管 6 行）；滴头流量为 2.1L/h，滴头间距为 30cm。

1. 宁夏滴灌春小麦需水规律

试验所设置的各处理（S1～S5）见土壤含水量下限设计表（表 5-24）所示。试验采用随机区组试验设计，每处理重复 3 次，试验小区面积 4.5m×5m=22.5m^2。

表 5-24　宁夏春小麦灌溉制度试验土壤灌溉含水量下限表

处理	灌溉土壤含水量下限/%				
	苗期-拔节	拔节-抽穗	抽穗-开花	开花-成熟	成熟期
S1	60	65	65	65	50
S2	65	70	70	70	55
S3	70	75	75	75	60
S4	75	80	80	80	65
S5	80	85	85	85	70

注：苗期-拔节期计划土壤湿润层深度为 20cm，其他时期计划湿润层深度均为 40cm，土壤含水量下限为田间持水量的百分比

小麦生长期降雨量见表 5-25，灌水量见表 5-26。

表 5-25　宁夏春小麦试验生长期间降雨量　　（单位：mm）

降雨时间	4.11	5.6	5.20	5.28	6.5	6.7	6.27	7.3	总降雨量
降雨量	5	1.5	6.5	10	1.5	3.5	23	7	58

表 5-26　宁夏春小麦试验生长期间灌水量

灌水时间	灌水量/mm					
	S1	S2	S3	S4	S5	当地农民灌法（CK）
5.1	15	15	15	15	15	120
5.10	20	20	20	20	20	—
5.23	—	—	—	—	30	—
5.25	—	—	35	35	—	—
5.28	35	35	—	—	—	—
6.1	—	—	—	—	—	120
6.3	—	—	—	—	30	—
6.6	—	—	—	30	—	—
6.13	30	30	30	20	30	—
6.15	—	—	—	—	—	90
6.19	—	—	—	—	35	—
6.21	—	—	30	30	—	—
总灌水量	100	100	130	150	160	330

各处理小麦产量比较如图 5-9，产量显著差异分析见表 5-27。处理 S5 产量最高，达 5160kg/hm^2，而 S4 次之，但与 S5 无显著差异。说明小麦在整个生育期处于较高的含水量，有利于最终产量的积累。

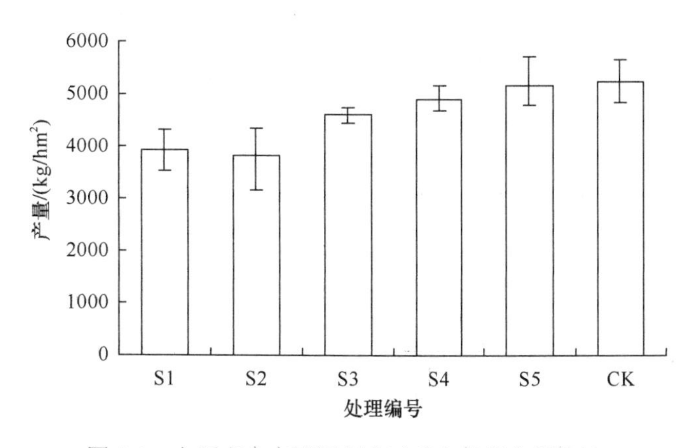

图 5-9　宁夏春小麦灌溉制度试验各处理产量比较

表 5-27　宁夏春小麦灌溉制度试验产量分析

处理编号	S1	S2	S3	S4	S5	CK
产量/（kg/hm^2）	3915aA	3810aA	4440abAB	4890bcAB	5160bcB	5220cB

注：其中小写字母为 0.05 显著性水平，大写字母为 0.01 极显著性水平

从小麦耗水量与产量拟合曲线图（图 5-10）中可以看出，产量与生育期耗水量成二次抛物线关系。拟合方程为

$$y=-0.1244x^2+116.69x-22\,129 \quad (R^2=0.9678) \tag{5-21}$$

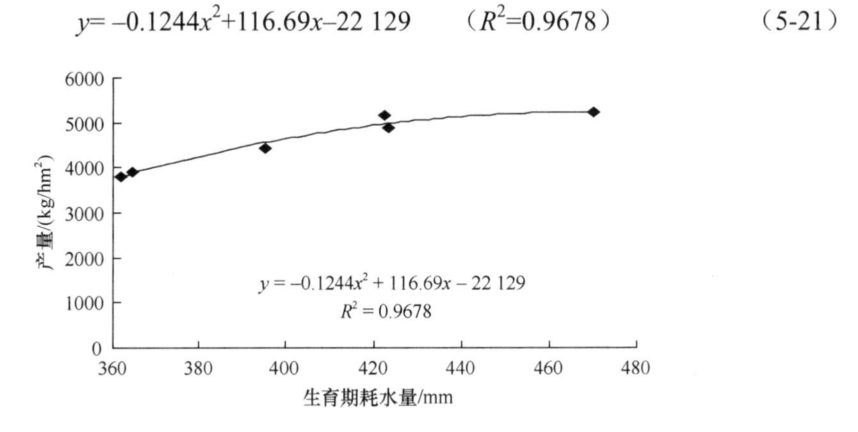

图 5-10　宁夏春小麦需水规律试验各处理产量与生育期耗水量关系

通过上述试验结果可得小麦各生育期适宜灌溉水平下限，如表 5-28。

表 5-28　宁夏春小麦适宜灌溉制度下的各生育期适宜灌溉水平下限

生育阶段	苗期-拔节	拔节-抽穗	抽穗-开花	开花-成熟	成熟期
灌溉土壤含水量下限/%	75～80	80～85	80～85	80～85	65～70

注：苗期-拔节期计划土壤湿润层深度为 20cm，其他时期计划湿润层深度均为 40cm，土壤含水量下限为田间持水量的百分比

春小麦生育期累计降雨量为 58mm，地下水累计补给量为 128mm。生育期灌水160mm，分 6 次灌溉，每次 15～35mm，如表 5-29 所示。春小麦生育期耗水规律如表5-30 所示。

表 5-29　宁夏春小麦滴灌灌溉适宜的灌水量及时间表

灌水时间	5.1	5.10	5.23	6.3	6.13	6.19	总灌水量
灌水量/mm	15	20	30	30	30	35	160

表 5-30　宁夏滴灌春小麦需水规律试验各生育阶段耗水量和日均耗水量　（单位：mm）

生育阶段	播种-分蘖（3.19～4.14）	分蘖-拔节（4.14～4.29）	拔节-抽穗（4.29～5.27）	抽穗-乳熟（5.27～6.15）	乳熟-成熟（6.15～7.1）
日均耗水量	2.14	2.63	4.31	6.79	3.43
累计耗水量	68.34	107.83	228.39	357.34	422.46

春小麦产量为 5355kg/hm^2，平均水分生产率为 1.05kg/m^3；春小麦全生育期的作物系数平均为 1.1～1.2，各生长阶段分别为：分蘖前 0.6 左右，在拔节-抽穗期达到峰值（1.5～1.7），最后乳熟-成熟期降到 0.6～0.9。

2. 宁夏滴灌春小麦需肥规律

采用“3414”法，3 个因素（氮、磷、钾）；4 个水平：0 水平为不施肥，2 水平为

当地常规灌溉常规高产田施肥量的 70%；1 水平=2 水平×0.5，3 水平=2 水平×1.5（该水平为过量施肥水平）。试验采用随机区组试验设计，每处理重复 3 次，试验小区面积为 4.5m×5m。20%磷肥作为底肥在播种前撒施，其余 80%按照后期施肥比例滴施；氮肥和钾肥全部滴施。具体试验设计如表 5-31，各水平施肥量如表 5-32。

表 5-31 宁夏滴灌春小麦需肥规律试验设计

试验编号	处理内容	编码		
		N	P_2O_5	K_2O
1	N0P0K0	0	0	0
2	N0P2K2	0	2	2
3	N1P2K2	1	2	2
4	N2P0K2	2	0	2
5	N2P1K2	2	1	2
6	N2P2K2	2	2	2
7	N2P3K2	2	3	2
8	N2P2K0	2	2	0
9	N2P2K1	2	2	1
10	N2P2K3	2	2	3
11	N3P2K2	3	2	2
12	N1P1K2	1	1	2
13	N1P2K1	1	2	1
14	N2P1K1	2	1	1

表 5-32 宁夏滴灌春小麦需肥规律试验水平及用量

水平	用量/（kg/hm^2）		
	N	P_2O_5	K_2O
0	0	0	0
1（35%）	113	41	23
2（70%）	225	84	45
3（105%）	338	126	68

不同处理小麦产量比较如图 5-11 和表 5-33，可以看出，处理 6（即 N2P2K2）产量最高。

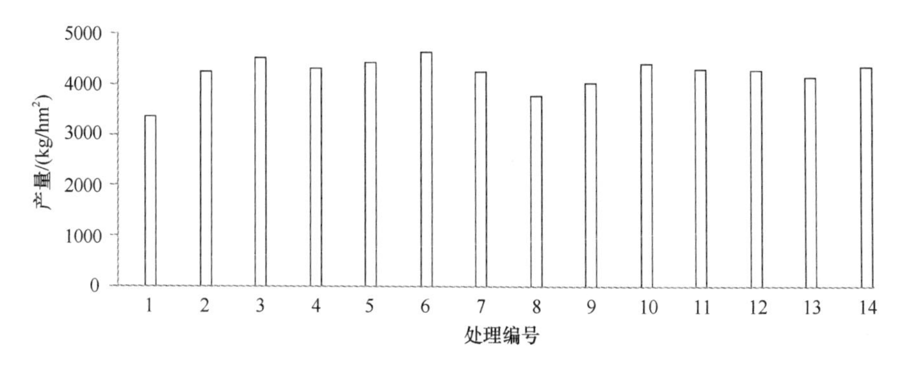

图 5-11 宁夏滴灌春小麦需肥试验不同处理产量比较

表 5-33　宁夏滴灌春小麦需肥试验各处理产量　　（单位：kg/hm^2）

处理	1	2	3	4	5	6	7	8	9	10	11	12	13	14
产量	3366	4244	4512	4315	4430	4633	4239	3769	4011	4408	4297	4260	4131	4327

N 肥、P 肥及 K 肥对产量的影响如图 5-12～图 5-14。

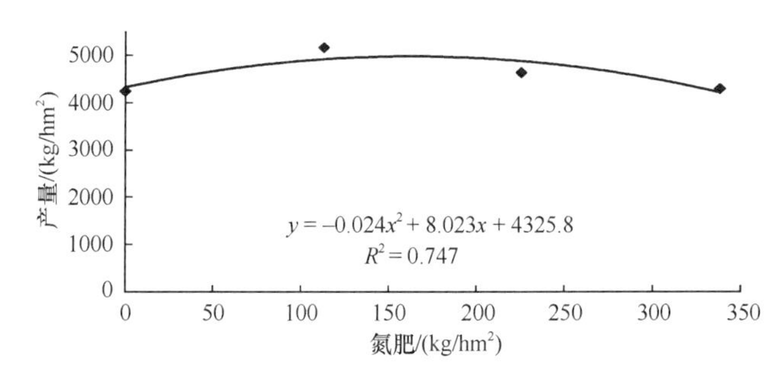

图 5-12　宁夏滴灌春小麦需肥规律试验 N 肥对产量的影响

对 N 肥的单因素分析，得到回归方程

$$y=-0.024x^2+8.023x+4325.8 \quad (R^2=0.747) \tag{5-22}$$

当每公顷施 N 肥为 162.4kg 时，小麦产量达到最高，为 $4980kg/hm^2$。

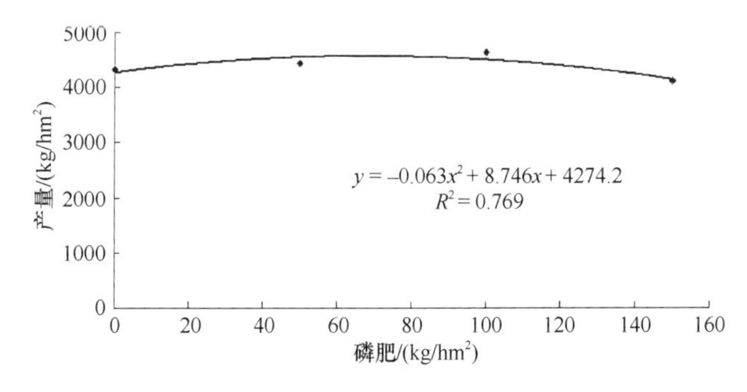

图 5-13　宁夏滴灌春小麦需肥规律试验 P 肥对产量的影响

对 P 肥的单因素分析，得到回归方程

$$y=-0.063x^2+8.746x+4274.2 \quad (R^2=0.769) \tag{5-23}$$

当每公顷施 P 肥为 68.54kg 时，小麦产量达到最高，为 $4575kg/hm^2$。

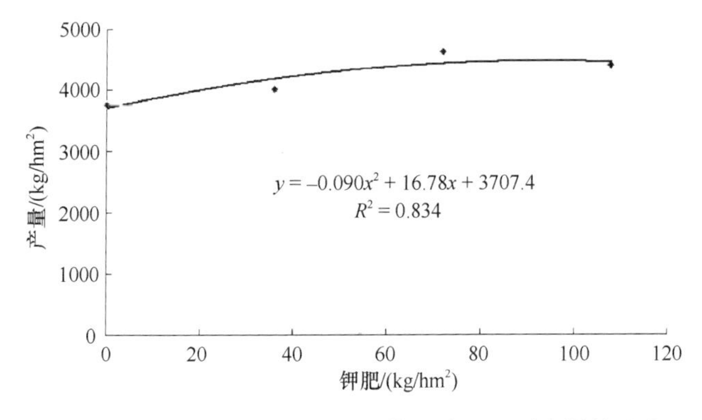

图 5-14　宁夏滴灌春小麦需肥规律试验 K 肥对产量的影响

对 K 肥的单因素分析，得到回归方程

$$y=-0.090x^2+16.78x+3707.4 \qquad (R^2=0.834) \qquad (5\text{-}24)$$

当每公顷施 K 肥为 93.16kg 时，小麦产量达到最高，为 4500kg/hm^2。

通过“3414”肥料田间试验，确定了适宜宁夏滴灌春小麦的施肥制度，总结如表 5-34 所示。

表 5-34　宁夏滴灌春小麦适宜的施肥制度　（单位：kg/hm^2）

施肥时期	播种前	分蘖期	拔节期	抽穗期	开花期	灌浆期	总施肥量
施肥时间	3.18	5.10	5.28	6.3	6.10	6.18	
N	0	24～34	35～45	41～56	41～56	24～34	162～225
P_2O_5	14～17	7～10	11～13	15～17	15～17	7～10	69～84
K_2O	0	7～14	9～19	11～23	11～23	7～14	45～93

3. 宁夏滴灌春小麦水肥耦合量化指标

选取效益最佳的 3 个处理作为水肥耦合试验的灌溉水平，如表 5-35 所示。

表 5-35　宁夏滴灌春小麦水肥耦合试验的灌溉水平设置

水平	灌溉土壤含水量下限/%				
	苗期-拔节	拔节-抽穗	抽穗-开花	开花-成熟	成熟期
S1	65	70	70	70	60
S2	75	80	80	80	65
S3	85	85	85	85	70

注：苗期-拔节期计划土壤湿润层深度为 20cm，其他时期计划湿润层深度均为 40cm，土壤含水量下限为田间持水量的百分比

以效益最佳的 N2P2K2（N、P、K 分别为常规灌溉高产田施肥量的 70%）处理为基础，再选取 N、P、K 分别为常规灌溉高产田施肥量的 50%和 90%的 2 个水平，组成水肥耦合试验的 3 个施肥水平，如下表 5-36 所示。

表 5-36　宁夏滴灌春小麦水肥耦合试验施肥水平设置

水平	用量/（kg/hm^2）		
	N	P_2O_5	K_2O
F1（50%）	160	56	26
F2（70%）	225	78	38
F3（90%）	289	101	48

根据作物生长阶段的需肥特点，确定小麦不同生长阶段的施肥比例，如表 5-37 所示。

表 5-37　宁夏滴灌春小麦水肥耦合试验不同生长阶段的施肥比例情况　（单位：%）

施肥时期	苗期	分蘖期	拔节期	抽穗期	灌浆期	成熟期
小麦	0	15	20	25	25	15

注：40%磷肥作为底肥一次施入，60%滴施；氮肥和钾肥全部随滴灌施肥

得到滴灌小麦水肥耦合试验各处理的耗水量，如表 5-38 所示。

表 5-38 宁夏滴灌春小麦水肥耦合试验各处理耗水量 （单位：mm）

处理	总灌水量	储水量	总降雨量	地下水补给量	总耗水量
S1F1	235	70	76	100	481
S1F2	235	70	76	100	481
S1F3	235	70	76	100	481
S2F0	275	71	76	92	514
S2F1	275	71	76	92	514
S2F2	275	71	76	92	514
S2F3	275	71	76	92	514
S3F1	310	51	76	90	527
S3F2	310	51	76	90	527
S3F3	310	51	76	90	527
CK	390	81	76	0	547

小麦不同处理间的实测产量如表 5-39 和图 5-15 所示，可以看出，S2F2 处理的产量最高，达到 7519kg/hm^2。

表 5-39 宁夏滴灌春小麦水肥耦合试验不同处理实测产量 （单位：kg/hm^2）

	F1	F2	F3
S1	5544aA	6848bA	6815aA
S2	6007aA	7519aA	7306aA
S3	5730aA	7247abA	7244aA

注：小写字母 a、b 表示 0.05 水平上的统计显著性；大写字母 A、B 表示 0.01 水平上的统计显著性

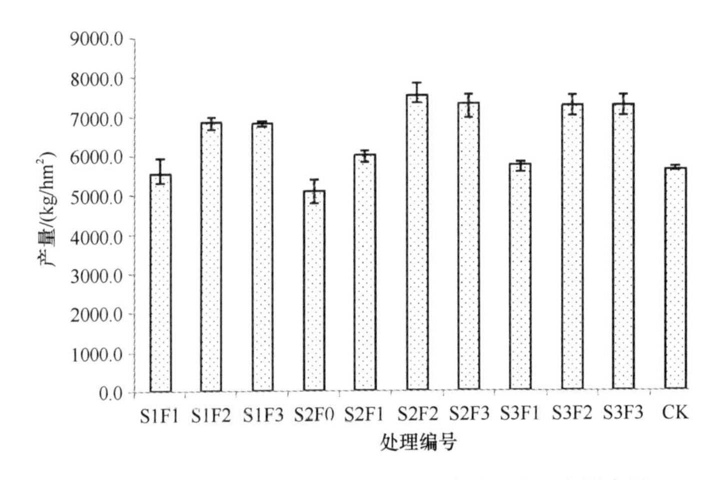

图 5-15 宁夏滴灌春小麦水肥耦合试验不同处理实测产量

宁夏引黄灌区钙灰质砂壤土滴灌春小麦水肥耦合的量化指标，如表 5-40 和表 5-41 所示。

统计分析结果表明，高肥（F3）处理与中肥（F2）处理之间的产量没有显著差异，中肥（F2）与低肥（F1）处理之间的产量有显著差异；高肥（F3）与低肥（F1）处理之

表 5-40　宁夏滴灌春小麦水肥耦合最优灌溉水平

水平	灌溉土壤含水量下限/%				
	苗期-拔节	拔节-抽穗	抽穗-开花	开花-成熟	成熟期
S2	75	80	80	80	65

注：灌溉土壤含水量下限为田间持水量的百分比

表 5-41　宁夏滴灌春小麦水肥耦合最优施肥水平

水平	用量/（kg/hm^2）		
	N	P_2O_5	K_2O
F2（70%）	225	78	38

间的产量差异达显著水平。这说明随着肥力水平的提高，可以相应地提高产量，但当施肥量达到一定量时，再增加它的施肥量并不能继续提高产量，甚至会降低产量。S1 处理与 S2 处理及 S3 处理之间产量有显著差异，S1 处理的产量显著低于 S2 处理和 S3 处理，因此灌水量的增加能增加产量，但 S2 处理与 S3 处理的产量无显著差异，因此灌水量过多也不助于提高产量，因此 S2 处理为最优灌溉水平。

（二）宁夏春玉米需水需肥规律

春玉米需水需肥规律的田间试验与春小麦需水需肥规律的田间试验安排在相同地点，试验小区也是相邻的。

试验玉米品种为先玉 335，采用膜下滴灌形式，滴管带采用 1 管控制 2 行铺设，滴灌带间距 110cm，滴头流量 2.1L/h，滴头间距 30cm。地膜采用宽度为 90cm、厚度为 0.008mm 的薄膜。种植模式采用宽窄行形式，宽行 70cm，窄行 40cm，株距 25cm。

1. 宁夏滴灌春玉米需水规律

设计确定 5 组膜下滴灌春玉米生育期灌溉土壤下限，设置滴灌春玉米和地面灌溉两个处理作为对照（W6 和 W7），如表 5-42 所示。滴灌春玉米各处理见土壤含水量下限设计表，试验采用随机区组试验设计，每处理重复 3 次，试验小区面积 $4.4m\times6.5m=28.6m^2$。灌溉制度试验按照滴灌玉米土壤肥料试验方案 N2P2K2 的施肥量（氮肥 $255kg/hm^2$，磷肥 $90kg/hm^2$，钾肥 $37.5kg/hm^2$）进行施肥。播种前将氮肥的一半及全部的磷肥、钾肥基施，剩余的 50%氮肥分别于 7 月 6 日、7 月 25 日按照 35%、15%的比例追施。

表 5-42　宁夏滴灌春玉米需水规律试验处理设置

处理	灌溉土壤含水量下限（占田间持水量的百分比）				
	苗期	拔节期	抽穗期	灌浆期	成熟期
W1	50	60	65	70	50
W2	55	65	70	75	55
W3	60	70	75	80	60
W4	65	75	80	85	65
W5	70	80	85	90	70
W6	60	70	75	80	60
W7	地面灌溉（按照当地地面灌溉习惯进行灌水）				

注：苗期、拔节期计划土壤湿润层深度分别为 20cm、40cm，抽穗期、灌浆期、成熟期计划湿润层深度为 60cm，土壤含水量下限为田间持水量的百分比

玉米生育期内降雨量、灌水量如表 5-43 和表 5-44 所示。

表 5-43　宁夏滴灌春玉米需水规律试验生育期内降雨量　（单位：mm）

日期	5.20	5.28	6.7	6.27	7.9	7.19	7.20	7.29	8.10	8.30	总降雨量
降雨量	6.5	10	5	23	7	5	34	74	12	15	191.5

表 5-44　宁夏滴灌春玉米需水规律试验生育期内灌水量　（单位：mm）

处理	灌水日期			
	6.25	7.6	7.25	总灌水量
W1	0	12.24	9.09	21.33
W2	0	14.74	11	25.74
W3	0	18.04	12.24	30.28
W4	35.11	10.84	14.69	60.64
W5	29.37	12.94	13.14	55.45
W6	0	8.36	12.03	20.39

宁夏春玉米灌溉制度试验各处理耗水量情况，如表 5-45 所示。

表 5-45　宁夏滴灌春玉米需水规律试验各生育阶段耗水量　（单位：mm）

处理	苗期-拔节期	拔节-抽穗期	抽穗-灌浆期	灌浆-成熟期	成熟期	全生育期
W1	129.17	45.18	119.50	103.86	29.75	427.46
W2	128.33	49.94	118.03	110.50	18.35	425.15
W3	124.15	46.42	123.91	118.49	25.32	438.29
W4	132.23	81.72	119.45	112.59	21.50	467.49
W5	138.14	64.72	123.22	109.01	20.26	455.35
W6	162.25	46.80	114.94	85.41	12.76	422.16
W7	146.85	55.49	114.02	86.40	25.58	428.34

玉米灌溉制度试验作物产量及构成要素分析如表 5-46 和图 5-16 所示。

表 5-46　宁夏滴灌春玉米需水规律试验作物产量及其构成要素分析

处理	穗长/cm	穗周长/cm	秃尖长/cm	穗行数	行粒数	干物重/g	穗粒数	穗粒重/g	百粒重/g	产量/（kg/hm^2）
W1	19.3	14.7	0.9	15.9	39.3	217.7	597.7	182.48	30.3	10 212
W2	20.4	15.3	0.3	16.4	43.1	267.3	660.2	225.29	34.2	11 106
W3	20.3	15.2	0.7	16.3	41.6	256.1	661.1	216.26	32.7	11 214
W4	20.7	15.6	0.9	16.1	42.6	278.7	674.0	229.61	34.0	12 538
W5	20.4	15.3	0.6	16.1	42.4	271.1	645.9	224.39	34.8	11 874
W6	20.2	15.5	1.1	15.7	40.8	267.6	614.4	211.78	34.4	11 432
W7	20.0	15.2	0.7	15.5	40.4	248.3	590.3	201.44	34.0	11 307

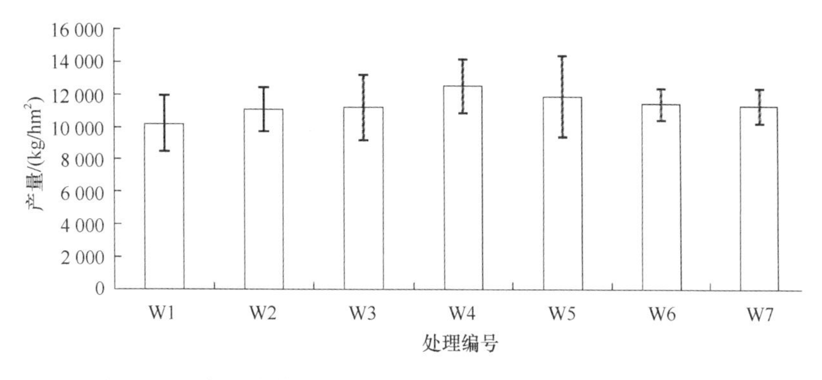

图 5-16　宁夏滴灌春玉米需水规律试验不同处理产量的比较

对表 5-46 数据进行显著性差异分析，各处理间各项考种数据没有显著差异。产量最大的为处理 W4，最小的为处理 W1，其处理之间关系为 W4>W5>W6>W7>W3>W2>W1。

对玉米产量与耗水量进行曲线拟合，可得到产量与生育期耗水量成二次抛物线关系。拟合方程为

$$y=1.0674x^2-922.19+210\,398 \qquad (R^2=0.9643) \qquad (5\text{-}25)$$

通过田间试验得到春玉米各生育期适宜灌溉水平下限如表 5-47。

表 5-47　宁夏春玉米膜下滴灌最优灌溉方案

春玉米生育期	苗期	拔节期	抽穗期	灌浆期	成熟期
灌溉土壤含水量下限/%	65	75	80	85	65

注：苗期、拔节期计划土壤湿润层深度分别为 20cm、40cm，抽穗期、灌浆期、成熟期计划湿润层深度为 60cm，土壤含水量下限为田间持水量的百分比

春玉米生育期累计降雨量为 192mm，地下水累计补给量为 250mm。生育期灌水约为 55mm，分 3 次灌溉，每次约为 13～30mm，如表 5-48 所示。春玉米生育期的耗水规律如表 5-49 所示。

表 5-48　宁夏春玉米膜下滴灌适宜的灌水量及灌水时间表　　（单位：mm）

灌水日期	6.25	7.6	7.25	总灌水量
灌水量	29.37	12.94	13.14	55.45

表 5-49　宁夏春玉米膜下滴灌日均耗水量和阶段耗水量　　（单位：mm）

春玉米生育期	苗期-拔节期	拔节-抽穗期	抽穗-灌浆期	灌浆-成熟期	成熟期	全生育期
日均耗水量	2.76	4.44	5.84	4.75	1.69	3.45
阶段耗水量	138.14	64.72	123.22	109.01	20.26	455.35

2. 宁夏滴灌春玉米需肥规律

春玉米施肥制度试验采用“3414”法设计，3 个因素（氮、磷、钾）；4 个水平：0 水平为不施肥，2 水平为当地常规灌溉常规高产田施肥量的 70%，1 水平=2 水平×0.5，3

水平=2 水平×1.5（该水平为过量施肥水平）；14 个处理。试验采用随机区组试验设计，每处理重复 3 次。20%磷肥作为底肥一次施入，80%滴施；氮钾肥全部滴施。灌溉制度采用春玉米灌溉制度试验中的处理 W3。试验因素及其水平、试验设计、生育期施肥比例等分别参见表 5-50～表 5-52。

表 5-50 宁夏滴灌春玉米需肥规律试验水平及用量

水平	用量/（kg/hm^2）		
	N	P_2O_5	K_2O
0	0	0	0
1（35%）	127.5	45	18.75
2（70%）	255	90	37.50
3（105%）	382.5	135	56.25

表 5-51 宁夏滴灌春玉米需肥规律“3414”试验处理设计

试验编号	处理内容	编码		
		N	P_2O_5	K_2O
1	N0P0K0	0	0	0
2	N0P2K2	0	2	2
3	N1P2K2	1	2	2
4	N2P0K2	2	0	2
5	N2P1K2	2	1	2
6	N2P2K2	2	2	2
7	N2P3K2	2	3	2
8	N2P2K0	2	2	0
9	N2P2K1	2	2	1
10	N2P2K3	2	2	3
11	N3P2K2	3	2	2
12	N1P1K2	1	1	2
13	N1P2K1	1	2	1
14	N2P1K1	2	1	1

表 5-52 宁夏滴灌春玉米需肥规律试验各生育期施肥比例

施肥时期	苗期	拔节期	抽穗期	灌浆期	成熟期
比例/%	5	45	20	20	10

各处理的玉米考种、产量等情况分析如表 5-53 和图 5-17 所示。

表 5-53 宁夏滴灌春玉米需肥规律试验考种数据及产量数据

处理	穗长/cm	穗周长/cm	秃尖长/cm	穗行数	行粒数	干物重/g	穗粒数	穗粒重/g	百粒重/g	产量/（kg/hm^2）
1	18.63g	14.23f	0.9a	15.3a	38.17c	194.78g	604.7a	151.1f	25.1c	6705f
2	19.20fg	14.66ef	1.0a	15.2a	40.27abc	216.279fg	580.5a	163.4ef	30.1bc	8108def
3	19.77cdef	15.29cd	0.7a	16.4a	41.93ab	253.761cde	667.8a	212.4bcd	32.2ab	11216abc
4	19.90cdef	14.70ef	0.7a	15.7a	41.57abc	223.274efg	573.7a	176.6def	31.2abc	7749ef
5	20.20bcde	15.63bcd	0.6a	15.9a	42.67ab	277.725c	652.7a	232.8abc	35.7ab	10680abc

续表

处理	穗长/cm	穗周长/cm	秃尖长/cm	穗行数	行粒数	干物重/g	穗粒数	穗粒重/g	百粒重/g	产量/（kg/hm²）
6	21.10a	16.10ab	0.8a	15.4a	43.89a	317.739a	669.1a	247.5ab	37.1ab	12929a
7	20.17bcde	15.13de	0.7a	16.0a	43.73ab	253.114cde	673.0a	214.4bcd	31.8abc	9924cde
8	20.30abcd	15.59bcd	0.6a	15.9a	42.6ab	278.855c	662.1a	231.8abc	35.2ab	9627cde
9	19.77cdef	15.21de	0.6a	16.4a	42.77ab	264.47cd	661.6a	211.1bcd	32.1ab	10442bcd
10	20.77ab	15.83abc	0.8a	16.7a	43.07ab	282.875bc	655.0a	230.8abc	35.5ab	11634abc
11	20.60abc	16.28a	1.0a	16.4a	41.47abc	309.329ab	681.9a	254.4a	37.4a	12716ab
12	19.63def	15.17de	0.8a	15.7a	41.51abc	241.509def	628.5a	198.6cde	31.6abc	9553cde
13	19.63def	15.13de	1.0a	16.3a	40.42abc	240.945def	653.6a	218.5abc	33.5ab	9481cde
14	19.40efg	15.40cd	0.9a	15.7a	40.03bc	246.631de	604.0a	203.3cde	33.6ab	9306cde

注：小写字母表示 0.05 水平上的统计显著性

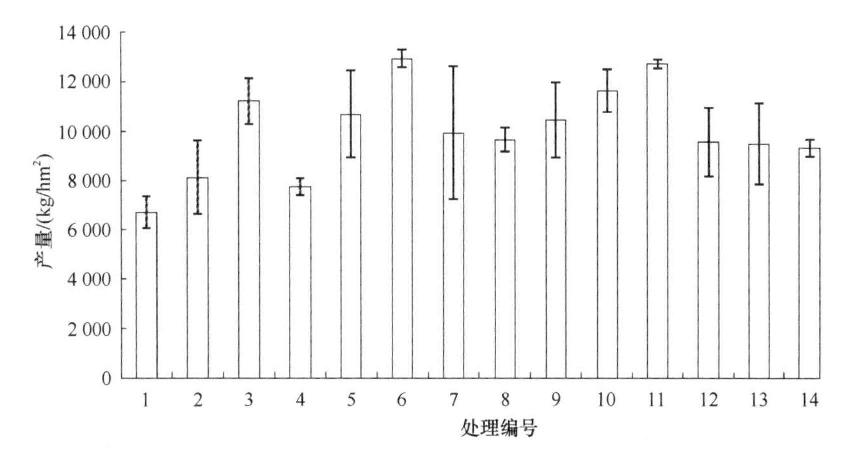

图 5-17　宁夏滴灌春玉米需肥规律试验不同处理产量比较

对“3414”肥料试验的产量结果及考种数据进行方差分析，可得差异性结果见表 5-53。下面对“3414”试验产量结果进行分析讨论。

（1）通过统计软件对“3414”肥料试验进行三元二次回归分析，得到肥料效应方程为

$$Y=6585.54-3.45N+72.54P+38.39K+0.12NP+0.26NK-0.12PK-0.0159N^2-0.586P^2-0.827K^2 \quad (R^2=0.9099，回归方程差异显著) \tag{5-26}$$

由该方程一次项系数可见，磷肥对产量的影响和贡献最大，钾肥次之，氮肥最小；同时由二次项 N^2、P^2、K^2 的系数均为负值，说明氮磷钾肥施用均有一个合理的施用区间，超量施用会导致减产。

（2）根据玉米肥料试验产量结果，分别对氮、磷、钾三个因素中的两两因素进行交互分析。

1）在 K=37.5kg/hm² 的水平上，对 N、P 的交互效应进行分析，即建立 N、P 在 K=37.5kg/hm² 时的二元二次回归方程

$$Y=1399.95+33.66N+144.73P-1.22NP-0.58N^2-11.52P^2 \quad (R^2=0.9537) \tag{5-27}$$

在 N、P 的交互影响下，试验产量有显著差异，交互作用显著且 N、P 为正交互效应。

2）在 P=90kg/hm^2 的水平上，对 N、K 的交互效应进行分析，即建立 N、K 在 P=90kg/hm^2 时的二元二次回归方程

$$Y= 3276.07+32.80N+197.92P-3.05NP-0.54N^2-26.34P^2 \quad (R^2=0.9120) \qquad (5\text{-}28)$$

在 N、K 交互影响下，试验产量有显著差异，交互作用显著，N 与 K 表现为正交互效应。

3）在 N=255kg/hm^2 的水平上，对 P、K 的交互效应进行分析，即建立 P、K 在 N=255kg/hm^2 时的二元二次回归方程

$$Y=777.63+152.92N+248.13P-19.59NP-9.57N^2-26.10P^2 \quad (R^2=0.8655) \qquad (5\text{-}29)$$

在 P 与 K 交互影响下，试验产量有显著差异，交互作用显著，P 与 K 表现为正交互效应。

（3）分别对 N、P、K 三个因素进行单因素分析，结果见表 5-54～5-56、图 5-18～5-20。

表 5-54　宁夏玉米需肥试验不同氮肥（N）施用量与产量间关系

处理	氮肥施用量/（kg/hm^2）	产量/（kg/hm^2）
N0P2K2	0	8 107.5b
N1P2K2	127.5	11 215.5b
N2P2K2	255	12 928.5a
N3P2K2	382.5	12 715.5a

表 5-55　宁夏玉米需肥试验不同磷肥（P_2O_5）施用量与产量间关系

处理	磷肥施用量/（kg/ hm^2）	产量/（kg/hm^2）
N2P0K2	0	7 749.0c
N2P1K2	45	10 680.2ab
N2P2K2	90	12 928.5a
N2P3K2	135	9 924.0bc

表 5-56　宁夏玉米需肥试验不同钾肥（K_2O）施用量与产量间关系

处理	钾肥施用量/（kg/ hm^2）	产量/（kg/hm^2）
N2P2K0	0	9 627.4b
N2P2K1	18.8	10 441.5b
N2P2K2	37.5	12 928.5a
N2P2K3	56.3	11 634.5a

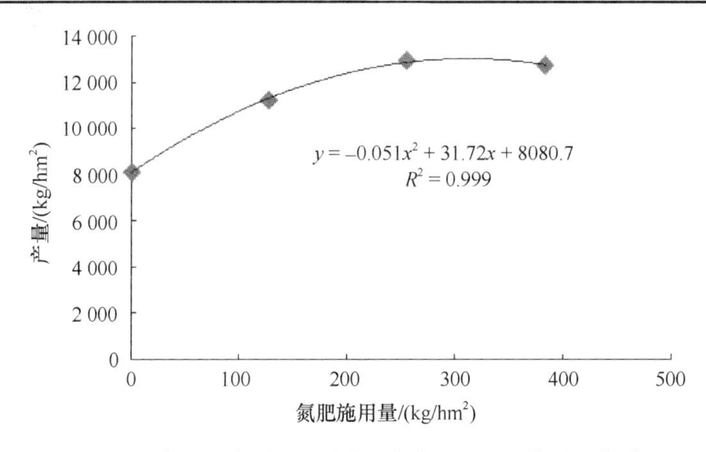

图 5-18　宁夏玉米需肥试验产量与氮肥（N）施用量关系

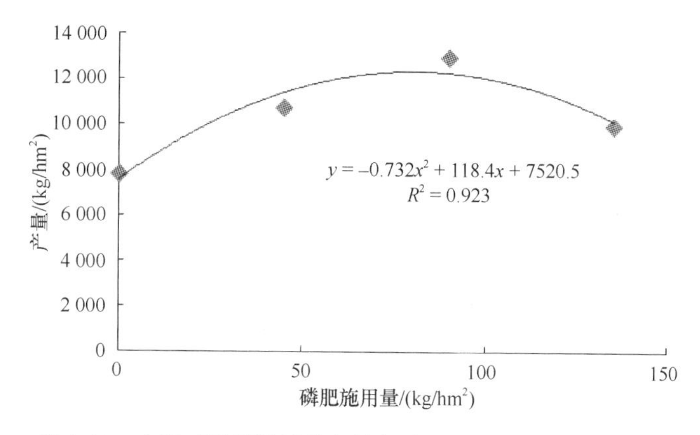

图 5-19　宁夏玉米需肥试验产量与磷肥（P_2O_5）施用量关系

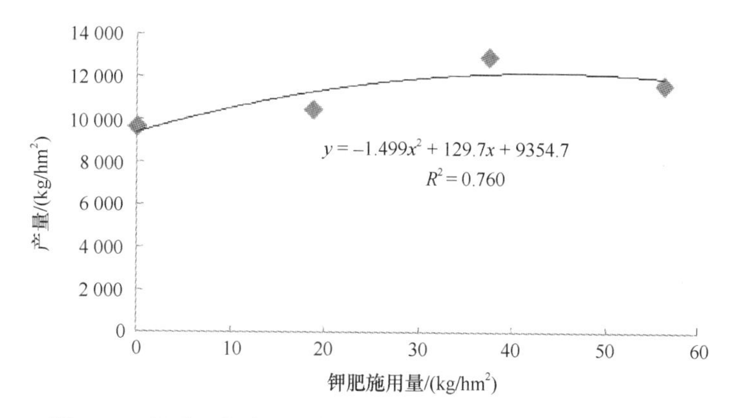

图 5-20　宁夏玉米需肥试验产量与钾肥（K_2O）施用量关系

由表 5-54 可知，产量在 N2 水平得到最大值，根据拟合曲线可知在施用氮超过一定量之后，产量反而下降，并可推出，当 N=301kg/hm^2 时，可达到产量最大值。

由表 5-55 可知，产量在 P2 水平得到最大值，随着 P 含量增加，产量有下降趋势，同样可根据曲线得出，当 P=79.5kg/hm^2 时，产量达到最大值。

由表 5-56 可知，产量在 K2 水平得到最大值，同时拟合曲线也表明在施用钾超过一定量之后，产量反而下降，并可推出，当 K=42.75kg/hm^2 时，产量达到最大值。

综上所述，肥料制度试验得出的“3414”最佳施肥方案是 N2P2K2，施肥量分别为 255kg/hm^2、90kg/hm^2、37.5kg/hm^2。

通过“3414”肥料田间试验，确定了适宜宁夏滴灌春玉米的施肥制度，总结如下表 5-57 所示。

表 5-57　宁夏春玉米膜下滴灌适宜的施肥制度　　（单位：kg/hm^2）

施肥时期	播种前	苗期	拔节期	抽穗期	开花期	灌浆期	总施肥量
施肥时间	4.20	6.21	7.10	7.19	7.26	8.15	
施 N 量	0	76.5	76.5	25.5	51	25.5	255
施 P_2O_5 量	18	21.6	21.6	7.2	14.4	7.2	90
施 K_2O 量	0	11.25	11.25	3.75	7.5	3.75	37.5

3. 宁夏滴灌春玉米水肥耦合量化指标

试验玉米品种为正大 12 号，采用膜下滴灌形式，滴管带采用 1 管控制 2 行铺设，滴灌带间距 110cm，滴头流量 2.1L/h，滴头间距 30cm。地膜采用宽度为 90cm，厚度为 0.008mm 的薄膜。种植模式采用宽窄行形式，宽行 70cm，窄行 40cm，株距 25cm。

分别选取效益最佳的灌水和施肥处理，组成 2 因素 3 水平试验。灌溉水平和施肥水平采用完全试验，灌溉、施肥 2 因素各含 3 个不同水平，即组成 3×3=9 个处理，每个处设置 3 组重复。并设置 2 组对照，对照处理为当地传统灌溉施肥处理及 2 水平灌溉、不施肥处理。试验采用随机区组试验设计，共计（9+2）×3=33 个试验小区。

灌溉水平以土壤含水量下限为指标，即实测土壤含水量达到相应下限时进行滴灌，如表 5-58 所示。

表 5-58　宁夏滴灌玉米水肥耦合试验的灌溉水平设置

水平	灌溉土壤含水量下限/%				
	苗期	拔节期	抽穗期	灌浆期	成熟期
1	60	70	75	80	60
2	65	75	80	85	65
3	70	80	85	90	70

注：苗期、拔节期计划土壤湿润层深度分别为 20cm、40cm，抽穗期、灌浆期、成熟期计划湿润层深度为 60cm，土壤含水量下限为田间持水量的百分比

以效益最佳的 N2P2K2（N、P、K 分别为常规灌溉高产田施肥量的 70%）处理为基础，再选取 N、P、K 分别为常规灌溉高产田施肥量的 50%和 90%的 2 个水平，组成 3 个施肥水平，如表 5-59 所示。其中磷肥的 20%作为底肥一次施入，80%滴施；氮肥和钾肥全部随滴灌施入。

表 5-59　宁夏滴灌玉米水肥耦合试验水平及用量

水平	用量/（kg/hm^2）		
	N	P_2O_5	K_2O
1（50%）	182	64	27
2（70%）	255	90	38
3（90%）	328	116	49

根据作物生长阶段的需肥特点，玉米在不同生长阶段的施肥比例如表 5-60 所示。

表 5-60　宁夏滴灌玉米水肥耦合试验不同生长阶段的施肥比例情况　（单位：%）

施肥时期	苗期	拔节期	抽穗期	灌浆期	成熟期
玉米	5	45	20	20	10

生育期内各阶段耗水量见表 5-61。

表 5-61　宁夏滴灌玉米水肥耦合试验生育期内各阶段耗水量　（单位：mm）

处理	苗期	拔节期	抽穗期	灌浆期	成熟期	累计
CK1	51.66	142.53	100.42	127.14	47.41	469.16
CK2	51.66	127.71	100.05	62.12	39.27	380.81
S1F1	51.66	83.61	92.37	82.25	38.32	348.21
S1F2	51.66	90.27	85.24	69.67	28.68	325.52
S1F3	51.66	81.39	91.75	77.00	38.68	340.48
S2F1	51.66	140.59	96.35	75.67	29.25	393.52
S2F2	51.66	128.19	105.38	70.90	34.87	391.00
S2F3	51.66	137.71	97.97	69.04	32.21	388.59
S3F1	51.66	122.07	108.72	81.52	47.62	411.59
S3F2	51.66	122.37	103.48	91.03	43.03	411.57
S3F3	51.66	128.73	107.08	90.15	44.46	422.08

玉米收获时选取每个小区中间 4 行、每行连续 10 株进行测产，脱粒后测定籽粒含水量，最终折合为含水量 18%的产量。各处理玉米产量及其组成见表 5-62、图 5-21。

表 5-62　宁夏滴灌玉米水肥耦合试验各处理产量及其组成因素

处理	穗长/cm	穗周长/cm	秃尖长/cm	穗粒行数	穗粒数	百粒重/g	产量/（kg/hm^2）
CK1	19.79aA	18.85bBC	2.94abA	17.37aA	581.13aBD	39.13*bB*	14 443.98cE
CK2	19.30aC	19.07abC	3.71bB	16.80aA	533.20aC	39.90aA	14 250.64aE
S1F1	19.71aA	19.19abABC	2.65aA	17.63aA	594.67aAD	39.49abAB	15 890.84aA
S1F2	19.89aB	19.31abA	2.39aA	17.73aA	604.93aA	40.41abA	16 609.48aBD
S1F3	20.58aB	19.27abAC	2.59aA	17.93aA	614.40aA	41.05abA	16 996.59aCD
S2F1	20.08aA	19.31abABC	2.67bA	18.07aA	603.47aAD	41.21aAB	16 402.69aA
S2F2	21.31aB	19.45abA	2.43bA	17.70aA	623.60aA	41.25aA	17 186.23aBD
S2F3	20.63aB	19.23abAC	2.90bA	17.80aA	611.33aA	41.38aA	17 262.49aCD
S3F1	20.43bA	19.30aABC	3.03abA	18.00aA	591.87aAD	41.39aAB	16 878.80BA
S3F2	20.73bB	19.67aA	2.59abA	18.00aA	619.67aA	41.71aA	17 033.84bBD
S3F3	21.35bB	19.48aAC	2.84abA	17.87aA	611.07aA	41.41aA	17 177.84bCD

注：小写字母 a、b 表示灌溉水平在 0.05 水平上的统计显著性，大写字母 A、B、C、D、E 表示施肥水平在 0.05 水平上的统计显著性

由图 5-21 可知产量最高的处理为 S2F3。

对玉米产量及其组成进行统计分析，如表 5-62 所示，可得出玉米产量受施肥水平影响显著，受灌溉水平影响不显著，灌溉与施肥交互作用不明显。穗长受施肥水平、灌溉水平影响显著，且灌溉与施肥交互作用明显；穗周长受施肥水平影响、灌溉水平影响不显著，且灌溉与施肥交互作用不明显；秃尖长受施肥水平影响显著，受灌溉水平影响不显著，且灌溉与施肥交互作用不明显；穗粒行数受施肥水平、灌溉水平影响不显著，且灌溉与施肥交互作用不明显；穗粒数受施肥水平影响显著，受灌溉水平影响

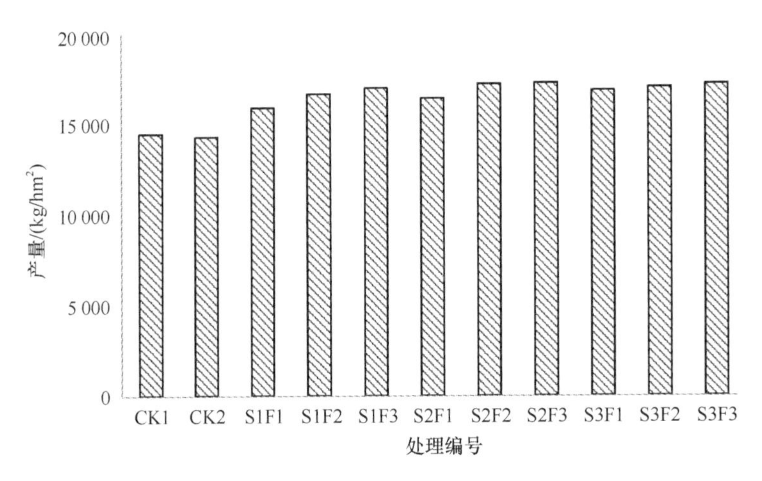

图 5-21　宁夏滴灌玉米水肥耦合试验各处理产量情况

不显著，且灌溉与施肥交互作用不明显；百粒重受施肥水平影响、灌溉水平影响不显著，且灌溉与施肥交互作用不明显。

根据试验结果，S2F2 和 S2F3 产量最高，两者无显著差异。综合考虑，S2F2 处理为最佳，即宁夏玉米膜下滴灌水肥耦合量化指标如表 5-63 所示。

表 5-63　宁夏玉米膜下滴灌水肥耦合量化指标表

（a）各生长阶段土壤灌溉下限指标

水平	灌溉土壤含水量下限（田间持水量的%）				
	苗期	拔节期	抽穗期	灌浆期	成熟期
2	65	75	80	85	65

（b）施肥量指标

水平	用量/（kg/hm^2）		
	N	P_2O_5	K_2O
2（70%）	255	90	38

春玉米生育期累计降雨量为 122mm，地下水累计补给量为 102mm。生育期灌水 185mm，分 5 次灌溉，每次 30～40mm，适宜的灌溉制度和施肥制度分别如表 5-64 和表 5-65 所示。

表 5-64　宁夏春玉米膜下滴灌适宜的灌溉制度

日期（月.日）	4.15（播前）	6.14（拔节）	6.29	7.13（抽穗）	7.24	8.10（灌浆）	累计
灌水量/mm	0	40	40	35	40	30	185

表 5-65　宁夏春玉米膜下滴灌施肥制度　　（单位：kg/hm^2）

日期（月.日）	4.15（播前）	6.14（拔节）	6.29	7.13（抽穗）	7.24	8.10（灌浆）	累计
施 N 量	0	128	0	51	0	76	255
施 P_2O_5 量	18	36	0	14	0	22	90
施 K_2O 量	0	19	0	8	0	11	38

春玉米产量达 17 185kg/hm^2，平均水分生产率为 4.30kg/m^3，全生育期的作物系数平均为 0.83，各生长阶段分别为：苗期 0.51 左右，在拔节-抽穗期达到峰值（1.2～1.3），最后灌浆期和成熟期降到 0.8。

三、甘肃小麦、玉米需水需肥规律及水肥耦合量化指标

甘肃位于青藏、蒙新、黄土三大高原交汇处，全省分属内陆河、长江、黄河三大流域。甘肃降水偏少，地区间差距大，地表径流不足、东多西少[31]。水资源总量为 289 亿 m^3，人均水资源占有量为 1150m^3，平均水资源占有量为 5835m^3/hm^2，是全国的 1/4[32]。甘肃的贫水区和干涸区的土地面积占全省总面积的 60%左右[33]，而从全省水资源的供需分析看，需水量 140.78 亿 m^3、供水量 120.6 亿 m^3，缺水程度 14.31%。水资源短缺已经成为制约甘肃农业和经济社会发展的重大因素。以河西石羊河下游为例，该地区水资源利用已超过承载能力 20%以上，生态环境破坏严重[34]。在甘肃推广滴灌等节水灌溉技术，有利于缓解当地水资源的供需矛盾，提高当地的生态、经济、社会效益。甘肃引进使用滴灌技术已有很多年历史了，很多人都已对甘肃使用滴灌技术的方案和可行性做了研究。早在 1980 年，水利部与联合国粮食及农业组织合作，为推广西北干旱地区节水灌溉技术的发展，在甘肃景泰建立灌溉新技术试验区，总面积 100hm^2，其中包括滴灌 3hm^2 [35]。1992 年赵明等[36]研究发现一般情况下滴灌籽瓜可增产 32.8%、节水 62.8%、节约劳动力 37.7%、水资源利用率提高 4 倍以上，节水效益和经济效益显著增加。王键等于 1995 年在甘肃民勤对滴灌和沟灌花生进行了对比试验，发现滴灌花生较传统沟灌节水 57%，增产 232.5kg/hm^2，同时，提出了滴灌花生适合的播种密度和灌溉制度[37]。1995 年甘肃武威引进以色列先进滴灌技术，建成了万亩滴灌高效节水工程，项目 1996 建成后，滴灌比常规灌水节水 50%[38]。2000 年田媛等在甘肃景泰沙河村进行了对砂地西瓜集雨滴灌技术的应用研究，介绍了砂田移动式滴灌试验系统；指出由于砂田滴灌的增产效果，2000 年当地许多农户主动要求安装移动式滴灌系统[39]。为了更好地使用滴灌技术，很多专家研究了如何更好地将滴灌技术应用于作物上。张朝勇等在 2001～2002 年在甘肃民勤研究了膜下滴灌条件下土壤水热变化和棉花作物需水规律[40]。杜太生等在甘肃河西荒漠绿洲区研究了滴灌条件下不同根区交替湿润对葡萄生长和水分利用的影响，研究表明根区交替滴灌可以大量节水，减少葡萄生长冗余[41]。刘喜堂等总结了甘肃河西走廊的辣椒膜下滴灌技术，提供了滴灌辣椒品种、播前准备、田间管理等具体农艺措施[42]。2010～2011 年李昭南等[43]在甘肃河西走廊的嘉峪关进行了葡萄滴灌水肥一体化研究，表明覆膜滴灌处理葡萄比地表滴灌节水 30%左右，产量高于常规滴灌约 2400kg/hm^2。李英等[44]在甘肃武威进行不同灌溉方式对玉米生物量影响的研究中得出，滴灌条件下玉米生物积累量高于喷灌和畦灌，滴灌比喷灌高 48%，比畦灌高 109%，滴灌玉米叶面积指数高于喷灌和畦灌，三种灌溉方式下，滴灌效果最好，喷灌次之。虽然已经对与滴灌技术配套的农艺措施、灌水施肥制度等有了一些研究，但是研究数量还是相对较少，并且主要集中在葡萄、辣椒、籽瓜等经济作物上。

2012～2013 年我们进行了甘肃春小麦、春玉米需水需肥规律及水肥耦合指标的田间试验工作，试验地点均在甘肃省武威市中国农业大学石羊河试验站（北纬 37°52′，东经

102°50′）进行。该区海拔1581m，属于温带大陆性干旱气候，多年平均气温8℃，年积温3550℃，多年平均降水量164.4mm，年蒸发量2000mm左右，干旱指数15～25，年均日照时数3000h，无霜期150d。地下水埋深40～50m，0～90cm深度土壤平均容重1.50g/cm^3，全氮含量为0.031%，全磷含量为0.053%，全钾含量为1.605%，有机质含量为0.646%，水溶性总盐含量为0.215g/kg，速效磷含量为9.555mg/kg，速效钾含量为128.439mg/kg，平均田间持水量为28%。

（一）甘肃春小麦需水需肥规律

甘肃春小麦（试验品种为永良4号）播种间距为12.5～15cm，播量为450～505kg/hm^2，试验小区毛管间距为90cm（1管6行）；滴头流量为2.5L/h，滴头间距为30cm。

1. 甘肃滴灌春小麦需水规律

试验所设置的各处理见土壤含水量下限设计表，如表5-66所示。试验采用随机区组试验设计，每处理重复3次，试验小区面积4m×5m=20m^2。

表5-66　甘肃滴灌春小麦需水规律试验不同生育期灌溉土壤含水量下限

处理编号	灌溉土壤含水量下限/%				
	苗期-拔节	拔节-抽穗	抽穗-开花	开花-成熟	成熟前期
W1	60	65	65	65	50
W2	65	70	70	70	55
W3	70	75	75	75	60
W4	75	80	80	80	65
W5	80	85	85	85	70
W6	75	85	85	75	70

注：苗期-拔节期计划土壤湿润层深度为20cm，其他时期计划湿润层深度均为40cm，土壤含水量下限为田间持水量的百分比

表5-67为各处理的耗水量、产量和水分利用效率等之间的比较。可以看出，W5处理的产量最高，达到8031kg/hm^2，W4次之；而W3处理的水分利用效率最高，W4次之。

表5-67　甘肃滴灌春小麦需水规律试验各处理的耗水量、产量及水分利用效率比较

处理	降水量/mm	土壤含水量变化/mm	灌水量/mm	总耗水量/mm	产量/（kg/hm^2）	WUE/（kg/m^3）
W1	32	69.0	248.6	349.5	5 784	1.65
W2	32	68.8	286.8	387.6	6 667	1.72
W3	32	12.7	325.4	370.1	7 084	1.91
W4	32	43.0	351.8	426.8	7 690	1.80
W5	32	49.9	384.7	466.6	8 031	1.72
W6	32	77.1	396.3	505.5	7 554	1.49

表5-68为各处理成熟期春小麦地上部分干物质积累量的比较情况。可以看出，麦穗干物质量随灌水量的增加而增加，在W5处理达到最高，为11 195kg/hm^2，W5比W6

高 6.2%，二者之间差异不显著，但显著高于 W1、W2。春小麦茎叶干物质量之间有差异但不显著，仍是 W5 处理最高，为 4104kg/hm^2，变化趋势与麦穗基本一致。

表 5-68　甘肃滴灌春小麦需水规律试验各处理成熟期春小麦地上部分干物质积累量

水处理	干物质积累量			
	茎叶		穗	
	kg/hm^2	占总干物质比例/%	kg/hm^2	占总干物质比例/%
W1	2 796a	25.9	7 984c	74.1
W2	4 042a	31.5	8 779bc	68.5
W3	3 776a	27.8	9 816ab	72.2
W4	3 588a	25.9	10 278ab	74.1
W5	4 104a	26.9	11 195a	73.1
W6	3 919a	27.1	10 538a	72.9

注：同列不同小写字母表示在 0.05 水平上差异显著（P<0.05）

不同灌水处理对春小麦产量及各构成要素的影响见表 5-69，产量与总灌水量间的关系如图 5-22 所示。

表 5-69　甘肃滴灌春小麦需水规律试验各处理产量及构成要素

水处理	穗长/cm	有效小穗数/穗	千粒重/g	实际产量/（kg/hm^2）
W1	7.4dB	11cB	50.53a	5 784c
W2	7.6cdB	11bcB	51.69a	6 667bc
W3	8.5bB	12abAB	49.02a	7 084ab
W4	8.4bcB	12bcAB	50.15a	7 690ab
W5	9.8aA	13aA	50.08a	8 031a
W6	8.5bB	12bcAB	50.27a	7 554ab

注：同列不同小写字母表示在 0.05 水平上差异显著（P<0.05）；不同大写字母表示在 0.01 水平上差异极显著（P<0.01）

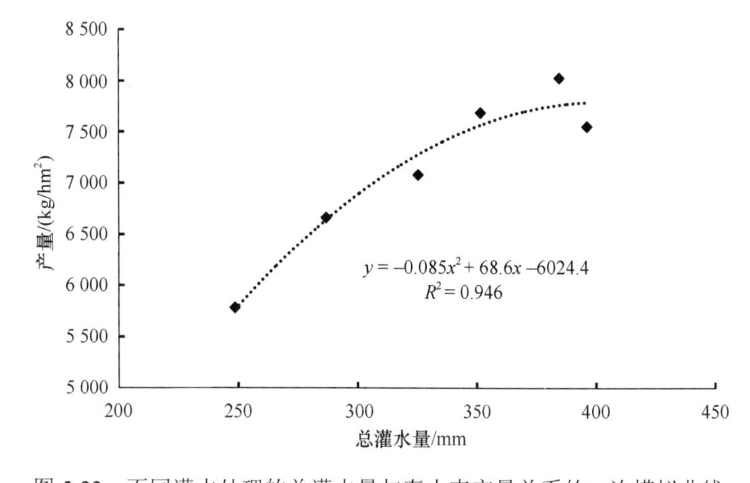

图 5-22　不同灌水处理的总灌水量与春小麦产量关系的二次模拟曲线

综合考虑，处理 W4 为最佳。因此，可获得甘肃滴灌春小麦各生育期适宜灌溉水平下限如表 5-70。

表 5-70 甘肃春小麦各生育阶段适宜的土壤含水量下限

生育阶段	苗期-拔节期	拔节-抽穗期	抽穗-开花期	开花-成熟期	成熟前期
适宜的土壤含水量下限/%	75	80	80	80	65

注：苗期-拔节期计划湿润层深度为 20cm，其他时期计划湿润层深度均为 40cm，土壤含水量下限为田间持水量的百分比

春小麦生育期累计降雨量为 32mm，生育期灌水 351.8mm，分 8 次灌溉，每次 33～46mm，如表 5-71 所示。春小麦生育期耗水规律如表 5-72 所示。

表 5-71 甘肃春小麦灌溉试验灌水量及时间表

灌水日期	4.30	5.24	6.1	6.9	6.16	6.24	7.2	7.8	总灌水量/mm
灌水量/mm	32.9	46.3	45.3	45.2	45.2	45.1	46.1	45.7	351.8

表 5-72 甘肃春小麦各生育期日均耗水量和阶段耗水量 （单位：mm）

生育阶段	出苗-抽穗期	抽穗-开花期	开花-成熟期	全生育期
日均耗水量	3.4	12.5	3.1	3.65
阶段耗水量	186	113	128	427

春小麦产量为 7529～8743kg/hm^2，平均水分生产率为 1.72kg/m^3。

2. 甘肃滴灌春小麦需肥规律

采用氮（N）、磷（P）、钾（K）3 因素 4 水平“3414”部分实施方案，8 个处理组合（表 5-73），20%磷肥作为底肥一次施入，80%滴施，氮钾肥全部滴施。试验采用随机区组试验设计，每个处理重复 3 次。

表 5-73 甘肃滴灌春小麦需肥规律“3414”部分实施方案

处理编号	处理编号	处理内容	用量/（kg/hm^2）		
			N	P_2O_5	K_2O
F1	2	N0P2K2	0	60	176
F2	3	N1P2K2	80	60	176
F3	6	N2P2K2	160	60	176
F4	7	N2P3K2	160	90	176
F5	8	N2P2K0	160	60	0
F6	9	N2P2K1	160	60	88
F7	10	N2P2K3	160	60	264
F8	11	N3P2K2	240	60	176

表 5-74 为不同处理成熟期春小麦地上部分干物质积累量情况比较，可以看出，春小麦茎叶和麦穗的干物质量之间各处理差异都不显著。

不同施肥处理对春小麦产量及其构成要素如表 5-75 所示。可以看出，不同肥处理之间春小麦产量差异极显著，处理 F4 产量最高，达到 485kg/亩，处理 F3 的产量仅比 F4 低 3.6%，且 F3 和 F4 处理的 N 肥、K 肥施肥量相同，F3 比 F4 少施 P 肥 33.3%，综合产量和施肥量两个因素得知 F3 处理最优。

表 5-74　甘肃滴灌春小麦需肥规律不同处理成熟期春小麦地上部分干物质积累量

肥处理	干物质量			
	茎叶		穗	
	kg/hm²	占总干物质比例/%	kg/hm²	占总干物质比例/%
F1	3372a	28.7	8393a	71.3
F2	3685a	27.4	9760a	72.6
F3	4364a	31.7	9389a	68.3
F4	3945a	29.3	9537a	70.7
F5	3658a	28.6	9152a	71.4
F6	3297a	26.6	9099a	73.4
F7	4047a	31.4	8852a	68.6
F8	4119a	30.8	9248a	69.2

注：同列不同小写字母表示在 0.05 水平上差异显著（$P<0.05$）

表 5-75　甘肃滴灌春小麦需肥规律不同处理条件下春小麦产量及各构成要素

肥处理	穗长/cm	有效小穗数/穗	千粒重/g	实际产量/（kg/hm²）
F1	8.5a	13a	50.56a	5812dC
F2	8.6a	12a	49.42a	6562bcABC
F3	8.1a	14a	47.55a	7025abAB
F4	9.0a	13a	48.79a	7271aA
F5	9.5a	14a	49.71a	6741abcAB
F6	9.2a	13a	50.76a	6891abAB
F7	9.5a	13a	51.35a	6160cdBC
F8	8.9a	12a	50.20a	6513bcABC

注：同列不同小写字母表示在 0.05 水平上差异显著（$P<0.05$）；不同大写字母表示在 0.01 水平上差异极显著（$P<0.01$）

氮肥施用量与春小麦产量之间的关系符合二次模拟函数

$$Y=-0.0493x^2+15.036x+5778.5 \tag{5-30}$$

式中，Y 表示小麦产量（kg/hm²），x 表示 N 肥用量（kg/hm²）。

表 5-76 和图 5-23 为不同施氮量对春小麦产量的影响情况。

表 5-76　甘肃滴灌春小麦需肥规律氮肥施用量对春小麦产量的影响

处理编号	处理编号	N 肥用量/（kg/hm²）	产量/（kg/hm²）	增产/%	每千克氮肥增产/kg
N1	F1	0	5813cB	—	—
N2	F2	80	6563abAB	12.9	9.4
N3	F3	160	7025aA	20.9	7.6
N4	F8	240	6513bAB	12.1	2.9

注：同列不同小写字母表示在 0.05 水平上差异显著（$P<0.05$）；不同大写字母表示在 0.01 水平上差异极显著（$P<0.01$）

通过“3414”肥料田间试验，得到适宜的甘肃滴灌春小麦的施肥制度如表 5-77 所示。

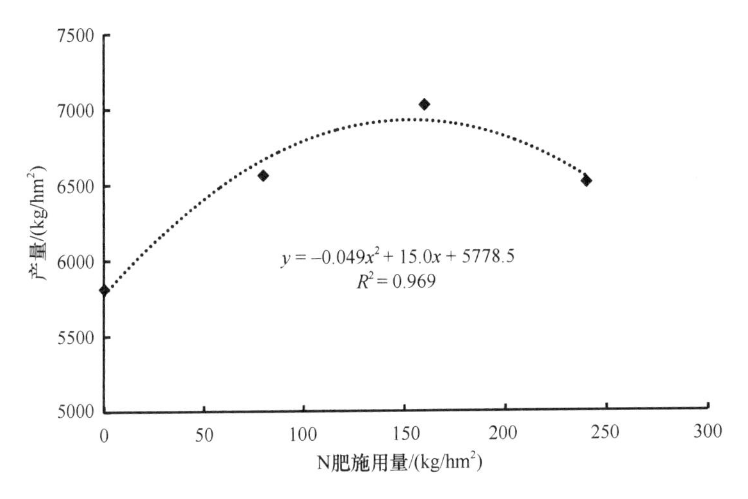

图 5-23　氮肥施用量与春小麦产量关系的二次模拟曲线

表 5-77　甘肃滴灌春小麦施肥制度　　（单位：kg/hm^2）

序号	施肥日期	用量		
		N	P_2O_5	K_2O
底肥	3.19	0	12	0
追肥 1（拔节期）	5.24	80	24	88
追肥 2（开花期）	6.16	80	24	88

施肥制度试验最优试验产量范围：7014～7487kg/hm^2。

3. 甘肃滴灌春小麦水肥耦合量化指标

试验在需水需肥规律试验的基础上，综合考虑灌水和施肥两因素耦合效应，灌溉制度在原有不同生育时期最佳的土壤含水量下限基础上，选择 3 个水平（表 5-78）；施肥量也是在原有的最佳施肥量基础上再设置 3 个不同的水平（表 5-79），各生育时期的施肥比例见表 5-80。对照处理为当地传统地面灌溉和传统施肥方式。

表 5-78　甘肃滴灌春小麦水肥耦合试验的灌溉水平设置

水平	处理编号	灌溉土壤含水量下限/%				
		苗期-拔节	拔节-抽穗	抽穗-开花	开花-成熟	成熟期
1	W1	65	70	70	70	60
2	W2	75	80	80	80	65
3	W3	85	85	85	85	70

注：苗期-拔节期计划湿润层深度为 20cm，其他时期计划湿润层深度均为 40cm，土壤含水量下限为田间持水量的百分比

表 5-79　甘肃滴灌春小麦水肥耦合试验的施肥水平设置

水平	处理编号	用量/（kg/hm^2）		
		N	P_2O_5	K_2O
1（50%）	F1	114	43	126
2（70%）	F2	160	60	176
3（90%）	F3	206	77	226

注：不同的施肥水平后括号内的数值表示该水平施肥量所占当地施肥量的百分比

表 5-80　甘肃滴灌春小麦水肥耦合试验不同生长阶段的施肥比例情况

施肥时期	苗期	分蘖期	拔节期	抽穗期	灌浆期	成熟期
比例/%	0	15	20	25	25	15

各处理的阶段耗水量及总耗水量如表 5-81 所示，不同处理春小麦苗期的耗水量无显著差异，为 50.49～79.35mm；分蘖期差异显著，W1F3 最高，为 60.95mm；拔节期各处理之间差异极显著，W1F2 最高，为 236.70mm；抽穗期主要是灌水的影响，以 W1 耗水量最大，为 95.54～125.85mm；成熟期各处理间差异不显著，范围为 76.02～110.22mm。

表 5-81　甘肃滴灌春小麦水肥耦合试验不同处理春小麦各生育时期耗水量

处理	耗水量/mm					
	苗期	分蘖期	拔节期	抽穗期	成熟期	总耗水量
W1F1	50.49NS	56.70abc	227.76abAB	125.85a	77.71NS	538.52aA
W1F2	63.69	58.45ab	236.70aA	95.54ab	93.17	547.56aA
W1F3	57.25	60.95a	220.26abABC	99.22ab	110.22	553.66aA
W2F1	79.57	53.92abc	157.26defD	76.34b	76.44	453.22bcB
W2F2	50.66	55.83abc	179.24cdeCD	73.62b	86.05	466.50bB
W2F3	71.80	40.70abc	204.75bcABC	78.48b	98.14	447.83bcB
W3F1	79.35	50.00abc	144.43fD	66.19b	89.05	429.01cB
W3F2	61.29	33.39bc	151.58efD	80.34b	96.90	423.50cB
W3F3	68.92	29.83c	185.14cdBCD	72.21b	76.02	432.12cB
灌溉	1.16	3.621*	30.963**	4.811*	0.58	81.183**
施肥	0.78	0.78	4.870*	0.18	2.08	0.18
灌溉×施肥	1.09	0.65	2.46	0.64	2.33	0.52

注：表中每列最后三行数代表各水平下 F 检验的 F 值，其中*表示该水平下各个处理之间差异显著，**表示差异极显著，无*表示无显著差异；同列不同小写字母表示各处理在 0.05 水平上差异显著（$0.01<P\leq0.05$），不同大写字母表示在 0.01 水平上差异极显著（$P\leq0.01$）

春小麦干物质的积累量随着生长呈不断增加的趋势，由表 5-82 知，灌溉对各生育时期春小麦地上部分干物质积累量都有显著影响，而施肥处理对拔节期和成熟期春小麦地上部分干物质积累量有显著影响，对抽穗期和灌浆期春小麦地上部分干物质积累量影响不显著。W2F3 处理干物质积累量在各个生育期都最大，但在拔节期只显著高于 W1F1、W1F2 和 W3F2 处理，与其他处理之间差异不显著，说明中水、高肥处理更有利于春小麦干物质积累。

表 5-82　甘肃滴灌春小麦水肥耦合试验不同处理春小麦各生育时期地上部分干物质积累总量

处理	干物质积累量/（kg/hm^2）			
	拔节期	抽穗期	灌浆期	成熟期
W1F1	3 312cd	5 581f	9 739c	26 714eC
W1F2	3 236d	5 484f	12 954bc	28 254deC
W1F3	4 288abcd	8 295abc	10 419c	33 436bcdBC

续表

处理	干物质积累量/（kg/hm²）			
	拔节期	抽穗期	灌浆期	成熟期
W2F1	4 320abcd	8 129bcd	13 813bc	30 182cdeBC
W2F2	4 205abcd	7 984bcde	12 309bc	38 612bB
W2F3	5 211a	8 829ab	17 685b	49 433aA
W3F1	4 335abc	6 189cdef	11 159c	28 004deC
W3F2	4 047bcd	5 809def	8 019c	35 572bcBC
W3F3	4 517ab	5 744ef	10 090c	27 124deC
CK	5 140a	10 596a	25 263a	51 023aA
灌溉	6.394*	8.982**	5.584*	12.834**
施肥	5.175*	2.317	0.628	10.619**
灌溉×施肥	0.442	1.492	1.621	1.439

注：表中每列最后三行数代表各水平下 *F* 检验的 *F* 值，其中*表示该水平下各个处理之间差异显著，**表示差异极显著，无*表示无显著差异；同列不同小写字母表示各处理在 0.05 水平上差异显著（$0.01<P\leq0.05$），不同大写字母表示在 0.01 水平上差异极显著（$P\leq0.01$）

表 5-83 为不同处理春小麦产量及构成要素的比较，图 5-24 为不同处理春小麦产量及千粒重情况。

表 5-83　不同处理春小麦产量及构成要素

处理	产量/（kg/hm²）	穗长/cm	穗粒数	千粒重/g
W1F1	5563dCD	5.5	14.1	47.0bcB
W1F2	6243cBC	6.2	18.8	45.8bcB
W1F3	6820abAB	6.3	18.2	45.9bcB
W2F1	5641dCD	5.9	15.8	47.1bcB
W2F2	6441cB	6.6	19.9	53.1aA
W2F3	6554bcAB	6.1	17.9	45.0cB
W3F1	5296dD	5.4	13.5	48.5bB
W3F2	7246aA	6.1	19.1	46.1bcB
W3F3	6503cB	5.9	17.9	46.7bcB
灌溉	0.761	1.990	0.607	3.739*
施肥	51.543**	6.234**	10.016**	4.111*
灌溉×施肥	6.504**	0.400	0.220	6.933**

注：表中每列最后三行数代表各水平下 *F* 检验的 *F* 值，其中*表示该水平下各个处理之间差异显著，**表示差异极显著，无*表示无显著差异；同列不同小写字母表示各处理在 0.05 水平上差异显著（$0.01<P\leq0.05$），不同大写字母表示在 0.01 水平上差异极显著（$P\leq0.01$）

施肥量和水肥交互作用对春小麦产量都有极显著影响，W3F2 处理（低水中肥）产量最高，为 7246kg/hm²，与 W1F3 差异不显著，极显著高于 W1F2、W2F1 和 W1F1 和 W3F1 处理，W3F1 产量最低，为 5296kg/hm²。

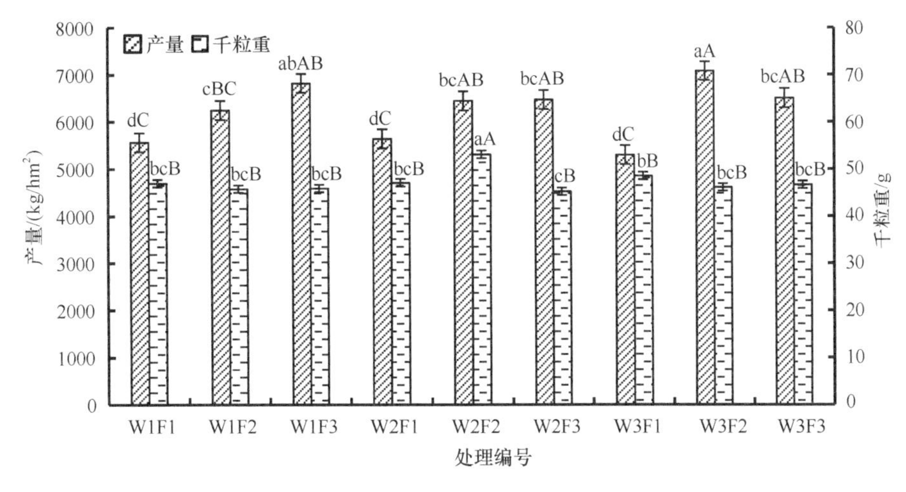

图 5-24　甘肃滴灌春小麦水肥耦合试验不同处理春小麦产量及千粒重

同组数据不同的小写字母表示各处理在 0.05 水平上差异显著（$0.01<P\leqslant 0.05$），不同大写字母表示各处理在 0.01 水平上差异极显著（$P\leqslant 0.01$）

图 5-25～图 5-27 分别为滴灌灌水制度最优处理条件下，N、P、K 单施肥量与春小麦产量之间的关系曲线图。由以下三图可知，N、P、K 单施肥量与春小麦产量之间的关系都符合二次模拟函数曲线，函数关系分别为

$$Y=-0.6363N^2+216.73N-11\,142 \tag{5-31}$$

$$Y=-4.6587P^2+594.54P-11\,655 \tag{5-32}$$

$$Y=-0.5385K^2+201.64K-11\,560 \tag{5-33}$$

式中，Y 为春小麦产量（kg/hm²），N 为氮肥用量（kg/hm²），P 为磷肥用量（kg/hm²），K 为钾肥用量（kg/hm²）。

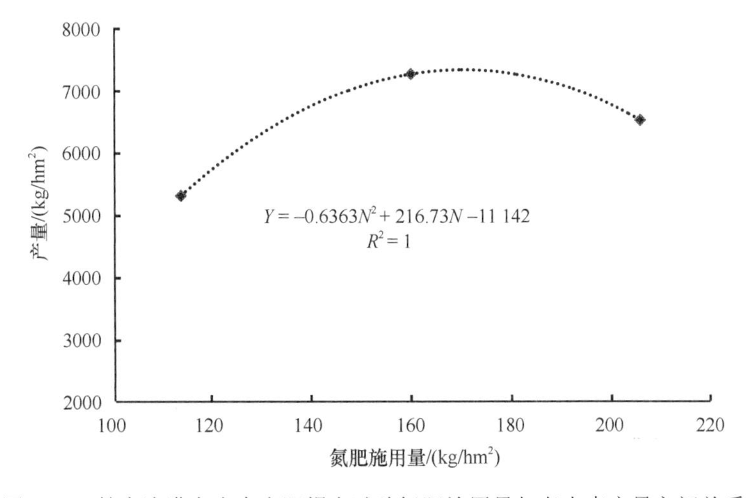

图 5-25　甘肃滴灌春小麦水肥耦合试验氮肥施用量与春小麦产量之间关系

通过水肥耦合田间试验，获得了甘肃滴灌春小麦水肥耦合量化指标，如表 5-84 所示。

春小麦生育期累计降雨量为 32mm，生育期灌水为 316mm，分 12 次灌溉，每次 14～45mm，适宜的灌溉制度如表 5-85 所示。

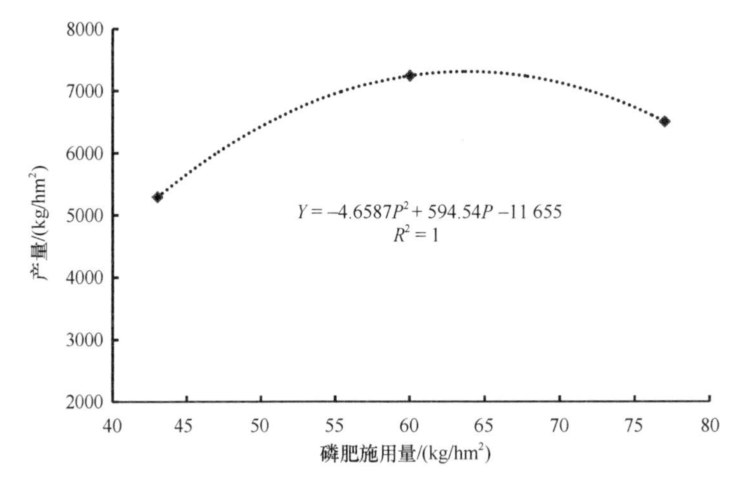

图 5-26　甘肃滴灌春小麦水肥耦合试验磷肥施用量与春小麦产量之间关系

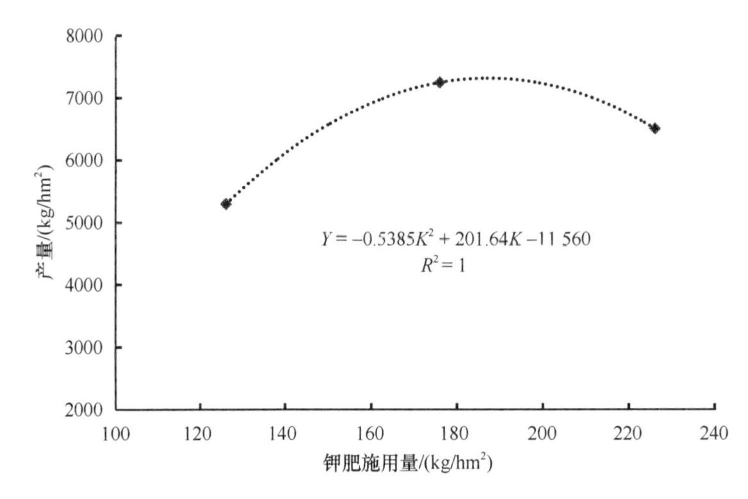

图 5-27　甘肃滴灌春小麦水肥耦合试验钾肥施用量与春小麦产量之间关系

表 5-84　甘肃滴灌春小麦水肥耦合量化指标表

（a）各生长阶段土壤灌溉下限指标

水平	灌溉土壤含水量下限/%				
	苗期	拔节期	抽穗期	灌浆期	成熟期
2	75	80	80	80	65

（b）施肥量指标

水平	用量/（kg/hm²）		
	N	P_2O_5	K_2O
2（70%）	160	60	176

表 5-85　甘肃滴灌春小麦适宜的灌水时期及灌水量

灌水日期	5.1	5.6	5.9	5.13	5.18	5.20	5.25	6.2	6.8	6.15	6.26	7.3	累计
灌水量/mm	26	14	14	42	25	25	25	25	25	25	25	45	316

适宜的施肥制度如表 5-86 所示。

表 5-86　甘肃滴灌春小麦适宜的施肥制度　　（单位：kg/hm^2）

施肥时期 施肥日期（月-日）	播种	拔节期（5.13）	抽穗期（6.2）	灌浆期（6.15）	成熟期（6.26）	施肥总量
N	0	56	40	40	24	160
P_2O_5	12	16.8	12	12	7.2	60
K_2O	0	61.6	44	44	26.4	176

春小麦产量达 7400～7800kg/hm^2，平均水分生产率为 2.29kg/m^3。

（二）甘肃春玉米需水需肥规律

试验玉米品种为制种玉米金西北 22 号，采用膜下滴灌形式，滴管带采用 1 管控制 2 行铺设，滴灌带间距 120cm，滴头流量 2.5L/h，滴头间距 30cm。地膜采用宽度为 90cm，厚度为 0.008mm 的薄膜。种植模式采用宽窄行形式，宽行 80cm，窄行 40cm，株距 30cm。

1. 甘肃滴灌春玉米需水规律

试验设计确定 6 组滴灌作物生育期灌溉土壤含水量下限，设置一个水浇地处理作为对照，滴灌作物各处理见土壤含水量下限设计表 5-87；对照为当地大田水浇地。试验采用随机区组试验设计，每处理重复 3 次，试验小区面积 24.6m^2。

表 5-87　甘肃滴灌春玉米需水规律试验灌溉土壤含水量下限　　（单位：%）

处理编号	苗期	拔节期	抽穗期	灌浆期	成熟期
D1	50	60	65	70	50
D2	55	65	70	75	55
D3	60	70	75	80	60
D4	65	75	80	85	65
D5	70	80	85	90	70
D6	70	70	70	70	70

注：苗期、拔节期计划湿润层深度分别为 30cm、40cm，抽穗期、灌浆期 60cm，成熟期 40cm，土壤含水量下限为田间持水量的百分比

表 5-88 为不同处理的春玉米收获时的考种情况。

表 5-88　甘肃滴灌春玉米需水规律试验各处理考种情况

处理编号	穗长/cm	穗周长/cm	秃尖长/cm	百粒重/g	穗粒数
D1	15.19	15.08	0.69	37.09	429
D2	15.44	15.17	0.94	37.08	433
D3	15.61	15.44	0.72	37.64	392
D4	15.67	15.17	1.06	39.39	383
D5	15.17	15.50	1.00	38.15	387
D6	15.36	15.53	1.08	35.97	416

经显著性分析可得，不同水处理之间百粒重存在显著差异，而穗长、穗周长、秃尖长、穗粒数均没有显著差异。

各处理的产量、耗水量和水分利用效率见表 5-89。

表 5-89　甘肃滴灌春玉米需水规律试验各处理的产量、耗水量、水分利用效率（WUE）

处理编号	产量/（kg/hm^2）	耗水量/mm	WUE/（kg/m^3）
D1	12 660	502.56	2.52
D2	12 330	494.78	2.49
D3	11 220	413.96	2.71
D4	11 070	369.07	3.00
D5	12 420	364.02	3.41
D6	11 835	455.05	2.60

由上表可知，玉米水分利用效率为 2.52～3.41kg/m^3，其中 D5 的水分利用效率最高。通过田间试验得到春玉米各生育期适宜灌溉水平下限如表 5-90。

表 5-90　甘肃春玉米膜下滴灌适宜灌溉土壤含水量下限　　（单位：%）

春玉米生育期	苗期	拔节期	抽穗期	灌浆期	成熟期
灌溉土壤含水量下限	70	80	85	90	70

注：苗期、拔节期计划湿润层深度分别为 20cm、40cm，抽穗期、灌浆期、成熟期计划湿润层深度为 60cm，土壤含水量下限为田间持水量的百分比

春玉米生育期累计降雨量为 32mm，生育期灌水为 242mm，分 9 次灌溉，每次 16.8～33.6mm，如表 5-91 所示。春玉米生育期的耗水规律如表 5-92 所示。

表 5-91　甘肃春玉米膜下滴灌灌水量及灌水时间表　　（单位：mm）

灌水日期	4.23	5.26	6.9	6.22	7.6	7.16	8.9	8.21	9.3	总灌水量
灌水量	30	30	25.2	22.4	25.2	25.2	16.8	33.6	33.6	242

本次灌溉试验中玉米产量范围为 12 000～12 900kg/hm^2，相比当地水浇地增产 40%以上。

表 5-92　甘肃春玉米膜下滴灌日均耗水量和阶段耗水量　　（单位：mm）

生长阶段	苗期-拔节期	拔节-抽穗期	抽穗-灌浆期	灌浆-成熟期	成熟期	全生育期
日均耗水量	1.4	4.5	3.2	2.0	3.2	2.6
阶段耗水量	59.22	94.30	93.48	42.49	74.52	364.01

2. 甘肃滴灌春玉米需肥规律

采用“3414”法设计，3 个因素（氮、磷、钾）；4 个水平：0 水平为不施肥，2 水平为当地常规灌溉高产田施肥量的 70%，1 水平=2 水平×0.5，3 水平=2 水平×1.5（该水平为过量施肥水平）（表 5-93）；8 个处理（表 5-94）。试验采用随机区组试验设计，每处理重复 3 次，试验小区面积为 24.6m^2。20%磷肥作为底肥一次施入，80%滴施；氮钾肥全部滴施。

收获时各处理春玉米的考种指标如表 5-95 所示。

不同肥处理对穗长、穗周长、秃尖长、百粒重、穗粒数均无显著影响。

各处理作物产量如图 5-28 所示。

表 5-93　甘肃滴灌春玉米需肥规律试验施肥水平及用量

水平	用量/（kg/hm²）		
	N	P_2O_5	K_2O
0	0	0	0
1	65	30	50
2	130	60	100
3	195	90	150

表 5-94　甘肃滴灌春玉米需肥规律试验各处理编号

处理编号	处理内容	编码		
		N	P_2O_5	K_2O
F2	N0P2K2	0	2	2
F3	N1P2K2	1	2	2
F6	N2P2K2	2	2	2
F7	N2P3K2	2	3	2
F8	N2P2K0	2	2	0
F9	N2P2K1	2	2	1
F10	N2P2K3	2	2	3
F11	N3P2K2	3	2	2

表 5-95　甘肃滴灌春玉米需肥规律试验不同处理考种指标

处理编号	穗长/cm	穗周长/cm	秃尖长/cm	百粒重/g	穗粒数
F2	14.75	15.22	1.03	37.93	394
F3	15.72	15.78	1.19	37.54	464
F6	15.44	14.97	0.92	37.85	396
F7	15.42	15.22	0.58	38.59	399
F8	15.17	15.28	0.64	36.86	469
F9	15.67	15.08	0.75	37.32	512
F10	15.53	15.61	1.11	37.34	386
F11	15.36	15.19	0.78	38.89	409

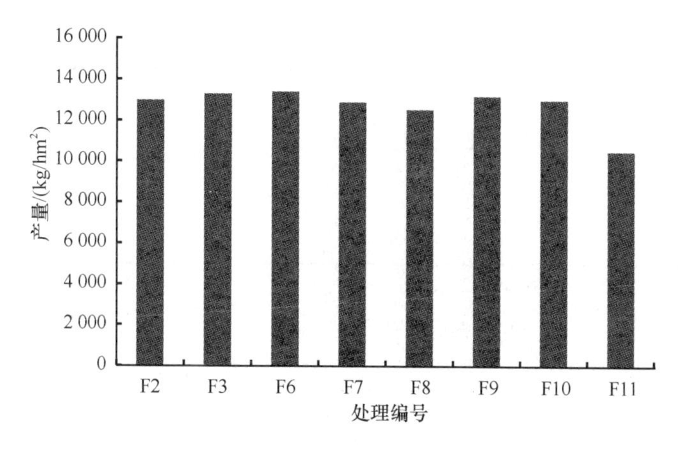

图 5-28　甘肃滴灌春玉米需肥规律试验不同处理产量

不同肥处理之间，产量存在显著差异，玉米产量最高 13 935kg/hm^2，其施肥量为氮肥 130kg/hm^2，磷肥 60kg/hm^2，钾肥 88kg/hm^2。

通过“3414”田间试验，确定了适宜甘肃滴灌春玉米的施肥制度，如表 5-96 所示。

表 5-96 甘肃春玉米膜下滴灌施肥制度

序号	施肥日期	施肥量/（kg/hm^2）			肥料组合
		N	P_2O_5	K_2O	
底肥	4.12	0	12	0	—
1	6.10	65	24	44	N2P2K1
2	7.15	65	24	44	N2P2K1

总施肥量为氮肥 130kg/hm^2，磷肥 60kg/hm^2，钾肥 88kg/hm^2。

施肥试验中玉米产量范围为 13 800～14 040kg/hm^2。

3. 甘肃滴灌春玉米水肥耦合量化指标

在需水规律试验结果最佳处理的基础上，选择 3 个灌溉水平，将其作为水肥耦合试验的灌溉水平，如表 5-97 所示。

表 5-97 甘肃滴灌春玉米水肥耦合试验的灌溉水平设置

水平	灌溉土壤含水量下限/%				
	苗期	拔节期	抽穗期	灌浆期	成熟期
1	60	70	75	80	60
2	65	75	80	85	65
3	70	80	85	90	70

注：苗期、拔节期计划湿润层深度分别为 20cm、40cm，抽穗期、灌浆期、成熟期计划湿润层深度为 60cm，土壤含水量下限为田间持水量的百分比

以需肥规律试验中效益最佳的 N2P2K2（N、P、K 分别为常规灌溉高产田施肥量的 70%）处理为基础，再选取 N、P、K 分别为常规灌溉高产田施肥量的 50%和 90%的 2 个水平，组成水肥耦合试验的 3 个施肥水平，如表 5-98 所示。20%磷肥作为底肥一次施入，80%滴施；氮肥和钾肥全部随滴灌施入。

表 5-98 甘肃滴灌春玉米水肥耦合试验施肥水平及用量设置

水平	用量/（kg/hm^2）		
	N	P_2O_5	K_2O
1（50%）	93	43	71
2（70%）	130	60	100
3（90%）	167	77	129

根据作物生长阶段的需肥特点，确定玉米不同生长阶段的施肥比例，如表 5-99 所示。

表 5-99 甘肃滴灌春玉米水肥耦合试验不同生长阶段的施肥比例情况 （单位：%）

施肥时期	苗期	拔节期	抽穗期	灌浆期
施肥比例	5	45	30	20

甘肃滴灌春玉米试验各处理耗水量情况，如表 5-100。

表 5-100　甘肃滴灌春玉米水肥耦合试验生育期各阶段耗水量　　（单位：mm）

处理＼灌水日期	4.17～5.9	5.9～5.28	5.28～6.14	6.14～7.15	7.15～7.30	7.30～9.11	总耗水量
F1W1	32.2	39.2	20.0	85.1	43.7	130.1	350.3
F1W2	37.6	32.9	36.0	108.1	35.7	97.9	338.2
F1W3	43.0	28.4	38.3	105.3	26.0	105.0	336.0
F2W1	31.2	25.0	37.0	188.8	37.5	126.9	446.4
F2W2	27.0	37.4	29.9	182.7	42.5	126.1	445.6
F2W3	22.8	33.7	30.9	165.1	47.5	124.6	424.6
F3W1	27.0	31.5	19.7	190.7	49.9	174.0	492.8
F3W2	24.6	24.5	30.3	207.8	48.2	159.0	494.4
F3W3	18.6	22.4	24.8	184.6	26.0	154.9	431.3
对照	18.2	21.8	34.1	107.5	211.3	216.5	609.4

由表 5-100 可以看出，总耗水量最大的是处理 F3W2，最小的是处理 F1W3，各处理之间有显著差异。从苗期开始，由于天气温度逐渐升高，玉米水分蒸发逐渐增加，玉米生长需水量也开始升高，抽穗期-灌浆期达到最大。说明膜下滴灌玉米在抽穗期-灌浆期是植株生长需水的关键时期。

表 5-101 为各处理的作物产量及其构成要素情况表。可以看出，产量最高的处理为 F2W2，为 4492kg/hm^2。干物重最大的组合为 F3W2，穗粒重和百粒重最大的组合都为 F2W2。

表 5-101　甘肃滴灌春玉米水肥耦合试验作物产量及其构成要素分析

处理	穗长/cm	干物重/g	穗粒数	穗粒重/g	百粒重/g	产量/（kg/hm^2）
对照	12.78	180.85	127	33.57	26.05	3695
F1W1	13.24	229.60	129	34.17	24.57	3760
F1W2	13.91	249.33	145	36.72	28.88	4041
F1W3	13.42	190.75	140	30.34	26.52	3339
F2W1	14.08	267.13	144	36.15	27.38	3979
F2W2	15.39	289.73	162	40.82	32.87	4492
F2W3	14.41	218.85	153	38.46	30.30	4233
F3W1	13.45	291.87	134	30.77	26.29	3387
F3W2	14.29	335.57	155	38.78	30.57	4268
F3W3	13.68	255.26	146	36.85	27.98	4055

不同施肥水平和灌溉水平对玉米产量都有显著影响，并且是极显著影响。施肥和灌溉对百粒重都有显著影响，且灌溉对百粒重的影响是极显著的。灌溉和施肥对穗长也有显著影响，且施肥对穗长的影响是极显著的。灌溉和施肥对玉米穗粒重也有极显著影响。

对滴灌条件下的玉米产量和灌水量进行曲线拟合，可得到产量与生育期灌水量成二次抛物线关系，从图 5-29 可以看出。拟合方程为

$$y = -0.135x^2 + 122.2x - 23\,572 \tag{5-34}$$

式中，y 代表产量（kg/hm^2），x 代表灌水量（kg/hm^2）。

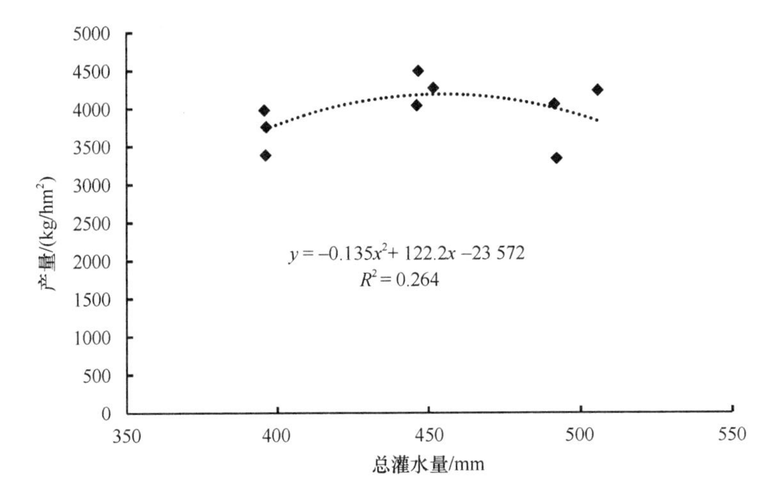

图 5-29　甘肃滴灌春玉米水肥耦合试验产量与总灌水量间关系

由各肥处理 N、P_2O_5、K_2O 的施用量，可以得出相应的玉米产量与施肥量之间的二次模拟曲线。从图 5-30～图 5-32 可以分别得出玉米产量与施 N 量、施 P_2O_5 量、施 K_2O 的关系曲线，可以看出，产量与施肥量均为二次抛物线关系，在施肥水平为 F2 水平时，产量最高，对应的施肥为 N：130kg/hm²、P_2O_5：60kg/hm²、K_2O：100kg/hm²。二次回归曲线分别为

$$\text{N：}\quad y = -0.311x^2 + 83.5x - 1362.1 \tag{5-35}$$

$$P_2O_5\text{：}\quad y = -1.475x^2 + 182.6x - 1411.4 \tag{5-36}$$

$$K_2O\text{：}\quad y = -0.507x^2 + 104.7x - 1162.3 \tag{5-37}$$

式中，y 代表产量（kg/hm^2），x 代表相应的施肥量（kg/hm^2）。

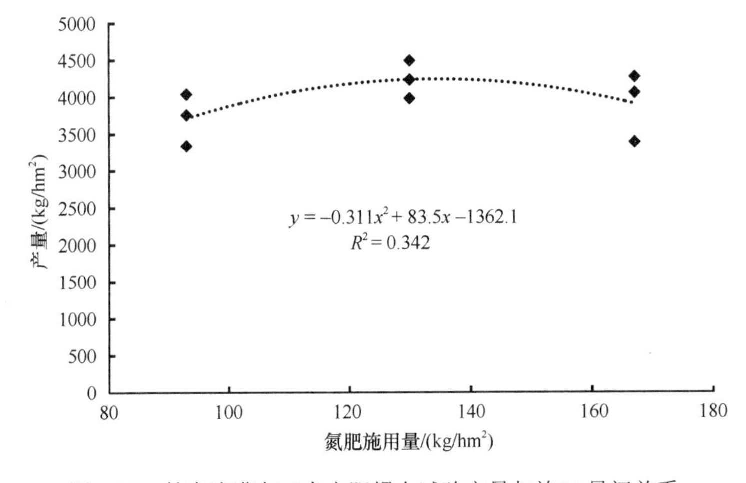

图 5-30　甘肃滴灌春玉米水肥耦合试验产量与施 N 量间关系

根据试验结果，确定 F2W2 和 F3W2 产量最高，两者无显著差异。综合考虑，F2W2 处理为最佳，即甘肃玉米膜下滴灌水肥耦合量化指标如表 5-102 所示。

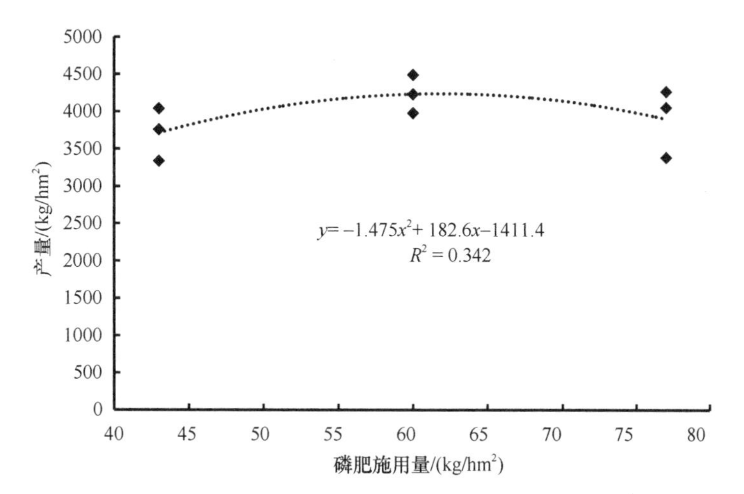

图 5-31　甘肃滴灌春玉米水肥耦合试验产量与施 P_2O_5 量间关系

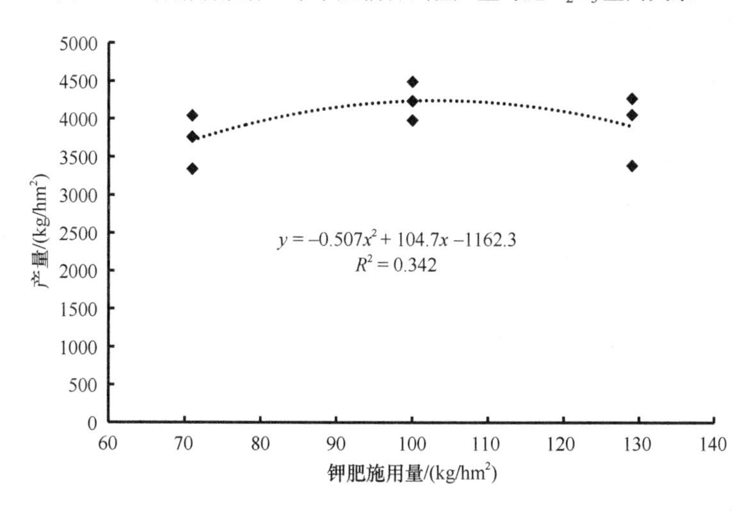

图 5-32　甘肃滴灌春玉米水肥耦合试验产量与施 K_2O 量间关系

表 5-102　甘肃玉米膜下滴灌水肥耦合量化指标表

（a）各生长阶段土壤灌溉下限指标

水平	灌溉土壤含水量下限/%				
	苗期	拔节期	抽穗期	灌浆期	成熟期
2	65	75	80	85	65

（b）施肥量指标

水平	用量/（kg/hm^2）		
	N	P_2O_5	K_2O
2（70%）	130	60	100

春玉米生育期累计降雨量为 32mm。生育期灌水 242mm，分 9 次灌溉，每次 16～34mm，适宜的灌溉制度如表 5-103 所示。

表 5-103　甘肃春玉米膜下滴灌灌溉制度

灌水日期	4.23	5.26	6.9	6.22	7.6	7.16	8.9	8.21	9.3	总灌水量
灌水量/mm	30	30	25.2	22.4	25.2	25.2	16.8	33.6	33.6	242

甘肃滴灌春玉米施肥制度如表 5-104 所示。

表 5-104　甘肃春玉米膜下滴灌施肥制度　（单位：kg/hm^2）

日期	4.2	5.18	6.15	7.19	7.31	施肥总量
N	0	6.5	58.5	39.0	26.0	130
P_2O_5	12.0	2.4	21.6	14.4	9.6	60
K_2O	0	5.0	45.0	30.0	20.0	100

甘肃制种春玉米产量达 4402～4610kg/hm^2，平均水分生产效率为 0.94kg/m^3。

四、青海春油菜需水需肥规律及水肥耦合量化指标

青海省海西蒙古族藏族自治州（以下简称海西州）位于柴达木盆地东部，该地区海拔高，昼夜温差大，非常适合春油菜的种植，是当地农牧民赖以生存的传统农作物。然而，该地区山旱地面积大、干旱缺水及施肥方式落后等，肥料利用率一直徘徊在低水平，造成了肥料资源的浪费和生产效率的偏低。

作物施肥反应及其肥料利用率不仅取决于施肥管理（如施肥水平、施肥时间、施肥策略），还与水资源管理（如灌溉量、灌溉时间、灌溉方法等）有关。水分能够提高土壤养分活化能力，增强养分有效性，水量过多可能增加养分流失或淋溶造成损失，给环境带来危害。调整水肥管理，如通过完善水资源管理，提高水肥耦合效应，以提高水分利用效率促进肥料利用率，同时解决肥料利用率低下及水分利用效率不高的问题[45,46]。

水分和养分对作物生长的作用不是孤立的，而是相互作用相互影响的[47]。施肥与灌溉是作物生长发育过程中的两大技术管理，不同生育期灌水比例对作物的增产效应存在影响，同时能增加作物对养分积累和活化的能力[48]。如何对水肥管理进行优化完善，既能提高养分积累，又能达到小麦产量的增加，最终实现养分利用率和水分利用效率的提高，是现阶段的研究重点[49]。水肥在农业生产中是两个相互促进并相互制约的因子，只有进行合理的水分和养分水平的投入，协调两者之间的供应，才能做到以水促肥、以肥调水[50]。肥料利用率和水分利用效率达到两者都提高、同时满足作物高产和节约资源、减少对环境的威胁三大目标是存在矛盾的，所以必须深入了解和分析水肥耦合协同效应及其机制[51]。

滴灌作为一种高效灌溉方法，在接近根部生长部位灌水，并且通过水表和控制球阀对水肥进行监控管理[52]，不但节约了大量的水资源，而且有提高养分利用率和显著增产的作用[53,54]。滴灌施肥可显著提高作物的产量和水、肥利用效率[55]，达到高产、优质、高效的目标[56]。目前，春油菜滴灌节水技术在青海省柴达木盆地的研究尚处于空白。通过在柴达木盆地干旱区开展滴灌条件下不同施肥处理对春油菜水分利用效率和肥料利用率的影响研究，以期为该地区春油菜的水肥高效利用提供理论依据。

因此如何高效合理地利用水、肥资源，开展、应用高效节水和水肥一体化技术，成为该地区发展春油菜产业的重要途径之一。

（一）项目区土壤条件和基本气象情况

试验地位于青海省海西州乌兰县赛什克节水农业基地，耕地为水浇地，土壤类型为棕钙土。土壤 pH 8.15～8.23，有机质含量 19.22～23.25g/kg，碱解氮含量 103.00～122.00mg/kg，速效磷 16.90～20.2mg/kg，速效钾 250.00～267.00mg/kg，全盐含量 1.67～2.30g/kg。现有耕地土壤养分比较理想且分布均匀，处于中等肥力水平，适宜于种植春油菜，不会引起盐害发生。

由图 5-33 可见，基地累计蒸发量和累计降雨量分别为 1091.00mm 和 102.00mm，累计蒸发量是累计降雨量的 10.7 倍，种植春油菜必须采取有效的节水灌溉措施。采用高效农业生产模式，配合节水灌溉等耕作措施可获得较高经济效益。

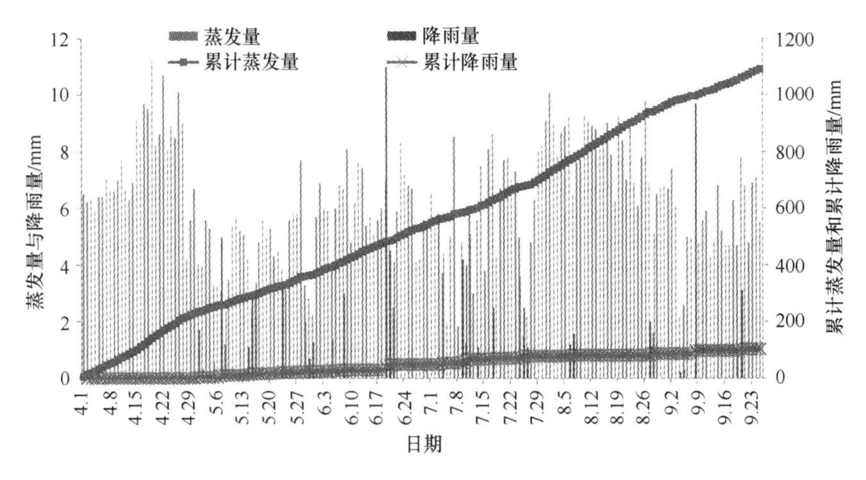

图 5-33　试验地 2013 年 4 月 1 日～9 月 25 日的蒸发量与降雨量（彩图请扫封底二维码）

（二）滴灌条件下春油菜需水规律试验研究

1. 材料与方法

试验地点位于青海省乌兰县柯柯镇西沙沟村，春油菜由青海省农林科学院春油菜研究所提供，供试品种为青杂 7 号。

试验设 5 个滴灌油菜生育期灌溉土壤含水量下限（表 5-105），设 1 个大水漫灌处理作为对照。试验采用随机区组排列，每处理重复 4 次，小区面积 6m×6m=36.00m^2。施肥方案为滴灌 3414 推荐施肥方案（N2P2K2）。20%肥料作为基肥一次性施入，80%肥料作为追肥滴施（苗期 20%，蕾苔期 40%，盛花期 20%）。滴灌肥品种：尿素（N 46%），磷酸一铵（N 12%，P_2O_5 46%），结晶钾（K_2O 57%）。滴灌灌水次数为 15 次，灌溉水源为井水，灌水量由小区进口处水表控制。滴灌系统支管直径 63mm，毛管 16mm，滴头流量 1.38L/h，滴头间距 30cm，滴灌毛管间距 60cm。

播种量 6.00kg/hm^2，行距 30cm，株距 10cm，定苗密度 37.50 万株/hm^2，采用油菜精量化播种机播种。为了使小区产量准确反映实际情况，去掉小区两边各 3 个边行，收获中间 14 行计产。

表 5-105　节水滴灌制度试验方案

处理	灌溉土壤含水量下限/%			
	苗期	蕾苔期	盛花期	成熟期
滴灌 1	55	60	65	55
滴灌 2	60	65	70	60
滴灌 3	65	70	75	65
滴灌 4	70	75	80	70
滴灌 5	75	80	85	75
6（大水漫灌）	大水漫灌	大水漫灌	大水漫灌	大水漫灌

注：苗期、蕾苔期田间计划湿润深度分别为 20cm、40cm，其他时期田间计划湿润深度均为 60cm，土壤含水量下限为田间持水量的百分比

2. 试验结果与分析

（1）春油菜最佳滴灌水量

由表 5-106 得出，滴灌 3、滴灌 4、滴灌 5 处理较处理 6（大水漫灌）提高了春油菜产量，增产幅度为 2.97%～17.75%，其中滴灌 4 的产量增幅最大，为 17.75%。滴灌 3、滴灌 4、滴灌 5 处理较处理 6（大水漫灌）节水 68.57%～145.01%。综合考虑增产与节水效果，滴灌 4 为最佳滴灌水量，说明滴灌方式有利于水分的高效利用和春油菜产量的提高。

表 5-106　滴灌水量产量结果分析

处理	产量/（kg/hm^2）	较大水漫灌增产率/%	灌水量/mm	较大水漫灌节水率/%
滴灌 1	2785.50	−9.10	397.99	145.01
滴灌 2	2967.00	−3.18	421.09	131.57
滴灌 3	3156.00	2.97	460.25	111.86
滴灌 4	3609.00	17.75	513.65	89.84
滴灌 5	3378.00	10.21	578.46	68.57
6（大水漫灌）	3064.50	—	975.10	—

（2）春油菜耗水量、水分利用效率

表 5-107、表 5-108 的结果可知，处理 6 为大水漫灌，水分利用效率最低，为 3.51kg/（hm^2·mm）；其他 5 个滴灌处理的水分利用率在 6.23～8.44kg/（hm^2·mm），比常规水浇高出 2～3 倍；其中滴灌 4 最高，为 8.44kg/（hm^2·mm），其他依次排列为滴灌 3、滴灌 2、滴灌 1、滴灌 5 和处理 6。以上结果说明，滴灌方式在较大程度上提高了水分利用效率，设置滴灌含水量下限为苗期 70%、蕾苔期 75%、盛花期 80%和成熟期 70%的滴灌方案，达到了最优的水分高效利用效果。

表 5-107　节水试验耗水量

处理	降水量/mm	播前土壤储水量/mm	灌水量/mm	生育期间土壤储水量/mm	耗水量/mm
滴灌 1	102.00	122.76	397.99	208.61	414.14
滴灌 2	102.00	122.76	421.09	243.23	402.62
滴灌 3	102.00	122.76	460.25	277.24	407.77
滴灌 4	102.00	122.76	513.65	310.63	427.78
滴灌 5	102.00	122.76	578.46	261.43	541.79
6（大水漫灌）	102.00	122.76	975.10	325.64	874.22

表 5-108　节水试验水分利用效率

处理	产量/(kg/hm²)	耗水量/mm	水分利用效率/［kg/(hm²·mm)］
滴灌 1	2785.50	414.14	6.73
滴灌 2	2967.00	402.62	7.37
滴灌 3	3156.00	407.77	7.74
滴灌 4	3609.00	427.78	8.44
滴灌 5	3378.00	541.79	6.23
6（大水漫灌）	3064.50	874.22	3.51

（3）节水试验效益分析

综合产量、灌水量、种植投入和效益 4 方面的因素，由表 5-109 可以看出，处理 4 产量最高，灌水量最佳，纯收益最高。说明滴灌 4 效果最佳，纯收益为 7436.00 元/hm²，最佳灌水量为 513.65mm。

表 5-109　节水试验效益

处理	产量/(kg/hm²)	产值/(元/hm²)	灌水量/mm	水费/(元/hm²)	人工费/(元/hm²)	肥料投入/(元/hm²)	纯收益/(元/hm²)
滴灌 1	2 785.50	12 534.75	397.99	1 591.80	4 500.00	2 250.00	4 193.00
滴灌 2	2 967.00	13 351.50	421.09	1 684.20	4 500.00	2 250.00	4 917.00
滴灌 3	3 156.00	14 202.00	460.25	1 840.80	4 500.00	2 250.00	5 611.00
滴灌 4	3 609.00	16 240.50	513.65	2 054.40	4 500.00	2 250.00	7 436.00
滴灌 5	3 378.00	15 201.00	578.46	2 313.60	4 500.00	2 250.00	6 137.00
6（大水漫灌）	3 064.50	13 790.25	975.10	3 900.00	6 750.00	2 250.00	890.00

（4）春油菜需水量、耗水强度

对不同生育期的需水强度进行分析，由表 5-110 可以看出， 播种期-苗期的需水量最少，蕾苔期-盛花期春油菜耗水强度最高，为 4.91mm/d。此时，春油菜需水量最大，为 171.85mm。整个生育期平均耗水强度为 3.71mm/d，总需水量为 478.35mm。

表 5-110　春油菜不同生育期需水量、耗水强度

生育期	降雨量/mm	灌水量/mm	渗透量/mm	土壤贮水变化量/mm	需水量/mm	生长天数/d	耗水强度/(mm/d)
播种期-苗期	18.00	99.00	0.00	39.80	77.20	42	1.84
苗期-蕾苔期	24.00	121.00	0.00	37.00	108.00	30	3.60
蕾苔期-盛花期	27.00	167.05	0.00	22.20	171.85	35	4.91
盛花期-成熟期	33.00	126.60	0.00	38.30	121.30	27	4.49
累计	102.00	513.65	0.00	137.30	478.35	134	3.71

3. 结论

播种期-苗期的需水量最少，蕾苔期-盛花期春油菜耗水强度最高，整个生育期灌水为 513.65mm，整个生育期总需水量为 478.35mm。

（三）滴灌条件下春油菜需肥规律研究

1. 材料与方法

试验地点位于青海省乌兰县柯柯镇西沙沟村，春油菜由青海省农林科学院春油菜研究所提供，供试品种为青杂 7 号。试验地基本理化性状见表 5-111。

表 5-111　试验地基本理化性状

全氮/(g/kg)	全磷/(g/kg)	全钾/(g/kg)	碱解氮/(mg/kg)	速效磷/(mg/kg)	速效钾/(mg/kg)	有机质/(g/kg)	全盐/(g/kg)	pH
1.01	1.52	30.12	113.00	20.10	242.00	25.23	1.10	8.30

0 水平为不施肥，2 水平为当地推荐施肥量，1 水平=2 水平×0.5，3 水平=2 水平×1.5（该水平为过量施肥水平），每小区设 2 个空白（消除因地块较大产生的误差），15 个处理，每个处理重复 4 次，共 60 个小区。每个施肥处理小区配备 1 个施肥罐和 1 个水表，以保证小区单独灌水、施肥的要求。全生育期灌水量为 5136.00m^3/hm^2。其中滴灌灌水次数为 15 次。灌溉水源为井水，灌水量由小区进口处水表控制。滴灌系统支管直径 63mm，毛管 16mm，滴头流量 1.38L/h，滴头间距 30cm，滴灌毛管间距 60cm。

20%肥料作为基肥施入，80%肥料作为追肥滴施（苗期 20%，蕾苔期 40%，盛花期 20%）。肥料品种：尿素（N 46%）；磷酸一铵（N 12%, P_2O_5 46%）；结晶钾（K_2O 57%）。播种量 6.00kg/hm^2，定苗密度 37.50 万株/hm^2，小区面积 28.80m^2。小区测产时去掉了小区两边各 3 行，收获中间 10 行计产。试验处理及肥料用量见表 5-112。

表 5-112　春油菜施肥试验方案

处理编号	处理	肥料用量/（kg/hm^2）		
		N	P_2O_5	K_2O
1（CK）	N0P0K0	0.00	0.00	0.00
2	N0P2K2	0.00	158.70	37.50
3	N1P2K2	93.15	158.70	37.50
4	N2P0K2	186.30	0.00	37.50
5	N2P1K2	186.30	79.35	37.50
6（推荐施肥）	N2P2K2	186.30	158.70	37.50
7	N2P3K2	186.30	238.05	37.50
8	N2P2K0	186.30	158.70	0.00
9	N2P2K1	186.30	158.70	18.75
10	N2P2K3	186.30	158.70	56.25
11	N3P2K2	279.45	158.70	37.50
12	N1P1K2	93.15	79.35	37.50
13	N1P2K1	93.15	158.70	18.75
14	N2P1K1	186.30	79.35	18.75
15（CK）	N0P0K0	0.00	0.00	0.00

2. 试验结果与分析

（1）不同处理对春油菜农艺性状的影响

不同处理对春油菜农艺性状的影响见表 5-113，可以看出 N2P2K1 处理较其他处理可以明显提高春油菜株高、单株角果数、单株籽粒重和千粒重；分枝高度在N2P3K2处理下达到最高，为113.30cm。较推荐施肥（N2P2K2）处理，N2P2K1处理下株高提高了14.76%，单株角果数提高了29.44%，单株籽粒重提高了19.09%，千粒重提高了11.76%。

表 5-113　不同处理对油菜主要农艺性状的影响

处理	株高/cm	分枝高度/cm	单株角果数/（个/株）	单株籽粒重/（g/株）	千粒重/（g/1000 粒）
N0P0K0	100.40	78.60	343.20	20.71	4.03
N0P2K2	112.10	82.40	407.80	24.44	4.43
N1P2K2	120.40	92.70	400.50	26.74	4.41
N2P0K2	128.30	91.50	396.50	28.63	4.08
N2P1K2	120.80	91.60	387.90	27.82	4.73
N2P2K2	127.40	94.60	397.40	30.38	4.59
N2P3K2	136.30	113.30	465.70	31.27	4.52
N2P2K0	143.40	112.50	435.20	30.68	4.73
N2P2K1	146.20	110.10	514.40	36.18	5.13
N2P2K3	137.20	97.60	424.20	27.77	4.72
N3P2K2	130.90	93.80	413.30	27.78	4.38
N1P1K2	121.70	90.30	382.60	28.9	4.87
N1P2K1	134.60	90.40	412.80	27.53	4.71
N2P1K1	122.70	81.40	387.60	25.03	4.44

（2）不同处理对春油菜产量的影响

由表5-114可以看出，对照区（N0P0K0）春油菜产量为2820.00kg/hm^2，说明该地块基础肥力较高。不同施肥处理春油菜产量均高于不施肥处理。N2P2K1处理的春油菜产量达到最大，为5220.00kg/hm^2；较空白对照增产2400.00kg/hm^2，增产率85.11%；较推荐施肥（N2P2K2）增产975.00kg/hm^2，增产率22.97%。N0P2K2处理的春油菜产量最低，为3675.00kg/hm^2；较空白对照增产855.00kg/hm^2，增产率30.32%。

表 5-114　春油菜“3414”试验产量表

处理	肥料用量/（kg/hm^2）			产量/（kg/hm^2）	较CK增产/（kg/hm^2）	增产率/%	较$N_2P_2K_2$增产/（kg/hm^2）	增产率/%	排序
	N	P_2O_5	K_2O						
N0P0K0	0.00	0.00	0.00	2820.00	—	—	−1425.00	−33.57	14
N0P2K2	0.00	158.70	37.50	3675.00	855.00	30.32	−570.00	−13.43	13
N1P2K2	93.15	158.70	37.50	4020.00	1200.00	42.55	−225.00	−5.30	8
N2P0K2	186.30	0.00	37.50	3900.00	1080.00	38.30	−345.00	−8.13	9
N2P1K2	186.30	79.35	37.50	3885.00	1065.00	37.77	−360.00	−8.48	10
N2P2K2	186.30	158.70	37.50	4245.00	1425.00	50.53	—	—	7
N2P3K2	186.30	238.05	37.50	4530.00	1710.00	60.64	285.00	6.71	3
N2P2K0	186.30	158.70	0.00	4800.00	1980.00	70.21	555.00	13.07	2
N2P2K1	186.30	158.70	18.75	5220.00	2400.00	85.11	975.00	22.97	1
N2P2K3	186.30	158.70	56.25	4500.00	1680.00	59.57	255.00	6.01	5
N3P2K2	279.45	158.70	37.50	4320.00	1500.00	53.19	75.00	1.77	6
N1P1K2	93.15	79.35	37.50	3855.00	1035.00	36.70	−390.00	−9.19	11
N1P2K1	93.15	158.70	18.75	4515.00	1695.00	60.11	270.00	6.36	4
N2P1K1	186.30	79.35	18.75	3720.00	900.00	31.91	−525.00	−12.37	12

（3）不同处理对春油菜肥料利用率的影响

春油菜肥料利用率结果见表 5-115，表明不同处理的肥料利用率有明显差异。施氮量 186.30kg/hm^2（N2P2K2）处理的氮肥利用率最高，为 36.85%；施磷量 158.70kg/hm^2（N2P2K2）处理的磷肥利用率最高，为 15.32%；施钾量 18.75kg/hm^2（N2P2K1）处理的钾肥利用率最高，为 55.97%，且钾肥利用率随着钾肥施用量的增加呈下降趋势。

表 5-115　N、P、K 肥对春油菜肥料利用率的影响

处理	氮肥利用率/%	处理	磷肥利用率/%	处理	钾肥利用率/%
N0P2K2	—	N2P0K2	—	N2P2K0	—
N1P2K2	29.30	N2P1K2	11.53	N2P2K1	55.97
N2P2K2	36.85	N2P2K2	15.32	N2P2K2	49.57
N3P2K2	30.32	N2P3K2	13.52	N2P2K3	43.30

（4）不同处理对春油菜水分利用效率的影响

N、P、K 肥对春油菜水分利用效率的影响如表 5-116，N2P2K1 处理较其他处理的水分利用效率明显提高，达到 8.92kg/（hm^2·mm）；较空白对照（N0P0K0）的水分利用效率提高了 85.45%；较推荐施肥（N2P2K2）的水分利用效率提高了 20.70%。

表 5-116　N、P、K 肥对春油菜水分利用率的影响

处理	产量/（kg/hm^2）	土壤贮水量（0～60cm）		生育期降雨量/mm	灌水量/mm	水分利用效率/［kg/(hm^2·mm)］
		播前/mm	收获/mm			
N0P0K0	2820.00	124.32	154.29	102.00	513.65	4.81
N0P2K2	3675.00	124.32	166.10	102.00	513.65	6.40
N1P2K2	4020.00	124.32	136.84	102.00	513.65	6.67
N2P0K2	3900.00	124.32	174.09	102.00	513.65	6.89
N2P1K2	3885.00	124.32	177.15	102.00	513.65	6.90
N2P2K2	4245.00	124.32	165.86	102.00	513.65	7.39
N2P3K2	4530.00	124.32	153.41	102.00	513.65	7.72
N2P2K0	4800.00	124.32	159.78	102.00	513.65	8.27
N2P2K1	5220.00	124.32	154.81	102.00	513.65	8.92
N2P2K3	4500.00	124.32	142.67	102.00	513.65	7.53
N3P2K2	4320.00	124.32	114.13	102.00	513.65	6.90
N1P1K2	3855.00	124.32	159.44	102.00	513.65	6.64
N1P2K1	4515.00	124.32	155.22	102.00	513.65	7.72
N2P1K1	3720.00	124.32	153.58	102.00	513.65	6.34

3. 结论

N2P2K1 处理的春油菜产量为最大值，为 5220.00kg/hm^2，较其他处理的水分利用效率明显提高，达到了 8.92kg/(hm^2·mm)。

（四）滴灌条件下春油菜水肥耦合量化指标研究

1. 材料与方法

试验地点位于青海省乌兰县柯柯镇西沙沟村。供试春油菜品种为青杂 7 号。

根据筛选出的 4 个春油菜产量表现较好的处理 N2P2K1、N2P2K0、N2P3K2 和 N2P2K3，全生育期灌水量为节水最佳滴灌水量（5136.00m^3/hm^2）；另设常规大水漫灌为对照，施肥量同 N2P2K2 处理，全生育期灌水量 9750.00m^3/hm^2。施肥方案见表 5-117。

表 5-117　施肥制度试验方案

编号	处理	肥料用量/（kg/hm^2）		
		N	P_2O_5	K_2O
1	N2P2K1	186.30	158.70	18.75
2	N2P2K0	186.30	158.70	0.00
3	N2P3K2	186.30	238.05	37.50
4	N2P2K3	186.30	158.70	56.25
大水漫灌	N2P2K2	186.30	158.70	37.50

试验采用随机区组排列，每处理重复 4 次，小区面积 6m×6m=36.00m^2。20%肥料作为基肥一次性施入，80%肥料作为追肥滴施（苗期 20%，蕾苔期 40%，盛花期 20%）。滴灌肥品种：尿素（N 46%），磷酸一铵（N 12%，P_2O_5 46%），结晶钾（K_2O 57%）。播种量 6.00kg/hm^2，行距 30cm，定苗密度 37.50 万株/hm^2，采用人工播种。为了使小区产量准确反映实际情况，去掉小区两边各 3 个边行，收获中间 14 行计产。

2. 试验结果与分析

（1）春油菜最佳施肥量

由表 5-118 可以看出，大水漫灌处理下春油菜产量最低，为 2340.00kg/hm^2；处理 1 春油菜产量最高，为 2970.00kg/hm^2。滴灌处理下的产量较漫灌均增产，增产幅度为 17.95%～26.92%。经济效益分析，滴灌方式下的春油菜纯收益较大水漫灌提高 115.63%～187.50%。处理 1 春油菜纯收益最高，较大水漫灌增效 187.50%。综合考虑增产与增效效果，处理 1（N2P2K1）为最佳施肥量。

表 5-118　施肥试验产量结果分析

编号	处理	产量/（kg/hm^2）	较漫灌增产率/%	产值/（元/hm^2）	种植投入/（元/hm^2）	纯收益/（元/hm^2）	较漫灌增效/%
1	N2P2K1	2 970.00	26.92	13 365.00	9 225.00	4 140.00	187.50
2	N2P2K0	2 805.00	19.87	12 623.00	9 180.00	3 443.00	139.10
3	N2P3K2	2 850.00	21.79	12 825.00	9 330.00	3 495.00	142.71
4	N2P2K3	2 760.00	17.95	12 420.00	9 315.00	3 105.00	115.63
大水漫灌	N2P2K2	2 340.00	—	10 530.00	9 090.00	1 440.00	—

（2）春油菜不同生育期需肥规律

以产量表现最好的处理 N2P2K1 为例，由表 5-119 可以看出，春油菜苗期吸收氮最多，其次为钾，磷最少。蕾苔期-盛花期-成熟期，吸收磷、钾的比例明显增加，且钾的吸收量大于氮的吸收量。至成熟期氮、磷、钾的吸收量达到最大值，分别占全生育期吸收总量的 35.31%、36.29%和 40.52%。

按照 20%肥料作为基肥一次性施入、80%肥料作为追肥滴施的施肥方式（苗期、蕾苔期、盛花期)，依据春油菜不同生育期对肥料的吸收量，追肥比例为苗期 28%，蕾苔期 14%，盛花期 38%。

表 5-119　春油菜不同生育期氮、磷、钾的吸收量和比例

生育期	N		P_2O_5		K_2O		N：P_2O_5：K_2O
	吸收量/(kg/hm^2)	占总量/%	吸收量/(kg/hm^2)	占总量/%	吸收量/(kg/hm^2)	占总量/%	
苗期	105.46	22.66	16.49	18.35	46.42	10.42	1：0.16：0.44
蕾苔期	53.24	11.44	12.31	13.70	68.21	15.31	1：0.23：1.28
盛花期	142.36	30.59	28.46	31.67	150.43	33.76	1：0.20：1.06
成熟期	164.34	35.31	32.61	36.29	180.54	40.52	1：0.20：1.10
累计	465.40	100.00	89.87	100.00	445.60	100.00	1：0.19：0.96

3. 春油菜水肥耦合量化指标

滴灌条件下春油菜水肥耦合量化指标见表 5-120。

表 5-120　春油菜滴灌、施肥制度参照表

生育期	时间	灌溉制度			施肥制度				
		灌水次数	灌水定额/(m^3/hm^2)	灌溉定额/(m^3/hm^2)	施肥次数	推荐养分用量/(kg/hm^2)			肥料实际施肥量
						N	P_2O_5	K_2O	尿素（N 46%）、磷酸一铵（N 12%,P_2O_5 46%）、结晶钾（K_2O 57%）
播种-苗期	4 月下旬至 5 月中下旬	3	240～315	720～945	1	37.50	31.80	3.75	每公顷施优质腐熟的有机肥 200.00kg、尿素 63.50kg、磷酸一铵 69.10kg、结晶钾 6.60kg
苗期-蕾苔期	6 月上旬至 7 月上旬	4	285～360	1140～1440	1	51.90	44.40	5.10	每公顷施尿素 87.60kg、磷酸一铵 96.50kg、结晶钾 8.90kg
蕾苔期-盛花期	7 月上旬至 8 月上旬	5	330～405	1650～2025	1	26.10	22.20	2.70	每公顷施尿素 44.10kg、磷酸一铵 48.30kg、结晶钾 4.70kg
盛花期-成熟期	8 月上旬至 8 月下旬	3	255～330	765～990	1	70.80	60.30	7.20	每公顷施尿素 119.70kg、磷酸一铵 131.10kg、结晶钾 12.60kg

4. 结论

春油菜最佳滴灌水量为 5136.00m^3/hm^2，最佳施肥量为 N 186.30kg/hm^2、P_2O_5 158.70kg/hm^2、K_2O 18.75kg/hm^2；基肥和追肥的比例为基肥 20%、追肥 80%（苗期 28%、蕾苔期 14%、盛花期 38%）。

（五）滴灌条件下春油菜不同播种量试验研究

1. 材料与方法

试验地点位于青海省乌兰县柯柯镇西沙沟村，春油菜由青海省农林科学院春油菜研究所提供，供试品种为青杂 7 号。

试验设置 4 个处理，处理 1：播种量 6.00kg/hm^2（大水漫灌播种量）；处理 2：播种量 4.50kg/hm^2；处理 3：播种量 3.00kg/hm^2；处理 4：播种量 2.25kg/hm^2。随机区组排列，重复三次。全生育期灌水量 5136.00m^3/hm^2，滴灌灌水次数 15 次。灌溉水源为井水，灌水量由小区进口处水表控制。滴灌系统支管直径 63mm，毛管 16mm，滴头流量 1.38L/h，滴头间距 30cm，滴灌毛管间距 60cm。春油菜行距配置为 30+30–30 等行距，株距 10cm，

滴灌毛管铺设在两行作物中间。

施肥方案为 N 186.30kg/hm^2、P_2O_5 158.70kg/hm^2、K_2O 18.75kg/hm^2（N2P2K1）。20%肥料作为基肥施入，80%肥料作为追肥滴施（苗期 28%、蕾苔期 14%、盛花期 38%）。肥料品种：尿素（N 46%）；磷酸一铵（N 12%，P_2O_5 46%）；结晶钾（K_2O 57%）。采用油菜精量化播种机播种，小区面积 28.80m^2。

2. 试验结果与分析

（1）不同播种量对产量的影响

从表 5-121 可以看出，播种量 4.50kg/hm^2 的春油菜产量较大水漫灌播种量增产 75.00kg/hm^2，增产率 1.87%；播种量 3.00kg/hm^2 的春油菜产量较大水漫灌播种量减产 45.00kg/hm^2，减产率 1.12%；播种量 2.25kg/hm^2 的春油菜产量较大水漫灌播种量减产 705.00kg/hm^2，减产率 17.54%。播种量 6.00kg/hm^2、4.50kg/hm^2 和 3.00kg/hm^2 的春油菜产量差异不显著，但显著高于播种量 2.25kg/hm^2 的春油菜产量。

表 5-121 不同播种量试验春油菜产量表

播种量/（kg/hm^2）	产量/（kg/hm^2）	灌水量/mm	较大水漫灌播种量增产/（kg/hm^2）	增产率/%
6.00	4020.00a	513.65	—	—
4.50	4095.00a	513.65	75.00	1.87
3.00	3975.00a	513.65	–45.00	–1.12
2.25	3315.00b	513.65	–705.00	–17.54

注：同列不同字母表示在 0.05 水平上差异显著，下同

（2）不同播种量对水分利用率的影响

由表 5-122 可以看出，播种量 6.00kg/hm^2、4.50kg/hm^2 和 3.00kg/hm^2 的水分利用效率均高于播种量 2.25kg/hm^2 的水分利用效率。播种量 4.50kg/hm^2 的水分利用效率最高，为 7.15kg/(hm^2·mm)；播种量 2.25kg/hm^2 的水分利用效率最低，为 5.73kg/(hm^2·mm)。

表 5-122 不同播种量对油菜水分利用率的影响

播种量/(kg/hm^2)	产量/（kg/hm^2）	土壤贮水量（0～60cm）		生育期降雨量/mm	灌水量/mm	水分利用效率/［kg/(hm^2· mm)］
		播前/mm	收获/mm			
6.00	4020.00	122.76	170.64	102.00	513.65	7.08
4.50	4095.00	122.76	165.38	102.00	513.65	7.15
3.00	3975.00	122.76	168.53	102.00	513.65	6.98
2.25	3315.00	122.76	159.63	102.00	513.65	5.73

3. 结论

春油菜播种量 4.50kg/hm^2 的产量较大水漫灌播种量增产 75.00kg/hm^2，增产率为 1.87%；春油菜播种量 4.50kg/hm^2 水分利用效率最高，为 7.15kg/(hm^2·mm)。

（六）滴灌条件下春油菜不同行距试验研究

1. 材料与方法

试验地点位于青海省乌兰县柯柯镇西沙沟村，春油菜由青海省农林科学院春油菜研

究所提供，供试品种为青杂 7 号。

试验处理设置为处理 1：窄行 20cm、20cm 和宽行 40cm 组合；处理 2：窄行 25cm、25cm 和宽行 40cm 组合；处理 3（对照）：等行距 30cm、30cm 和 30cm 组合。随机区组排列，重复三次。全生育期灌水量为 5136.00m^3/hm^2。施肥方案为 N 186.30kg/hm^2、P_2O_5 158.70kg/hm^2、K_2O 18.75kg/hm^2(N2P2K1)。20%肥料作为基肥施入，80%肥料作为追肥滴施（苗期 28%、蕾苔期 14%、盛花期 38%）。肥料品种：尿素（N 46%）；磷酸一铵（N 12%、P_2O_5 46%）；结晶钾（K_2O 57%）。

其中滴灌灌水次数为 15 次。随机区组排列，重复 4 次。灌溉水源为井水，灌水量由小区进口处水表控制。滴灌系统支管直径 63mm，毛管 16mm，滴头流量 1.38L/h，滴头间距 30cm，滴灌毛管间距 60cm。播种量 4.50kg/hm^2，定苗密度 37.50 万株/hm^2，采用油菜精量化播种机播种，小区面积 28.80m^2。试验于 4 月 30 日播种，8 月底收获。

2. 试验结果与分析

（1） 不同行距播幅对春油菜产量的影响

由表 5-123 可以看出，滴灌条件下春油菜 30+30–30 等行距播幅，产量显著高于 20+20–40 行距和 25+25–40 行距处理。20+20–40 播幅产量较 30+30–30 降低了 330.00kg/hm^2，减产率 11.22%；25+25–40 播幅产量较 30+30–30 降低了 390.00kg/hm^2，减产率 13.27%，20+20–40 和 25+25–40 播幅产量差异不显著。

表 5-123　不同行距播幅试验春油菜产量表

处理	播幅/m	产量/（kg/hm^2）	灌水量/mm	增产/（kg/hm^2）	减产率/%
30+30–30	0.90	2940.00a	513.65	—	—
20+20–40	0.80	2610.00b	513.65	–330.00	–11.22
25+25–40	0.90	2550.00b	513.65	–390.00	–13.27

（2）不同行距播幅对水分利用效率的影响

由表 5-124 可以看出，滴灌条件下春油菜 30+30–30 等行距播幅，水分利用效率高于 20+20–40 和 25+25–40 播幅处理，达到 4.87kg/（hm^2·mm）。30+30–30 播幅水分利用效率较 20+20–40 提高了 0.46kg/（hm^2·mm）；30+30–30 播幅水分利用效率较 25+25–40 提高了 0.59 kg/（hm^2·mm）。

表 5-124　不同行距播幅对春油菜水分利用效率的影响

处理	产量/（kg/hm^2）	土壤贮水量（0～60cm）		生育期降雨量/mm	灌水量/mm	水分利用效率/［kg/(hm^2· mm)］
		播前/mm	收获/mm			
30+30–30	2940.00	127.34	151.41	114	513.65	4.87
20+20–40	2610.00	127.34	162.78	114	513.65	4.41
25+25–40	2550.00	127.34	158.61	114	513.65	4.28

（3）不同行距播幅对春油菜肥料利用率的影响

由表 5-125 可以看出，滴灌条件下春油菜 30+30–30 等行距播幅，氮肥、磷肥利用率明显高于 20+20–40 和 25+25–40 播幅处理；25+25–40 播幅处理，钾肥利用率明显高于 20+20–40 和 30+30–30 播幅处理。

30+30–30 播幅氮肥利用率较 20+20–40 播幅提高了 1.53%，较 25+25–40 播幅提高了 0.81%；30+30–30 播幅磷肥利用率较 20+20–40 播幅提高了 1.16%，较 25+25–40 播幅提高了 0.71%。25+25–40 播幅钾肥利用率较 20+20–40 播幅提高了 3.60%，较 30+30–30 播幅提高了 2.00%。

表 5-125　不同行距播幅对油菜肥料利用率的影响

处理	氮肥利用率/%	处理	磷肥利用率/%	处理	钾肥利用率/%
30+30-30	35.43	30+30–30	14.83	30+30–30	50.40
20+20-40	33.90	20+20–40	13.67	20+20–40	48.80
25+25-40	34.62	25+25–40	14.12	25+25–40	52.40

3. 结论

试验区滴灌条件下春油菜 30+30–30 等行距播幅，产量最高达到 2940.00kg/hm^2；水分利用效率达到 4.87kg/(hm^2·mm)；氮肥利用率达到 35.43%、磷肥利用率达到 14.83%、钾肥利用率达到 50.40%。

第二节　华北滴灌区主要粮食作物需水需肥规律及水肥耦合量化指标

一、河北小麦、玉米需水需肥规律及水肥耦合量化指标

（一）河北小麦需水需肥规律

华北平原水资源紧缺、日趋严峻，地下水超采已经引起一系列生态问题，农业用水是该地区水资源消耗的主要原因，地下水开采量与小麦和玉米产量呈正相关[57]。1978 年以来，每增产 10 000t 小麦和玉米，年地下水开采量平均增加 0.04×10^{8}m^3[58]，灌溉面积增加和灌溉水利用效率低是其主要原因[59]。小麦全生育期耗水 450mm 左右[60]，生育期内的降雨量只有 50～150mm，灌溉水需求非常大。因此，推行节水农业、减少小麦灌水量、提高水分利用效率对于保证区域地下水可持续性和国家粮食安全十分重要。

华北平原小麦节水技术以品种[61]、耕作覆盖[62-64]、种植模式[65]和调亏灌溉等[59, 66]为主，并已对主要节水技术进行了集成[67-68]。目前，这些技术的应用只是在一定程度上缓解了地下水下降，因此采用更节水的栽培技术对小麦生产和生态环境都具有十分重要的意义。

通过不同灌水量和施肥量，了解不同灌水、施肥条件下，小麦生长所需水肥的规律。

1. 试验方法

小麦品种石麦 14，底肥施复混肥（N 17、P 17、K 6）375kg/hm^2，播种时间 10 月 16 日，播种量 225kg/hm^2。输水方式为微喷，水处理分 3 个水平，总灌水量分别为 90mm、135mm、180mm，各处理分 3 个重复，田间随机排列，每重复面积 65m^2 生长期间追肥量均相同。对照为常规漫灌方式，底肥施 750kg/hm^2 小麦复混肥，灌水分 2 次，拔节期灌水 142mm，孕穗期灌水 127mm，总灌水量 270mm，面积为 0.1hm^2。

肥处理分为 4 个水平，分别为 0kg/hm^2、300kg/hm^2、600kg/hm^2、900kg/hm^2，共 4 个处理，各处理分 3 个重复，田间随机排列。底肥施 375kg/hm^2 普通小麦复混肥，N、P、K 含量（17-17-6），拔节期、孕穗期追施Ⅰ型可溶性小麦专用复合肥，N、P、K 含量（33-7-10），抽穗开花期和灌浆期施用Ⅱ型可溶性小麦专用复合肥，N、P、K 含量（30-12-10）。对照为常规施肥方式，小麦拔节期地表撒施尿素一次（450kg/hm^2）。

田间调查和测产方法为各处理每重复随机固定 3 个点，每点 1m^2。各处理方案如表 5-126、表 5-127 所示。

表 5-126 各处理不同时期的灌水方案 （单位：mm）

处理	拔节期	孕穗期	抽穗开花期	灌浆期	累计
W90	30	30	15	15	90
W135	45	30	30	30	135
W180	52	52	38	38	180

表 5-127 各处理不同时期的施肥方案 （单位：kg/hm^2）

处理	拔节期	孕穗期	抽穗开花期	灌浆期	累计
F0	0	0	0	0	0
F300	120	80	70	30	300
F600	240	159	141	60	600
F900	360	239	211	90	900

2. 结果及分析

各试验结果见表 5-128～表 5-142。

表 5-128 2011 年冬小麦灌水田间试验结果

农艺性状 \ 灌水量	W90	W135	W180	常规对照
穗数/（个/hm^2）	645.45	672.00	705.75	668.10
穗粒数/个	30.77	30.73	30.34	29.83
千粒重/g	39.87	40.78	40.68	38.63
实收产量/（kg/hm^2）	7900.35	8900.40	9300.45	6803.40

表 5-129 2011 年冬小麦施肥田间试验结果

农艺性状 \ 施肥量	追肥 0kg/hm^2	追肥 300kg/hm^2	追肥 600kg/hm^2	追肥 900kg/hm^2	常规对照
穗数/（万穗/hm^2）	532.35	619.05	672.00	727.65	668.10
穗粒数/个	29.60	31.25	30.73	30.57	29.83
千粒重/g	40.70	40.58	40.78	40.96	38.63
实收产量/（kg/hm^2）	5500.35	6800.40	8900.40	9100.50	6803.40

表 5-130　2012 年冬小麦灌水田间试验结果

农艺性状＼灌水量	W90	W135	W180	常规对照
穗数/（万穗/hm^2）	578.70	645.90	675.00	525.00
穗粒数/个	31.65	32.04	32.74	30.20
千粒重/g	38.70	40.38	38.59	33.87
实收产量/（kg/hm^2）	6794.55	7084.65	7253.70	5652.90

表 5-131　2012 年冬小麦施肥田间试验结果

农艺性状＼施肥量	追肥 0kg/hm^2	追肥 300kg/hm^2	追肥 600kg/hm^2	追肥 900kg/hm^2	常规对照
穗数/（万穗/hm^2）	512.25	604.65	645.90	672.75	525.00
穗粒数/个	27.69	30.25	32.04	33.00	30.20
千粒重/g	39.06	39.49	40.38	39.19	33.87
实收产量/（kg/hm^2）	5299.35	6577.80	7084.65	7383.75	5652.90

表 5-132　2013 年冬小麦灌水田间试验结果

农艺性状＼灌水量	W90	W135	W180	常规对照
穗数/（万穗/hm^2）	660.00	678.75	701.40	549.00
穗粒数/个	37.82	39.21	36.90	32.23
千粒重/g	39.87	40.78	40.68	38.60
实收产量/（kg/hm^2）	7178.10	9019.50	8287.80	6369.00

表 5-133　2013 年冬小麦施肥田间试验结果

农艺性状＼施肥量	追肥 0kg/hm^2	追肥 300kg/hm^2	追肥 600kg/hm^2	追肥 900kg/hm^2	常规对照
穗数/（万穗/hm^2）	526.50	601.35	678.75	689.70	549.00
穗粒数/个	29.63	33.90	39.21	36.57	32.23
千粒重/g	39.70	36.70	40.78	40.96	38.60
实收产量/（kg/hm^2）	5313.75	6905.40	9019.50	8998.35	6369.00

表 5-134　2011～2013 年穗数与灌水量的关系　（单位：万穗/hm^2）

年份＼灌水量	W90	W135	W180
2011	645.45	672.00	705.75
2012	578.70	645.90	675.00
2013	660.00	678.75	701.40
平均	628.05	665.55	694.05

表 5-135　2011～2013 年穗数与施肥量的关系　（单位：万穗/hm^2）

年份＼施肥量	F0	F300	F600	F900
2011	532.35	619.05	672.00	727.65
2012	512.25	604.65	645.90	672.75
2013	526.50	601.35	678.75	689.70
平均	523.70	608.35	665.55	696.70

表 5-136 2011～2013 年穗粒数与灌水量的关系 （单位：个）

年份＼灌水量	W90	W135	W180
2011	30.77	30.73	30.34
2012	31.65	32.04	32.74
2013	37.82	39.21	36.90
平均	33.41	33.99	33.33

表 5-137 2011～2013 年穗粒数与施肥量的关系 （单位：个）

年份＼施肥量	F0	F300	F600	F900
2011	29.60	31.25	30.73	30.57
2012	27.69	30.25	32.04	33.00
2013	29.63	33.90	39.21	36.57
平均	28.97	31.80	33.99	33.38

表 5-138 2011～2013 年千粒重与灌水量的关系 （单位：g）

年份＼灌水量	W60	W90	W120
2011	39.87	40.78	40.68
2012	38.70	40.38	38.59
2013	39.87	40.78	40.68
平均	39.48	40.65	39.98

表 5-139 2011～2013 年千粒重与施肥量的关系 （单位：g）

年份＼施肥量	F0	F20	F40	F60
2011	40.70	40.58	40.78	40.96
2012	39.06	39.49	40.38	39.19
2013	39.70	36.70	40.78	40.96
平均	39.82	38.92	40.65	40.37

表 5-140 2011～2013 年不同灌水条件下的产量表现 （单位：kg/hm^2）

年份＼灌水量	W90	W135	W180	CK
2011	7900.35e	8900.40c	9300.45ab	6803.40g
2012	6794.55e	7084.65d	7253.70bc	5652.90gh
2013	7178.10d	9019.50q	8287.80c	6369.00f
平均	7291.00	8334.85	8280.65	6275.10

表 5-141 2011～2013 年不同施肥条件下的产量表现 （单位：kg/hm^2）

年份＼施肥量	F0	F300	F600	F900	CK
2011	5500.35i	6800.40g	8900.40c	9100.50bc	6803.40g
2012	5299.35i	6577.80f	7084.65b	7383.75b	5652.90gh
2013	5313.75i	6905.40e	9019.50a	8998.35a	6369.00f
平均	5371.15	6761.20	8334.85	8494.20	6275.10

由以上各表可以看出以下几方面。

1）不同灌水量条件下，穗数随着灌水量的增加而增多，但增加的速率在降低；穗粒数随着灌水量的增加呈现穗粒数先增多后减少的趋势；千粒重、产量呈现出的规律与穗粒数相同。

2）不同施肥量条件下，穗数随着施肥量的增加而增多，但增加的速率在降低；穗粒数随着施肥量的增加呈现穗粒数先增多后减少的趋势；千粒重呈现出的规律与穗粒数相同；产量随着施肥量的增加而增加，但增加的速率在降低。

3）通过以上数据可以看出，灌水量为135mm、施肥量为600kg/hm^{2}的处理较为合理。

表 5-142　滴灌小麦适宜的灌水施肥方案

生育时期	拔节期	孕穗期	抽穗开花期	灌浆期	累计
生育期需水量/mm	44.98	29.99	29.99	29.99	134.93
日均蓄水强度/mm	0.20	2.14	3.00	2.31	0.50
施肥量/（kg/hm^2）	240.00	159.00	141.00	60.00	600.00

（二）玉米需水需肥规律

1. 玉米需水规律

1）试验目的。在微喷条件下，了解不同灌水量对夏玉米产量的影响，筛选夏玉米最佳灌水方案。

2）试验方法。试验灌水量分别为75mm、105mm、135mm三个水平，田间微喷带间隔为180cm（3行），共灌水4次，每次灌水量为1/4水量，底肥及追肥时间和次数均相同。在河北地区，因为玉米的生长期在雨季，故一般不需要灌溉，所以对照试验也为不灌溉试验。

3）结果及分析。见表5-143和图5-34。

表 5-143　2011～2012年玉米不同灌水量产量结果　（单位：kg/hm^2）

年份	常规对照	75mm	105mm	135mm
2011	9 703.05	10 243.20	10 058.55	10 391.85
2012	9 470.10	10 197.30	9 998.25	10 635.00
平均	9 586.58	10 220.25	10 028.40	10 513.42

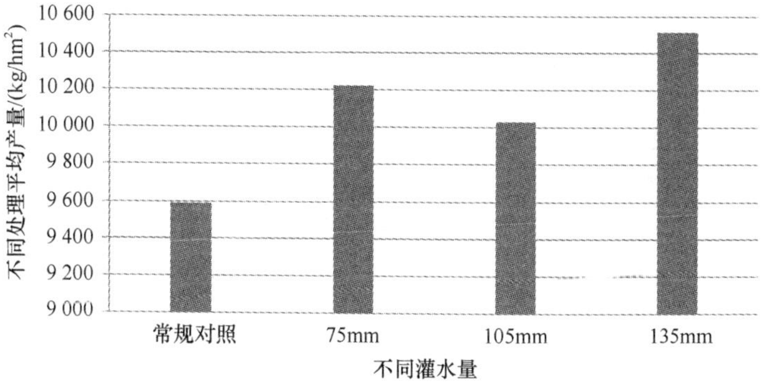

图 5-34　2011～2012年玉米不同灌水量产量结果

亩灌水量 75～135mm 分 4 次灌溉，夏玉米产量差异不明显（幅度 1%～4%）。故灌水量的多少对夏玉米产量影响较小。

2. 玉米需肥规律

1）试验目的。在微喷条件下，了解不同施肥量对夏玉米产量的影响，筛选夏玉米最佳施肥方案。

2）试验基础。前茬小麦，品种郑单 958，播种时间 2011 年 6 月 23 日、2012 年 6 月 18 日，播种方式机播，种植方式 60cm 等行距，2011 年密度 75 000 株/hm^2，2012 年密度为 67 500 株/hm^2，随种施肥 150kg/hm^2，播种时喷水 30mm。

3）试验方法。试验处理共 6 个，全生育期施肥量为每公顷 375kg（N 152.82kg、P 50.40kg、K 64.20kg）；555kg（N 206.85kg、P 66.60kg、K 86.70kg）；735kg（N 260.85kg、P 82.80kg、K 115.5kg）；915kg（N 314.85kg、P 99.00kg、K 131.70kg）；1095kg（N 368.85kg、P 115.20kg、K 154.20kg）。各处理设 3 个重复田间随机排列，每小区面积为 110m^2。对照为常规漫灌方式，随种施肥 375kg/hm^2（复混肥 N、P、K 含量 26∶12∶12），在大喇叭口期追施尿素 450kg/hm^2（氮含量 46%），播种后灌水 105mm，大喇叭口期灌水 52mm，整个生育期氮、磷、钾用量分别为 313.5kg/hm^2、45kg/hm^2、45kg/hm^2。

各试验处理生长期间灌水共 4 次，每次灌水量在 15mm 左右，施肥方案见表 5-144。

表 5-144　2011～2012 年夏玉米不同施肥量方案

肥料处理时期	常规对照（450kg/hm^2）	处理 1 追肥（375kg/hm^2）	处理 2 追肥（555kg/hm^2）	处理 3 追肥（735g/hm^2）	处理 4 追肥（915kg/hm^2）	处理 5 追肥（1095kg/hm^2）
种肥	375	150	150	150	150	150
拔节期	0	45	60	75	90	105
大喇叭口期	450	165	240	315	390	465
抽雄开花期	0	82.5	127.5	172.5	217.5	262.5
灌浆期	0	82.5	127.5	172.5	217.5	262.5
累计	825	525	705	885	1065	1245

注：在每重复中随机固定两行，面积 6m^2，进行田间调查和测产

处理 1～5 各施肥时期施用玉米专用可溶性复合肥，拔节期和大喇叭口期施用Ⅱ型，N、P、K 含量为 33∶6∶11，抽雄和灌浆期施用Ⅲ型，N、P、K 含量为 27∶12∶14。常规对照，大喇叭口期施用尿素，N 含量 46%。

4）结果及分析。各试验结果见表 5-145～表 5-149。

表 5-145　2011 年微喷夏玉米不同肥料用量试验产量结果

肥料处理性状	常规对照	处理 1 追肥（375kg/hm^2）	处理 2 追肥（555kg/hm^2）	处理 3 追肥（735g/hm^2）	处理 4 追肥（915k/hm^2g）	处理 5 追肥（1095kg/hm^2）
穗粒数/粒	376.93	357.13	403.94	442.80	409.47	454.53
千粒重/g	282.47	287.97	287.05	304.84	302.84	323.41
实收穗数/（穗/hm^2）	68 475	77 610	76 380	71 985	75 420	75 870
实收产量/（kg/hm^2）	7 153.05	6 943.20	7 658.55	8 891.85	10 069.95	10 995.00

表 5-146　2012 年微喷夏玉米不同肥料用量试验产量结果

肥料处理性状	常规对照	处理 1 追肥（375kg/hm²）	处理 2 追肥（555kg/hm²）	处理 3 追肥（735g/hm²）	处理 4 追肥（915kg/hm²）	处理 5 追肥（1095kg/hm²）
穗粒数/粒	419.40	443.33	461.60	496.90	503.73	512.00
千粒重/g	300.03	292.46	316.86	326.17	332.71	344.10
实收穗数/（穗/hm²）	68 370	66 150	66 705	68 370	68 205	68 370
实收产量/（kg/hm²）	8 570.10	8 397.30	9 773.25	11 085.00	11 648.10	12 149.70

表 5-147　2011～2012 年穗粒数随施肥量不同的表现　（单位：粒）

灌溉方式	年份	常规对照	处理 1 追肥（375kg/hm²）	处理 2 追肥（555kg/hm²）	处理 3 追肥（735g/hm²）	处理 4 追肥（915kg/hm²）	处理 5 追肥（1095kg/hm²）
微喷	2011	376.93	357.13	403.94	442.80	409.47	454.53
	2012	419.40	443.33	461.60	496.90	503.73	512.00
	平均	398.17	400.23	432.77	469.85	456.60	483.27

表 5-148　2011～2012 年玉米千粒重随施肥量不同的表现　（单位：g）

灌溉方式	年份	常规对照	处理 1 追肥（375kg/hm²）	处理 2 追肥（555kg/hm²）	处理 3 追肥（735g/hm²）	处理 4 追肥（915kg/hm²）	处理 5 追肥（1095kg/hm²）
微喷	2011	282.47	287.97	287.05	304.84	302.84	323.41
	2012	300.03	292.46	316.86	326.17	332.71	344.10
	平均	291.25	290.22	301.96	315.51	317.78	333.76

表 5-149　2011～2012 年玉米不同施肥量产量结果　（单位：kg/hm²）

灌溉方式	年份	常规对照	处理 1 追肥（375kg/hm²）	处理 2 追肥（555kg/hm²）	处理 3 追肥（735kg/hm²）	处理 4 追肥（915kg/hm²）	处理 5 追肥（1095kg/hm²）
微喷	2011	7 153.05d	6 943.20d	7 658.55c	8 891.85b	10 069.95a	10 995.00a
	2012	8 570.10d	8 397.30d	9 773.25c	11 085.00b	11 648.10ab	12 149.70a
	平均	7 861.58	7 670.25	8 715.90	9 988.42	10 859.02	11 572.35

该试验是在玉米密度为 67 500～75 000 株/hm² 条件下的产量结果，如表 5-149 所示，年际产量表现 2011 年普遍比 2012 年低，一方面在于种植密度不一样，另一方面在于 2012 年玉米生长期间降雨较均匀、并且光照量比 2011 年好等多种自然气候因素。

在各处理条件下，随着施肥量的增加产量有所提高，如两年平均产量，处理 5 最高，该处理两年产量分别为 10 995.00kg/hm² 和 12 149.70kg/hm²，分别比对照常规栽培管理方式高 53.7%和 41.76%，达到显著水平。

从产量构成因素看，穗数应随密度而定，对产量影响较大的因素主要有穗粒数和千粒重（表 5-147 和表 5-148）；各处理的穗粒数基本上随肥料用量的增加而增加。常规对照平均穗粒数为 398.17 粒，处理 1～处理 5 分别为 400.23 粒、432.77 粒、469.85 粒、456.60 粒和 483.27 粒，其中处理 3 和处理 5 分别比对照增加 71.68 粒和 85.10 粒，表明追肥量加大可显著增加玉米的穗粒数。

千粒重几乎与穗粒数具有相同趋势。微喷条件下两年平均千粒重，对照为 291.25g，处理 3 和处理 5 分别为 315.51g 和 333.76g，比对照分别增 24.26g 和 42.51g。水肥一体化技术在追肥量增加前提下，使穗粒数和千粒重都有所提高，因此致使其产量增加。

小结：①微喷条件下，玉米产量随施肥量的增加而提高。②微喷条件下，随施肥量的增加，可显著增加玉米穗粒数和千粒重。③微喷条件下，综合最佳施肥量为处理 3，用种肥 150kg/hm^2、追施水溶性配方肥 735kg/hm^2。

（三）河北小麦高产水肥耦合量化指标

河北省是我国冬小麦和夏玉米主产省之一，2013 年的小麦播种面积为 237 万 hm^2，总产量达到 1385 万 t。播种面积和总产量常年占全国的 10%～13%[69]，是居河南、山东之后的中国第三大小麦主产省[70]。同时河北省又是我国水资源严重匮乏的省份，仅为全国总量的 4%。而且降水年内分配不均，时间分布与小麦蓄水的耦合性较差，小麦生长期内降雨量仅占小麦生长所需水量的 25%～40%[71]。

以小麦-玉米一年两作物种植制度为研究对象，以微灌工程节水新技术结合水肥组合进行 3 年的集成技术模式试验。通过分析影响小麦生长的两大因素[72]“水”和“肥”的有机关系，以及合理的水肥配比，以水促肥，以肥调水，达到水分和养分的高效利用，以提高作物生产力和水肥利用效率[73-74]。探索制定河北省主要农作物两季节水、节肥、高产、高效的技术体系，为促进粮食安全、农民增收、减缓土壤污染和农业水资源可持续利用提供支撑。

试验地点选择具有代表性的鹿泉综合试验基地，试验地点位于石家庄红旗大街寺家庄镇南龙贵村（东经 114°25′55″，北纬 37°55′49″）。地处暖温带大陆性季风气候，年平均气温 13℃，春温夏热秋凉冬冷，雨量分布不均，常年平均降水量 570mm，75%的降水都集中在 6～9 月，降水分布不均，年平均日照时数>2400h，全年无霜期 200d 以上。土壤碱解氮含量 43.34mg/kg，速效磷 164.95mg/kg，有效钾 313.88mg/kg。于 2011～2013 年连续 3 年进行重复试验。

1. 材料与方法

试验设计：小麦品种石麦 14，底肥施复混肥（N 17、P 17、K 6）375kg/hm^2，播种时间为 10 月 16 日～19 日，每公顷种量 225kg。输水方式为微喷，水处理分为 3 个水平，灌水量分别为 90mm、135mm、180mm；追肥分为 4 个水平，分别为 0kg/hm^2、300kg/hm^2、600kg/hm^2、900kg/hm^2；水肥耦合共 12 个处理，每个处理 3 个重复，共有 36 个小区，田间小区随机排列，面积均为 65m^2。各试验处理底肥均为 375kg/hm^2 普通小麦复混肥，N、P、K 含量（17-17-6），春后灌水施肥 4 次，拔节期、孕穗期追施Ⅰ型可溶性小麦专用复合肥，N、P、K 含量（33-7-10）总含量 50%，抽穗开花期和灌浆期施用Ⅱ型可溶性小麦专用复合肥，N、P、K 含量（30-12-10），总含量（包括微量元素）50%。

对照为常规漫灌方式，底肥为 750kg/hm^2 小麦复混肥，小麦拔节期地表撒施尿素一次（450kg/hm^2），浇水分两次，拔节期浇水 143mm，孕穗期浇水 127mm，总灌水量 270mm，面积为 1000m^2。田间调查和测产方法为各处理每重复随机固定 3 个点，每点 1m^2。各处理方案见表 5-150。

水分利用效率的计算方法[75]：水分利用效率（kg/m^3）=作物籽粒产量/作物生育期耗水量，作物生育期耗水量用水量平衡公式计算不同处理的耗水量，$ET=R+I-F\pm Q\pm\Delta W$。公式中，ET（mm）为作物蒸发蒸腾量，R（mm）为降雨量，I（mm）为灌溉量，F（mm）

表 5-150　各水处理不同时期的灌水施肥方案

生育时期	拔节期（4.5～4.10）		孕穗期（4.15～4.20）		开花期（4.25～4.30）		灌浆期（5.10～5.15）		累计	
水肥用量处理	灌水量/mm	施肥量/（kg/hm^2）	灌水量/mm	施肥量/（kg/hm^2）	灌水量/mm	施肥量/（kg/hm^2）	灌水量/mm	施肥量/（kg/hm^2）	灌水量/mm	施肥量/（kg/hm^2）
W90F0	30	0	30	0	15	0	15	0	90	0
W135F0	45	0	30	0	30	0	30	0	135	0
W180F0	52.5	0	52.5	0	37.5	0	37.5	0	180	0
W90F300	30	120	30	79.5	15	70.5	15	30	90	300
W135F300	45	120	30	79.5	30	70.5	30	30	135	300
W180F300	52.5	120	52.5	79.5	37.5	70.5	37.5	30	180	300
W90F600	30	240	30	159	15	141	15	60	90	600
W135F600	45	240	30	159	30	141	30	60	135	600
W180F600	52.5	240	52.5	159	37.5	141	37.5	60	180	600
W90F900	30	360	30	238.5	15	211.5	15	90	90	900
W135F900	45	360	30	238.5	30	211.5	30	90	135	900
W180F900	52.5	360	52.5	238.5	37.5	211.5	37.5	90	180	900

为地表径流，Q（mm）为上移或下渗量，ΔW（mm）为土壤贮水的减少量。由于试验所在地地下水埋深，上移或下渗量较小，且未见地表径流的发生，所以 F 和 Q 可忽略不计，将耗水量公式简化为 $ET=R+I\pm\Delta W$。

统计分析：用 Microsoft Excel 2010 软件整理数据，用 SPSS 20.0 统计软件进行方差分析和显著性检验。

2. 结果及分析

（1）水肥耦合对小麦每公顷穗数、穗粒数、千粒重和产量的影响

水肥耦合处理对小麦每公顷穗数的影响，见表 5-151。

表 5-151　2011～2013 年每公顷穗数与水肥的关系　　（单位：万穗）

处理 \ 年份	2011	2012	2013	平均
W90D0	514.05	451.95	484.80	483.60
W135D0	532.35	512.25	526.50	523.70
W180D0	564.30	507.75	534.30	535.45
W90D300	550.80	527.10	541.65	539.85
W135D300	619.05	604.65	601.35	608.35
W180D300	738.90	642.00	710.10	697.00
W90D600	645.45	578.70	660.00	628.05
W135D600	672.00	645.90	678.75	665.55
W180D600	705.75	675.00	701.40	694.05
W90D900	698.25	646.50	613.50	652.75
W135D900	727.65	672.75	689.70	696.70
W180D900	779.05	681.00	723.00	727.68
常规对照	668.10	525.00	549.00	580.70

结果表明，增加灌水量和施肥量，小麦每公顷穗数逐次增加，如 2011 年灌水量 90mm、施肥量 0 时，每公顷穗数为 514.05 万穗；而灌水量 180mm、施肥量 900kg/hm^2 时，每公顷穗数为 779.05 万穗；但当施肥量为 600kg/hm^2、灌水量达 180mm 时，若再增加灌水量和施肥量，则小麦的每公顷穗数增加幅度不明显。

水肥耦合处理对小麦穗粒数的影响，见表 5-152。

表 5-152　2011～2013 年穗粒数与水肥的关系　（单位：万穗）

处理＼年份	2011	2012	2013	平均
W90D0	30.43	26.63	28.54	28.53
W135D0	29.60	27.69	29.63	28.97
W180D0	30.40	27.98	31.05	29.81
W90D300	30.97	30.13	34.22	31.77
W135D300	31.25	30.25	33.90	31.80
W180D300	29.93	30.61	35.74	32.09
W90D600	30.77	31.65	37.82	33.41
W135D600	30.73	32.04	39.21	33.99
W180D600	30.34	32.74	36.90	33.33
W90D900	29.70	31.03	39.70	33.48
W135D900	30.57	33.00	36.57	33.38
W180D900	31.75	33.14	34.80	33.23
常规对照	29.83	30.20	32.23	30.75

结果表明，增加灌水量和施肥量，小麦穗粒数逐渐增加，但变化趋势趋于平缓，如 2012 年灌水量 90mm、施肥量 0 时，平均每穗为 26.63 万穗；灌水量 135mm、施肥量 600kg/hm^2 时，每穗粒数为 32.04 万穗；而灌水量 180mm、每公顷施肥量 900kg 时，平均每穗为 33.14 万穗；若再增加灌水量和施肥量，则小麦的穗粒数增加幅度不明显。

水肥耦合处理对小麦千粒重的影响，见表 5-153。

表 5-153　2011～2013 年千粒重与水肥的关系　（单位：g/1000 粒）

处理＼年份	2011	2012	2013	平均
W90D0	37.84	37.88	37.84	37.85
W135D0	40.70	39.06	39.70	39.82
W180D0	40.22	38.16	40.22	39.53
W90D300	38.92	37.93	41.21	39.35
W135D300	40.58	39.49	36.70	38.92
W180D300	41.11	38.35	41.11	40.19
W90D600	39.87	38.70	39.87	39.48
W135D600	40.78	40.38	40.78	40.65
W180D600	40.68	38.59	40.68	39.98
W90D900	40.34	39.83	40.34	40.17
W135D900	40.96	39.19	40.96	40.37
W180D900	40.00	39.86	40.00	39.95
常规对照	38.63	33.87	38.60	37.03

2011～2013 年的研究也表明，在微喷条件下增加微喷量可以提高小麦的有效穗数。但是当灌水量 135mm、施肥量 600kg/hm^2 后，千粒重则不再增加。

水肥耦合处理对小麦产量的影响，见表 5-154、图 5-35。

表 5-154　2011 年～2013 年不同水肥条件下的产量表现　（单位：kg/hm^2）

处理＼年份	2011	2012	2013	平均
W90D0	5100.30j	4930.20j	4876.65j	4969.05
W135D0	5500.35i	5299.35i	5313.75i	5371.15
W180D0	5600.25i	5510.55h	5723.10h	5611.30
W90D300	6400.35h	5685.00g	6046.80g	6044.05
W135D300	6800.40g	6577.80f	6905.40e	6761.20
W180D300	7220.40f	6759.00e	7363.35d	7114.25
W90D600	7900.35e	6794.55e	7178.10d	7291.00
W135D600	8900.40c	7084.65d	9019.50a	8334.85
W180D600	9300.45ab	7253.70bc	8287.80c	8280.65
W90D900	8500.50d	7116.90cd	9131.10a	8249.50
W135D900	9100.50bc	7383.75b	8998.35a	8494.20
W180D900	9600.45a	7822.80a	8779.95b	8734.40
常规对照	6803.40g	5652.90gh	6369.00f	6275.10

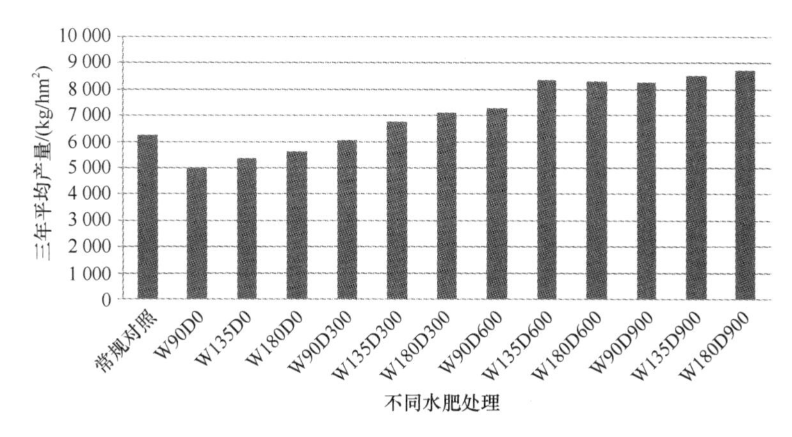

图 5-35　不同处理的三年平均产量表现

产量表现（2011～2013 年三年平均产量数据）：从表 5-154 和图 5-35 可以看出，不同水肥处理随灌水量和施肥量增加，产量逐次提高。

如灌水 90mm 和 0 追肥产量为 4969.05kg/hm^2，而灌水 180mm 和追肥 900kg/hm^2 产量为 8734.40kg，两处理相差 3765.35kg/hm^2。从同一追肥水平且不同灌水量的结果看，随灌水总量的增加产量提高，如灌水 90mm、追肥 300kg 和灌水 135mm、追肥 300kg 及灌水 180mm、追肥 300kg 三个处理产量分别为 6044.05kg/hm^2、6761.20kg/hm^2 和 7114.25kg/hm^2，表明在同一施肥量水平的前提下灌水量增加产量也随之提高，水的作用效果明显。对于不同追肥水平和同一灌水量的条件下，产量随追肥量的增加而提高。如灌水总量 135mm，追肥 0kg/hm^2、300kg/hm^2、600kg/hm^2、900kg/hm^2 的产量分别为

5371.15kg/hm^2、6761.20kg/hm^2、8334.85kg/hm^2、8494.20kg/hm^2，表明追肥对产量的形成作用显著，特别是追肥 300kg 比不追肥处理增产 25.88%。

尽管水、肥两种因素对小麦产量都有较直接的作用，灌水和施肥量的增加都可使小麦产量提高，但在一定水平上并不会使产量成比例上升，不同水肥水平小麦平均产量与前一处理水平相差及春小麦灌水和追肥生产效率（不考虑土壤水、自然降水和土壤肥力及底肥）见表 5-155。

（2）不同水肥水平小麦平均产量、追肥生产效率与前一处理水平相差

表 5-155　2011～2013 年不同水肥水平小麦平均产量、追肥生产效率与前一处理水平相差

水肥	90mm	135mm	180mm	平均产量/（kg/hm^2）	追肥生产效率/（kg/kg）	与前一水平相差/（kg/hm^2）
0kg/hm^2	4969.05	5371.15	5624.10	5321.40	—	—
300kg/hm^2	6044.05	6761.20	7114.20	6639.90	22.13	1318.50
600kg/hm^2	7291.00	8334.85	8280.65	7968.90	13.28	1329.00
900kg/hm^2	8249.55	8494.20	8734.40	8492.70	9.43	523.80
平均产量/（kg/hm^2）	6638.40	7240.35	7438.40	7105.65	—	—
灌水生产效率/（kg/m^3）	7.38	5.36	4.13	—	—	—
与前一水平相差 kg	—	601.95	198.00	—	—	—

从表 5-155 可看出，不同灌水量差异较大，如 90mm、135mm、180mm 灌水量的小麦在不同施肥量条件下，每公顷平均产量分别是 6638.40kg、7240.35kg 和 7438.35kg，表现出随着水量的增加产量依次提高，就水的生产效率而言，90mm 水时每立方米水的生产效率为 7.38kg，135mm 水时每立方米水的生产效率为 5.36kg，而 180mm 水时每立方米水的生产效率为 4.13kg，表明灌水量小时，灌水生产效率高。就灌水处理水平与前处理水平相比较而言，135mm 水比 90mm 水增产 601.95kg，180mm 水比 135mm 水增产 198.00kg，增幅依次递减，为了既节水又保持较高产量，依据本试验 135mm 水较为适宜。

从不同追肥水平来看，每公顷追肥 0kg、300kg、600kg、900kg，产量分别为 5321.40kg、6639.90kg、7968.90kg、8492.70kg，表明随追肥量的增加产量依次提高。就追肥生产效率而言，300kg/hm^2 时，每千克追肥生产效率为 22.13kg，600kg/hm^2 时每千克生产效率为 13.28kg，900kg/hm^2 时每千克生产效率为 9.43kg，表明追肥量小的生产效率较高。就不同追肥水平与前一水平相比较而言，追肥 300kg/hm^2 比 0kg/hm^2 追肥小麦增产 1318.50kg/hm^2，追肥 600kg/hm^2 比 300 kg/hm^2 增产 1329.00kg/hm^2，追肥 900kg/hm^2 比 600kg/hm^2 增产 523.80kg/hm^2，表明随追肥量的增加小麦产量的增幅逐步变小。为了达到既节肥又有较高产量的目标，追肥 300～600kg/hm^2 为宜，可根据不同地力和产量目标进行掌握，地力差产量目标高时可选择春季追肥 450～600kg/hm^2，地力高产量水平一般时可选择 300～450kg/hm^2。

各水肥耦合试验各处理与大田常规漫灌（常规漫灌 2 次水，共 270mm，拔节期施尿素 450kg/hm^2）相比（表 5-154），灌水 90mm、施肥 300kg/hm^2 产量与常规对照产量相当，其节水力度可达 75%。常规一次施肥只有氮元素一种，尽管肥量比该处理多

150kg/hm^2，但产量并未增加，可能由于可溶性肥 N、P、K 较为平衡，特别是分 4 次在小麦生长发育主要时期追施，肥料利用率较高。从水肥两种因素和经济效益看，春季灌水和施肥水平以灌水 135mm、追肥 300～600kg/hm^2 为宜，既可达到节水、节肥的目的，又可达到较高的产量，如为了追求产量的进一步提高，可使水、肥用量上进一步增加。

（3）冬小麦水分生产率结果与分析，见表 5-156、表 5-157。

表 5-156　2011～2013 年小麦水肥耦合试验不同处理水分生产率

处理	灌水量/mm	土壤耗水量/mm	降雨量/mm	三年平均产量/（kg/hm^2）	水分生产率/（kg/m^3）	与 CK%
W90F0	90	112.44	128.9	4969.05	1.50	21.95
W135F0	135	112.44	128.9	5371.20	1.43	16.26
W180F0	180	112.44	128.9	5611.35	1.33	8.13
W90F300	90	112.44	128.9	6044.10	1.82	47.97
W135F300	135	112.44	128.9	6761.25	1.80	46.34
W180F300	180	112.44	128.9	7114.2	1.69	37.40
W90F600	90	112.44	128.9	7291.05	2.20	78.86
W135F600	135	112.44	128.9	8334.90	2.21	79.67
W180F600	180	112.44	128.9	8280.60	1.97	60.16
W90F900	90	112.44	128.9	8249.55	2.49	102.44
W135F900	135	112.44	128.9	8494.20	2.26	83.74
W180F900	180	112.44	128.9	8734.35	2.07	68.29
CK	270	112.44	128.9	6275.10	1.23	—

表 5-157　2011～2013 年不同灌水、追肥处理平均小麦水分生产率　（单位：kg/m^3）

肥水	F0	F300	F600	F900	平均
W90	1.50	1.82	2.20	2.49	2.00
W135	1.43	1.80	2.21	2.26	1.93
W180	1.33	1.69	1.97	2.07	1.77
平均	1.42	1.77	2.13	2.27	1.90

从表 5-156 可以看出，在同一追肥水平下随灌水量的增加水分生产率降低，如 W90F300、W135F300、W180F300 的水分生产率分别为 1.82kg/m^3、1.80kg/m^3 和 1.69kg/m^3。而在同一灌水水平下随追肥量的增加水分生产率提高，如 W135F0、W135F300、W135F600 和 W135F900 的水分生产率分别为 1.43kg/m^3、1.80kg/m^3、2.21kg/m^3 和 2.26kg/m^3。与常规漫灌对照（CK）相比，各处理均高于对照。较佳的水、肥处理 W135F600 的水生产率比对照高 79.67%。特别是 W90F900 的水分生产率为 2.49kg/m^3，高于对照 102.44%，表明在灌水量小、追肥量大时可显著提高小麦水分生产率。

从表 5-157 可以看出不同灌水量和追肥量的平均水分生产率的变化。春麦总灌水量 90mm、135mm 和 180mm 在不同追肥量处理的小麦平均水生产率分别为 2.00kg/m^3、1.93kg/m^3 和 1.77kg/m^3。总体趋势为随灌水量的增加，水分生产率降低，与总平均水分生产率（1.90）相比，各处理的差异相对较小。而每公顷追肥 0kg、300kg、600kg、900kg 的水分生产率分别为 1.42kg/m^3、1.77kg/m^3、2.13kg/m^3 和 2.27kg/m^3，表明随追肥量的增加，小麦水分生产率逐步提高。与总平均水分生产率（1.90）相比，各处理间差异较大，如 0 追肥处理的平均水分生产率为 1.42kg/m^3，追肥 900kg/hm^2 处理的平均水分生产率为 2.27kg/m^3，相差 0.85kg/m^3，表明可溶性肥用量的增加可大幅度提高小麦水分生产率。就追肥不同水平平均水分生产率的差异幅度看，每立方米水生产率 F300 比 F0 相差 0.35kg，F600 比 F300 相差 0.36kg，F900 比 F600 仅相差 0.14kg，表明在追肥 600kg/hm^2 以下时，平均水分生产率增加幅度较大，而在追肥 600kg/hm^2 以上时平均水分生产率增加幅度变小。因此在追肥量达到一定时再次提高水分生产率难度增大。

（4）小麦水肥耦合试验 N、P、K 偏生产力结果与分析

为了解在微喷条件下 N、P、K 对小麦产量的影响，根据 2011～2013 年小麦水肥耦合试验底肥和小麦生长期间追施肥料的总量折成纯 N、P_2O_5、K_2O 的数量，并把 3 年产量进行平均计算出小麦各处理 N、P_2O_5、K_2O 的偏生产力（表 5-158）。

表 5-158 2011～2013 年小麦水肥耦合试验肥料偏生产力

处理	2011～2013 年产量平均/（kg/hm^2）	总施肥量/（kg/hm^2）			氮磷钾肥偏生产力/（kg/kg）		
		N	P_2O_5	K_2O	N	P_2O_5	K_2O
W90F0	4969.05	63.75	63.75	22.5	77.95	77.95	220.85
W135F0	5371.20	63.75	63.75	22.5	84.25	84.25	238.72
W180F0	5611.35	63.75	63.75	22.5	88.02	88.02	249.39
W90F300	6044.10	159.73	89.77	52.50	37.84	67.32	115.13
W135F300	6761.25	159.73	89.77	52.50	42.33	75.31	128.79
W180F300	7114.20	159.73	89.77	52.50	44.54	79.24	135.51
W90F600	7291.05	255.72	115.80	82.50	28.51	62.96	88.38
W135F600	8334.90	255.72	115.80	82.50	32.59	71.98	101.03
W180F600	8280.60	255.72	115.80	82.50	32.38	71.51	100.37
W90F900	8249.55	351.70	141.82	112.50	23.46	58.17	73.33
W135F900	8494.20	351.70	141.82	112.50	24.15	59.89	75.50
W180F900	8734.35	351.70	141.82	112.50	24.83	61.59	77.64
CK	6275.10	334.50	127.5	45	18.76	49.20	139.41

从表 5-158 和图 5-36 看出，在仅施底肥不追肥的 W90F0、W135F0、W180F0 三个处理中，氮（N）、磷（P_2O_5）、钾（K_2O）化肥的偏生产力较高，随着追肥量的增加，氮（N）、磷（P_2O_5）、钾（K_2O）的偏生产力降低，如处理 W90F0 氮（N）、磷（P_2O_5）、钾（K_2O）的偏生产力 77.95kg/kg、77.95kg/kg、222.85kg/kg，而处理 W180F600 分别为 24.83kg/kg、61.59kg/kg 和 77.64kg/kg，表明随施肥量的增加，产量提高，而肥料利用率相对下降。

就同一追肥水平不同灌水量的处理来看，随灌水量的增加氮（N）、磷（P_2O_5）、钾（K_2O）化肥的偏生产力相应提高。如处理 W90F600、W135F600、W180F600 的氮（N）、磷（P_2O_5）、钾（K_2O）偏生产力分别为 28.51kg/kg、32.59kg/kg 和 32.38 kg/kg；62.96kg/kg、71.98kg/kg、71.51kg/kg；88.38kg/kg，101.03kg/kg，100.37kg/kg 表明灌水量的增加可以提高肥料的生产率，但幅度较小。

就肥料氮、磷、钾 3 元素对小麦偏生产力的影响而言，氮元素的偏生产力较低，磷元素的偏生产力居中，磷元素的偏生产力较高，如 W135F600 的氮（N）、磷（P_2O_5）、

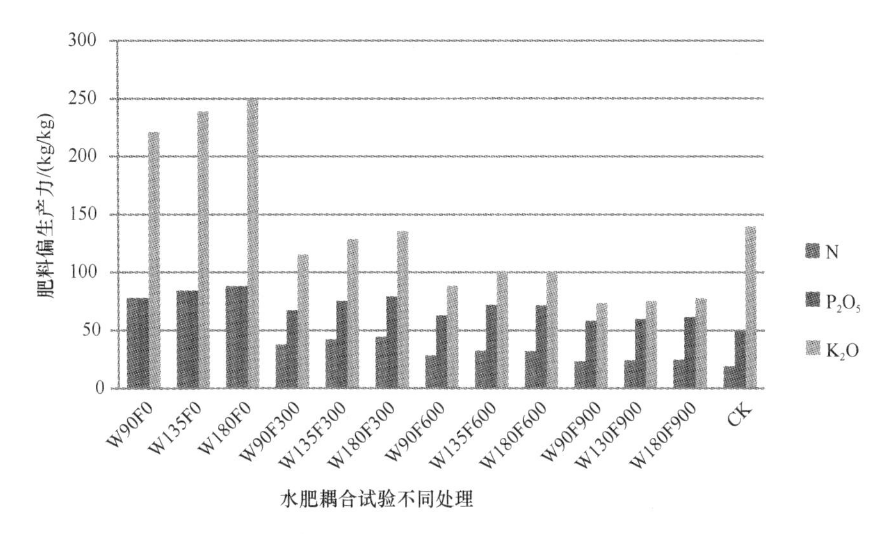

图 5-36　2011～2013 年小麦水肥耦合试验不同处理的 N、P_2O_5、K_2O 肥料偏生产力
（彩图请扫封底二维码）

钾（K_2O）偏生产力分别为 32.59kg/kg、71.98kg/kg 和 101.03kg/kg，表明磷、钾肥在小麦偏生产力中的作用明显，氮肥的偏生产力仅相当于磷肥的 1/2 和钾肥的 1/3。因此本区域小麦在水肥一体化条件下，应适当增加钾肥和磷肥的使用。

与常规对照相比，各处理氮（N）的生产力高于对照，特别是 W180F300 处理的偏生产力为 44.54kg/kg，对照为 18.76kg/kg，该处理高于对照 1 倍以上。各处理磷（P_2O_5）的偏生产力也高于对照。如 W135F600 处理的磷（P_2O_5）的偏生产力为 71.98kg/kg，而对照为 49.20kg/kg，该处理比对照高出 46.30%，钾（K_2O）肥的偏生产力在不追肥的情况下较高，如 W180F0 为 249.39kg/kg，对照为 139.41kg/kg，该处理比对照高出 78.89%，而其他追施钾（K_2O）肥的处理基本比对照偏低，如 W135F600 处理的钾（K_2O）的偏生产力为 101.03kg/kg，比对照低 27.53%。表明追施钾（K_2O）肥少时小麦生长发育主要从土壤中吸取钾（K_2O）肥。

3. 结论

1）在同一追肥量时，一定范围内，随灌水量的增加，小麦产量逐渐增加，灌水生产率逐渐降低；同一灌水量时，一定范围内，随施肥量的增加，小麦产量逐渐增大，追肥生产率逐渐降低；肥料对小麦的增产作用显著大于水的作用，如每公顷灌水 90mm、135mm、180mm 的灌溉水分生产率分别为 7.38kg/m^3、5.36kg/m^3 和 4.13kg/m^3，而每公顷追肥 300kg、600kg、900kg 的肥料偏生产力分别为 22.13kg/kg、13.28kg/kg 和 9.44kg/kg；春麦水肥的综合最佳处理为分 4 次（灌水 135mm、每公顷施专用肥 600kg）；小麦微灌水肥一体化后对产量构成因素的每公顷穗数影响大于穗粒数和千粒重。

2）在水肥一体化条件下，随灌水量的增加小麦水分生产率降低，但幅度较小；一体化条件下，随追肥量的增加小麦水分生产率提高，且幅度较大，特别是在灌水少追肥多的情况下，可大幅度提高小麦水分生产率，在较佳水、肥处理条件下，如 W135F600 时小麦水分生产率比常规对照提高 79.67%。同时当追肥量达到一定高度时小麦水分生产率增加幅度变小。

3）随追肥量的增加，产量提高，氮（N）、磷（P_2O_5）、钾（K_2O）的偏生产力降低；同一追肥水平随灌水量的增加，氮（N）、磷（P_2O_5）、钾（K_2O）的偏生产力提高；氮、磷、钾 3 元素小麦偏生产力氮＜磷＜钾，生产中特别注意钾肥的使用；与常规对照相比，氮、磷的偏生产力高于对照，而 K 的偏生产力低于对照。

（四）夏玉米高产水肥耦合量化指标

河北省玉米种植面积为 300.9 万 hm^2，总产量达 1508.7 万 t，玉米种植面积和产量分别均占我国玉米播种总面积和总产量的 10%左右。因此，河北省在保障我国粮食安全方面具有举足轻重的地位。同时河北省又是我国水资源严重匮乏的省份，仅为全国总量的 4%。夏玉米生长于雨季，降水较多，其中 7 月、8 月两月降水量占全年总降水量的 50.5%。

以小麦-玉米一年两作物种植制度为研究对象，以微灌工程节水新技术结合水肥组合进行 3 年的集成技术模式试验。通过分析影响玉米生长的两大因素“水”和“肥”的有机关系，以及合理的水肥配比，以水促肥，以肥调水，达到水分和养分的高效利用，以提高作物肥料偏生产力和水肥利用效率。

1. 材料与方法

前茬小麦，品种郑单 958，播种时间为 6 月中旬左右，播种方式机播，种植方式 60cm 等行距，播种密度 67 500～75 000 株/hm^2。

安排微喷灌溉方式，试验处理共 15 个（表 5-159 和表 5-160），水处理分 3 个水平，总灌水量分别为 90mm、120mm、150mm，全生育期追肥分 5 个处理，分别为每公顷 375kg（N 152.85kg、P 50.40kg、K 64.20kg）、555kg（N 206.85kg、P 66.6kg、K 86.7kg）、735kg（N 260.85kg、P 82.80kg、K 115.50kg）、915kg（N 314.85kg、P 99.00kg、K 131.70kg）、1095kg（N3 68.85kg、P 115.20kg、K 154.20kg），各处理设 3 个重复田间随机排列，每小区面积为 110m^2。对照为常规漫灌方式，随种施肥 375kg/hm^2（复混肥 N、P、K 含量 26-12-12），在大喇叭口期追施尿素 450kg/hm^2（N 含量 46%）。夏玉米生长期间灌水共 4 次。各施肥时期施用玉米专用可溶性复合肥，拔节期和大喇叭口期施用Ⅱ型，N、P、K 含量 33-6-11，抽雄和灌浆期施用Ⅲ型，N、P、K 含量 27-12-14。常规对照，大喇叭口期施用尿素，N 含量 46%。

表 5-159　夏玉米灌水处理　（单位：mm）

水平	1	2	3
灌水量	90	120	150

表 5-160　夏玉米施肥处理　（单位：kg/hm^2）

处理		1	2	3	4	5
拔节期		45	60	75	90	105
大喇叭口期		165	240	315	390	465
抽雄期		82.50	127.50	172.50	217.50	262.50
灌浆期		82.50	127.50	172.50	217.5	262.50
累计	N	152.85	206.85	260.85	314.85	368.85
	P_2O_5	50.40	66.60	82.80	99.00	115.20
	K_2O	64.20	86.70	115.50	131.70	154.20

2. 结果及分析

（1）水肥耦合对夏玉米亩穗数、穗粒数、千粒重和产量的影响

2011～2013 年水肥耦合对夏玉米千粒重的影响（表 5-161），结果表明，各处理千粒重变化规律趋势一致，随着施肥增加千粒重增加，但随着灌水量增加千粒重减少。

表 5-161　2011～2013 年微喷夏玉米不同肥料用量千粒重结果　（单位：g/千粒）

年份	2011	2012	2013
W90F375	288	288	293
W120F375	278	286	285
W150F375	272	269	275
W90F555	287	317	298
W120F555	283	309	291
W150F555	274	302	278
W90F735	305	326	316
W120F735	298	323	316
W150F735	292	312	303
W90F915	303	333	335
W120F915	305	321	324
W150F915	295	319	310
W90F1095	323	344	334
W120F1095	312	338	325
W150F1095	316	332	322

2011～2013 年水肥耦合对夏玉米穗粒数的影响（表 5-162），结果表明，各处理穗粒数变化规律趋势一致，随着灌水量和施肥量的增加穗粒数呈现持续增加。

表 5-162　2011～2013 年微喷夏玉米不同肥料用量穗粒数结果　（单位：粒/穗）

年份	2011	2012	2013
W90F375	357.13	443.33	436.78
W120F375	360.06	449.63	440.55
W150F375	370.21	452.98	442.68
W90F555	403.94	461.6	434.41
W120F555	398.02	458.32	438.74
W150F555	410.17	463.35	450.2
W90F735	442.8	496.9	461.3
W120F735	446.35	488.57	473.61
W150F735	448.39	500.32	478.96
W90F915	409.47	503.73	481.90
W120F915	415.85	511.14	496.01
W150F915	421.23	525.87	507.86
W90F1095	454.53	512.00	522.62
W120F1095	462.21	523.37	527.09
W150F1095	474.64	532.18	530.99

2011～2013 年水肥耦合对夏玉米产量的影响（表 5-163），结果表明，各处理实收产量变化规律趋势一致，随着灌水量和施肥量增加产量增加。灌水量 90～150mm 分 4 次灌溉，通过方差分析夏玉米产量差异不明显，产量变化幅度 1%～4%，水肥耦合性差。肥料对玉米产量差异明显。夏玉米在河北中南部种植，生育期处于雨热同期，2011～2012 年夏玉米生育期降水 476.8mm 和 490.4mm，属于平水年；2013 年降水 333.2mm，属于干旱年，降雨量较常年偏少约 30%的研究结果，因此常年夏玉米以不超过 90mm 灌溉为好，既节水又不明显影响产量。

表 5-163　2011～2013 年微喷夏玉米不同肥料用量实收产量结果　（单位：kg/hm^2）

年份	2011	2012	2013	平均
W90F375	6 943.2h	8 397.30g	8 123.85d	7 821.45
W120F375	6 979.65h	8 434.80g	8 088.15d	7 834.20
W150F375	7 050.45h	8 539.50g	7 953.30d	7 847.75
W90F555	7 658.55g	9 773.25f	8 612.25d	8 681.35
W120F555	7 803.00g	9 968.70f	8 795.40d	8 855.70
W150F555	7 744.65g	10 061.55f	8 778.30d	8 861.50
W90F735	8 891.85f	11 085.00f	10 525.50d	10 167.45
W120F735	9 123.15ef	11 269.80de	10 738.50d	10 377.15
W150F735	9 168.00ef	11 115.30de	10 803.75c	10 362.35
W90F915	10 069.95cd	11 648.10bcd	10 959.00c	10 892.35
W120F915	10 047.90cd	11 403.75cde	11 128.05c	10 859.90
W150F915	10 234.65bc	11 855.40abc	11 411.10bc	11 167.05
W90F1095	10 995.00ab	12 149.70a	12 005.40ab	11 716.70
W120F1095	11 107.35a	11 973.15ab	12 161.10ab	11 747.20
W150F1095	10 803.30ab	12 048.30ab	12 341.25a	11 730.95

（2）不同水肥水平夏玉米平均产量、追肥生产效率与前一处理水平影响

从表 5-164 可以看出，不同灌水量差异较小，如 90mm、120mm、150mm 的夏玉米不同施肥量条件下的平均产量分别是 9855.90kg/hm^2、9934.80kg/hm^2 和 9993.80kg/hm^2，表现出随着灌水量的增加产量不明显，就每立方米灌溉水分生产率而言，90mm 水时每立方米灌溉水分生产率为 10.95kg/m^3，120mm 水时每立方米灌溉水分生产率为 8.28kg/m^3，而 150mm 水时每立方米灌溉水分生产率为 6.66kg/m^3，表明灌水量小时，灌水生产效率高。就灌水处理水平与前一处理水平相比较而言，120mm 水比 90mm 水仅增产 78.90kg/mm，150mm 水比 120mm 水仅增产 59.10kg/mm，增幅依次递减且不明显，为了既节水又保持较高产量，依据本试验 90mm 水较为适宜。

从不同追肥水平来看，追肥 375kg/hm^2、555kg/hm^2、735kg/hm^2、915kg/hm^2、1095kg/hm^2 三年平均产量分别为 7834.50kg/hm^2、8799.45kg/hm^2、10 302.30kg/hm^2、10973.10kg/hm^2、11731.65kg/hm^2，表明随追肥量的增加，产量依次提高。就追肥生产效率而言，当追肥 375kg/hm^2 时，追肥生产效率为每千克生产效率为 20.89kg，555kg/hm^2 时每千克生产效率为 15.85kg，735kg/hm^2 时每千克生产效率为 14.02kg，915kg/hm^2 时每千克生产效率 11.99kg，1095kg/hm^2 时每千克生产效率 10.71kg。表明追肥量小时生产效

表 5-164 2011～2013 年不同水肥水平夏玉米平均产量、追肥生产效率与前一处理水平差距

水肥	90mm	120mm	150mm	平均产量/（kg/hm^2）	追肥生产效率/（kg/kg）	与前一水平相差/（kg/hm^2）
375kg/hm^2	7 821.45	7 834.20	7 847.70	7 834.50	20.89	—
555kg/hm^2	8 681.40	8 855.70	8 861.55	8 799.45	15.85	964.95
735kg/hm^2	10 167.45	10 377.15	10 362.30	10 302.30	14.02	1502.85
915kg/hm^2	10 892.40	10 859.85	11 167.05	10 973.10	11.99	670.80
1095kg/hm^2	11 716.65	11 747.25	11 730.90	11 731.65	10.71	758.55
平均产量/（kg/hm^2）	9 855.90	9 934.80	9 993.90	9 928.20	—	—
灌水生产效率/（kg/m^3）	10.95	8.28	6.66	—	—	—
与前一水平相差/kg	—	78.90	59.10	—	—	—

率较高。就不同追肥水平与前一水平相比较而言，每公顷追肥 555kg 比追肥 375kg 夏玉米增产 964.95kg，每公顷追肥 735kg 比 555kg 增产 1502.85kg，每公顷追肥 915kg 比 735kg 增产 670.80kg，每公顷追肥 1095kg 比 915kg 增产 758.55kg。表明随追肥量的增加小麦产量的增幅逐步变小，为了实现既节肥又有较高产量的目标，以追肥 600～750kg/hm^2 为宜，可根据不同地力和产量目标进行掌握，地力差产量目标高时可选择春季追肥 450～750kg/hm^2，地力高产量水平一般时可选择 300～450kg/hm^2。

（3）玉米不同肥料用量试验水分生产率

为了解微喷夏玉米水分生产率，以 2011～2013 年夏玉米微喷条件下不同肥料用量试验为基础，测定自然降雨量、田间灌水量及土壤含水量，计算出总耗水量，根据该试验各处理的产量计算出夏玉米水分生产率（表 5-165）。

表 5-165 2011～2013 年夏玉米微喷水分生产率

灌溉处理	灌水量/mm	三年平均降雨量/mm	土壤水/mm	总耗水/m^3	三年平均产量/（kg/hm^2）	水分生产率/（kg/m^3）
W90F375	90	433.47	83.70	6 074.70	7 821.45	1.29
W120F375	120	433.47	83.70	6 374.85	7 834.20	1.23
W150F375	150	433.47	83.70	6 675.00	7 847.70	1.18
W90F555	90	433.47	83.70	6 074.70	8 681.40	1.43
W120F555	120	433.47	83.70	6 374.85	8 855.70	1.39
W150F555	150	433.47	83.70	6 675.00	8 861.55	1.33
W90F735	90	433.47	83.70	6 074.70	10 167.45	1.67
W120F735	120	433.47	83.70	6 374.85	10 377.15	1.63
W150F735	150	433.47	83.70	6 675.00	10 362.30	1.55
W90F915	90	433.47	83.70	6 074.70	10 892.40	1.79
W120F915	120	433.47	83.70	6 374.85	10 859.75	1.70
W150F915	150	433.47	83.70	6 675.00	11 167.05	1.67
W90F1095	90	433.47	83.70	6 074.70	11 716.65	1.93
W120F1095	120	433.47	83.70	6 374.85	11 747.25	1.84
W150F1095	150	433.47	83.70	6 675.00	11 730.45	1.76

从表 5-165 看出，在微喷条件下，随施肥量的增加，夏玉米水分生产率逐步提高，如 W90F375 的水分生产率为 1.29kg/m^3，W90F555 为 1.43kg/m^3，W90F735 为 1.67kg/m^3。表明夏玉米在微喷条件下增加施肥量可提高水分生产率。

（4）玉米肥料试验氮（N）、磷（P_2O_5）、钾（K_2O）偏生产力结果与分析

为了解氮（N）、磷（P_2O_5）、钾（K_2O）肥料在夏玉米产量形成中的作用，根据 2011～2013 年夏玉米不同肥料试验的总氮（N）、磷（P_2O_5）、钾（K_2O）施肥量和三年平均产量，计算出氮（N）、磷（P_2O_5）、钾（K_2O）的偏生产力（表 5-166）。

表 5-166　2011～2013 年玉米肥料试验 N、P、K 偏生产力

处理	总施肥量/（kg/hm^2）			氮磷钾肥偏生产力/（kg/kg）			2011～2013 年平均产量/（kg/hm^2）
	N	P_2O_5	K_2O	N	P_2O_5	K_2O	
W90F375	152.85	50.40	64.20	51.17	155.19	121.83	7 821.45
W120F375	152.85	50.40	64.20	51.25	155.44	122.03	7 834.20
W150F375	152.85	50.40	64.20	51.34	155.71	122.24	7 847.70
W90F555	206.85	66.60	86.70	41.97	130.35	100.13	8 681.40
W120F555	206.85	66.60	86.70	42.81	132.97	102.14	8 855.70
W150F555	206.85	66.60	86.70	42.84	133.06	102.21	8 861.55
W90F735	260.85	82.80	115.50	38.98	122.80	88.03	10 167.45
W120F735	260.85	82.80	115.50	39.78	125.33	89.85	10 377.15
W150F735	260.85	82.80	115.50	39.73	125.15	89.72	10 362.30
W90F915	314.85	99.00	131.70	34.60	110.02	82.71	10 892.40
W120F915	314.85	99.00	131.70	34.49	109.70	82.46	10 859.85
W150F915	314.85	99.00	131.70	35.47	112.80	84.79	11 167.05
W90F1095	368.85	115.20	154.20	31.77	101.71	75.98	11 716.65
W120F1095	368.85	115.20	154.20	31.85	101.97	76.18	11 747.25
W150F1095	368.85	115.20	154.20	31.80	101.83	76.08	11 730.90

从表 5-166 看出，随各处理追肥量的增加，玉米氮（N）、磷（P_2O_5）、钾（K_2O）的偏生产力依次下降，如 W90F375 的氮（N）、磷（P_2O_5）、钾（K_2O）偏生产力为 51.17kg/kg、155.19kg/kg、121.83kg/kg，W90F1095 的氮（N）、磷（P_2O_5）、钾（K_2O）偏生产力分别为 31.77kg/kg、101.71kg/kg、75.98kg/kg，表明随施肥量的增加，产量增加，而玉米对氮（N）、磷（P_2O_5）、钾（K_2O）的利用力相对降低。从氮（N）、磷（P_2O_5）、钾（K_2O）对产量的影响来看，氮（N）的作用小于磷（P_2O_5）和钾（K_2O），如 W90F735 的氮（N）、磷（P_2O_5）、钾（K_2O）偏生产力为 39.98kg/kg、122.80kg/kg 和 88.03kg/kg，P 的偏生产力为 N 的 3 倍以上，K 的偏生产力为 N 的近 2 倍。因此表明，在夏玉米生产过程中 P、K 肥具有较强的作用，在肥料配方中应适当增加 P、K 肥。

3. 结论

1）水肥一体化技术在追肥量增加的前提下，穗粒数和千粒重都有所提高，由此使其产量显著增加。

2）微喷条件下，玉米产量随施肥量的增加而提高；微喷灌水方式较常规灌水能明显增产；微喷条件下，随施肥量的增加，可显著增加玉米穗粒数和千粒重。

3）随夏玉米施肥量的增加，夏玉米水分生产率显著提高；随夏玉米追肥量的增加，产量提高，但氮（N）、磷（P_2O_5）、钾（K_2O）偏生产力降低；总体上看，夏玉米磷（P_2O_5）肥的偏生产力高于氮（N）两倍以上，钾（K_2O）肥的偏生产力高于氮（N）肥的一倍以上。

二、山东小麦、玉米需水需肥规律及水肥耦合量化指标

肥料在保障我国粮食安全中起着不可替代的支撑作用，然而化肥养分利用率低又对环境产生不良影响，因此用好肥料资源、提高肥料利用率是关系到国家粮食安全和环境质量的重大科技问题。肥料养分功能的发挥，灌溉水是非常重要的条件，同时水分对作物生长也必不可少。而目前水资源紧缺是全球面临的现实问题，农业用水因此更加受限，农业生产中传统大水漫灌的水分管理方式不仅水分利用率低下，还易造成水土流失和土壤养分淋失等不良土壤环境问题。传统的水、肥管理模式显然与资源高效利用的现实要求和现代农业的发展步伐不相适应。水肥一体化技术是一项结合了农业节水与作物施肥的水肥精量调控以达到作物高效利用的综合技术，应用水肥一体化技术是现代农业发展的必然要求和战略选择。目前我国水肥一体化农业技术的研究和应用推广已较普遍，但整体还存在前期基础性研究工作不足等问题，且水肥一体化技术因不同地区的气候、地理条件、生产力及管理水平差异而不同，因此开展属地化的水肥一体化基础研究显得十分必要。华北平原是我国主要粮食生产区之一，小麦、玉米两作物产量约占全国总产量的五分之一。但其生态环境脆弱，水资源紧缺、地下水超采成为华北平原农业可持续发展的主要制约因素和瓶颈。传统的大水漫灌方式水资源利用率低，水、土、肥流失严重，导致农业效益不高。目前，针对华北平原大田作物滴灌水肥一体化技术的研究鲜见报道。因此，在该区域开展滴灌条件下小麦玉米需水需肥规律研究，可为滴灌条件下节水灌溉施肥制度及水肥高效耦合技术模式的集成提供依据，对改善华北平原农业水资源紧缺，以及促进区域农业增效和可持续发展具有现实意义。

为取得山东省小麦、玉米的优化滴灌施肥集成技术，探索滴灌施肥条件下小麦玉米的水肥需求规律，本课题在山东专门设置了试验点。试验点位于山东省桓台县新城镇逯家村（北纬 36°57′30″，东经 117°58′15″），以中国农业大学桓台长期试验站为平台。地处暖温带大陆性季风型气候，雨热同期，平均年日照时数 2833h，无霜期 198d，年平均气温 12.5℃，多年平均降水量 558mm，75%的降水都集中在 6～9 月，降水分布不均，全年平均蒸发量 1843mm，蒸降比 3.3∶1。土壤为砂质壤土，耕层 0～20cm 基本肥力水平为碱解氮 138.36mg/kg、速效磷 29.81mg/kg、速效钾 167.9mg/kg、有机质 19.6g/kg、pH 7.80。试验区主要种植制度为冬小麦-夏玉米轮作，冬小麦平均亩产 549kg，夏玉米平均亩产 620kg，属于华北平原典型的高投入、高产出的集约型农业生态系统类型。本试验在已连续多年实施免耕和秸秆还田管理的农田上进行。

（一）冬小麦生育期需水规律研究

试验点位于山东省桓台县新城镇逯家村。本试验设计确定 5 组滴灌作物生育期灌溉土壤下限，分别为 W1（灌溉系数 0.5）、W2（灌溉系数 0.75）、W3（灌溉系数 1）、W4（灌溉系数 1.5）和 W5（灌溉系数 2）。设置一个水浇地处理作为对照（C），滴灌作物各

处理见土壤含水量下限设计表（表 5-167）；对照为当地大田水浇地。试验采用随机区组试验设计，每处理重复 3 次，试验小区面积为 $10m\times5m=50m^2$。

表 5-167　冬小麦土壤含水量下限表　（单位：%）

处理	灌溉土壤含水量下限				
	返青-拔节	拔节-抽穗	抽穗-开花	开花-成熟	成熟期
W1	60	65	65	65	50
W2	65	70	70	70	55
W3	70	75	75	75	60
W4	75	80	80	80	65
W5	80	85	85	85	70

注：返青-拔节期田间土壤计划湿润深度为 20cm，其他时期均为 40cm，土壤含水量下限为田间持水量的百分比

根据冬小麦各生育期灌溉前所测的土壤含水量及冬小麦需达到的田间持水量计算各生育期的灌溉量。灌溉量（Q）具体计算公式如下

$$Q=10a\times H\times(\theta_{fc}-\theta_0) \quad (5\text{-}38)$$

式中，a 为灌溉系数；H 为土壤计划湿润层的深度（cm），本试验计划湿润深度为 40cm；θ_{fc} 为田间持水量（体积含水量）；θ_0 为灌溉前计划湿润深度土壤体积含水量。

灌溉下限为 85%田间持水量，为了更好地实施每个重要生育期滴灌施肥，原则上每个重要生育期灌溉一次，如整个生育期前半段土壤含水量均高于 85%田间持水量，则不需滴灌。根据上述公式计算得出不同灌溉系数处理的灌溉量。每个小区灌水量由单独的水表计量，最终 5 个处理灌溉水平冬小麦季依次为 65mm、98mm、130mm、195mm 和 260mm（表 5-168）。

表 5-168　冬小麦实际灌水量　（单位：mm）

处理	播种	分蘖期	拔节期	孕穗期	扬花期	灌浆期
W1	0	0	25	18	12	10
W2	0	0	38	27	18	15
W3	0	0	50	36	24	20
W4	0	0	75	54	36	30
W5	0	0	100	72	48	40

1. 不同灌溉量对冬小麦生物量的影响

2012～2013 年观测结果表明，不同滴灌量处理下小麦植株的干物质积累规律基本一致，都呈逐渐增加的趋势。拔节期各个处理下作物的干物质质量差异不明显，W3 略低于其他处理；在孕穗期灌溉系数与小麦干物质质量呈正相关关系（$R^2=0.91$），设计灌溉系数最大的处理 W4、W5 在孕穗期干物质质量比其他处理高；而到灌浆期中水量处理 W2、W3 的干物质质量反而更高，说明高水处理表现出干物质积累前期快、后期慢的特点。常规畦灌处理 C 的干物质质量除拔节期外后期相对较低（图 5-37）。不同灌溉系数和灌溉方式处理对株高和叶面积的影响较大。其中最低灌溉系数处理 W1 的株高最低，且低于常规畦灌处理，增加灌水系数至 W2，株高增加显著，但是继续增加

设计灌溉系数对株高影响不大。W1 和 W2 处理的叶面积与常规畦灌处理差异不显著，均较低，当灌溉系数增加至 W3 后叶面积显著增加，继续加大设计灌溉系数对叶面积促进效果不显著。

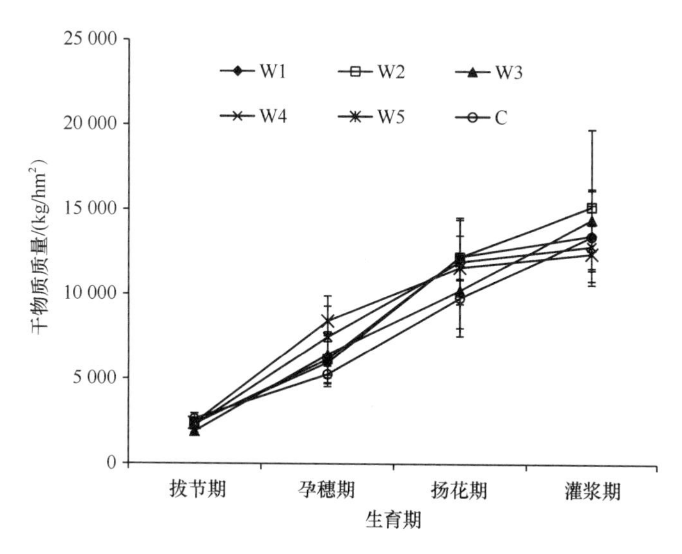

图 5-37　不同灌水量处理不同生育期的干物质质量（2012～2013 年）

2013～2014 年观测结果表明，各处理下的冬小麦干物质积累变化规律基本和 2012～2013 年观测结果一致。从不同时期干物质总的积累量来看，除 W5 处理外，其余处理的总干物质质量均呈现持续增加的趋势，并且在拔节期至扬花期增长较缓慢，在扬花期至成熟期增加较迅速，其中 W3 处理干物质积累从扬花期至成熟期增长最快，最高达到 23 822kg/hm^2（图 5-38）。

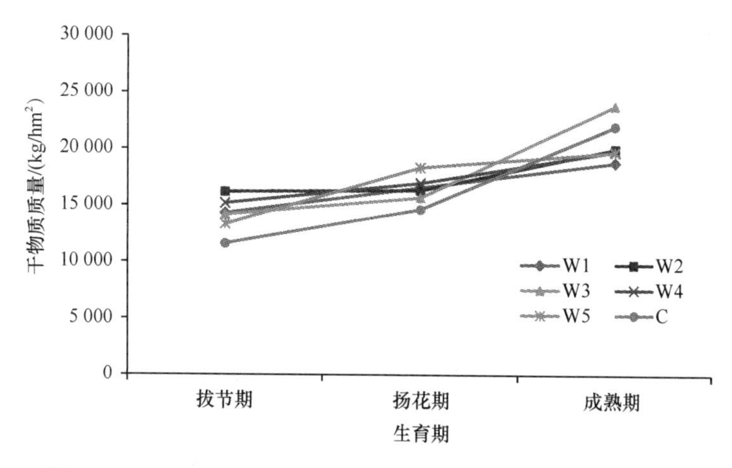

图 5-38　不同处理不同生育期的总干物质质量（2013～2014 年）

从不同生育期的分器官干物质质量变化来看，随生长期的延长，从拔节期至扬花期，根的干物质质量是呈较明显的下降趋势，从扬花期至成熟期，下降幅度变小；从拔节期开始，小麦单位面积叶的干物质质量呈逐渐增加的趋势，增加趋势不明显，并且在 5 月初的扬花期达最高值，随后开始缓慢下降，到成熟期时叶的干物质质量达到最低值；茎的干物质质量从扬花期开始呈现明显下降的趋势；穗的干物质质量一直呈现明显的增加趋势，直到成熟期达到最大值，其中以W3处理最高，达到14 000kg/hm^2。从根、茎、叶干物质积累速率来看，返青期至拔节期是小麦干物质的快速积累阶段，这一阶段根、茎、叶的干物质质量分别占小麦根、茎、叶的60%、62%和51%（图5-39）。从孕穗期至收获期，小麦籽粒干物质积累量迅速增加并超过根茎叶生物量，占植株总生物量的48%。

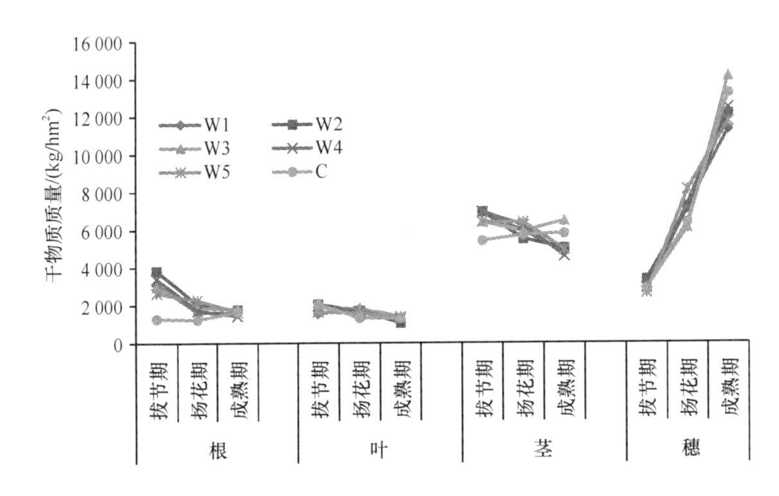

图5-39　不同灌水量处理不同生育期的分器官干物质质量（彩图请扫封底二维码）

2. 不同灌溉量对冬小麦产量的影响

根据2012.10～2013.06冬小麦灌溉系数分别为0.5、0.75、1、1.5和2的5个不同滴灌量试验（表5-169），获得在试验当地土壤和气候条件下，灌溉系数为1的W3处理产量最高，较对照增产40.07%，是综合最优滴灌方案，2012～2013年滴灌量130mm，水分利用效率22.8kg/（hm^2·mm）。

表5-169　冬小麦各处理对籽粒产量、水分利用效率及灌溉水利用效率的影响（2012.10～2013.06）

处理	总灌水定额/mm	总降雨量/mm	耗水量/mm	实收产量/(kg/hm^2)	水分利用效率/[kg/(hm^2·mm)]	灌溉水利用效率/[kg/（hm^2·mm)]
W1	65	150	275.0	5271.11a	19.2b	8.11c
W2	91		291.0	5120.00a	17.6b	5.63b
W3	130		280.0	6384.90b	22.8c	4.91b
W4	195		355.0	6041.78b	17.0b	3.10b
W5	260		390.0	5885.33b	15.1a	2.26a
C	270		470.0	4558.22a	9.7a	1.69a

而对2013.10～2014.06冬小麦生长季节的实验数据分析表明（表5-170），在当年土壤和气候条件下，灌溉系数为1.5的W4处理产量最高，较对照增产15.36%。从水分利用效率来看，滴灌处理除灌水量最高的W5处理外，水分利用效率均明显高于常规漫灌处理，综合产量和灌水量来看，W4处理为综合最优滴灌方案，2013～2014年滴灌量204mm，水分利用效率24.4 kg/（hm^2·mm）。

表 5-170　冬小麦各处理籽粒产量、水分利用效率及灌溉水利用效率的影响（2013.10～2014.06）

处理	总灌水定额/mm	总降雨量/mm	耗水量/mm	实收产量/（kg/hm²）	水分利用效率/［kg/（hm²·mm）］	灌溉水利用/［kg/（hm²·mm）］
W1	68	125.2	243.2	6733.00	27.7	9.90
W2	102		247.2	6716.00	27.2	6.58
W3	136		271.2	7013.00	25.9	5.16
W4	204		309.2	7547.00	24.4	3.70
W5	272		387.2	7327.00	18.9	2.69
C	270		385.2	6542.00	17.0	2.42

对最佳灌溉处理（W3）的不同生育期阶段的需水强度进行分析，通过 2 年的观测结果，苗期和分蘖期的需水量最少（表 5-171），由于本次计算中分蘖期包括了冬小麦的越冬期，所以日均需水强度较低。孕穗期到灌浆期的需水强度最大，占整个生育期的 50%以上。全生育期 2012～2013 年日均需水强度为 2.2mm/d，总需水量为 313.0mm；2013～2014 年日均需水强度为 1.2mm/d，总需水量为 309.2mm。年际差异变化不大。

表 5-171　W3 灌溉管理条件下冬小麦不同生育期需水强度规律

生育期	年份	播种-分蘖	分蘖-拔节	拔节-孕穗	孕穗-扬花	扬花-灌浆	灌浆-成熟	全生育期
日均需水强度/（mm/d）	2012～2013	1.6	0.5	2.7	3.6	2.6	2.4	2.2
	2013～2014	1.0	0.4	1.2	5.2	5.1	2.9	1.2
生育期需水量/mm	2012～2013	48.8	78.0	66.5	53.6	34.4	31.6	313.0
	2013～2014	51.2	60.0	36.6	73.0	50.6	37.8	309.2

3. 不同灌溉量对冬小麦产量构成的影响

2012～2013 年不同灌溉处理对冬小麦产量构成及其差异的检验结果如表 5-172 所示，每公顷的有效穗数为常规畦灌处理（CK）最少，显著低于所有滴灌处理，不同滴灌量处理没有显著差异。常规畦灌处理的千粒重最高，显著高于所有滴灌处理。不同滴灌量处理中，W1、W2、W3 千粒重差异不显著，均为最高，其次为 W4，W5 最小。表现出灌水量越大，千粒重越小的负相关关系（相关系数为–0.84）。CK 和 W1、W2 穗粒数低于 W3、W4、W5 处理，但在统计上无显著性差异，其中 W5 处理最高，在滴灌处理中表现出灌溉量越大、穗粒数越多的正相关关系（相关系数为 0.87）。理论产量为 CK 最低，W3 显著高于 CK 处理。

表 5-172　灌溉试验各处理对小麦产量构成的影响

处理	有效穗数/（×10⁴/hm²）	千粒重/g	穗粒数/个	理论产量/（kg/hm²）
W1	547.20b	40.48b	31.09a	6886.19ab
W2	539.47b	41.96b	30.00a	6781.76ab
W3	551.47b	41.64b	32.60ab	7038.30a
W4	506.67b	39.69ab	32.07ab	6479.58ab
W5	545.87b	37.33a	36.44b	6888.45ab
CK	415.20b	45.15a	30.33b	5613.98b

2013～2014 年的研究也表明，在滴灌条件下增加滴灌量可以提高小麦的有效穗数（图 5-40）。但是当灌水量达到 W3 处理后，有效穗数则不再增加。而滴灌量对小麦千粒重的影响均不显著，但是总体来说，滴灌施肥条件下的小麦千粒重略高于常规漫灌处理，但是影响不显著。

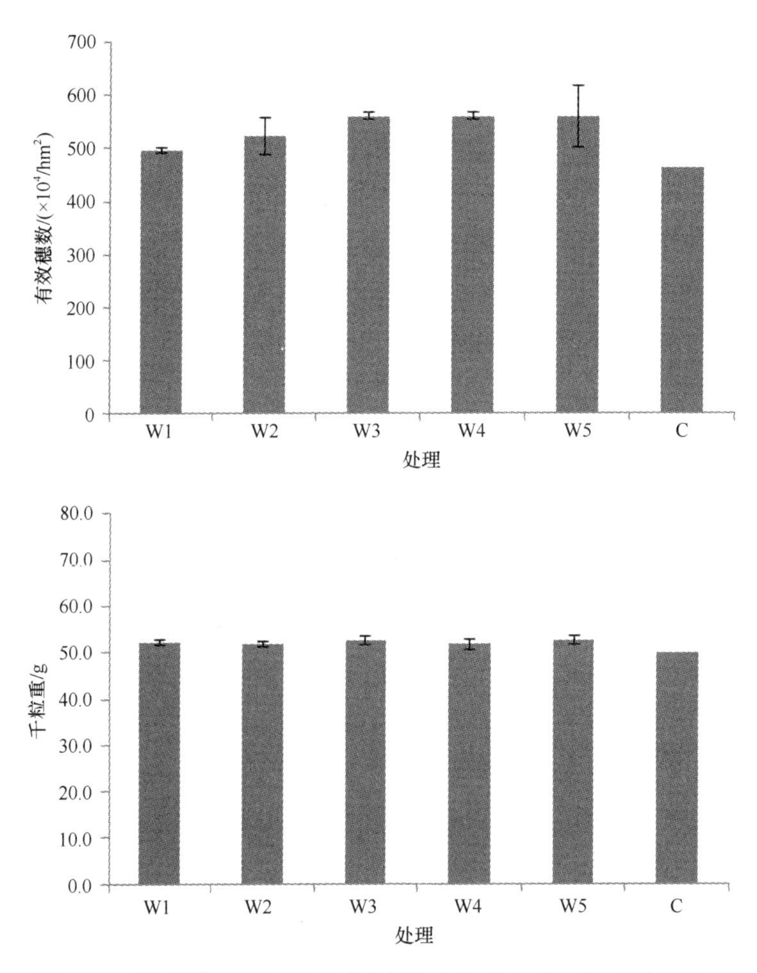

图 5-40　不同灌溉处理对冬小麦产量构成的影响（2013～2014 年）

小结：明确了华北平原山东冬小麦生育期适宜需水量为 320mm 左右。经过试验，在免耕滴灌施肥条件下，冬小麦整个生育期的需水量为 320mm，日均需水量为 1.2mm。苗期时，控制在田间持水量 60%～70%，当田间持水量低于 60%时，影响根系向土壤深层发展，对幼苗的生长有所影响。孕穗期到灌浆期的需水强度最大，占整个生育期的 50%以上，控制在田间持水量 75%～85%，此时期植株生长发育最旺盛，是产量形成的关键阶段。

（二）冬小麦生育期需肥规律研究

采用“3414”法设计，开展主要营养元素（氮、磷、钾）正交回归试验研究。设置 3 个因素（氮、磷、钾）；4 个水平：0 水平为不施肥，2 水平为当地常规灌溉高产田施肥量的 70%，1 水平=2 水平×0.5，3 水平=2 水平×1.5（该水平为过量施肥水平）。桓台县常规施氮量玉米季和小麦季分别为 330kg N/hm^2 和 270g N/hm^2，即氮肥 600kg/hm^2、磷肥 290kg/hm^2、钾肥 146kg/hm^2，14 个处理（表 5-173、表 5-174）。试验采用随机区组试验设计，每处理重复 3 次，试验小区面积为 50m^2。20%磷肥作为底肥一次施入，80%磷肥滴施。氮钾肥全部滴施。

表 5-173　小麦试验水平及用量（折纯）

水平	用量/（kg/hm^2）		
	N	P_2O_5	K_2O
0	0	0	0
1	94.5	42.35	59.15
2	189.0	84.70	118.30
3	283.5	127.05	177.45

表 5-174　“3414”试验方案处理

试验编号	处理内容	编码		
		N	P_2O_5	K_2O
1	N0P0K0	0	0	0
2	N0P2K2	0	2	2
3	N1P2K2	1	2	2
4	N2P0K2	2	0	2
5	N2P1K2	2	1	2
6	N2P2K2	2	2	2
7	N2P3K2	2	3	2
8	N2P2K0	2	2	0
9	N2P2K1	2	2	1
10	N2P2K3	2	2	3
11	N3P2K2	3	2	2
12	N1P1K2	1	1	2
13	N1P2K1	1	2	1
14	N2P1K1	2	1	1

1. 对冬小麦生物量的影响

与灌溉试验区相同，施肥试验区各个不同的施肥处理各器官干物质质量的变化趋势基本一致（图 5-41），其中根部的干物质质量从拔节期到扬花期呈现明显下降的趋势，从扬花期至成熟期，除 N1P2K2 施肥水平持续下降外，其余各施肥水平的根部干物质质量均有缓慢增加的趋势；施肥试验区的各处理叶片的干物质质量均低于 2000kg/hm^2，呈现略微下降的趋势；除 N3P2K2 施肥水平的茎部干物质质量从拔节期到扬花期呈现略微增加的趋势外，其余施肥水平均呈现持续下降的趋势，在成熟期降到最低值；穗的干物质质量一直呈现明显的增加趋势，直到成熟期达到最大值，其中 N2P2K2 施肥水平的增加幅度最大，成熟期籽粒的干物质质量也最大，达到 14 130kg/hm^2，略低于农户常规施肥水平。

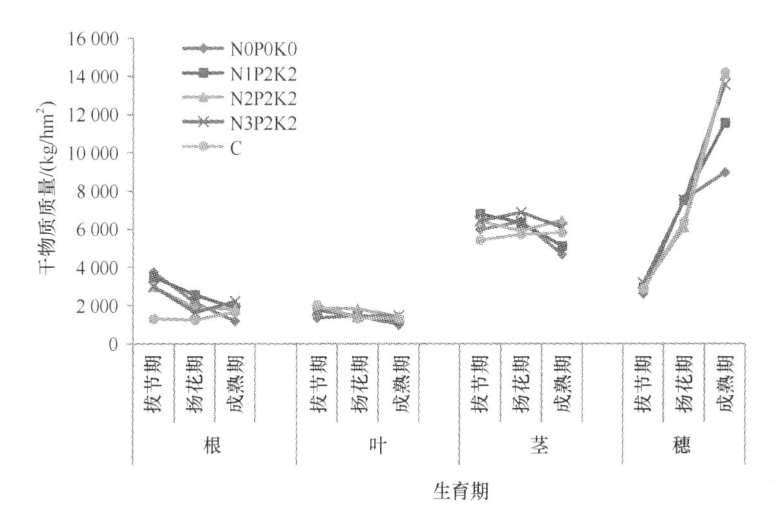

图 5-41　不同处理不同生育期的分器官干物质质量（彩图请扫封底二维码）

从施肥试验区不同生育期干物质质量来看（图 5-42），扬花期至成熟期，N2P2K2 施肥水平的干物质质量增加幅度最显著，其次是 N3P2K2 施肥水平，N1P2K2 施肥水平的总干物质质量增加趋势最小；施氮各个水平的总干物质质量均明显高于不施氮的总干物质质量。

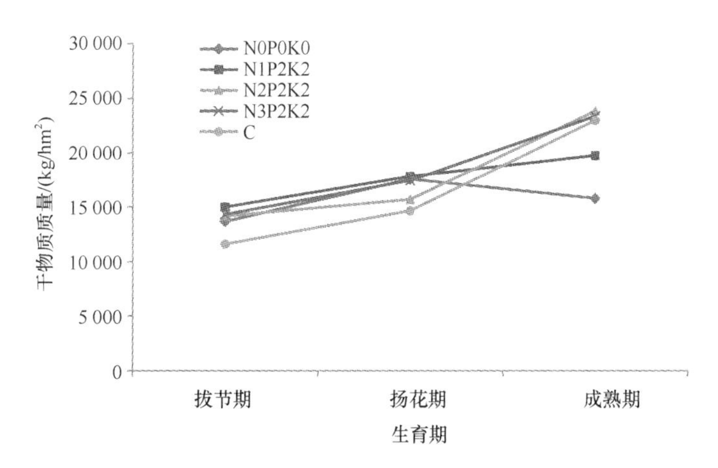

图 5-42　不同处理不同生育期的总干物质质量（彩图请扫封底二维码）

2. 对冬小麦产量的影响

“3414”施肥试验观测表明，各处理中 N2P2K1 冬小麦的产量最高，达到 7498kg/hm^2，比常规漫灌处理增产 15%，在此处理的基础上，增施氮肥、磷肥、钾肥，冬小麦产量均有不同程度的下降（图 5-43）。

3. 对冬小麦产量构成的影响

不同滴灌施肥量处理也呈现出施氮量越高，有效穗数越高的趋势，但是 N3P2K2 处理的有效穗数还略低于 N2P2K2 处理（图 5-44）。总体来说，除 N0P0K0 处理外，滴灌条件下不同滴灌量和施氮量处理每公顷的有效穗数均比常规漫灌处理更高，滴灌施

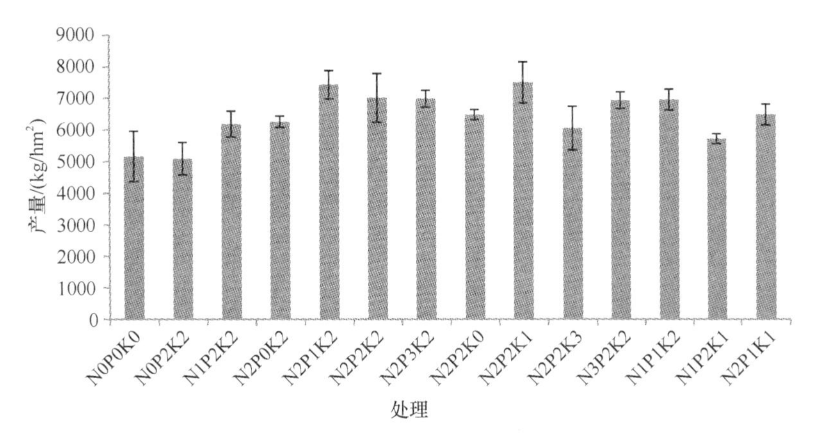

图 5-43　不同施肥处理对冬小麦产量的影响

肥可以显著提高作物的有效穗数。而滴灌量和施肥量对小麦千粒重的影响均不显著，但是总体来说，滴灌施肥条件下的小麦千粒重略高于常规漫灌处理，但是影响不显著。

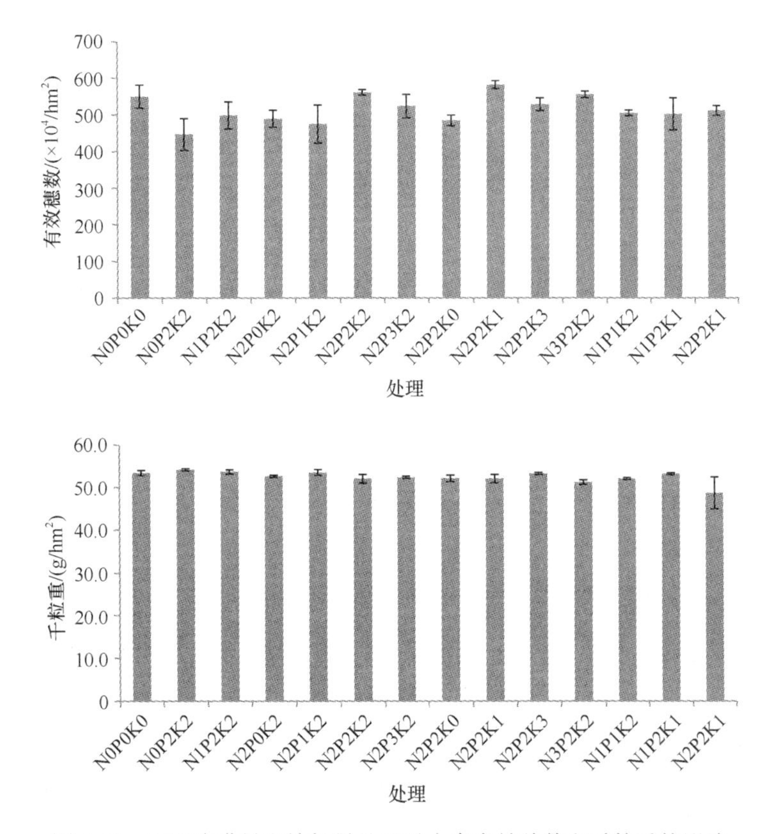

图 5-44　不同滴灌量和施氮量处理对小麦有效穗数和千粒重的影响

4. 冬小麦不同生育阶段需肥规律

对于产量最优处理 N2P2K1，根据冬小麦收获期不同器官干物质比例，计算得出每获得 100kg 籽粒对应的根为 23kg，茎为 47kg，叶为 16kg。分析冬小麦的需肥规律表明（表 5-175），作物吸收的氮、磷、钾养分分别为 138.92kg/hm^2、59.77kg/hm^2 和

176.35kg/hm^2。从吸收比例来看，根部对 3 种养分的吸收比较均衡，叶部和茎部主要对钾的需求最大，氮次之，而籽粒对 3 种养分的需求也较均衡，其中对氮的需求最大，对磷和钾的需求相对较少。

表 5-175　N2P2K1 处理不同器官吸收氮、磷、钾数量

植株器官	N/（kg/hm^2）	P_2O_5/（kg/hm^2）	K_2O/（kg/hm^2）	N：P_2O_5：K_2O
根	12.81	7.27	19.97	1：0.57：1.56
叶	7.53	1.87	15.28	1：0.25：2.03
茎	13.96	6.15	80.75	1：0.44：5.79
籽粒	104.63	44.48	60.34	1：0.43：0.58
累计	138.93	59.77	176.34	1：0.43：1.27

从冬小麦对需求量最大的氮吸收规律来看，不同的滴灌施氮量下作物对氮的吸收规律有所不同，施氮量越高，茎和叶的吸氮量越高；而作物根和籽粒对氮的吸收是 N2 处理最高，再增加施氮量的 N3 处理根和籽粒对氮的吸收量反而降低（图 5-45），这一结果与图 5-44 中 N2 处理产量最高的结果一致。

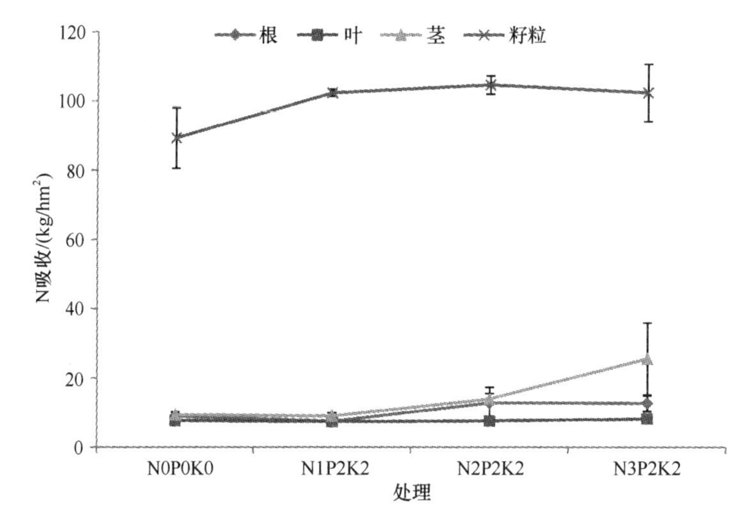

图 5-45　不同滴灌施肥量下冬小麦对氮素的吸收特征（彩图请扫封底二维码）

小结：本研究开展了冬小麦氮、磷、钾正交回归试验，对不同处理冬小麦产量及产量构成进行了分析，明确了冬小麦滴灌氮、磷、钾效应及施用量。本试验基于冬小麦滴灌“3414”肥效试验，通过回归分析建立一元二次回归方程，最佳施肥量 N、P_2O_5、K_2O 分别为 224.29kg/hm^2、79.33kg/hm^2 和 81.72kg/hm^2。多年平均后在试验地滴灌施肥管理下冬小麦对氮、磷、钾需求量分别为 189kg/hm^2、84.7kg/hm^2 和 59.2kg/hm^2，比例为 1：0.35：0.36。其中，冬小麦在孕穗期及扬花期的需肥量最高，占整个生育期的 50%以上。

（三）夏玉米生育期需水规律研究

和冬小麦处理设置一样，试验确定了 5 组滴灌作物生育期灌溉土壤下限，分别为 W1（灌溉系数 0.5）、W2（灌溉系数 0.75）、W3（灌溉系数 1）、W4（灌溉系数 1.5）和 W5（灌溉系数 2）。设置一个水浇地处理作为对照（CK），滴灌作物各处理见土壤含水量下限设计表（表 5-176、表 5-177）；对照为当地大田水浇地。试验采用随机区组试验设计，每处理重复 3 次，试验小区面积为 10m×5m=50m^2。

表 5-176　夏玉米土壤含水量下限表　　（单位：%）

处理	灌溉土壤含水量下限				
	苗期	拔节期	抽穗期	灌浆期	成熟期
W1	50	60	65	70	50
W2	55	65	70	75	55
W3	60	70	75	80	60
W4	65	75	80	85	65
W5	70	80	85	90	70

注：苗期、拔节期田间土壤计划湿润深度分别为 20cm、40cm，抽穗期、灌浆期、成熟期均为 60cm，土壤含水量下限为田间持水量的百分比

表 5-177　夏玉米实际灌水量　　（单位：mm）

生育期	灌溉施肥日期	灌溉量					
		W1	W2	W3	W4	W5	C
播种	2013.6.17	0	0	0	0	0	0
苗期+拔节	2013.7.7	12	18	24	36	72	0
小喇叭口期	2013.7.21	0	0	0	0	0	0
大喇叭口期	2013.8.1	0	0	0	0	0	0
抽穗期	2013.8.10	12	18	24	36	72	0
灌浆期	2013.8.24	12	18	24	36	72	0
成熟期	2013.9.15	12	18	24	36	72	90

1. 不同灌溉量对夏玉米生物量的影响

如图 5-46 所示，2014 年灌溉试验区各处理对夏玉米干物质累积变化规律基本一致，且各滴灌处理之间不同器官干物质质量差异不大，各滴灌处理与常规漫灌的各器官生物量也无明显差异，说明从夏玉米各器官的干物质质量累积量角度来分析，其生育期降雨量充足，滴灌条件对玉米季的生长影响不显著。

从各生育期总干物质质量来看，其变化也是同样的趋势，只是在成熟期 5 个滴灌处理的总干物质质量明显高于常规漫灌（图 5-47）。

2. 不同灌溉量对夏玉米产量的影响

在 2013.06～2013.10 的玉米试验中，玉米季总降雨量为 577mm，水量较充足，因此各滴灌量处理的产量差异不显著，其中水分利用效率和灌溉水利用效率最高的处理为灌溉系数为 0.5 的 W1 处理，整个生长季的灌水总量为 48mm（图 5-48）。

在 2014.06～2014.10 的玉米试验中，总降雨量为 225.2mm，低于该时期的平均水平，因此灌水量对夏玉米产量产生了与冬小麦季相似的结果，W1、W2 处理的产量最低，W3 处理最高，且高于常规 C 处理，实现增产 6.3%（图 5-49）。本试验在 2014 年玉米季将施肥比例改为拔节期 15%、大喇叭口期 55%和灌浆期 30% 3 次全部滴灌施入，这种方式促进了作物对水分和肥料的吸收。

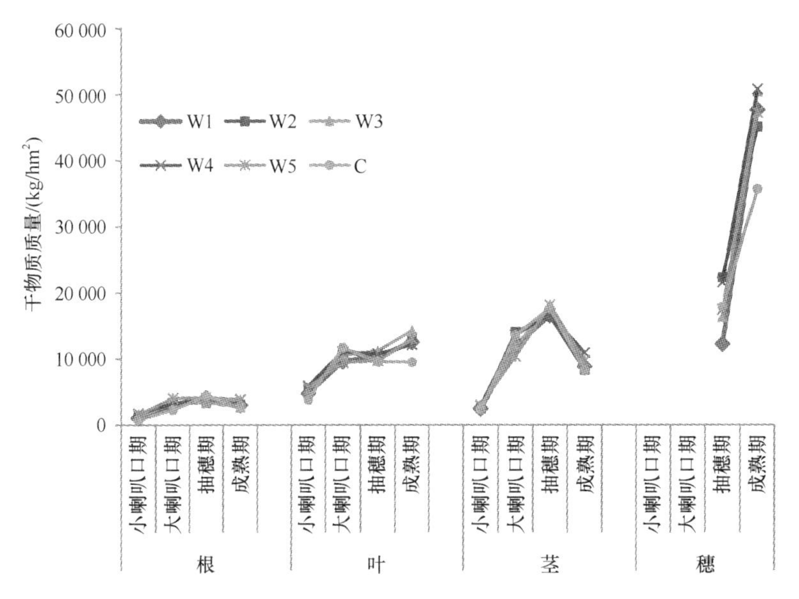

图 5-46 灌溉试验区夏玉米不同处理不同生育期的分器官干物质质量（彩图请扫封底二维码）

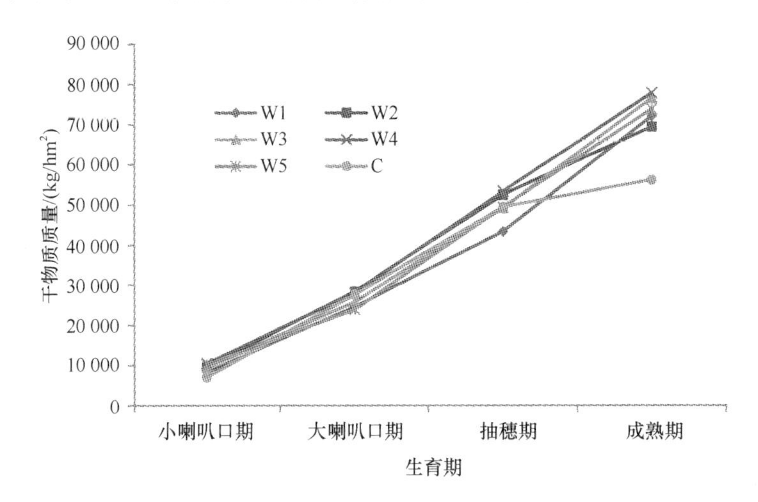

图 5-47 灌溉试验区夏玉米不同处理不同生育期的总干物质质量

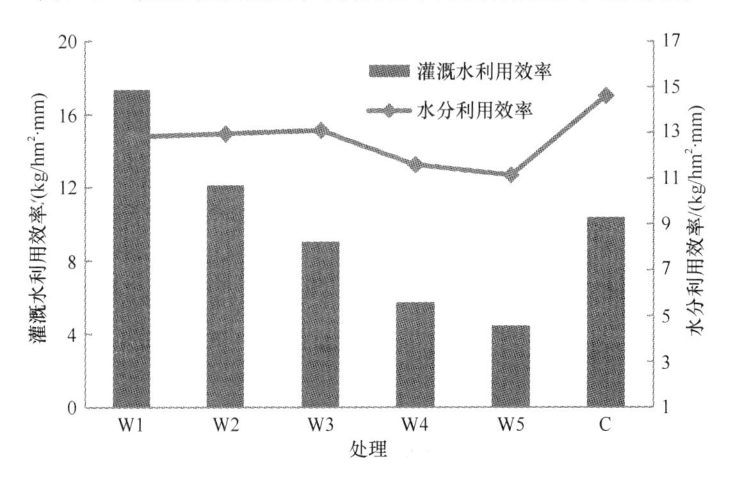

图 5-48 2013 年夏玉米灌溉处理水分利用效率和灌溉水利用效率对比（彩图请扫封底二维码）

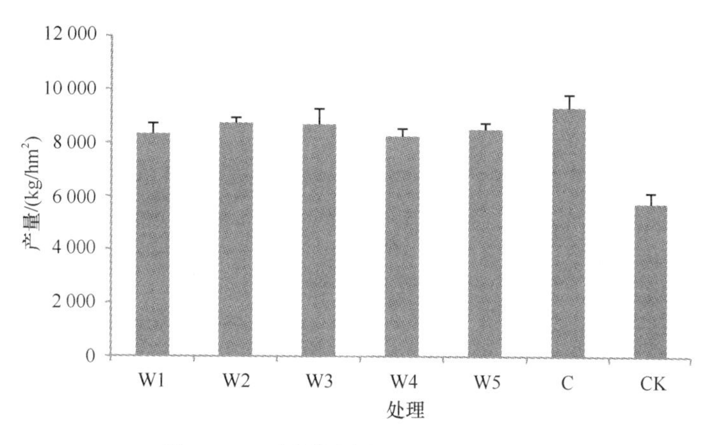

图 5-49　不同灌水量处理的夏玉米产量

3. 不同灌溉量对夏玉米产量构成的影响

2013 年不同灌溉量处理下玉米的百粒重和穗粒数均没有显著差异，说明在夏玉米季降雨充足，对灌溉的需求很小，增加灌溉量对玉米产量影响不大（图 5-50）。

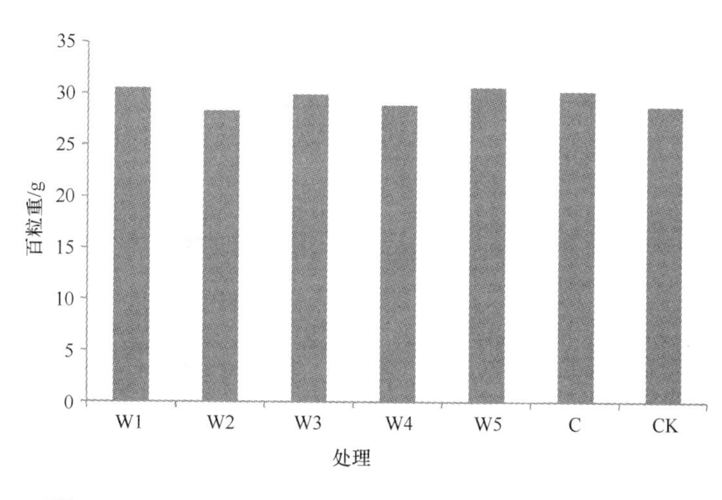

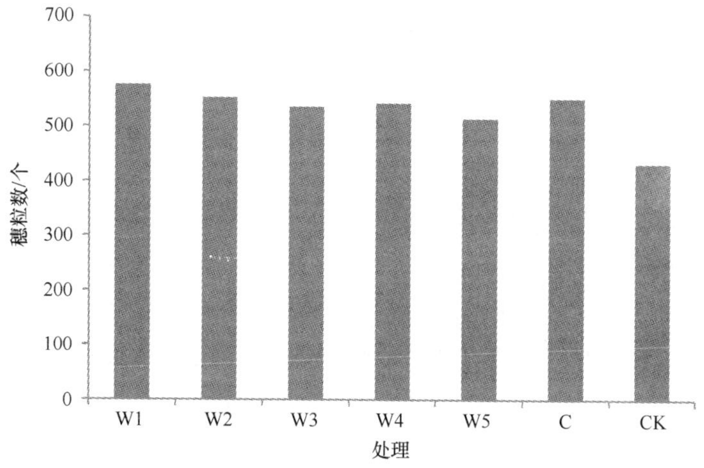

图 5-50　2013 年灌溉试验各处理对玉米产量构成的影响

2014 年的结果也表明（表 5-178），不同的滴灌量和施氮水平对玉米有效穗数的影响均较小；灌溉试验区不同滴灌水平下的玉米有效穗数均低于常规漫灌 C 处理。当滴灌量较低或较高时，会降低玉米的百粒重，W3 处理的百粒重为最高水平，滴灌条件下玉米百粒重均高于常规漫灌处理；同样当施氮量较低或较高时，也会降低玉米的百粒重，N1 施肥水平的百粒重最高。施肥试验区及灌溉试验区的不同处理与常规对照相比，均显著提升了玉米的穗粒数。另外，灌溉试验区的 W3 处理和施肥试验区的 N1 处理的理论产量最高，与实测产量一致。

表 5-178　2014 年不同滴灌量和施氮量处理对玉米产量构成的影响

处理	有效穗数/（$\times10^4$/hm^2）	百粒重/g	穗粒数/个	理论产量/（kg/hm^2）
W1	4.4	29.7	627	8261.6
W2	4.5	31.2	631	8831.5
W3	4.8	31.5	629	9501.8
W4	4.7	29.8	633	8918.5
W5	4.8	30.6	602	8848.6

4. 夏玉米生育期需水规律分析

从水分利用效率来看（表 5-179），W3 处理水分利用效率最高，2014 年灌水 72mm，水分利用效率为 3.21kg/（hm^2·mm）。对最佳灌溉 W3 处理的需水强度进行分析，整个生育期平均需水强度为 2.6mm/d，总需水量为 287.2mm。

表 5-179　夏玉米各处理对籽粒产量、水分利用效率及灌溉水利用效率的影响

处理	总灌水定额/mm	播种与收获时的土壤水分及变化量/（cm^{-3}·cm^{-3}）			总降雨量/mm	耗水量/mm	实收产量/（kg/hm^2）	水分利用效率/［kg/（hm^2·mm）］	灌溉水利用效率/［kg/（hm^2·mm）］
		播种前土壤含水量 θ_S	收获后土壤含水量 θ_h	土壤含水量变化量 $\Delta\theta$					
W1	360	0.1	0.1	0	225.2	261.20	8331	31.9	23.14
W2	540	0.13	0.13	0		279.20	8679	31.1	16.07
W3	720	0.15	0.16	–0.01		287.20	9217	32.1	12.80
W4	1080	0.18	0.15	0.03		363.20	8951	24.6	8.29
W5	1440	0.18	0.15	0.03		399.20	8890	22.3	6.17
C	900	0.16	0.15	0.01		325.20	8671	26.7	9.63

（四）夏玉米生育期需肥规律研究

采用“3414”法设计，开展主要营养元素（氮、磷、钾）正交回归试验研究。设置 3 个因素（氮、磷、钾）；4 个水平：0 水平为不施肥，2 水平为当地常规灌溉常规高产田施肥量的 70%，1 水平=2 水平×0.5，3 水平=2 水平×1.5（该水平为过量施肥水平）；桓台县常规施氮量玉米季和小麦季分别为 330kg N/hm^2 和 270kg N/hm^2，即氮肥 600kg/hm^2、磷肥 290kg/hm^2、钾肥 146kg/hm^2，14 个处理（表 5-180）。试验采用随机区组试验设计，每处理重复 3 次，试验小区面积为 50m^2。20%磷肥作为底肥一次施入，80%磷肥滴施。氮钾肥全部滴施。

表 5-180　玉米试验水平及用量（折纯）

水平	用量/（kg/hm^2）		
	N	P_2O_5	K_2O
0	0	0	0
1	115.5	94.5	42.4
2	231.0	189.0	84.70
3	346.5	283.5	127.11

1. 对夏玉米生物量的影响

如图 5-51 所示，施肥试验区夏玉米不同施肥水平各生育期的干物质质量变化趋势基本一致，其中 N3P2K2 施肥水平在各生育期的干物质积累量为最高；叶片的干物质质量从小喇叭口期至大喇叭口期是快速增加的趋势，而从大喇叭口期至抽穗期呈现下降的趋势，抽穗期至成熟期叶片干物质质量仍然处于增加的趋势，这可能与氮肥施用水平及环境条件有关；茎部干物质质量则从小喇叭口期至大喇叭口期是快速增加的趋势，从大喇叭口期至抽穗期增加速度变缓，抽穗期至成熟期由于干物质质量向穗部转移，茎部的干物质质量快速减小；从抽穗期开始，除了 N2P2K2 施肥水平的穗部干物质质量未超过茎部，其他施肥水平的穗部干物质质量均开始超过茎部的干物质质量，其中 N1P2K2 施肥水平的穗部干物质到成熟期是最高水平，达 54 801.6kg/hm^2。

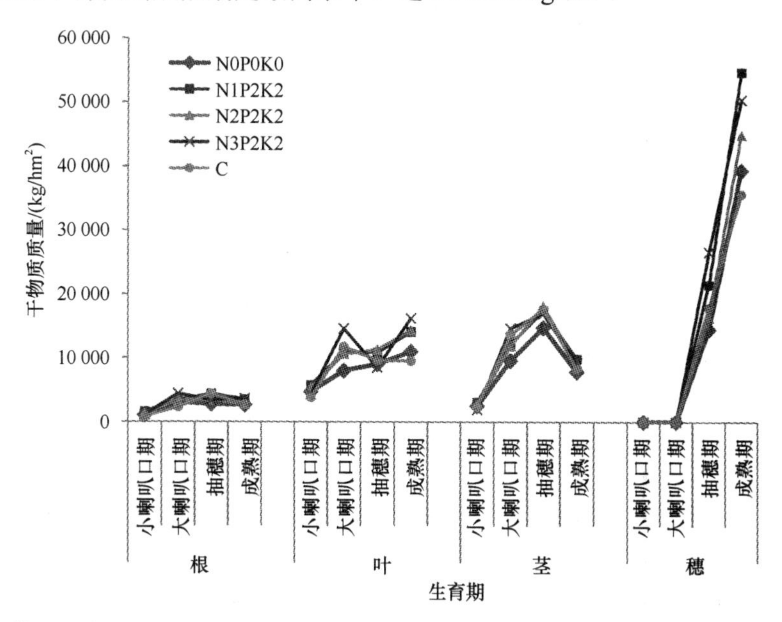

图 5-51　施肥试验区夏玉米不同处理不同生育期的分器官干物质质量（彩图请扫封底二维码）

如图 5-52，从夏玉米的总干物质质量来看，5 个施肥水平的增长趋势一致，几乎呈线性增加，另外，同样是 N3P2K2 施肥水平的干物质质量高于其他施肥水平。

2. 对夏玉米产量的影响

“3414”施肥试验观测表明，各处理夏玉米的产量年际变化较大（图 5-53）。其中 2013 年各处理平均产量较低，为 8362.8kg/hm^2；2015 年夏玉米的平均产量最高。通

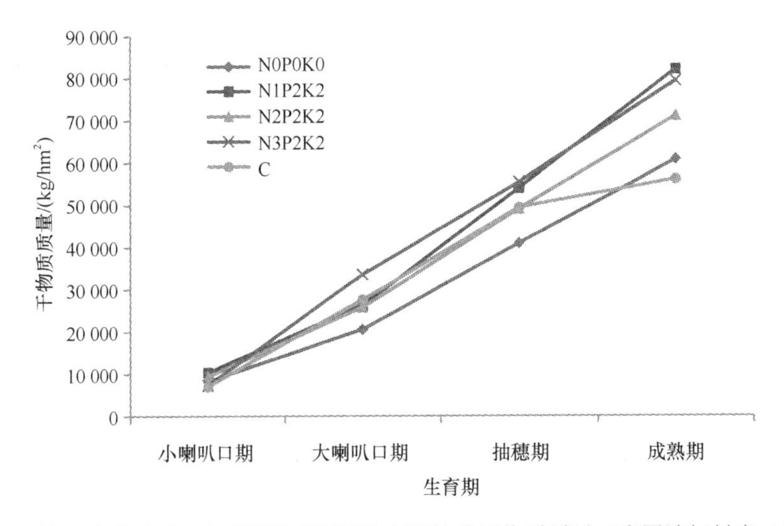

图 5-52　施肥试验区夏玉米不同处理不同生育期的总干物质质量（彩图请扫封底二维码）

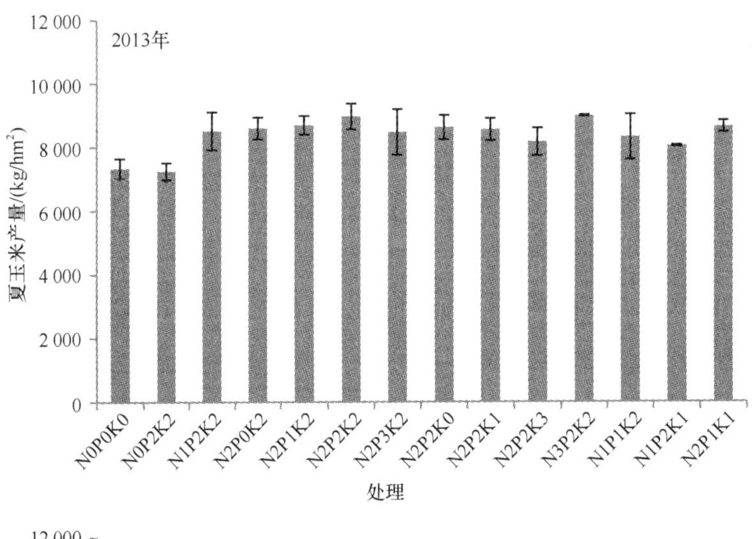

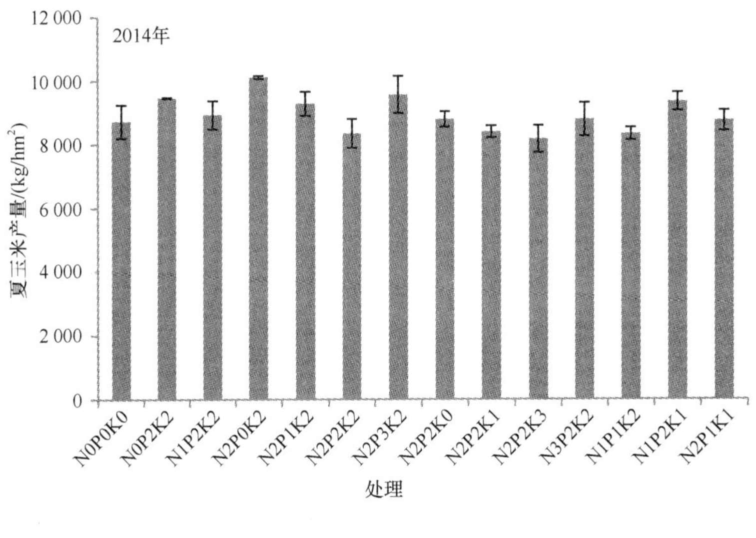

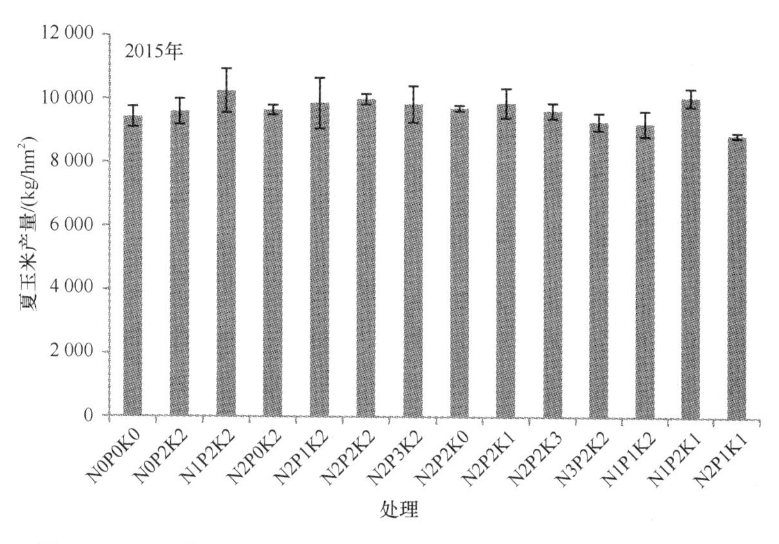

图 5-53　不同施肥处理对夏玉米产量的影响（彩图请扫封底二维码）

过分析 2015 年各处理对夏玉米产量的影响，N1P2K2 和 N1P2K1 处理夏玉米产量较高，分别达到 10 250kg/hm^2 和 10 058kg/hm^2，比常规漫灌处理增产 12%，并与对照处理间存在显著差异。在此处理基础上，增施氮肥、磷肥、钾肥，夏玉米产量均没有明显差异。

3. 对夏玉米产量构成的影响

2014 年的结果也表明（表 5-181），不同的滴灌量和施氮水平对玉米有效穗数的影响均较小；灌溉试验区不同滴灌水平下玉米的有效穗数均低于常规漫灌处理。当滴灌量较低或较高时，会降低玉米的百粒重，W3 处理的百粒重为最高水平，滴灌条件下玉米百粒重均高于常规漫灌处理；同样当施氮量较低或较高时，也会降低玉米的百粒重，N1P2K2 施肥水平的百粒重最高。施肥试验区及灌溉试验区的不同处理与常规对照相比，均提升了玉米的穗粒数。另外，灌溉试验区的 W3 处理和施肥试验区的 N1P2K2 处理的理论产量最高，与实测产量一致。

表 5-181　2014 年不同滴灌量和施氮量处理对玉米产量构成的影响

	处理	有效穗数/（×10^4/hm^2）	百粒重/g	穗粒数/个	理论产量/（kg/hm^2）	实测产量/（kg/hm^2）
不同灌溉量处理	W1	4.4	29.7	627	8261.6	8331.3
	W2	4.5	31.2	631	8831.5	8679.1
	W3	4.8	31.5	629	9501.8	9216.7
	W4	4.7	29.8	633	8918.5	8950.7
	W5	4.8	30.6	602	8848.6	8890.0
不同施氮量处理	N0P0K0	4.5	31.1	624	8758.7	8930.7
	N1P2K2	4.7	33.1	604	9423.1	9461.3
	N2P2K2	4.5	31.5	629	8947.5	9216.7
	N3P2K2	4.7	30.0	628	8892.7	8788.4
常规漫灌处理	C	4.9	29.3	602	8675.4	8670.7

（五）冬小麦和夏玉米水肥耦合量化指标研究

1. 小麦高产水肥耦合量化指标

根据回归最优设计的模型建立方法，将试验方案不同的灌水量及产量输入计算机，用 Excel 软件对试验数据进行统计分析，得出 2012～2013 年和 2013～2014 年冬小麦产量（kg/hm^2）与灌水量（m^3/hm^2）之间的数学回归模型分别为

$$Y = -0.0007X^2 + 2.7827X + 3619.7 \quad (R^2 = 0.6506) \tag{5-39}$$

$$Y = -0.0002X^2 + 1.2328X + 5879.8 \quad (R^2 = 0.8326) \tag{5-40}$$

令 $dY/dX_i=0$，求得小麦最高产量 Y 分别对应 X=198.6 和 246.6，对应小麦生长季产量分别为 6385.2kg/hm^2 和 7411.8kg/hm^2。如图 5-54 所示，不同年型之间，灌水量与冬小麦产量之间均呈开口向下的抛物线关系。以 2013 年为例，灌水量从 60mm 增加到极大点（199mm）时，随着灌水量的增加产量随之也增加，但当灌水量水平达到极大点时，随着灌水量的增加产量随之减少，即并不是灌水量越大越好，这样不但不能提高小麦产量，而且造成水资源的浪费。可见，不同降雨年型之间，冬小麦灌水量在 200～250mm 能保持冬小麦产量达到 6385.2kg/hm^2。

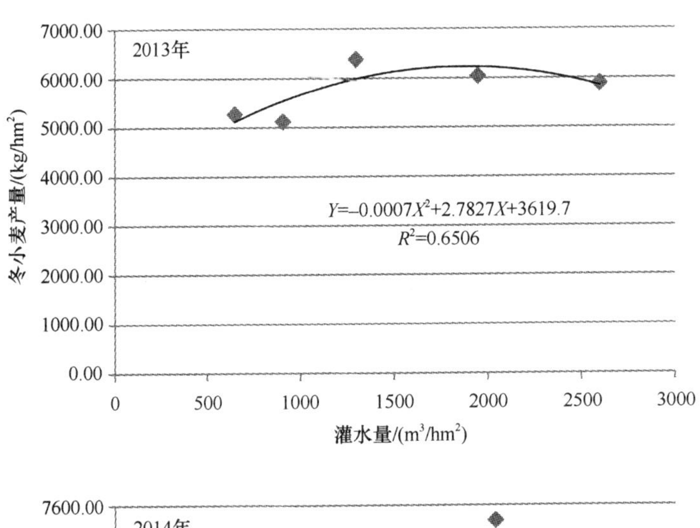

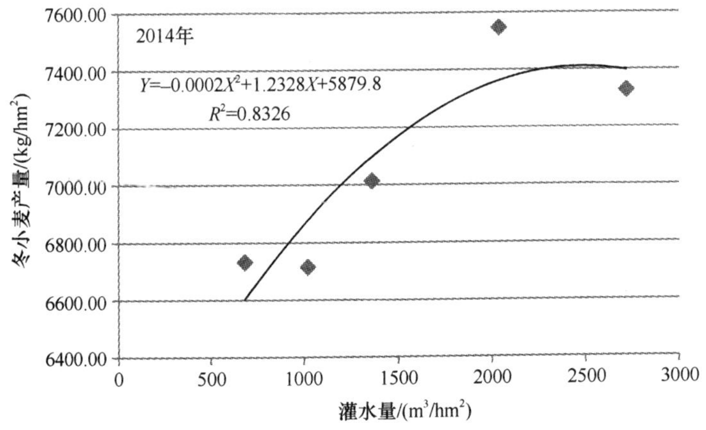

图 5-54 冬小麦产量和灌水量之间的关系（彩图请扫封底二维码）

对最佳灌溉处理（W3）的不同生育期的需水强度进行分析，2 年的观测结果表明，播种期和分蘖期的需水量最少（表 5-182），由于本次计算中分蘖期包括了冬小麦的越冬期，所以平均需水强度较低。孕穗期到灌浆期的需水强度最大，占整个生育期的 50%以上。全生育期 2012～2013 年平均需水强度为 2.2mm/d，总需水量为 313.0mm；2013～2014 年平均需水强度为 1.2mm/d，总需水量为 309.2mm。年际差异变化不大。

表 5-182　W3 灌溉管理条件下冬小麦不同生育期需水强度规律

生育期	播种-分蘖	分蘖-拔节	拔节-孕穗	孕穗-扬花	扬花-灌浆	灌浆-成熟	全生育期
生育期需水量/mm	48.8	78.0	66.5	53.6	34.4	31.6	313.0
	51.2	60.0	36.6	73.0	50.6	37.8	309.2

利用单因素法对 2013 年“3414”滴灌施肥试验产量和施肥量结果进行肥料效应方程拟合（图 5-55），N 肥效应方程的拟合结果为 $y = -0.0502x^2 + 20.746x + 3348.8$，$R^2 = 0.619$；P 肥效应方程的拟合结果为 $y = -0.0757x^2 + 13.131x + 5633.3$，$R^2 = 0.7342$；K 肥效应方程的拟合结果为 $y = -0.1263x^2 + 22.248x + 5269.4$，$R^2 = 0.8292$ ，综合 3 个肥料效应方程，在试验区土壤养分基础条件下，当灌溉量为 200mm 时，最佳测墒滴灌施肥的 N、P_2O_5、K_2O 量为 206.63kg/hm^2、86.72kg/hm^2 和 88.07kg/hm^2。在试验地水肥耦合管理下冬小麦对氮、磷、钾需求量比例为 1∶0.42∶0.43。同时，对 2014 年产量和施肥量肥料效应分析，N 肥效应方程的拟合结果为 $y = -0.0331x^2 + 16.017x + 5060.6$，$R^2 = 0.9896$；P 肥效应方程的拟合结果为 $y = -0.1915x^2 + 27.553x + 6339.1$，$R^2 = 0.7609$；K 肥效应方程的拟合结果为 $y = -0.1628x^2 + 24.543x + 6506.6$，$R^2 = 0.9757$，综合 3 个肥料效应方程，在试验区土壤养分基础条件下，最佳测墒滴灌施肥的 N、P_2O_5、K_2O 量为 241.95kg/hm^2、71.93kg/hm^2 和 75.38kg/hm^2。而 2012～2013 年最佳测墒滴灌施肥的 N、P_2O_5、K_2O 量为 206.63kg/hm^2、86.72kg/hm^2 和 88.07kg/hm^2，相差不大。因此综合 2013～2014 年的数据，平均后最佳施肥量 N、P_2O_5、K_2O 分别为 224.29kg/hm^2、79.33kg/hm^2 和 81.72kg/hm^2。两年平均后在试验地滴灌施肥管理下冬小麦对氮、磷、钾需求量比例为 1∶0.35∶0.36。

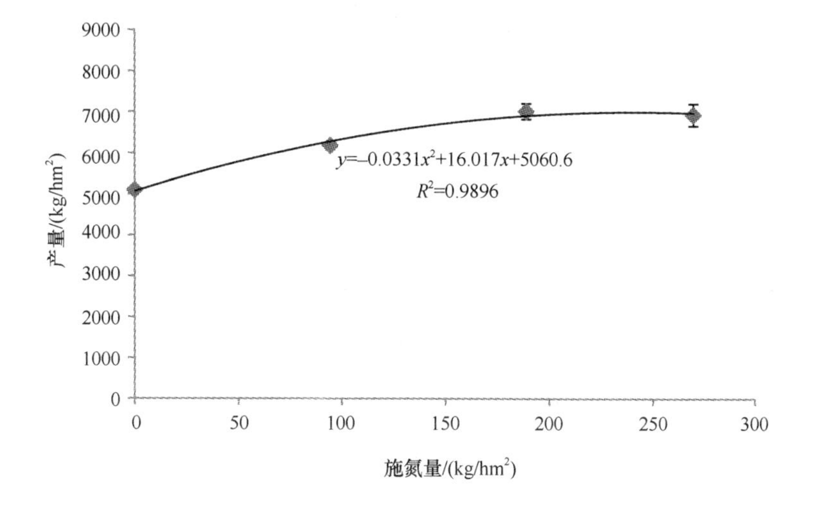

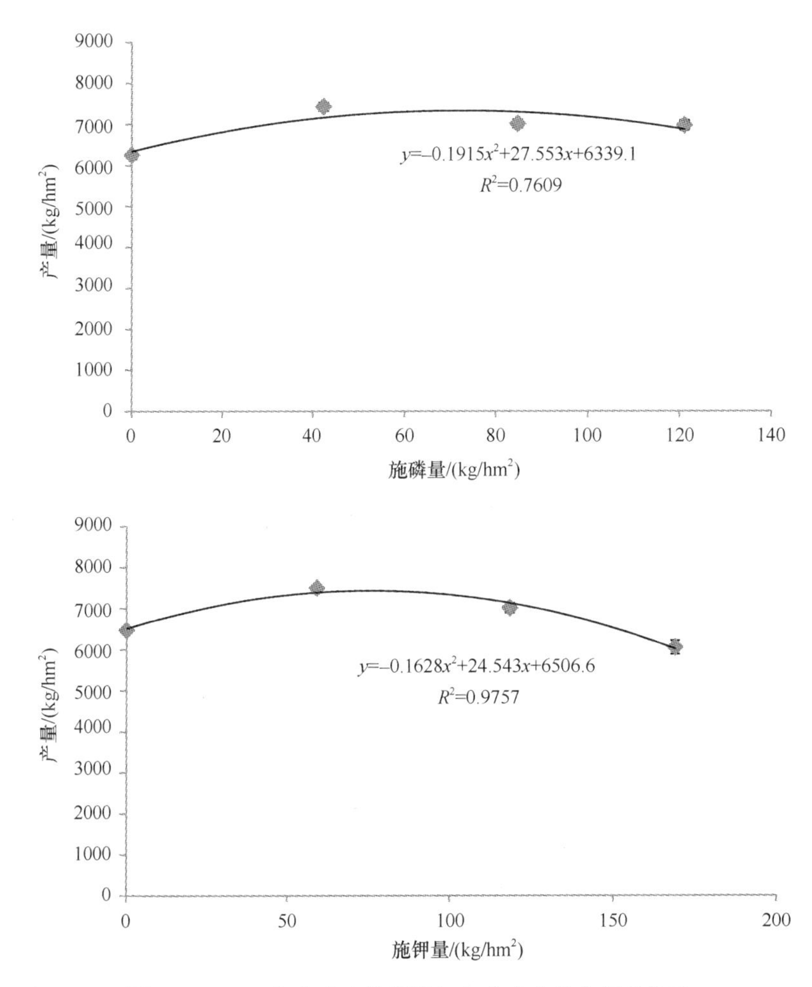

图 5-55　2014 年冬小麦施肥量与冬小麦产量之间的关系

综合分析结果表明（表 5-183），冬小麦全生育期的需氮、磷、钾养分量分别是 189kg/hm^2、84.7kg/hm^2 和 59.2kg/hm^2。其中，冬小麦在孕穗期及扬花期的需肥量最高，占全生育期的 50%以上。

表 5-183　施肥试验区各处理冬小麦需肥规律　　（单位：kg/hm^2）

处理	分蘖期	拔节期	孕穗期	扬花期	灌浆期	全生育期
需氮量	28.35	37.80	47.25	47.25	28.35	189
需磷量	10.16	13.55	16.94	16.94	10.16	67.75
需钾量	8.88	11.84	14.80	14.80	8.88	59.2

综上，可得出山东滴灌冬小麦水肥耦合的量化指标，如表 5-184 和表 5-185 所示。

表 5-184　冬小麦水肥耦合最优灌溉水平

水平	需水量/mm	灌溉土壤含水量下限/%				
		苗期-拔节	拔节-抽穗	抽穗-开花	开花-成熟	成熟期
W3	310	70	80	80	75	60

注：灌溉土壤含水量下限为田间持水量的百分比

表 5-185 冬小麦水肥耦合最优施肥水平

水平	用量/（kg/hm^2）		
	N	P_2O_5	K_2O
N2	189	85	60

2. 夏玉米高产水肥耦合量化指标

将试验方案不同灌水量及玉米产量输入计算机，用 Excel 软件对试验数据进行回归统计分析，得出 2013 年和 2014 年夏玉米产量（kg/hm^2）与灌水量（m^3/hm^2）之间的数学回归模型分别为

$$Y = -0.0144X^2 + 2.8998X + 8395.2 \qquad (R^2 = 0.0491) \qquad (5\text{-}41)$$

$$Y = -0.0018X^2 + 3.658X + 7286.4 \qquad (R^2 = 0.7782) \qquad (5\text{-}42)$$

对 2013 年的回归模型进行方差分析，$F_1=15.004\,74<F_{0.01}=4.49$，表明试验所建模型没有达到显著水平，因而不能反映玉米产量与水分间的关系。可能由于在夏玉米生长季节，2013 年降雨频繁，7～8 月总降雨量达到 98mm，在玉米的几个关键生育期，特别是小喇叭口期、大喇叭口期，土壤湿度一直处于较好状态，不需要进行滴灌，因此影响了灌溉控制的处理观测及随水施入的肥料。2014 年所建模型达到极显著水平，据此模型进行预报具有较高的可行性，产量与因素拟合好，方程有效，所以可以进一步进行效应分析及预测。

令 $dY/dX_i=0$，求得玉米最高产量 Y 对应 $X=1016.1$，对应玉米生长季产量为 9144.8kg/hm^2，如图 5-56 所示。同灌水量与冬小麦产量间的关系一致，灌水量与夏玉米产量之间也呈开口向下的抛物线关系。以 2014 年为例，灌水量从 36mm 增加到极大点（96mm）水平时，随着灌水量的增加产量随之也增加，但随着灌水量的增加产量随之减少，即并不是灌水量越大越好。2013 的观测结果表明，在降雨量大的年份（玉米季降雨量>100mm），不需灌溉就能保持较高的产量。可见，夏玉米的灌水量由不同年型的降雨量决定，一般为 101mm。此时，W3 处理水分利用效率最高，水分利用效率为 32.1kg/（hm^2·mm）。整个生育期平均需水强度为 2.6mm/d，总需水量为 287.2mm。

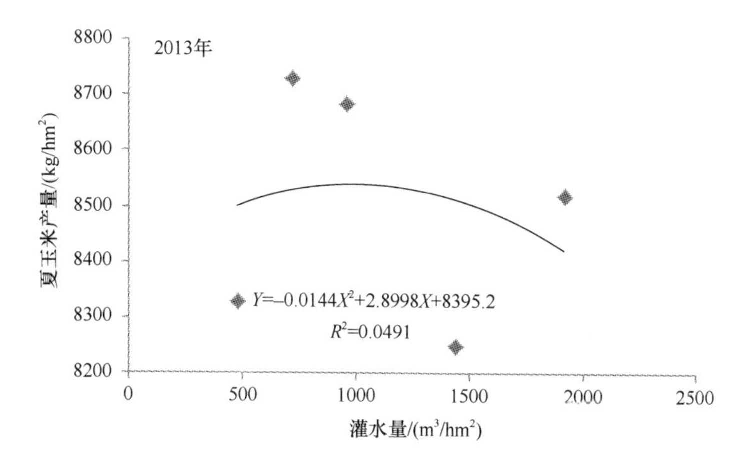

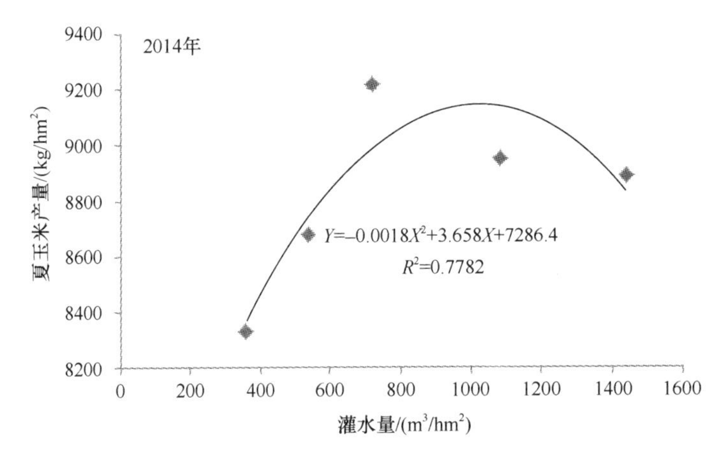

图 5-56 夏玉米产量和灌水量之间的关系

利用单因素法对“3414”滴灌施肥试验产量和施肥量结果进行肥料效应方程拟合，2013 年 N 肥效应方程的拟合结果为 $y = -0.024x^2 + 13.22x + 7259$，$R^2 = 0.997$；P 肥效应方程的拟合结果为 $y = -0.017x^2 + 4.703x + 8543$，$R^2 = 0.604$；K 肥效应方程的拟合结果为 $y = -0.109x^2 + 10.98x + 8534$，$R^2 = 0.499$，综合 3 个肥料效应方程，在试验区土壤养分基础条件下，2013 年最佳测墒滴灌施肥的 N、P_2O_5、K_2O 量为 275.42kg/hm²、132.11kg/hm² 和 50.37kg/hm²，三者的比例为 1∶0.48∶0.18。 2014 年 N 肥效应方程的拟合结果为 $y = -0.0206x^2 + 6.2058x + 8952.3$，$R^2 = 0.9599$；P 肥效应方程的拟合结果为 $y = -0.0429x^2 + 8.9198x + 9376.3$，$R^2 = 0.7872$；K 肥效应方程的拟合结果为 $y = -0.2189x^2 + 26.098x + 8315.8$，$R^2 = 0.7772$，综合 3 个肥料效应方程，在试验区土壤养分基础条件下，2014 年最佳测墒滴灌施肥的 N、P_2O_5、K_2O 量为 150.63kg/hm²、103.96kg/hm²、59.61kg/hm²（图 5-57），两年平均的 N、P_2O_5、K_2O 量分别为 213.03kg/hm²、118.04kg/hm²、54.99kg/hm²，平均来说夏玉米对氮、磷、钾需求量比例为 1∶0.55∶0.26。

对最优施肥配比处理（N1P2K2）的需肥量进行分析，如表 5-186 所示，该试验中夏玉米全生育期中总需氮量为 115.5kg/hm²，需磷量为 189kg/hm²，需钾量为 42.5kg/hm²，小喇叭口期、抽雄期、灌浆期是其需肥量最大的生育期，占到全生育期的 60%左右。

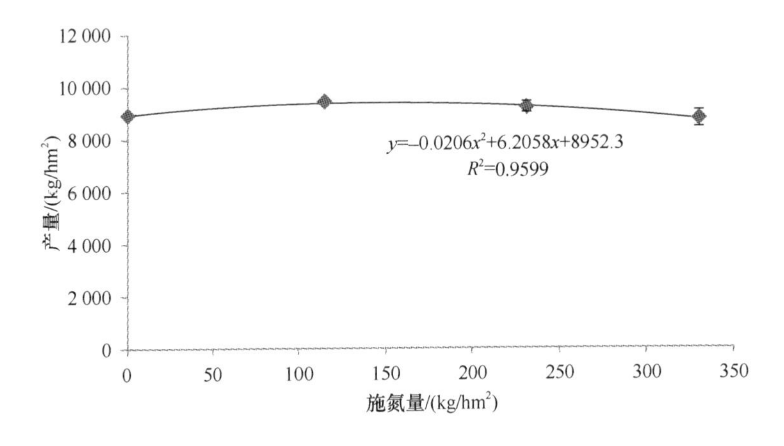

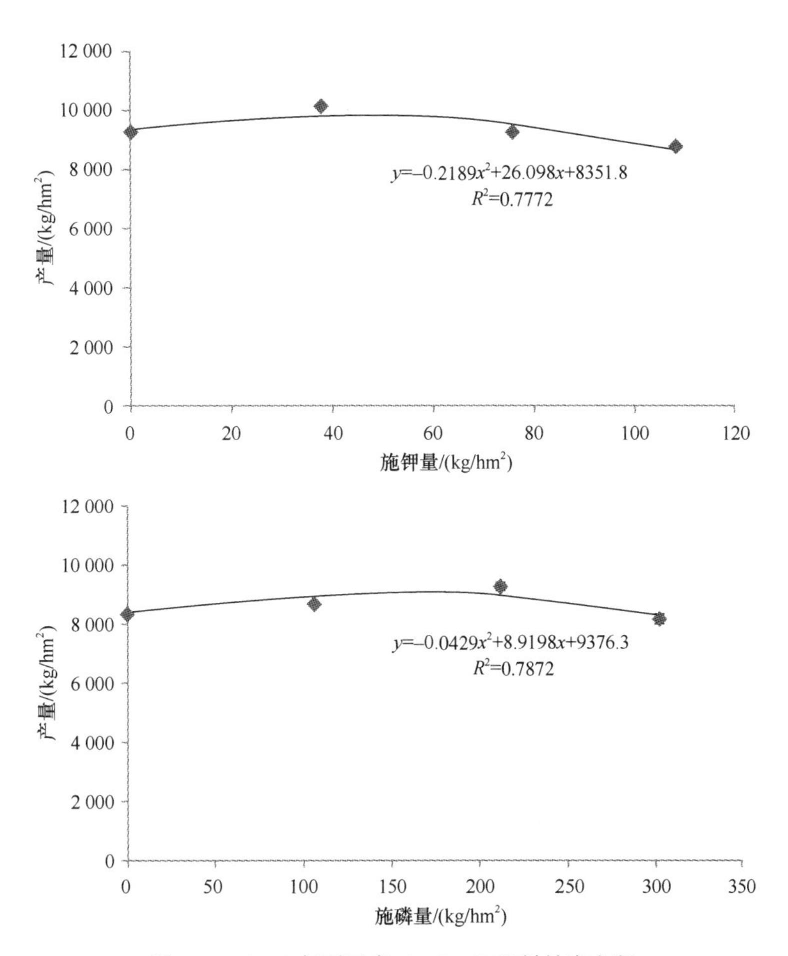

图 5-57　2014 年夏玉米 N、P、K 肥料效应方程

表 5-186　施肥试验区各处理夏玉米需肥规律

处理	拔节期	小喇叭口期	小喇叭口期	抽雄期	灌浆期	成熟期	全生育期
需氮量/（kg/hm^2）	17.33	17.33	23.1	23.1	23.1	11.5	115.5
需磷量/（kg/hm^2）	22.68	22.68	30.24	30.24	30.24	15.12	189
需钾量/（kg/hm^2）	6.38	6.38	8.5	8.5	8.5	4.25	42.5

综上，可得出山东滴灌夏玉米水肥耦合的量化指标，如表 5-187 和表 5-188 所示。

表 5-187　夏玉米水肥耦合最优灌溉水平

水平	需水量/mm	灌溉土壤含水量下限/%				
		苗期-拔节	拔节-抽穗	抽穗-开花	开花-成熟	成熟期
W3	287	60	70	75	80	60

注：灌溉土壤含水量下限为田间持水量的百分比

表 5-188　夏玉米水肥耦合最优施肥水平

水平	用量/（kg/hm^2）		
	N	P_2O_5	K_2O
N2	116	189	43

第三节　东北滴灌区主要粮食作物需水需肥规律及水肥耦合量化指标

一、吉林大豆、玉米需水需肥规律及水肥耦合量化指标

吉林省白城地区、松原地区、长春和四平地区北部，耕地面积占吉林省总耕地面积的1/3以上，属于半干旱春玉米主产区，是我国重要商品粮基地之一。该区域水资源短缺、水资源时空分布不均，季节性干旱明显，生产中由于“饱和式单一灌溉土壤”水肥脱节、灌溉施肥不合理等，耕地水土流失严重、水肥利用效率低、土壤养分供应不均衡，严重影响了玉米的持续丰产和农业可持续发展。

研究结果表明，半干旱地区玉米播种至出苗、拔节至吐丝、灌浆至成熟期干旱发生频率分别为60%～96%、30%～40%、30%～52%，严重影响了玉米的春季播种及生长发育，干旱导致的减产幅度达20%～60%。水分不仅是半干旱地区粮食产量提高和稳定的决定因素，还是肥料利用率低的重要原因。有资料表明，氮肥的利用率在丰水年份可达到58%，干旱年份仅仅达7%。该区域玉米施肥方法上存在养分供应与需求时空匹配失调的问题。对东北不同区域、不同土壤类型49个地点的调查结果分析，玉米一次性施肥面积占玉米播种面积的55%以上，极易造成玉米生育前期肥料的浪费及玉米生育后期脱肥，且肥料利用率低，影响了玉米的生长发育和籽粒形成，干旱年份减产率高达49%以上，同时造成肥料的大量浪费。吉林西部地区地下水资源虽较丰富，但开发利用率低，有效灌溉面积不足耕地的15%；大部分地区农田灌溉采用垄沟漫灌方式，灌溉用水浪费现象十分严重。

膜下滴灌水肥一体化技术是目前可彻底解除季节性干旱和中后期脱肥对产量影响最先进的灌溉技术之一。它是利用滴灌设施，根据作物生长发育各阶段对水分和养分的需要及土壤水分、养分供给状况，经济有效、及时准确地供给作物所需要的水分、养分，可随意控制水分、养分供应量，实现对作物个体和群体的综合调控，满足作物生长需要，达到高产高效的目的。目前，膜下滴灌施肥技术已在棉花、小麦等作物上得到了成功的应用，但有关东北半干旱区膜下滴灌条件下玉米、大豆的生理生态特征及水肥利用效率鲜有报道[76-81]。为此，本研究开展了膜下滴灌条件下大豆和玉米的需水需肥规律研究，以期为膜下滴灌大豆、玉米的高产、优质、高效栽培提供理论依据。

国家财政部、水利部、农业部2012～2015年，支持黑龙江、吉林、内蒙古、辽宁四省（自治区）实施“节水增粮行动”，发展高效节水灌溉工程面积3800万亩。吉林省中西部旱区“十二五”时期，计划用5年时间，在中西部旱区的洮南、通榆、乾安、镇赉等15个县（市、区），集中建设以玉米膜下滴灌为主的旱田高效节水灌溉工程1000万亩。在这种背景下，研究作物需水需肥规律，实现半干旱地区随水施肥，对提高该区域农田水肥利用效率和粮食产量，以及支撑农业科学用水、科学施肥和现代化农业可持续发展，具有十分重要的意义。

试验地点设在吉林省西部乾安县赞字乡父字村，属于半干旱生态类型、中温带大陆性季风气候，光热资源充足，年平均日照时数为2867h，年均气温为5.6℃，≥10℃积温2885℃，平均无霜期为146天。气候特点是干旱多风，有效降水量不足300mm，蒸发

量为 1875mm。夏季降雨主要集中在 7～8 月，占年降水量的 72%。土壤为淡黑钙土，耕层 0～20cm 基本肥力水平为碱解氮 126.67mg/kg、速效磷 11.91mg/kg、速效钾 90.41mg/kg、有机质 15.8g/kg、pH 7.90。

（一）大豆生育期需水规律研究

研究覆膜滴灌条件下大豆需水规律；明确大豆需水高峰期；制定水分管理制度。

试验设在吉林省乾安县赞字乡父字村，土壤类型为淡黑钙土。本试验设计确定 5 组滴灌大豆生育期灌溉土壤田间持水量下限，各处理见土壤持水量下限设计表（表 5-189）。试验采用随机区组试验设计，每处理重复 3 次，试验小区面积为 20.4m^2。大豆品种为吉育 86，种植密度 25 万株/hm^2。试验在避雨大棚内进行。

表 5-189　大豆土壤田间持水量下限表　（单位：%）

处理	灌溉土壤持水量下限				
	出苗-现蕾	现蕾-开花	开花-结荚	结荚-鼓粒	鼓粒-成熟
1	50	55	60	65	60
2	55	60	65	70	65
3	60	65	70	75	70
4	65	70	75	80	75
5	70	75	80	85	80

注：苗期田间土壤计划湿润深度为 20cm，其他时期均为 40cm，土壤含水量下限为田间持水量的百分比

根据大豆各生育期灌溉前所测的土壤含水量及大豆需达到的田间持水量，计算大豆各生育期所需的实际灌水量（表 5-190）。

表 5-190　大豆实际灌水量　（单位：mm）

处理	苗期	开花	结荚	鼓粒	成熟	总灌水量
1	40	40	55	95	45	275
2	45	50	60	105	50	310
3	55	62	75	120	60	372
4	60	65	115	130	65	435
5	65	70	120	130	70	455

1. 不同灌水量对大豆生物量的影响

大豆的产量由大豆干物质分配方式和生产能力所决定，形成产量的基础和先决条件就是干物质的积累。因此，大豆是否可以达到高产，与光合产物的积累及其分配到豆粒中的数量密切相关。在大豆生长发育过程中，所积累的干物质越多，分配到豆荚的比例越大，产量就越高。掌握滴灌条件下大豆营养物质对干物质积累的影响及干物质质量与产量之间的相关规律，有利于采取相应的措施提高滴灌条件下大豆的产量[82-85]。

表 5-191 为不同灌水量对大豆生物量的影响，由于受到不同灌水量的影响，不同生育阶段的大豆生物量出现了明显差异。在分枝期，随着灌水量的增加，大豆生物量也逐渐增加，茎秆生物量增加较明显。从结荚期到鼓粒期，随着灌水量的增加，大豆生物量呈现先增加后降低的趋势，处理 4 大豆的生物量最高，鼓粒期生物量比处理 1 增加了 92.1%，叶生物量比处理 1 增加了 28.8%，茎生物量比处理 1 增加了 65.0%，荚生物量比

处理 1 增加了 128.2 %。

表 5-191　不同灌水量对大豆生物量的影响　（单位：g）

处理	分枝期			结荚期			鼓粒期			
	生物量	叶	茎	生物量	叶	茎	生物量	叶	茎	荚
1	9.7	4.2	5.5	25.1	4.2	20.9	52.4	5.2	21.7	25.5
2	10.7	4.1	6.6	26.8	4.9	21.8	60.8	5.3	24.6	30.9
3	11.3	4.5	6.7	25.5	6.2	19.3	97.6	7.2	40.3	50.1
4	12.0	4.9	7.1	28.0	4.9	23.1	100.7	6.7	35.8	58.2
5	14.0	5.7	8.3	25.9	6.6	19.3	68.2	6.4	26.7	35.1

2. 不同灌水量对大豆产量的影响

图 5-58 为不同灌水量对大豆产量的影响，处理 4 产量最高，产量为 3218kg/hm^2，与其他处理间存在极显著差异。在适当灌水定额下，在大豆需水关键期增加灌水量，在一定程度上可以提高大豆产量。对大豆灌水量与产量关系进行二项式方程分析（图 5-59），在合理施肥条件下，最佳灌水量为 420mm。

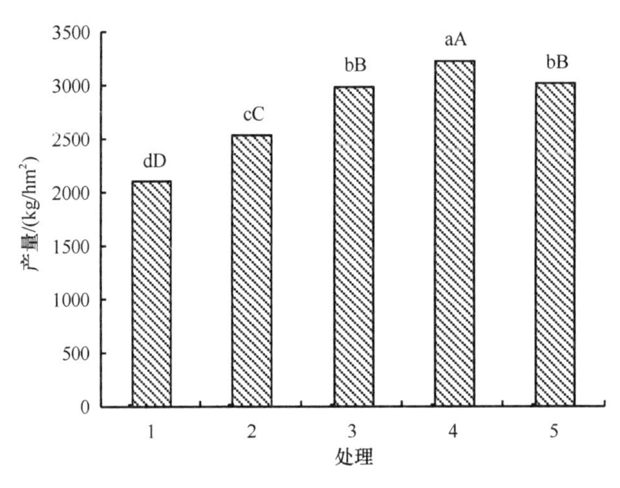

图 5-58　不同灌水量对大豆产量的影响

小写字母表示不同处理间差异显著（P<0.05），大写字母表示不同处理间差异极显著（P<0.01）

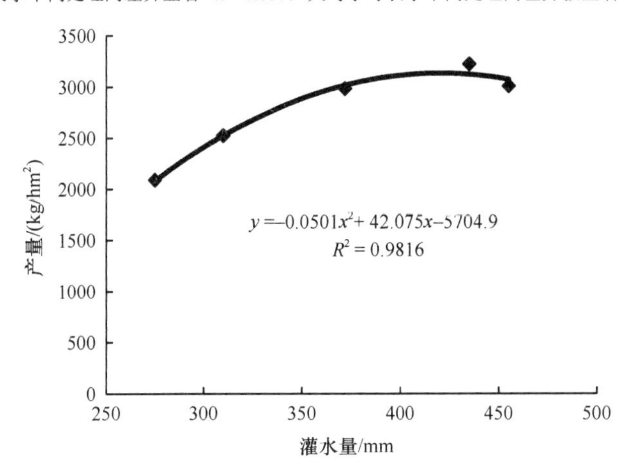

图 5-59　灌水量与产量效应

3. 不同灌水量对大豆产量构成的影响

表 5-192 为不同灌水量对大豆产量构成的影响，处理 4 单株荚数最多，比处理 1（对照）多 28.9%。处理 5 空荚率最高，比处理 1（对照）高 1.9%。处理 4 的单株粒重和百粒重最高，百粒重比处理 1（对照）高 13.8%。

表 5-192　不同灌水量对大豆产量构成的影响

处理	单株荚数/个	空荚率/%	单株粒重/g	百粒重/g
1	38	0.2	18.2	21.0
2	42	0.7	23.6	22.7
3	43	0.9	25.2	22.8
4	49	1.0	31.7	23.9
5	44	2.1	29.7	22.0

4. 滴灌条件下大豆主要生育阶段的水分需求特征

滴灌条件下大豆各生育阶段的水分需求特征（图 5-60），进入开花期后大豆生长迅速，属于作物快速生长期，在这段时间，营养生长和生殖生长并行；耗水进入生育期高峰。大豆的开花期和结荚期既是需水较多的时期，又是大豆各生育阶段中灌水效果最佳的时期。开花期-鼓粒期为需水高峰期，需水 190～240mm。不同生育阶段田间持水量适宜范围：苗期，控制土壤田间持水量在 60%～70%，当田间持水量低于 60%时，影响根系向土壤深层发展，对幼苗的生长有所影响。分枝期，控制土壤田间持水量在 65%～75%，为营养生长期到生殖生长期过渡提供足够的水分。开花期，控制土壤田间持水量在 70%～80%，此时大豆由营养生长期进入生殖生长期，需水量逐渐增大，应及时供应水分与养分，以促进根系与茎叶的正常生长。鼓粒期，控制土壤田间持水量在 75%～85%，此时期植株生长发育最旺盛，在茎叶迅速增长的过程中，植株体内贮藏的营养物质和新同化的光合产物大量向花荚积聚，这时大豆需水量加大。成熟期，控制土壤田间持水量在 70%～80%，植株完全进入生殖生长期，需足够的水分防止大豆早衰而影响产量。

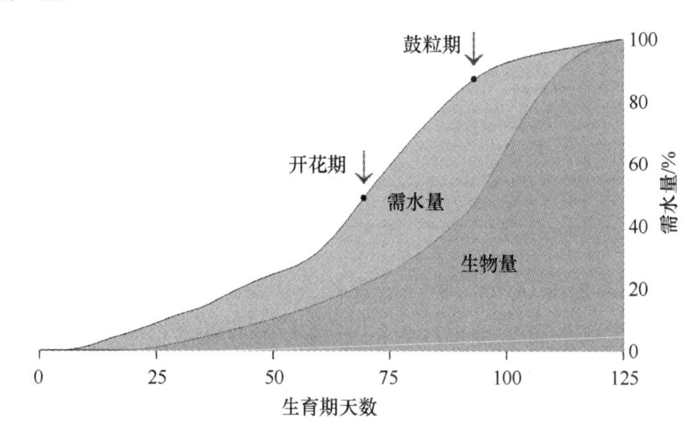

图 5-60　不同生育期大豆需水量（彩图请扫封底二维码）

小结：半干旱区大豆生育期适宜需水量为370～440mm，开花期需水量逐渐增大，控制土壤田间持水量在70%～80%，鼓粒期需水量进入大豆需水高峰期，控制土壤田间持水量在75%～85%。

（二）玉米生育期需水规律研究

探求作物的生理生态需水规律对于确定作物各生育期土壤水分调控指标和灌溉制度具有关键性的作用。在玉米整个生育期内，土壤水分含量的变化对其生长发育起着极为重要的作用[86-87]。

研究覆膜滴灌条件下玉米需水规律；明确玉米需水高峰期；制定水分管理制度。

试验设在吉林省乾安县赞字乡父字村，土壤类型为淡黑钙土。本试验设计确定5组玉米生育期灌溉土壤田间持水量下限，各处理见玉米土壤田间持水量下限设计表（表5-193）。试验采用随机区组试验设计，每处理重复3次，试验小区面积为20.4m^2。供试玉米品种为利民33，种植密度7.5万株/hm^2。试验在避雨大棚内进行。

表5-193　玉米土壤田间持水量下限表

处理	灌溉土壤持水量下限/%				
	苗期	拔节期	抽穗期	灌浆期	成熟期
1	50	60	65	70	50
2	55	65	70	75	55
3	60	70	75	80	60
4	65	75	80	85	65
5	70	80	85	90	70

注：苗期、拔节期土壤计划湿润深度分别为20cm、40cm，抽穗期、灌浆期、成熟期均为60cm，土壤含水量下限为田间持水量的百分比

根据玉米各生育期灌溉前所测的土壤含水量及作物需达到的田间持水量，计算出玉米各生育期所需的实际灌水量（表5-194）。

表5-194　玉米实际灌水量　　（单位：mm）

处理	苗期	拔节	抽雄	灌浆	成熟	总灌水量
1	50	95	105	110	46	406
2	55	105	110	116	55	441
3	60	110	120	125	60	475
4	60	110	125	128	60	483
5	70	125	130	135	70	530

1. 不同灌水量对玉米生物量的影响

表5-195为不同灌水量对玉米生物量的影响，在玉米生长发育过程中，土壤水分对玉米生物量的影响较大。从拔节期到灌浆期，随着灌水量的增加，玉米生物量呈现先增加后降低的趋势。灌浆期，处理4生物量最高，生物量比处理1增加了18.6%，叶片生物量比处理1增加了2.5%，茎生物量比处理1增加了1.2%，穗生物量比处理1增加了25.9%，粒生物量比处理1增加了31.5%。穗、粒生物量增加较明显。

表 5-195　不同灌水量对玉米生物量的影响　（单位：g）

处理	拔节期			抽雄吐丝期				灌浆期				
	生物量	叶	茎	生物量	叶	茎	穗	生物量	叶	茎	穗	粒
1	14.5	7.3	7.2	36.1	9.3	24.4	2.4	146.1	11.8	26.0	43.7	37.5
2	16.2	8.0	8.2	37.1	11.6	23.6	1.8	148.7	12.2	26.2	44.1	38.7
3	19.8	9.1	10.6	38.5	9.5	24.9	4.2	153.3	14.6	28.1	43.9	37.9
4	22.4	10.5	11.9	42.1	10.7	26.2	5.2	173.3	12.1	26.3	55.0	49.3
5	19.6	8.9	10.7	34.7	8.4	23.3	3.0	165.0	14.0	27.6	49.1	44.1

2. 不同灌水量对玉米株高、茎粗、叶面积指数的影响

灌水定额对作物生长总的影响直观反映在生长特征的差异上，最容易测得的且具有代表性的作物性状指标就是株高和叶面积指数。玉米的株高在一定程度上反映了植株的营养生长状况，分析比较可以发现灌水量在玉米营养生长和生殖生长阶段所起的作用及其变化规律。表 5-196 为不同灌水量对玉米株高、茎粗和叶面积指数的影响，在拔节期，处理 3 株高较高，茎粗较粗，与其他处理间存在显著差异（处理 4 除外）；处理 3 与处理 4 的叶面积指数较高。从抽雄吐丝期到灌浆期，处理 4 的株高、茎粗、叶面积指数最高。

表 5-196　不同灌水量对玉米株高、茎粗和叶面积指数的影响

处理	拔节期			抽雄吐丝期			灌浆期		
	株高/cm	茎粗/cm	叶面积指数（LAI）	株高/cm	茎粗/cm	叶面积指数（LAI）	株高/cm	茎粗/cm	叶面积指数（LAI）
1	202b	13.2c	3.5c	310c	17.4b	4.2c	288e	16.6d	4.1b
2	208b	13.8b	3.6bc	312c	17.5b	4.4bc	298d	18.4c	4.2b
3	224a	14.6a	4.2a	321b	18.6a	4.8ab	310c	18.7c	4.2b
4	220a	14.2ab	4.2a	326a	18.7a	5.0a	346a	20.8a	4.9a
5	204b	14.3a	4.0ab	322b	17.8b	4.7ab	334b	19.6b	4.8a

注：不同小写字母表示在 0.05 水平上差异显著

3. 不同灌水量对玉米产量的影响

水分是作物生长发育的主要生态与环境因素，水分供应与作物生长发育有着密切的联系，并最终影响作物的产量。图 5-61 为不同灌水量对玉米产量的影响，不同灌水量对产量有显著影响，各处理产量存在极显著或显著差异。处理 4 产量最高，产量为 12 087kg/hm^2，比处理 1 增产 26.6%，与处理 1、处理 2、处理 3 间存在极显著差异，与处理 5 间无显著差异。

对玉米灌水量与产量关系进行二项式方程分析（图 5-62），在合理施肥条件下，在玉米需水关键期增加灌水量，在一定程度上可以提高玉米产量，最佳灌水量为 513mm。

4. 不同灌水量对玉米产量构成的影响

不同灌水量对玉米产量构成各项指标均有所影响（表 5-197）。处理 4 的百粒重最高，比处理 1 增加了 12.2%，与处理 1、处理 2、处理 3 间存在极显著差异，与处理 5 间无显著差异。处理 4 的穗粒数最多，比处理 1 增加 26.0%，与处理 1、处理 2、处理 3 间存在极显著差异，与处理 5 间无显著差异。各处理籽粒容重均达到一级水平。

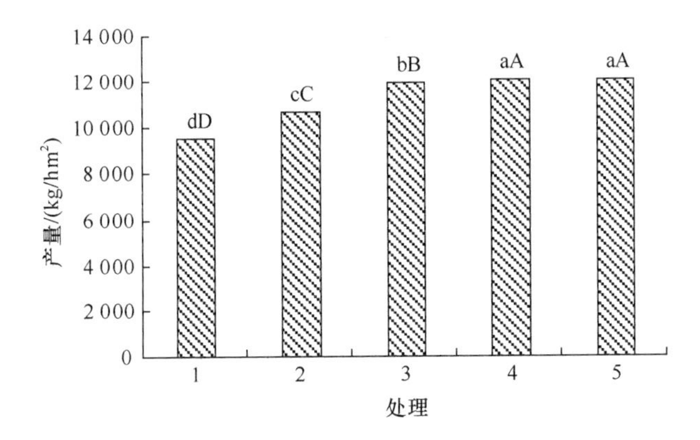

图 5-61　不同灌水量对玉米产量的影响

小写字母表示不同处理间差异显著（$P<0.05$），大写字母表示不同处理间差异极显著（$P<0.01$）

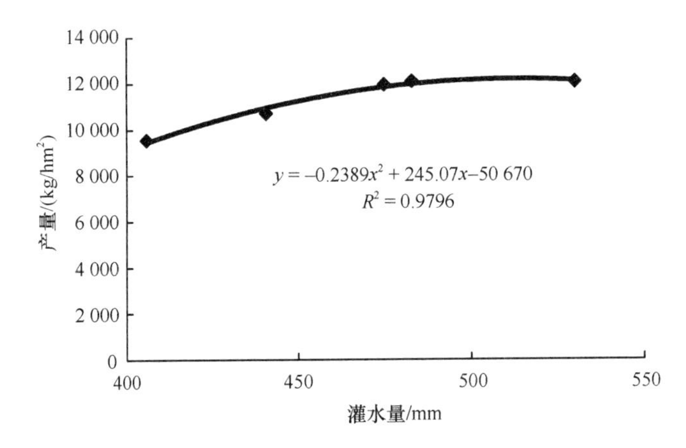

图 5-62　灌水量与产量效应（彩图请扫封底二维码）

表 5-197　不同灌水量对玉米产量构成的影响

处理	百粒重/g	穗粒数/粒	籽粒容重/（g/L）
1	28.7dC	415dD	739
2	29.7cB	439cC	757
3	30.2bB	469bB	753
4	32.2aA	523aA	757
5	32.1aA	517aA	741

注：小写字母表示不同处理间差异显著（$P<0.05$），大写字母表示不同处理间差异极显著（$P<0.01$）

5. 滴灌条件下玉米主要生育阶段的水分需求特征

滴灌条件下玉米各生育阶段的水分需求特征（图 5-63），半干旱区玉米生育期适宜需水量为 450～550mm，抽雄期-灌浆期是玉米生长需水的关键期，需水量为 200～250mm。不同生育阶段田间持水量适宜范围：苗期，控制田间持水量在 60%～70%，促进根系的发育。拔节期，控制田间持水量在 70%～80%，此生育阶段都处于气温较高的季节，由于植株蒸腾的速率增加较快，日需水强度不断增大。抽雄期，控制田间持水量在 75%～85%，进入植株旺盛生长阶段，植株迅速增大，同时温度升高，对水分的需求迫切，而需水量增大，这个时期缺水幼穗发育不好，果穗小，籽粒少。灌浆期，控制田间持水量在 80%～90%，是玉米形成产量的关键期，也是需水最多的时期，这个时期有充足的水分，才有获得高产的可能。成熟期，控制田间持水量在60%～70%，植株逐渐老化，有的下部叶片开始变黄，需水量也趋于下降，但该阶段如遇缺水干旱，仍会造成籽粒不饱满，影响玉米产量和质量。

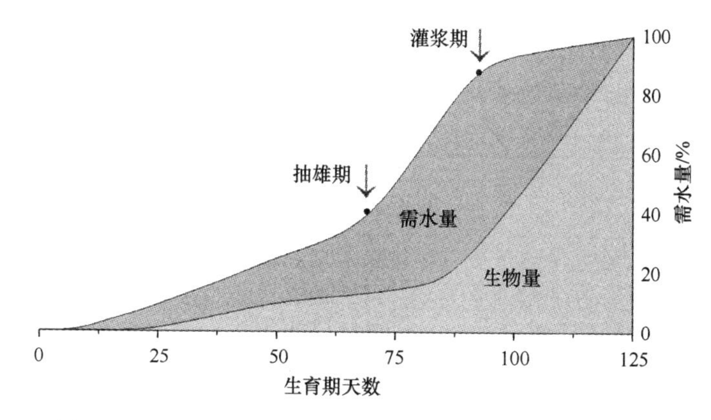

图 5-63　不同生育期水分需求比例（彩图请扫封底二维码）

小结：半干旱区玉米生育期适宜需水量为450～550mm，在抽穗期-灌浆期对水分需求达到最大，膜下滴灌玉米抽雄期-灌浆期是植株生长需水的关键期，需水200～250mm，耗水强度为6.61～8.70mm/d。

（三）大豆生育期需肥规律研究

采用“3414”法，开展主要营养元素（氮、磷、钾）正交回归试验研究，设置3个因素（氮、磷、钾）；4个水平：0水平为不施肥，2水平为当地常规灌溉常规高产田施肥量的70%（大豆N：75kg/hm^2；P：90kg/hm^2；K：90kg/hm^2），1水平=2水平×0.5，3水平=2水平×1.5（该水平为过量施肥水平），共14个处理（表5-198）。试验采用随机区组试验设计，试验小区面积为20.4m^2。大豆品种为吉育86，种植密度为25万株/hm^2。

表 5-198　“3414”试验方案处理

试验编号	处理内容	编码		
		N	P_2O_5	K_2O
1	N0P0K0	0	0	0
2	N0P2K2	0	2	2
3	N1P2K2	1	2	2
4	N2P0K2	2	0	2
5	N2P1K2	2	1	2
6	N2P2K2	2	2	2
7	N2P3K2	2	3	2
8	N2P2K0	2	2	0
9	N2P2K1	2	2	1
10	N2P2K3	2	2	3
11	N3P2K2	3	2	2
12	N1P1K2	1	1	2
13	N1P2K1	1	2	1
14	N2P1K1	2	1	1

1. 施肥量对大豆生物量的影响

表 5-199 为不同施肥量对大豆生物量的影响，主要营养元素（氮、磷、钾）的不同施入量对大豆生物量有所影响。从结荚期到鼓粒期，以处理 6（N2P2K2）的生物量最高。鼓粒期，处理 6 生物量比处理 1（对照）增了 114.0%，叶生物量比对照增加了 71.8%，茎生物量比对照增加了 59.6%，荚生物量比对照增加了 192.3%。

表 5-199　不同施肥量对大豆生物量的影响　（单位：g）

处理	结荚期			鼓粒期			
	生物量	叶	茎	生物量	叶	茎	荚
1	17.2	3.7	13.5	38.7	3.9	19.3	15.5
2	18.6	3.4	15.2	53.7	4.2	20.3	29.2
3	20.2	4.0	16.1	73.5	5.2	40.2	28.1
4	28.8	6.1	22.7	59.3	5.3	25.5	28.5
5	36.0	5.8	30.2	77.3	6.8	29.4	41.1
6	44.7	8.6	36.1	82.8	6.7	30.8	45.3
7	39.0	4.9	34.1	78.3	4.5	29.3	44.5
8	29.5	5.1	24.4	71.0	5.6	23.5	41.9
9	32.0	4.1	27.9	78.3	5.8	32.5	40.0
10	31.4	6.2	25.2	81.5	5.9	37.4	38.2
11	40.8	5.2	35.6	81.0	6.6	33.7	40.7
12	21.4	5.3	16.1	50.1	3.4	21.9	24.8
13	22.5	5.5	17.0	44.1	5.7	22.2	16.2
14	32.8	6.0	26.7	72.8	6.2	25.8	40.8

2. 施肥量对大豆产量的影响

图 5-64 为不同施肥量对大豆产量的影响，处理 6（N2P2K2）、处理 10（N2P2K3）、处理 11（N3P2K2）产量较高，处理 6（N2P2K2）产量最高，达到 3594kg/hm^2，比处理 1（对照）增产 52.2%，与其他处理间存在极显著差异。

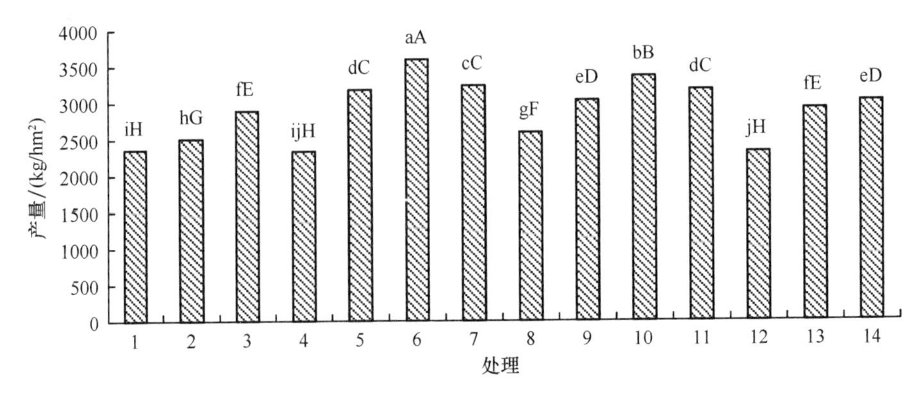

图 5-64　不同施肥量对大豆产量的影响

小写字母表示不同处理间差异显著（$P<0.05$），大写字母表示不同处理间差异极显著（$P<0.01$）

大豆不同施肥量与肥料水平效应，如图 5-65～图 5-67 所示。

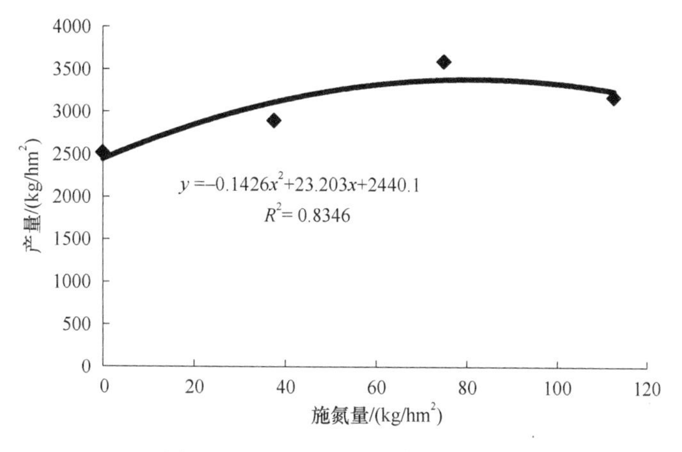

图 5-65　N 肥水平与大豆产量效应

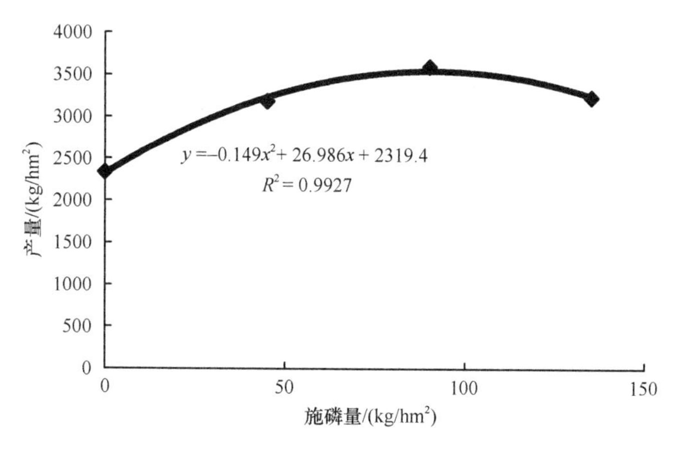

图 5-66　P 肥水平与大豆产量效应

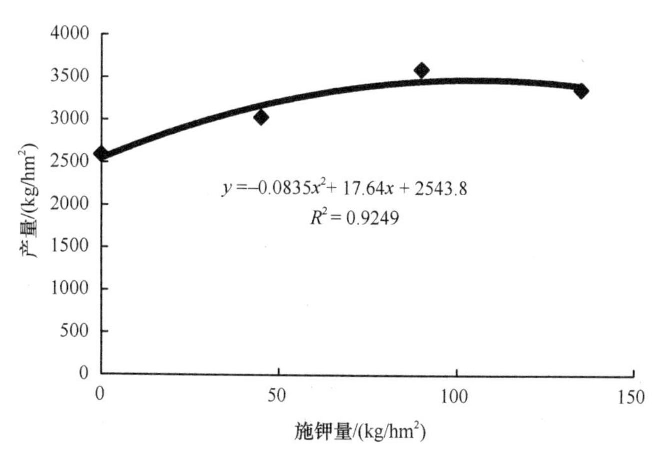

图 5-67　K 肥水平与大豆产量效应

选用处理 2、3、6、11，分析确定当地最佳施磷、施钾肥量下的大豆氮肥效应方程及氮肥施用量。建立氮肥效应数学模型，一元二次回归方程：$y=-0.1426x^2+23.203x+2440.1$，计算结果最高产量 N 用量为 81.4kg/hm²，产量为 3384kg/hm²；按照 N 肥每千克 5.22 元计算，N 肥经济施用量为 78kg/hm²，产量为 3382kg/hm²。

选用处理 4、5、6、7，分析确定当地最佳施氮、钾肥量下的大豆磷肥效应方程及磷肥施用量。建立磷肥效应数学模型，一元二次回归方程：$y=-0.149x^2+26.986x+2319.4$，计算结果最高产量 P_2O_5 用量为 90.6kg/hm^2，产量为 3541kg/hm^2；按照 P_2O_5 肥每千克 5.40 元计算，P_2O_5 肥经济施肥量为 87kg/hm^2，产量为 3539kg/hm^2。

选用处理 6、8、9、10，分析确定当地最佳施氮、磷肥量下的大豆钾肥效应方程及钾肥施用量。建立钾肥效应数学模型，一元二次回归方程：$y=-0.0835x^2+17.64x+2543.8$，计算结果最高产量 K_2O 用量为 105.7kg/hm^2，产量为 3476kg/hm^2；按照 K_2O 肥每千克 5.67 元计算，K 肥经济施肥量为 99kg/hm^2，产量为 3472kg/hm^2。

3. 施肥量对大豆产量构成的影响

不同施肥量对大豆产量构成的影响见表 5-200，处理 6（N2P2K2）单株荚数最多，百粒重最高，比处理 1（对照）重 37.5%。处理 8（N2P2K0）空荚率最高，偏施氮肥、未施钾肥造成大量元素比例失调，对空荚瘪粒的影响较大。

表 5-200　不同处理对大豆产量构成的影响

处理	单株荚数/个	空荚率/%	百粒重/g
1	19.2	4.3	18.4
2	28.7	6.0	20.2
3	26.8	9.0	23.8
4	30.8	1.0	23.9
5	39.4	1.3	22.2
6	58.6	2.6	25.3
7	40.2	0.9	22.2
8	40.1	7.7	24.7
9	34.1	0.9	20.5
10	45.6	0.2	24.5
11	40.2	1.5	23.3
12	32.9	0.5	19.7
13	33.9	0.7	23.3
14	32.5	0.6	23.8

小结：本研究开展了大豆氮、磷、钾正交回归试验，分析了不同处理对大豆产量及产量构成的影响，明确了大豆膜下滴灌氮、磷、钾效应及施用量。在大豆生产中应该将经济施肥量作为推荐施肥量。本试验基于大豆膜下滴灌“3414”肥效试验，通过回归分析建立一元二次回归方程，确定大豆膜下滴灌经济施肥量：氮（N）78～84kg/hm^2；磷（P_2O_5）87～93kg/hm^2；钾（K_2O）95～99kg/hm^2；经济产量范围 3382～3539kg/hm^2。

（四）玉米生育期需肥规律研究

试验设在吉林省乾安县赞字乡父字村。采用“3414”法，开展主要营养元素（氮、磷、钾）正交回归试验研究，设置 3 个因素（氮、磷、钾）；4 个水平：0 水平为不施肥，2 水平为当地常规灌溉常规高产田施肥量的 70%（玉米 N：190kg/hm^2；P：120kg/hm^2；K：105kg/hm^2），1 水平=2 水平×0.5，3 水平=2 水平×1.5（该水平为过量施肥水平），共

14 个处理（表 5-201）。试验采用随机区组试验设计，试验小区面积 20.4m^2。供试玉米品种为利民 33，种植密度 7.5 万株/hm^2。试验在避雨大棚内进行。

表 5-201　“3414”试验方案处理

试验编号	处理内容	编码		
		N	P_2O_5	K_2O
1	N0P0K0	0	0	0
2	N0P2K2	0	2	2
3	N1P2K2	1	2	2
4	N2P0K2	2	0	2
5	N2P1K2	2	1	2
6	N2P2K2	2	2	2
7	N2P3K2	2	3	2
8	N2P2K0	2	2	0
9	N2P2K1	2	2	1
10	N2P2K3	2	2	3
11	N3P2K2	3	2	2
12	N1P1K2	1	1	2
13	N1P2K1	1	2	1
14	N2P1K1	2	1	1

1. 对玉米生物量的影响

表 5-202 为不同施肥量对玉米生物量的影响，主要营养元素（氮、磷、钾）的不同施入量对玉米生物量有所影响。以处理 6（N2P2K2）、处理 11（N3P2K2）、处理 10（N2P2K3）、处理 7（N2P3K2）的生物量较高，与处理 1（对照）生物量相比存在差异。灌浆期处理 6 生物量比处理 1（对照）增加了 156.0%，叶生物量比处理 1（对照）增加了 16.2%，茎生物量比处理 1（对照）增加了 132.0%，穗生物量比处理 1（对照）增加了 212.6%，粒生物量比处理 1（对照）增加了 211.3%。穗、粒重增加较明显。

表 5-202　不同处理对玉米植株生物量的影响　（单位：g）

处理	抽雄吐丝期				灌浆期				
	生物量	叶	茎	穗	生物量	叶	茎	穗	粒
1	31.3	8.8	18.8	3.7	73.2	14.8	15.0	23.1	20.3
2	45.4	11.0	28.7	5.7	120.9	15.6	23.1	44.0	38.2
3	42.6	12.0	25.9	4.6	103.0	14.4	26.7	34.0	28.0
4	39.4	10.6	25.6	3.2	87.3	12.0	17.7	31.0	26.5
5	41.7	11.3	26.6	3.9	128.5	15.2	30.2	44.3	38.8
6	49.8	11.3	30.7	7.8	187.4	17.2	34.8	72.2	63.2
7	45.6	12.3	28.3	5.0	132.1	20.6	22.3	48.5	40.7
8	39.3	23.7	10.5	5.0	84.5	13.4	13.6	30.9	26.7
9	40.0	12.1	23.6	4.4	109.0	14.8	28.5	35.7	30.1
10	49.1	12.0	30.8	6.3	134.4	16.7	29.0	47.6	41.1
11	47.5	11.8	29.0	6.7	167.7	16.3	28.8	65.3	57.3
12	31.9	9.1	20.7	2.0	95.8	10.6	20.4	35.0	29.8
13	36.4	10.2	22.4	3.8	112.6	16.6	19.6	41.0	35.5
14	29.9	9.2	19.0	1.7	104.2	15.1	20.0	37.7	31.5

2. 对玉米株高、茎粗、叶面积指数的影响

主要营养元素（氮、磷、钾）的不同施入量对玉米株高、茎粗、叶面积指数有明显影响（表 5-203），抽雄吐丝期，处理 6、处理 10、处理 11 的株高较高，三者之间无显著差异，与处理 1（对照）的株高相比存在显著差异。处理 6 茎粗较粗，与其他处理存在显著差异。主要营养元素（氮、磷、钾）的不同施入量对玉米叶面积指数有明显影响，以处理 6、处理 7、处理 10、处理 11 的叶面积指数较高，与处理 1 的叶面积指数相比存在显著差异。灌浆期，处理 10 的株高最高，与处理 1（对照）的株高相比存在显著差异。处理 11（N3P2K2）、处理 6、处理 10 的茎粗较高，三者之间无显著差异，与对照处理间存在显著差异。处理 6、处理 11、处理 10 的叶面积指数较高，三者之间无显著差异，与对照处理间存在显著差异。

表 5-203 不同施入量对玉米株高、茎粗、叶面积指数的影响

处理	抽雄吐丝期			灌浆期		
	株高/cm	茎粗/cm	叶面积指数（LAI）	株高/cm	茎粗/cm	叶面积指数（LAI）
1	266f	16.4i	4.1f	292h	19.9d	3.4g
2	295c	18.7gh	4.2f	301ef	19.8d	4.0f
3	309b	18.8fg	5.0cd	322c	20.8c	4.3f
4	287d	18.3h	4.6e	301ef	19.9d	4.2f
5	309b	19.2ef	5.1bc	314d	21.8b	5.3bc
6	329a	20.7a	5.5a	340b	22.7a	5.8a
7	326a	20.1bc	5.3ab	320c	20.8c	4.9de
8	294c	19.8cd	5.0cd	305e	20.3cd	4.9de
9	305b	19.9bc	5.1bc	314d	20.8c	5.2cd
10	327a	20.2b	5.2bc	346a	22.6a	5.6ab
11	328a	20.2b	5.2bc	335b	22.8a	5.7ab
12	297c	19.4de	4.8de	293gh	20.8c	4.8e
13	277e	18.8fg	4.2f	300ef	20.9c	4.3f
14	304b	19.7cd	5.0cd	298fg	20.8c	5.1de

3. 对玉米产量的影响

图 5-68 为不同施肥量对玉米产量的影响，处理 6（N2P2K2）、处理 11（N3P2K2）产量较高，处理 6（N2P2K2）产量最高，达到 13 012kg/hm^2，与其他处理间存在极显著差异。

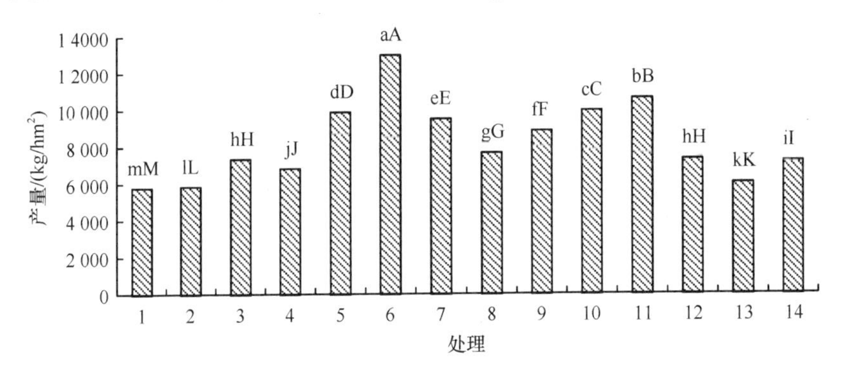

图 5-68 不同处理对玉米产量的影响

小写字母表示不同处理间差异显著（$P<0.05$），大写字母表示不同处理间差异极显著（$P<0.01$）

玉米不同施肥量与肥料水平效应，如图 5-69～图 5-71 所示。

选用处理 2、3、6、11，分析确定当地最佳施磷、钾肥量下的玉米氮肥效应方程及氮肥施用量。建立氮肥效应数学模型，一元二次回归方程

$$y = -0.1067x^2 + 51.517x + 5246.7 \tag{5-43}$$

计算结果：最高产量 N 用量为 241kg/hm²，产量为 11 465kg/hm²；按照 N 肥每千克 5.22 元计算，N 肥经济施用量为 235kg/hm²，产量为 11 461kg/hm²。

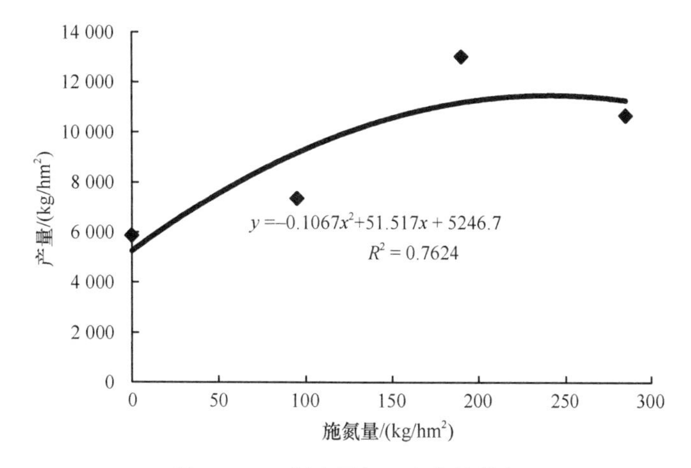

图 5-69　N 肥水平与玉米产量效应

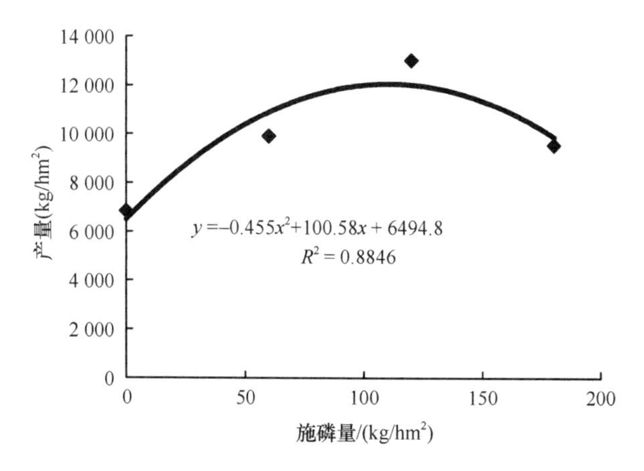

图 5-70　P 肥水平与玉米产量效应

选用处理 4、5、6、7，分析确定当地最佳施氮、钾肥量下的玉米磷肥效应方程及磷肥施用量。建立磷肥效应数学模型，一元二次回归方程

$$y = -0.455x^2 + 100.58x + 6494.8 \tag{5-44}$$

计算结果：最高产量 P_2O_5 用量为 111kg/hm²，产量为 12 053kg/hm²；按照 P_2O_5 肥每千克 5.40 元计算，P_2O_5 肥经济施肥量为 108kg/hm²，产量为 12 049kg/hm²。

选用处理 6、8、9、10，分析确定当地最佳施氮、磷肥量下的玉米钾肥效应方程及钾肥施用量。建立钾肥效应数学模型，一元二次回归方程：

$$y = -0.3838x^2 + 81.405x + 7173.8 \tag{5-45}$$

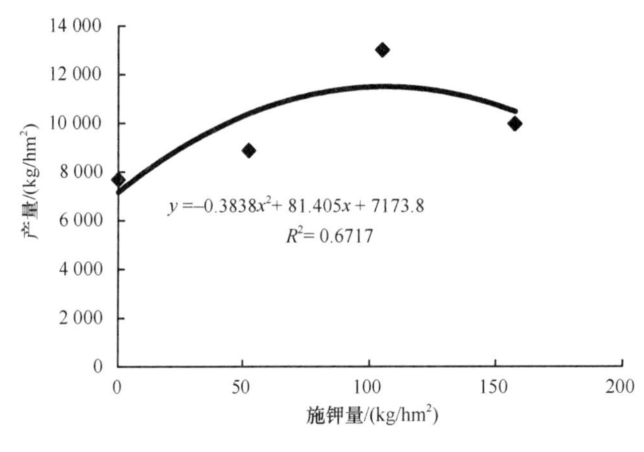

图 5-71 K 肥水平与玉米产量效应

计算结果：最高产量 K_2O 用量为 106kg/hm^2，产量为 11 490kg/hm^2；按照 K_2O 肥每千克 5.67 元计算，K 肥经济施肥量为 102kg/hm^2，产量为 11 485kg/hm^2。

4. 对玉米产量构成的影响

有效穗长和百粒重是影响玉米产量的重要指标。不同施肥量对玉米产量构成的影响如表 5-204 所示，处理 6（N2P2K2）的百粒重最高，比处理 1（对照）增加 46.9%。处理 10 穗粒数最多，比对照增加 42.5%。处理 4～处理 11 的籽粒容重均达到一级水平。

表 5-204 不同处理对玉米产量构成的影响

处理	百粒重/g	穗粒数/粒	籽粒容重/（g/L）
1	20.7	358	658
2	28.0	395	705
3	23.7	414	697
4	26.3	403	719
5	26.4	410	714
6	30.4	496	740
7	21.1	391	711
8	30.2	371	730
9	21.3	362	718
10	30.3	510	727
11	29.0	472	740
12	24.9	269	687
13	18.8	378	673
14	19.8	434	655

5. 滴灌条件下玉米生长发育主要阶段的养分需求特征

生长发育各阶段的养分需求特征（图 5-72）：大喇叭口-灌浆期为需肥高峰期，占生育期总需肥量的 60%，需氮（N）110～150kg/hm^2、磷（P_2O_5）50～70kg/hm^2、钾（K_2O）60～80kg/hm^2。

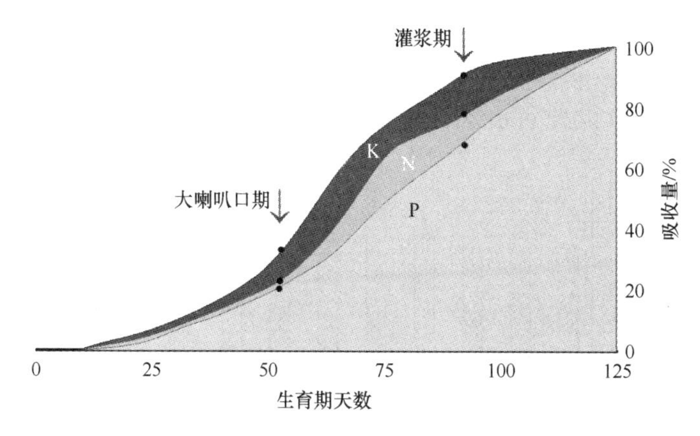

图 5-72　不同生育期氮、磷、钾需求比例

小结：目前，玉米栽培已由单纯追求高产向实现玉米高产、高效、优质、环境友好和农业可持续发展转变。在玉米生产中应该将经济施肥量作为推荐施肥量。本试验基于玉米膜下滴灌“3414”肥效试验，多年试验结果显示，大喇叭口-灌浆期为需肥高峰期，占生育期总需肥量的 60%，需氮（N）110～150kg/hm^2、磷（P_2O_5）50～70kg/hm^2、钾（K_2O）60～80kg/hm^2。玉米膜下滴灌经济施肥量：氮（N）235～246kg/hm^2；磷（P_2O_5）108～125kg/hm^2；钾（K_2O）102～112kg/hm^2。

（五）吉林主要作物（玉米）高产水肥耦合量化指标

在水资源贫乏的半干旱地区，提高农作物产量的关键是水与肥互作，协调好施肥量和灌水量的配比，不仅可以提高水肥利用效率、农作物产量和经济效益，还可以节约自然资源，改善农业生态环境[88-90]。探讨膜下滴灌条件下水肥耦合对产量的关系，对提高吉林西部地区水肥利用效率具有重要的意义。

水、肥是影响作物生长发育及其产量的两大重要因素，不同的水肥条件下，作物的产量不同。同时，水肥又具有协同效应，选择适宜的灌溉与施肥方式，可充分发挥水肥互作的增产效应[91-94]。

试验设在吉林省乾安县赞字乡父字村，生育期自然降雨量 324mm。试验采用随机区组试验设计，试验小区面积 80m^2。供试玉米品种为农华 101，种植密度 7.5 万株/hm^2。

1. 水氮耦合

水氮耦合机制研究，设置 12 个处理。处理 1：氮 0 水 1；处理 2：氮 0 水 2；处理 3：氮 0 水 3；处理 4：氮 1 水 1；处理 5：氮 1 水 2；处理 6：氮 1 水 3；处理 7：氮 2 水 1；处理 8：氮 2 水 2；处理 9：氮 2 水 3；处理 10：氮 3 水 1；处理 11：氮 3 水 2；处理 12：氮 3 水 3。

氮肥施用量，氮 0：0kg/hm^2；氮 1：120kg/hm^2；氮 2：240kg/hm^2；氮 3：360kg/hm^2。补灌用水量，水 1：50mm；水 2：100mm；水 3：150mm。

水氮耦合处理对产量的影响如图 5-73，结果表明，处理 11（氮 3 水 2）的产量最高，玉米产量达到 14 335kg/hm^2。处理 11 与处理 8 无显著差异，与其他处理间存在显著差异。可以看出水分处理 2 为最佳灌水量，以水分处理 2 为定值，计算氮肥用量对玉米产量的影响（图 5-74），结果表明，在灌水量为 150mm、氮肥用量为 317kg/hm^2 时，玉米产量最高，为 14 569kg/hm^2；按照 N 肥每千克 5.22 元计算，N 肥的经济施用量为 290kg/hm^2，产量为 14 545kg/hm^2。

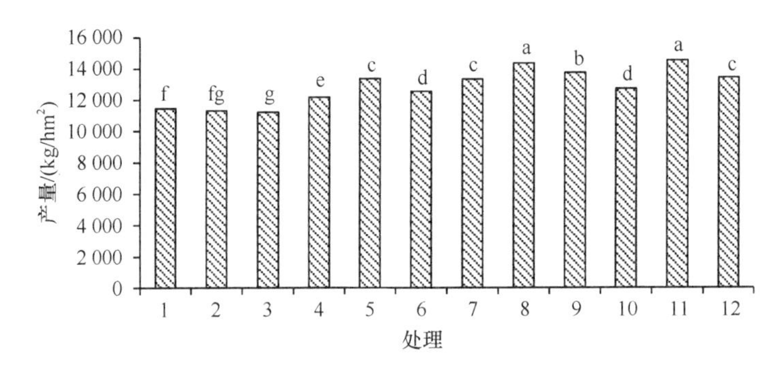

图 5-73　不同水氮耦合处理的玉米产量

小写字母表示不同处理间差异显著（P<0.05）

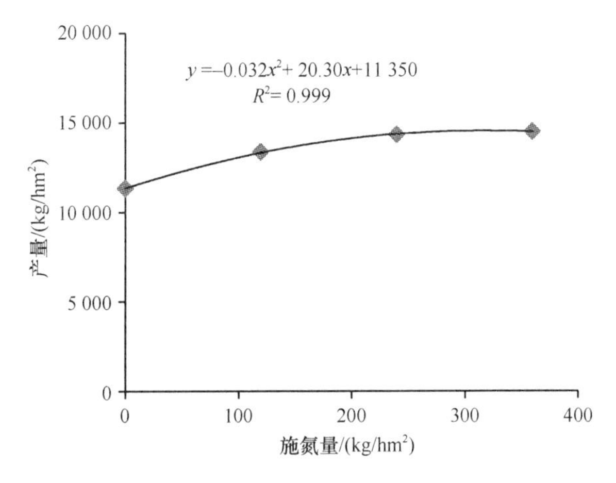

图 5-74　氮肥水平与玉米产量效应

2. 水磷耦合

水磷耦合机制研究，设置 12 个处理。处理 1：磷 0 水 1；处理 2：磷 0 水 2；处理 3：磷 0 水 3；处理 4：磷 1 水 1；处理 5：磷 1 水 2；处理 6：磷 1 水 3；处理 7：磷 2 水 1；处理 8：磷 2 水 2；处理 9：磷 2 水 3；处理 10：磷 3 水 1；处理 11：磷 3 水 2；处理 12：磷 3 水 3。

磷肥施用量，磷 0：0kg/hm^2；磷 1：55kg/hm^2；磷 2：110kg/hm^2；磷 3：165kg/hm^2。补灌用水量，水 1：50mm；水 2：100mm；水 3：150mm。

水磷耦合处理对产量的影响如图 5-75，结果表明，处理 11（磷 3 水 2）的产量最高，玉米产量达到 13 903kg/hm²。处理 11 与处理 8 无显著差异，与其他处理间存在显著差异。可以看出水分处理 2 为最佳灌水量，以水分处理 2 为定值，计算磷肥用量对玉米产量的影响（图 5-76），结果表明，在灌水量为 150mm、磷肥用量在 166kg/hm² 时，玉米产量最高，为 13 950kg/hm²；磷肥的经济施用量为 151kg/hm²，产量为 13 936kg/hm²。

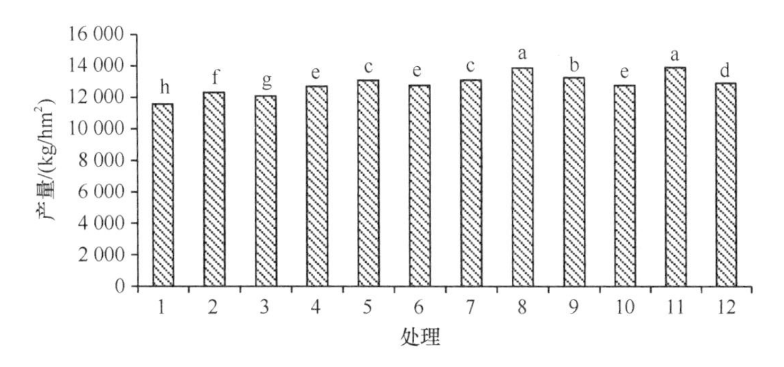

图 5-75　不同水磷耦合处理的玉米产量

小写字母表示不同处理间差异显著（$P<0.05$）

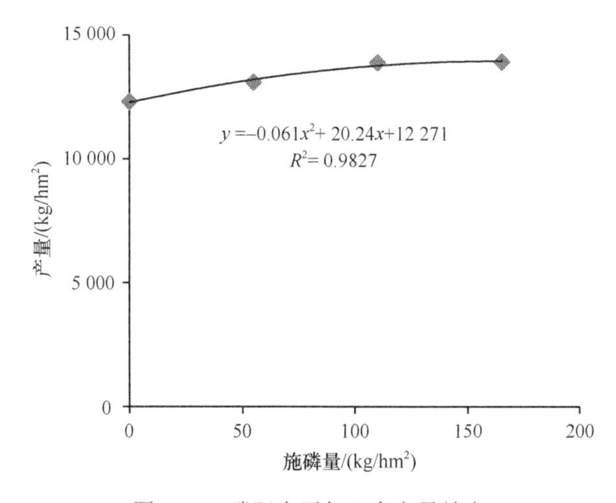

图 5-76　磷肥水平与玉米产量效应

3. 水钾耦合

水钾耦合机制试验研究，设置 12 个处理。处理 1：钾 0 水 1；处理 2：钾 0 水 2；处理 3：钾 0 水 3；处理 4：钾 1 水 1；处理 5：钾 1 水 2；处理 6：钾 1 水 3；处理 7：钾 2 水 1；处理 8：钾 2 水 2；处理 9：钾 2 水 3；处理 10：钾 3 水 1；处理 11：钾 3 水 2；处理 12：钾 3 水 3。

钾肥施用量，钾 0：0kg/hm²；钾 1：60kg/hm²；钾 2：120kg/hm²；磷 3：180kg/hm²。灌水量，水 1：50mm；水 2：100mm；水 3：150mm。

水钾耦合处理对产量的影响如图 5-77，结果表明，处理 11（钾 3 水 2）的产量最高，玉米产量达到 13 499kg/hm²。处理 11 与处理 8 无极显著差异，与其他处理间存在显著差异。可以看出水分处理 2 为最佳灌水量，以水分处理 2 为定值，计算钾肥用量对玉米产量的影响（图 5-78），结果表明，在灌水量为 150mm、钾肥用量在 166kg/hm² 时，玉米产量最高，为 13 537kg/hm^2；钾肥的经济施用量为 158kg/hm^2，产量为 13 523kg/hm^2。

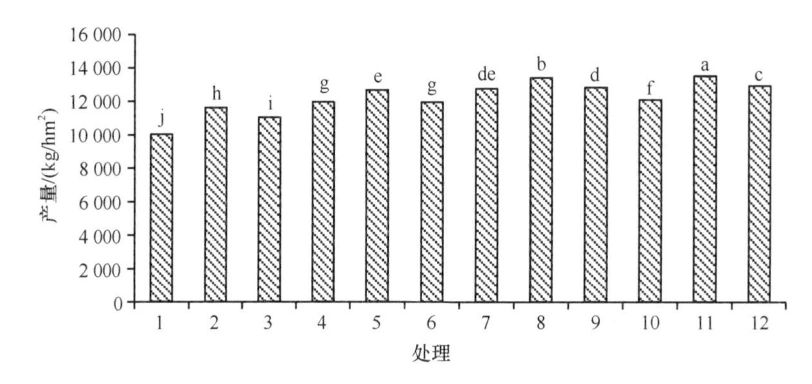

图 5-77 不同水钾耦合处理的玉米产量

小写字母表示不同处理间差异显著（$P<0.05$）

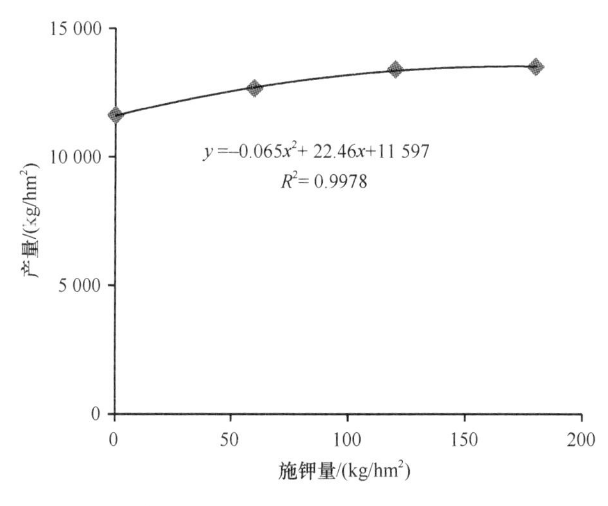

图 5-78 钾肥水平与玉米产量效应

小结：结果表明，在灌水量为 150mm 时，N 肥的经济施用量为 290kg/hm^2；磷肥的经济施用量为 151kg/hm^2；钾肥的经济施用量为 158kg/hm^2。水肥耦合的增产效应存在一个阈值，低于阈值，增加水肥投入对作物的增产效果明显；高于阈值，增加水肥的互作增产效应不明显，且造成水肥投入的浪费。由于研究条件、受试作物和分析方法等不同，水肥耦合增产效应的阈值不同。尹光华等对风沙半干旱区春玉米水肥耦合产量效应的研究结果表明，获得最高产量（9374.0kg/hm^2）的施氮量为 281.7kg/hm^2、施磷量为 121.7kg/hm^2、灌溉量为 75.2mm。王聪翔等对春玉米的研究表明，获得最高产量 14 298.36kg/hm^2 的施氮量为 285.49kg/hm^2、施磷量为 128.79kg/hm^2，灌水下限为田间持水量的 69.29%。

二、内蒙古马铃薯、玉米需水需肥规律及水肥耦合量化指标

（一）内蒙古马铃薯需水需肥规律及水肥耦合量化指标

近年来内蒙古马铃薯种植面积超过 1000 万亩，成为我国马铃薯种植面积和总产量最大的省份，马铃薯作为内蒙古主要的粮食作物，对当地农民增收和国家粮食安全具有

重要的现实意义和战略意义，但制约内蒙古马铃薯种植业发展的因素有很多，其中养分和水分管理是制约内蒙古马铃薯单产提高的重要因素之一[95-97]。因此，加强内蒙古马铃薯水肥管理的研究，将对内蒙古乃至全国马铃薯产业发展都具有积极意义。

养分和水分是与马铃薯生长发育密不可分的两个重要因子，合理的水肥调控对促进马铃薯生长及其产量提高具有显著的正交互作用[98-99]。因此，研究马铃薯各生育期对养分和水分的吸收需求规律，对实施马铃薯水肥精准管理、促进马铃薯良好发育、提高马铃薯块茎产量等均具有重要的理论指导意义。

试验于 2012～2014 年在内蒙古乌兰察布市察右中旗内蒙古自治区马铃薯繁育中心基地进行。供试材料为内蒙古地区主栽品种克新一号，种薯级别为原种（G2）。试验地位于东经 112°64′，北纬 41°30′，海拔 1780m，处中温带大陆性季风气候，历年平均气温 1.3℃，蒸发量 210～420 mm，无霜期 100 天左右。近三年生育期最低气温–0.4℃，最高气温 28.1℃，6～8 月平均温度为 16.6℃，近三年全生育期平均降雨量为 248.7mm。试验地前茬均为大麦。土壤为栗钙土，土壤养分基本状况及生育期降雨情况如表 5-205 所示。

表 5-205　试验田基础土壤肥力及生育期降雨量

年份	有机质/（g/kg）	全氮/（g/kg）	有效磷/（mg/kg）	速效钾/（mg/kg）	生育期降雨量/mm
2012	12.2	1.02	14.4	87	266.9
2013	13.6	1.04	17.7	79	282.3
2014	16.7	1.42	12.0	166	196.9

注：土壤取样深度为 60cm

1. 内蒙古滴灌马铃薯需水规律研究

将滴灌马铃薯生育期土壤相对含水量下限作为指标，共设 5 个处理，并将种薯公司马铃薯生产灌溉管理方式作为对照，每个小区配备一个施肥罐和一个水表，以保证每个小区单独灌水、施肥的要求。滴灌马铃薯各处理见土壤含水量下限设计表（表 5-206）。

表 5-206　灌溉试验设计方案

处理内容	土壤相对含水量下限/%			
	苗期	块茎形成期	块茎膨大期	淀粉积累期
水分处理 1	55	60	65	60
水分处理 2	55	65	70	65
水分处理 3	55	70	75	70
水分处理 4	55	75	80	75
水分处理 5	55	80	85	80

注：幼苗生长期田间土壤计划湿润深度分别为 30cm，其他时期均为 50cm，土壤含水量下限为田间持水量的百分比

试验采用随机区组试验设计，每处理重复 3 次，试验小区面积为 40m^2。当规定土层土壤水分消耗至设定田间持水量下限时进行灌水，灌水至超出设定值 10%时停止灌溉。施肥方案为滴灌作物土壤肥料试验方案 N2P2K2，具体管理方案如表 5-207。

表 5-207 灌溉试验养分管理方案

处理	N/（kg/hm^2）	P_2O_5/（kg/hm^2）	K_2O/（kg/hm^2）
播种	—	116.51	—
苗期	37.04	—	34.36
块茎形成期	111.11	62.74	105.72
块茎膨大期	79.01	—	71.36
淀粉积累期	19.75	—	52.86

如图 5-79 所示，随生育进程的推进，各水分处理 20～40cm、40～60cm 土层土壤贮水量都有先增大后减小的趋势，符合马铃薯各生育时期对水分的需求规律，而 0～20cm 土层变化较为复杂，这可能是因为表层土壤蒸发剧烈。

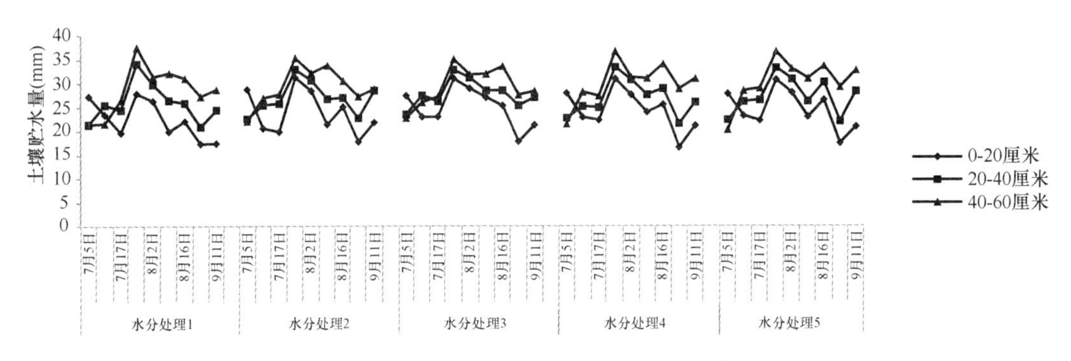

图 5-79 不同处理 0～60cm 土壤贮水量变化

土壤贮水量等于土壤水分补充（自然降水及人工灌溉）减去土壤水分消耗（作物蒸腾及土壤蒸发）。土壤贮水量数值升高说明土壤水分补充量大于土壤水分消耗量，反之则小于土壤水分消耗量。比较各处理土壤贮水量变化幅度，水分处理 3 在 20～40cm、40～60cm 土层贮水量变化幅度较小，尤其是在 7 月 26 日到生育期结束这段时间表现尤为显著，该时期是马铃薯块茎形后期至块茎成熟的时期，土壤贮水量变化幅度小，说明马铃薯对水分的供求处于相对平衡的状态，这是保证稳产高产和水分高效利用的水分基础。

图 5-80 是以水分处理 3 为例，整理了全生育期降雨量、灌水量及 0～60cm 土壤贮水量的变化。图中折线图表示 0～60cm 土层土壤贮水量变化趋势，呈现增大后减小的变化趋势。

试验过程中灌溉和施肥时间如表 5-208 所示，最终各处理灌水量分别为 80.96mm、104.02mm、133.07mm、192.29mm、235.31mm，结合表 5-209 可知，在灌水量为 133.07mm 的水分处理 3，马铃薯块茎产量达到 49150.61kg/hm^2，显著高于其他 4 个处理，在该气候条件及土壤类型下，利用 SPSS 作回归分析，最终得到拟合程度最高的三次方程

$$y = 0.00445x^3 - 1.659x^2 + 197.039x - 4345.02 \tag{5-46}$$

在规定区间内取得最高产量对应的最佳灌水量为 139.4mm。

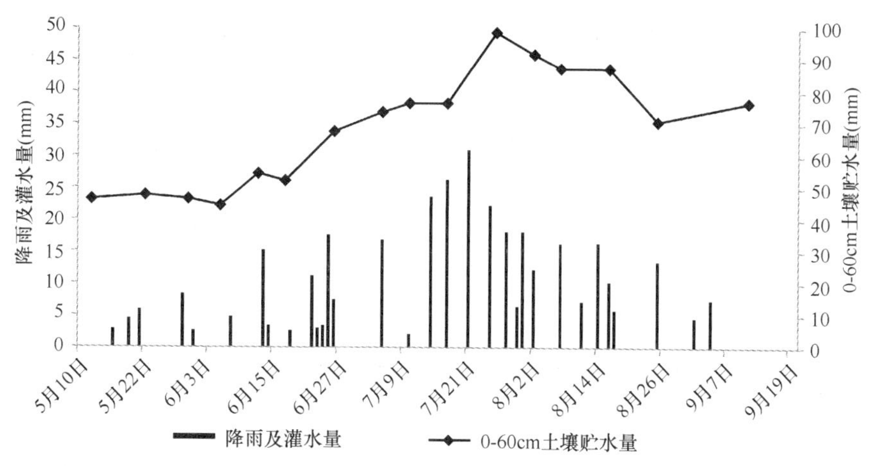

图 5-80　水分处理 3 全生育期降雨量、灌水量及 0～60cm 土壤贮水量变化

表 5-208　不同水分处理马铃薯灌水、施肥时间和用量　（单位：mm，kg/hm^2）

处理		6.22	7.5	7.10	7.17	7.26	8.2	8.7	8.16	8.25	累计
水分处理 1	灌水量	11.24	7.96	13.65	19.72	0	4.05	12.38	5.81	6.16	80.96
	N	19.3	24.2	24.2	38.6	0	38.6	48.3	0	0	193.2
	P_2O_5	16.9	21.1	21.1	33.8	0	33.8	42.3	0	0	169.05
	K_2O	24.1	30.2	30.2	48.2	0	48.2	60.4	0	0	241.5
水分处理 2	灌水量	11.24	11.03	17.53	23.30	0	6.78	15.36	8.64	10.15	104.02
	N	19.3	24.2	24.2	38.6	0	38.6	48.3	0	0	193.2
	P_2O_5	16.9	21.1	21.1	33.8	0	33.8	42.3	0	0	169.05
	K_2O	24.1	30.2	30.2	48.2	0	48.2	60.4	0	0	241.5
水分处理 3	灌水量	11.24	16.87	20.34	26.44	5.83	12.24	16.31	10.3	13.51	133.07
	N	19.3	24.2	24.2	38.6	0	38.6	48.3	0	0	193.2
	P_2O_5	16.9	21.1	21.1	33.8	0	33.8	42.3	0	0	169.05
	K_2O	24.1	30.2	30.2	48.2	0	48.2	60.4	0	0	241.5
水分处理 4	灌水量	11.24	24.39	26.61	34.27	9.88	20.45	26.93	15.38	23.15	192.29
	N	19.3	24.2	24.2	38.6	0	38.6	48.3	0	0	193.2
	P_2O_5	16.9	21.1	21.1	33.8	0	33.8	42.3	0	0	169.05
	K_2O	24.1	30.2	30.2	48.2	0	48.2	60.4	0	0	241.5
水分处理 5	灌水量	11.24	32.10	31.25	37.54	16.31	24.36	35.19	19.71	27.61	235.31
	N	19.3	24.2	24.2	38.6	0	38.6	48.3	0	0	193.2
	P_2O_5	16.9	21.1	21.1	33.8	0	33.8	42.3	0	0	169.05
	K_2O	24.1	30.2	30.2	48.2	0	48.2	60.4	0	0	241.5

2. 内蒙古滴灌马铃薯需肥规律研究

本研究采用“3414”试验设计，试验田总面积为 $1000m^2$。株距 17cm，行距 90cm，小区面积为 $40m^2$，包括 1 行隔离区。试验区四周设置 2m 保护区。根据试验需要设计滴头流量，每个小区配备一个施肥罐和一个水表，以保证每个小区单独灌水、施肥的要求。肥料用量及田间试验设计如表 5-210、表 5-211 所示。

表 5-209 各处理耗水量、块茎产量、作物水分利用率和灌溉水分利用率

处理	Δ*S*/mm	*I*/mm	*P*/mm	*ET*/mm	*Y*/（kg/hm²）	WUE_E/[kg/（hm²·mm）]	WUE_I/[kg/（hm²·mm）]
水分处理 1	24.34	80.96	249.2	305.82	32964.61cC	107.79bBC	407.15aA
水分处理 2	32.73	104.02	249.2	320.49	37001.85cBC	115.45bB	355.70bB
水分处理 3	30.33	133.07	249.2	351.94	49150.61aA	139.65aA	369.35bB
水分处理 4	31.71	192.29	249.2	409.78	44798.54abA	109.32bBC	232.97cC
水分处理 5	35.5	235.31	249.2	449.01	42502.13bAB	94.65cC	180.62dC
大田对照	35.99	328.77	249.2	541.98	43131.79bAB	79.58dD	131.19eD

注：Δ*S* 为该试验区域内的储水量变化；*I* 为灌水量；*P* 为降雨量；*ET* 为作物蒸发蒸腾量；*Y* 为作物产量；WUE_E 为水分利用效率；WUE_I 为灌溉水利用效率

表 5-210 试验施肥水平

水平	用量/（kg/hm²）		
	N	P_2O_5	K_2O
0	0	0	0
1	96.60	84.53	120.75
2	193.20	169.05	241.50
3	289.80	253.58	362.25

表 5-211 试验设计

试验编号	处理内容	编码		
		N	P_2O_5	K_2O
1	N0P0K0	0	0	0
2	N0P2K2	0	2	2
3	N1P2K2	1	2	2
4	N2P0K2	2	0	2
5	N2P1K2	2	1	2
6	N2P2K2	2	2	2
7	N2P3K2	2	3	2
8	N2P2K0	2	2	0
9	N2P2K1	2	2	1
10	N2P2K3	2	2	3
11	N2P2K2	3	2	2
12	N1P1K2	1	1	2
13	N1P2K1	1	2	1
14	N2P1K1	2	1	1

滴灌马铃薯单株干物质积累如表 5-212 所示，均呈现前期相对缓慢、中期相对较快、后期相对较慢的 S 形曲线，其中施肥量为 N 193.2kg/hm²、P_2O_5 169.05kg/hm²、K_2O 241.5kg/hm² 的 N2P2K2 处理干物质积累在苗期和形成期处于较高水平，膨大期达到 415.58g，显著高于其他处理，这一趋势延续到生育期结束，最终该处理干物质积累量达到 485.05g，为所有处理最大值。

表 5-212　各处理全生育期干物质积累　（单位：g）

处理内容	日期							
	6.22	7.8	7.16	7./24	8.1	8.15	8.25	9.11
N0P0K0	3.52	20.55	25.89	63.12	125.18	196.85	216.36	201.98
N0P2K2	4.33	14.14	21.70	44.36	136.20	206.00	225.66	211.75
N1P2K2	4.33	13.89	14.84	72.81	153.45	263.59	285.07	293.40
N2P0K2	3.52	15.14	29.10	72.88	160.02	260.98	291.76	305.18
N2P1K2	5.17	10.51	32.22	77.22	187.52	360.13	399.25	398.29
N2P2K2	5.36	14.59	37.97	74.08	200.76	415.58	473.91	485.05
N2P3K2	3.46	12.59	39.16	76.20	197.48	377.29	412.35	435.67
N2P2K0	3.92	11.36	13.73	42.66	116.51	252.12	335.30	344.97
N2P2K1	4.57	16.34	19.92	45.45	165.11	335.21	426.36	410.10
N2P2K3	4.86	15.76	20.60	68.71	199.89	351.97	452.87	442.40
N3P2K2	5.36	18.48	40.92	56.33	131.00	317.11	424.66	463.15
N1P1K2	3.17	21.20	27.80	56.35	145.19	272.48	358.99	381.49
N1P2K1	4.87	16.44	27.01	78.70	137.93	257.46	328.35	340.16
N2P1K1	3.89	17.67	25.03	57.13	141.90	269.76	329.21	322.58
N2P2K4	4.40	10.00	15.67	57.14	211.55	389.39	423.12	424.31
N2P2K5	4.75	7.36	19.92	51.99	183.47	375.89	416.81	412.79

生育时期干物质结合单株氮磷钾浓度，得出单株养分积累的全生育期变化规律即需肥规律，按照最优化肥料施用量，苗期施肥量为 N 37.04kg/hm^2 、P_2O_5 16.13kg/hm^2、K_2O 34.36kg/hm^2，形成期施肥量为 N 111.11kg/hm^2 、P_2O_5 107.55kg/hm^2、K_2O 105.72kg/hm^2，膨大期施肥量为 N 79.01kg/hm^2、P_2O_5 44.81kg/hm^2、K_2O 71.36kg/hm^2，积累期施肥量为 N 19.75kg/hm^2、P_2O_5 10.76kg/hm^2、K_2O 52.86kg/hm^2。

N2P2K2 处理产量、水分利用效率均最高，利用“3414”田间试验与数据分析管理系统对三种肥料因素作三元二次回归分析（表 5-213），得出最佳施肥量为 N 246.9kg/hm^2、P_2O_5 179.25kg/hm^2、K_2O 264.3kg/hm^2，最佳施肥量下的预期产量为 13 553.25kg/hm^2，该产量为干基产量，折合为鲜薯约 45 177.5kg/hm^2。

最终明确该气候条件下马铃薯最佳施肥量为 N 246.9kg/hm^2、P_2O_5 179.25kg/hm^2、K_2O 264.3kg/hm^2，各生育时期施肥量：苗期施肥量为 N 37.04kg/hm^2、P_2O_5 16.13kg/hm^2、K_2O 34.36kg/hm^2，形成期施肥量为 N 111.11kg/hm^2 、P_2O_5 107.55kg/hm^2、K_2O 105.72kg/hm^2，膨大期施肥量为 N 79.01kg/hm^2、P_2O_5 44.81kg/hm^2、K_2O 71.36kg/hm^2，积累期施肥量为 N 19.75kg/hm^2、P_2O_5 10.76kg/hm^2、K_2O 52.86kg/hm^2，其中考虑到磷肥化学性质较为稳定，结合其需求规律，建议将 65%的磷肥作为基肥，其余 35%在磷肥需求关键期（形成期）追施。试验结果回归分析见表 5-214。

3. 内蒙古马铃薯高产水肥耦合量化指标

水分、养分和作物间的关系较为复杂。水分过量容易造成养分淋洗且不利于作物根系的有氧呼吸，水分不足时养分有效性降低同时不能满足作物的蒸腾需求；养分过量可能对作物造成毒害，不足时不能满足作物的生长发育需求；作物非经济产量器官生长过量会降低水分和养分的利用效率。只有当水肥之间达到一定的平衡时才能充分发挥各自对提高作物产量的作用。

表 5-213 各处理肥料利用率、水分利用率及产量分析

处理	氮肥利用效率/%	磷肥利用效率/%	钾肥利用效率/%	水分利用效率/[kg/（mm·hm²）]	产量/（kg/ hm²）
N0P0K0	—	—	—	67.23	22 904.91G
N0P2K2	—	–12.23	–4.08	70.28	24 395.59G
N1P2K2	45.89	5.81	13.10	107.35	33 575.78EF
N2P0K2	18.36	—	11.93	128.17	32 563.85ABCDE
N2P1K2	35.61	11.09	24.85	142.68	38 263.41AB
N2P2K2	50.11	18.78	38.08	146.49	47 059.9A
N2P3K2	34.82	6.99	23.85	112.68	39 890.81DEF
N2P2K0	17.00	4.58	—	101.92	28 723.96F
N2P2K1	36.35	11.52	36.71	122.08	40 094.67BCDEF
N2P2K3	45.01	14.98	22.38	114.74	43 594.55DEF
N3P2K2	32.89	16.47	37.15	138.33	44 131.79ABC
N1P1K2	43.34	9.98	14.02	123.60	40 913.22BCDE
N1P2K1	45.24	5.94	26.13	108.38	37 197.77EF
N2P1K1	36.22	16.64	37.29	130.34	36 909.38ABCD
N2P2K4	35.44	10.74	13.55	117.68	40 094.77CDEF
N2P2K5	40.28	12.94	9.98	123.82	42 187.6BCDE

表 5-214 试验结果回归分析

回归系数						
项目	B0	N	P	K	NP	NK
系数值	456.0669	2.7518	20.9195	24.6453	2.6252	1.2328
项目	PK	N^2	P^2	K^2	—	—
系数值	–0.5630	–1.6053	–2.1384	–0.9576	—	—
回归参数						
项目	样本数（*N*）	变数个数（*M*）	相关系数（*R*）	标准误（*Sy*）	—	—
参数值	14	10	0.9706	61.8048	—	—
回归检验						
回归方程检验						
变异来源	自由度（df）	平方和	均方	*F* 值	$F_{0.05}$	$F_{0.01}$
回归	9	248 148.4000	27 572.0400	7.2181	5.9988	14.6591
离回归	4	15 279.3200	3 819.8290	—	—	—
累计	13	263 427.7000	—	—	—	—
回归系数检验						
变异来源	自由度（df）	平方和	均方	*F* 值	$F_{0.05}$	$F_{0.01}$
N	1	77.6840	77.6840	0.0203	7.7086	21.1977
P	1	3 437.39	3 437.39	0.8999	7.7086	21.1977
K	1	9 736.40	9 736.40	2.5489	7.7086	21.1977
NP	1	10 967.0	10 967.0	2.8711	7.7086	21.1977
NK	1	4 935.26	4 935.26	1.2920	7.7086	21.1977
PK	1	788.195	788.195	0.2063	7.7086	21.1977
N^2	1	27 517.3	27 517.3	7.2038	7.7086	21.1977
P^2	1	28 622.5	28 622.5	7.4932	7.7086	21.1977
K^2	1	23 907.5	23 907.5	6.2588	7.7086	21.1977
离回归	4	15 279.3	3 819.82	—	—	—

续表

回归方程方程应用						
项目	价格/（元/kg）	最大施肥量/（kg/hm²）	最佳施肥量/（kg/hm²）	—	—	—
N	4.30	334.63	246.86	—	—	—
P	4.29	234.07	179.25	—	—	—
K	6.10	339.59	265.08	—	—	—

马铃薯氮素积累过程呈现“慢—快—慢”的变化规律。各处理氮素积累在不同生育时期有一定差异，但在关键的生育期均以水分处理 3 氮素积累最高，在收获时比氮素积累量最低的水分处理 1 高出 70.4%。各处理在马铃薯全生育期块茎氮素分配率均表现出持续增长的趋势，如表 5-215 所示，均以水分处理 3 较高，其块茎氮素分配率最终达到 90.59%。

表 5-215 不同处理全生育期氮素分配率变化 （单位：%）

处理＼日期		6.25	7.4	7.14	7.24	8.2	8.15	8.25	9.11
水分处理 1	叶片	67.69	63.31	50.98	50.72	41.19	23.80	20.54	10.04
	地上茎	22.13	20.62	16.17	16.51	14.54	7.67	3.71	3.40
	地下茎	10.18	16.08	10.05	4.67	1.87	1.70	2.03	0.97
	块茎	0.00	0.00	22.39	28.10	42.40	66.84	73.72	85.58
水分处理 2	叶片	64.69	58.34	45.29	52.51	35.66	26.92	16.96	10.66
	地上茎	26.98	18.42	20.22	17.58	12.44	6.67	5.45	3.65
	地下茎	8.33	14.41	11.54	3.79	2.75	1.61	1.79	1.63
	块茎	0.00	8.49	22.96	26.12	49.16	64.80	75.80	84.06
水分处理 3	叶片	66.61	62.87	53.07	43.93	35.15	23.48	15.20	5.98
	地上茎	24.25	16.61	21.33	16.18	11.07	7.56	5.32	2.28
	地下茎	9.14	8.92	6.08	4.56	2.66	1.54	1.45	1.15
	块茎	0.00	11.60	19.52	35.33	51.12	67.42	78.04	90.59
水分处理 4	叶片	67.72	58.16	53.05	42.12	36.45	23.63	15.14	8.29
	地上茎	22.33	23.83	21.24	18.43	10.75	10.02	6.64	2.47
	地下茎	9.95	12.44	8.91	4.42	2.32	1.21	1.18	1.42
	块茎	0.00	4.71	16.81	35.03	50.48	65.13	77.04	87.82
水分处理 5	叶片	66.25	59.95	51.73	43.50	36.65	24.16	16.14	12.27
	地上茎	24.68	17.41	24.58	15.43	9.66	9.59	7.45	2.65
	地下茎	9.08	11.45	9.86	2.90	2.59	1.51	1.82	1.04
	块茎	0.00	10.29	13.25	38.17	51.10	64.73	74.60	84.03
大田对照	叶片	62.77	62.62	51.11	41.93	43.66	25.61	17.77	8.11
	地上茎	18.62	15.21	23.53	29.71	7.09	8.93	5.78	2.41
	地下茎	18.61	10.21	5.32	3.70	2.30	1.39	1.67	1.14
	块茎	0.00	11.88	20.04	24.66	46.96	64.07	74.78	88.33

随土壤水分下限的升高，氮肥偏生产力呈现先增加后逐步减小的变化趋势，且各水分处理间氮肥偏生产力存在显著差异，水分处理 3 的氮肥偏生产力最大，其数值显著高于除水分处理 4 以外的其他三个处理，与大田对照相比氮肥偏生产力高出 63%，各处理之间氮收获指数的差异不显著，且无明显规律。也就是说，不同土壤水分状况对块茎产量的影响大，而对氮素分配比例的影响较小。

在施磷量相同的条件下，各水分处理同样也呈现出“慢—快—慢”的变化趋势（表5-216），均以7月24日～8月15日磷素积累最快，这期间水分处理3磷素单株积累速率最快，收获时水分处理3单株磷素积累量已达到2771.81mg。

表5-216　不同处理全生育期磷素分配率变化　　（单位：%）

处理＼日期		6.25	7.4	7.14	7.24	8.2	8.15	8.25	9.11
水分处理1	叶片	57.13	48.33	39.34	32.19	23.77	14.19	17.42	4.68
	地上茎	31.86	29.95	22.54	25.84	24.30	10.03	4.57	3.03
	地下茎	11.02	21.72	14.45	6.17	2.57	1.97	2.00	1.65
	块茎	0.00	0.00	23.01	35.79	49.36	73.81	76.00	90.65
水分处理2	叶片	50.53	45.22	34.68	35.47	22.45	16.21	16.01	6.77
	地上茎	40.27	25.28	28.12	25.59	21.26	8.37	7.87	4.04
	地下茎	9.20	18.78	13.16	4.71	3.95	2.25	1.61	1.75
	块茎	0.00	10.15	24.04	34.24	52.34	73.16	74.51	87.44
水分处理3	叶片	51.81	47.26	42.96	31.48	24.84	18.24	14.31	3.74
	地上茎	37.79	23.71	29.46	20.90	17.87	7.95	6.52	2.98
	地下茎	10.40	11.14	6.38	4.96	4.04	1.81	1.33	0.93
	块茎	0.00	17.89	21.20	42.65	53.25	72.00	77.84	92.35
水分处理4	叶片	52.69	42.89	39.86	31.21	20.26	17.74	12.11	5.84
	地上茎	35.82	33.52	29.46	21.95	22.56	11.40	10.81	3.38
	地下茎	11.50	16.45	9.21	5.03	3.30	1.56	1.35	1.31
	块茎	0.00	6.43	21.46	41.81	53.88	69.29	75.73	89.48
水分处理5	叶片	48.98	44.15	39.05	31.41	20.52	18.03	12.90	6.63
	地上茎	40.02	26.02	39.73	19.60	20.73	11.48	10.36	3.60
	地下茎	11.00	16.80	10.55	3.70	3.44	1.69	2.25	1.05
	块茎	0.00	12.53	10.67	45.29	55.30	68.80	74.49	88.72
大田对照	叶片	50.52	44.13	39.39	36.21	28.06	19.61	13.52	5.08
	地上茎	26.96	20.24	27.10	30.34	19.18	13.09	6.59	3.91
	地下茎	22.52	19.91	7.46	4.19	2.88	1.50	1.66	1.21
	块茎	0.00	15.13	26.06	29.27	49.89	65.79	78.22	89.80

马铃薯生育进程中各处理块茎磷素分配率均表现出持续增长的趋势，收获时各处理块茎磷素分配率大小依次为：水分处理3＞水分处理1＞水分处理4＞水分处理5＞水分处理2，随土壤水分状况变化块茎磷素分配率无明显规律。最终，水分处理3的块茎磷素分配率达到92.35%，为各水分处理的最高值。

在相同施磷量下，马铃薯磷素积累随土壤水分下限的升高呈现先升高后降低的变化趋势，其中以处理3磷肥偏生产力最高，显著高于除水分处理4以外的其他处理，与大田对照相比磷肥偏生产力高出62.8%，与氮收获指数相同，磷收获指数随土壤水分下限的升高变化规律也无明显变化。

在相同生育进程下，随着土壤水分下限的升高马铃薯钾素积累量基本呈现出先升高后降低的变化规律，在马铃薯进入块茎膨大期后该规律更加明显。马铃薯钾素积累较快的时期为7月24日～8月25日，与氮素、磷素积累曲线相比，钾素的需求高峰出现得相对较晚。因此，在马铃薯块茎膨大期对钾素进行补充更为合理。最终，水分处理 3 钾素单株积累量最高，达到 7042.05mg。与氮、磷相同，马铃薯全生育进程块茎钾素分配率同样呈现持续增长的趋势，在 8 月 25 日后各水分处理间块茎钾素分配率在数值上的差异不明显，且无明显变化规律。收获时如表 5-217 所示，处理 3 的块茎钾素分配率最高，达到 92.63%。

表 5-217　不同处理全生育期钾素分配率变化　　　　（单位：%）

处理＼日期		6.25	7.4	7.14	7.24	8.2	8.15	8.25	9.11
水分处理 1	叶片	43.47	37.13	28.76	26.08	21.52	12.70	11.47	3.87
	地上茎	43.78	41.03	34.50	39.19	33.64	16.83	8.25	7.36
	地下茎	12.76	21.85	13.90	4.43	1.51	1.07	1.85	0.49
	块茎	0.00	0.00	22.50	30.31	43.33	69.40	78.44	88.28
水分处理 2	叶片	40.07	39.94	27.41	28.35	20.42	13.39	9.51	3.68
	地上茎	50.20	36.13	40.58	39.80	29.59	14.60	12.68	6.78
	地下茎	9.73	14.98	11.46	3.34	2.34	1.20	1.43	0.92
	块茎	0.00	8.86	20.55	28.51	47.66	70.81	76.37	88.62
水分处理 3	叶片	40.43	41.78	33.98	24.30	19.99	12.36	9.42	2.44
	地上茎	48.11	33.08	41.97	33.61	26.91	14.07	10.36	4.06
	地下茎	11.46	11.45	5.93	4.02	2.66	1.13	1.07	0.87
	块茎	0.00	13.69	18.12	38.06	50.43	72.44	79.15	92.63
水分处理 4	叶片	42.09	33.32	32.40	22.74	18.55	13.75	9.33	3.83
	地上茎	44.63	40.95	40.48	34.79	30.32	18.39	15.06	4.36
	地下茎	13.28	14.10	8.59	4.20	1.81	0.79	0.89	1.03
	块茎	0.00	10.88	18.54	38.27	49.32	67.07	74.72	90.78
水分处理 5	叶片	39.26	36.41	29.17	23.48	18.38	15.65	9.65	3.60
	地上茎	48.90	32.83	51.76	30.27	28.70	18.98	16.09	4.88
	地下茎	11.84	16.37	9.01	2.90	1.97	0.96	1.35	0.82
	块茎	0.00	13.59	15.09	43.34	50.95	64.41	72.91	90.69
大田对照	叶片	38.83	37.39	32.28	23.42	17.70	14.87	9.75	4.04
	地上茎	38.03	33.71	40.79	47.09	30.47	17.78	11.02	4.58
	地下茎	23.15	14.04	5.77	3.11	1.65	0.76	0.89	0.73
	块茎	0.00	14.59	21.15	26.37	50.18	66.58	78.34	90.65

随着土壤水分下限的升高，马铃薯钾肥偏生产力呈现出先升高后降低的趋势，最大值出现在水分处理 3，其数值显著高于除水分处理 4 以外的其他处理，与大田对照相比，水分处理 3 的钾肥偏生产力高出 62.8%，与氮、磷收获指数相同，土壤水分下限的变化对钾收获指数的影响不明显。

根据该试验结果，同时结合作物生育期降雨量、播前收获 0～60cm 土壤贮水量及各生育期土壤相对含水量下限设计，计算得出，内蒙古滴灌马铃薯全生育期耗水量为 350mm 即可满足马铃薯高产的水分需求，且各生育期最适土壤相对含水量下限分别为：苗期 55%、块茎形成期 70%、块茎膨大期 75%、淀粉积累期 70%、成熟期 60%。

通过该试验，得出最佳施肥量及最适土壤相对含水量分别为：N 250kg/hm^2、P_2O_5

180kg/hm^2、K_2O 265kg/hm^2；全生育期水分需求总量为 350mm，养分及水分在马铃薯各生育时期最佳分配及控制范围如表 5-218。

表 5-218 滴灌马铃薯水肥管理优化方案

生育期	氮肥施用量/%	磷肥施用量/%	钾肥施用量/%	土壤相对含水量下限/%
芽条生长期	—	20	—	50
苗期	10	10	10	55
块茎形成期	25	20	25	65
块茎膨大期	45	35	40	75
成熟期	20	15	25	60

（二）内蒙古滴灌玉米需水需肥规律及水肥耦合量化指标

内蒙古自治区属于北方春播玉米区，是中国玉米主产区之一，占全国玉米面积的30%左右，产量占 35%左右，而内蒙古自治区玉米种植多集中在东部地区，如通辽市、赤峰市、兴安盟、呼伦贝尔市等，占全区玉米面积的 70%以上，西部地区多集中在呼和浩特市、包头市、鄂尔多斯市、巴彦淖尔市等[100-102]。

内蒙古自治区是一个大部分地区处于农牧交错带的狭长区域，生态系统相对脆弱，气候变化成因复杂，属于寒温带湿润半湿润气候，冬季气温低，无霜期 130～170d。内蒙古自治区大部分地区温度适宜，日照充足，大部分地区年日照时数都在 2700h 以上，对玉米的生长发育极为有利。温度分布趋势自东北向西南递增，年降水量分布趋势与温度分布相反，从东北向西南递减，形成水热分布不均衡的格局。全区大部分地区降水稀少，干旱严重。内蒙古自治区年总降水量在 50～450mm，降水集中于夏季（夏季降水量占全年降水量的 60%～70%），水热同期，有利于玉米生长[103-104]。

玉米在水分条件适宜的情况下，温度升高，使玉米生长发育和灌浆速度加快，生物量增加，从而提高单产；但如果水分不足，温度升高会限制玉米对热量资源的利用，缩短玉米灌浆时间，从而造成明显减产，而且减产幅度明显大于温度升高的增产幅度。内蒙古自治区年总降水量在 50～450mm，大部分地区蒸发量都高于 1200mm，最高地区达3000mm 以上，全区人均水资源占有量为 2256m^3，基本和全国人均占有量相同，但是在地区、时程分布上很不均匀，且与人口和耕地分布不适应。全区水资源地区分布东多西少，总的趋势是由东北向西南逐步减少。全区各流域分区降水量与多年平均值比较，均呈减少趋势，属于水资源匮乏区。但现实中一方面缺水，另一方面用水浪费现象又普遍存在，特别是农业用水浪费严重，大水漫灌比较普遍，节水灌溉水平较低，因此农业用水的节水潜力巨大。滴灌技术能减少水分输送损失、田间灌溉损失和深层渗漏，节水效果十分显著。因此通过推广运用先进的节水灌溉技术，提高灌溉用水利用率和水分生产力，无疑是缓解水资源供需矛盾的有效途径[105-107]。

1. 内蒙古滴灌玉米需水规律研究

作物耗水量是指作物在任意生长状况和土壤水分条件下实际的蒸腾量、棵间蒸发量及构成作物体的水量之和。由于构成作物体的水量与蒸腾量及棵间蒸发量相比很小，一般小于它们之和的 1%，因而这一微小部分可忽略不计，即在实际计算中认为作物耗水量在数量上等于任意生产条件下的植株蒸腾量和棵间蒸发量之和。这些作物可能生长很好，也可能由于供水不适、病虫害防治不当或肥力不足而生长不良。作物需水量是作物耗水量的一个特例值，是在各项条件都处于最适状态下的作物耗水量值。作物耗水量的一部分靠降水来供给，另一部分靠灌溉供给及土壤水分和地下水补给。

作物耗水量的影响因素主要有内部因子：是指对作物耗水规律有影响的那些生物学特性，这些生物学特性与作物种类和品种有关，同时也与作物的发育期和生长状况有关。外部因子：主要有天气条件（包括太阳辐射、气温、日照、风速和湿度等）和土壤条件（包括土壤含水量、土壤质地、结构和地下水位等）。其他：各种不同的农业技术措施和灌溉排水措施只对作物耗水量产生间接影响，或者通过改变土壤含水量，或者通过改变农田小气候条件，或者最后改变作物的生长状况。

确定作物耗水量的方法主要有以下 3 种：间接法（水量平衡法）、直接法（测渗仪法）和计算参照作物需水量。本文是通过水量平衡方程来计算玉米的耗水量（ET）

$$ET = P + I + \Delta \mathrm{SWS} + G - R - D \tag{5-47}$$

式中，ET 为玉米全生育期某时段的耗水量（mm），P 为时段内有效降雨量（mm），I 为时段内灌水量（mm），ΔSWS 为播种时土壤贮水量与收获时土壤贮水量之差，G 为时段内地下水补给量（mm），R 为地表径流量（mm），D 为耕层土壤水的渗漏量（mm）。在内蒙古地区的土壤类型和气候条件下，G、R、D 可以忽略不计，因此，玉米耗水量实际计算公式为 $ET=P+I+\Delta\mathrm{SWS}$。

滴灌玉米各生育期灌溉土壤相对含水量下限（表 5-219），对照为当地大田水浇地。当规定土层土壤水分消耗至设定田间持水量下限时进行灌水，灌水上限为田间持水量。

表 5-219 滴灌土壤含水量下限设计表 （单位：%）

处理	苗期	拔节期	抽雄期	灌浆期	成熟期
1	50	60	65	70	50
2	55	65	70	75	55
3	60	70	75	80	60
4	65	75	80	85	65
5	70	80	85	90	70

注：苗期、拔节期田间土壤计划湿润深度为 20cm、40cm，抽雄期、灌浆期、成熟期均为 60cm，土壤含水量下限为田间持水量的百分比

根据灌水量、实测的土壤含水量及降雨量，采用水量平衡方程计算不同处理滴灌玉米全生育期和各生育阶段的耗水量、耗水强度，计算结果见表 5-220。

由表 5-220 从整体上可以看出，各处理的耗水量呈现由低到高再降低的变化趋势，生育期内各处理耗水量的变化规律为：拔节期>灌浆期>抽雄期>苗期>成熟期；耗水强度规律为：抽雄期>灌浆期>拔节期>苗期>成熟期，各灌水量处理苗期、成熟期的耗水强度小于全生育期平均耗水强度，拔节期、抽雄期和灌浆期的耗水强度均大于全生育期平均耗水强度。

由于苗期是根和叶片发生和生长的阶段，玉米植株较小，叶面积较小，农田耗水以棵间蒸发为主，蒸腾耗水只用于植株的营养器官的生长发育，蒸腾量较少，因此该阶段的耗水强度不大；进入拔节期，随着植株的快速增长和叶片数增加，形成了较大

表 5-220　阶段耗水量、耗水强度、总耗水量

处理	指标	时期					
		苗期	拔节期	抽雄期	灌浆期	成熟期	总耗水量
处理 1	耗水量/mm	89.0	156.0	86.0	137.0	50.0	518
	耗水强度/（mm/d）	2.97	5.2	9.56	5.48	1.67	4.18
处理 2	耗水量/mm	85.0	150.0	80.0	130.0	47.0	492
	耗水强度/（mm/d）	2.83	5	8.89	5.2	1.57	3.97
处理 3	耗水量/mm	82.0	144.0	75.0	124.5	45.0	470.5
	耗水强度/（mm/d）	2.73	4.8	8.33	4.98	1.5	3.79
处理 4	耗水量/mm	77.0	138.0	68.7	121.5	42.0	447.2
	耗水强度/（mm/d）	2.57	4.6	7.63	4.86	1.40	3.61
处理 5	耗水量/mm	69.6	129.3	67.5	119.3	41.0	426.7
	耗水强度/（mm/d）	2.32	4.31	7.50	4.77	1.37	3.44
对照	耗水量/mm	98	182	95	168	55	598.0
	耗水强度/（mm/d）	3.27	6.07	10.56	6.72	1.83	4.82

的叶面积，制造了较多的光合产物，农田耗水转为以蒸腾为主，耗水量达到最大，但由于拔节期时间较长，因此耗水强度增加幅度不是很大；进入抽雄期以后随着部分底部叶片变黄，耗水量较拔节期有所降低，但植株仍然处于生长阶段，由于抽雄期时间较短，耗水强度达到最大；进入灌浆期以后玉米由营养生长转为生殖生长，气温下降很快，光合作用减弱，光合产物向籽粒转运、积累，此阶段耗水强度迅速降低。可以看出，拔节期、抽雄期和灌浆期这三个生育期的耗水量占全生育期耗水量比例较大，是玉米全生育期的三个需水关键期，对产量的形成起关键作用，尤其是抽雄期，耗水强度最大，是玉米对水分最敏感的时期。如果这三个时期缺水，使植株矮小，营养生殖减弱，以致影响最终产量，因此在此阶段应及时灌水施肥，以保证玉米正常生长所需的水分和养分要求。

2. 内蒙古滴灌玉米需肥规律研究

采用“3414”试验设计（表 5-221），探讨内蒙古旱作地区滴灌玉米肥料用量对玉米产量的效应。通过各因素效应分析，评价各试验因子的增产作用，科学合理地确定肥料最佳投入量，以期为滴灌一体化条件下节水灌溉施肥制度及滴灌作物水肥高效耦合技术模式提供理论依据。

表 5-221　滴灌玉米试验设计

编号	处理内容	养分施用量/（kg/hm^2）		
		N	P_2O_5	K_2O
1	N0P0K0	0	0	0
2	N0P2K2	0	84	52.5
3	N1P2K2	183.75	84	52.5
4	N2P0K2	367.5	0	52.5
5	N2P1K2	367.5	42	52.5
6	N2P2K2	367.5	84	52.5

续表

编号	处理内容	养分施用量/（kg/hm^2）		
		N	P_2O_5	K_2O
7	N2P3K2	367.5	126	52.5
8	N2P2K0	367.5	84	0
9	N2P2K1	367.5	84	26.25
10	N2P2K3	367.5	84	78.75
11	N3P2K2	551.25	84	52.5
12	N1P1K2	183.75	42	52.5
13	N1P2K1	183.75	84	26.25
14	N2P1K1	367.5	42	26.25

通过对 2012～2013 年连续两年的田间试验数据进行分析，结合生育时期干物质积累和单株氮磷钾浓度，得出单株养分积累的全生育期变化规律（即需肥规律），得出滴灌条件下玉米最佳施肥量，表 5-222 即滴灌玉米不同时期的优化推荐施肥量。

表 5-222　总需肥量及各生育期需肥量

时期	肥料用量/（kg/hm^2）		
	N	P_2O_5	K_2O
苗期	51.60	11.28	7.15
拔节（喇叭口）期	120.41	26.32	16.69
抽雄期	68.80	15.04	9.54
灌浆期	103.21	22.56	14.30
累计	344.02	75.20	47.68

3. 内蒙古玉米高产水肥耦合量化指标

增加水分和氮素供应均可显著提高玉米产量，同时水分和肥料供应对玉米单株产量的形成具有互作效应。当处于中度水分胁迫条件下，氮肥供应可以提高玉米产量水平，当土壤水分处于适宜状态时，大量施氮反而会降低其产量水平，因此水肥在数量和时间上的搭配极为重要。根据 3 年的试验结果，肥料处理 N（344.02kg/hm^2）、P_2O_5（75.2kg/hm^2）、K_2O（47.68kg/hm^2）和水分处理 3，即土壤相对含水量苗期 60%、拔节期 70%、抽雄期 75%、灌浆期 80%、成熟期 60%为最佳搭配组合。

参 考 文 献

[1] 施志国, 勾玲, 姚敏娜, 等. 新疆不同耐密型玉米品种光合性能及产量构成特征的研究. 新疆农业科学, 2012, 49(6): 981-989.
[2] 新疆维吾尔自治区统计局. 新疆统计年鉴 2015. 北京: 中国统计出版社, 2015.
[3] 杨茹, 马富裕, 何海兵, 等. 滴灌春小麦的籽粒灌浆特性. 麦类作物学报, 2012, 32(4): 743-746.
[4] 张国桥, 王静, 刘涛, 等. 水肥一体化施磷对滴灌玉米产量、磷素营养及磷肥利用效率的影响. 植物营养与肥料学报, 2014, 20(5): 1103-1109.
[5] 薛丽华, 胡锐, 赛力汗, 等. 滴灌量对冬小麦耗水特性和干物质积累分配的影响. 麦类作物学报,

2013, 33(1): 78-83.
[6] 杨杰，雷志刚，梁晓玲, 等. 新疆玉米新自交系耐旱性鉴定与评价. 西北农业学报, 2011, 20(12): 66-71.
[7] 李明思, 康绍忠, 杨海梅. 地膜覆盖对滴灌土壤湿润区及棉花耗水与生长的影响. 农业工程学报, 2007, 23(6): 49-54.
[8] Abd ElRahman G. Water use efficiency of wheat under drip irrigation systems at Al-Maghara area, North Sinai, Egypt. American-Eurasian J. Agric. & Environ. Sci. , 2009, 5(5): 664-670.
[9] Chen X C, Chen F J, Chen Y L, et al. Modern maize hybrids in Northeast China exhibit increased yield potential and resource use efficiency despite adverse climate change. Globe Change Biol, 2013, 19(3): 923-936.
[10] 罗宏海, 韩焕勇, 张亚黎, 等. 干旱和复水对膜下滴灌棉花根系及叶片内源激素含量的影响. 应用生态学报, 2013, 24(4): 1009-1016.
[11] 王冀川, 徐翠莲, 韩秀锋, 等. 不同土壤水分对滴灌春小麦生长、产量及水分利用效率的影响. 农业现代化研究, 2011, 32(1): 115-118.
[12] 杨会颖, 刘海军, 李艳, 等. 膜下滴灌条件下土壤基质势对辣椒产量和水分利用效率的影响. 干旱地区农业研究, 2012, 30(1): 54-60.
[13] 蒋桂英, 刘建国, 魏建军, 等. 灌溉频率对滴灌小麦土壤水分分布及水分利用效率的影响. 干旱地区农业研究, 2013, 31(4): 38-42.
[14] 蒋桂英, 魏建军, 刘萍, 等. 滴灌春小麦生长发育与水分利用效率的研究. 干旱地区农业研究, 2012, 30(6): 50-54.
[15] 郭丙玉, 高慧, 唐诚, 等. 水肥互作对滴灌玉米氮素吸收、水氮利用效率及产量的影响. 应用生态学报, 2015, 26(12): 3679-3686.
[16] 于文颖, 纪瑞鹏, 冯摇锐, 等. 不同生育期玉米叶片光合特性及水分利用效率对水分胁迫的响应. 生态学报, 2015, 35(9): 2902-2909.
[17] 白莉萍, 隋方功, 孙朝晖, 等. 土壤水分胁迫对玉米形态发育及产量的影响. 生态学报, 2004, 24(7): 1556-1570.
[18] 吴志勇, 闫静, 施维新, 等. “3414”肥料效应试验的设计与统计分析. 新疆农业科学, 2008, 45(1): 135-141.
[19] 孙文涛, 孙占祥, 王聪翔, 等. 滴灌施肥条件下玉米水肥耦合效应的研究. 中国农业科学, 2006, 39(3): 563-568.
[20] 薛亮, 周春菊, 雷杨莉, 等. 夏玉米交替灌溉施肥的水氮耦合效应研究. 农业工程学报, 2008, 24(3): 91-94.
[21] 闫晓红, 段汉明, 吴斐. 宁夏水资源现状、问题及对策. 地下水, 2011, 33(1): 117-118.
[22] 王战平. 宁夏引黄灌区水资源优化配置研究. 宁夏大学博士学位论文, 2014.
[23] 徐利岗. 发展高效节水农业严格水资源管理制度破解宁夏水困局. 宁夏日报, 2015-05-24(003).
[24] 李占才, 许效仁, 王银川, 等. 盐池干旱地区苹果园运用滴灌技术可行性研究. 宁夏农林科技, 1989, (1): 19-22.
[25] 罗健恩, 田润青, 赵东辉. 宁夏南部窖水区移动式滴灌应用技术. 人民黄河, 2001, 23(1): 27-28, 30-46.
[26] 刘维斌. 宁夏中部干旱带膜下滴灌技术应用. 宁夏林业通讯, 2009, (4): 34-36.
[27] 张海峰. 宁夏海原: 滴灌解民忧. 中国水利报, 2011-07-19(004).
[28] 丁学岐. 宁夏引黄灌区日光温室果树滴灌和沟灌对比试验监测分析. 中国农业信息, 2012, 11: 51.
[29] 杜军, 沈振荣, 张达林. 宁夏引黄灌区滴灌水肥一体化冬小麦灌溉施肥技术研究. 节水灌溉, 2011, 12: 44-49.
[30] 侯峥, 杜军, 沈振荣. 宁夏引黄灌区玉米滴灌灌溉施肥一体化关键技术研究. 节水灌溉, 2012, (11): 9-12, 15.

[31] 唐海萍, 唐少卿. 甘肃水资源的特点及保护利用. 中国沙漠, 2000, (2): 112-115.

[32] 期刊编辑部. 特别关注: 水的呼唤, 甘肃水资源短缺警钟长鸣. 甘肃农业, 2015, 19: 24-26.

[33] 王志强. 关于甘肃水资源问题及其对策的思考. 甘肃水利水电技术, 2011, (5): 1-3.

[34] 雷宏刚. 甘肃省发展高效节水灌溉的必要性与效益分析研究. 甘肃水利水电技术, 2015, 10: 34-36, 45.

[35] 吴之海. 西北干旱地区灌溉新技术发展实验区建成. 人民黄河, 1992, 12: 59.

[36] 赵明, 彭鸿嘉, 王键. 籽瓜滴灌制度与效益研究. 干旱区资源与环境, 1992, (1): 95-103.

[37] 王键, 彭鸿嘉. 沙荒地花生滴灌栽培试验. 甘肃林业科技, 1995, 3: 73-75, 77.

[38] 崔丙伟. 武威发展高效节水农业. 水资源保护, 1996, 1: 71.

[39] 田媛, 苏德荣, 席全正. 集雨滴灌技术在砂地西瓜种植中的应用. 甘肃水利水电技术, 2001, 01: 65-69.

[40] 张朝勇. 膜下滴灌条件下土壤水热的动态变化和作物需水规律的研究. 西北农林科技大学硕士学位论文, 2003.

[41] 杜太生, 康绍忠, 夏桂敏, 等. 滴灌条件下不同根区交替湿润对葡萄生长和水分利用的影响. 农业工程学报, 2005, (11): 51-56.

[42] 刘喜堂, 薛元. 甘肃河西走廊地区加工型辣椒膜下滴灌节水栽培技术. 现代农业科技, 2013, 2: 103, 107.

[43] 李昭楠. 戈壁葡萄滴灌节水机理及灌溉制度模式研究. 甘肃农业大学博士学位论文, 2012.

[44] 李英, 马兴祥, 王鹤龄, 等. 不同灌溉方式对玉米生物量的影响. 安徽农业科学, 2014, (1): 64-66.

[45] Fereres E, Soriano M A. Deficit irrigation for reducing agricultural water use. Journal of Experimental Botany, 2007, 58(2): 147-159.

[46] 张步翀, 李凤民, 齐广平. 调亏灌溉对干旱环境下春小麦产量与水分利用效率的影响. 中国生态农业学报, 2007, 15(1): 58-62.

[47] 于平, 励建荣, 顾振宇, 等. 去除大豆抗营养因子的研究. 营养学报, 2001, 23(4): 383-385.

[48] 冯波. 水氮耦合对滴灌春小麦土壤耗水规律及生长发育影响研究. 新疆农业大学硕士学位论文, 2012.

[49] 谢伟, 黄璜, 沈建凯. 植物水肥耦合研究进展. 作物研究, 2007, (S1): 541-546.

[50] 肖自添, 蒋卫杰, 余宏军. 作物水肥耦合效应研究进展. 作物杂志, 2007, 6: 18-22.

[51] 王小彬, 代快, 赵全胜, 等. 农田水氮关系及其协同管理. 生态学报, 2010, (24): 7001-7015.

[52] 李培岭, 张富仓, 贾运岗. 沙漠绿洲地区膜下滴灌棉花水分利用的水氮耦合效应. 干旱地区农业研究, 2009, 27(3): 53-59.

[53] 马英杰, 何继武, 洪明, 等. 新疆膜下滴灌技术发展过程及趋势分析. 节水灌溉, 2010, (12): 87-89.

[54] 马富裕, 周治国, 郑重, 等. 新疆棉花膜下滴灌技术的发展与完善. 干旱地区农业研究, 2004, (3): 202-208.

[55] Hartz T K, Hochmuth G J. Fertility management of drip-irrigated vegetables. Hort Technology, 1996, 6(3): 168-172.

[56] 樊兆博, 刘美菊, 张晓曼, 等. 滴灌施肥对设施番茄产量和氮素表观平衡的影响. 植物营养与肥料学报, 2011, 17(4): 970- 976.

[57] Zhang G H, Liu Z P, Fei Y H, et al. The Relationship between the distribution of irrigated crops and the supply capability of regional water resources in north china plain. Acta Geosci Sin., 2010, 31(1): 17-22(in Chinese with English abstract).

[58] Zhang G H, Lian K L, Liu C H, et al. Situation and origin of water resources in short supply in north china plain. J Earth Sci Environ, 2011, 33(2): 172-176(in Chinese with English abstract).

[59] Zhang X Y, Pei D, Chen S Y, et al. Performance of double-cropped winter wheat-summer maize under minimum irrigation in the North China Plain. Agron J, 2006, 98(6): 1620-1626.

[60] Liu C M, Zhang, X, Zhang Y Q. Determination of daily evaporation and evapotranspiration of winter wheat and maize by large-scale weighing lysimeter and microlysimeter. Agric For Meteorol, 2002, 111: 109-120.
[61] Dong B D, Zhang Z B, Liu M Y, et al. Water use characteristics of different wheat varieties and their responses to different irrigation schedulings. Trans CSAE, 2007, 23(9): 27-33(in Chinese with English abstract).
[62] Chen S L, Chen S Y, Sun H Y, et al. Effect of different tillages on soil evaporation and water use efficiency of winter wheat in the field. Chin J Soil Sci, 2006, 37(4): 817-820.
[63] Wang Y M, Chen S Y, Sun H Y. Effects of different cultivation practices on soil temperature and wheat spike differentiation. Cereal Res Commun, 2009, 37: 587-596.
[64] Zhang S Q, Fang B T, Zhang Y H, et al. Utilization of water and nitrogen an d yield formation under three limited irrigation schedules in winter wheat. Acta Agron Sin, 2009, 35(11): 2045-2054(in Chinese with English abstract).
[65] Chen S Y, Zhang X Y, Sun H Y, et al. Effects of winter wheat row spacing on evapotranspiration, grain yield and water use efficiency. Agric Water Manag, 2010, 97(8): 1126-1132.
[66] Zhang X Y, Chen S Y, Sun H Y, et al. Dry matter, harvest index, grain yield and water use efficiency as affected by water supply in winter wheat. Irrig Sci, 2008, 27(1): 1-10.
[67] Liu X M, Zhang X Y, Wang H J. A comprehensive evaluation of wheat/ maize agronomic water-saving modes in the piedmont plain region of the Mount Taihang. Chin J Eco-Agric, 2011, 19(2): 421-428(in Chinese with English abstract).
[68] Pei D, Wang Z H, Zhang X Y, et al. Water-saving effect evaluation of agricultural synthetic technology in well-irrigation fields: a case study from Sanhe agricultural demonstrating fields, Hebei Province. Chin J Eco-Agric, 2006, l4(2): 180-184(in Chinese with English abstract).
[69] 周团委. 建国后河北省小麦生产发展历程研究(1949～2013). 河北农业大学硕士学位论文, 2014.
[70] 丁凡. 河北省小麦产业发展现状与路径思考. 中国农业科学院硕士学位论文, 2014.
[71] 陈健, 刘云慧, 宇振荣. 河北平原冬小麦水分生产率的模拟分析. 麦类作物学报, 2012, 32(1): 97-102.
[72] 年力. 水肥耦合对半冬性小麦生长发育及产量的调控效应. 河南农业大学硕士学位论文, 2011.
[73] 郭天财, 姚战军, 王晨阳, 等. 水肥运筹对小麦旗叶光合特性及产量的影响. 西北植物学报, 2004, 24(10): 1786-1791.
[74] 杜沛鑫. 水肥耦合对冬小麦的产量形成及籽粒碳素代谢的影响.河南农业大学硕士学位论文, 2010.
[75] 江晓东, 李增嘉, 侯连涛, 等. 少免耕对灌溉农田冬小麦夏玉米作物水、肥利用的影响. 农业工程学报, 2005, 21(7): 20-24.
[76] 刘作新, 尹光华. 作物水肥耦合研究现状与发展趋势. 农业工程学报, 2005, 21(1): 41-45.
[77] 潘晓莹, 武继承. 水肥耦合效应研究的现状与前景. 河南农业科学, 2011, 40(10): 20-23.
[78] 郭亚芬, 滕云, 张忠学, 等. 东北半干旱区大豆水肥耦合效应试验研究. 东北农业大学学报, 2005, 36(4): 405-411.
[79] 贺冬梅, 张崇玉.水肥耦合对提高玉米产量的效应. 贵州大学硕士学位论文, 2008.
[80] 刘秀珍, 张阅军, 杜慧玲. 水肥交互作用对间作玉米、大豆产量的影响研究. 中国生态农业学报, 2004, 12(3): 75-77.
[81] 孙文涛, 孙占祥, 王聪翔, 等. 滴灌施肥条件下玉米水肥耦合效应的研究. 中国农业科学, 2006, 39(3): 563-568.
[82] 张和喜, 迟道才, 刘作新, 等. 作物需水耗水规律的研究进展. 现代农业科技, 2006, (3): 52-56.
[83] 赵宏伟, 李秋祝, 魏永霞. 不同生育时期干旱对大豆主要生理参数及产量的影响. 大豆科学, 2006, 25(3): 329-332.

[84] 潘荣云, 樊园. 灌水对大豆产量和品质性状的影响研究初报. 大豆通报, 2002, (1): 11.
[85] 陶延怀, 司振江, 孙艳玲, 等. 大豆生态需水的变化规律研究. 黑龙江水专学报, 2005, 32(3): 1-4.
[86] 郭松年, 张芮. 膜下调亏滴灌对制种玉米耗水规律及产量的影响. 灌溉排水学报, 2009, 28(3): 31-34.
[87] 谢夏铃. 膜下滴灌玉米的需水规律及其产量效应研究. 甘肃农业大学硕士学位论文, 2007.
[88] 裴宇峰, 韩晓梅, 祖伟, 等. 水氮耦合对大豆生长发育的影响 I 水氮耦合对大豆产量和品质的影响. 大豆科学, 2005, 24(2): 106-111.
[89] 周欣, 滕云, 王孟雪, 等. 东北半干旱区大豆水肥耦合效应盆栽试验研究. 东北农业大学学报, 2007, 38(4): 441-445.
[90] 宋耀选, 肖洪浪, 冯金朝. 土壤水肥交互作用与玉米的响应. 中国生态农业学报, 2001, 9(1): 23-24.
[91] 王聪翔. 辽西半干旱区春玉米农田水肥耦合调控技术研究. 中国农业科学院硕士学位论文, 2011.
[92] 温利利, 刘文智, 李淑文, 等. 水肥耦合对夏玉米生物学特性和产量的影响. 河北农业大学学报, 2012, 35(3): 14-19.
[93] 邢维芹, 王林权, 骆永明, 等. 半干旱地区玉米的水肥空间耦合效应研究. 农业工程学报, 2002, 18(6): 46-49.
[94] 尹光华, 陈温福, 刘作新, 等. 风沙半干旱区春玉米水肥耦合产量效应研究初报. 玉米科学, 2007, 15(1): 103-106.
[95] 郭小军, 王晓燕, 白光哲, 等. 内蒙古地区马铃薯种植业发展现状及前景. 中国马铃薯, 2011, 25(2): 122-124.
[96] 杨晶, 潘学标. 阴山北麓农牧交错带农业气候及其变化特征——以武川县为例. 内蒙古气象, 2008, (4): 3-5.
[97] 胡琦, 潘学标, 邵长秀, 等. 内蒙古降水量分布及其对马铃薯灌溉需水量的影响. 中国农业气象, 2013, 34(4): 419-424.
[98] 贾晶霞, 杨德秋, 李建东, 等. 中国与世界马铃薯生产概况对比分析与研究. 农业工程, 2011, 1(2): 84-86.
[99] 杨小刚, 王艳红, 魏阳, 等. 我国马铃薯生产与发达国家对比. 农业工程, 2014, 4(4): 178-180, 185.
[100] 张宝林, 罗瑞林, 高聚林. 内蒙古东部玉米主产区气候条件的变化及其对玉米生产的影响. 内蒙古师范大学学报(自然科学汉文版), 2013, 42(2): 185-191.
[101] 徐伟平, 赵爱雪, 张帅, 等. 2012. 年国内玉米市场形势分析及应对策略——基于辽宁、内蒙古玉米生产调研. 农业展望, 2012, 8(8): 11-16.
[102] 沈广会, 李兴, 李志刚, 等. 内蒙古西辽河灌区不同灌溉技术条件下玉米产量及经济效益分析. 内蒙古民族大学学报(自然科学版), 2014, (4): 418-421.
[103] 李彬, 妥德宝, 程满金, 等. 内蒙古西辽河流域春玉米水肥一体化技术应用研究. 节水灌溉, 2015, (9): 39-43.
[104] 胡宜挺, 肖志敏. 农户农业生产环节外包行为影响因素分析——基于内蒙古宁城县玉米种植户调研数据. 广东农业科学, 2014, 41(19): 226-231.
[105] 李彬, 妥德宝, 程满金, 等. 水肥一体化条件下内蒙古优势作物水肥利用效率及产量分析. 水资源与水工程学报, 2015, 26(4): 216-222.
[106] 栗林, 侯安宏, 赵俊利. 内蒙古农牧业水土资源可持续利用分析//中国农业资源与区划学会学术年会. 2015.
[107] 郭晓霞, 刘景辉, 田露, 等. 免耕轮作对内蒙古地区农田贮水特性和作物产量的影响. 作物学报, 2012, 38(8): 1504-1512.

第六章　主要粮食作物滴灌栽培技术模式

第一节　西北主要粮食作物滴灌栽培技术模式

一、新疆玉米、小麦滴灌栽培技术模式

（一）新疆玉米滴灌栽培技术模式

1. 新疆滴灌玉米生产现状

玉米滴灌技术是北疆地区针对实际生产需求，将覆膜种植技术与滴灌技术相结合的一种新的灌水技术。在棉花滴灌技术的基础上发展兴起，是对粮食作物灌溉方式的一次改革。2006～2013年，新疆兵团六次打破我国玉米高产纪录，从17 175.3kg/hm^{2}一直增加到22 676.1kg/hm^2；2012年新疆平均玉米产量6915kg/hm^2，较全国平均增产1050kg/hm^2。根据调查发现，目前滴灌玉米在15 000～18 000kg/hm^{2}产量水平下，生育期间田间灌溉定额由原来漫灌的7200～9000m^3/hm^2，减少到4200～5400m^3/hm^2，节水40%左右；新疆滴灌玉米在15 000～18 000kg/hm^{2}产量水平下，生育期间氮、磷、钾肥用量分别为300～450kg/hm^2、75～135kg/hm^2、45～75kg/hm^2，氮、磷、钾的利用率分别较漫灌条件下常规施肥提高20%、10%、15%以上，整体节肥达15%～25%。

2. 新疆滴灌玉米水肥管理技术规程（DB65/T 3109—2013）

（1）范围

本标准规定了采用地膜覆盖、滴灌灌溉技术，目标产量为15t/hm^{2}的玉米水肥管理技术。

本标准适用于新疆春播玉米应用滴灌技术的水肥管理。

（2）规范性引用文件

下列文件对于本文件的应用是必不可少的。凡是注日期的引用文件，仅所注日期的版本适用于本文件。凡是不注日期的引用文件，其最新版本（包括所有的修改单）适用于本文件。

DB65/T 3055—2010《大田膜下滴灌工程规划设计规范》

DB65/T 3056—2010《大田膜下滴灌系统施工安装规程》

DB65/T 3057—2010《大田膜下滴灌系统运行管理规程》

（3）术语和定义

下列术语和定义适用于本标准。

覆膜种植技术（mulching and planting technology）：通过铺设地膜保墒、增加地温，从而提早播种、延长作物生长期、增加有效积温的农业种植技术。

灌水定额（irrigation quota on each application）：一次灌水单位灌溉面积上的灌水

定额。

灌溉定额（irrigation quota）：各次灌水定额之和。

灌溉制度（irrigation system）：作物播种前及全生育期内的灌水次数、每次的灌水日期和灌水定额及灌溉定额。

灌水周期（irrigation cycle）：两次灌水的间隔时间。

土壤肥力（soil fertility）：土壤为作物正常生长提供并协调营养物质和环境条件的能力。

基肥（base fertilizer）：作物播种或定植前结合土壤耕作施用的肥料。

种肥（soil fertilizer）：播种（或定植）时施于种子或幼株附近，或与种子混播的肥料。

追肥（topdressing）：在作物生长期间所施用的肥料。

支管（manifold）：连接干管和滴灌带的辅助输水装置，一般采用软质或硬质 PVC 材料制成，材料的性质应符合 DB65/T 3055—2010《大田膜下滴灌工程规划设计规范》的要求。

滴灌带（drip tape；drip tube）：滴灌系统的田间输水和灌水设备，一般又称为毛管。滴灌带的性能应符合 DB65/T 3055—2010《大田膜下滴灌工程规划设计规范》的要求。

行距配置：玉米在田间播种采用的株行距配置方法及其对应的播种密度。新疆春玉米种植模式分为 30cm+90cm 或 40cm+70cm 宽窄行模式和 50cm+50cm 等行距两种。

滴灌带铺设：一般采用“一管二”的铺设方式，即在窄行的中间部位铺设毛管。在等行距种植的玉米中，采用“一管三”的模式铺设，即在三行玉米的中间一行布设滴灌带。在玉米播种时，通过玉米铺膜播种机一次完成铺带、覆膜、播种、覆土、镇压工作。滴灌带的选择应符合 DB65/T 3056—2010《大田膜下滴灌系统施工安装规程》的规定。

支管安装：在完成玉米铺带、覆膜、播种工作后，PE 支管（硬管或软管）经检查无破损后与分干管和滴灌带连接。支管铺设参照 DB65/T 3056—2010《大田膜下滴灌系统施工安装规程》。

系统试运行：开启水泵，检查滴灌系统工作是否正常，若有漏水现象或其他问题应及时处理，逐级冲洗各级管道，使滴灌系统处于待运行状态。系统试运行和系统运行管理参照 DB65/T 3057—2010《大田膜下滴灌系统运行管理规程》。

（4）灌水管理

灌溉制度：玉米生长期间，滴灌 9～10 次，每次灌水定额 45～60mm。全生育期灌溉定额 450～700mm。

冬灌：膜下滴灌玉米田通常每年进行冬灌，灌水时间为 10 月下旬至 11 月上旬，灌水定额根据土壤盐分和土壤质地确定，通常为 1200～1500m^3/hm^2。盐碱含量高的可根据实际情况有所增加。

播种至出苗期：开春后 5cm 地温连续 5d 稳定在 12℃时可开播，一般情况下，在 4 月上旬以后。采用干播湿出的土壤 5cm 处地温，根据天气情况适时滴水出苗。灌水定额 300～600m^3/hm^2。

苗期：根据土壤墒情（距滴灌带水平距离15～20cm处0～80cm 土层水分含量不低于65%田间持水量）和苗势适时灌头水，头水宜晚宜大，一般情况下灌水定额以600～750m³/hm² 为宜，轻质土宜少量勤灌。

穗期：此阶段需水量占全生育期的40%左右，灌前土壤水分含量指标为距滴灌带水平距离15～20cm处0～80cm 土层水分含量不低于70%田间持水量。穗期灌水总量1395～2055m³/hm²，此时期共灌水3次，灌水周期为8～10d，拔节期第1水要灌足灌匀，灌水定额500～700m³/hm²，雄穗开花期灌水2次，灌水定额450～700m³/hm²。

花粒期：灌前土壤水分含量指标为距滴灌带水平距离15～20cm处0～80cm 土层水分含量不低于70%田间持水量。此阶段需水量占全生育期的45%左右，花粒期灌水总量2200～3600m³/hm²，此时期共灌水5次，灌水周期为8～12d；散粉吐丝期2次，灌水定额450～750m³/hm²；灌浆成熟期3次，灌水定额450～750m³/hm²。如遇干热天气可适当增加灌溉次数和灌水定额。

（5）施肥

基本原则：增产增效、培肥地力、平衡施肥。玉米施肥应采用有机、无机相结合的原则，同时要注意施肥技术与高产优质栽培技术相结合，尤其要重视水肥联合调控。施肥方法是施好基肥，带上种肥，分配较大比例肥料作为追肥，供作物后期生长利用，并有利于发挥水肥耦合的效应。基肥可采用深施、条施、撒施的施肥方法，肥料入土深度应在10cm以下。

土壤肥力分级：农田土壤肥力主要以土壤有机质含量和碱解氮含量作为肥力判断的主要标准，部分没有土壤检验结果的农田可根据往年产量判断肥力标准（表6-1）。土壤盐分含量是影响土壤生产力的重要因素。玉米是对盐分敏感的作物，如果土壤盐分含量<3‰，可采用表6-1的标准；如土壤盐分较高，在3‰的基础上，盐分含量每增加1.5‰，土壤肥力等级下降一个级别。

表6-1　土壤肥力分级标准

肥力等级	土壤养分指标			一般产量/（t/hm²）
	有机质/（g/kg）	碱解氮/（mg/kg）	速效磷/（mg/kg）	
高肥力	>15	>70	>10	>15
中肥力	11～15	40～70	7～10	12～15
低肥力	<11	<40	<7	<12

总施肥量：根据新疆地区土壤养分供应能力和肥料的肥效反应，结合各地丰产栽培实践，玉米目标产量（15t/hm²）下各种养分施肥量见表6-2。

表6-2　目标产量15t/hm²（1t/亩）下各种养分总施肥量

肥力等级	施肥量			
	N/（kg/hm²）	P_2O_5/（kg/hm²）	K_2O/（kg/hm²）	硫酸锌/（kg/hm²）
高肥力	256～277	83～92	60	15～22.5
中肥力	277～297	92～101	30	15～22.5
低肥力	297～325	101～120	30	15～22.5

基肥：在玉米播种、耕翻前施入农家肥，可用 50%的磷肥、<20%的氮肥混匀后条施，再将 15～22.5kg/hm^2 的微肥 $ZnSO_4·7H_2O$ 与 2～3kg 细土充分混匀后撒施，然后将撒施基肥实施耕层深施，具体施肥方案见表 6-3。

表 6-3　玉米基肥推荐用量

肥力等级	农家肥/（t/hm^2）	N/（kg/hm^2）	P_2O_5/（kg/hm^2）	$ZnSO_4·7H_2O$/（kg/hm^2）
高肥力	15	67	48	15～22.5
中肥力	15～30	70	55	15～22.5
低肥力	30～45	70	55	15～22.5

种肥：播种时施 75kg/hm^2 的磷酸二铵作种肥。如果施过基肥，则适当减少种肥用量。

追肥：追肥可根据土壤养分状况和玉米的生长发育规律及需肥特性，结合滴水施入，将剩余 80%的氮肥、50%的磷肥、全部钾肥分别在苗期、拔节期、大喇叭口期（分 2 次滴施）、抽雄期（分 3 次滴施）、灌浆期（分 2 次滴施）随水滴施，以保证玉米高产对氮素营养的需求，具体施肥方案见表 6-4。

表 6-4　玉米追肥推荐量　（单位：kg/hm^2）

肥力等级	养分	苗期	拔节期	大喇叭口期		抽雄期			灌浆期	
		第 1 次	第 2 次	第 3 次	第 4 次	第 5 次	第 6 次	第 7 次	第 8 次	第 9 次
高肥力	N	12～14	27～30	27～28	27～28	24～27	24～27	24～27	22～24	22～24
	P	0	0	15～20	0	18～30	0	18～30	0	0
	K	0	0	15～21	0	15～21	0	15～21	0	0
中肥力	N	15～16	32～35	31～33	31～33	28～32	29～32	29～32	25～28	24～26
	P	0	0	15～20	18～21	15～21	15～21	15～21	0	0
	K	0	0	15～21	0	15～21	0	0	0	0
低肥力	N	16～18	35～39	33～37	33～37	31～35	31～35	31～35	28～33	28～33
	P	0	0	15～21	18～21	15～21	15～21	15～21	0	0
	K	0	0	15～21	0	15～21	0	0	0	0

肥料的选择：基肥应选择品质有保证、销售商信誉高、售后服务质量好的肥料品种和销售商，有机肥应选择腐熟的有机肥或商品有机肥。

由于滴灌技术对肥料的溶解度要求高，追肥肥料品种可选择水不溶物＜0.5%的滴灌专用肥，或者选择尿素、磷酸二氢钾或养分含量>72%的磷酸一铵及养分含量>50%的硫酸钾肥料。选择滴灌专用肥应以磷肥用量为基础，不足的氮肥用单质氮肥（如尿素）补足。

（6）栽培管理

定苗：玉米出苗显行后，开始中耕。4～5 叶时定苗，注意留苗要均匀，去弱留强，去小留大，去病留健，定苗结合株间松土，消灭杂草，若遇缺株，两侧可留双苗。一般定苗密度以 9 万～10.8 万株/hm^2 为宜。可见叶 11～12 片时滴第一水，根据土壤墒情和玉米长势适当进行“蹲苗”，当苗色深绿、长势旺、地力肥、墒情好时应进行蹲苗；地力瘦、幼苗生长不良，不宜蹲苗；沙性重、保水保肥性差的地块不宜蹲苗。

去分蘖：玉米分蘖要及时去除，去蘖时切不可动摇根系损伤全株。

病虫害防治：应选用抗病品种，播种前用种衣剂拌种。玉米瘤与黑粉病防治：苗期至拔节期，叶面喷施好力克或甲基托布津1～2次进行防治。地老虎防治：在种子包衣或药剂拌种的基础上，若田间仍出现地老虎幼虫，可在5月下旬用菊酯类农药连喷2次，间隔时间5～7d。玉米螟和棉铃虫防治：大喇叭口期，可选用3%呋喃丹颗粒剂（30kg/hm^2），加细砂5kg拌匀灌心等。红蜘蛛和叶蝉防治：早期点片发生时，可选用哒螨灵1000倍液或40%乐果乳油1500倍叶面喷洒，突击防治；或用异丙磷（200g）加锯末（或麦糠）混匀等，每隔2～3行撒于行间进行熏蒸。对地下害虫可采用随水施药的措施。

收获：当玉米苞叶变黄，籽粒变硬，有光泽时采用机械或人力收获。籽粒含水量不超过14%入库贮藏。

其他：①认真做好灌溉与施肥量的记录，记录每次灌水时间、施肥时间、用量、肥料种类。②详细记录主要栽培措施（定苗、去分蘖、病虫害防治）的实施时间、技术措施、用量。③统计并记录各田块的产量及品质指标（千粒重、收获穗数、单穗粒重等）。④每隔3年，在玉米收获后取土测定农田0～20cm土层的土壤养分和盐分，确定土壤的肥力等级、施肥量、冬灌水量。⑤应做好支管、毛管回收工作。支管可重复使用，回收后应清洗泥土，避免过度挤压、折叠；毛管回收要在揭膜后进行。地膜回收可采用机械或者人力在田间完全封垄或收获后期进行。

（二）新疆小麦滴灌栽培技术模式

1. 新疆滴灌小麦生产现状

新疆的自然生态环境和气候条件完全具备生产优质春小麦的优势，近年来，随着农村种植业结构的持续调整及市场和国家相关农业政策的综合作用，棉花效益高，而小麦效益较低，造成小麦种植面积迅速下降。2003年小麦种植面积减少到943.6万亩，比2000年减少了314.8万亩，总产减少70.1万t。2004年新疆维吾尔自治区及时提出小麦恢复性生产的调整政策。2005年全疆小麦面积恢复到1142.76万亩，平均单产达到350.65kg/亩，比2000年平均单产322.45kg/亩提高了28.2kg。有15个县（市）的小麦平均单产超过450kg，其中温宿县和泽普县两县的小麦单产超过450kg。小麦单产的提高得益于国家、自治区粮食优惠政策、农民种粮投入增加，以及农田综合生产力的提高，同时与我区科研人员开展的小麦科研工作和科技成果在生产上的大面积应用和推广是分不开的。新疆小麦分布遍及天山南北各地州、市（县）级生产建设兵团各农场。大部分地区土壤的有机物质含量较低，肥力水平不高，速效氮、磷、钾比例失调，土壤障碍因素较多。所以只有抓好农田基本建设，平整土地，增施肥料，培肥改土，切实改善小麦生长的土、肥、水基本条件，才能提高产量。一般来说，小麦对土壤的适应性较广，几乎各种土壤都能种植小麦。但是从小麦高产的要求看，最适宜种植小麦的还是土层深厚、有机质丰富、有效养分充足、土壤质地适中、结构良好、保水保肥力强、通透性好的土壤。新疆大部分麦田的水分来源主要靠灌溉，其次是靠部分降水。这是由于新疆各地水源是随地区和季节而变化的。有些地区自然降水在一定时期仍起重要作用。例如，北疆的灌溉农田，在冬春雨雪较大的年份，冬小麦可免浇返青水，春小麦也可抢墒播种；一般年份，一年之中有 10 多个月的降水可被冬小麦利用。北疆地区年降水量可达 200～300mm，折算合 1500～2250m^3/hm^2 的水可供利用。所以北疆地区中产水平的灌溉定额等于需水量减去约 1500m^3/hm^2，即 4500～5250m^3/hm^2。南疆各冬麦区，年降水很少，仅为 50～70mm，可被利用的水量很少，不足 10%，所以南疆的灌水定额等于需水量，一般灌溉定额为 6000～6750m^3/hm^2。

2. 新疆滴灌小麦水肥管理技术规程（DB65/T 3206—2013）

（1）范围

本标准规定了目标产量为 7500kg/hm^2（500kg/亩）的冬小麦、春小麦滴灌水肥管理技术的要求。

本标准适用于北疆地区冬小麦、春小麦应用滴灌技术的水肥管理，南疆冬小麦、春小麦种植也可参照使用，并可以把每次灌水定额适当增加 10%～20%。

（2）规范性引用文件

下列文件对于本文件的应用是必不可少的。凡是注日期的引用文件，仅所注日期的版本适用于本文件。凡是不注日期的引用文件，其最新版本（包括所有的修改单）适用于本文件。

DB65/T 3055—2010《大田膜下滴灌工程规划设计规范》

DB65/T 3056—2010《大田膜下滴灌系统施工安装规程》

DB65/T 3057—2010《大田膜下滴灌系统运行管理规程》

（3）术语和定义

灌水定额（irrigation quota on each application）：一次灌水单位灌溉面积上的灌水定额。

灌溉定额（irrigation quota）：各次灌水定额之和。

灌溉制度（irrigation system）：作物播种前及全生育期内的灌水次数、每次的灌水日期和灌水定额及灌溉定额。

灌水周期（irrigation cycle）：两次灌水的间隔时间。

土壤肥力（soil fertility）：土壤为作物正常生长提供并协调营养物质和环境条件的能力。

基肥（base fertilizer）：作物播种或定植前结合土壤耕作施用的肥料。

种肥（soil fertilizer）：播种或定植时，施于种子或秧苗附近或供给植物苗期营养的肥料。

追肥（topdressing）：在作物生长期间所施用的肥料。

土壤选择：宜选择适合土壤有机质含量 1%以上、碱解氮 50mg/kg 以上、速效磷大于 18mg/kg 中等以上土壤肥力、含盐碱量小的农田，利于高产。

株行距配置：小麦播种采用播幅 3.6m 的 24 行等行距种植，株行距配置主要有两种方式。一种是等行距为 13cm，株行距为 13+21+（13+13+13+13+21）×4+13+21=360（cm），另一种是等行距为 15cm，株行距为 15×24=360（cm）。

滴灌带、支管铺设和试运行：①滴灌带铺设：滴灌带滴头间距、滴头流量选择参照DB65/T 3055—2010《大田膜下滴灌工程规划设计规范》。播种时，通过小麦滴灌播种机一次完成播种、铺带作业。滴灌带浅埋于2～3cm土壤中，没有浮带和断带等现象。②滴灌带配置方式：采用24行3.6m播幅。滴灌带配置方式通常采取两种方式：一是1幅5管滴灌带，5管滴灌带平均分配于24行小麦间，滴灌带平均间距为72cm（图6-1）；二是1幅6管滴灌带，6管滴灌带平均分配于24行小麦间，滴灌带平均间距为60cm（图6-2）。③支管铺设：在完成小麦播种后，及时铺设支管。支管铺设参照DB65/T 3056—2010《大田膜下滴灌系统施工安装规程》。④系统试运行：系统试运行和系统运行管理参照DB65/T 3057—2010《大田膜下滴灌系统运行管理规程》。

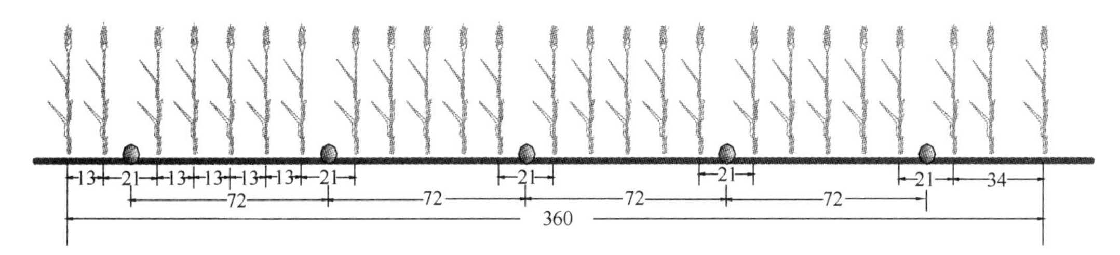

图6-1 小麦1幅5管滴灌带株行距配置

图中数据单位为cm

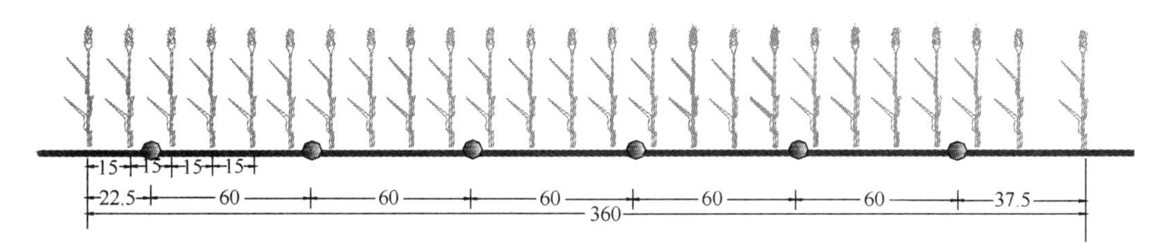

图6-2 小麦1幅6管滴灌带株行距配置

图中数据单位为cm

（4）灌溉管理

1）冬小麦灌溉制度

一般情况下，冬小麦全生育期滴水9～12次，灌水周期8～12d，灌溉定额4500～6450m^3/hm^2。

出苗水：冬小麦播种后土壤墒情差的地块应及时滴出苗水，灌水定额450～600m^3/hm^2。

出苗-越冬：土壤入冬封冻前滴足越冬水，利于冬小麦安全越冬和早春生长，日间气温降至3～5℃，灌水定额为450～750m^3/hm^2。单株分蘖数在2个以上的麦田，冬灌比较适宜。弱苗麦田特别是晚播的单根独苗麦田，最好不要冬灌，否则易发生冻害。生长过旺的麦田，可推迟或不进行冬灌，以便控旺促壮。

越冬-返青：冬小麦返青后，麦田土壤持水量不足65%～70%时可滴1次水，当5cm地温连续5d平均≥5℃时，灌水定额450～600m^3/hm^2。若冬小麦返青期群体大、苗情好，可不滴水。

拔节-孕穗：此期是冬小麦营养生长和生殖生长的旺盛时期，土壤持水量不足75%～80%时滴水，滴水2次，灌水定额450～600m^3/hm^2。

孕穗-扬花：此期是冬小麦对水分敏感的时期，是需水“临界期”，土壤持水量不足75%～80%时滴水，滴水 2～3 次，灌水定额 450～600m^3/hm^2。

扬花-乳熟：此期是冬小麦籽粒形成、提高粒数的关键时期，防止小麦早衰或贪青晚熟，土壤持水量不足 70%～85%时滴水，滴水 2～3 次，灌水定额 525～600m^3/hm^2，蜡熟初期土壤含水量较低或预备复种的麦田，增加一次灌水或最后一水适当延迟，灌水定额 450m^3/hm^2 左右。

2）春小麦灌溉制度

一般情况下，春小麦全生育期滴水 8～10 次，灌水周期 8～10d，灌溉定额 4200～6000m^3/hm^2。

茬灌：春小麦种植前的第一年入冬前进行茬灌，灌水定额为 600～750m^3/hm^2。

出苗水：春小麦播种后及时滴出苗水，灌水定额 450～525m^3/hm^2。也可以充分利用原墒（冬前灌水和雪墒充足）播种出苗。

出苗-拔节：春小麦二叶一心期，幼苗开始分化，土壤持水量不足 70%～75%时滴水，滴水 1 次，灌水定额 450～600m^3/hm^2。

拔节-孕穗：此期是春小麦营养生长和生殖生长的旺盛时期，是需水“临界期”，滴水 2～3 次，灌水定额 450～600m^3/hm^2。

孕穗-扬花：此期是春小麦第二个需水“临界期”，土壤持水量不足 80%时滴水，滴水 2 次，灌水定额 525～600m^3/hm^2。

扬花-乳熟：此期是春小麦增加粒重的关键时期，土壤持水量不足 70%～75%时滴水，滴水 2～3 次，灌水定额 525～600m^3/hm^2，蜡熟初期土壤含水量较低或预备复种的麦田，增加一次灌水或最后一水适当延迟，灌水定额 450m^3/hm^2 左右。

（5）施肥管理

基本原则：小麦的施肥应采用有机、无机相结合、“测土配方”施肥、施好基肥、带好种肥等原则，同时要注意施肥技术与高产优质栽培技术相结合，尤其要重视水肥联合调控。按小麦生育规律及时供应水肥，提高肥料利用率，“少吃多餐”，高产田小麦氮肥用量应适当后移，以增强灌浆强度、增加粒重。

1）冬小麦施肥制度

施肥总量：全生育期施肥总量为纯氮 262～310kg/hm^2，其中 20%左右用作基肥；P_2O_5 162～198kg/hm^2，其中 60%左右用作基肥；K_2O 41～51kg/hm^2。

基肥：可充分利用秸秆还田，临冬秋翻地时施入农家肥，可用纯氮 55～69kg/hm^2、P_2O_5 101～121kg/hm^2，充分混匀后机械撒施，然后深翻。犁地深度 25～30cm，犁后平整成“待播状态”。

种肥：冬小麦播种未带种肥，可滴出苗水时补施种肥，以培育壮苗，可随水滴施纯氮 14～21kg/hm^2，P_2O_5 7.7～11.5kg/hm^2，K_2O 5～7.7kg/hm^2。

出苗-返青：此期随水滴施纯氮 14～21kg/hm^2，P_2O_5 7.7～11.5kg/hm^2，K_2O 5～7.7kg/hm^2，观察苗情长势，也可不滴施肥。

拔节-孕穗：小麦拔节期是营养生长和生殖生长非常旺盛的时期，弱苗滴施水肥应提前，旺苗和壮苗应适当延后，滴施肥 2 次，每次可随水滴施纯氮 34～41kg/hm^2（尿素

75～90kg/hm^2），P_2O_5 7.7～11.5kg/hm^2，K_2O 5～7.7kg/hm^2。

孕穗-扬花：此期小麦幼穗迅速生长，是穗粒数形成的关键时期。滴施肥 2～3 次，每次随水滴施纯氮 28～35kg/hm^2，P_2O_5 7.7～15.4kg/hm^2，K_2O 5～10kg/hm^2。

扬花-乳熟：此期是小麦籽粒形成、增加粒数的关键时期。滴施肥 1～2 次，每次随水滴施纯氮 14～21kg/hm^2，P_2O_5 7.7～15.4kg/hm^2，K_2O 5～10kg/hm^2，最后一次滴水一般不滴肥。

叶面肥：小麦叶面肥在抽穗或灌浆期施用，有控旺、抗病、抗旱、抗高温、抗干热风、增加穗粒数、提高千粒重的作用。可采用每亩喷施磷酸二氢钾 200g+尿素 200g。

2）春小麦施肥制度

施肥总量：全生育期施肥总量为纯氮 207～276kg/hm^2，其中 25%左右用作基肥；P_2O_5 155～191kg/hm^2，其中 65%左右用作基肥；K_2O 36～45kg/hm^2。

基肥：可充分利用秸秆还田，临冬秋翻地时施入农家肥，可用纯氮 48～69kg/hm^2、P_2O_5 101～122kg/hm^2，充分混匀后机械撒施，然后深翻。犁地深度 25～30cm，犁后平整成“待播状态”。

种肥：小麦播种未带种肥，可滴出苗水时补施种肥，以培育壮苗，可随水滴施纯氮 14～21kg/hm^2，P_2O_5 7.7～11.5kg/hm^2，K_2O 5～7.7kg/hm^2。

出苗-拔节：春小麦苗期若土地肥力不均、营养不足、麦苗点片瘦弱时，可随水滴施纯氮 14～21kg/hm^2，P_2O_5 7.7～11.5kg/hm^2，K_2O 5～7.7kg/hm^2，长势旺的麦田可不施肥。

拔节-孕穗：此期小麦营养生长和生殖生长非常旺盛，弱苗滴施水肥应提前，旺苗和壮苗应适当延后，滴施肥 2～3 次，每次可随水滴施纯氮 21～28kg/hm^2，P_2O_5 7.7～11.5kg/hm^2，K_2O 5～7.7kg/hm^2。

孕穗-扬花：此期小麦幼穗迅速生长，是穗粒形成的关键时期。滴施肥 2 次，每次随水滴施纯氮 21～28kg/hm^2，P_2O_5 7.7～15.4kg/hm^2，K_2O 5～10kg/hm^2。

扬花-乳熟：此期是小麦籽粒形成、增加粒数的关键时期。滴施肥 1～2 次，每次随水滴施纯氮 14～21kg/hm^2，P_2O_5 7.7～15.4kg/hm^2，K_2O 5～10kg/hm^2，最后一次滴水一般不滴肥。

叶面肥：春小麦叶面肥在抽穗或灌浆期可采用每亩喷施磷酸二氢钾 200g+尿素 200g。

肥料的选择：基肥应选择品质有保证、销售商信誉高、售后服务质量好的肥料品种和销售商。有机肥应选择腐熟的有机肥或商品有机肥。由于滴灌技术对肥料的溶解度要求高，追肥肥料品种可选择水不溶物＜0.5%的滴灌专用肥，或者选择尿素、磷酸二氢钾或养分含量>72%的磷酸一铵及养分含量>50%的硫酸钾肥料。选择滴灌专用肥应以磷肥用量为基础，不足的氮肥用单质氮肥（如尿素）补足。

（6）栽培管理

1）播种

春小麦：土壤解冻 5～7cm，机械可作业即可播种。一般年份北疆播种为 3 月中下旬。冬小麦：昼夜气温平均稳定到 16～18℃为最佳播期。一般年份北疆播种为 9 月中下旬。

2）播种量

根据千粒重确定播种量，按千粒重 45g 确定每公顷播种量，春小麦播种量 300～375kg/hm^2，冬小麦播种量 225～300kg/hm^2。

3）播种方式

采用 3.6m 播幅，24 行条播机等行距条播，播深 3～4cm，要求下籽均匀，不重播、不漏播，播深一致，覆土良好，镇压确实，播行端直，到头到边。

4）化除

若麦田有阔叶杂草，在小麦拔节期滴施水肥之前、晴朗无风的情况下，用 20%二甲四氯水剂 2250～3000ml/hm^2、兑水 40～50kg 喷雾等药剂除杂草。

5）化调

在小麦拔节完成前，对旺苗或群体大的可用矮壮素 3750～4500g/hm^2 等药剂调控；长势过旺的 3～5d 后可进行第二次化调，用矮壮素 1500～1800g/hm^2 等药剂，宁早勿晚。

6）病虫害防治

病害

种子处理：为防止小麦种传等病虫害，播前应进行拌种。播前用种子质量 0.3%的 40%拌种霜粉剂或 0.2%的 50%多菌灵粉剂拌种，并用 0.3%～0.5%的磷酸二氢钾拌、闷种，晾干待播，或者选用其他专用拌种剂拌种。

针对小麦发生的不同病状，因地制宜、有针对性地进行防治。白粉病症状：灰白色丝状小霉点，以后逐渐扩大成圆形或椭圆形绒絮状霉斑，上面覆有一层粉状霉，渐变为灰色、灰褐色。条锈病症状：叶片、叶鞘、茎秆和穗部，鲜黄色狭长形至长椭圆形，排列成条状。每公顷用 15%的粉锈宁 750g 或 25%的粉锈宁 450～600g，兑水 375～450kg 喷雾防治，或者选用其他药剂防治。细菌性花叶条斑病症状：叶片发病初期，有似针尖大小的深绿色小斑点，扩展为半透明水浸状的条斑，后变深褐色，常出现小颗粒状细菌溢脓。常用药剂 200mg/kg 的链霉素液喷雾防治，或者选用其他药剂防治。

虫害

小麦生产中的主要害虫（蓟马或蚜虫）用 2.5%的敌杀死或 20%的速灭丁，用量 300～600g/hm^2，兑水 375～450kg 喷雾防治，或用 50%的抗蚜威可湿性粉剂 4000 倍液喷雾防治。

7）收获

小麦蜡熟后期籽粒中干物质积累达到高峰，是收获的最佳时期，可采用联合收割机进行收获。

8）其他

认真做好灌溉与施肥量的记录，记录每次灌水时间、施肥时间、用量、肥料种类。详细记录主要栽培措施的实施时间、技术措施、用量。统计并记录各田块的产量及品质指标。每隔 3 年，在小麦收获后取土测定农田 0～20cm 土层的土壤养分和盐分，确定土壤的肥力等级、施肥量、灌水定额。

小麦滴完最后一次水，趁麦秆尚未枯萎前取下支（辅）管放置，盘放整齐准备第二年再用，为机收做准备。不进行复播再种的地块，毛管回收可在收获后、入冬前进行。

二、宁夏小麦、玉米滴灌栽培技术模式

（一）宁夏春小麦滴灌栽培技术模式

1. 宁夏春小麦生产现状

宁夏是我国春小麦的主产区之一，对于提高春小麦产量、减少春小麦农业用水量有

迫切的需求，并且一直都在探索春小麦节水增产的方法。李凤霞等于 1997～1998 年在宁夏回族自治区农业开发办公室广武试验农场研究了土壤水分对春小麦的影响，提出了传统灌溉条件下适合的春小麦灌溉制度[1]。赵桂芳等研究了引黄灌区春小麦合理的氮磷施用量，发现在不同的土地类型上，春小麦合理的氮磷施用量不同[2]。王小亮等在宁夏农林科学院农作物研究所试验地对春小麦垄作节水栽培技术进行了研究，提出了适合春小麦垄作的种植模式[3]。

宁夏小麦种植面积约为 20.1 万 hm^2，其中春小麦 14.0 万 hm^2。平均产量 2634kg/hm^2，其中，引黄灌区平均产量 4466kg/hm^2，山区平均 1149kg/hm^2。

宁夏农垦平吉堡农场始建于 1959 年，经历了军垦、农垦，土地面积 1.12 万 hm^2，耕地 0.37 万 hm^2。该农场小麦的灌水方式采用畦灌，小麦灌溉定额干旱年 412.5～480mm，正常年 360～420mm，全生育期灌水次数为 4～5 次。

宁夏春小麦品种以宁春 4 号为主，行距 15～20cm，播量 525～570kg/hm^2。整个生育期施 N 320kg/hm^2 左右，P_2O_5 112kg/hm^2 左右，K_2O 52kg/hm^2 左右。磷肥、钾肥全部基施，氮肥一半基施，一半追施（分 2～3 次），抛洒于地表。平吉堡农场当地小麦产量丰收年可达 7500kg/hm^2，正常年一般在 6000kg/hm^2。

2. 宁夏引黄灌区滴灌春小麦水肥一体化技术高产栽培规程

（1）范围

本规程规定了宁夏引黄灌区滴灌春小麦水肥一体化生产中的材料及设备、水分管理、养分管理、水肥耦合、配套技术、设备维护等。

本规程适用于宁夏引黄灌区春小麦滴灌栽培。

（2）技术要点

1）材料

种子：宁春 4 号、N618 等适于密植的矮秆春小麦高产品种。

土壤：砂性壤土、粉壤土、壤土等典型土壤。

肥料：应选用水溶性肥料或液体肥料。

2）种植模式

等间距播种，间距 10～15cm；播量为 405～600kg/hm^2，保证基本苗在 675 万～825 万株/hm^2。当地面气温稳定在 2～3℃、表面土层化冻 5～6cm 时即可播种，宁夏引黄灌区适宜播种期为 2 月底至 3 月中旬，春小麦播种早则产量高。图 6-3 为宁夏春小麦行距 15cm 的种植模式与“一管六行”的滴管带布置模式。

小麦田应在苗期后期及时用农药来除双子叶杂草，喷洒农药应在晴天无风情况下进行。在灌浆期应喷洒农药防治小麦蚜虫和锈病等病害。春小麦蜡熟末期为最佳收获期，此时收获小麦产量高、品质好。

3）滴灌系统布置及设备

滴灌带：选用内嵌迷宫式滴灌带，滴头出水量 1.3～2.5L/h，滴头距离 30cm。滴灌带间距 60～90cm（土壤质地轻的，取小值；质地重的，取大值），一条滴灌带控制灌溉 4～6 行小麦。

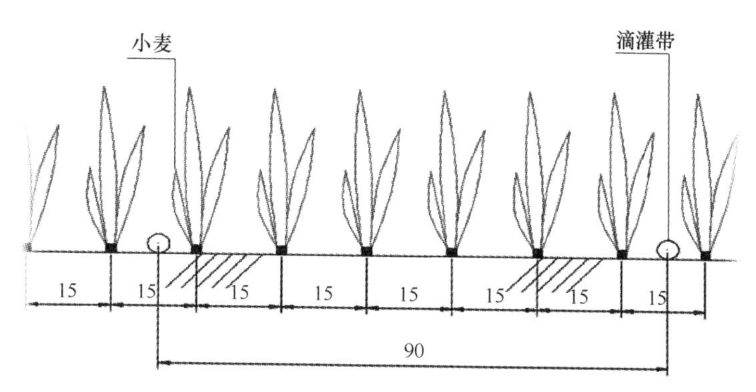

图 6-3　宁夏春小麦种植模式与滴管带的布置方式
图中数据单位均为 cm

过滤器：根据水源水质情况选配过滤器。一般过滤水中的砂石，可选用离心式过滤器作一级过滤设备；过滤水中有机杂质和其他杂质，可选用网式过滤器、离心式过滤器或砂石介质式过滤器作二级过滤设备。泥沙很细且较多时，可考虑在一级过滤前用沉淀池先行预处理。

施肥器：可选用压差式施肥器、文丘里式施肥器、注射泵式施肥器。注射泵式施肥器一般在系统首部装置用得较多，田间小区级一般用压差式施肥器或文丘里式施肥器较多。

4）水分管理

自然降雨与补水灌溉相结合。灌水次数与灌水量依据春小麦需水规律、灌前土壤墒情及降雨情况确定。

需水总量。根据春小麦需水规律与土壤墒情情况，确定灌水量。保证灌溉定额与春小麦生育期内降雨量总和要达到 454～550mm，各时期需水量见表 6-5。

表 6-5　宁夏滴灌春小麦需水量分配

生育阶段	播种-分蘖	分蘖-拔节	拔节-抽穗	抽穗-乳熟	乳熟-成熟	全生育期
分配比例/%	14	16	34	18	18	100
需水量/mm	68～76	70～94	155～180	75～105	86～95	454～550

补水灌溉时期。灌溉关键期为苗期、拔节期、抽穗期、灌浆期和乳熟期，要根据春小麦不同生育阶段、不同土壤深度、土壤相对含水量确定灌溉情况。当土壤相对含水量低于灌水下限（表 6-6）时，应及时补水，灌到土壤含水量达到田间持水量或 90%田间持水量。

表 6-6　宁夏滴灌春小麦灌溉土壤相对含水量灌水下限及灌水深度

生育阶段	播种-分蘖	分蘖-拔节	拔节-抽穗	抽穗-乳熟	乳熟-成熟
土壤深度/cm	20	20	40	40	40
相对含水量/%	75	80	80	80	65

5）　养分管理

原则。有机无机相结合，随灌溉水分次施肥，碱性土壤酸性肥料优先。

肥料选择。肥料养分含量要高，水溶性要好；肥料的不溶物要少，品质要好，与灌溉水相互作用小；选择的肥料品种之间能相溶，相互混合不发生沉淀；选择的肥料腐蚀性要小，偏酸性为佳。优先选择能满足春小麦不同生育期养分需求的专用水溶性复合肥料。

施肥方式。有机肥及非水溶性肥料基施；磷肥40%左右基施，其余60%滴施；氮肥和钾肥以滴施为主，以基施为辅。

施肥量。中等肥力土壤，目标产量达到7000～8400kg/hm^2。适宜施肥量为有机肥：30～40m^3/hm^2；化肥：氮（N）225～270kg/hm^2，磷（P_2O_5）80～120kg/hm^2，钾（K_2O）40～130kg/hm^2；适量补充中微量元素肥料。

基肥与追肥比例。春小麦生育期氮、磷、钾肥基肥与追肥比例见表6-7。

表6-7　宁夏滴灌春小麦氮、磷、钾肥料基施、追施比例　（单位：%）

肥料种类	氮肥	磷肥	钾肥
基肥	10～20	40～50	10～20
追肥	80～90	50～60	80～90

6）水肥耦合

水肥一体化配置。春小麦生育期水肥一体化滴灌施肥配置比例见表6-8。

表6-8　宁夏滴灌春小麦水肥一体化施肥配置比例

生育时期	灌水定额/mm	灌水次数	养分含量/%			中微量元素肥料/%	有机肥/%	备注
			N	P_2O_5	K_2O			
播种前	0	—	15	40	15	100	100	施基肥
播种-分蘖	0	—	0	0	0	—	—	—
拔节期	30～45	2	20	10	20	—	—	滴灌施肥
拔节-抽穗	40～45	2	25	20	25	—	—	滴灌施肥
灌浆期	30～40	4	25	20	25	—	—	滴灌施肥
乳熟期	20～30	2	15	10	15	—	—	滴灌施肥
合计	—	10	100	100	100	100	100	—

田间滴灌施肥。施肥前，先滴清水20～30min，待滴灌管得到充分清洗，土壤湿润后开始施肥，灌水及施肥均匀系数达到0.8以上；施肥期间及时检查，确保滴水正常；施肥结束后，继续滴清水20～30min，将管道中残留的肥液冲净。

7）设备维护

每次滴灌前要检查管道接头、滴灌管（带），防止漏水，如有漏水要及时修补；及时清洗过滤器，定期对离心式过滤器集沙罐进行排沙；要定期检查，及时维修系统设备；收获前应及时将田间滴灌管及施肥器等设备收回。

（二）宁夏春玉米滴灌栽培技术模式

1. 宁夏春玉米生产现状

玉米是宁夏三大粮食作物之一，占粮食总产量的45.7%，是宁夏粮食产量的第一大作物[4]。玉米在推动宁夏粮食产量上起到了重大的作用，对宁夏农业的发展和提高农民的收入有着重要的意义[4]。但 1965 年玉米种植面积仅 2.75 万 hm^2，只占粮食作物播种面积的 0.36%，总产量占粮食作物产量的 0.79%。20 世纪 70 年代中期，随着宁夏养殖业和以玉米为原料的深加工企业的迅速发展，玉米种植面积快速扩大，2004 年的玉米播种面积增加至 108 万 hm^2，总产量增至 117.7 万 t，是 1965 年的 178.3 倍，占粮食作物总产量的比例提高至 40.5%[5]。2008 年宁夏玉米平均单产为 7161kg/hm^2[4]，宁夏科研工作者将培育的新品种和高产配套技术相结合，玉米单产达到 9750kg/hm^2，最高纪录是 15 000kg/hm^2，这说明玉米的增产潜力很大。

李强等[6] 2012 年在宁夏盐池县冯记沟乡的试验表明，膜下滴灌比覆膜常规灌溉的水分利用率提高了 34.4%，比覆膜不灌水提高了 29%，这说明覆膜保墒技术与滴灌技术相结合是旱地玉米最为理想的种植方式，不仅可以提高水分利用效率，还可以改善玉米生长的微环境。魏兰[7]在分析玉米水肥一体化膜下滴灌技术在宁夏固原市原州区推广的必要性时，指出水肥一体化技术主要是节水增产作用，肥随水滴可以使肥料的利用率提高 20%，带动玉米增产 10%以上，每年原州区节省水资源 3780 万 m^3，节本增收总额可高达 7500 元/hm^2，原州区每年可增收 1.89 亿元。2012 年宁夏回族自治区玉米种植面积约为 24.6 万 hm^2，平均产量 7050kg/hm^2（其中，引黄灌区平均 10 434kg/hm^2，山区平均 5586kg/hm^2）。

2012 年试验所在地——平罗县全县现有耕地 5.48 万 hm^2，2008 年农作物种植面积 6.51 万 hm^2，粮食作物面积 5.07 万 hm^2，其中玉米面积 2.44 万 hm^2，总产量 17.3 万 t。2013 年试验所在地——宁夏农垦平吉堡农场试验地附近种有大量连片的同品种玉米（正大 12 号），这些玉米均采用地面沟灌、不覆膜种植，且播种、收获时间与试验玉米邻近。2013 年当地产量为 12 000～13 500kg/hm^2。当地玉米采用等行距播种方式，行距 55～60cm，株距 30cm。采用地面沟灌，一般在拔节期、抽穗期、灌浆期各灌 1 次，每次灌水约 100mm，共灌溉水量 300mm 左右。

宁夏玉米主要品种有先玉 335、正大 12 号等。整个生育期一般施 N 364kg/hm^2 左右，P_2O_5 128kg/hm^2 左右，K_2O 54kg/hm^2 左右。其中氮肥的 50%、全部磷肥和钾肥作为基肥施入，拔节期追施 30%氮肥、抽穗期追施 20%氮肥。

2. 宁夏引黄灌区滴灌玉米水肥一体化技术高产栽培规程

（1）范围

本规程规定了宁夏引黄灌区玉米膜下滴灌水肥一体化生产中的材料及设备、水分管理、养分管理、水肥耦合、配套技术、设备维护等。

本规程适用于宁夏引黄灌区玉米膜下滴灌栽培。

（2）技术要点

1）材料

种子：迪卡 519 和正大 12 号等密植矮秆的高产品种。

土壤：砂性壤土、粉壤土、壤土等典型土壤。

地膜：选用幅宽 75cm、厚度为 0.008～0.010mm 的塑料薄膜，其物理机械性能应满足机械化播种需求：双向拉伸负荷≥0.6N、断裂伸长率≥120%、直角撕裂负荷≥0.5N。

肥料：应选用水溶性肥料或液体肥料。

2）种植模式

采用宽窄行种植方式，即窄行距 30cm、宽行距 60cm、株距 25cm，玉米种植密度约 79 350 株/hm^2，玉米播种采用人工点播机，按照宽窄行进行播种。玉米播种后铺设滴灌带和地膜，滴灌带采用 1 管控制 2 行铺设；地膜采用宽度为 75cm、厚度为 0.008mm 的薄膜。

春玉米的最优种植方式（30-60-25）及滴灌带的布置方式见图 6-4。

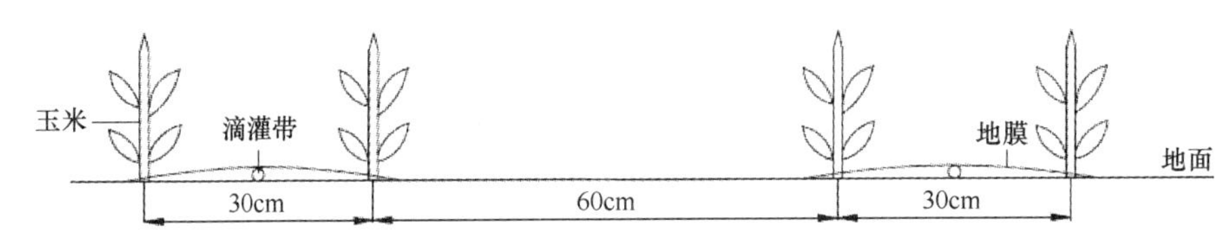

图 6-4 春玉米的种植模式及滴管带的布置方式

3）滴灌系统布置及设备

滴灌带。选用内嵌迷宫式滴灌带，滴头出水量 1.3～2.5L/h，滴头距离 30cm。滴灌带间距 90～120cm（土壤质地轻的，取小值；质地重的，取大值），一条滴灌带控制灌溉 2 行玉米，滴灌带布置在窄行中间处。

过滤器。根据水源水质情况选配过滤器。一般过滤水中的砂石，可选用离心式过滤器作一级过滤设备；过滤水中有机杂质和其他杂质，可选用网式过滤器、离心式过滤器或砂石介质式过滤器作二级过滤设备。泥沙很细且较多时，可考虑在一级过滤前用沉淀池先行预处理。

施肥器。可选用压差式施肥器、文丘里式施肥器、注射泵式施肥器。注射泵式施肥器一般在系统首部装置用得较多，田间小区级一般用压差式施肥器或文丘里式施肥器较多。

4）水分管理

自然降雨与补水灌溉相结合，玉米生长前期要控水，中期要适当增加灌水量。灌水次数与灌水量依据玉米需水规律、灌前土壤墒情及降雨情况确定。

需水总量。根据玉米需水规律与土壤墒情情况，确定灌水量。保证灌溉定额与玉米生育期内降雨量总和要达到 437～541mm，各时期需水量见表 6-9。

表 6-9 宁夏滴灌玉米需水量分配

生育阶段	苗期	拔节期	大喇叭口期	灌浆期	乳熟期	全生育期
分配比例/%	17	17	25	26	15	100
需水量/mm	80～92	66～89	112～137	110～141	69～82	437～541

补水灌溉时期。灌溉关键期为苗期、拔节期、大喇叭口期、灌浆期、乳熟期，补水要求依据玉米不同生育阶段、不同土壤深度、土壤相对含水量确定。当土壤相对含水量低于下限（表 6-10）时，应及时补水。

表 6-10 宁夏滴灌玉米灌溉土壤相对含水量下限

生育阶段	苗期	拔节期	大喇叭口期	灌浆期	乳熟期
土壤深度/cm	20	40	60	60	60
相对含水量/%	65	75	80	85	65

5）养分管理

原则。有机无机相结合，随水分次施肥，碱性土壤酸性肥料优先。

肥料选择。肥料养分含量要高，水溶性要好；肥料的不溶物要少，品质要好，与灌溉水相互作用小；选择的肥料品种之间能相溶，相互混合不发生沉淀；选择的肥料腐蚀性要小，偏酸性为佳。优先选择能满足玉米不同生育期养分需求的专用水溶复合肥料。

施肥方式。有机肥及非水溶性肥料基施；磷肥20%～40%基施，其余60%～80%滴施；氮肥和钾肥以滴施为主，力争全部滴施。

施肥量。中等肥力土壤，目标产量达到15 900～17 300kg/hm^2，适宜施肥量为有机肥：30～40m^3/hm^2；化肥：氮（N）255～285kg/hm^2，磷（P_2O_5）90～120kg/hm^2，钾（K_2O）40～130kg/hm^2；适量补充中微量元素肥料。

基肥与追肥比例。玉米生育期氮、磷、钾肥基肥与追肥比例见表6-11。

表6-11　宁夏滴灌玉米氮、磷、钾肥料基施、追施比例　（单位：%）

肥料种类	氮肥	磷肥	钾肥
基肥	0～10	20～40	0～10
追肥	90～100	60～80	90～100

6）水肥耦合

水肥一体化配置。玉米生育期水肥一体化滴灌施肥配置比例见表6-12。

表6-12　宁夏滴灌玉米水肥一体化施肥配置比例

生育时期	灌水定额/mm	灌水次数	养分含量/%			中微量元素肥料/%	有机肥/%	备注
			N	P_2O_5	K_2O			
播种前	0	—	0	20	0	100	100	施基肥
播后	0	—	0	0	0	—	—	—
拔节期	40～45	1	50	40	50	—	—	滴灌施肥
大喇叭口期	40～45	2	20	15	20	—	—	滴灌施肥
灌浆期	30～40	3	30	25	30	—	—	滴灌施肥
乳熟期	30～35	2	0	0	0	—	—	滴灌施肥
合计	—	8	100	100	100	100	100	—

田间滴灌施肥。施肥前，先滴清水20～30min，待滴灌管得到充分清洗，土壤湿润后开始施肥，灌水及施肥均匀系数达到0.8以上；施肥期间及时检查，确保滴水正常；施肥结束后，继续滴清水20～30min，将管道中残留的肥液冲净。

7）设备维护

系统设备维护要做到：每次滴灌前要检查管道接头、滴灌管（带），防止漏水，如有漏水要及时修补；及时清洗过滤器，定期对离心式过滤器集沙罐进行排沙；要定期检查、及时维修系统设备；收获前应及时将田间滴灌管及施肥罐等设备收回。

三、甘肃小麦、玉米滴灌栽培技术模式

（一）甘肃春小麦滴灌栽培技术模式

1. 甘肃春小麦生产现状

甘肃省是冬春麦混种区，小麦种植面积为93.3万hm^2左右，其中冬小麦60.0万hm^2

左右，春小麦 33.3 万 hm^2 左右，平均产量 3045kg/hm^2 [8]。因此，提高春小麦产量对甘肃粮食增产具有重要的意义。袁俊秀等 2006 年在甘肃武威市设计试验，研究了不同播期下春小麦籽粒产量与品质的变化规律，提出适期早播可以提高春小麦产量并提高品质[9]。刘小刚等 2007 年在甘肃石羊河农业与生态节水试验站研究了水氮互作对石羊河流域春小麦的影响，提出了施氮量 168kg/hm^2、全生育期灌水 4 次、并在拔节期灌水 90mm 是石羊河流域春小麦最适合的灌水施氮模式[10]。张立勤等 2004～2005 年在甘肃省农业科学院张掖节水农业试验站研究了春小麦垄作栽培适宜的种植密度及施肥量，提出了垄作春小麦适宜种植密度为 675 万～750 万株/hm^2、施肥量为纯氮 180kg/hm^2、P_2O_5 为 144kg/hm^2 时较为适合[11]。

小麦是武威市的主要粮食作物，常年播种面积 10 万 hm^2 左右。新中国成立以来，经过 5 次较大规模的品种更新，产量已从 1950 年的 952.50kg/hm^2 上升到 2003 年的 5604kg/hm^2，总产由 6.41 万 t 增加到 38.21 万 t。2009 年全市小麦总播面积 6.61 万 hm^2，总产达到 33.79 万 t，其中优质小麦面积达到 5.26 万 hm^2，占 79.58%。目前，武威市种植的优质小麦主要为中筋力的适于制作馒头及面条的品种，包括永良 4 号、永良 15 号、宁春 18 号、武春 2 号、武春 3 号等，而种植面积最大的优质小麦品种为永良 4 号，约占优质小麦面积的 70%，该品种已在生产上推广应用近 20 年。

据了解，武威当地并没有统一的灌溉、施肥制度，人们凭借自己的经验进行农业管理，春小麦播种前一般底肥施用 300kg/hm^2 尿素和 525kg/hm^2 磷酸二氢铵。共计灌水 4 次，约 480mm。小麦产量为 6750～7500kg/hm^2。

2. 甘肃春小麦滴灌水肥一体化技术高产栽培规程

（1）范围

本规程规定了甘肃旱区春小麦滴灌水肥一体化生产中的材料及设备、水分管理、养分管理、水肥耦合、配套技术、设备维护等。

本规程适用于甘肃旱区春小麦滴灌栽培。

（2）技术要点

1）材料

种子：永良 4 号等适于甘肃旱区的密植矮秆春小麦高产品种。

土壤：粉壤土、壤土等典型土壤。

肥料：应选用水溶性肥料或液体肥料。

2）种植模式

等间距播种，间距 15cm；播量为 405～600kg/hm^2，保证基本苗在 675 万～825 万株/hm^2。当地面气温稳定在 2～3℃、表面土层化冻 5～6cm 时即可播种，甘肃旱区适宜播种期为 3 月底至 4 月初。

甘肃旱区春小麦种植模式与滴管带布置方式如图 6-5 所示。

3）滴灌系统布置及设备

滴灌带。选用内嵌迷宫式滴灌带，滴头出水量 2.0～2.5L/h，滴头距离 30cm。滴灌带间距 90cm，一条滴灌带控制灌溉 6 行小麦。

过滤器。根据水源水质情况选配过滤器。一般过滤水中的砂石，可选用离心式过滤器作一级过滤设备；过滤水中有机杂质和其他杂质，可选用网式过滤器、离心式过滤器或砂石介质式过滤器作二级过滤设备。泥沙很细且较多时，可考虑在一级过滤前用沉淀池先行预处理。

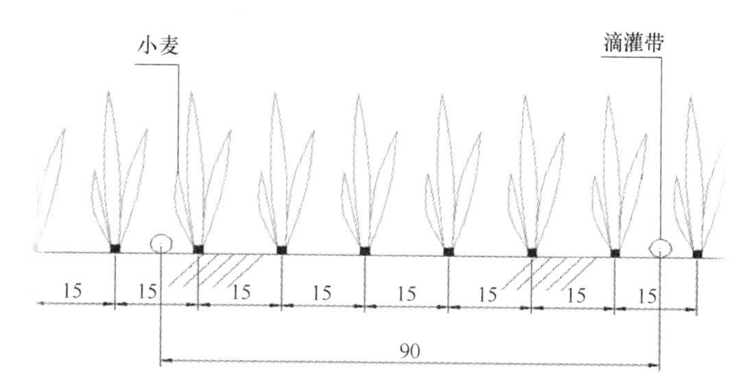

图 6-5　甘肃旱区春小麦种植模式与滴管带的布置方式

图中数据单位为 cm

施肥器。可选用压差式施肥器、文丘里式施肥器、注射泵式施肥器。注射泵式施肥器一般在系统首部装置用得较多，田间小区级一般用压差式施肥器或文丘里式施肥器较多。

4）水分管理

自然降雨与补水灌溉相结合。灌水次数与灌水量依据春小麦需水规律、灌前土壤墒情及降雨情况确定。

需水总量。根据春小麦需水规律与土壤墒情情况，确定灌水量。保证灌溉定额与春小麦生育期内降雨量总和要达到 423～500mm，各时期需水量见表 6-13。

表 6-13　甘肃旱区滴灌春小麦需水量分配

生育阶段	播种-分蘖	分蘖-拔节	拔节-抽穗	抽穗-乳熟	乳熟-成熟	全生育期
分配比例/%	14	21	26	20	19	100
需水量/mm	60～72	90～107	113～128	80～100	80～95	423～500

补水灌溉时期。灌溉关键期为苗期、拔节期、抽穗期、灌浆期和乳熟期，要根据春小麦不同生育阶段、不同土壤深度、土壤相对含水量确定灌溉情况。当土壤相对含水量低于灌水下限（表 6-14）时，应及时补水，灌到土壤含水量达到田间持水量或 90%的田间持水量。

表 6-14　甘肃旱区滴灌春小麦土壤相对含水量灌水下限及灌水深度

生育阶段	播种-分蘖	分蘖-拔节	拔节-抽穗	抽穗-乳熟	乳熟-成熟
土壤深度/cm	20	20	40	40	40
相对含水量/%	85	88	88	88	70

5）养分管理

原则。有机无机相结合，随灌溉水分次施肥，碱性土壤酸性肥料优先。

肥料选择。肥料养分含量要高，水溶性要好；肥料的不溶物要少，品质要好，与灌溉水相互作用小；选择的肥料品种之间能相溶，相互混合不发生沉淀；选择的肥料腐蚀性要小，以偏酸性为佳。优先选择能满足春小麦不同生育期养分需求的专用水溶性复合肥料。

施肥方式。有机肥及非水溶性肥料基施；磷肥40%左右基施，其余60%滴施；氮肥和钾肥以滴施为主，尽可能做到全部滴施。

施肥量。中等肥力土壤，目标产量达到6700～8000kg/hm^2，适宜施肥量为有机肥：30～40m^3/hm^2；化肥：氮（N）160kg/hm^2，磷（P_2O_5）60kg/hm^2，钾（K_2O）176kg/hm^2；适量补充中微量元素肥料。

基肥与追肥比例。春小麦生育期氮、磷、钾肥基肥与追肥比例（表6-15）。

表6-15　甘肃旱区滴灌春小麦氮、磷、钾肥料基施、追施比例　（单位：%）

肥料种类	氮肥	磷肥	钾肥
基肥	0	20	0
追肥	100	80	100

6）水肥耦合

水肥一体化配置。春小麦生育期水肥一体化滴灌施肥配置比例见表6-16。

表6-16　甘肃旱区滴灌春小麦水肥一体化施肥配置比例

生育时期	灌水定额/mm	灌水次数	养分含量/%			中微量元素肥料/%	有机肥/%	备注
			N	P_2O_5	K_2O			
播种前	0	—	0	20	0	100	100	施基肥
播种-分蘖	30～40	1	0	0	0	—	—	—
拔节期	25～40	2	35	28	35	—	—	滴灌施肥
拔节-抽穗	30～40	3	25	20	25	—	—	滴灌施肥
灌浆期	30～40	3	35	28	35	—	—	滴灌施肥
乳熟期	20～30	2	5	4	5	—	—	滴灌施肥
合计	—	11	100	100	100	100	100	—

田间滴灌施肥。施肥前，先滴清水20～30min，待滴灌管得到充分清洗，土壤湿润后开始施肥，灌水及施肥均匀系数达到0.8以上；施肥期间及时检查，确保滴水正常；施肥结束后，继续滴清水20～30min，将管道中残留的肥液冲净。

7）设备维护

每次滴灌前要检查管道接头、滴灌管（带），防止漏水，如有漏水要及时修补；及时清洗过滤器，定期对离心式过滤器集沙罐进行排沙；要定期检查、及时维修系统设备；收获前应及时将田间滴灌管及施肥器等设备收回。

（二）甘肃春玉米滴灌栽培技术模式

1. 甘肃制种春玉米生产现状

玉米是甘肃省主要的粮食作物，1999～2004年甘肃玉米播种面积为46.67万hm^{2}以上，产量200万t[12]，甘肃玉米播种面积占全国的2.01%[13]，近年来，甘肃玉米制种业快速发展，成为甘肃玉米发展的一个机遇。1997～2000年，制种玉米面积由0.67万hm^{2}发展到2.4万hm^2，产量约1.2亿kg，成为全国第二大杂交玉米调出省。截至2003

年，制种玉米面积达到 7.2 万 hm^2，超出全国制种玉米总需求的 50%，一跃成为全国第一大杂交玉米调出省。2014 年王福霞等[14]研究表明在膜下滴灌条件下，制种玉米种植密度对产量的影响较大，当灌水定额相同时，种植密度越大，穗粒数越多，总产量越高；在甘肃石羊河流域推荐采用的种植模式是 1 膜 2 管 5 行（膜宽 145cm、滴灌带间距 55cm），在该种植模式下，制种玉米产量最高，节水 27.8%，水分利用效率提高 19.4%。王雪苗等[15]研究表明最优种植模式是 3 行 2 管（1 膜 3 行玉米 3 行滴灌带），株行距是 30cm×40cm；3 行 2 管利于玉米叶面积的生长、干物质的积累和产量的增加。2009 年周玉乾等[16]通过研究 3 个耐密品种玉米的种植密度发现：低密度时玉米产量随着穗粒数的增加而增加，高密度时玉米产量随着穗粒数的增加而降低；随密度的增加玉米千粒重减少，这说明玉米高密植会影响玉米籽粒的灌浆和养分转运，导致千粒重降低。

2013 年甘肃省玉米制种面积达到 8.2 万 hm^2，产种量 4.78 亿 kg，分别占全国玉米制种总面积和总产量的 42%和 48%，分别较 2012 年上升了 4 个百分点和 5 个百分点。为加快国家级玉米制种基地建设，甘肃省出台了 2014～2020 年的种业发展规划。同时，以多种形式的土地流转为突破口，大力推广以标准化生产、机械化操作、规模化面积、集约化经营为主的“四化”建设，在张掖、酒泉、武威 3 市新建玉米“四化”示范制种基地 1.41 万 hm^2，提高了种子生产组织化程度，为国家玉米制种基地建设项目实施提供了经验和基础。

武威市制种玉米的栽培方式为等行距栽培，行距 40cm，株距 23cm。采取覆膜畦灌的灌溉方法，整个生育期灌溉 5 次，每次灌溉量为 135mm，整个生育期灌水约 675mm。当地纯氮施用量约 300kg/hm^2，氮肥施用方法采取基肥 50%、拔节期追肥 50%的方式施加。

2. 甘肃旱区制种玉米滴灌水肥一体化技术高产栽培规程

（1）范围

本规程规定了甘肃旱区制种玉米膜下滴灌水肥一体化生产中的材料及设备、水分管理、养分管理、水肥耦合、配套技术、设备维护等。

本规程适用于甘肃旱区制种玉米膜下滴灌栽培。

（2）技术要点

1）材料

种子：金西北 22 号和富农 340 等适于甘肃旱区的密植矮秆制种春玉米高产品种。

土壤：粉壤土、壤土等典型土壤。

地膜：选用幅宽 90 cm、厚度为 0.008～0.010mm 的塑料薄膜，其物理机械性能应满足机械化播种需求：双向拉伸负荷≥0.6N、断裂伸长率≥120%、直角撕裂负荷≥0.5N。

肥料：应选用水溶性肥料或液体肥料。

2）种植模式

采用宽窄行种植方式，即窄行距 30cm、宽行距 80cm、株距 15cm，玉米种植密度约 121 200 株/hm^2，玉米播种采用人工点播机按照宽窄行进行播种。玉米播种后铺设滴灌带和地膜，滴灌带采用 1 管控制 2 行铺设；地膜采用宽度为 90cm、厚度为 0.008mm

的薄膜。

春玉米的最优种植方式（30-80-15）及滴灌带的布置方式见图 6-6。

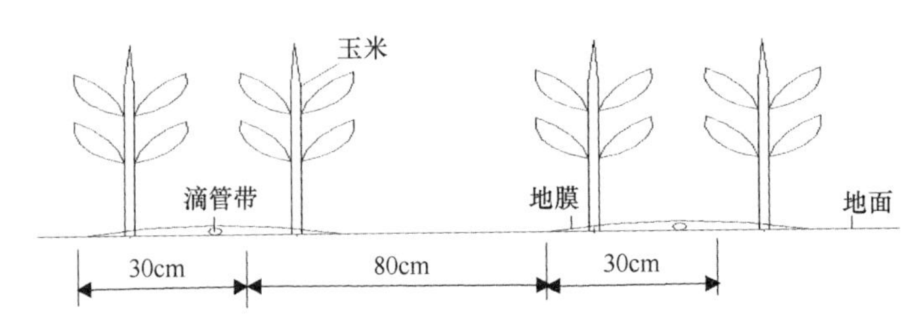

图 6-6 甘肃旱区制种春玉米的种植模式及滴管带的布置方式

3）滴灌系统布置及设备

滴灌带。选用内嵌迷宫式滴灌带，滴头出水量 2.1～2.5L/h，滴头距离 30cm。滴灌带间距 100～120cm（土壤质地轻的，取小值；质地重的，取大值），一条滴灌带控制灌溉 2 行玉米，滴灌带布置在窄行中间处。

过滤器。根据水源水质情况选配过滤器。一般过滤水中的砂石，可选用离心式过滤器作一级过滤设备；过滤水中有机杂质和其他杂质，可选用网式过滤器、离心式过滤器或砂石介质式过滤器作二级过滤设备。泥沙很细且较多时，可考虑在一级过滤前用沉淀池先行预处理。

施肥器。可选用压差式施肥器、文丘里式施肥器、注射泵式施肥器。注射泵式施肥器一般在系统首部装置用得较多，田间小区级一般用压差式施肥器或文丘里式施肥器较多。

4）水分管理

自然降雨与补水灌溉相结合，玉米生长前期要控水，中期要适当增加灌水量。灌水次数与灌水量依据玉米需水规律、灌前土壤墒情及降雨情况确定。

需水总量。根据玉米需水规律与土壤墒情情况，确定灌水量。保证灌溉定额与玉米生育期内降雨量总和要达到 488～552mm，各时期需水量见表 6-17。

表 6-17 甘肃旱区滴灌制种玉米需水量分配

生育阶段	苗期	拔节期	大喇叭口期	灌浆期	乳熟期	全生育期
分配比例/%	9	19	36	28	8	100
需水量/mm	43～47	84～115	183～190	138～150	40～50	488～552

补水灌溉时期。灌溉关键期为苗期、拔节期、大喇叭口期、灌浆期、乳熟期，补水要求依据玉米不同生育阶段、不同土壤深度、土壤相对含水量确定。当土壤相对含水量低于下限（表 6-18）时，应及时补水。

表 6-18 甘肃旱区滴灌制种玉米灌溉土壤相对含水量下限

生育阶段	苗期	拔节期	大喇叭口期	灌浆期	乳熟期
土壤深度/cm	20	40	60	60	60
相对含水量/%	65	75	80	85	65

5）养分管理

原则。有机无机相结合，随水分次施肥，碱性土壤酸性肥料优先。

肥料选择。肥料养分含量要高，水溶性要好；肥料的不溶物要少，品质要好，与灌溉水相互作用小；选择的肥料品种之间能相溶，相互混合不发生沉淀；选择的肥料腐蚀性要小，以偏酸性为佳。优先选择能满足玉米不同生育期养分需求的专用水溶性复合肥料。

施肥方式。有机肥及非水溶性肥料基施；磷肥20%～40%基施，其余60%～80%滴施；氮肥和钾肥以滴施为主，力争全部滴施。

施肥量。中等肥力土壤，目标产量达到15 900～17 300kg/hm^2，适宜施肥量为有机肥：30～40m^3/hm^2；化肥：氮（N）255～285kg/hm^2，磷（P_2O_5）90～120kg/hm^2，钾（K_2O）40～130kg/hm^2；适量补充中微量元素肥料。

基肥与追肥比例。玉米生育期氮、磷、钾肥基肥与追肥比例见表6-19。

表6-19　甘肃旱区滴灌制种玉米氮、磷、钾肥料基施、追施比例　（单位：%）

肥料种类	氮肥	磷肥	钾肥
基肥	0	20	0
追肥	100	80	100

6）水肥耦合

水肥一体化配置。玉米生育期水肥一体化滴灌施肥配置比例见表6-20。

表6-20　甘肃旱区滴灌制种玉米水肥一体化施肥配置比例

生育时期	灌水定额/mm	灌水次数	养分含量/%			中微量元素肥料/%	有机肥/%	备注
			N	P_2O_5	K_2O			
播种前	0	—	0	20	0	100	100	施基肥
播后	30～40	3	5	4	5	—	—	—
拔节期	20～25	4	45	36	45	—	—	滴灌施肥
大喇叭口期	30	3	30	24	30	—	—	滴灌施肥
灌浆期	20～25	3	20	16	20	—	—	滴灌施肥
乳熟期	20～25	1	0	0	0	—	—	滴灌施肥
合计	—	14	100	100	100	100	100	—

田间滴灌施肥。施肥前，先滴清水20～30min，待滴灌管得到充分清洗，土壤湿润后开始施肥，灌水及施肥均匀系数达到0.8以上；施肥期间及时检查，确保滴水正常；施肥结束后，继续滴清水20～30min，将管道中残留的肥液冲净。

7）设备维护

系统设备维护要做到：每次滴灌前要检查管道接头、滴灌管（带），防止漏水，如有漏水要及时修补；及时清洗过滤器，定期对离心式过滤器集沙罐进行排沙；要定期检查、及时维修系统设备；收获前应及时将田间滴灌管及施肥罐等设备收回。

四、青海春油菜滴灌栽培技术模式

（一）青海省春油菜生产现状

青海省是我国北方春油菜的主产区，年种植面积已达到20.7万hm^2，产量达31.57万t，春油菜在青海省农业生产中占有主导地位[17]。中国工程院院士傅廷栋教授指出，“青海为弱冬性油菜不育杂种的最佳制种基地”[18]。干旱缺水是严重制约该地区春油菜发展的主要障碍因素。虽然青海省人均水资源$1.3\times10^4m^3$，远高出全国平均水平，但可利用的水资源总量较少，每平方千米8.8万m^3，仅为全国平均值的1/3，居全国各省（自治区、直辖市）第27位；在有限的可利用的水资源条件下，农田灌溉用水量为18.71亿m^3，占总用水量的51.1%。由于灌溉方式和技术落后、水资源利用率偏低等因素的影响，农业缺水现象十分严重。水安全被提到重要日程，柴达木盆地是我国典型的高海拔绿洲灌溉农业区，由于当地干旱少雨、日照强、蒸发量大，因此水是盆地农林牧业发展的生命线。而长期以来柴达木灌区春油菜生产中大水漫灌现象十分普遍，使有限灌溉水资源的利用问题更为突出。

随着种植业结构的调整和生产的发展，柴达木盆地化肥施用量大幅增加，年化肥施用量在28万t商品量，由于山旱地面积大、干旱缺水及施肥方式落后等，肥料利用率一直徘徊在低水平，尤其是氮肥的利用率长期维持在30%左右，肥料资源浪费和生产效率偏低，因此如何高效合理地利用水、肥资源，开展和应用高效节水和水肥一体化技术，成为当前发展农业的要求之一。

随着柴达木盆地人口的增加和城乡一体化进程的加快，水资源制约该地区经济发展的“瓶颈”已经日益暴露出来。加之现有水利工程设施简陋，灌溉工程老化失修严重、降水少、蒸发量大、作物生长季节性干旱缺水，对灌区农业生产造成了直接影响，水资源供需矛盾十分突出。因此，加快该地区节水及水肥一体化技术应用和与之相配套的滴灌施肥等技术的推广、示范，促进春油菜生产的可持续发展，显得十分紧迫和重要。

（二）柴达木盆地春油菜滴灌栽培技术规范（DB63/T1491—2016）

目前，柴达木盆地绿洲农业区尚没有春油菜滴灌高产栽培的标准化技术，也没有明确规定的春油菜滴灌高产栽培技术规范。制定该规范，一方面可为柴达木盆地春油菜滴灌高产栽培的标准化、规范化生产提供科学可行的技术依据；另一方面可以为标准化基地的建设、新技术和农业机械化的推广、科技成果的转化服务。本项目研究了柴达木盆地滴灌条件下春油菜种植区土壤水分、养分的变化及作物的吸收特性等，提出了作物养分适时供应和水肥高效耦合量化指标，最终确定了滴灌水肥一体化条件下春油菜节水灌溉施肥制度技术模式。

1. 范围

本规范规定了柴达木盆地春油菜滴灌水肥管理技术，涉及春油菜滴灌系统地面设备配置、滴灌灌水管理、施肥管理及农艺配套措施等。

本规范适用于柴达木盆地及同类地区春油菜生产过程中的滴灌栽培。

2. 灌溉管理

滴灌首部装置。滴灌首部装置是整个滴灌系统的驱动、检测和调控中心，包括水泵及动力机、过滤器、施肥罐、控制调节装置等。控制灌溉面积一般以 20hm^2 为宜。

灌水方式。灌溉采用轮灌方式，每轮灌组控制面积约 1.2hm^2。

滴灌带铺设。滴灌带间距 60cm，一条滴灌带控制 2 行。

灌溉制度。根据春油菜的生长发育阶段、土壤墒情、适时降雨量等因素确定春油菜滴灌灌溉制度。春油菜全生育期灌水定额为 5136.00m^3/hm^2，灌水从苗期开始到收获前 15～20d，灌水周期为 5～7d，全生育期灌水 15 次，每次灌水量为 240～405m^3/hm^2。另外，还应根据天气情况，连续高温时应及时补灌。

3. 施肥管理

肥料品种。肥料品种一般为易溶于水的肥料，推荐肥料：尿素（N 46%）、磷酸一铵（N 12%、P_2O_5 46%）、硫酸钾（K_2O 57%）。

施肥量。春油菜施氮肥（N）186.30kg/hm^2、磷肥（P_2O_5）158.70kg/hm^2、钾肥（K_2O）18.75kg/hm^2，在整地前施有机肥 3000kg/hm^2。

施肥方法。基肥应以有机肥（农家肥）为主、化肥为辅，一般在耕翻时施用。在耕翻整地前，将经腐熟的有机肥（农家肥）均匀洒在地表，结合耕翻施入土壤。种肥在春油菜播种时施入，一般结合播种进行，利用播种机施于种子旁侧 3～5cm 的土壤中。宜将 20%氮肥、20%磷肥、20%钾肥作为种肥施用。剩余 80%肥料在出苗后追施，一般分 3 次追施。苗期 28%，蕾苔期 14%，盛花期 38%。

4. 栽培管理

整地。甘蓝型油菜根系发达，一般要求上年早秋翻、细整地以确保全苗。整地时要全田作业，不可保留根茬。播种前旋耕土壤，打碎根茬、土块，要求地平土细，土壤上虚下实。结合整地施有机肥，及时镇压，达到待播状态。

品种选择。推荐品种为青杂 7 号、青杂 6 号。用种子精选机或人工簸、筛等方式去除秕粒、杂质等，保证种子质量。种子用油菜种衣剂加甲拌磷乳油，以药种比 1∶60 进行机械包衣处理，综合防治油菜苗期病虫害及缺素症。

播种。一般播种时间为 4 月中下旬。播种量为 4.50kg/hm^2，行距 30cm，株距 10cm，定苗密度 37.50 万株/hm^2。应采用机械化精量播种，一次完成施肥、播种、铺滴灌带各项作业。

5. 田间管理

出苗检查。出苗期及时到田间检查出苗情况，发现板结，及时采用碾、钉齿耙等农机具消除板结，漏播时补种。

田间除草。在幼苗 3～4 片真叶期时，及时除去行间杂草，疏松土壤，保水增温，保持田间清洁，株距保持在 10cm 左右。

病虫害防治。油菜菌核病：在油菜初花期，用 43%好力克 SC 10～225g/hm^2 叶面喷施 1 次进行防治。茎蟓虫在低龄幼虫期，用 35%赛丹 EC 1200～1500g/hm^2 兑水喷施。

蚜虫在蚜虫发生初期，用 70%艾美乐 WG 7.5～15.0g/hm^2 兑水叶面喷施防治。

适时收获。田间 80%油菜角果呈现黄色，主花序中下部的角果、果皮干皱，果内的种子呈现黑褐色，主茎上部及分枝果序有少数绿果时即可收割。收割应选择早晚或阴天进行，减少炸荚。一般收获时间为 8 月底，收获后及时整地。

第二节　华北主要粮食作物滴灌栽培技术模式

一、河北冬小麦、夏玉米滴灌栽培技术模式

（一）河北冬小麦、夏玉米生产现状

河北省位于中纬度欧亚大陆东岸，地处东经 113°27′～119°50′，北纬 36°05′～42°40′，属于温带大陆性季风气候，年日照时数 2500～3100h；年无霜期 120～200d；年均降水量 524.4mm；1 月平均气温 3℃以下，7 月平均气温 18～27℃，四季分明，是全国粮食主产区之一。2013 年河北省小麦、玉米种植面积分别为 257.9 万 hm^2 和 295 万 hm^2，基本占全省粮食面积的 90%。单产分别为 5550kg/hm^2 和 4950kg/hm^2，总产量约占全省粮食总产的 92%[19-20]。河北省小麦、玉米的高产和稳产在全省粮食安全中占有举足轻重的地位。

河北省小麦、玉米一年两熟主要分布在长城以南地区，特别是石家庄正定以南地区，一年一熟主要分布在长城以北地区（张家口和承德地区），由于地处山区，部分地区为坝上高原，所以粮食作物以玉米为主。

由于河北省特殊的地理位置和环境，受季风气候的影响，河北省水资源现状十分紧张，表现为春旱、夏涝、秋缺水，水资源供需平衡区仅有张家口、秦皇岛两地级市，其余 9 市均为缺水区[21]。河北省衡水、沧州、南宫三大漏斗区面积或中心深埋继续增加。河北省冬小麦生育期从 10 月初到翌年的 6 月初，整个生育期约为 8 个月，多年平均降水量约 109mm，为小麦生育期的降水量占全年降水量的 20%左右，自然降水仅能满足小麦生育期需水量的 1/4。河北省夏玉米生育期正值雨热同期，多年平均降水量约 400mm，约占需水总量的 70%[22]。河北省小麦、玉米的生产高度依赖灌溉水，尤其是地下水，若无灌溉，冬小麦产量仅为灌溉产量的 1/3 左右，夏玉米产量为灌溉产量的 70%～85%。面对河北省小麦、玉米生产和水资源存在尖锐的矛盾，节水农业的发展对促进河北省农业节水起到重大的促进作用。近年来，河北省主要农作物种植面积不断减少，但作物单产和总产持续上升，水分利用效率由原来的 1.0kg/m^3 达到 1.5kg/m^3，提高了 50%，节省了大量的肥料施用量，节省的肥料达 25%～50% [23]。但是，回顾几十年来的节水农业发展历程，我们发现，过去我们总是围绕地面灌溉技术进行小修小补的完善提高。随着现代农业的发展和河北省经济实力的增强，大田作物必须有新型的节水灌溉技术引进和研发，替代现有的地面灌溉技术，才能对实现大面积、大规模节水增产起到事半功倍的效果。近年来，微喷、微灌技术不但在蔬菜、果树生产上广泛应用，而且在小麦、玉米等作物的生产应用上也得到快速发展。新疆采用微喷技术灌溉小麦，近 50 万亩的小麦产量由原来亩产 350kg 左右猛增到 600kg，最高达到 800 多千克。同时，水肥利用效率也得到大幅度提升。

（二）冬小麦、夏玉米微喷灌水肥一体化栽培技术规程

范围：本规程规定了微喷灌冬小麦、夏玉米水肥一体化栽培技术的工程模式、水肥一体化技术模式、农艺栽培管理模式等要求。适用于一年两作区微喷灌冬小麦、夏玉米水肥一体化生产应用。

微喷灌系统主要设备及要求。设备构成：水源工程、首部装置（控制阀、单向阀、施肥器、过滤装置等）、输配水管道系统和灌水器。

系统要求：①水源工程要求。主要水源为井水、河流水，水源水质应符合 GB 5084—2005 和 GB/T 50085—2007 的规定，必要时应对水源水质进行检测。②首部装置要求。为整个灌溉系统提供加压、施肥、过滤、量测、安全保护等作用，首部装置应配备逆止阀、进排气阀；单眼井水泵出水量 $40m^3/h$，扬程根据微喷系统工作压力选定；地下水丰富地区采用潜水泵提水加压，河流渠道、水库地区采用离心泵加压，有地形落差时可采用重力灌溉；施肥装置必须做防腐、防锈处理，水泵压力满足灌溉系统工作时，宜采用文丘里式施肥装置，系统压力偏小可采用二次加压，进口处增加负压施肥装置；过滤装置按水源情况可分为网式过滤器、离心式过滤器、叠片式过滤器等，可过滤系统水中杂质，防止堵塞管道；安全阀、单向阀、进排气阀等安全保护装置可为系统正常工作提供必要的保证，另外，首部应增加流量及测压力装置。③输配水管道系统要求。地上部分管道采用低密度 PE 管，管道直径采用 63mm、75mm、90mm 等规格，管道工作压力为 0.25MPa、0.3MPa；地下管道部分应采用承压 PVC 管材。具体要求：管道总长度短；满足用水要求，操作管理方便；力求管道中心在一条线上，减少拐点和起伏，形成负压；地下管道阀门处采用阀门井，高处配置放气阀，管道末端或低洼处设置排水阀。④灌水器。每卷微喷带应有耐久的注册商标标志，每单位包装应有产品合格证、产品数量、生产日期、检验标等。

微喷带田间布置及技术要求：①微喷带田间布置。以地边为起点向内量 0.9m，铺设第一条微喷带，微喷带铺设长度 75m 左右，微喷带的方向与作物种植行向相同，每隔 1.8～2.4m 布置一条微喷带（沙土地选择 1.8m、黏土地选择 2.4m）。②微喷带规格：折径 65mm，孔径 0.5mm，孔距 25mm，孔间布局呈弧形。微喷带喷口向上，尽可能平整顺直，不要打弯，微喷带铺设完毕后其尾部要进行封堵。③灌溉水利用系数（η）≥90%，喷灌强度（I）=20～30mm/h，灌溉均匀系数（Cu）≥80%。④喷灌雾化指标（Wh）=3000～4000，灌水周期（T）=5d。

水溶性肥料质量要求：肥料可溶度不小于 99%。

1. 冬小麦水肥一体化技术模式

（1）冬小麦田间微喷次数

冬小麦春后最适宜的微喷次数为 4 次，时间分别为拔节期、孕穗期、开花期、灌浆期。

（2）冬小麦适宜微喷肥、水用量

适合壤土和黏质土壤最佳追肥量为 $450kg/hm^2$ 左右、灌溉量为 1350mm，各时期灌水量和追肥量见表 6-21。

表 6-21　壤土和黏质土壤小麦灌水时间、水量级施肥种类和施肥量

灌水时期	灌水时间（月.日）	灌水量/（m^3/hm^2）	肥料种类（N∶P_2O_5∶K_2O）	施肥量/（kg/hm^2）
拔节期	4.5～4.10	375	33∶06∶11	180
孕穗期	4.15～4.20	375	33∶06∶11	120
开花期	4.25～4.30	300	27∶12∶14	105
灌浆期	5.10～5.15	300	24∶12∶14	45

适合沙土和沙壤土最佳追肥量为 525kg/hm^2 左右、灌水量为 1500m^3/hm^2，各时期灌水量和施肥量见表 6-22。

表 6-22　沙土和沙壤土小麦灌水时间、水量级施肥种类和施肥量

灌水时期单位	灌水时间（月.日）	灌水量/（m^3/hm^2）	肥料种类（N∶P_2O_5∶K_2O）	施肥量/（kg/hm^2）
起身期	3.20	300	33∶06∶11	75
拔节期	4.5～4.10	300	33∶06∶11	120
孕穗期	4.15～4.20	300	27∶12∶14	150
开花期	4.25～4.30	300	27∶12∶14	105
灌浆期	5.10～5.15	300	24∶12∶14	45

（3）农艺栽培管理模式

适宜环境条件。0～20cm 土壤耕层有机质≥8.0g/kg、全氮≥1.0g/kg、碱解氮≥70mg/kg、速效磷≥8mg/kg、速效钾≥80mg/kg，有灌溉条件的小麦玉米一年两作区域。

品种。选用通过审定且适宜当地种植推广的品种。冬小麦选用丰产、稳产和抗逆性兼顾的中熟品种。

小麦主要生育期指标。冬前壮苗指标：越冬期小麦主茎叶片 5～6 片，单株茎数（分蘖）3～4 个，单株次生根 3～6 条，冬前生长不过旺，不瘦弱，越冬安全无冻害。

群体动态指标。基本苗 300 万～375 万株/hm^2，越冬期 1200 万～1350 万株/hm^2，起身期 1350 万～1650 万株/hm^2，抽穗期 675 万～825 万株/hm^2，成熟期 675 万～825 万株/hm^2。

产量结构指标。亩穗数 675 万～825 万穗/hm^2，穗粒数 30～34 粒，千粒重 36～40g。

（4）小麦栽培技术模式

播种准备。种子质量应符合 GB 4404.1—2008 的规定；种子包衣标准按照 GB/T 15671—2009 规定执行；玉米收获后秸秆全量还田，施足基肥，肥料施用按 NY/T 496—2010 的规定；根据地力基础和肥源情况，每亩可施用有机肥 10000～15000kg、复混肥 25kg（N∶P_2O_5∶K_2O=15∶15∶15）；采用微喷浇水方式在耕地前浇水或者先整地后浇水，浇水量为 300m^3/hm^2。

播种。10 月 2 日至 10 月 10 日为适宜播种期，最迟不晚于 10 月 20 日；一般采用窄行等行距播种技术，行距 15cm，播种均匀一致；10 月 2~10 日播种的播量为 150～180kg/hm^2，10 月 10 日以后播种，每推迟一天增加播量 7.5kg/hm^2；播种深度 2～3cm，播后镇压，达到上虚下实。

冬前管理。垄内 10～15cm 无苗时及时补种，补种时进行浸种催芽。如果在分蘖期

出现缺苗断垄要就地疏苗移栽补齐，无论补种还是补栽都应带足肥水。用50%辛硫磷或20%甲基异硫磷乳剂，按种子量的0.2%拌种，防治蝼蛄、蛴螬、金针虫等地下害虫。小麦出苗后，每平方米有土蝗或蟋蟀5头或灰飞虱10头以上时，用25%快杀灵1000倍液喷雾防治，麦田阔叶杂草可用杜邦亿力75g、麦星150g，兑水375kg均匀喷雾，对雀麦等禾本科杂草可用3%世玛450～525ml/hm^2，兑水375kg/hm^{2}喷雾防治。个别因土壤缺墒不能保证小麦安全越冬的，可利用微喷方式适当浇冻水。浇冻水在日平均气温稳定下降到3℃时浇完，由北向南的时间为11月下旬至12月上旬。浇水量为30～45mm，浇水后及时锄划松土。

春季管理。冬小麦返青期前后及时锄划，增温保墒。对于旺长麦田，推迟浇水至拔节后，或在小麦起身期前后喷施壮丰安等化控药剂，防止生育后期倒伏。返青期至拔节期，防治麦田杂草、纹枯病、根腐病，兼治白粉病、锈病。孕穗期至抽穗扬花期，防治吸浆虫、麦蚜、麦蜘蛛，兼治白粉病、锈病、赤霉病等。灌浆期防治穗蚜、白粉病、锈病。防治方法参照GB/T 8321.1—2000、GB/T 8321.2—2000、GB/T 8321.3—2000、GB/T 8321.4—2006、GB/T 8321.5—2006执行。

（5）收获

人工收获和机械分段收获在蜡熟末期进行，联合收割机收获在完熟初期进行。

机械分段收割，割茬高度15～18cm，割晒损失率不得超过1%，籽粒含水量下降到18%以下时，应及时拾禾脱粒，拾禾脱粒损失率不得超过2%。联合收割机收获综合损失率不得超过3%，破碎粒率不超过1%，清洁率大于95%。人工收割损失，每平方米不超过2穗，及时拉运、脱粒。

2. 玉米栽培技术模式

（1）基础条件

全生育期有效积温不少于2300℃，日照时数不少于700h，降雨量在350mm以上。

（2）产量结构

亩产量700～750kg，亩穗数4500～5000穗，穗粒数450～500粒，千粒重311～333g。

（3）播前准备

种子质量应符合GB 4404.1—2008规定；种子包衣标准按照GB/T 15671—2009规定执行。

（4）播种

小麦收获后及时抢播，播种期不晚于6月18日；采用等行距种植，行距60cm左右；播种深度3～5cm，播种均匀一致，覆土上虚下实；紧凑型品种确保收获亩穗数不少于5000穗，半紧凑型品种确保收获亩穗数不少于4500穗；小麦收获后秸秆还田，采用免耕方式播种，播种机作业速度不得高于4km/h，确保播种质量，防止漏播；播种期适宜的田间持水量为75%左右，播种后底墒不足时按常规浇水方式及时浇出苗水，确保一次保全苗；利用播种施肥一体机免耕播种，随种施尿素150kg/hm^2，种肥间距7～10cm。

（5）苗期管理（出苗-拔节）

2片叶展开时间苗，3～4片叶展开时定苗。定苗时要留壮苗、匀苗、齐苗，去病苗、弱苗、小苗。缺苗时可就近留双株。

苗期害虫主要是地老虎、蛴螬等，出苗后可用 2.5%溴氰菊酯 800～1000 倍液，于傍晚时喷洒苗行地面或配成 0.05%毒砂撒于行间两侧防治；对蚜虫、蓟马、灰飞虱、耕葵粉蚧等害虫可用40%乐果乳液1000～1500倍液洒苗心或用5%吡虫啉乳油2000～3000倍液喷雾。

在玉米长至 3～4 片展叶时用 4%烟嘧磺隆悬浮剂 1050ml/hm^2 或 23%烟嘧磺隆·特丁津悬浮剂 1500ml，兑水 375～450kg/hm^2 喷雾防除田间杂草。菊酯类杀虫剂和除草剂可混合喷施。

适宜的田间持水量应为 60%～75%。

（6）穗期管理（拔节至抽雄）

对于黏虫、棉铃虫等螟虫及叶甲，可用 20%氰戊菊酯乳油或 50%辛硫磷 1500～2000 倍液进行喷雾；玉米螟可用 2.5%辛硫磷颗粒剂撒于心叶，每株用量 1～3g 或用 2.5%溴氰菊酯 1000 倍液喷洒雄穗进行防治。

在发病前或发病初期，及时用 20%粉锈宁乳油 3000 倍液、50%多菌灵可湿性粉剂 500～800 倍液或 25%敌力脱乳油 1500 倍液喷洒，每隔 7～10d 一次，喷 2～3 次，重点喷洒中下部叶片和叶鞘。

适宜的田间持水量为 65%～85%，当田间持水量降到 60%以下时应及时浇水。

（7）花粒期管理（抽雄至成熟）

花粒期主要防治茎腐病，用农克菌或 25%叶枯灵（川化 018）喷雾有预防效果，当发病后马上喷洒农克菌或农用硫酸链霉素加 25%叶枯灵，隔 7～10d 喷一次，连续喷 2～3 次，防效较好。

花粒期主要防治玉米螟、黏虫、棉铃虫等。玉米螟防治可用 2.5%辛硫磷颗粒剂撒于心叶，每株用量 1～3g 或用 2.5%溴氰菊酯 1000 倍液喷洒雄穗；对于黏虫、棉铃虫等可用 20%氰戊菊酯乳油或 50%辛硫磷 1500～2000 倍液进行喷雾。

适宜的田间持水量应为 67%～75%，当田间持水量降到 60%以下时应及时浇水。

（8）收获

籽粒乳线消失时进行收获，一般在 9 月下旬至 10 月初收获。

（9）玉米肥水一体化技术模式

玉米田间最适宜的微喷次数是 4 次，分别为拔节期、大喇叭口期、抽雄期、灌浆期；最佳追肥量为 675kg/hm^2 左右，灌水量是配合不同时期的施肥操作而进行的，灌水量为 67.5mm，各时期灌水量、施肥种类和施肥量见表 6-23。

表 6-23　夏玉米不同时期喷灌水量、施肥种类和施肥量

灌水时期	灌水量/mm	肥料种类（N：P_2O_5：K_2O）	施肥量/（kg/hm^2）
拔节期	22.5	33：06：11	75
大喇叭口期	15.0	27：12：14	300
抽雄期	15.0	27：12：14	225
灌浆期	15.0	24：12：14	75

二、山东小麦、玉米滴灌栽培技术模式

（一）山东小麦、玉米生产现状

山东省地处黄淮海平原，土壤肥沃，雨热同季，具有丰富的雨热资源。山东是全国范围内除河南外第二大小麦、玉米产区，小麦、玉米种植面积分别占全国小麦、玉米总种植面积的15.2%和8.4%。从2013年的统计数据来看，全省范围内小麦的播种面积占粮食播种面积的50.4%，占农作物总播种面积的33.5%，玉米播种面积的相应比例分别为42%和27.9%。在大水大肥的管理下，其小麦和玉米单产均很高，2013年山东小麦的平均亩产为402.7kg，在全国仅次于种植量极低的西藏，与河南省相当；玉米的平均单产为428.5kg，在全国排名第九。同时，山东的化肥用量也很高，2013年使用化肥量为472.7万t，在全国同样仅次于河南省，有效灌溉面积排全国第四，每年消耗掉大量的灌溉水。

小麦、玉米栽培技术模式以套种或连作为主，占全省小麦、玉米播种面积的89.2%。其中，套种是在小麦生长发育后期的株行间播种玉米，这是山东省小麦、玉米种植的传统模式，一直占据主导地位。小麦收获前，玉米套种模式主要有平播套种、窄背晚套和宽背早套3种田间配置模式：平播套种模式是指小麦密播，不预留套种行或只留窄行，麦收前在小麦行间套种玉米；窄背晚套套种模式是指小麦采用畦作方式，在小麦行间每隔几行小麦预留一个玉米套种行，麦收前在预留套种行套种玉米；宽背早套套种模式是指采用小畦大背，畦内播种小麦，麦收前在畦背套种玉米，形成宽窄行。

连作一般为小麦收获后夏玉米免耕机械直播，即夏玉米在小麦收获并秸秆还田后，不进行任何耕整地处理，直接在麦茬地播种，并进行一系列相应的后续管理措施。这种模式在全省的分布上不呈现明显的规律，与气候、地理位置等自然环境因素未见显著的联系。调查分析认为，与套种相比，该种方式主要与小麦、玉米生产的机械化程度密切相关，随着农户种植观念的转变，玉米套种模式呈快速萎缩之势，正逐渐被贴茬机械直播替代。

滴灌水肥一体化技术是通过滴灌系统，在灌溉的同时将肥料配兑成肥液一起输送到作物根部土壤，供作物根系直接吸收利用。滴灌水肥一体化可以精确控制灌水量、施肥量和灌溉及施肥时间，提高土壤的保墒能力，显著提高水和肥的利用率，减少环境污染。山东属于半湿润地区，年均降水量基本可以满足玉米季的用水需求，目前来说滴灌技术在山东还未广泛应用。但是山东所在的华北平原的地下水漏斗问题受到国家层面的高度重视，同时面源污染问题日益严重，应用节水节肥的滴灌水肥一体化技术对于促进山东农业可持续发展具有重要的意义。在山东应用滴灌水肥一体化技术应根据小麦、玉米不同的种植模式灵活应用。

（二）山东小麦、玉米水肥一体化技术规程

1. 范围

本技术规程规定了华北平原半湿润地区冬小麦、夏玉米水肥一体化生产中的材料及设备、水分管理、养分管理、水肥耦合、配套技术、设备维护等要求。

本规程适用于山东省冬小麦、夏玉米滴灌栽培。

2. 技术要点

（1）肥料

应选用水溶性肥料或液体肥料。

（2）设备

滴灌设备主要由首部装置、过滤器、输水管道、滴头、施肥罐和控制、量测设备等部分组成（图 6-7），其系统主要组成部分如下。

图 6-7 滴灌系统首部装置示意图

首部装置。包括动力及加压设备，如水泵、电动机或柴油机及其他动力机械、测量控制仪表等。除自压系统外，这些设备是微灌系统的动力和流量源。

过滤器。设施有沉沙（淀）池、初级拦污栅、旋流分沙分流器、筛网过滤器和介质过滤器等。筛网过滤器的主要作用是滤除灌溉水中的悬浮物质，以保证整个系统特别是滴头不被堵塞。筛网多用尼龙或耐腐蚀的金属丝制成，网孔规格取决于需滤出污物颗粒的大小，一般要清除直径 75μm 的泥沙，需用 200 目的筛网。砂砾料过滤器是用洗净、分选的砂砾石和砂料，按一定的顺序填进金属圆筒内制成的，对于各种有机或有机污物、悬浮的藻类都有较好的过滤效果。旋流分沙分流器是靠离心力把密度大于水的沙粒从水中分离出来，但不能清除有机物质，应视水源的泥沙情况选配过滤器。具体要求如下：过滤水中的砂石，选用泥砂过滤器作一级过滤设备；过滤水中有机杂质，选用网式过滤器作二级过滤设备（图 6-8）。

输水管道。包括干管、支管、毛管及必要的调节设备（如压力表、闸阀、流量调节器等）（图 6-9），其作用是将加压水均匀地输送到滴头。根据水源压力和滴灌面积来确定滴灌管道的安装级数。一般采用三级管道，即干管、支管和毛管。管道可采用薄壁 PE 管，在不影响使用寿命的情况下降低工程造价。

图 6-8　滴灌系统过滤系统示意图

图 6-9　滴灌系统输水管道示意图

滴头。其作用是使水流经过微小的孔道，形成能量损失，减小其压力，使它以点滴的方式滴入土壤中。滴灌管技术参数应符合 GB/T 17187—2009 要求。它是滴灌系统的核心，水通过滴灌管，以一个恒定的低流量滴出或渗出后，在土壤中以非饱和流的形式在滴头下向四周扩散。滴头通常放在土壤表面，也可以浅埋保护。由于山东主要土壤为粉壤土，滴头滴出的水扩散范围较小，根据试验结果，滴灌带间距以 30～60cm 为宜，滴头出水量 1.3～1.8L/h，滴头距离 30～40cm。种植管理者可根据自身采用的连作或套种方式对小麦、玉米的行距进行调整。目前山东免耕直播条件下，小麦和玉米的行距分别为 25cm 和 60cm。建议小麦 3 行设置 1 行滴灌带管，玉米 1 行滴灌带管 1 行（图 6-10）。

施肥罐。包括压差式施肥器、文丘里注入器、隔膜式或活塞式注入泵、化肥或农药溶液储存罐等。它必须安装于过滤器前面，以防未溶解的化肥颗粒堵塞滴水器。一般选用压差式施肥器。化肥的注入方式有三种：第一种是用小水泵将肥液压入干管；第一种是利用管上的流量调节阀所造成的压差，使肥液注入干管；第三种是射流注入（图 6-11）。

图 6-10　滴灌系统支管和毛管示意图

图 6-11　压差式施肥器

量测设备：包括水表和压力表，以及各种手动、机械操作或电动操作的闸阀，如水力自动控制阀、流量调节器等（图 6-12）。

（3）水分管理

自然降雨与补水灌溉相结合，冬小麦生长前期要控水，分蘖-拔节期和孕穗-扬花期要适当增加灌水量。灌水次数与灌水量依据玉米需水规律、灌前土壤墒情及降雨情况确定。

灌溉水质应符合 GB 5084—2005 规定。膜下滴灌。

冬小麦需水总量。根据冬小麦和夏玉米需水规律与土壤墒情情况，确定灌水量。保证灌溉定额与冬小麦生育期内降雨量总和达到 300～400mm。灌溉关键期为苗期、分蘖期、拔节期、孕穗期、灌浆期，各时期需水量和推荐灌水量见表 6-24。推荐灌水量也可依据玉米不同生育阶段、不同土壤深度、土壤相对含水量确定。

图 6-12　水表和流量控制阀

表 6-24　冬小麦不同生育期需水量和推荐灌水量

生育期	播种-分蘖期	分蘖-拔节期	拔节-孕穗期	孕穗-扬花期	扬花-灌浆期	灌浆-成熟期	全生育期
需水量/mm	50	80	65	55	35	30	315
灌水量/mm	10（水量较充足时）	10（水量较充足时）	40	35	25	20	130～150

注：1mm 灌水量相当于灌水 10t/hm^2

夏玉米需水总量。华北平原夏玉米季需水量为 250～300mm，在平水年或者丰水年整个生育期的降雨量大，一般不需要补充灌溉，可在降雨量较少时分 3 次滴灌水 10～20mm，主要目的是随水施肥，提高肥料利用率，在枯水年可根据降水情况适当提高灌水量，灌水 80～90mm。可根据当年的降水量情况适当调整灌水时间和灌水定额。

（4）养分管理

原则。有机无机相结合，随水分次施肥，碱性土壤酸性肥料优先。

肥料选择。应符合 NY 1107—2010、NY 1428—2010、NY 2266—2012 相关规定。同时应满足下列要求：肥料养分含量要高，水溶性要好；肥料的不溶物要少，品质要好，与灌溉水相互作用小；选择的肥料品种之间能相溶，相互混合不发生沉淀；选择的肥料腐蚀性要小，以偏酸性为佳。优先选择能满足冬小麦、夏玉米不同生育期养分需求的专用水溶性复合肥料。

水肥一体化肥料品种应符合 NY/T 496—2010 相关规定。

施肥方式。有机肥及非水溶性肥料基施；磷肥以基施为主，滴施为辅；氮肥和钾肥以滴施为主，基施为辅。

施肥量。中等肥力土壤，小麦目标产量达到 6000～9000kg/hm^2，玉米目标产量达到 9000～12000kg/hm^2，适宜施肥量为有机肥：30～40m^3/hm^2；冬小麦季化肥：氮（N）220～240kg/hm^2，磷（P_2O_5）80～90kg/hm^2，钾（K_2O）90～100kg/hm^2；春玉米季化肥：氮（N）200～230kg/hm^2，磷（P_2O_5）100～120kg/hm^2，（K_2O）50～70kg/hm^2；适量补充中

微量元素肥料。

基肥与追肥比例。冬小麦和夏玉米生育期氮、磷、钾肥基肥与追肥比例见表 6-25。

表 6-25 氮磷钾肥料基施、追施比例 （单位：%）

肥料种类	氮肥	磷肥	钾肥
基肥	10	50	30
追肥	90	50	70

（5）田间滴灌施肥方法

起垄栽培。免耕直播连作模式下每垄小麦种植 6 行作物，玉米种植 3 行作物，全部机械完成；套种模式下根据套种方式不同，行数有所不同。

铺设滴灌管。在高垄铺设滴灌管（带），可引进机械铺管播种一体机械进行机械铺管。免耕直播模式下由于玉米也是机械播种，因此小麦收获后需要将滴灌管收回，玉米播种是重新铺设滴灌管（或者根据当年的降雨量情况考虑玉米季是否采用滴灌措施）。套种模式下只需在小麦播种时铺设滴灌管，玉米收获后收回滴灌管。

滴灌。施肥前，先滴清水 20～30min，待滴灌管得到充分清洗，土壤湿润后开始施肥，灌水及施肥均匀系数达到 0.8 以上。

施肥。施肥时，将配比好的可溶性化肥溶于施肥罐中，随水施入作物根部。施肥后，再用不含肥料的水滴灌 20～30min，将管道中残留的肥液冲净。施肥期间及时检查，确保滴水正常。

清洗。灌溉一段时间后，过滤器要打开清洗。

（6）生产技术

按 DB22/T 1777—2013 规定执行。

（7）设备维护

系统设备维护要做到：每次滴灌前检查管道接头、滴灌管（带），防止漏水，如有漏水要及时修补；及时清洗过滤器，定期对离心式过滤器集沙罐进行排沙；要定期检查，及时维修系统设备；收获前应及时将田间滴灌管及施肥罐等设备收回。

第三节 东北主要粮食作物滴灌栽培技术模式

一、吉林玉米、大豆滴灌栽培技术模式

（一）吉林玉米栽培技术模式

1. 吉林玉米栽培现状

20 世纪 80 年代，吉林省玉米种植面积占全省粮食种植总面积的 58.16%；玉米总产量占全省粮食总产量的 69.57%。吉林省的玉米平均种植面积达到 181.7 万 hm^2，玉米平均总产量为 893.8 万 t，玉米的平均单产达到 4919.1kg/hm^2。80 年代后，玉米品种实现了更新换代。化肥数量及品种增多，施肥技术更加科学化，种植密度趋于合理，这些科学技术的进步大大提高了玉米的单产水平，推动了玉米生产的发展。

进入 20 世纪 90 年代，吉林省的玉米生产规模进一步扩大，种植面积达到 229.5 万 hm^2，玉米种植面积占全省粮食种植总面积的 69.27%，玉米已处于绝对优势地位。玉米总产量占全省粮食总产量的 73.24%。玉米平均总产量达到 1505.6 万 t，玉米已完全成为吉林省的支柱产业。玉米的年平均单产达到 6560.7kg/hm^2，比 80 年代提高了 1641.60kg/hm^2。90 年代选育出一批耐密的新品种，是玉米单产提高的重要保证。生产中还推广了玉米化学除草综合配套技术，主要采用乙草胺与阿特拉津合剂、乙草胺与赛克津合剂于播后苗前除草，使玉米增产在 5%～10%。玉米施肥开展了配方施肥，重视科学合理、经济有效施肥。病虫害防治技术也取得了突出进步，可有效防治丝黑穗病、茎腐病、玉米螟等。

进入 21 世纪，国内外市场对玉米的需求量增大，尤其是吉林省畜牧业迅速发展需要将大量玉米作为饲料；吉林省的玉米工业规模空前扩大，年加工玉米量达到 650 万 t 以上。玉米生产规模进一步扩大，在全省粮食作物中的比例也越来越大。2000～2010 年统计，全省玉米种植面积达到 274.4 万 hm^2，比 20 世纪 90 年代平均增加了 44.9 万 hm^2，玉米年均总产量达到 1712.7 万 t，比 20 世纪 90 年代增加了 207.1 万 t。

吉林省农业委员会数据显示，2013 年吉林省粮食作物种植面积为 7821 万亩。其中，玉米种植面积为 5898 万亩，占吉林省粮食作物种植面积的 75.4%。

2. 半干旱区玉米水肥一体化技术规程（DB 22/T 2383—2015）

（1）范围

本标准规定了半干旱区玉米膜下滴灌水肥一体化生产中的材料及设备、水分管理、养分管理、水肥耦合、配套技术、设备维护等要求。

本标准适用于吉林省半干旱区玉米膜下滴灌栽培。

（2）技术要点

1）材料

地膜。幅宽 110～120cm，厚度以 0.008～0.010mm 为宜。有条件的地区应选用玉米专用降解地膜，其物理机械性能应满足机械化播种需要：双向拉伸负荷≥0.6N、断裂伸长率≥120%、直角撕裂负荷≥0.5N。

肥料。应选用水溶性肥料或液体肥料。

2）设备

滴灌管。技术参数应符合 GB/T 17187—2009 要求。宜选用内嵌迷宫补偿式滴灌管，滴头出水量 1.3～1.8L/h，滴头距离 30～40cm。滴灌管铺放在大垄中间，毛面朝上。

过滤器。应视水源的泥沙情况选配过滤器。具体要求如下：过滤水中的砂石，选用泥砂过滤器作一级过滤设备；过滤水中有机杂质，选用网式过滤器作二级过滤设备。

施肥罐。宜选用压差式施肥罐。

3）水分管理

自然降雨与补水灌溉相结合，玉米生长前期要控水，中期要适当增加灌水量。灌水次数与灌水量依据玉米需水规律、灌前土壤墒情及降雨情况确定。

灌溉水质应符合 GB 5084—2005 规定。膜下滴灌。

需水总量。根据玉米需水规律与土壤墒情情况，确定灌水量。保证灌溉定额与玉米生育期内降雨量总和达到450～500mm，各时期需水量见表6-26。

表6-26 需水量分配

生育阶段	播种期	拔节期	大喇叭口期	灌浆期	乳熟期	全生育期
分配比例/%	5	15	30	35	15	100
需水量/mm	22.5～25	67.5～75	135～150	157.5～175	67.5～75	450～500

注：1mm灌水量相当于灌水10t/hm²

补水灌溉时期。灌溉关键期为苗期、拔节期、大喇叭口期、灌浆期、乳熟期，补水要求依据玉米不同生育阶段、不同土壤深度、土壤相对含水量确定。当土壤相对含水量低于下限（表6-27）时，应及时补水。

表6-27 灌溉土壤相对含水量下限

生育阶段	苗期	拔节期	大喇叭口期	灌浆期	乳熟期
土壤深度/cm	20	40	60	60	60
相对含水量/%	60	70	75	80	60

4）养分管理

原则。有机无机相结合，随水分次施肥，碱性土壤酸性肥料优先。

肥料选择。应符合 NY 1107—2010、NY 1428—2010、NY 2266—2012 相关规定。同时应满足下列要求：肥料养分含量要高，水溶性要好；肥料的不溶物要少，品质要好，与灌溉水相互作用小；选择的肥料品种之间能相容，相互混合不发生沉淀；选择的肥料腐蚀性要小，以偏酸性为佳。优先选择能满足玉米不同生育期养分需求的专用水溶性复合肥料。

水肥一体化肥料品种应符合NY/T 496—2010相关规定。

施肥方式。有机肥及非水溶性肥料基施；磷肥以基施为主，滴施为辅；氮肥和钾肥以滴施为主，基施为辅。

施肥量。中等肥力土壤，目标产量达到 12 000～13 000kg/hm²，适宜施肥量为有机肥：30～40m³/hm²；化肥：氮（N）220～240kg/hm²，磷（P_2O_5）80～90kg/hm²，钾（K_2O）90～100kg/hm²；适量补充中微量元素肥料。

基肥与追肥比例。玉米生育期氮、磷、钾肥基肥与追肥比例见表6-28。

表6-28 氮、磷、钾肥料基施、追施比例 （单位：%）

肥料种类	氮肥	磷肥	钾肥
基肥	10	50	30
追肥	90	50	70

5）水肥耦合

水肥一体化配置。玉米生育期水肥一体化滴灌施肥配置比例见表6-29。

表 6-29　水肥一体化滴灌施肥配置比例

生育时期	灌水量/mm	养分含量/%			中微量元素肥料/%	有机肥/%	备注
		N	P_2O_5	K_2O			
播种前	0	10	50	30	100	100	施基肥
播后	10～20	0	0	0	—	—	滴灌
拔节期	35～45	10	10	10	—	—	滴灌施肥
大喇叭口期	40～50	30	20	25	—	—	滴灌施肥
灌浆期	45～55	40	15	30	—	—	滴灌施肥
乳熟期	20～30	10	5	5	—	—	滴灌施肥
合计	150～200	100	100	100	100	100	—

田间滴灌施肥。应符合下列要求：施肥前，先滴清水 20～30min，待滴灌管得到充分清洗，土壤湿润后开始施肥，灌水及施肥均匀系数达到 0.8 以上；施肥期间及时检查，确保滴水正常；施肥结束后，继续滴清水 20～30min，将管道中残留的肥液冲净。

6）生产技术

按 DB22/T 1777 规定执行。

7）设备维护

系统设备维护要做到：每次滴灌前检查管道接头、滴灌管（带），防止漏水，如有漏水要及时修补；及时清洗过滤器，定期对离心式过滤器集沙罐进行排沙；要定期检查、及时维修系统设备；收获前应及时将田间滴灌管及施肥罐等设备收回。

水肥一体化肥料品种及特性见表 6-30。

表 6-30　水肥一体化肥料品种及特性表

分类	肥料名称	分子式	主要养分含量	其他养分含量	吸湿性	酸碱性
氮肥	尿素	$CO(NH_2)_2$	N 46%	—	差	中性
	碳酸氢铵	NH_4HCO_3	N 17%	—	高	中性
	硫酸铵	$(NH_4)_2SO_4$	N 21%	S 24%	高	酸性
磷肥	磷酸	H_3PO_4	75%以上	—	差	酸性
	磷酸尿	$CO(NH_2)_2{\cdot}H_3PO_4$	P_2O_5 44%、N 17%	—	差	酸性
钾肥	氯化钾	KCl	K_2O 60%	Cl 47%	差	中性
	硫酸钾	K_2SO_4	K_2O 50%	S 18%	差	中性
复合肥	硝酸钾	KNO_3	K_2O 45%、 N 13%	—	差	中性
	磷酸一铵（工业级）	$NH_4H_2PO_4$	P_2O_5 48%、N 11%	—	差	微酸性
	磷酸氢二铵（工业级）	$(NH_4)_2HPO_4$	P_2O_5 53%、N 20.8%	—	中	弱碱性
	磷酸二氢钾	KH_2PO_4	P_2O_5 52%、K_2O 34%	—	差	中性
微肥	硼酸	H_3BO_3	B 16%	—	差	微酸性
	硫酸亚铁	$FeSO_4{\cdot}7H_2O$	Fe 20%	S 11%	中	微酸性
	硫酸锌	$ZnSO_4{\cdot}7H_2O$	Zn 20%	S 10%	高	微酸性
	硫酸铜	$CuSO_4{\cdot}5H_2O$	Cu 25%	S 12%	高	微酸性
	钼酸铵	$(NH_4)_6Mo_7O_{24}{\cdot}4H_2O$	Mo 54%	N 6%	差	中性
其他	大量元素水溶肥料	—	—	—	—	—
	中微量元素水溶肥料	—	—	—	—	—

（二）吉林大豆栽培技术模式

1. 吉林大豆栽培现状

吉林省种植大豆具有悠久的历史，素有大豆之乡的美称。大豆生产是吉林省传统优势产业，在农作物种植结构中占有重要地位。据《吉林省志》记载，1915 年吉林省大豆种植面积就达 66.4 万 hm^2；1939 年是吉林省历史上大豆种植面积最大的一年，达到 136.7 万 hm^2。新中国成立之初，大豆在很长一段时间内仍是吉林省的主要种植作物，1954 年大豆种植面积为 90 万 hm^2；1980 年以前基本保持在 60 万 hm^2 以上。此后大豆种植面积逐年下降，1999 年是吉林省大豆种植面积最小的一年，为 27.8 万 hm^2。近几年吉林省大豆种植面积在 50 万～60 万 hm^2。

20 世纪 50 年代，大豆栽培水平比较低，研究资料也比较少。人们关注和研究比较多的是大豆种植密度问题。通过试验，基本上明确了不同肥力水平条件下大豆的合理种植密度。60 年代，大豆栽培技术研究水平有所提高，研究领域也有所扩展，对当时的大豆生产起到了积极的推动作用。

20 世纪 70 年代初期，吉林省农业科学院在调查研究的基础上，总结了大豆增产技术经验：一是增施农肥，合理施用化肥；二是选用和推广良种；三是合理密植，大力采用等距点播（机具点播、扎眼种和摆粒种等）；四是合理间作和串带，主要是大豆与玉米间作和串带、大豆与小麦间作等。70 年代中后期对大豆合理间作、混作、套作进行了深入研究。

20 世纪 80 年代，大豆栽培技术研究水平比较高。围绕大豆栽培主要开展了四方面研究：一是围绕大豆高产稳产低成本展开了综合研究。从高产稳产基础、生理指标、关键技术和区域化技术措施等方面进行了深入细致的研究，使高产稳产低成本技术达到规范化。二是围绕大豆高产稳产展开的单项技术研究。①种植方式研究。沈文学等对大豆小行距栽培法研究，将 60～70cm 大垄改为 35～40cm 小垄，获得了显著增产效果。王彦丰研究了大豆不同生态类型搭配种植，并提出双品种栽培技术，即早熟品种和中熟或中晚熟品种间种，间种比例 1∶1。王秉衡等的研究明确了地膜覆盖栽培对大豆生育及产量的影响。②围绕大豆节水灌溉展开的研究。丁希泉和王延宇等对大豆丰产节水灌溉技术、喷灌技术和滴灌技术进行了定量化研究。三是大面积高产攻关研究，如高寒山区大豆丰产技术、中部地区大豆增产途径等。四是随着计算机在农业上的广泛应用，可根据田间试验测得参数，通过计算机模拟，建立不同产量指标的函数模型，如王彦丰等建立了以密度、氮肥、磷肥和钾肥为决策变量的大豆产量函数模型；丁希泉等进行了大豆干物质质量与水分、肥料、密度等栽培因素间关系的数学模型研究。此时期吉林省大豆的单产水平有了一定的提高。

20 世纪 90 年代，围绕大豆高产高效配套栽培技术展开研究。①种植方式和种植密度研究。大豆多以清种为主，吕景良、闫晓艳等引进、改造和示范窄行密植栽培技术，在耕翻、整地和播种方面机械化程度明显提高；赵爱莉等研究种植密度对不同类型大豆生长发育及产量的影响。②配套高产栽培技术研究与示范，如东部半山区大豆高产栽培技术示范，产量达到 3163.5kg/hm^2；大豆稀植高产栽培研究，产量达到 3181.0kg/hm^2。

此阶段吉林省大豆的单产水平有了较大提高。

进入 2000 年以来，吉林省大豆的生产水平明显提高，大豆生产主要以传统垄作清种为主，目前有三垄栽培和小垄双行栽培技术模式，生产上已经开始推广应用。

当前吉林省大豆生产存在以下主要问题：一是单产水平较低，经营成本高；二是大豆种植规模较小；三是优质品种没有实行区域化种植，大豆品种多而杂；四是农田基础设施滞后，抗旱能力差，大豆产量年际波动大；五是效益偏低。

2. 半干旱区大豆水肥一体化栽培技术模式

（1）选地

选择地势平坦、地力较高、有井灌条件的连片田块，土壤含盐量要求在 0.25%～0.35%，pH 在 7～8，前茬可以是小麦、玉米等禾本科农作物，避免重茬或者迎茬。

（2）整地

整地可在秋收后或春季播种前进行。采用机械灭茬，灭茬深度≥15cm，碎茬长度<5cm，漏茬率≤2%。

采用三犁川打垄，按垄距 60～65cm 起常规垄，再隔垄沟深耕一犁，犁尖至垄台深度应达到 35cm。将有机肥 $30m^3/hm^2$、化学肥料施入该沟，以该施肥沟（肥带）为大垄中心，打成垄底宽 120～130cm、垄顶宽 80～90cm 的大垄，打垄后及时镇压，达到播种状态。

（3）播种

品种选择。品种要选择经过审定推广的优质、高产、抗逆性强、当地能正常成熟的品种。

种子处理。在播种前精选种子，确保种子中没有虫霉粒、杂物，籽粒均匀一致。种子精选的质量标准是纯度＞98%、净度＞98%、发芽率＞85%、水分＜12%，粒型均匀一致。精选后的种子，采用种衣剂包衣，种子包衣要按照说明书进行。

播种期。当 5～10cm 地温稳定在 10℃时开始播种。一般年份播种期在 4 月 27 日至 5 月 10 日。

播种方法。采用铺设滴灌带、覆膜、膜上精量点播、镇压一次性作业。采用大垄双行（垄宽 120～130cm，垄上双行间距 40cm）覆膜的种植方式，适宜的种植密度为 25 万～35 万株/hm^2。地力较高、水肥充足的地块可采用种植密度的上限，地力低的地块可采用种植密度的下限。每穴下种 1～2 粒，空穴率不超过 2%。

（4）地膜与滴灌带选择

地膜。幅宽 110～120cm，厚度以 0.008～0.010mm 为宜。有条件的地区应选用降解地膜，其物理机械性能应满足机械化播种需要：双向拉伸负荷≥0.6N、断裂伸长率≥120%、直角撕裂负荷≥0.5N。

肥料。滴灌肥应选用水溶性肥料或液体肥料。

滴灌管。技术参数应符合 GB/T 17187—2009 要求。宜选用内嵌迷宫补偿式滴灌管，滴头出水量 1.3～1.8L/h，滴头距离 30～40cm。滴灌管铺放在大垄中间，毛面朝上。

过滤器。应视水源的泥沙情况选配过滤器。具体要求如下：过滤水中的砂石，选用泥砂过滤器作一级过滤设备；过滤水中有机杂质，选用网式过滤器作二级过滤设备。

施肥罐。宜选用压差式施肥罐。

（5）水肥管理

施肥。大豆整个生育期需肥量：N 75kg/hm^2，P_2O_5 85kg/hm^2，K_2O 95kg/hm^2。随水滴肥：苗期施肥量为总肥量的 10%；分枝期为 15%；开花期为 20%；结荚期为 25%；鼓粒期为 25%；成熟期为 5%。

灌水。大豆是耗水量较多的作物，苗期和成熟期需水较少，花荚期和鼓粒期需水量大。滴灌大豆一般全生育期需水量为 370mm，滴水 6 次，分枝期滴头水；开花之前视苗情滴水 2 次；结荚期及时滴 4 次水；鼓粒期再滴水 2 次。

（6）虫害防治

大豆虫害主要是红蜘蛛。红蜘蛛为两性繁殖，1 年发生约 10 代。以成虫在枯叶、杂草根或土缝里越冬。越冬时常吐丝结网，聚集成堆。其在大豆田中危害，于叶背吐丝拉网，群集咬食豆叶，受害叶面呈锈褐色，植株受害严重时生育滞缓，叶片枯萎、凋落，严重影响大豆产量。红蜘蛛防控必须严格进行田间调查，点片发生时及时进行药剂防治，可选用 2.5%敌杀死乳油 2500 倍液、2.5%三氟氯氰菊酯乳油 2000～2500 倍液或 2%阿维菌素 3000 倍液等喷雾防治。

（7）收获

当大豆进入黄熟期后，落叶达 90%时进行收获，此时期豆荚呈黄色，茎秆还没有完全变硬，便于收割。收割后的大豆运至晒场晾晒，晒干后用脱粒机或联合收割机脱粒。籽粒精选，水分＜13%时即可入库或出售。

二、内蒙古马铃薯、玉米滴灌栽培技术模式

（一）内蒙古马铃薯栽培技术模式

1. 内蒙古马铃薯生产现状

内蒙古是我国马铃薯主产区，马铃薯播种面积及总产量均居全国第一。马铃薯是水肥需求量较大的大田作物之一，为了进一步提高马铃薯单产，肥料及灌溉水的施用量逐年增加，这就造成内蒙古马铃薯产业发展与资源利用效率之间的矛盾日益突显。近 20 年，内蒙古的化肥用量增长较快，从 1990 年的 26 万 t 提高到 2008 年的 154.1 万 t，2008 年单位面积施肥量达 224.6kg/hm^2。但是内蒙古的粮食产量增长幅度很慢，从 1990 年的 2511kg/hm^2 到 2008 年的 3846kg/hm^2，化肥增长和粮食产量的增长未能同步，因此急需进行马铃薯水分及养分优化管理方面的研究，以缓解内蒙古马铃薯产业发展与资源利用效率之间的矛盾，使内蒙古马铃薯产业逐步走上可持续发展的道路[24-27]。

2. 马铃薯高产栽培技术规程

本技术规程适用于内蒙古阴山南北麓及同类型区具有灌溉条件的马铃薯种薯生产区，供生产中参考使用。

（1）耕地准备

1）耕地调查

①调查记录该地块过去两年作物的种植历史及除草剂使用情况。马铃薯在大田栽培时，适合与禾谷类作物轮作（因禾谷类作物与马铃薯在病害发生方面不一致）；伴生的田间杂草种类也不同。马铃薯的前茬以谷子、麦类、玉米为好，其次是高粱、大豆，而胡麻、

甜菜和甘薯则最差。②同时调查该地块土壤类型及肥力情况，为后期种薯田田间管理提供依据。马铃薯对土壤的适应范围比较广，除过黏、过酸、过碱的土壤外，都可栽培，但还是以耕作层较深、土质疏松、排水通气良好、富含有机质的肥沃沙壤土最为适宜。

2）耕地选择

①以土壤肥力较好、水源充足的沙壤土作为种薯生产地块。②种薯田周围100m内无杂草，1000m内不得有十字花科、茄科及蔷薇科作物种植。

（2）种薯准备

1）种薯选择

选择符合GB18133质量要求的种薯，见表6-31～表6-33。

表6-31　各级别种薯田间检查质量要求

项目		允许率[a]/%			
		原原种	原种	一级种	二级种
混杂		0	1.0	5.0	5.0
病毒	重花叶	0	0.5	2.0	5.0
	卷叶	0	0.2	2.0	5.0
	总病毒病[b]	0	1.0	5.0	10.0
青枯病		0	0	0.5	1.0
黑胫病		0	0.1	0.5	1.0

a 表示所检测项目阳性样品占检测样品总数的百分比，b 表示所有有病毒症状的植株

表6-32　各级别种薯收获后检测质量要求

项目	允许率/%			
	原原种	原种	一级种	二级种
总病毒病（PVY和PLRV）	0	1.0	5.0	10.0
青枯病	0	0	0.5	1.0

表6-33　各级别种薯库房检查块茎质量要求

项目	允许率/（个/100个）	允许率/（个/50kg）		
	原原种	原种	一级种	二级种
混杂	0	3	10	10
湿腐病	0	2	4	4
软腐病	0	1	2	2
晚疫病	0	2	3	3
干腐病	0	3	5	5
普通疮痂病[a]	2	10	20	25

2）种薯大小

选择块茎质量为40～50g的原种（G2）整薯或切块作为种薯。在种薯切块时，要用消毒的切刀将块茎切成40～50g的切块，每个块茎切块必须有1～2个芽眼（图6-13）。

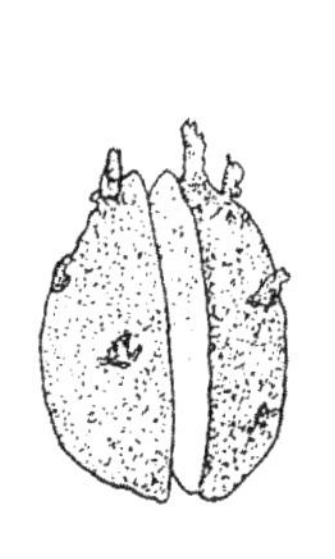
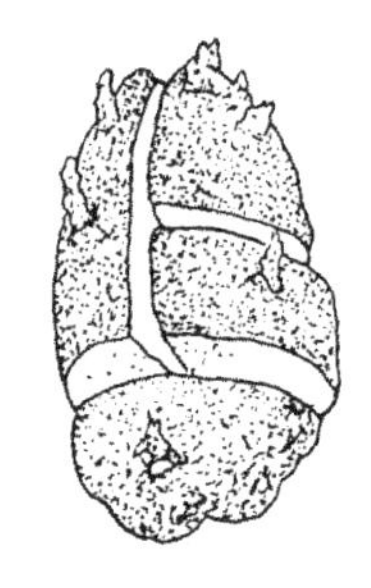
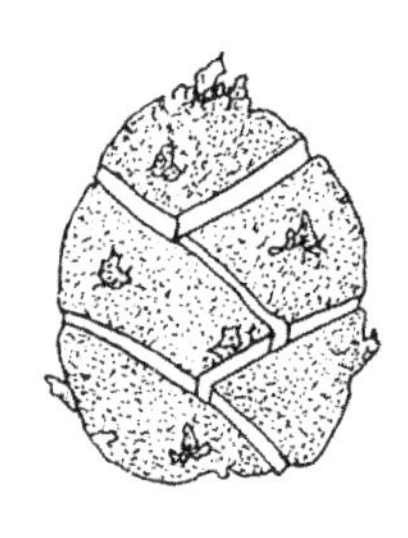

图 6-13　马铃薯切块方法

3）种薯催芽

在播种前 15～20 天，将出窖的种薯堆放在温暖的室内（堆高 30～50cm），温度保持在 18℃左右，每隔 3～5 天翻动一次，待芽长达到 1～2mm 后立即见光通风，等待播种。如果芽白且嫩弱，可暂时在散射光下放 3～5 天，使之变绿老化后再播种。

（3）播种

土壤准备。播种前土壤相对含水量需达到 50%～60%，种薯应播在湿润的土壤中，若太干，种薯失水、幼根幼茎的发育延迟，还会造成主茎数减少。而土壤的通透性差会严重影响根系生长，水涝和过度灌溉会导致烂根和早期植株腐烂。土壤 10cm 处地温需达到 8℃才可以播种，最适播种温度为 10～12℃。当土壤温度低于 6℃时，芽停止生长，最后会直接形成小薯而影响出苗。

播种密度。根据品种特性选择适当密度，一般为 52 500 株/hm^2。如果是有灌溉条件，可以适当密植，以株距的下限为宜；相反，在旱作条件下，应适当稀植，以保证水分的供应和获得较高的产量。

播种深度。播种深度根据品种和土壤条件而定，一般开沟深度为 8～10cm，覆土厚度为 10～14cm。黏土适当浅播，沙壤土要适当深播。地温低且土湿应浅播，反之在低温高干燥的地区要适当深播。

沟施药剂。随播种机械沟施适宜浓度的杀菌剂及杀虫剂。切勿将药剂直接喷洒在种薯表皮上。

（4）田间管理

1）中耕

分别在出苗期和现蕾期进行两次中耕。当目测出苗率达到 50%时（苗期）即开始第一次中耕培土，培土厚度 3～5cm，将出来的幼苗及杂草全部覆盖，当马铃薯株高达到 15～20cm（现蕾期），进行第二次中耕培土，培土厚度 5～8cm，漏培的地方要进行人工培土。

a. 养分及水分管理

养分管理方案。施肥应考虑马铃薯需肥规律、目标产量及土壤肥力情况，所使用肥料应符合国家标准，具体施肥方案如下。

施肥量：N 250kg/hm^2、P_2O_5 180kg/hm^2、K_2O 265kg/hm^2

基肥：过磷酸钙（12%）300kg/hm^2

追肥：尿素（46%）315kg/hm^2

　　　硝酸钾（45%）577.5kg/hm^2

古米磷（12∶61∶0）240kg/hm^2

水分管理方案。灌溉应考虑土壤水分状况，按照马铃薯各生育期需水量进行灌溉，全生育期土壤水分下限分别控制在：苗期55%、现蕾期至初花期（形成期）70%、初花期至盛花期（膨大期）75%、盛花期至终花期（积累期）70%、成熟期60%。

具体养分及水分管理如表6-34所示。

表6-34　水肥精准管理详表

灌水次数	生育期	灌水时间	灌（降）水量/mm	施肥量/（kg/hm^2）		
				尿素	古米磷	硝酸钾
1	苗期	出苗	需测定土壤	30	—	30
2	苗期	出苗后7天	20.00	60	—	45
3	现蕾期	出苗后14天	28.49	—	75	—
4	现蕾期	出苗后21天	30.00	75	—	52.5
5	初花期	出苗后28天	38.59	—	75	75
6	初花期	出苗后35天	63.15	75	—	75
7	盛花期	出苗后42天	59.36	—	90	75
8	盛花期	出苗后49天	16.31	75	—	75
9	盛花期	出苗后56天	33.96	—	—	75
10	终花期	出苗后66天	20.44	—	—	75
合计	—	—	310.3	315	240	577.5

注：该表施肥量仅为追肥用量；实际灌水量=灌水量–该次灌水到上次灌水期间降雨量；苗期灌水量需在测定实际土壤水分状况后计算得出

b. 杂草控制

结合中耕进行除草，必要时进行人工除草。如用除草剂要有选择性的使用，防止伤苗。这时可结合培土进行锄草，培土成垄。锄草次数根据杂草生长的情况而定，在马铃薯植株封垄前要完成锄草和培土工作。封垄后除必须喷药、灌水外，最好不要再进入田间。

c. 病害防控

病害防治从出苗20天左右开始喷施药剂防治，喷药间隔为10～15天，如果病害压力大或者降雨较频繁，喷药间隔调整为7天。

d. 地下害虫防控

地老虎、蛴螬等可以在马铃薯出苗后用毒死蜱等药剂利用滴灌系统进行地下滴施，防治地下害虫对块茎及地下茎的啃食。

2）收获

土壤水分。收获前3周停止灌溉，同时在收获前2天对土壤水分情况进行评估，将土壤相对含水量控制在50%～60%，为收获提供良好的作业条件。

杀秧。收获前二周，于8月5日及15日左右，分别在田间进行取样查看种薯大小及土壤温度情况，确定具体杀秧时间及方法（机械杀秧或化学药剂杀秧）。

收获时间。在马铃薯的生理成熟期收获，这时块茎的产量最高。生理成熟期的标志是植株茎叶由绿转黄，逐渐枯黄。这时茎叶中的养分已转入块茎，基本停止了块茎的增长。块茎脐部与着生的匍匐茎容易脱离，比较大的块茎不需要用力拉即可从脐部与匍匐茎分开。块茎表皮韧性较大，皮层较厚，皮色正常。确定成熟后及时收获，避免延迟收获。种薯与商品薯生产的目的不同，收获时期应根据实际情况来确定，不能强求一致。

收获方法。采用机械收获方式，收获过程中尽可能避免机械损伤、曝晒、冻伤和雨淋。千万不要把收获的薯块长期放在明亮处，因为块茎见光，表皮容易变绿，并形成茄碱，影响品质。

（二）内蒙古玉米栽培技术模式

1. 内蒙古玉米生产现状

近年来，玉米占内蒙古粮食产量的比例逐年上升，2008 年玉米产量为 141 亿 kg，占内蒙古粮食生产总量的 66.2%，播种面积为 234 万 hm^2，占到内蒙古粮食总播种面积的 44.5%。目前玉米是内蒙古播种面积最大、总产最高的粮食作物[28]。

内蒙古地区日照充足，但降水偏少，且年降水量自东向西逐渐减少，从 450mm 逐渐递减到 50mm，水资源短缺是限制内蒙古玉米产业发展的主要原因。以 2009 年为例，2009 年 7 月中旬开始，内蒙古东部地区遭受大旱，玉米的生长和产量受到影响很大，减产较重。通辽地区地处西辽河平原，水浇地主要靠抽取地下水进行灌溉，2009 年水浇地玉米种植灌水次数由 4 次增加到 8～9 次，由于灌溉条件主要以大水漫灌为主，灌水量增加，水分利用效率较低，该地区水资源的供需矛盾不断加深。因此，加大对滴灌玉米的研究力度，加快实现玉米水肥一体化研究进程，是降低灌水用量，提高水分、养分利用效率的主要途径，同时也是内蒙古地区实现粮食生产可持续发展的重要技术途径[29-31]。

2. 玉米高产技术规程

（1）范围

本规程适用于内蒙古自治区赤峰、通辽、兴安盟等中东部平原及低山丘陵区大田种植。

（2）技术要点

1）宽窄行种植

本规程引用宽窄行，是指将传统 65cm 的均匀垄，在整地时改变为宽行 90cm 和窄行 40cm 的宽窄垄，在窄垄上种玉米，在宽垄上中耕、追肥，有利于玉米通风、透光和蓄水、抗旱。也称大小垄，行距一宽一窄，宽行 90cm，窄行 40cm，株距根据密度确定。其特点是植株在田间分布不均匀，前期对光能和地力利用较差，但能调节玉米后期个体与群体间的矛盾。在高密度、 高肥水的条件下，大行加宽，有利于中后期通风、透光，使“棒三叶”处于良好的光照条件下，有利于物质积累。

2）交替休闲

第一年春季在 40cm 窄行播种、安装滴灌管，再在 90cm 宽垄上中耕、追肥，第二年春季，在 90cm 宽行安装滴灌管、播种，形成新的窄行苗带。追肥期，再在新的宽行中耕追肥，即完成隔年中耕，苗带轮换，交替休闲。

3）滴灌

根据作物的生长需要，将灌溉水通过输水管道和特制的灌水器（滴头），直接、准确地输送到作物根系附近土壤中。按照作物需水要求，通过低压管道系统与安装在毛管上的灌水器，将水和作物需要的养分均匀而又缓慢地滴入作物根区。滴灌不破坏土壤结构，土壤内部水、肥、气、热经常保持适于作物生长的良好状态，蒸发损失小，不产生地面径流，几乎没有深层渗漏，是一种节水的灌溉方式。

4）滴灌系统

滴灌系统一般由水源、首部装置、输配水管网和滴灌带组成，能够对农田进行节水灌溉的系统。

5）种肥

播种或定植时，施于种子或秧苗附近或供给植物苗期营养的肥料。种肥的作用主要是供给幼苗对养分的需要。因为肥料在种子附近，幼苗根系能很快吸收到养分。种肥是最经济有效的施肥方法。它是在播种或移栽时，将肥料施于种子附近或与种子混播供给作物生长初期所需的养料。肥料直接施于种子附近，要严格控制用量和选择肥料品种，以免引起烧种、烂种，造成缺苗断垄。

6）追肥

植物生长期间为调节植物营养而施用的肥料。追肥主要是为了供应作物某个时期对养分的大量需要，或者补充基肥的不足。追肥施用的特点是比较灵活，要根据作物生长的不同时期所表现出来的元素缺乏症对症追肥。

7）玉米

指禾本科玉米属的栽培玉米（*Zea mays* L.），是一年生禾本科草本植物，是重要的粮食作物和饲料来源，也是全世界总产量最高的粮食作物。

（3）滴灌系统地面设备配置

1）水源

水质符合滴灌要求的河流、湖泊、塘堰、沟渠、井泉等均可作为滴灌水源。灌溉水水质必须符合《农田灌溉水质标准》（GB 5084—2005）的要求。

2）首部装置

首部装置是整个滴灌系统的驱动、检测和调控中心，一般包括水泵及动力机、控制阀门、水质净化装置、施肥装置、测量设备、保护设备和自动控制装置等。

水泵及动力机。水泵及动力机是从水源抽水有压输入滴灌输水管网的设备。对工作压力或流量变幅较大的滴灌系统，宜选配变频调速设备。

过滤器。过滤器应能滤掉大于灌水器流道尺寸 1/10～1/7 粒径的杂质。进出水处的压力差不宜超过 5～10m，超过时应及时冲洗。过滤器类型、组合方式及运行方式应符合 GB/T 50485—2009《微灌工程技术规范》的规定。

控制及量测设备。控制阀、进排气阀和冲洗排污阀应止水性好、耐腐蚀、操作灵活。水表应阻力损失小、灵敏度高、量程适宜。压力表的精度不应低于 1.5 级，量程应为系统设计压力的 1.3～1.5 倍。

3）输配水管网

输配水管网包括干管（一般埋在地下）、支管、辅管，由各种管件、连接件和压力调节器等组成，通常采用塑料管件即能满足要求。

干管。根据水源供水能力和首部装置控制面积，确定主管道直径和承压能力；根据冻土层深度和地埋干管长度，确定地下管道埋深度，一般地埋管道埋深 80～90cm。

支管和辅管。支管和辅管布设要充分考虑种植方向、种植密度、轮作倒茬、农机作业等，在保证灌溉均匀度的前提下，要尽可能少布设管道，方便耕作管理。相邻两级管道应尽量互相垂直以使管道长度最短且控制面积最大。连接滴灌带（毛管）的一级管道要与玉米种植行垂直布设。在支管首端应设置控制阀，采用辅管轮灌时，应在支管与辅管连接处设置控制阀。

4）滴灌带

滴灌带是滴灌系统向作物根部灌水的末级管道。

滴灌带选择。根据土壤质地、播种密度、种植行距、轮作倒茬等要求，选择适宜的规格。选择的滴灌带流量不应形成地表径流，一般土壤质地黏重的滴头滴水量小些，土壤质地砂轻的滴头滴水量要大些。宜选用符合 GB/T 19812.1—2005 要求的单翼式迷宫滴灌带。

滴灌带连接与铺设。滴灌带应与配套旁通牢固连接，当滴灌带长度不够时，用配套直通连接两条滴灌带。滴灌带可铺设在地表，也可铺设在地下，出水口应朝下。铺设在地表时，滴灌带与地膜之间应覆土 2～3cm，以避免阳光灼伤滴灌带。

（4）机具选择及使用

1）播种机

播种机选用集播种、施肥于一体的播种机，如型号为 2BJ-2、2BJ-4、2BJ-6 系列机械精密播种机或 2BD 精密播种机。

2）深松机

深松机选用 3ZSF-1.86T2 型中耕深松追肥机。

3）旋耕机

旋耕机选用 1GQN-320T3 条带旋耕机。

4）机具注意事项

要对使用的拖拉机进行用前技术检查，确保使用的拖拉机技术状态良好，动力输出运转正常。机械使用符合 GB 16151.9—1996《农业机械运行安全技术条件 播种机》要求：①作业机具安装调试检查，检查各部件是否完好，连结是否可靠，转动是否灵活。检查联结配套作业机具，进行试运转，确保运行可靠。②查看作业地形，改善作业环境，排除田间障碍物，防止其影响作业质量和效率及损坏机具。符合 GB/T 5262—2008《农业机械试验条件 测定方法的一般规定》。

（5）栽培技术

1）播前准备

选择土壤。选择具有中等以上肥力、地势平坦、土层深厚、土壤结构良好、通气疏松、保肥保水性能较好的地块。土壤含盐量 0.2%以下，0～30cm 耕层有机质含量 1.0%以上，pH 6.5～8.0，玉米生产地土壤环境质量应符合 GB15618—2008《土壤环境质量标准》（修订）的要求，尽量不采用连作 3 年以上的玉米地块。

整地。深翻，清除粗大土块、杂草、秸秆残物、根茬和残膜，使土壤疏松细平，注意保护土壤的良好墒情，有利于出苗。

选择品种。根据当地的自然条件，选用高产、优质、抗逆性强、熟期适宜、后期脱水快的紧凑型玉米杂交种。内蒙古地区适合种植农华 101、赤单 218、厚德 198、先玉 335、京科 968、登海 605 等品种。到正规网点购买种子、肥料，索要发票并妥善保管。

种子处理。种子符合 GB 4404.1—2008 要求，出芽率≥85%，净度≥99%，水分≤13%。播前用符合 GB 4285 要求的种子包衣剂进行种子处理，以防治地下害虫。农药使用符合 GB/T 8321.7—2002《农药合理使用准则》要求。

2）播种

a. 播种时间

适时播种是玉米获得高产的关键。5～10cm 地温稳定在 8～10℃时即可播种。一般以 4 月 20 日至 5 月 5 日为宜。根据土壤温度、土壤水分及降水分布等来确定。耕作层 5～10cm 地温稳定 10～12℃，土壤最大田间持水量 60%以上。

b. 播种方法

选择播种机。播种机选用集播种、施肥于一体的播种机，如型号为 2BJ-2、2BJ-4、2BJ-6 系列机械精密播种机或 2BD 精密播种机。播后喷施除草剂异丙草•莠（有效成分 40%），苗前进行化学除草，苗期不易造成危害。

密度。根据品种特性和目标产量确定密度，一般耐密品种亩留苗 4000～4500 株，高产耐密品种 4500～5000 株。垄距窄垄 40cm，宽垄 90cm，按种植密度调整播种株距，因种子大小、发芽率高低、种植密度、播种方法和栽培目的而不同。当种子大、发芽率偏低和种植密度大时，播种量应适当增加，反之减少。

播深。播深以 5～6cm 为宜。一般情况下播种深度以 5～6cm 为宜，墒情差时可适当增加播种深度。播种深浅要适宜，覆土厚度一致，以保证出苗时间集中、出苗整齐。

种肥。结合播种，每亩施种肥磷酸二铵 12.5～17.5kg、钾肥 5.0～7.5kg。施肥参照 NY/T 496—2010《肥料合理使用准则 通则》执行。磷酸二铵作种肥时比较安全。在玉米播种时配合施用磷肥和钾肥有明显的增产效果。种肥施用数量应根据土壤肥力、基肥用量而定。种肥宜穴施或条施，施用化肥应使其与种子隔离或与土壤混合，以免烧种。

3）田间管理

间苗定苗。一般在 3～4 叶期间苗，4～5 叶期定苗，地下害虫严重时，可适当晚定苗。每穴留一株，去弱苗，留大苗、壮苗，如有缺苗可在同行或邻行就近留双株。所留苗大小一致，按计划要求的密度计算好株距，并尽量做到株距均匀。

除蘖。在 6～8 叶期拔节前后，应及时去除分蘖，防止分蘖消耗养分，影响主茎生长。除蘖时要防止松动主茎根系，同时要彻底从叶腋基部拔除干净，以免再生。

安装滴灌系统。在 40cm 窄行安装滴灌管。

灌水。播前灌足底墒水，保证苗全、苗齐、苗壮；拔节期结合深松追肥浇第二水，以促进根茎生长和穗分化；抽雄期浇第三水，以促进雌穗生长和授粉结实；灌浆期浇第四水，以促进籽粒饱满、增加粒重。视天气情况每次灌水量 $30m^3$ 左右。

深松追肥。在玉米雌穗分化小穗和小花期，叶龄为 11～13 片叶，在 90cm 宽垄深松，结合深松每亩追施尿素 20～30kg。选用 3ZSF-1.86T2 型中耕深松追肥机。

病虫害防治。农药使用符合 GB 4285 要求。

玉米苗期和中期病害较少，但虫害较多，主要有地老虎、蝼蛄、玉米螟、黏虫等，要及时测报和防治。①地下害虫防治。每亩用 0.50～0.75kg 谷子炒出香味，加 2%辛硫磷 300～450ml 拌匀，做成毒谷，随种子一起播下。②玉米螟防治。在大喇叭口期，新叶内撒施辛硫磷颗粒剂，每亩用量 500～1000g。③黏虫防治。重点抓三龄前防治。早晨或傍晚用辛硫磷、高效氯氰菊酯、毒死蜱等杀虫剂 1500～2000 倍液喷雾防治。④丝黑穗病防治。拔除病株深埋或烧毁；种子包衣要规范化、标准化，为提高防治效果要加入戊唑醇。

后期管理。①继续抓好病虫害防治。主要控制玉米大小斑病发生。大小斑病的防治，发病时期用 70%代森锰锌 800 倍或 50%多菌灵 500 倍等杀菌剂于玉米花丝期前后喷洒叶面，每隔 7 天 1 次，连喷 2～3 次。上述病虫草害防治所使农药均符合 GB/T 8321.7—2002《农药合理使用准则》和 GB 4285《农药安全使用标准》要求。②田间降水。作为生育期偏晚及低温等灾害性天气的一种补救措施，进行玉米站秆扒皮晒穗，促进茎、叶养分向果穗转移。

4）收获

收获。果穗籽粒基部出现黑层时即成熟期，应适时晚收，增加千粒重。玉米收获期的早晚对玉米产量和品质有一定影响。以籽粒乳线的消失作为成熟的标志，比黑色层更准确。因此玉米应在籽粒乳线消失，从籽粒外部形态观察为蜡熟末期时收获较好。

留茬。收获时留 40cm 左右高茬，第二年秸秆 1/3 还田，提高土壤有机质含量。

回收滴灌管。回收滴灌设备，第二年继续使用。

5）晾晒与贮藏

收获后玉米及时上栈子降水。栈子宽 1.2～1.5m。

晾晒至含水量 14%以下时脱粒装袋贮藏。符合 GB 2715《粮食卫生标准》要求。

6）土壤交替休闲

第二年春季，在 90cm 宽行旋耕播种（旋耕机选用 1GQN-320T3 条带旋耕机），形成新的窄行苗带，在 40cm 窄行安装滴灌管，播后灌水保证出苗整齐。追肥期，再在新的宽行中耕追肥，即完成隔年深松、苗带轮换、交替休闲的宽窄行种植。

参 考 文 献

[1] 李凤霞, 张晓理, 刘静, 等. 宁夏扬黄新灌区春小麦节水灌溉试验研究. 节水灌溉, 2000, (2): 20-22, 41.

[2] 赵桂芳, 张学军, 陈晓群, 等. 宁夏扬黄新灌区春小麦氮磷施用量研究. 甘肃农业科技, 2004, (3): 44-46.

[3] 王小亮, 袁汉民, 陈东升, 等. 宁夏引黄灌区春小麦垄作节水栽培技术研究. 宁夏农林科技, 2005, (3): 15-17.

[4] 李新, 许志斌, 佘奎军, 等. 宁夏玉米产业的现状和发展. 种子, 2009, (9): 104-106.

[5] 许强, 黄辉, 许飚. 宁夏玉米产业经济发展探讨. 农业科学研究, 2005, (4): 72-74.

[6] 李强, 崔明旺, 张义科. 玉米膜下滴灌适宜补灌量研究. 宁夏农林科技, 2013, (6): 110-111.

[7] 魏兰. 固原市原州区玉米水肥一体化膜下滴灌技术的推广与应用. 甘肃农业, 2014, (24): 78-79.

[8] 李虹. 甘肃灌溉地春小麦生产现状分析及发展对策. 中国农技推广, 2013, (9): 7-8.

[9] 袁俊秀, 杨文雄, 尚勋武, 等. 不同播期下春小麦籽粒产量及品质性状变化规律研究. 甘肃农业科技, 2009, (5): 3-6.

[10] 刘小刚, 张富仓, 田育丰, 等. 水氮互作对石羊河流域春小麦群体产量和水氮利用的影响. 西北

农林科技大学学报(自然科学版), 2009, (3): 107-113.
[11] 张立勤, 马忠明, 曹诗瑜, 等. 春小麦垄作栽培适宜种植密度及施肥量研究. 甘肃农业科技, 2008, (12): 8-11.
[12] 任崇强, 韩建民. 甘肃玉米产业竞争力分析. 甘肃农业大学学报, 2005, 40(6): 837-841.
[13] 李树基, 贾琼. 甘肃玉米产业竞争力分析. 甘肃农业, 2002, (11): 13-15.
[14] 王福霞, 丁林. 石羊河流域制种玉米膜下滴灌种植模式研究. 甘肃水利水电技术, 2015, (8): 29-32.
[15] 王雪苗, 安进强, 雒天峰, 等. 不同滴灌带配置方式对玉米干物质的积累及产量影响. 水土保持研究, 2015, (6): 122-125.
[16] 周玉乾, 寇思荣. 甘肃耐密玉米品种种植密度研究. 农业科技通讯, 2011, (5): 34-36.
[17] 张文英, 陈占全, 李月梅. 甘蓝型春油菜对磷素吸收的动态研究. 安徽农业科学, 2010, 38(24): 13180-13182.
[18] 青海省种子管理站. 青海省油菜情况简介. 中国油菜网[2004-04-30].
[19] 《河北经济年鉴》编辑部. 河北经济年鉴-2013. 北京: 中国统计出版社, 2014.
[20] 丁凡. 河北省小麦产业发展现状与路径思考. 中国农业科学院硕士学位论文, 2014.
[21] 赵春兰. 浅谈河北平原节水灌溉技术. 农村经济与科学, 2009, 20(9): 69-708.
[22] 王慧军, 李科江, 马俊永, 等. 河北省粮食生产与水资源供需研究. 农业经济与管理, 2013, (3): 5-11.
[23] 陈广峰, 杜森, 江凤荣, 等. 我国水肥一体化技术应用及研究现状. 中国农机推广, 2013, 29(5): 9-41.
[24] 舍楞, 郑金梅, 王春. 内蒙古马铃薯产业现状及发展对策. 农业工程技术: 农产品加工业, 2012(4): 20-25.
[25] 郭小军, 王晓燕, 白光哲, 等. 内蒙古地区马铃薯种植业发展现状及前景. 中国马铃薯, 2011, 25(2): 122-124.
[26] 赵辉, 乔光华, 祁晓慧, 等. 内蒙古马铃薯生产的比较优势研究. 干旱区资源与环境, 2016, 30(2): 128-132.
[27] 贾立国, 石晓华, 秦永林, 等. 内蒙古阴山北麓地区马铃薯产量潜力的估算. 作物杂志, 2015, (1): 109-113.
[28] 黄伟, 武向良. 内蒙古玉米产业发展思路和布局研究. 现代农业, 2010, (1): 42-43.
[29] 罗瑞林. 气候变化对内蒙古春玉米产量影响的研究. 内蒙古农业大学博士学位论文, 2013.
[30] 张宝林, 罗瑞林, 高聚林. 内蒙古东部玉米主产区气候空间的变化. 湖北农业科学, 2012, 51(22): 5027-5033.
[31] 侯越. 内蒙古赤峰市玉米种植适宜性评价研究. 西北农林科技大学硕士学位论文, 2013.

第七章　滴灌节水技术应用环境效应与经济效益评价

第一节　滴灌节水技术应用的环境效应

滴灌将水分多次少量直接送到作物的根系附近，大大地提高了水分利用效率，是目前公认的一种最节水的灌溉措施。滴灌在节水的同时还有效地提高了氮肥的利用率，极大地提高了作物产量。关于滴灌的节水节肥增产效益目前多有报道，然而其对环境会产生怎样的影响，尚需要系统的分析。本章结合我国北方典型滴灌示范区，详细阐述滴灌如何对农田土壤环境质量、作物安全及农田温室气体排放产生影响，以期为滴灌节水措施的进一步推广提供参考。

一、滴灌节水技术应用对土壤环境质量的影响

选取我国北方宁夏、吉林及新疆三大典型滴灌示范区，分别开展滴灌节水技术应用对土壤环境质量（包括土壤碳、氮含量，速效磷和速效钾养分及土壤重金属含量）的影响效应研究。三个不同滴灌示范区的土壤采样方法分别如下。

宁夏滴灌示范区：根据示范区夏玉米生长季所采用的水肥设置，选择了相同施肥水平下的三个不同灌溉水平进行研究，所选择的三个灌溉水平分别为：115mm（水 1）、185mm（水 2）和 230mm（水 3）。同时，将当地传统地面灌溉方式作为对照。所有的处理均设三个重复。在上述各处理小区内分别于膜间（相邻覆膜中间的未覆膜区域）和膜下（滴灌覆膜）两个位置采集 0～10cm 和 10～20cm 土层的土壤样品。每个处理中所设置的三个重复小区同一层次的土壤样品混合形成一个样品。

吉林滴灌示范区：在示范区滴灌防雨大棚的玉米田中设置三个滴灌水平：395mm（水 1）、457mm（水 3）和 492mm（水 5）。针对不同滴灌水平处理条件下，分别于膜下滴灌玉米的膜内管下和作物行间进行 0～10cm 和 10～20cm 土壤样品的采集。相同处理三个重复小区同一层次土壤样品进行混合，土壤采集的时间选择在玉米收割前。此外，在玉米滴灌示范大田（两年）及漫灌处理的大田中也进行了土壤样品的采集与分析。具体采样位置为膜内管下和作物行间，土壤采集层次为 0～10cm 和 10～20cm，同一处理三个重复小区同一层次土壤样品混合形成一个样品。

新疆滴灌示范区：在石河子滴灌大田中，选择玉米、棉花、大豆和油葵 4 种作物，分别在滴灌管下方、相邻滴管中间采集土壤样品，采集深度为 0～10cm 和 10～20cm。在乌兰乌苏绿洲农田生态与农业气象试验研究基地的玉米滴灌试验田中，针对三个不同滴灌水平的小区分别于滴灌管下和滴灌管间采集 0～10cm 和 10～20cm 土壤，不同位置各取三个重复，三个重复同一层次土壤样品混合形成一个样品。三个滴灌水平分别为 225mm（水 1）、675mm（水 3）和 1124mm（水 5）。滴灌采用非覆膜滴灌方式，实行一管两行作物种植模式。

所采集的土壤带回实验室后分别进行土壤碳、氮养分，以及土壤速效磷、速效钾和土壤重金属含量的测定工作，对土壤各项环境质量指标在不同灌溉条件下的变化特征进行研究。

（一）不同灌溉方式下土壤有机碳和微生物量碳的含量变化

农田土壤有机碳（TOC）含量和组成不仅反映了土壤有机质水平，营养元素氮、磷的可利用状态和土壤物理性状，还与农田质量的可持续能力密切相关[1, 2]。土壤微生物量碳（MBC）是土壤有机质转化和分解的直接作用者，且在土壤主要养分的转化中起主导作用，被认为是土壤有机碳的灵敏指示因子[3]。一般来讲，MBC 高与土壤质量呈正相关关系[4]。灌溉模式（如单次灌水量和灌水次数）不同及土壤不同深度的水热条件不同，往往使得土壤碳的分解和合成过程相异，从而导致各层土壤的碳含量及其组分不同。

在宁夏滴灌玉米示范区（表 7-1），滴灌区膜下和膜间土壤 MBC、TOC 含量及两者之间的比值大多高于漫灌区。在漫灌区，10～20cm 土壤的 MBC 及 MBC/TOC 高于 0～10cm 土壤，而滴灌区两个层次的土壤则呈现出相反的规律。在膜下处理中，灌水量最高的水 3 试验区土壤 MBC 含量及其占 TOC 的比值最高。而在膜间处理中，0～10cm 和 10～20cm 土壤 MBC 含量及其占 TOC 的比值则分别在水 3 和中等灌水量的水 2 处理中达到最高。在灌水量最低的水 1 和水 2 试验区内，膜下处理土壤 MBC 含量及其占 TOC 的比值均比膜间处理土壤低；在水 3 试验区内，膜下处理土壤 MBC 含量及其占 TOC 的比值比膜间处理高。

表 7-1　宁夏滴灌玉米示范区土壤 MBC 和 TOC 含量变化

		膜间			膜下		
		MBC/（mg/kg）	TOC/（g/kg）	MBC/TOC/%	MBC/（mg/kg）	TOC/（g/kg）	MBC/TOC/%
0～10cm	漫灌	75.22	26.15	0.29	53.22	26.52	11.64
	水 1	140.33	26.86	0.52	137.27	27.91	28.53
	水 2	150.03	27.28	0.55	111.32	27.71	23.30
	水 3	184.67	26.70	0.69	208.43	24.80	48.75
10～20cm	漫灌	121.75	26.25	0.46	91.33	25.95	20.41
	水 1	120.27	26.52	0.45	127.22	28.38	26.00
	水 2	134.48	27.82	0.48	80.64	26.15	17.89
	水 3	129.10	26.79	0.48	184.92	26.43	40.58

在吉林滴灌玉米示范大田中（表 7-2），滴灌区土壤 MBC 和 TOC 含量均高于漫灌区；滴灌和漫灌区 0～10cm 土壤 MBC、TOC 含量及 MBC/TOC 均高于 10～20cm 土壤。在大棚玉米滴灌试验区内，膜下处理土壤 MBC、TOC 含量及 MBC/TOC 均以灌水量最高的水 5 试验区为最高；而作物行下的土壤 MBC 含量及其占 TOC 的比值则分别以中等灌水量的水 3 和最低灌水量的水 1 试验区为最高。在灌溉水平最低的水 1 和中等灌溉水平的水 3 试验区内，膜下处理的土壤 MBC 含量及其占 TOC 的比值均低于作物行下处理的相应土壤指标。而在灌溉水平最高的水 5 试验区，膜下处理的土壤 MBC 含量及其占 TOC 的比值则高于作物行下处理的相应土壤指标。

表 7-2 吉林滴灌玉米示范区土壤 MBC 和 TOC 含量变化

		膜下			作物行		
		MBC/（mg/kg）	TOC/（g/kg）	MBC/TOC/%	MBC/（mg/kg）	TOC/（g/kg）	MBC/TOC/%
0～10cm	水 1	75.29	18.58	0.41	113.14	18.40	0.61
	水 3	117.50	19.15	0.61	160.70	19.61	0.82
	水 5	158.78	19.10	0.83	93.35	20.03	0.47
	示范田	208.59	15.92	1.31	253.86	17.35	1.46
	漫灌	—	—	—	221.01	15.06	1.47
10～20cm	水 1	112.19	10.15	0.59	138.62	19.53	0.71
	水 3	53.16	20.18	0.26	121.34	19.69	0.62
	水 5	163.38	21.84	0.75	125.92	20.40	0.62
	示范田	163.53	16.77	0.97	180.78	16.13	1.12
	漫灌	—	—	—	126.75	15.65	0.81

在新疆乌兰乌苏滴灌试验区内（表 7-3），管下处理中，0～10cm 土壤 MBC、TOC 含量及两者比值随灌水量的增加而减小，而 10～20cm 土壤 MBC、TOC 含量及两者比值则随灌水量的增加而增加。管间处理中，水 3 与水 5 试验区内，土壤 MBC 含量及其占 TOC 的比值高于水 1 试验区。在石河子滴灌示范大田中（表 7-4），滴灌两年及多年的玉米田土壤 MBC 含量及其占 TOC 的比值均较低，而大豆、棉花和油葵田中的土壤碳含量则较高，且管间处理土壤碳含量高于管下处理。

表 7-3 乌兰乌苏滴灌试验区土壤 MBC 和 TOC 含量变化

		管间			管下		
		MBC/（mg/kg）	TOC/（g/kg）	MBC/TOC/%	MBC/（mg/kg）	TOC/（g/kg）	MBC/TOC/%
0～10cm	水 1	134.53	20.39	0.66	238.64	20.66	1.16
	水 3	145.51	20.72	0.70	196.84	20.33	0.97
	水 5	156.49	19.53	0.80	144.20	19.08	0.76
10～20cm	水 1	86.83	19.15	0.45	97.92	19.91	0.49
	水 3	274.13	20.09	1.36	132.22	19.60	0.67
	水 5	167.59	19.21	0.87	241.67	19.83	1.22

表 7-4 石河子滴灌大田土壤 MBC 和 TOC 含量变化

		管间			管下		
		MBC/（mg/kg）	TOC/（g/kg）	MBC/TOC/%	MBC/（mg/kg）	TOC/（g/kg）	MBC/TOC/%
0～10cm	2 年玉米	137.08	22.33	0.61	150.93	22.26	0.68
	大豆	239.87	23.04	1.04	166.02	22.26	0.75
	棉花	212.77	22.49	0.95	143.33	21.90	0.65
	油葵	193.69	23.00	0.84	191.53	22.46	0.85
	玉米	28.31	22.39	0.13	23.23	22.32	0.10
10～20cm	2 年玉米	83.15	22.46	0.37	128.79	23.22	0.55
	大豆	195.69	23.02	0.85	181.63	22.86	0.79
	棉花	157.47	22.61	0.70	113.48	21.86	0.52
	油葵	161.81	21.67	0.75	158.50	22.06	0.72
	玉米	77.88	22.28	0.35	14.54	23.00	0.06

（二）滴灌节水技术应用中土壤氮养分含量变化

滴灌条件下土壤养分运移研究目前主要集中在氮素方面。滴灌灌溉条件下土壤氮养分的运移和分布一般主要受土壤特性、灌水器流量、肥液浓度及灌水量的影响，其中灌水器周围饱和区半径是影响土壤氮素运移模拟精度的关键因素[5]。目前针对滴灌条件下土壤氮素运移规律已有一些研究，通常认为，氮肥随水滴施入土壤后，硝态氮移动强烈，一般在湿润区边缘累积，其含量随着土层深度和距滴头距离的增加呈逐渐降低的趋势[6-8]。

本研究中，在宁夏滴灌示范区（表 7-5），膜下处理土壤各土层硝态氮含量均高于漫灌处理；膜间处理 0～10cm 土层硝态氮含量高于漫灌处理，而 10～20cm 土层硝态氮含量则明显低于漫灌处理。滴灌试验区，膜下处理的两个土层及膜间处理 0～10cm 土层的硝态氮含量随灌溉水量的增加而减小，膜间处理 10～20cm 土层则在灌水量最大的试验区含量最高。铵态氮含量未表现出明显的运移规律，与硝态氮的规律相比较为复杂。

表 7-5　宁夏滴灌示范区土壤矿质氮含量变化　　（单位：mg/kg）

		膜间		膜下	
		硝态氮	铵态氮	硝态氮	铵态氮
0～10cm	漫灌	3.0908	0.1026	1.9488	0.1264
	水 1	8.0610	0.1076	7.0715	0.2034
	水 2	6.4689	0.0364	4.5365	0.0384
	水 3	3.5149	0.0862	4.6264	0.2214
10～20cm	漫灌	2.9625	0.1198	1.7031	0.2114
	水 1	0.8497	0.0725	5.9612	0.1506
	水 2	0.8271	0.1916	2.1680	0.0478
	水 3	1.0040	0.1763	2.9812	0.1273

在吉林滴灌示范大田中（表 7-6），滴灌示范区土壤硝态氮含量低于漫灌，而铵态氮含量则高于漫灌。在滴灌大棚试验区，膜下处理土壤硝态氮含量随灌水含量的增加而增大，铵态氮含量在中等灌水量的水 3 试验区最高，而在水 1 和水 5 试验区则差别不大。在作物行处理中水 3 处理的土壤硝态氮含量最高。

表 7-6　吉林滴灌示范区土壤矿质氮含量变化　　（单位：mg/kg）

		膜下		作物行	
		硝态氮	铵态氮	硝态氮	铵态氮
0～10cm	水 1	0.1418	0.0567	0.1631	0.0641
	水 3	0.1498	0.0849	0.3611	0.1055
	水 5	0.2885	0.0577	0.2960	0.0871
	示范田	0.3377	0.0665	0.1706	0.0685
	漫灌	—	—	0.6078	0.0639
10～20cm	水 1	0.1334	0.0465	0.1943	0.0858
	水 3	0.1647	0.2111	0.2444	0.0620
	水 5	0.3125	0.0439	0.2246	0.0720
	示范田	0.3082	0.1465	0.5602	0.1389
	漫灌	—	—	1.2158	0.0766

在新疆乌兰乌苏滴灌试验区（表 7-7），0～10cm 土壤硝态氮含量表现为管间处理大于管下处理。其中，在管下处理中又以水 1 处理土壤硝态氮含量最高，在管间处理中以水 5 处理土壤硝态氮含量最高；10～20cm 土壤硝态氮含量，管间和管下处理中水 5 处理均最高。土壤铵态氮含量在管下处理 0～10cm 中以水 5 处理的含量最高，在管间处理 0～10cm 土壤中以水 3 处理的含量最高，管间处理 10～20cm 土壤中以水 5 处理最高。比较石河子管间处理不同作物土壤硝态氮含量（表 7-8），以玉米田土壤含量最高，大豆田含量最低。

表 7-7　乌兰乌苏滴灌试验区土壤矿质氮含量变化　　（单位：mg/kg）

		管间		管下	
		硝态氮	铵态氮	硝态氮	铵态氮
0～10cm	水 1	4.2839	0.0815	2.0635	0.0352
	水 3	2.4230	0.1457	1.8045	0.0197
	水 5	12.4207	0.0177	1.9547	0.1714
10～20cm	水 1	0.4588	0.0196	0.6869	0.0539
	水 3	0.4658	0.0708	0.3042	0.0138
	水 5	2.1578	0.1274	2.5428	0.3941

表 7-8　石河子滴灌大田土壤矿质氮含量变化　　（单位：mg/kg）

		管间		管下	
		硝态氮	铵态氮	硝态氮	铵态氮
0～10cm	2a 玉米	3.1968	0.0188	0.5324	0.0552
	大豆	0.2300	0.0279	0.1407	0.0364
	棉花	2.0866	0.0322	0.3938	0.0471
	油葵	1.7936	0.0325	0.4187	0.0378
	玉米	2.7003	0.1571	0.3483	0.0904
10～20cm	2a 玉米	1.0757	0.0824	0.1803	0.1555
	大豆	0.1819	0.1224	0.1588	0.1513
	棉花	1.5219	0.0993	0.3241	0.2566
	油葵	0.8747	0.1761	0.2595	0.0293
	玉米	1.0423	0.2101	0.3555	0.0275

（三）滴灌节水技术应用中土壤速效磷、速效钾含量变化

滴灌方式下对土壤速效磷和速效钾的研究相对较少。目前，已有一些研究认为，磷在土壤中的移动性比较小，过多的磷主要留在表层土壤中[9]。付明鑫等[10]对滴灌棉田土壤速效钾的分布进行研究，发现施肥对钾的垂直移动距离影响不大；根区范围内，土壤速效钾的分布可能与植物根系吸收有关。姜益娟等[11]试验结果表明，滴灌施钾肥对水平方向土壤速效钾含量影响较大，垂直分布呈现表层和下层含量高、中间低的特征。丁峰等[12]对滴灌棉田不同年限的连作条件下的耕地土壤质量演变趋势进行分析，结果表明土壤养分随种植年限增加累积，速效钾有降低的趋势。

本研究中，在宁夏滴灌示范区（表 7-9），灌水量最低的水 1 和中等灌水量的水 2 处理试验区内，土壤速效钾和速效磷含量均高于灌水量最高的水 3 处理。对 0～10cm 土壤

而言，漫灌区土壤与灌水量最高的滴灌区土壤中速效钾含量差别不大，但低于灌水量较低的其他滴灌试验区土壤。此外，滴灌区膜下处理土壤速效钾含量高于膜间处理土壤速效钾含量。对 10～20cm 土壤而言，滴灌水 3 处理速效钾含量最高，高于漫灌处理。各试验区，速效磷含量的变化规律则较为复杂。

表 7-9 宁夏滴灌示范区土壤速效钾和速效磷含量变化 （单位：mg/kg）

		膜间		膜下	
		速效钾	速效磷	速效钾	速效磷
0～10cm	漫灌	136.33	16.813	134.43	18.363
	水 1	150.8	14.493	182.7	21.447
	水 2	160.97	15.837	170.2	15.847
	水 3	136.23	14.3	138.07	20.617
10～20cm	漫灌	126.8	16.903	117.73	13.367
	水 1	125.33	15.053	128.93	14.567
	水 2	136.83	13.687	133.23	11.873
	水 3	81.41	7.408	107.03	11.18

在吉林大田示范区（表 7-10），滴灌区土壤速效钾和速效磷含量高于漫灌区，且滴灌区膜下处理土壤速效钾和速效磷含量高于作物行间的处理。在大棚滴灌试验区，膜下处理 0～10cm 土壤速效钾和速效磷含量在水 3 处理中最高，而在水 1 处理中最低，10～20cm 土壤速效钾和速效磷含量则在水 1 处理中最高；作物行处理中 0～10cm 和 10～20cm 土壤速效钾和速效磷含量分别在水 5 和水 1 处理中最低。0～10cm 土壤速效钾和速效磷含量呈现为膜下处理大于作物行间处理，而 10～20cm 土壤则为作物行间处理大于膜下处理。

表 7-10 吉林滴灌示范区土壤速效钾和速效磷含量变化 （单位：mg/kg）

		膜下		作物行	
		速效钾	速效磷	速效钾	速效磷
0～10cm	水 1	78.027	6.4463	117.4	16.03
	水 3	112.4	15.823	119.33	17.423
	水 5	96.02	12.573	98.107	10.213
	示范田	254.57	38.19	145.00	21.933
	漫灌	—	—	108.40	11.847
10～20cm	水 1	119.53	19.663	71.407	5.451
	水 3	84.397	9.7263	87.117	8.114
	水 5	95.25	9.768	97.103	6.8437
	示范田	186.53	34.467	121.07	31.08
	漫灌	—	—	95.947	11.117

在新疆乌兰乌苏滴灌试验区（表 7-11），土壤速效钾和速效磷含量均随滴灌水量的增加而增加。管下处理中土壤速效钾和速效磷含量高于管间处理。不同土壤深度，0～10cm 土壤速效钾和速效磷含量高于 10～20cm 土壤。在石河子滴灌大田中不同作物田土

壤速效钾和速效磷含量均存在差异，变化规律复杂（表 7-12）。

表 7-11 乌兰乌苏滴灌试验区土壤速效钾和速效磷含量变化 （单位：mg/kg）

		管间		管下	
		速效钾	速效磷	速效钾	速效磷
0～10cm	水 1	236.27	8.9323	267.3	15.9
	水 3	262.87	10.84	266.5	16.003
	水 5	275.17	10.5	448.73	91.26
10～20cm	水 1	164.77	5.898	179.17	5.847
	水 3	187.1	6.9527	186.1	9.3813
	水 5	243.6	7.1663	247.9	11.353

表 7-12 石河子滴灌大田土壤速效钾和速效磷含量变化 （单位：mg/kg）

		管间		管下	
		速效钾	速效磷	速效钾	速效磷
0～10cm	2a 玉米	274.53	5.8713	319.77	20.043
	大豆	319.57	11.114	291.63	24.043
	棉花	279.03	8.2643	260.87	27.293
	油葵	357.6	11.267	202.8	13.733
	玉米	303.47	8.0603	205.9	7.2407
10～20cm	2a 玉米	370.33	10.188	302.03	7.954
	大豆	293.8	9.18	332.95	17.705
	棉花	256.0	5.279	256.4	18.4
	油葵	290.0	8.8827	216.87	21.417
	玉米	270.07	6.775	245.87	5.7083

（四）滴灌节水技术应用中土壤重金属的环境效应

1. 滴灌地土壤重金属来源、危害及影响因素

滴灌地土壤重金属的含量及分布，一是与土壤的母质有关，二是外源污染，主要包括水源污染、施用化肥等。施用污水、再生水或者水肥一体化进行灌溉，均可向土壤环境中引入一定量的重金属元素。此外，滴灌带的管材也可能会释放出重金属，从而污染灌溉水与土壤。在实际滴灌种植生产中，化肥农药的使用是土壤重金属污染的一个主要因素。一般来说，氮肥、钾肥所含重金属含量较少，磷肥含量较高，其原因是磷肥生产需要以磷灰石为原料，而磷灰石中含有较多的重金属污染物。对肥料重金属含量的研究显示[13, 14]，市场上流通的化肥重金属含量一般为：Cd 0.02～6.56mg/kg，Pb 0.07～67.00mg/kg，Cr 17.00～141.18mg/kg，Cu 0.11～164.95mg/kg，Zn 0.75～459.87mg/kg，重金属含量超标的化肥经常可以在市场上发现。为了规范化肥市场，减少重金属污染情况，我国颁布了《肥料中砷、镉、铅、铬、汞生态指标》（GB/T 23349—2009）等标准，对肥料中重金属含量进行了限定。从已有研究来看，土壤施用氮、磷、钾肥比不施肥土壤易造成 Cd 和 Pb 含量增加，但施用化肥是否会对作物富集重金属能力产生影响尚没有统一的结论[15]。土壤中的重金属污染会产生一系列农产品质量与安全问题。目前人们主

要关注的是镉（Cd）、铅（Pb）、铜（Cu）、铬（Cr）等。土壤重金属元素通过植物富集作用进入人体且不易被排出，并能在人体内富集放大，具有隐蔽性、滞后性、复合性等特点。人们通过食物摄入过量的重金属元素，其会引发健康问题，如 20 世纪 60 年代，日本富山县的痛痛病事件，就是因为当地居民食用了含镉超标的大米，饮用了含镉河水。重金属对农作物的危害主要表现在两个方面，一是抑制农作物的生长发育，二是积累在农作物的可食部分，通过食物链进入人体，危害人体健康。要消除或降低这种危害，主要从土壤-农作物系统中土壤和农作物这两个主要的部分考虑。重金属进入土壤环境后，在土壤中的迁移转化受土壤水分和土壤理化性质的影响。重金属在水中总体上可分为溶解态和颗粒态，形态间的转化主要通过重金属的吸附-解吸、水解、沉淀等作用完成。重金属随水进入土壤环境后，大部分结合于土壤固体颗粒表面。土壤理化性质可以影响重金属在土壤中的形态，从而影响重金属的迁移及生物有效性，其中主要因素有土壤 pH、土壤质地、土壤有机质含量、氧化还原电位等。

1）pH 的影响。土壤胶体大部分带有负电荷，而金属离子一般带正电荷。总体来说，pH 越低，越多的金属离子会从土壤胶体上解吸下来，从而增加重金属离子的活动性，如在 $pH<4$ 时，土壤中 Cd 的溶出率超过 50%，当 pH 大于 7.5 时，Cd 很难溶出。廖敏等[16]的试验表明，$pH>7.5$ 时，94%以上的水溶态进入土壤，这时的 Cd 主要以黏土矿物和氧化物结合态及残留态形式存在。

2）土壤质地的影响。一般来说，土壤质地越重，对金属的吸附能力越强。刘元东等[17]对不同小麦示范区不同质地的土壤进行环境监测，认为土壤质地越重，包括重金属在内的物质淋溶程度越低，而保留在土壤中的浓度相对越高；同时，由于质地较重的土壤胶体吸附性能强，附着在其上的重金属元素也越多。陈怀满[18]的研究表明黏粒含量的上升能增加 Cd 的吸附量。

3）土壤中有机质含量的影响。土壤中有机质的多少影响着土壤的阳离子交换能力（CEC），一般来说，有机质含量较高的土壤可以吸附更多的重金属。

4）氧化还原电位的影响。土壤的氧化还原电位影响重金属的存在形态，从而影响重金属的化学行为、迁移能力及对生物的有效性。一般来说，在还原条件下，很多重金属易产生难溶性的硫化物，而在氧化条件下，溶解态和交换态含量增加。以 Cd 为例，CdS 是难溶物质。而在氧化条件下的 $CdSO_4$ 的溶解度要大一些。

另外，有研究表明土壤中的重金属在动水条件下比静水条件更容易发生迁移，实际上水动力条件不同，重金属的迁移过程也会有差别[19]。此外，水量对重金属在土壤中的迁移也有影响，有研究表明，随着水量的增加，土壤重金属从开始快速释放，淋溶量增大，然后逐渐减少，最后到达一个稳定的平衡阶段。此后随着灌水时间的延长，重金属逐渐向土壤深层迁移[20-22]。

2. 滴灌地土壤重金属含量及分布特征

滴灌技术作为一种高效节水的灌溉技术，在农业灌溉领域中的重要地位日益凸显。与传统灌溉方式（如漫灌）相比，滴灌过程中水分在滴灌带管路中进行传输，通过小孔径的滴头以点源方式进入土壤。水分进入土壤后呈倒扇状扩散，湿润体随着灌溉的持续逐渐扩大，灌水量越大，湿润范围越大。而在施用漫灌后，土壤湿润体移动呈现直面型，入渗时间短，土壤在相对较短的时间内完成了吸水与脱水过程。由于土壤重金属的迁移也受土壤水分变化的直接影响，不同灌溉方式下土壤重金属的分布状态也会有所不同，近年来部分学者开展了一些这方面的研究。肖质秋等[23]对比了滴灌、渗灌、沟灌三种灌水模式对土壤重金属全量及有效态的影响，结果发现 0～40cm 土壤重金属全量，沟灌处理明显高于渗灌和滴灌，而有效态含量也以沟灌处理为最高，滴灌次之，渗灌处理最低。在 40～80cm 深度上三种模式下土壤重金属含量差异较小，同时经过作物种植之后的土壤重金属含量均有一定程度的升高。齐学斌等[24]进行了沟灌、地下滴灌再生水灌溉对重金属在土壤中残留影响的田间试验，发现在其他因素相同情况下，滴灌后土壤（0～60cm）Cd 含量滴灌要低于沟灌，作物收获后土壤 Cd、Pb 含量均有不同程度降低。邓红等[25]对绿洲滴灌农田 0～30cm 土壤重金属分布特征进行了研究，发现经过不同年限的滴灌作物种植后，土壤中的重金属含量均出现累积甚至超标的情况，其中 Cr、Pb、Zn、Cd 超标程度最强，随着连作年数的增加，Cr、Hg、Pb 的累积指数呈现逐渐下降的趋势，Zn、As 的累积指数呈现逐渐增大的趋势，并达到轻-中度污染水平。项目以土壤重金属元素（Cd、Cr、Cu、Pb、Zn）为研究目标，采集分析了几个滴灌示范区（设有漫灌对照田）的 0～60cm 土壤样品，探讨了滴灌与漫灌方式下，土壤重金属的分布特征，以及不同水肥条件对土壤重金属含量的影响及不同滴灌作物土壤重金属分布比较等内容，并对滴灌技术应用下土壤重金属的环境影响进行了初步评估。

1）滴灌与漫灌土壤中重金属分布比较。通过绘制土壤重金属含量-深度变化曲线可以直观地反映土壤重金属在不同深度的变化趋势。图 7-1 显示的是采样区荒地背景土壤重金属含量随土壤深度变化的趋势，整体来看，5 种重金属含量在 0～20cm 处呈现相似的变化规律，即出现小程度的累积现象，之后随着土壤深度的增加，重金属含量呈现或增高或降低的趋势，但各重金属含量变化趋势均较平缓。河北徐水区试验地的滴灌与漫灌小麦土壤重金属垂直分布特征如图 7-2 所示，与荒地土壤变化比较，滴灌地小麦各个位置土壤重金属含量随深度的变化呈现多种方式，层间变化幅度较大，缺乏非常明显的规律特征。管下位置（滴管正下方）土壤重金属含量高值一般出现在表层土壤或 10～30cm 深度处，60cm 处土壤重金属含量主要呈上升趋势，Cr、Zn 含量变化趋势较为接近；Cd、Cu、Zn 含量变化方式较为接近。管距 1/4（水平离滴管 1/4 管距的地方）处土壤各重金属含量变化方式较管下位置更为复杂，分别有两组土壤的 Cu 与 Pb、Cr 与 Zn 含量变化趋势较为一致。土壤重金属含量高值一般出现在土壤表层、10～20cm 处，50～60cm 处土壤重金属含量变化上升与下降趋势并存。管中央（相邻两管中间）位置土壤重金属含量高值一般出现在表层土壤或 10～30cm 深度处，在 0～40cm 处土壤重金属含量变化呈现随深度增加先上升后下降的趋势。漫灌土壤重金属含量随深度变化特征较滴灌简单，图中 4 个试验地的漫灌土壤各个重金属含量变化趋势表现出比较强的相似性，整体含量变化幅度较滴灌小，比荒地背景大。通过对滴灌与漫灌各层土壤重金属含量进行离散程度分析结果表明（表 7-13），滴灌土壤重金属各层含量离散程度要高于漫灌土壤，说明在滴灌条件下土壤重金属含量变化程度较漫灌更加复杂。

从单个重金属来看，以 Pb 为例，图 7-3 表示了在滴灌与漫灌条件下重金属 Pb 含量在土壤 0～60cm 深度的典型变化情况，从 5 个滴灌土壤剖面 Pb 分布特征来看（图 7-3 左）Pb 在土壤纵向的浓度呈现“S”形分布。近表层土壤 Pb 的浓度逐渐随深度增加而升

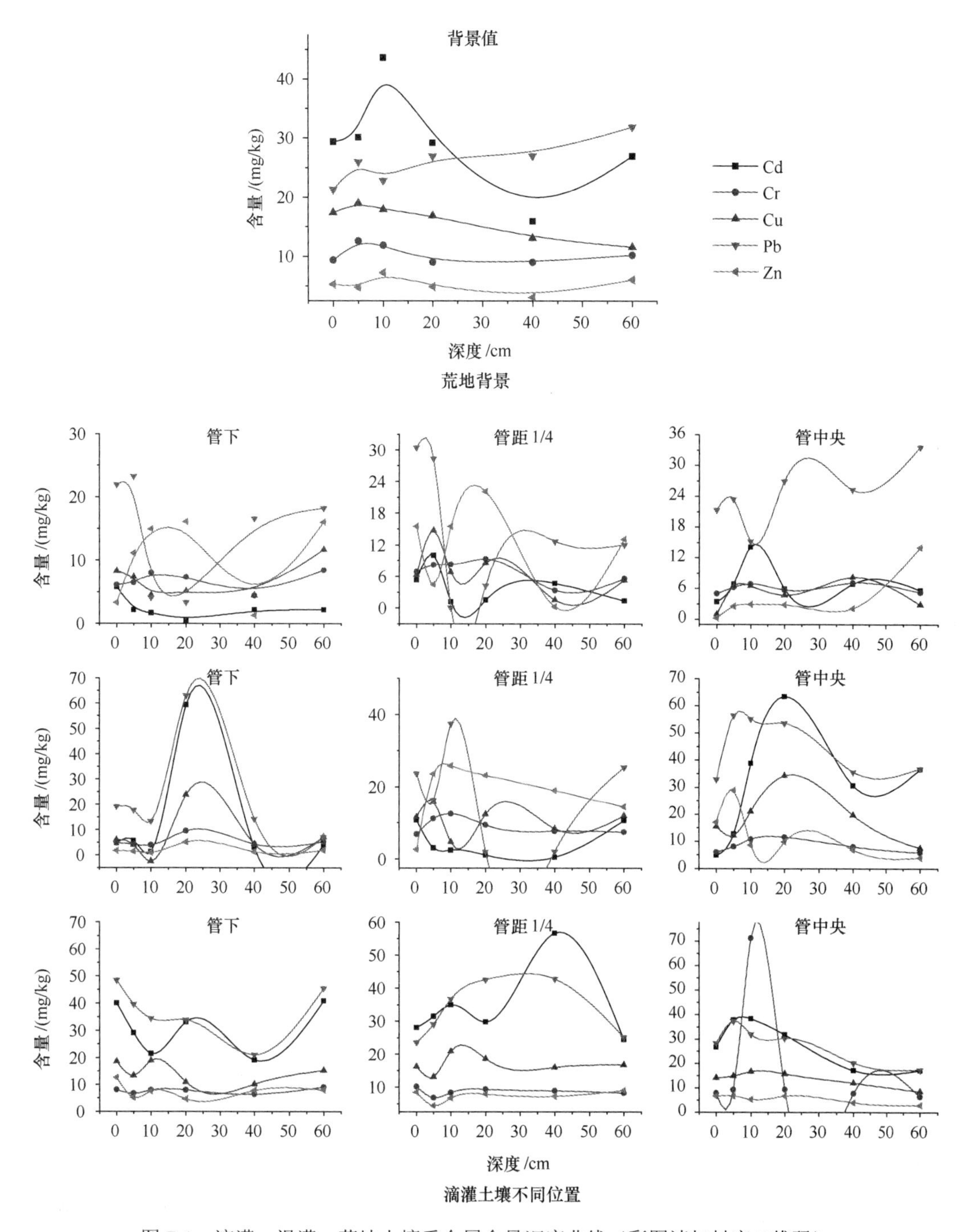

图 7-1　滴灌、漫灌、荒地土壤重金属含量深度曲线（彩图请扫封底二维码）

高，在 5cm 左右达到一个最大值后，随着深度的增加浓度逐渐变小，在 20cm 左右深度再次达到一个最大值，在 60cm 深度范围内，土壤纵向存在两个 Pb 的累积地带，分别是近地表土层，以及 20cm 深度左右。两个漫灌的土壤剖面 Pb 含量如图 7-3（右），漫灌条件下土壤 Pb 分布规律比较明显，在 0～10cm，重金属 Pb 的含量逐渐增加，在 10cm 深度到达一个最大值，随后在 10～20cm，含量随深度的增加逐渐减少，在 20～40cm 随深度的增加浓度不断增大，并在 40cm 左右达到一个最大值。在 40～60cm 呈现浓度随深

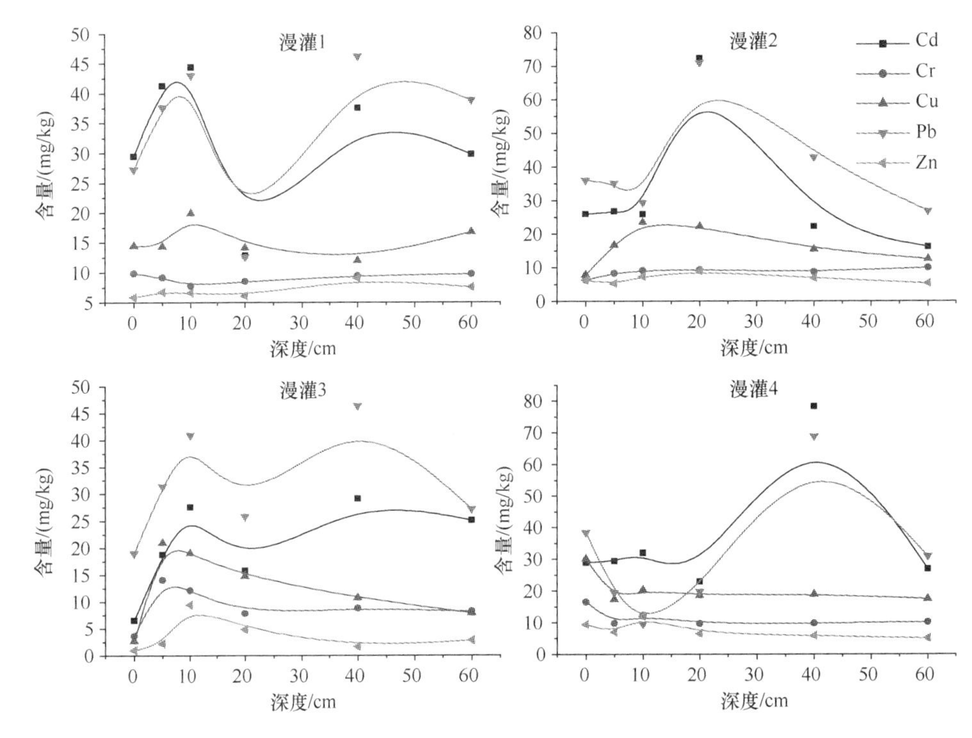

图 7-2 滴灌、漫灌、荒地土壤重金属含量深度曲线（彩图请扫封底二维码）

表 7-13 滴灌与漫灌土壤重金属含量离散程度与正态性分析

分析项目	样品量	平均值	标准偏差	偏度	偏度标准误差	峰度	峰度标准误差
滴灌 Cd	54	16.85	16.61	1.05	0.32	0.37	0.64
漫灌 Cd	24	30.23	16.26	1.80	0.47	3.87	0.92
滴灌 Cr	54	8.62	8.89	6.79	0.32	48.52	0.64
漫灌 Cr	24	9.55	2.49	0.67	0.47	2.95	0.92
滴灌 Cu	54	11.15	6.68	0.73	0.32	1.38	0.64
漫灌 Cu	24	16.19	5.74	–0.08	0.47	1.09	0.92
滴灌 Pb	54	26.35	14.70	0.34	0.32	–0.11	0.64
漫灌 Pb	24	34.35	14.87	0.84	0.47	1.23	0.92
滴灌 Zn	54	8.81	7.13	1.04	0.32	0.39	0.64
漫灌 Zn	24	6.23	2.61	–0.15	0.47	0.35	0.92

度的增加而减少的趋势。通过对比典型的滴灌与漫灌 Pb 的土壤剖面变化曲线，发现在两种灌溉方式下，土壤中重金属 Pb 浓度在土壤纵向的变化方式上比较类似，在 0～60cm 均出现两个累积地带。变化趋势都基本遵循随深度的增加先增大再减少再增大。滴灌的第一个 Pb 累积区较漫灌更接近于地表。第二个 Pb 累积区也低于或近似于漫灌。在第二个累积区的浓度，漫灌基本大于滴灌。

2）典型滴灌小麦地不同管距土壤重金属分布特征。应用 Surfer 10.0 对采集的滴灌小麦土壤样品重金属含量绘制对称等值线图，结果如图 7-4 所示。从图 7-4 可以看出各元素在土壤剖面分布特征情况各异，但总体上重金属的累积区域处于土壤上层。Cd 主

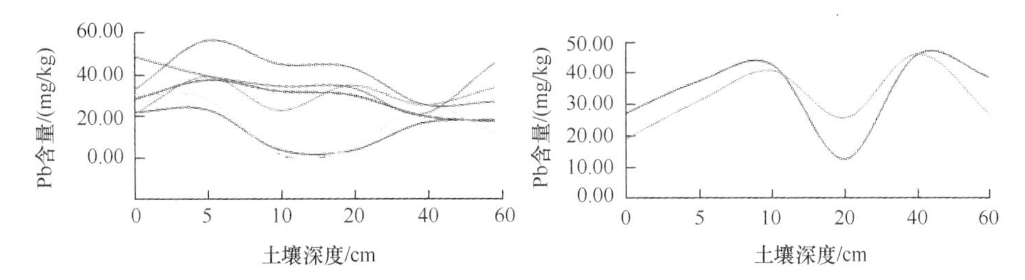

图 7-3　滴灌（左）与漫灌（右）重金属 Pb 含量垂直分布（彩图请扫封底二维码）

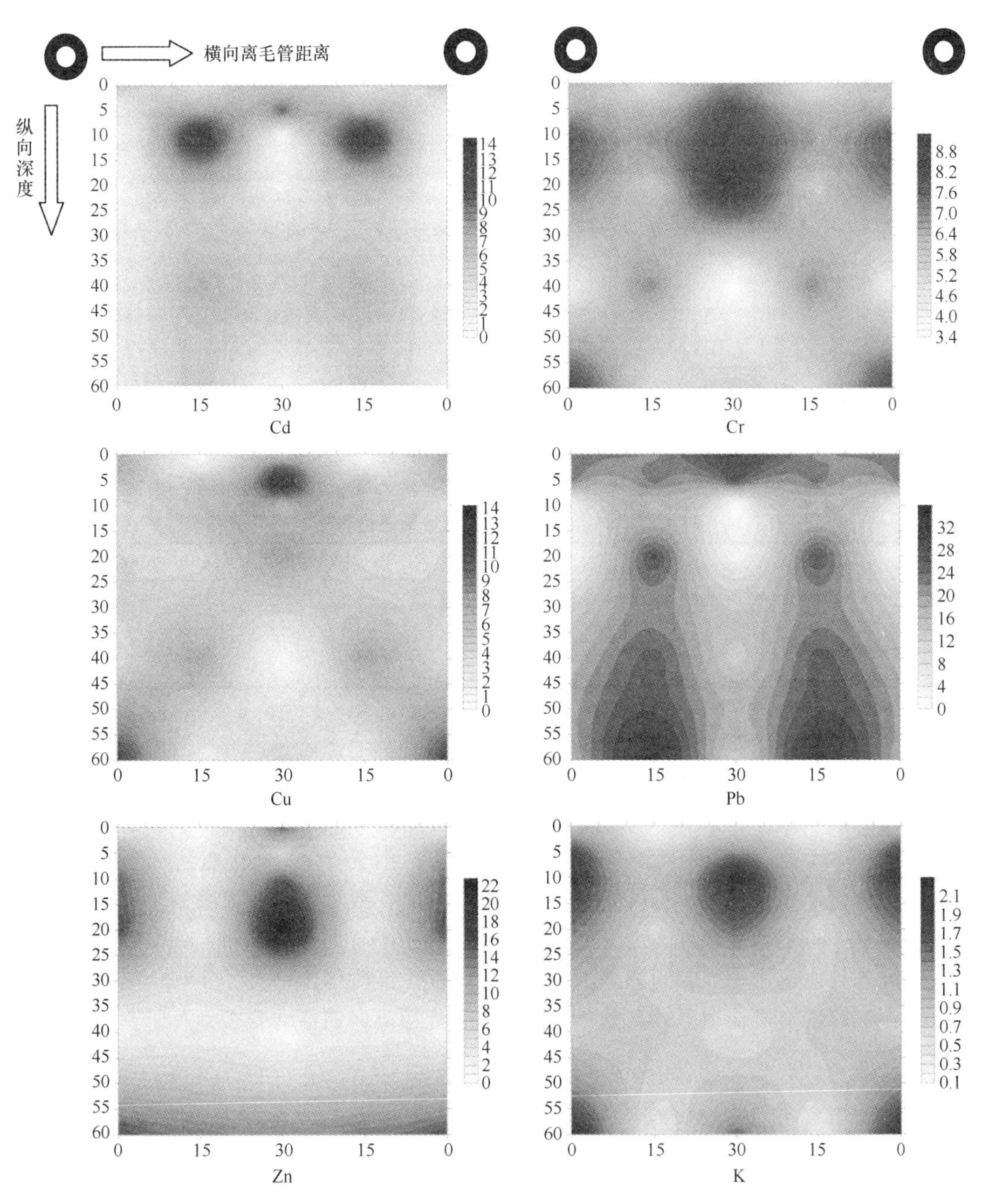

图 7-4　滴灌小麦土壤重金属含量对称等值线图（彩图请扫封底二维码）

要累积区域为管距 1/4 至管下区域的 0～15cm 处，累积区域占剖面面积的比例较小。Cr 主要累积区域为管下 5～20cm、管中央（两管间的中部）位置 0～30cm，累积区域面积占剖面面积比例较大。Cu 累积区域主要集中于管下位置 0～10cm，累积区域占土壤剖面面积比例较小，整体剖面重金属分布较其他元素均一。Pb 累积区域主要位于土壤表层，此外在该剖面深层土壤也出现了重金属累积的情况。Zn 主要累积区域位于管下及管中央的 5～30cm 处。同时研究也对营养元素 K 的含量分布进行了绘制，从图可以看出 K 主要累积区域在管下及管中央位置 5～30cm 处。

通过观察等值线图，发现管中央位置出现重金属累积的现象，其中 Cr、Cu、Pb、Zn 均在管中央位置出现累积情况。同时参考 K 的分布特征，发现 K 在管中央累积，由于 K 属于大量可溶元素，其累积位置可在一定程度上反映滴灌过程中水分的运移特点，在双重湿润峰的作用下，处于交汇区的土壤 K 含量有了比较高的累积。

从重金属分布特征来看，Cd、Cu、Zn 重金属累积区域比较集中，非累积区重金属含量分布较均匀。Cr、Pb 的累积带面积较大，重金属在土壤内呈现梯度累积带的现象。

对不同管距组别（管下、管距 1/4、管中央）的土壤重金属含量进行单因素方差分析，结果如表 7-14 所示。管下与管中央的土壤各剖面间的数值变化差异比较大，管距 1/4 处的土壤数据差值相对较小。可认为管下与管中央位置在该剖面土壤重金属的迁移变化比较明显，由于管下直接靠近滴灌管喷头，土壤水分含量大，淋溶作用较为强烈。而管中央位置处于两个湿润峰的交界，湿润峰及可溶性盐类的积累对金属迁移产生了较大的影响。

表 7-14　对滴灌不同管距土壤重金属含量进行单因素方差分析

位置	样本量	均值	标准偏差	偏度	偏度标准误差	峰度	峰度标准误差
管下	90	12.81	13.35	1.90	0.22	3.51	0.50
管距 1/4	90	13.35	11.71	1.88	0.25	5.57	0.50
管中央	90	13.03	13.28	1.87	0.25	3.65	0.50

由于滴灌过程中水分在土壤中会横向移动，即从滴头沿水平方向向管中央（管间中部）迁移，从而对土壤中重金属的迁移产生影响。通过对不同离管位置采样点土壤纵向第一个 Pb 累积区的比较（表 7-15），发现管中央位置下土壤的第一个 Pb 累积区要深于管下与管距 1/4 处，接近于漫灌条件下的分布趋势。由于管中央小麦处于湿润峰边缘位置，在不同灌水量条件下，有可能处于湿润峰交叉处，或者湿润峰边缘外，两种情况下会造成截然不同的水肥条件。由于小麦千粒重在管中央行达到最高值，所以可以初步推测，河北省徐水区试验地的滴灌灌水量充足，湿润区能到达管中央，并有一定程度的交叉。在湿润峰的交叉作用下，重金属在管中央处土壤纵向的移动分布会有所不同，应在后续研究中引起关注。

表 7-15　各采样区土壤纵向第一个 Pb 含量累积高峰区深度　（单位：cm）

位置	采样区 1	采样区 2	采样区 3
管下	5	5	5
管距 1/4	5	5	5
管中央	5	10	10

3）不同水肥条件下滴灌土壤剖面重金属分布特征。对宁夏滴灌地 S1F1 与 S3F1 两个处理地的土壤进行了较为密集的剖面采样，剖面垂直滴灌毛管方向，剖面长度从管下方一直延伸到相邻两毛管中央位置。采样深度为 60cm。每隔 5cm 进行一次采样，对采集的土壤样品测定其重金属含量，所得到的数据应用 Surfer 10.0 软件绘制土壤剖面等值线示意图。剖面图横坐标为水平方向离滴灌毛管的距离（0～40cm），纵坐标为深度（0～60cm）。宁夏水肥参数设置如下。S：灌水量。S1：115mm；S2：185mm；S3：230mm；CK（漫灌）：300mm。F：施肥量。F1：N 182 P 64 K 27（kg/hm^2）；F2：N 255 P 90 K 38（kg/hm^2）；F3：N 328 P 116 K 49（kg/hm^2）。

图 7-5 表示的是 S3F1 与 S1F1 的土壤剖面各重金属元素与营养元素 P、K 的等值线图。可以看到在滴灌条件下，营养元素 P、K 的累积区域主要在远离管方向的区域，累积区域的位置可能与湿润峰所到达的位置有关。总体来看，重金属在土壤剖面一般有多个累积区域，主要分布在近表层土壤或是土壤剖面下层土壤。Cd 在低水处理下有两个主要累积区，第一个累积区在管下位置的近表层土壤，第二个累积区在管下位置的中下层土壤。高水处理下的土壤剖面同样存在两个累积区，近表层土壤 Cd 累积区相对于低水处理面积更大，在水平方向上更加远离毛管。中下层土壤累积区的趋势减弱，Cu、Zn 土壤剖面的变化特征与 Cd 类似，主要表现为近表层、中下层累积区的深度增加，面积扩大，高水土壤剖面金属累积区呈现带状分布特征。累积区上方的重金属浓度较小，属于重金属淋溶区域，在灌水过程中该区域受淋溶的作用较大。Pb 在高水下的主要

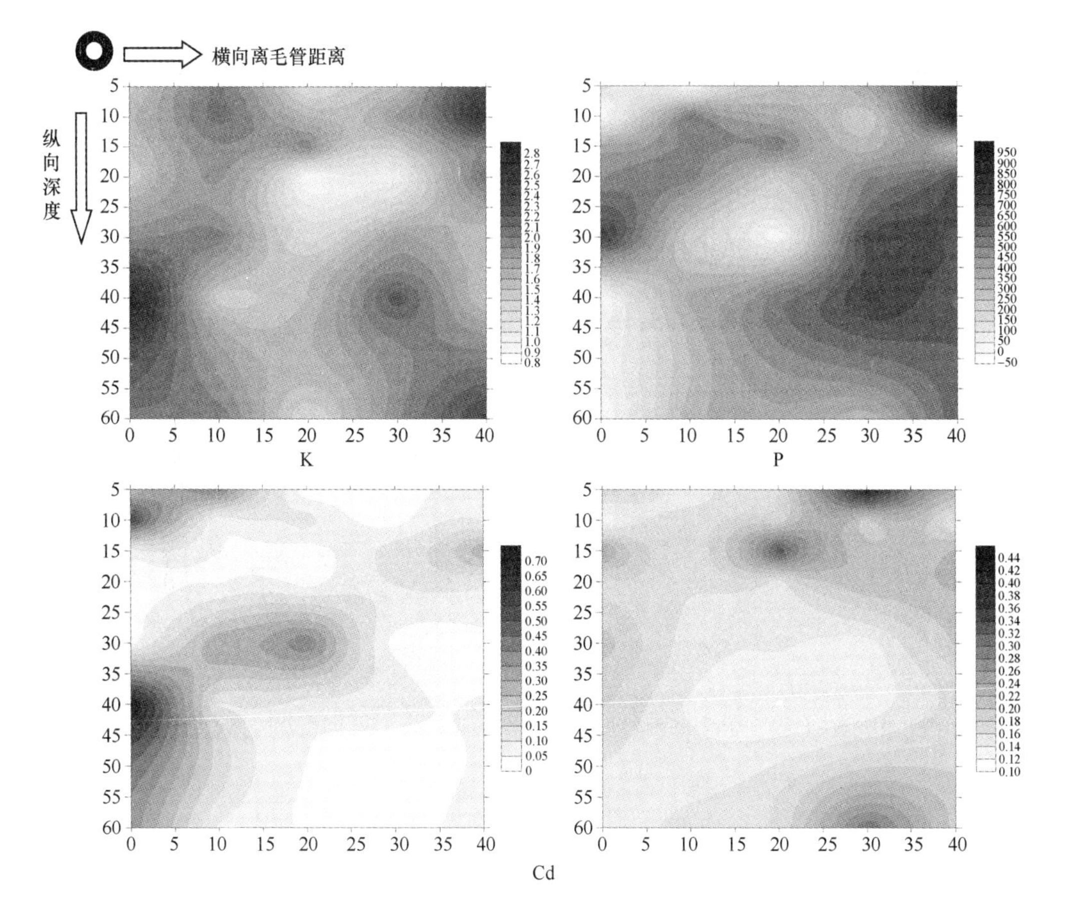

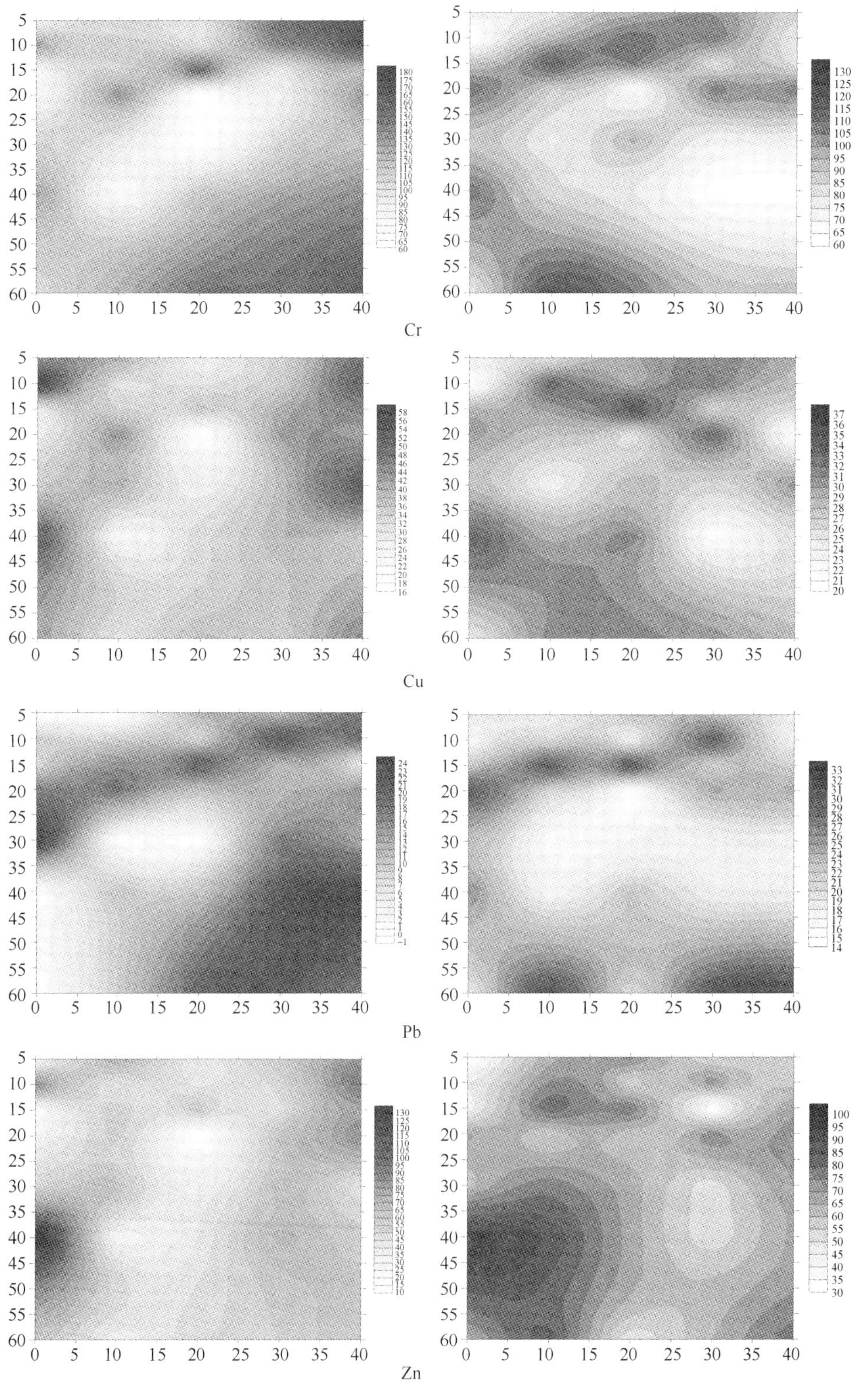

图 7-5 不同水处理水平下土壤剖面重金属与磷、钾元素分布等值线图

（左：S1F1，右：S3F1）（彩图请扫封底二维码）

图中数据单位均为 cm

累积区域面积要小于低水处理，但土壤剖面整体 Pb 含量分布较低水下均一。

对 S1F1～S3F3 所有管下（植物正下方）位置土壤 0～60cm 重金属含量进行了测定，并绘制了重金属含量随深度变化曲线如图 7-6，结合 9 组土壤样品的离散性分析结果（表 7-16）来看，从整体来看土壤 Zn、Cr 含量较高，0～20cm 土壤是重金属主要累积的区域。F1 处理下，土壤离散程度均较高，随着施肥水平的增加，各处理土壤重金属离散程度逐渐降低，各深度土壤重金属含量分布趋于平缓，在 F3 处理下，不同深度土壤重金属含量分布离散程度均较低。可见土壤重金属离散程度与施肥水平具有一定关系。

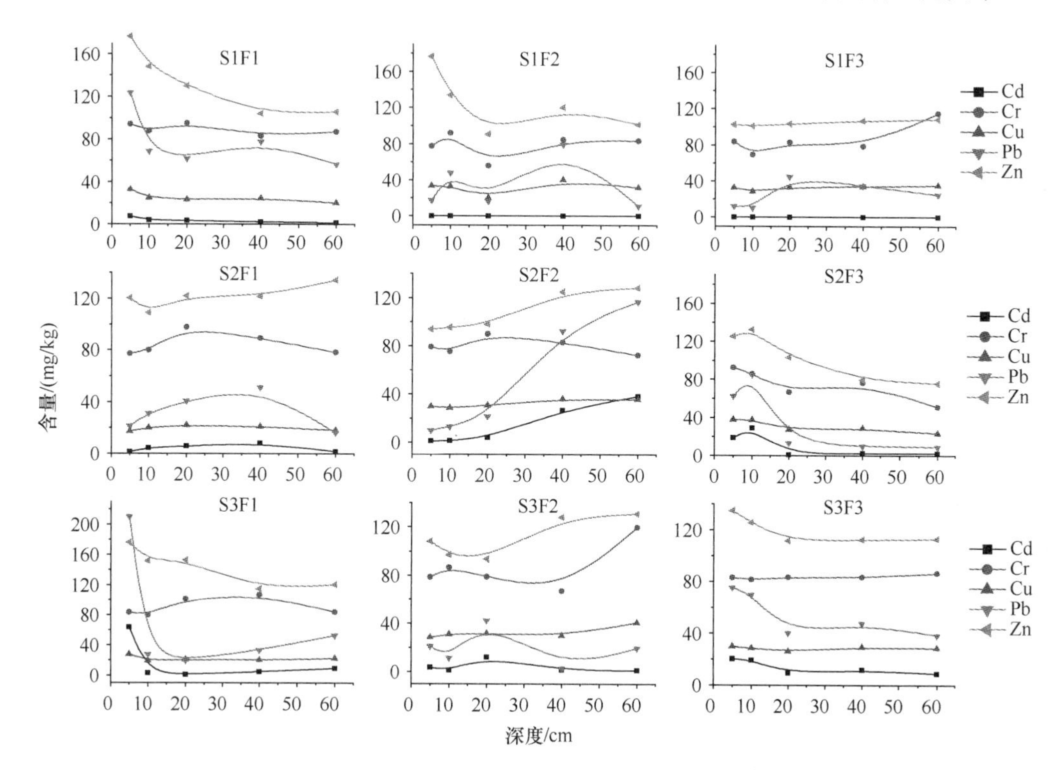

图 7-6　不同水肥处理水平下管下土壤重金属含量随深度变化曲线
（Cd 含量*100）（彩图请扫封底二维码）

表 7-16　不同水肥处理水平下管下土壤重金属离散程度比较

处理	样品量	最小值	最大值	均值	标准偏差
S1F1	25	0.01	176.81	64.9242	51.15
S1F2	25	0.01	176.38	53.8417	48.13
S1F3	25	0.01	114.93	49.6488	41.02
S2F1	25	0.01	134.15	51.5119	46.33
S2F2	25	0.01	128.22	54.1900	43.92
S2F3	25	0.01	132.21	48.9717	41.45
S3F1	25	0.01	210.51	64.9255	62.31
S3F2	25	0.01	131.01	49.8511	44.69
S3F3	25	0.09	134.87	57.1639	43.29

注：S. 灌水量；S1. 115mm；S2. 185mm；S3. 230mm；CK（漫灌）. 300mm；F. 施肥量；F1. N 182 P 64 K 27；F2. N 255 P 90 K 38；F3. N 328 P 116 K 49。施肥量单位为 kg/hm^2

运用 SPSS 对施肥水平与土壤重金属离散程度作控制变量为灌水量的偏相关分析（表 7-17），结果表明在灌水量为控制因子的条件下，土壤重金属离散程度与施肥水平具有显著负相关关系（$P<0.05$），即随着施肥量的增加，土壤重金属离散程度下降。在施肥水平为控制变量条件下，灌水量与土壤重金属离散程度无显著相关关系。

表 7-17　水肥等级水平与土壤重金属含量离散程度偏相关性分析

	土壤重金属离散程度与施肥量比较	
控制变量为灌水量	相关系数	–0.763
	P 值	0.028
	土壤重金属离散程度与灌水量比较	
控制变量为施肥量	相关系数	0.327
	P 值	0.429

注：$P<0.05$ 为显著相关

4）多年滴灌地土壤剖面重金属分布特征。在多年（大于 6 年）滴灌玉米田进行了剖面采样，剖面采样深度 60cm，宽度 40cm，测试不同重金属元素在土壤剖面分布如图 7-7。与前述宁夏滴灌田土壤剖面重金属分布情况相比，新疆滴灌土壤剖面重金属累积区域较为集中，累积区域面积较小，整体土壤重金属含量分布均一，整体变化较为简单，重金属非累积区的区域面积比例较大。从营养元素来看，P 在近管上层土壤及管距 1/4 位置的下层

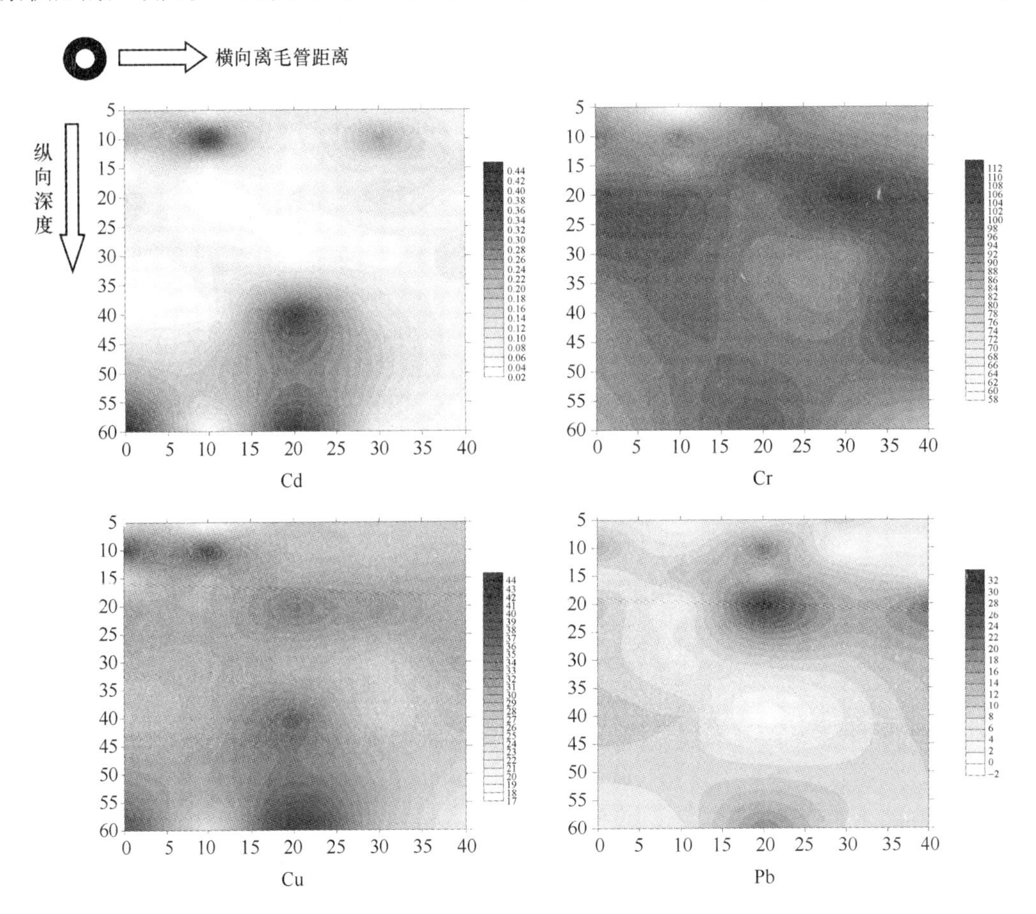

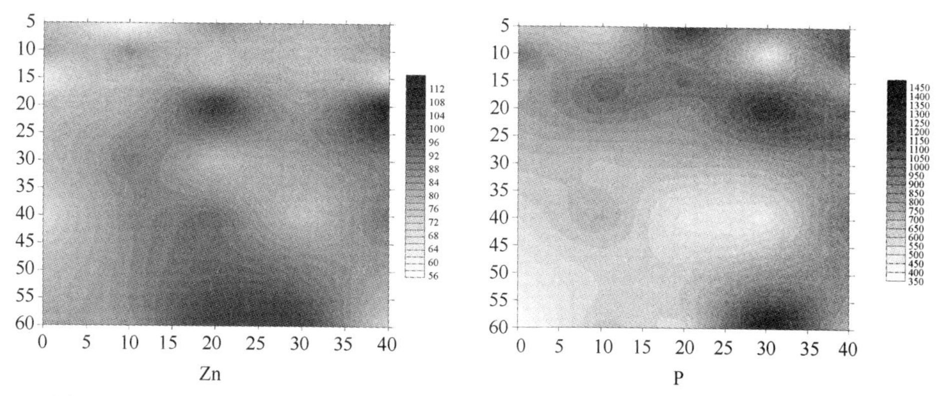

图 7-7　新疆滴灌地土壤剖面重金属、磷含量分布（彩图请扫封底二维码）
图中数据单位均为 cm

土壤均出现了累积，此外在近管中央位置土壤出现了一定程度的累积。K 在整个土层分布较为均一，在近管中央位置上层土壤出现累积现象，综上推测可能存在湿润峰交汇情况。Cd 的累积区域主要出现在近管处土壤剖面，上层累积区深度要浅于其他重金属元素。Cr 累积区域主要在管距 1/4 位置的 20cm 深度土壤，整个累积区呈带状，从管下表层土壤延伸至管中央位置 20～30cm 处。各种金属均在剖面上层与下层土壤出现重金属累积现象，各重金属累积区在土壤剖面的数量与深度不尽相同，但在离管 20～30cm、深度 30～60cm 的区域，各重金属元素均出现了不同程度的累积。Cu 累积区域主要在管距 1/4 位置、管中央位置 20cm 左右深度的土壤中，在土壤剖面下层也出现了较大面积的累积区域。Pb 累积区域主要在管下至管距 1/4 位置的土壤中下层，其他区域含量分布较为均一。Zn 累积区域分布较广，主要在远管位置的上层土壤及下层土壤。

从结果来看，相比较宁夏两年滴灌土壤的分布特征，新疆多年滴灌土壤的重金属累积区具有下移的现象，主要接近于 20～30cm 的土层。根据以往研究结果，滴灌过程中水分主要影响区域在 40cm 深度以内，所以研究认为剖面中 60cm 的重金属累积区域与滴灌的淋溶影响关系有限。

5）不同作物地滴灌土壤重金属含量分布。试验同时采集了一处新开垦的大豆、棉花滴灌地土壤样品，采集了管下 0～60cm、相邻两管中间位置 0～60cm 的土壤样品，绘制土壤剖面重金属元素等值线图（图 7-8）。通过分析表明，在不同滴灌作物土壤中，土壤重金属含量变化不尽相同，但呈现出相同的规律。首先，管下位置土壤重金属变化幅度要大于两管中间位置土壤重金属变化幅度（图 7-8），由于管下位置属于土壤水分含量最高的区域，土壤淋溶作用明显，重金属随着深度的增加浓度降低，在 5～10cm 时呈现出重金属含量下降的趋势，其后随着土壤深度的增加，重金属含量迅速增加，该区域应该为重金属的主要累积区域（图 7-9 红色区域），随后重金属含量随着深度的增加而下降，呈现一种稳定的状态。两种作物管下位置的重金属含量变化基本符合上述规律。而在相邻管中间位置，由于表层土壤水分垂直方向的运移较弱，所以在土壤表层没有较大幅度的重金属含量变化。从整体来看，管中央位置的土壤重金属含量变化规律是随着土壤深度增加逐渐上升，然后随着深度增加而减少。管中央位置重金属含量变化特征较管下位置平缓，管下位置重金属累积现象比较明显，主要累积区域位于土壤 0～20cm，这与其他样区观察的结果类似。

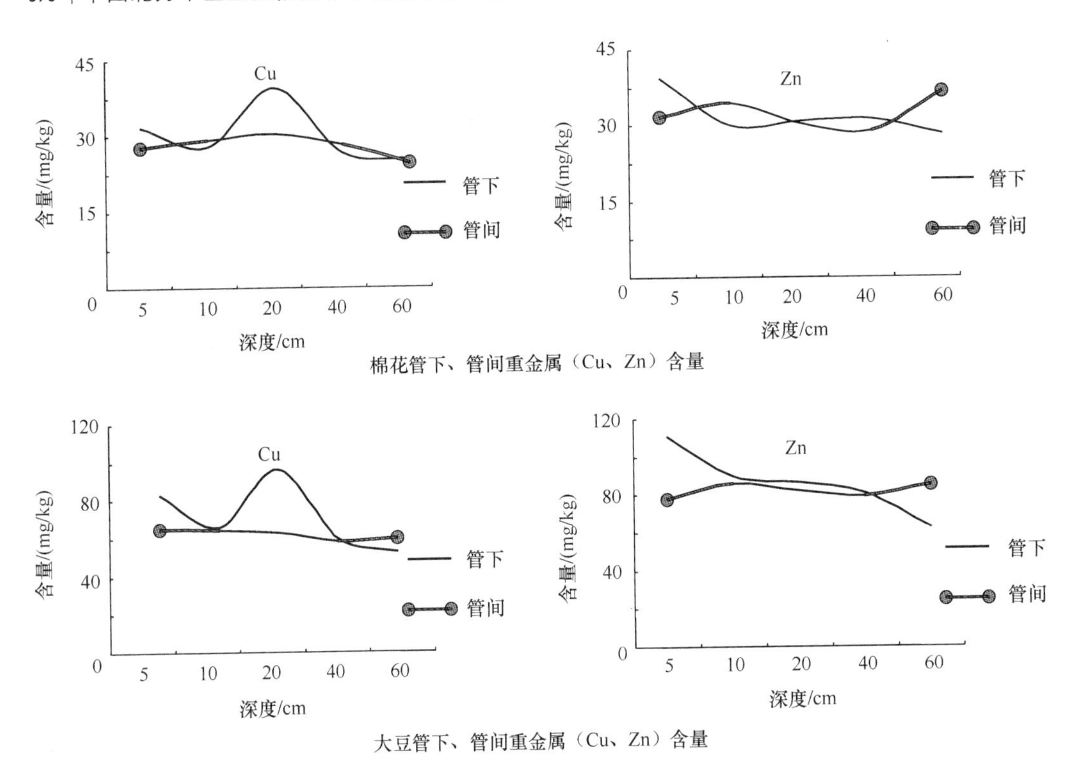

图 7-8　棉花、大豆不同采样位置重金属（Cu、Zn）分布

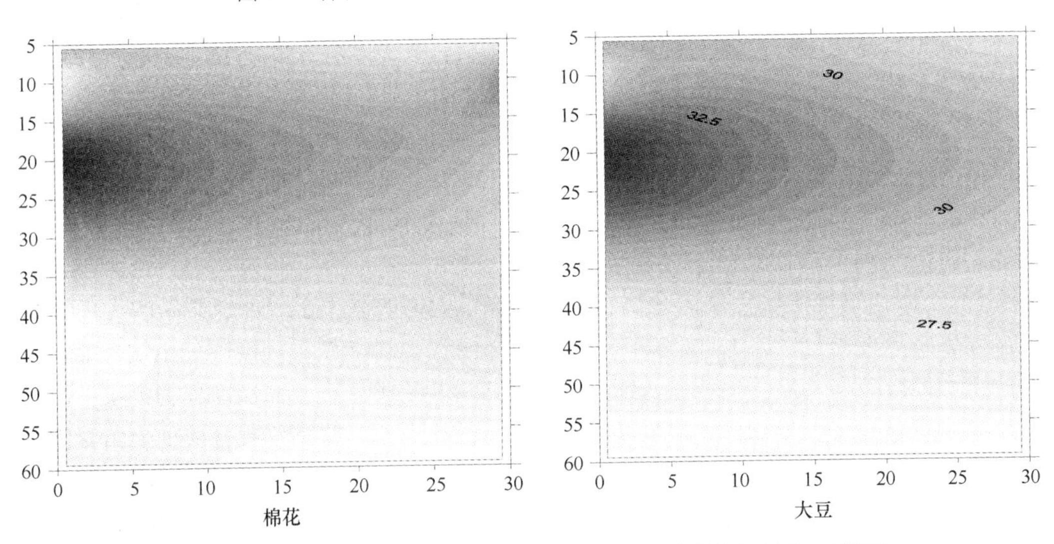

图 7-9　棉花、大豆典型剖面重金属（Zn）分布（彩图请扫封底二维码）

3. 滴灌土壤重金属的环境影响评估

针对土壤环境影响的评估在我国已有较为深入的研究与发展[26, 27]，在评估土壤重金属污染这一领域，计算内梅罗污染指数（NI）可反映污染物对土壤的作用，同时可以按照内梅罗污染指数划定污染等级，内梅罗污染指数土壤污染评价标准如表 7-18，共分为 5 个等级，根据 P 值不同分为安全、较安全、轻度污染、中度污染、重度污染。对滴灌与漫灌小麦农田不同深度土壤的内梅罗污染指数进行计算，结果如表 7-19，0～20cm 深

度土层内，滴灌应用对土壤重金属含量影响大小的元素顺序为 Zn>Pb>Cu>Cd>Cr，其中 Zn 达到中度污染程度，Pb 达到轻度污染程度，其他金属元素基本无污染。漫灌应用对土壤重金属含量影响大小的元素顺序为 Pb>Cd>Zn>Cu>Cr，其中 Cd、Pb 表现出轻度污染的情况。0～20cm 土层土壤重金属污染总内梅罗污染指数（$P_{总}$）表现为滴灌大于漫灌。20～40cm 深度土层内，滴灌应用对土壤重金属含量影响大小的元素顺序为 Zn>Cu>Cd>Cr>Pb，其中 Zn 达到轻度污染等级，其他金属元素污染程度均较轻。漫灌应用对土壤重金属含量影响大小的元素顺序为 Zn>Cr>Pb>Cu>Cd，其中 Zn 表现出轻度污染的情况。20～40cm 土壤重金属污染总内梅罗指数表现为漫灌大于滴灌。两种灌溉方式下，内梅罗污染指数总体上表现为从上层向下层减少的趋势，滴灌条件下总内梅罗污染指数下降幅度较大，下降幅度约为 28.9%，漫灌条件下总内梅罗污染指数下降幅度为 9.7%。从单个元素来看，漫灌模式下仅 Zn 表现为从上层向下层明显增加的趋势，污染程度从Ⅱ级变成Ⅲ级。在污染等级上，仅滴灌存在 0～20cm 土层 Zn 的中度污染，其他均为轻度污染等级以下。

表 7-18　内梅罗污染指数评价标准

等级	内梅罗污染指数	污染等级
Ⅰ	$P_n \leq 0.7$	安全
Ⅱ	$0.7 < P_n \leq 1.0$	较安全
Ⅲ	$1.0 < P_n \leq 2.0$	轻度污染
Ⅳ	$2.0 < P_n \leq 3.0$	中度污染
Ⅴ	$P_n > 3.0$	重度污染

表 7-19　滴灌与漫灌土壤不同土层重金属内梅罗污染指数（NI）比较

土层		Cd		Cr		Cu		Pb		Zn		$P_{总}$
		NI	等级	NI	等级	NI	等级	NI	等级	NI	等级	$P_{总}$
0～20cm	滴灌	0.89	Ⅱ	0.81	Ⅱ	0.97	Ⅱ	1.76	Ⅲ	2.26	Ⅳ	6.68
	漫灌	1.28	Ⅲ	0.81	Ⅱ	0.90	Ⅱ	1.82	Ⅲ	0.98	Ⅱ	5.78
20～40cm	滴灌	0.88	Ⅱ	0.82	Ⅱ	0.96	Ⅱ	0.70	Ⅱ	1.38	Ⅲ	4.75
	漫灌	0.72	Ⅱ	0.98	Ⅱ	0.88	Ⅱ	0.95	Ⅱ	1.69	Ⅲ	5.22

对不同水肥设置条件下滴灌玉米田 0～20cm 深度土壤的内梅罗污染指数进行计算结果如表 7-20。总体来看，滴灌应用对玉米田土壤重金属含量影响大小的排列顺序为 Zn>Cr>Cu>Pb>Cd，不同水肥处理下的 Zn 污染程度均较高，污染等级在轻度污染以上，Cr、Cu 污染程度较 Zn 轻，呈现轻度污染情况，Cd、Pb 污染程度最低。

通过对各元素内梅罗污染指数统计分析（表 7-21），在不同水肥处理设置下，Cd、Zn 的内梅罗污染指数出现较大程度的差异，Cr 与 Cu 差异程度较小。从该结果可以推测，在滴灌灌溉过程中，不同的水肥处理设置对土壤 Cr 与 Cu 的影响比较稳定，而对 Cd 与 Zn 的影响波动较大。总内梅罗污染指数方面，不同水肥处理下 $P_{总}$ 顺序为：S3F3>S2F3>S1F2>S3F1>S1F1>S3F2>S2F1>S1F3>S2F2。对水、肥因素与所计算的内梅罗污染指数进行偏相关分析结果（表 7-22），在施肥水平为控制变量的条件下，各种金属元素与灌水水平无显著偏相关关系；在灌水水平为控制变量的条件下，Cd、Cu 与施肥水平有显著正偏相关关系

（$P<0.05$，双侧检验），Cr 与施肥水平呈现显著负偏相关关系（$P<0.05$，双侧检验）。从该结果来看，滴灌条件下，重金属对土壤的污染程度与灌溉过程中施肥量有一定关联。

表 7-20　不同水肥处理下土壤重金属内梅罗污染指数比较

土壤	Cd		Cr		Cu		Pb		Zn		$P_{总}$
	NI	等级	NI	等级	NI	等级	NI	等级	NI	等级	
S1F1	0.54	I	1.72	III	1.60	III	0.45	I	2.34	IV	6.66
S1F2	0.86	II	1.50	III	1.65	III	0.88	II	2.19	IV	7.09
S1F3	0.80	II	1.50	III	1.77	III	0.55	I	1.48	III	6.11
S2F1	0.47	I	1.70	III	1.15	III	1.39	III	1.73	III	6.44
S2F2	0.32	I	1.59	III	1.66	III	0.59	I	1.40	III	5.56
S2F3	1.26	III	1.57	III	1.93	III	0.61	I	1.79	III	7.16
S3F1	0.20	I	1.77	III	1.36	III	1.31	III	2.41	IV	7.05
S3F2	0.90	II	1.53	III	1.70	III	0.92	II	1.49	III	6.54
S3F3	1.60	III	1.53	III	1.57	III	1.13	III	1.85	III	7.68

注：S. 灌水量；S1. 115 mm；S2. 185 mm；S3. 230 mm；CK（漫灌）. 300 mm；F. 施肥量；F1. N 182 P 64 K 27；F2. N 255 P 90 K 38；F3. N 328 P116 K 49（kg/hm^2）

表 7-21　不同水肥处理下土壤重金属元素内梅罗污染指数统计分析数据

元素	样本数	最小值	最大值	平均值	标准差	方差
Cd	9	0.20	1.60	0.77	0.45	0.20
Cr	9	1.50	1.77	1.60	0.10	0.01
Cu	9	1.15	1.93	1.60	0.23	0.05
Pb	9	0.45	1.39	0.87	0.35	0.12
Zn	9	1.40	2.41	1.85	0.38	0.14

表 7-22　水肥因素与内梅罗污染指数偏相关分析

偏相关分析							
控制变量	变量	元素	Cd	Cr	Cu	Pb	Zn
水等级	肥等级	相关性	0.79	–0.84	0.76	–0.46	–0.52
		显著性（双侧检验）	0.02	0.01	0.03	0.26	0.19
肥等级	水等级	相关性	0.26	0.28	–0.36	0.66	–0.12
		显著性（双侧检验）	0.54	0.50	0.37	0.07	0.79

目前我国土壤环境质量分类主要有三种，其中II类应用于农田、蔬菜地等土壤，重金属限值标准为：Cd 0.3～0.6mg/kg、Cr 250～350mg/kg、Cu 50～100mg/kg、Pb 250～350mg/kg、Zn 200～300mg/kg，在本项目所有采样区采集的土壤样品测定的重金属含量均在国家II类标准范围内，尚未发现严重重金属污染的情况，即滴灌节水技术相对于传统漫灌并不会造成额外的土壤重金属污染，可以认为是一种安全的灌溉方式。

（五）滴灌节水技术应用中管材与覆膜的环境效应

滴灌节水技术在我国具有广阔的应用前景，近年来在国家政策支持下，滴灌技术的推广与产业发展都十分迅速。滴灌灌溉与传统灌溉（漫灌、沟灌等）的一个明显差异之处在于向田间引入滴灌管路，同时随着膜下灌溉技术的成熟，农用塑料覆膜也被大量应用于滴灌农业生产中。实际生产中，滴灌大田每亩需要使用滴灌毛管约 10kg（使用寿命 1～2 年），覆膜 3kg 左右（基本为一次性使用）。以滴灌应用最为广泛的新疆为例，1000 万亩左右的滴灌田地滴灌管材每年可产生 10 万 t 废弃塑料管材，覆膜垃圾 3 万 t，较我国相对不足的塑料垃圾处理能力，不断增长的废弃滴灌塑料制品可能带来潜在的环境问题。同时，滴灌灌溉过程中，管材中的污染物也可能向水肥溶液中迁移，从而进入农田系统中，所以探索该过程的潜在污染对于粮食安全生产也具有重要意义。

塑料制品的生产工艺涉及重金属元素及增塑剂类化合物，重金属污染具有一定蓄积性与累积性，其危害已被广泛认识；增塑剂则是一种环境激素类污染物，有较强的内分泌干扰性[28]，可造成雄性生殖发育毒性[29, 30]、免疫毒性与佐剂反应[31, 32]、综合征反应[33]、女童乳早熟症[34]、男性肺功能减退、肥胖与糖尿病、甲状腺功能减退[35, 36]等危害，我国已将邻苯二甲酸酯（phthalic acid ester，PAEs）确定为环境优先控制污染物。项目以滴灌管材和覆膜的重金属及增塑剂 PAEs 可能导致的环境效应为研究目标，对滴灌用塑料管材、农用覆膜在不同溶液条件及燃烧后重金属迁移能力进行了试验研究，同时也对滴灌玉米地所应用的管材、覆膜及所产出玉米籽粒中的 PAEs、重金属残留情况进行了初步检测。

1. 滴管材料重金属析出分析

为了比较塑料样品在不同水溶液条件下重金属溶出量差异，对单位质量塑料样品在 3 种溶液中的重金属溶出量进行了分析计算，结果如表 7-23，对于浸泡后重金属含量下降的结果认为“无溶出”，结果中用“—”表示。水溶液浸泡条件下，管材与覆膜析出重金属含量大小基本为 Zn>Cu>Pb>Cr>Cd，其中管材在水溶液浸泡条件下无 Cr 析出。1%水肥溶液浸泡条件下，管材与覆膜均只析出 Cr、Cu 两种元素，Cu 析出量高于 Cr。在 4%醋酸溶液浸泡条件下，各测定元素均从管材与覆膜中析出，析出量顺序为 Zn>Cu>Pb>Cr>Cd。总体来看，4%醋酸溶液中管材与覆膜析出重金属的量最高，1%水肥溶液中管材与覆膜析出重金属能力受到了一定的抑制。

表 7-23　不同条件下单位质量滴管材料析出重金属　　（单位：μg/kg）

溶液种类	材料	Cd	Cr	Cu	Pb	Zn
水溶液	滴灌管材	5.2±0.4	—	303±8.1	20±0.9	491±9.7
	覆膜	13.7±1.6	71.8±18	538±11	32.8±1.1	1 127±28
1%水肥溶液	滴灌管材	—	29.5±10	512±19	—	—
	覆膜	—	79.1±12	1 178±59	—	—
4%醋酸溶液	滴灌管材	16.7±2.1	111.2±11.3	1 817±68	205.6±15.2	3 921±248
	覆膜	60.4±3.1	72.8±11.6	2 355±70	1 279±30.4	16 131±607

注：“—”表示无明显溶出现象

2. 滴管管材应用与其他途径的重金属输入通量比较

通过计算示范区管材、覆膜、滴灌肥应用所带入的重金属总量，可以评估滴灌应用中塑料制品、水溶肥对土壤的重金属污染风险。与其他输入途径的结果相比较[20, 37]，管材、覆膜带入的重金属远远低于水溶肥、有机肥施用等途径（表 7-24）。

表 7-24　不同途径输入重金属含量比较

输入途径	输入途径带入重金属含量/［g/（hm^2·a）］				
	Cd	Cr	Cu	Pb	Zn
有机肥	14.6	401	206	138	892
化肥	0.013	3.84	0.513	0.033	6.1
中水灌溉	0.11	5.09	20.1	4.59	131
覆膜	0.000 17	0.000 2	0.007 1	0.003 8	0.048
管材	0.000 18	0.001 1	0.018	0.002 1	0.039
水溶肥	2.30	0.0063	0.034	0.026 7	39.84

注：管材计算用量为 10kg/hm^2，覆膜为 3kg/hm^2，滴灌水溶肥施用量参考各采样区设置取 50kg；其他输入量来自其他研究者研究结果

其中水溶肥输入的重金属含量是管材应用输入途径的 12 691 倍（Cd）、28.6 倍（Cr）、4.8 倍（Cu）、7 倍（Pb）、823 倍（Zn），是覆膜应用输入途径的 13 770 倍（Cd）、5.6 倍（Cr）、1.8 倍（Cu）、13 倍（Pb）、1016 倍（Zn），是有机肥施用输入途径的 16%（Cd）、<1‰（Cr）、<1‰（Cu）、<1‰（Pb）、40%（Zn）。计算最终结果显示，管材重金属输入通量为 0.060g/（hm^2·a），覆膜则为 0.061g/（hm^2·a），滴灌肥为 42.21g/（hm^2·a）。对比其他研究结果可以看出，通过塑料管材、覆膜途径带入的重金属量非常低。

3. 滴管管材 PAEs 类增塑剂释放评估

表 7-25 显示，所采集的塑料样品与玉米籽粒均可检测出 PAEs 类增塑剂。管材与覆膜检测出的 PAEs 物质主要为邻苯二甲酸二丁酯（DBP）与双（2-乙基己基）邻苯二甲酸二酯（DEHP），还有少量的邻苯二甲酸二甲酯（DMP），其中管材也检测出邻苯二甲酸二正辛酯（DOP）。总体来看，管材中的 PAEs 类物质含量要高于覆膜。玉米检测出两种 PAEs 物质，分别为邻苯二甲酸二丁酯（DBP）与双（2-乙基己基）邻苯二甲酸二酯（DEHP），与塑料制品中的 PAEs 含量相比较低。

表 7-25　样品中 PAEs 的含量　（单位：μg/kg）

样品名称	检测结果					
	邻苯二甲酸二甲酯	邻苯二甲酸二乙酯	邻苯二甲酸二丁酯	邻苯二甲酸二苄酯	双（2-乙基己基）邻苯二甲酸二酯	邻苯二甲酸二正辛酯
覆膜（*n*=2）	2.55	nd	75.8	nd	35.1	nd
管材（*n*=2）	4.35	nd	257.5	nd	746	6.31
玉米（*n*=2）	nd	nd	31.5	nd	12.3	nd
空白	nd	nd	12.2	nd	7.47	nd

注：“nd”为未检出

（六）小结

各典型灌区不同灌溉方式下土壤环境质量效应总体呈现以下规律。

1）灌水量是影响土壤 MBC 和 TOC 的重要因素。与漫灌相比，滴灌利于宁夏和吉林玉米灌区土壤微生物量碳（MBC）和总有机碳（TOC）含量的积累。在其他条件基本一致下，新疆乌兰乌苏滴灌试验区内管下处理中，0～10cm 土壤 MBC、TOC 及两者比值随灌水量的增加而减小，而 10～20cm 土壤 MBC、TOC 及两者比值则随灌水量的增加而增加。

2）滴灌对土壤硝态氮和铵态氮的影响不同试验区规律有所差异。其中，在宁夏膜下滴灌试验区，除了膜间位置 10～20cm 土层硝态氮含量则明显低于漫灌处理外，其他空间位置土层滴灌处理土壤中硝态氮含量均高于漫灌处理。在吉林示范大田中，滴灌示范区土壤硝态氮含量低于漫灌，而铵态氮含量则高于漫灌。在新疆乌兰乌苏滴灌试验区，土壤硝态氮和铵态氮含量规律较为复杂，与滴灌不同空间位置及灌水量大小关系密切。其中，0～10cm 土壤硝态氮含量表现为管间处理大于管下处理。在管下处理又以水 1 处理中土壤硝态氮含量最高，在管间处理以水 5 处理中土壤硝态氮含量最高；10～20cm 土壤硝态氮含量，管间和管下处理中水 5 处理均最高。土壤铵态氮含量在管下处理中以水 5 处理的含量最高，在管间处理 0～10cm 土壤中以水 3 处理的含量最高，管间处理 10～20cm 土壤中则以水 5 处理最高。

3）不同灌区不同灌溉方式下速效钾和速效磷的分布规律存在着一定的差异，主要规律如下：在宁夏示范区，对于 0～10cm 土壤而言，漫灌区土壤与灌水量最高的滴灌区土壤速效钾含量差别不大，但低于灌水量较低的其他滴灌试验区土壤。对于 10～20cm 土壤而言，滴灌水 3 处理速效钾含量最高，高于漫灌处理。速效磷含量的变化规律则较为复杂。在吉林大田示范区，滴灌区土壤速效钾和速效磷含量高于漫灌区，且滴灌区膜下处理土壤速效钾和速效磷含量高于作物行间的处理。在新疆乌兰乌苏滴灌试验区土壤速效钾和速效磷含量均随滴灌水量的增加而增加。管下处理中土壤速效钾和速效磷含量也高于管间处理。

4）在滴灌灌溉过程中，不同的水肥处理设置对土壤 Cr 与 Cu 的影响比较稳定，而对 Cd 与 Zn 的影响波动较大。滴灌条件下，重金属对土壤的污染程度与灌溉过程中施肥量有一定关联。在各大试验区所采集的土壤样品，经测定重金属含量均在国家Ⅱ类标准范围内，未发现严重重金属污染的情况，这表明滴灌节水技术相对于传统漫灌并不会造成额外的土壤重金属污染，可以认为是一种安全的灌溉方式。

5）滴灌所使用的管材和覆膜析出重金属的含量会受不同水溶液的影响。如果在使用的过程中接触到醋酸溶液，会使得管材与覆膜析出重金属的量最高，而在常规水肥溶液中，管材与覆膜析出重金属能力则会受到一定的抑制。通过塑料管材、覆膜途径带入的重金属量非常低。

6）各试验区所采集的管材和覆膜等塑料样品与玉米籽粒均可检测出 PAEs 类增塑剂。总体来看，管材中的 PAEs 类物质含量要高于覆膜。玉米籽粒中检测出两种 PAEs 物质，分别为邻苯二甲酸二丁酯（DBP）与双（2-乙基己基）邻苯二甲酸二酯（DEHP），玉米籽粒与塑料制品中的 PAEs 含量相比较低。

二、滴灌节水技术应用中作物重金属的安全评价

与传统灌溉方式（如漫灌）相比，滴灌过程中水分是在滴灌带管路中进行传输，通过小孔径的滴头以点源方式进入土壤。水分进入土壤后运移路径呈三维倒扇状扩散，湿

润体随着灌溉的持续逐渐扩大，灌水量越大，湿润范围越大。滴灌条件下，不同位置土层的土壤水分含量并不相同，其水分随着离管距离的增大而减少。而在漫灌过程中，土壤湿润体移动呈现直面型，受灌土壤水分分布较为均一。总体看来，滴灌土壤水分含量与分布比漫灌土壤要复杂，尤其在滴灌种植密度较高的作物时，相邻滴头产生的湿润峰往往会发生交汇现象，不同管距的作物所处的土壤水分环境也会产生差异[38]。

灌溉制度不同所引起的水分因素差异是否能产生不同污染物的植物效应，在滴灌快速推广发展的当下，具有一定的现实意义。而重金属元素作为被普遍关注的污染物之一，其在土壤-植物系统中的迁移转化等问题已被广泛而深入地研究。以往研究表明，植物根系是植物吸收重金属的重要部位。根系在吸收水分过程中，重金属可随水分到达根系表面，从而发生吸收迁移过程。不同的土壤环境或耕作方式等均可影响植物的根际环境，从而影响植物对重金属元素的吸收。由于不同灌溉方式带来的土壤水分运移与分布的差异，对土壤中污染物向植物中的迁移影响也有所不同[39, 40]。

研究以重金属（Cu、Cd、Pb、Zn）为目标污染物，通过采集分析若干滴灌大田示范区（设漫灌对照田）的产出作物，探索了在滴灌与漫灌模式下，大田作物（小麦、玉米）在重金属分布上的特征与差异，探讨了不同灌溉方式对种植作物重金属含量所带来的影响，并对作物重金属污染的安全性进行了初步评估。

（一）滴灌试验区作物不同部位重金属含量

重金属含量方面，两种灌溉方式产出的作物重金属吸附能力最强的部位均为根部，其次是叶片、茎秆、籽粒。以往研究表明，植物对于重金属的吸附能力一般为吸收器官＞同化器官和输导器官＞繁殖器官，本研究两种灌溉方式下作物重金属分布特征均与之相似。可以看出，灌溉方式的改变对作物不同部位吸收与富集重金属能力的影响并不明显。

不同滴灌灌水量产出玉米重金属含量如表 7-26 所示，重金属含量大小顺序为根>叶>茎>籽粒。总体来看，中水作物根部、籽粒重金属含量较低。

表 7-26　吉林滴灌玉米不同灌水量下不同部位重金属含量　（单位：mg/kg）

	部位	Cd	Cr	Cu	Pb	Zn
根	低水	0.0006	1.0164	0.1483	0.2500	0.3505
	中水	0.0002	0.4845	0.1398	0.2111	0.2901
	高水	0.0007	0.9048	0.1410	0.2691	0.3203
茎	低水	0.0033	0.1499	0.1347	0.0838	0.2575
	中水	0.0018	0.1711	0.1373	0.1081	0.2294
	高水	0.0027	0.1271	0.1045	0.1030	0.2543
叶	低水	0.0036	1.4955	0.2830	0.2341	0.5465
	中水	0.0023	1.2525	0.1498	0.1933	0.2378
	高水	0.0023	0.6215	0.2269	0.1651	1.0817
籽粒	低水	0.0032	0.1790	0.0625	0.0726	0.6322
	中水	0.0030	0.1448	0.0561	0.0596	0.5318
	高水	0.0037	0.1622	0.0529	0.0959	0.3984

注：低水. 395mm；中水. 457mm；高水. 492mm

滴灌小麦重金属含量如表 7-27 所示，重金属含量大小顺序同样为根>叶>茎>籽粒。总体来看，管边 3 小麦根部重金属含量高于其他两行小麦，如含量较高的 Cr 管边 3 小麦根部含量为 108.87mg/kg，比近管行（管边 1）小麦高 42.05%，滴灌小麦根部、茎秆重金属平均含量高于漫灌小麦，如滴灌小麦根部 Cr 平均含量 84.62mg/kg，高于漫灌小麦根部 Cr 的 34.08mg/kg，但在叶片、籽粒中，滴灌小麦重金属总体含量低于漫灌小麦，如 Cr 在滴灌小麦籽粒中平均含量为 0.93mg/kg，小于漫灌小麦的 1.13mg/kg。

滴灌玉米（吉林）与漫灌玉米重金属含量比较如表 7-28 所示，总体来看，滴灌玉米根、茎、叶重金属含量与漫灌相比互有高低，但籽粒中重金属含量低于漫灌，如 Zn 在滴灌根、茎、叶中含量均高于漫灌玉米（滴灌 0.271～0.608mg/kg，漫灌 0.208～0.388mg/kg），但在籽粒中滴灌含量仅为漫灌含量的 17.25%。

表 7-27　徐水小麦作物各部位重金属含量　　　（单位：mg/kg）

	部位	Al	Cd	Cr	Cu	Mg	Pb	Zn
根	管边 1	2810.64	0.11	76.64	7.20	1812.86	17.76	23.29
	管边 2	3281.85	nd	68.34	8.28	2014.64	20.21	18.94
	管边 3	3858.72	nd	108.87	9.64	2257.12	23.18	20.22
	平均值	3317.07	0.04	84.62	8.37	2028.21	20.38	20.82
	漫灌	2318.58	nd	34.08	9.19	1682.12	14.91	26.21
叶	管边 1	988.24	0.04	25.64	4.33	1805.80	13.62	21.28
	管边 2	1114.36	0.04	27.85	4.64	2093.22	14.96	24.19
	管边 3	845.38	0.06	22.30	4.35	1932.88	12.73	26.37
	平均值	982.66	0.04	25.26	4.44	1943.97	13.77	23.95
	漫灌	1059.98	0.11	20.78	5.51	2165.65	15.22	26.53
茎	管边 1	69.80	0.01	12.71	4.58	649.33	1.88	29.28
	管边 2	45.83	0.05	9.80	2.14	527.63	2.25	11.39
	管边 3	40.45	0.04	8.75	2.19	539.31	1.73	17.30
	平均值	52.03	0.03	10.42	2.97	572.09	1.95	19.32
	漫灌	33.47	0.07	4.34	2.91	476.46	1.77	10.23
籽粒	管边 1	23.12	0.06	0.69	4.36	1369.78	0.09	31.11
	管边 2	21.65	0.04	1.32	4.92	1598.43	nd	36.51
	管边 3	26.23	0.06	0.77	4.88	1581.29	Nd	26.68
	平均值	23.67	0.05	0.93	4.72	1516.50	0.03	31.44
	漫灌	29.30	0.06	1.13	5.42	1590.70	0.18	37.93

注：管边 1. 近管行小麦；管边 2. 次近管行小麦；管边 3. 远管行（中间行）小麦

表 7-28 吉林玉米不同灌溉方式下不同部位重金属含量 （单位：mg/kg）

部位	灌溉方式	Cd	Cr	Cu	Pb	Zn
根	滴灌	0.002	0.168	0.158	0.104	0.271
	漫灌	0.003	0.121	0.099	0.101	0.208
茎	滴灌	0.003	0.149	0.062	0.067	0.608
	漫灌	0.004	0.148	0.052	0.091	0.388
叶	滴灌	0.002	1.413	0.171	0.271	0.283
	漫灌	0.000	1.522	0.158	0.297	0.241
籽粒	滴灌	0.001	0.019	0.013	0.032	0.069
	漫灌	0.003	0.117	0.060	0.068	0.400

（二）不同灌溉方式下重金属在作物中的分布差异

在两种灌溉方式下，小麦对重金属吸附能力最强的部位均为根部，其次是叶片、茎秆、籽粒。相比较而言，滴灌条件下，Al、Cr、Pb 在小麦根部与茎秆的含量明显大于漫灌小麦。同样元素在滴灌小麦的叶片与籽粒中要小于漫灌小麦。Cd、Zn 两种元素在漫灌小麦的叶片、茎秆中的含量要大于滴灌小麦。两种灌溉方式下，多数元素的含量差异范围在 10%左右，明显差异出现在富集能力最强的根部。由于植物对重金属的吸附能力一般为吸收器官＞同化器官和输导器官＞繁殖器官。从器官分化角度来分析，滴灌情况下，小麦的吸收器官与运输器官中重金属含量要大于漫灌小麦，而繁殖器官与同化器官的重金属含量要低于漫灌小麦。可见滴灌应用对减轻小麦重金属污染有一定作用。在适量的水肥供应下，滴灌小麦的重金属更多被吸附在根部，从而减少了向地上部分的运输，进而减少了作物籽实中重金属的累积，降低了食品安全风险。

整体来看，滴灌作物根部对重金属的吸附能力要高于漫灌作物（图 7-10），表现较为明显的是 Cd、Cr 这两种元素。同时，滴灌作物茎部与叶片也较漫灌作物表现出较强的重金属富集能力。但随着植物部位的上升，这种优势逐渐减小，最终在籽粒中滴灌作物重金属含量要低于漫灌作物。在一定的滴灌水肥条件下，滴灌作物对土壤重金属的吸收迁移作用主要停留在植物营养器官中，向繁殖器官中输送重金属的能力要弱于漫灌。

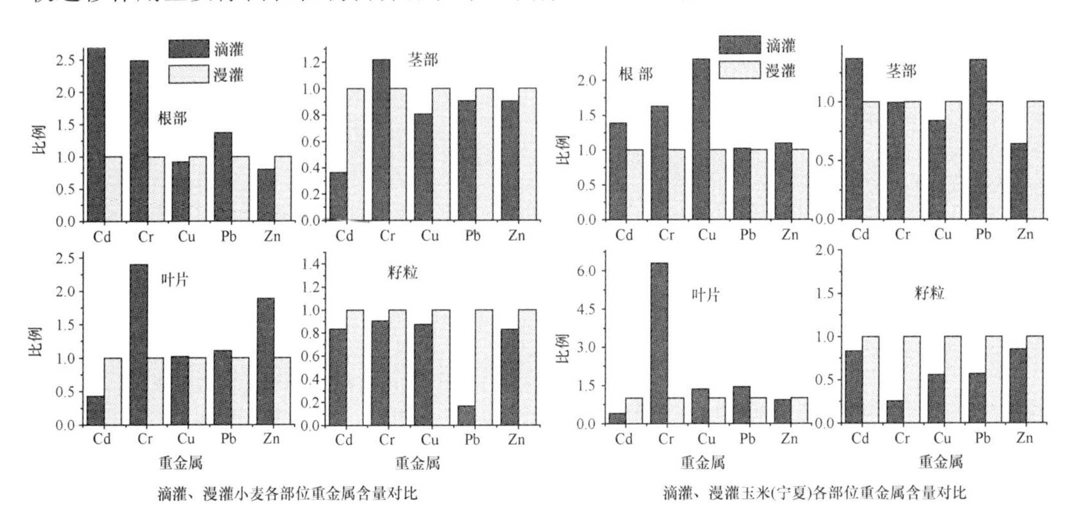

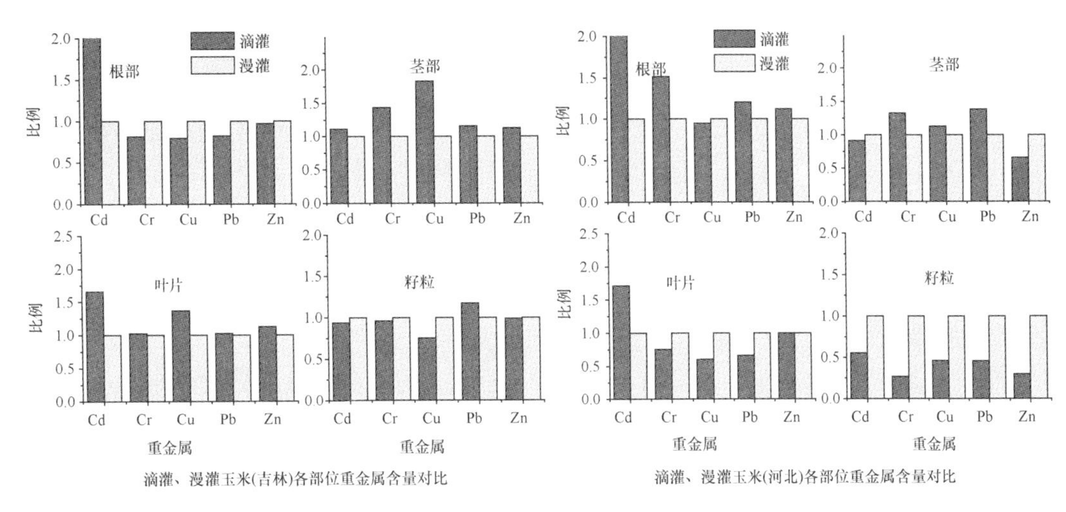

图 7-10　不同采样区滴灌、漫灌作物各部位重金属含量比较

以往对滴灌作物根系的相关研究表明：滴灌条件下的植物根系较漫灌在土壤上层的分布更为发达，侧根毛根较多，主根强度较弱，一般情况下漫灌根系的生物量要高于滴灌作物。但在吸收能力上，由于滴灌植物有较为发达的吸收根，所以在吸收能力上要高于漫灌，同时在籽粒产量、干物质质量、水分利用效率上也均要高于漫灌植物。本研究相关课题的其他科研数据也有类似的发现，图 7-11 表示了研究区滴灌与漫灌玉米喇叭口期至灌浆期 CO_2 平均排放强度与成熟玉米各部位生物量的比较，可以看出，滴灌作物根系生物量要小于漫灌作物，但在 CO_2 的平均排放强度、穗重上均要高于漫灌作物。由于根系 CO_2 排放强度可以在一定程度上反映植物根系的活动情况，可以推测在本研究中，滴灌种植的作物根系吸收交换活动更加强烈，根系重金属吸收量较多，滴灌作物根部重金属含量较高，另外，滴灌带来的籽粒增产与干物质质量的增加也稀释了重金属在籽粒中的浓度，造成了籽粒中重金属浓度的下降。但需要注意的是，籽粒中重金属含量的下降是否是因为滴灌水分条件限制了重金属向籽粒中迁移累积的效率，仍需要进一步深入研究[41-43]。

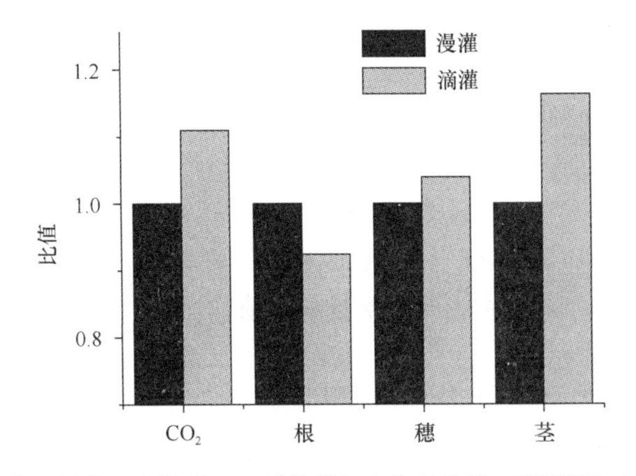

图 7-11　滴灌、漫灌玉米根系 CO_2 排放量与生物量比较（彩图请扫封底二维码）

（三）不同行的滴灌小麦重金属含量差异

由于滴灌条件下的水分以点源方式呈三维扇状扩散，除了纵向的水分运移之外，还

有横向运移。水分的运移会影响土壤中重金属的迁移与分布，从而最终影响作物中重金属的含量。为了更直观地研究小麦重金属含量的管间分布，采用无量纲化分析。将管边1小麦各部位重金属含量定量化为1，其他位置的小麦重金属含量与其的比值作为变量。

图7-12表示的是无量纲化后，小麦重金属含量随管边距的变化图（管边1：近管行小麦，靠近管下位置；管边2：次近管行小麦，约位于1/4管距位置；管边3：远管行小麦，约位于管中央位置）。从小麦根部重金属数据可以看出，Al、Cu、Mg、Pb四种元素的含量随着向管中央位置的靠近而变大。Cr虽然在管边1～管边2呈下降趋势，但在管边3是达到最大值。除Zn外，所有元素的含量最大值均出现在管边3，Zn的变化趋势是先变小再增大。Cd由于未检测出管边2与管边3的含量不列在图内。

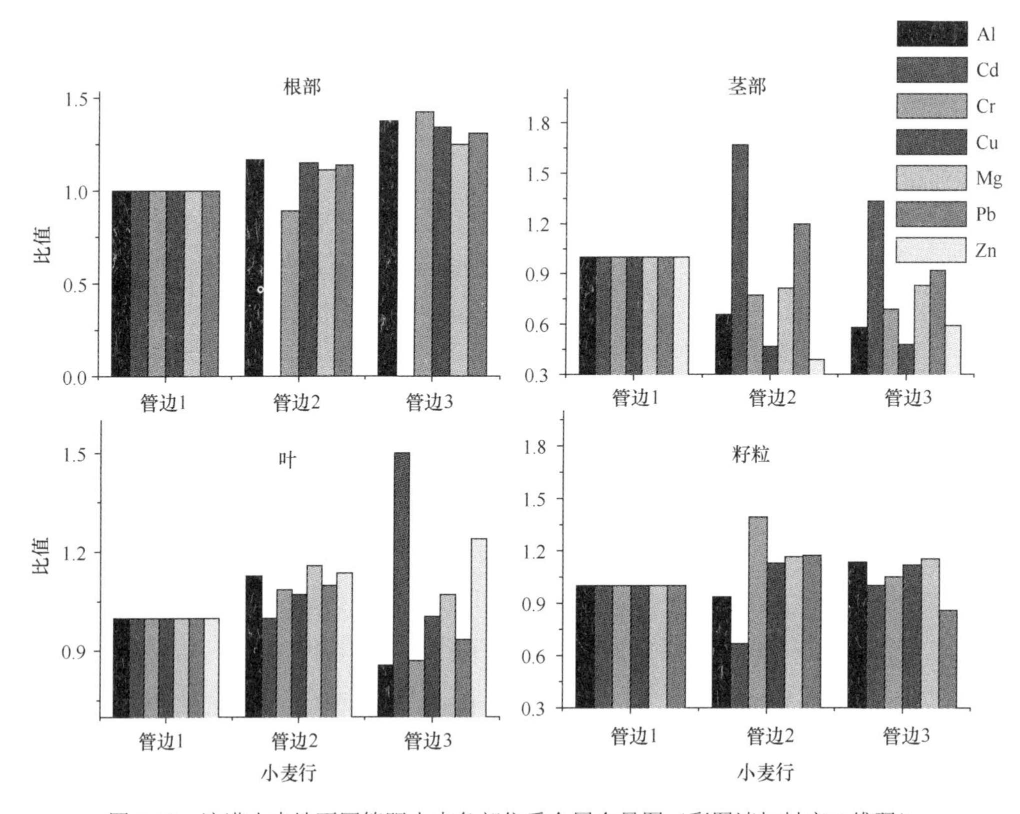

图7-12 滴灌小麦地不同管距小麦各部位重金属含量图（彩图请扫封底二维码）

管边1. 近管行；管边2. 远管行；管边3. 两管中间行

小麦茎部中的重金属含量随管距的变化趋势与根部不同，Al、Cr、Cu、Mg、Zn五种元素呈现比较统一的下降趋势，元素含量最低值均出现在管边3，Pb虽然变化趋势不同，但最低值也出现在管边3。

图7-12左下表示的是小麦叶片中重金属随管距的变化趋势，Al、Cd、Cr、Cu均为管边2最高的情况，呈现出随管边距增加重金属含量先增加后减少的趋势，Cd、Zn在管距中央的小麦叶片中含量最高。Mg、Al、Cr迁移能力相对较强的元素在管边3作物中的含量降低。

图7-12右下表示的是徐水区小麦籽粒中重金属随管边距的变化趋势，相比较根、茎、叶的变化，籽粒中重金属的变化趋势比较不一致，在管边2小麦（管距1/4）中，

籽粒的 Cr、Zn、Cu、Mg 含量均达到最高值，Al、Cd 含量为最低值，在管中央小麦籽粒 Al、Zn、Cd 含量达到最高值，对比管下与管中央，Al、Cd、Cr、Cu、Mg 在管中央作物的含量均要大于管边第一行含量。虽然各元素的变化趋势不一致，但均表现出相对于滴灌管附近小麦，远离滴灌管的小麦重金属含量均有不同程度增加。滴灌种植密集型作物时，受灌土壤水分含量并不平均，作物离滴灌毛管的距离远近会极大地影响作物接触的土壤水分含量，使得不同行间的作物在生长过程中所处的水环境条件出现差异，从而对作物生长产生影响。研究对滴灌小麦（1 管 6 行）不同离管距离的行间小麦各部位重金属含量进行了比较。图 7-12 可以看出，除 Zn 外，其他金属元素的含量整体变化趋势为近管小麦根部含量要低于远管处的小麦根部，两管中央处小麦根部金属元素含量最高。使用 Surfer 10.0 对管距 30cm、深度 60cm 的土壤 K、P 含量做对称等值线图（图 7-13）发现，两管中央位置土壤的 K、P 出现累积情况。土壤剖面 K、P 分布特征与以往膜下滴灌土壤盐分累积研究中的分布特征有一定类似，湿润峰交汇处的水势力较低，水分蒸发作用相对较强，K、P 在随水移动过程中逐渐累积于管中央位置。

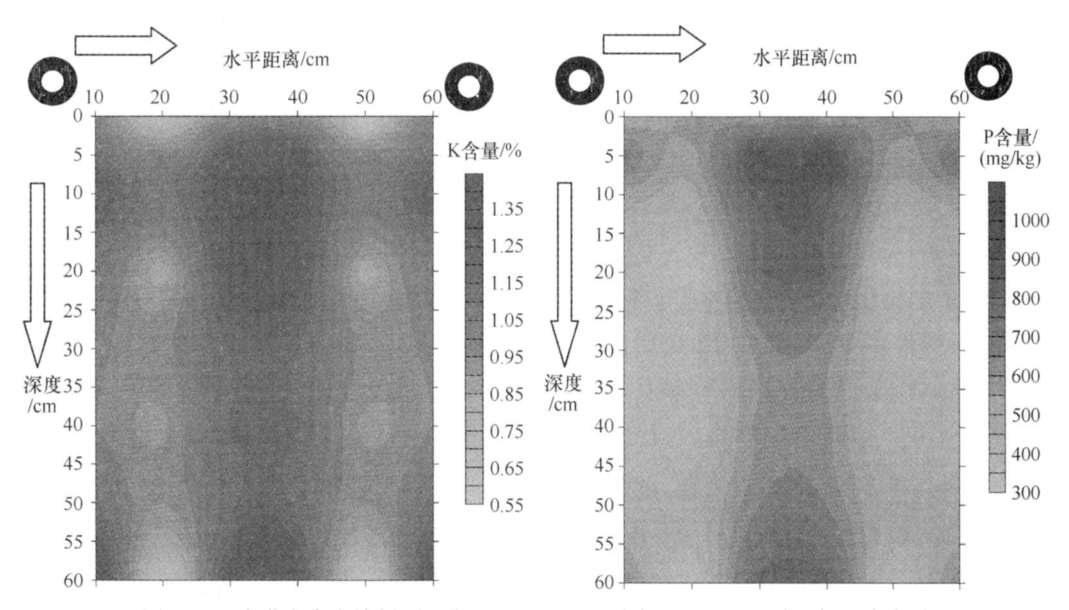

图 7-13　滴灌小麦土壤剖面（水平 0～30cm，垂直 0～60cm）磷、钾元素含量对称等值线图（彩图请扫封底二维码）

结合以上理论，研究推测该土样在滴灌过程中湿润峰到达管中央位置，并在管中央位置出现了一定程度的交汇现象。种植于两管中央位置的一行小麦处于相对较高的养分环境中，使得该处小麦根部对重金属的吸收量高于其他行小麦，同时也使得该行小麦的籽粒千粒重也高于其他两行。小麦茎、叶、籽中重金属的变化趋势与根部有较大不同，茎部与叶片重金属含量以近管行或次近管行较高，籽粒中重金属含量近管行与远管行较为接近，次近管行各种金属含量变化浮动较大[44, 45]。

总体来看，处于湿润峰交汇区的远管行小麦对于重金属的累积作用要弱于两者之间行的小麦，虽然远管行小麦根部重金属含量最高，但地上部分含量相比其他两行小麦呈现下降趋势，这可能归因于较好的水肥条件促进了该行小麦生物量的增加，从而对该行小麦地上部分的重金属浓度含量起到了稀释作用。

（四）不同灌水量下滴灌作物重金属含量差异

在吉林采样区采集了低、中、高三个灌水水平下的玉米（低水：395mm；中水：457mm；高水：492mm），施肥量：N 190 kg/hm^2、P 120 kg/hm^2、K 105kg/hm^2，不同灌水量下根部与籽粒含量变化如图 7-14，结果表明水分条件是影响玉米吸收重金属量的因素之一，不同灌水量大小通过影响土壤理化特征、植物生长等因素，从而对作物吸收重金属产生不同的影响。从数据来看，玉米根部各重金属元素含量随水量的变化趋势较为一致，含量随着灌水量的增加基本呈现先降低后升高的趋势，中水水平处理下的作物根部重金属含量较低。籽粒中重金属 Cd、Cr、Pb 含量随灌水量变化趋势与根部类似。总体来看，中水处理作物总重金属含量要低于低水作物和高水作物；高水处理作物则呈现部分重金属含量最高或最低的情况，总重金属含量低于低水作物而高于中水作物。

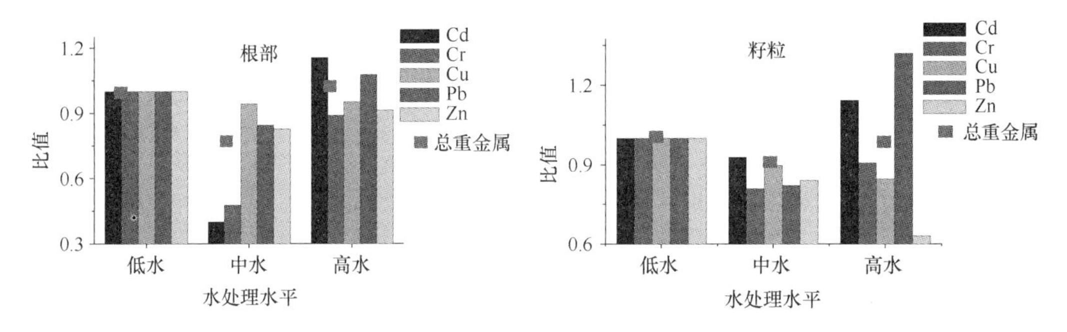

图 7-14　不同水处理下玉米根部、籽粒重金属含量变化（彩图请扫封底二维码）

以往研究认为，植物在低水水平条件下受水分胁迫，根系吸收能力虽有一定程度加强，但蒸腾作用降低，植物生长受阻，干物质合成减少，随着土壤水分含量的增加，植物根系生长得到加强，生物量增加，当土壤水分超过一定程度后，植物水分利用效率大幅下降，物质合成效率也呈下降趋势[46]。从吉林合作单位（吉林省农业科学院）提供的产量及生物量数据（图 7-15）来看，从低水到中水玉米产量、茎秆质量增幅分别为 34%、24%，此过程籽粒、茎秆、根部重金属含量均呈现下降趋势。从中水到高水，玉米产量增幅为 4%，较低水、中水产量增幅下降较大，同时籽粒、根部质金属含量呈现上升趋势。茎秆生物量增幅为 20%，增幅变化较小，茎秆重金属含量则继续呈现下降趋势。

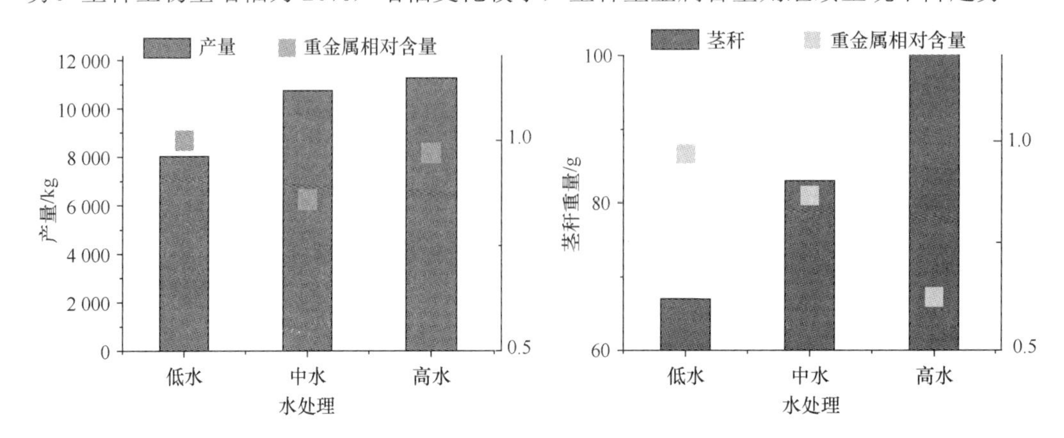

图 7-15　不同水处理下玉米产量、茎秆质量与重金属含量变化

结合以上因素，我们可以推测由不同水分条件引起的植物生物量的变化可能是影响植物各部位重金属含量高低的一个因素。从低水到中水阶段，随着水量的增加，植物根系对重金属的吸收量虽然增加，但植物生物量也大幅提升，成为影响植物各部位重金属含量的主导因素。从中水到高水阶段，随着灌水量的增大，作物耗水量继续增加，但主要作用于作物的营养生长，籽粒产量增加十分有限，植物体吸收重金属总量的增加将代替生物量增加所带来的重金属稀释作用，成为影响重金属含量的主导因素。

研究在新疆、宁夏试点也采集了三水平灌水量滴灌种植的玉米作物样品，测得不同水平玉米籽粒中重金属含量随水量变化（图 7-16），从变化来看，新疆与吉林样品具有一定的相似性，均表现为从低水到高水下，籽粒重金属含量下降。根据从相关单位获得的作物产量数据，新疆产量最高为高水处理，数据为 15 787.9kg/hm^2，其次是中水，产量为 15 585.3kg/hm^2，低水处理下产量最低，产量为 13 821.9kg/hm^2。从低水到中水增产率为 13%，从中水到高水增产率为 1%，从中水处理开始，随着灌水量的增加，增产率大大下降。宁夏产量最高为中水处理，为 17 186.23kg/hm^2，其次是高水处理，产量为 17 033.84kg/hm^2，低水处理下产量最低，产量为 16 609.48kg/hm^2。从低水到中水增产率为 3%，从中水到高水减产 1%，从中水处理开始，随着灌水量的增加开始减产。

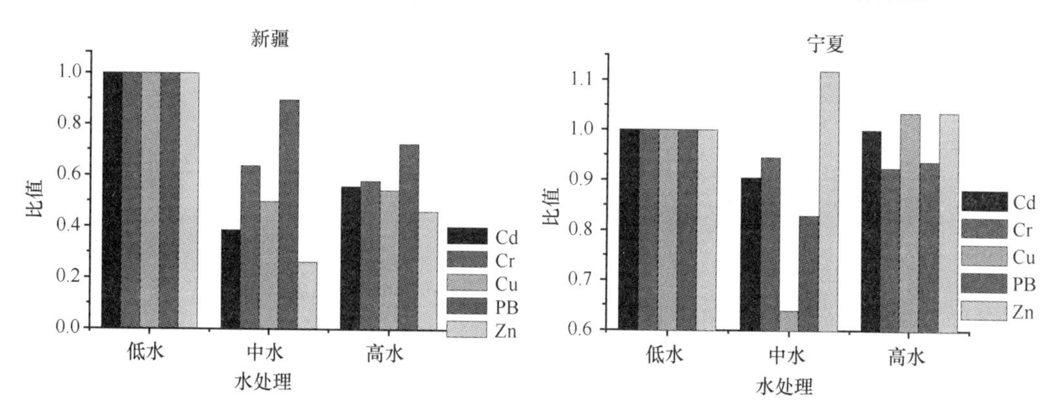

图 7-16 新疆、宁夏玉米不同水处理水平下籽粒中重金属含量（彩图请扫封底二维码）

表 7-29 列出了三种水处理下作物耗水量及水分利用效率。水分利用效率最高的为低水处理，随着水量的增加作物耗水量增大，水分利用效率下降。

总体来看，试点作物在不同水处理下重金属浓度随灌水量的变化趋势具有相似之处。在低水处理下，作物中重金属含量较高，随着灌水量的增加，作物重金属含量增加，进一步增加水量后，重金属出现含量上升的趋势。

表 7-29 新疆滴灌玉米不同灌水量下耗水量与水分利用率

水处理	灌溉频率处理/（d/次）	总灌量/mm	耗水量/mm	水分利用效率/［kg/（hm^2·mm）］
低水	22	366.2	493.8	27.99
中水	14	458.2	585.08	26.64
高水	10	543	666.98	23.67

（五）滴灌不同水肥耦合条件下作物重金属富集系数比较

宁夏采样区滴灌玉米田设置了 3 灌水水平×3 施肥水平［S*i*F*i*，*i*=1，2，3；S 表示灌水水平，F 表示施肥水平；S1：115mm，S2：185mm，S3：230mm；F1：N 182 P 64 K 27，F2：N 255 P 90 K 38，F3：N 328 P 116 K 49（kg/hm^2）］的水肥耦合试验，为了比较不同水肥处理下滴灌玉米对重金属吸收能力的差异，研究采用重金属富集系数（bioconcentration coefficient factors，BCF）对不同水肥处理下玉米的重金属吸收能力进行评估，该系数是衡量土壤重金属被植物吸收难易程度的重要指标。同时，由于研究涉及 Cd、Zn 等 5 种重金属，为评价几种处理下作物综合重金属的富集能力，研究设立综合重金属富集系数 *I*。*I* 值表示某个处理下 5 种重金属元素相对富集系数之和。相对富集系数=某个处理重金属元素富集系数/所有处理该重金属元素富集系数之和。通过系数 *I* 的处理可以将不同处理水平下作物的重金属富集能力进行统一比较。*I* 系数较高代表该处理下作物部位对总重金属元素或某几个重金属元素具有较高的富集能力。

$$\mathrm{BCF}_{\mathrm{heavy\ metal}}=C_{\mathrm{heavy\ metal}}^{\mathrm{plant}}/C_{\mathrm{heavy\ metal}}^{\mathrm{soil}}$$

$$I_{\mathrm{S}i\mathrm{F}i}=\mathrm{BCF}_{\mathrm{Cd}}^{\mathrm{S}i\mathrm{F}i}/\sum_i \mathrm{BCF}_{\mathrm{Cd}}^{\mathrm{S}i\mathrm{F}i}+\mathrm{BCF}_{\mathrm{Cr}}^{\mathrm{S}i\mathrm{F}i}/\sum_i \mathrm{BCF}_{\mathrm{Cr}}^{\mathrm{S}i\mathrm{F}i}+\cdots \mathrm{BCF}_{\mathrm{Zn}}^{\mathrm{S}i\mathrm{F}i}/\sum_i \mathrm{BCF}_{\mathrm{Zn}}^{\mathrm{S}i\mathrm{F}i} \quad (i=1,2,3)$$

式中，$C_{\mathrm{heavy\ metal}}^{\mathrm{plant}}$为作物中重金属含量，$C_{\mathrm{heavy\ metal}}^{\mathrm{soil}}$为 0～20cm 土壤中重金属含量均值（表 7-30），S*i*F*i* 代表不同的水肥处理水平（S 表示水处理、F 表示肥处理）。不同处理籽粒重金属含量如表 7-31。

表 7-30 采样区不同处理滴灌田土壤重金属含量 （单位：mg/kg）

处理	Cd	Cr	Cu	Pb	Zn
S1F1	0.05	92.87	25.65	78.96	146.13
S1F2	0.05	70.33	26.61	24.71	122.84
S1F3	0.06	79.69	31.71	28.00	102.50
S2F1	0.04	87.98	20.22	33.50	118.40
S2F2	0.03	83.45	30.03	16.51	96.07
S2F3	0.12	77.93	32.53	43.60	116.02
S3F1	0.17	91.21	21.81	69.35	158.25
S3F2	0.07	80.60	30.61	29.26	98.01
S3F3	0.14	82.87	27.58	56.38	120.88

注：S. 灌水量；S1. 115mm；S2. 185mm；S3. 230mm；CK（漫灌）. 300mm；F. 施肥量；F1. N 182 P 64 K 27；F2. N 255 P 90 K 38；F3. N 328 P 116 K 49。施肥量单位为 kg/hm^2

最终计算的各处理重金属富集系数结果如图 7-17。从根部数据来看，以处理 S1F2、S1F3、S2F1 的根部富集能力最高，较低的处理为 S3F1、S1F1、S3F3、S3F2。结果说明，在低水量处理下作物根部整体上富集重金属能力较强，而在低水中、高肥条件下作物富集重金属能力最强；但在低肥低水条件下，根部重金属富集重金属能力则要弱于其他低水处理。在高水条件下，根部富集重金属能力普遍较弱。籽粒中结果较高的为 S1F2、S2F2、S2F1，较低的为 S3F3、S3F2、S1F1，籽粒重金属富集能力随水肥因素的变化趋势与根部类似。

表 7-31　宁夏滴灌玉米不同水肥处理籽粒中重金属含量

编号	Cd	Cr	Cu	Pb	Zn
漫灌（CK）	0.0036	0.0703	0.0640	0.0735	0.4761
S1F1	0.0031	0.0293	0.0454	0.0417	0.4389
S1F0	0.0022	0.0264	0.0398	0.0258	0.4657
S1F2	0.0042	0.0182	0.0543	0.0656	0.4373
S1F3	0.0036	0.0241	0.0325	0.0627	0.4381
S3F1	0.0030	0.0113	0.0210	0.0571	0.2211
S3F2	0.0038	0.0159	0.0359	0.0510	0.5060
S3F3	0.0031	0.0202	0.0462	0.0342	0.4897
S2F1	0.0038	0.0172	0.0347	0.0544	0.4888
S2F3	0.0032	0.0199	0.0422	0.0394	0.5197
S2F2	0.0035	0.0141	0.0409	0.0281	0.4629

注：S. 灌水量；S1. 115mm；S2. 185mm；S3. 230mm；CK（漫灌）. 300mm；F. 施肥量；F1. N 182 P 64 K 27；F2. N 255 P 90 K 38；F3. N 328 P116 K 49。施肥量单位为 kg/hm^2

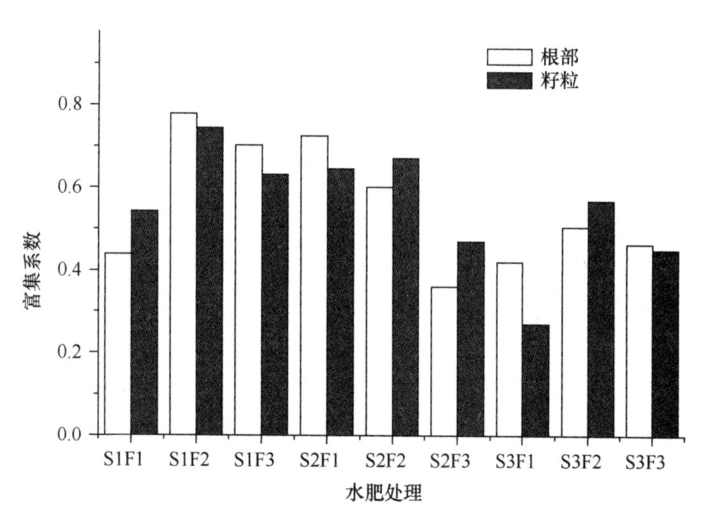

图 7-17　不同水肥处理作物根部与籽粒重金属相对富集能力

从两组数据变化规律来看，根部与籽粒重金属富集能力可能存在一定相关关系。应用 SPSS 对两个部位重金属富集能力进行相关性分析，结果相关显著（表 7-32），表明根系在重金属富集能力较强的情况下向籽粒中输送重金属的能力也较高。应用 SPSS 对水、肥水平与重金属富集能力进行偏相关分析，发现水、肥因素与根、籽粒重金属富集能力并不呈现显著的偏相关关系，表明单纯水、肥因素调控对作物重金属吸收能力的影响有限。对根系、籽粒重金属富集能力、百粒重、穗粒数等因素进行偏相关分析（灌水量、施肥量为控制变量）结果如表 7-33，发现籽粒重金属富集能力与穗粒数呈现显著正相关关系（单侧检验，P=0.01），根系重金属富集能力与百粒重呈现部分正相关关系（P=0.08），籽粒中 Cr 含量与产量、百粒重含量均呈现显著负相关关系。

表 7-32　根部富集能力与籽粒富集能力相关性分析

根部富集能力与籽粒富集能力相关性分析		籽粒富集能力
根部富集能力	相关性	0.807**
	Sig.（双侧检验）	0.009
	样品量	9

**在 0.01 水平显著相关

表 7-33　水肥因素、产量因素与根系、籽粒重金属富集系数偏相关分析

控制变量			百粒重	产量	穗粒数
水等级&肥等级	根部富集能力	相关性	0.60	0.27	0.43
		Sig （单侧检验）	0.08	0.28	0.17
	籽粒富集能力	相关性	0.40	0.18	0.81**
		Sig （单侧检验）	0.19	0.35	0.01
	籽粒 Cr 含量	相关性	−0.71*	−0.88	−0.35
		Sig （单侧检验）	0.04	0.003	0.22

*表示显著相关，**表示极显著相关

由于植物吸收重金属能力受多因素综合影响，不同水肥耦合条件对作物吸收重金属能力的影响可出现不同情况，如在中肥条件下，随着灌水量的增加，作物根系富集重金属能力呈现下降趋势。但从总体来看，使用肥料有助于作物对重金属的富集，低肥下作物富集重金属的能力较低。在水肥综合影响上，高水低肥、低水低肥条件下作物富集重金属能力均较弱，低水高肥下则较强。低肥条件下，作物根部与籽粒重金属富集能力随着灌水量的增加先增加后减少；中等肥料条件下，作物根部与籽粒中重金属富集能力随着灌水量的增加而减少；高等肥料条件下，作物根部与籽粒中重金属富集能力随着灌水量的增加先减少再增加。在同样灌水量情况下，施用中量肥料的作物重金属富集能力最强。

通过评估对比结果，在施用滴灌技术种植作物时，通过水肥调控不仅可以影响产量，还会对作物重金属的吸收产生一定影响，但具体影响过程牵扯因素众多，仍需要继续深化研究。结合宁夏合作单位（中国农业大学）提供的产量数据，在各处理中以 S2F2、S2F3、S3F3 产量最高，以 S2F2 为最优化处理。在 S2F2 水肥条件下，作物籽粒虽然具有较高的重金属富集能力，但实际籽粒重金属含量值仍处于所有处理中的较低值，在实际生产应用中即可保证产量也具有较高的食品安全。

（六）不同作物滴灌种植产出果实重金属含量比较

样品采样时间为 2013 年 10 月底，样品采集在新疆采样区，采样历时 4 天，采集滴灌玉米 10 份、棉花 2 份、大豆 2 份、油葵 2 份，共 4 种作物样品。由于试点内漫灌没有棉花、大豆、油葵作物的种植，所以缺乏相应漫灌作物作为参照。新疆试点内的样品均采自大田。对 4 种滴灌作物果实进行重金属含量测试，结果如表 7-34。由于缺少漫灌对照，本节对其他文献提供的有关研究数据进行对比（表 7-35），仅用于作参照。

表 7-34　不同滴灌作物果实重金属含量　（单位：mg/kg）

作物	Cd	Cr	Cu	Pb	Zn
滴灌棉花	0.0027	0.0494	0.0533	0.1360	nd
滴灌玉米	0.0008	0.0541	0.0365	0.0291	0.0710
滴灌大豆	0.0012	0.1530	0.3648	0.0143	0.7084
滴灌油葵	0.0030	0.1260	0.4684	0.0054	1.1637

注：“nd”为未检出

表 7-35　其他文献中作物重金属含量　（单位：mg/kg）

作物	Cd	Cr	Cu	Pb	Zn	来源
棉花	0.0016	0.1885	0.5769	0.0327	0.0224	芮玉奎，2008①
大豆	0.0095	0.1562	0.0083	0.0128	0.0231	燕平梅，2007②
油葵	nd	null	44	nd	12	陈伟，2011③

注：“nd”为未检出；“null”为无数据

对该地区产出的三种作物进行 Se 检测，结果为玉米含量为 0.067mg/kg，大豆 0.125mg/kg，油葵 0.091mg/kg。参考 DB36/T 566—2009《富硒食品硒含量分类标准》，大豆与油葵达到了规定的富硒食品标准（大于 0.07mg/kg）。由于新疆试点在作物种植施肥过程中并未使用外源性富硒化肥，所以推测当地土壤可能属于富硒土壤，也可能是由灌溉制度所引起的作物品质的改变，或是种植了富硒品种，该现象应引起关注。

（七）滴灌应用重金属对作物的安全性评估

目前我国小麦、玉米重金属含量实行的标准为 GB 2715—2005 和 NY 861—2004，GB 2715—2005 仅规定了铅、镉、汞及无机砷的含量限值，因此，本研究主要参考 NY 861—2004，即《粮食（含谷物、豆类、薯类）及制品中铅、铬、镉、汞、硒、砷、铜、锌等八种元素限量》。其对粮食（玉米、小麦）重金属限量值为：Cd<0.1mg/kg；Cr<1mg/kg；Cu<10mg/kg；Pb< 0.4mg/kg；Zn<50mg/kg。本研究结果中所有作物样品重金属含量均低于国家规定标准，其中玉米 Cd 含量在 0.01～0.05mg/kg，Cr 含量在 0.07～0.12mg/kg，Cu 含量在 0.05～0.13mg/kg，Pb 含量在 0.04～0.14mg/kg，Zn 含量在含量 0.45～9.99mg/kg，根据之前滴灌与漫灌作物比较结果，滴灌作物产量越高重金属含量越低。小麦方面，漫灌小麦出现了 Cr 超标的现象，含量为 1.15mg/kg，超过了国家规定的 1mg/kg 的标准，而同产区的

① 芮玉奎，张福锁，陆雅海. 转基因棉花纤维中重金属和矿质元素含量研究. 光谱学与光谱分析，2008，28(4)：937-939.

② 燕平梅，王文雅，芮玉奎，等. ICP-MS/ICP-AES 快速测定东北大豆中有益元素和重金属含量. 光谱学与光谱分析，2007，27(8)：1629-1631.

③ 陈伟，赵玉英，董建国，等. 葵花粕与葵花籽中微量元素的测定. 内蒙古民族大学学报(自然科学版)，2011，26(3)：271-273.

滴灌小麦 Cr 含量则没有超标。小麦其他元素含量均低于国家标准，总体来看，采样区所产出的滴灌与漫灌作物均具备较高的食品安全性。

在以往的研究中[47, 48]，将作物中有害元素含量划分为未污染、轻污染、中污染、重污染四级，未污染表示有害元素含量低于背景值的 2 倍；轻污染仅表示粮食中有害元素含量比背景值有一定增加（大于背景平均值加 2 倍标准差），对粮食生长和食用尚无不良影响，中污染一般在卫生标准或参考标准的 50%～100%水平，重污染则超过了卫生标准或参考标准。参考其研究方法，研究将 $P=C_{实测值}/S_{标准值}$（籽粒重金属实测含量与标准值的比值）作为评价滴灌与漫灌对作物籽粒重金属含量影响的因子，并分为三个等级，$P\leqslant0.5$ 表示在作物籽粒重金属含量方面是安全的，$0.5<P\leqslant1$ 表示较为安全，$P>1$ 则为污染，表 7-36～表 7-38 列出滴灌应用对作物种植的相关评估结果及说明。

表 7-36　滴灌应用对种植作物的重金属影响评估

作物	灌溉方式	籽粒中污染物含量及国家标准/（mg/kg）				
		Cd	Cr	Cu	Pb	Zn
小麦（徐水）	滴灌	0.05	0.95	4.72	0.03	31.44
	漫灌	0.06	1.15	5.42	0.18	37.93
玉米（吉林）	滴灌	0.001	0.11	0.05	0.08	9.90
	漫灌	0.001	0.12	0.06	0.07	9.99
玉米（宁夏）	滴灌	0.001	0.02	0.04	0.04	0.41
	漫灌	0.001	0.07	0.06	0.07	0.48
国家标准		0.1	1	10	0.4	50

表 7-37　滴灌与漫灌污染指数（$P=C_{实测值}/S_{标准值}$）

作物	灌溉方式	Cd	Cr	Cu	Pb	Zn
小麦（徐水）	滴灌	0.5	0.95	0.472	0.075	0.6288
	漫灌	0.6	1.15	0.542	0.45	0.7586
玉米（吉林）	滴灌	0.01	0.11	0.005	0.2	0.198
	漫灌	0.01	0.12	0.006	0.175	0.1998
玉米（宁夏）	滴灌	0.01	0.02	0.004	0.1	0.0082
	漫灌	0.01	0.07	0.006	0.175	0.0096

表 7-38　滴灌与漫灌植物污染等级

作物	灌溉方式	Cd	Cr	Cu	Pb	Zn
小麦（徐水）	滴灌	I	II	I	I	II
	漫灌	II	III	II	I	II
玉米（吉林）	滴灌	I	I	I	I	I
	漫灌	I	I	I	I	I
玉米（宁夏）	滴灌	I	I	I	I	I
	漫灌	I	I	I	I	I

注：I. $P\leqslant0.5$ 安全；II. $0.5<P\leqslant1$ 较安全；III. $P>1$ 污染

滴灌小麦（徐水）5 种重金属含量均低于对照漫灌小麦（表 7-36），滴灌较漫灌清洁的元素有 Cd、Cr、Cu、Zn，整体来看比漫灌重金属污染程度低一个等级，处于安全清洁等级；滴灌玉米（宁夏）5 种重金属含量除 Cd 外均低于相对应的漫灌玉米，所有元素的污染指数均表现为滴灌小于漫灌；滴灌玉米（吉林）除 Cr 外其他重金属含量均低于相对应的漫灌玉米，但差异性不显著，整体滴灌与漫灌的污染指数相当。

从根部到籽粒的重金属转移系数来看（表 7-39），滴灌小麦（徐水）Cd、Cr、Cu、Pb 的转移系数低于漫灌小麦，Zn 转移系数低于漫灌小麦，转移能力较强的元素为 Zn、Cd、Cu 三种元素。滴灌玉米（宁夏）5 种重金属的转移系数均低于对应的漫灌玉米，转移能力较强的为 Zn、Cd、Cu、Pb。滴灌玉米（吉林）只有 Cd、Cu 重金属的转移系数略低于对应的漫灌玉米，Cr、Pb、Zn 的转移系数均高于漫灌玉米。

表 7-39 作物根-籽粒重金属转移系数

作物		Cd	Cr	Cu	Pb	Zn
小麦（徐水）	滴灌	1.25	0.02	0.56	0.75	1.51
	漫灌	1.50	0.06	0.59	0.95	1.45
玉米（吉林）	滴灌	2.50	0.09	0.32	0.32	1.62
	漫灌	2.66	0.08	0.34	0.22	1.58
玉米（宁夏）	滴灌	1.67	0.05	0.11	0.19	1.10
	漫灌	2.77	0.32	0.44	0.35	1.41

从产量与经济效益相关数据来看（表 7-40），所有示范区滴灌种植作物产量要高于对应的漫灌作物，增产幅度为 20%～36%，超过了《环境影响评价技术导则与标准》所使用的 10%标准。

表 7-40 产量及相关数据评估

作物		亩产量/kg	千粒重/g	穗长/cm	增产幅度/%	节水/节肥/%
小麦（徐水）	滴灌	583.50	38.9	7.49	23	—
	漫灌	475.50	31.7	7.13	—	—
玉米（吉林）	滴灌	1148.86	413.20	20.97	20	35/0
	漫灌	956.97	395.56	19.55	—	—
玉米（宁夏）	滴灌	951.20	328.00	15.90	36	13/30

此外，滴灌作物千粒重、穗长均要高于漫灌作物，均有不同程度的节水节肥能力，由于吉林示范区最优处理采用了常规施肥量，所以节肥幅度较低。

总体来看，滴灌对种植小麦重金属含量的影响程度低于漫灌，处于安全生产范围内。对玉米的影响略低于漫灌，均处于安全生产要求范围内。在产量影响发面，滴灌显示出较大的优势，增产最高达到 36%。

作物根-籽粒重金属转移系数计算结果如表 7-39，滴灌条件下 Cd（1.25～2.50）、Cr（0.02～0.09）、Cu（0.11～0.56）、Pb（0.19～0.75）、Zn（1.10～1.62）；漫灌条件下 Cd（1.5～2.77）、Cr（0.08～0.32）、Cu（0.34～0.59）、Pb（0.22～0.95）、Zn（1.41～1.58）。

产量相关评估结果如表 7-40，滴灌比漫灌增产幅度范围为 23%～36%。

（八）小结

综上所述，项目对河北徐水、宁夏银川、吉林松原、新疆石河子滴灌示范区作物、土壤进行了重金属元素 Cd、Cr、Cu、Pb、Zn 的检测，虽然各示范区在地域分布、气候条件、作物灌水制度、施肥量、作物品种等方面均有差异，但在结果上出现了一些共性。

1）在河北、宁夏、吉林、新疆 4 个试点种植的作物籽粒中重金属含量均小于对照漫灌作物的含量（新疆试点无漫灌对照）。产量增幅均比较明显，且籽粒中 Cu、Zn 重金属含量与灌水等级出现了负相关关系。由于籽粒中重金属的富集能力较低，推测增产是造成籽粒重金属浓度下降的一个因素。

2）滴灌作物根部中重金属 Pb 的含量要高于相对应的漫灌作物，但在籽粒中的 Pb 含量要低于相对应的漫灌作物。根部是作物吸收重金属最直接的部位，由于滴灌用水量较少，作物重金属的运输能力弱于漫灌，作物地上部分富集重金属的能力有所下降。从而表现为滴灌作物叶片、籽粒中重金属的浓度小于漫灌。

3）宁夏、吉林两个试点设置了不同灌水水平的水肥耦合试验，两个试点的作物均表现为在中水水平下重金属含量最低，参考当地的产量数据及富集能力比较结果，在低水水平下，作物根系吸收能力受胁迫加强，但作物各部位生物量较低，造成作物重金属的浓度较高。在高水水平下虽然作物产量较高，但是与中水水平处理相比，增产幅度较小，水分利用效率较低，总生物量呈现一个下降趋势，稀释作用减弱；土壤重金属迁移量增加，由于耗水量的增加，作物可吸收更多重金属进入植物体。

4）滴灌小麦样品结果的分析表明，滴灌小麦根部重金属含量随着其距离毛管的距离增大而增加，同时在靠近滴灌管一端的小麦籽粒重金属含量要低于靠近相邻两管中央的小麦。该现象可以解释为，滴灌是水分的点源渗透模式，水分在横向与纵向两个维度进行运移，使湿润峰交汇区的小麦处于较高的水肥、重金属环境，其对营养元素的吸收与累积量也会增加。

5）在水、肥水平为控制变量条件下，作物籽粒重金属富集能力与穗粒数、根系重金属富集能力呈显著正偏相关关系（s=0.81/0.81，P<0.01），说明不同水肥调控通过影响作物生长而影响作物对重金属的吸收与累积能力，籽粒数可作为反映作物重金属富集能力的因子。同时发现籽粒中 Cr 含量与产量、百粒重含量均呈现显著负偏相关关系（s=–0.71/–0.88，P<0.05），表明增产作用对重金属 Cr 含量起到了稀释作用。从重金属转移系数来看，整体表现为节水灌溉（滴灌小麦各重金属转移系数范围：0.02～1.51，玉米：0.09～2.5）要低于漫灌（小麦：0.06～1.5，玉米：0.08～2.77），说明节水灌溉下的作物重金属主要集中在作物的根、茎部分，向籽粒的传输能力要弱于漫灌。

6）灌溉方式对作物重金属影响的评估结果表明，滴灌对小麦 Cd、Cr、Cu 的影响均低于漫灌一个等级，较漫灌更加安全。滴灌对玉米重金属含量的影响与漫灌相当，无明显差异，均处在安全生产等级。

7）对新疆试点产出的三种可食用作物（玉米、大豆、油葵）进行 Se 检测，参考相关标准，大豆与油葵达到了规定的富硒食品标准（大于 0.07mg/kg）。在新疆试点考察过程中未发现技术人员使用外源性富硒化肥，所以推测有如下原因：①当地土壤属于富硒土壤；②由灌溉制度所引起的作物品质的改变；③种植了富硒品种，应引起关注。

三、滴灌节水技术应用对农田温室气体排放的影响

农业生态系统是温室气体的重要排放源，其中，人类活动所造成的温室气体排放中有 13.5%来源于农田[49]。农业温室气体减排已成为当前国内外全球变化领域关注的热点，是减缓气候变化的重要途径之一。不同灌溉方式能够改变土壤理化性质，使土壤有机质含量、微生物结构和功能及根系生物量等发生改变，从而引起土壤 CO_2 排放量的变化[50,51]。与此同时，不同灌溉方式下土壤水分含量不同，土壤中硝化和反硝化条件存在差异，进而使得土壤 N_2O 排放通量存在较大差异[52]。在水资源日益短缺的干旱半干旱地区，滴灌技术的采用及发展势必会带来农田土壤温室气体排放贡献的变化。在这种背景下，加强滴灌对作物田土壤温室气体排放规律的研究对于准确评价节水灌溉技术应用所带来的环境效应具有重要的科学意义。

目前关于滴灌灌溉条件下农田温室气体的研究，国外多针对滴灌瓜果田结合施肥方式及作物覆盖等进行研究[53-55]。国内则主要是针对干旱半干旱区滴灌或覆膜滴灌方式下的棉田进行研究[56,57]，对滴灌措施下夏玉米-冬小麦田的研究[58]刚刚起步，而且相关研究主要针对不同温室气体分别进行，较少考虑它们的综合温室效应。

西北地区和华北平原作为我国北方粮食主产区，未来粮食产量的进一步提高需要灌溉和施肥的高效性。本研究选择我国西北和华北典型灌区典型作物田为主要研究对象，通过试验对比滴灌和传统漫灌两种灌溉方式下主要粮食作物小麦和玉米田土壤 CO_2 和 N_2O 气体排放通量的差异，分析滴灌技术的应用对土壤 CO_2 和 N_2O 排放总量及两者综合增温潜势的影响，以期为寻找适宜的农田灌溉减排措施提供科学理论和实践依据。

（一）滴灌对西北典型灌区农田温室气体排放的影响

西北地区水资源日益短缺，滴灌节水技术是农业可持续发展的关键。以新疆为例，2008 年以前，新疆干旱区春小麦灌溉基本上是沿用传统的地面灌溉方式，2008 年以后，滴灌灌溉方式得到了大力推广[59,60]，2009 年仅新疆北疆滴灌小麦种植面积已超过了 3.5×10^4 hm^2[61]。滴灌技术的快速发展势必会带来农田土壤温室气体排放贡献的变化。

试验选择了新疆维吾尔自治区石河子市新疆农垦科学院小麦作物研究所试验田为研究区域（44°18′16″N，85°59′37″E），于 2014 年 4 月～7 月春小麦生长季开展试验。该试验区属于典型的温带大陆性气候，全年平均气温 7～8℃，≥0℃的活动积温为 4023～4118℃，≥10℃的活动积温为 3570～3729℃，年降水量为 125.0～207.7mm，年日照时数为 2721～2818h。试验地土壤为黏壤土，0～20cm 层土壤 pH 为 9.19～9.28，有机碳为 8.38～9.77g/kg。

试验区设置滴灌和漫灌两种灌溉方式，滴灌方式下设置滴灌管上和滴灌管间两个处理。漫灌试验区设一个处理，均匀随机放置采样箱。每个处理三个重复。采样间隔为 10～15d。

滴灌试验区为无膜覆盖等间距，采用一管四行种植模式，全生育期滴水 7 次，日期分别为 4 月 12 日、4 月 27 日、5 月 16 日、5 月 23 日、5 月 29 日、6 月 11 日、6 月 28 日，试验区春小麦田滴灌水量与当地滴灌春小麦田水量相同，施肥情况见表 7-41。漫灌水量及施肥情况与当地常规漫灌灌溉一致。滴灌与漫灌试验区小麦播种量均为 36～40kg/hm^2，行

距 15cm。前茬作物为棉花，春小麦于 2014 年 4 月 2 日播种，7 月 20 日收获，其他农田灌溉措施与当地一致。

表 7-41　滴灌灌溉方式下农田施肥情况　（单位：kg/hm^2）

施肥时间	尿素	磷酸一铵	硫酸钾
2014.4.27	120	30	—
2014.5.16	120	45	30
2014.5.23	120	45	30
2014.5.29	90	—	30

采用静态箱法对 CO_2 和 N_2O 的通量进行观测，同步记录气样采集时气温及 0cm、5cm 和 10cm 土壤温度。此外，还采集了 0～10cm 和 10～20cm 土壤样品带回室内，分析土壤水分、土壤微生物量碳（MBC）、土壤可溶性碳（DOC）及矿质氮（NH_4^--N 和 NO_3^--N）。

1. 滴灌技术应用对土壤 CO_2 排放通量的影响

将滴灌管间和滴灌管上处理的 CO_2 排放通量平均值作为整个滴灌田的土壤 CO_2 排放通量。从图 7-18（a）可以看出，滴灌与漫灌处理土壤 CO_2 排放通量具有相似的季节变化特征。小麦生长季开始后，土壤 CO_2 通量逐渐升高，至小麦乳熟期达到峰值，滴灌和漫灌处理土壤 CO_2 通量的峰值分别为 1348.20mg/（m^2·h）和 2273.01mg/（m^2·h），之后开始下降直至小麦成熟收获。滴灌和漫灌处理土壤 CO_2 排放通量的分布范围分别在 126.73～1758.75mg/（m^2·h）及 253.77～3283.33mg/（m^2·h），滴灌处理土壤 CO_2 平均排放通量为 870.10mg/（m^2·h），比漫灌减少了 35.76%。滴灌与漫灌两种灌溉方式下 CO_2 排放通量具有显著性差异（P<0.05），特别在抽穗期-成熟收获期，滴灌麦田土壤日均呼吸速率始终小于漫灌，差异达极显著水平（P<0.01）。

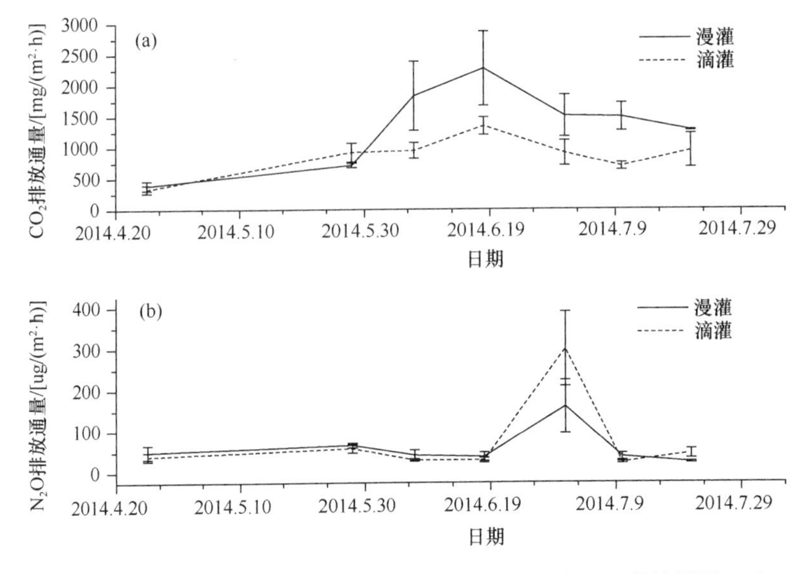

图 7-18　滴灌和漫灌方式下土壤 CO_2 排放通量（a）及 N_2O 排放通量（b）

滴灌灌溉方式下不同空间位置土壤 CO_2 排放通量如图 7-19（a），滴灌管间和滴灌管上处理土壤 CO_2 平均排放通量分别为 906.28mg/(m^2·h)和 838.25mg/(m^2·h)，两种处理之间差异不显著（$P>0.05$）。分别对比滴灌管间、滴灌管上与漫灌处理土壤 CO_2 排放通量，发现均达到显著差异水平（$P<0.05$）。滴灌管间处理土壤 CO_2 排放通量与气温（*T*-air）、5cm 地温（*T*-5cm）和 10cm 地温（*T*-10cm）的相关性均显著（$P<0.05$），其他处理下土壤 CO_2 排放通量与气温和土壤温度之间的相关性则不显著（$P>0.05$）。

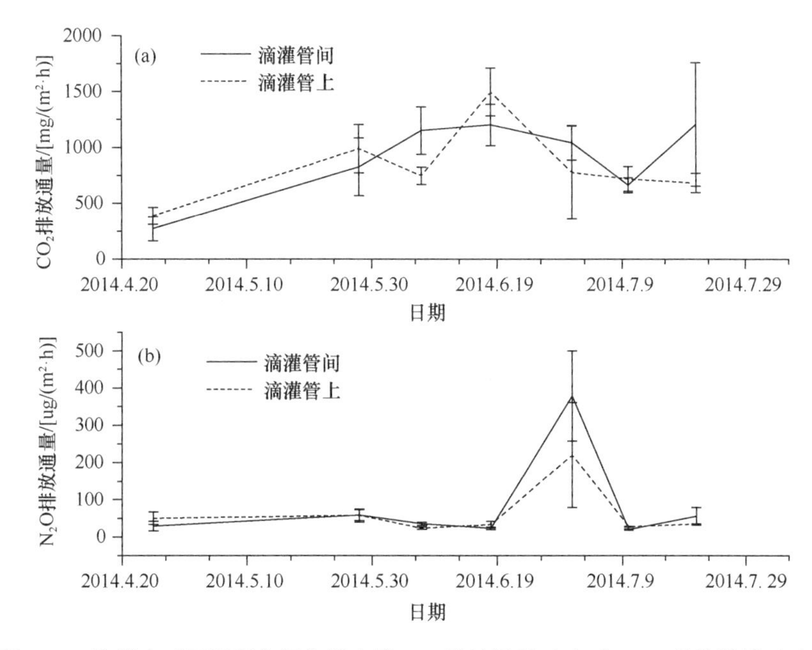

图 7-19　滴灌方式下不同空间位置土壤 CO_2 排放通量（a）和 N_2O 排放通量（b）

2. 滴灌技术应用对土壤 N_2O 排放通量的影响

在春小麦生长季，滴灌和漫灌两种灌溉方式下土壤 N_2O 通量均在成熟期具有一个明显的峰值，通量峰值出现的时间晚于 CO_2 峰值所出现的时间。两种灌溉方式下 N_2O 的峰值分别为 299.14μg/(m^2·h)和 159.58μg/(m^2·h)如图 7-18（b）。滴灌和漫灌处理土壤 N_2O 排放通量的变化范围分别为 13.33～611.90μg/(m^2·h)和 17.09～248.76μg/(m^2·h)，但滴灌与漫灌两种灌溉方式下土壤 N_2O 排放通量并无统计学上的显著差异。春小麦乳熟期之前，土壤 N_2O 排放通量滴灌处理小于漫灌，两种灌溉方式下排放通量平均值分别为 39.04μg/(m^2·h)和 48.76μg/(m^2·h)。然而对整个春小麦生长季而言，滴灌处理中土壤 N_2O 排放通量平均值为 74.81μg/(m^2·h)，比漫灌增加了 25.87%。滴灌和漫灌方式下成熟期土壤 N_2O 排放峰值对生长季 N_2O 总排放量的贡献率分别达 38.35%和 57.12%，可见，在干旱区春小麦田中土壤 N_2O 排放高峰期在整个生长季土壤 N_2O 排放中的贡献较大。

滴灌方式下不同空间位置土壤 N_2O 的排放通量如图 7-19（b）。在春小麦乳熟期之前，滴灌管间和滴灌管上处理土壤 N_2O 平均排放通量分别比漫灌处理减少 24.66%和 16.09%。而整个春小麦生长季滴灌管间和滴灌管上的土壤 N_2O 平均排放通量比漫灌处理分别增加了 44.28%和 7.03%。滴灌管间与滴灌管上不同空间位置土壤 N_2O 的排放通量则无显著差异（$P>0.05$）。相关分析表明，土壤水分是土壤 N_2O 排放通量的主要影响因素，而其他环境指标的影响则不大。具体而言，漫灌方式下，0～10cm 和 10～20cm 层土壤水分与 N_2O 排放通量显著相关（$P<0.05$）。滴灌管上处理 0～10cm 层土壤水分与 N_2O 排放通量显著相关（$P<0.05$），而滴灌管上处理 10～20cm 层土壤水分及滴灌管间处理 0～10cm 和 10～20cm 层土壤水分与 N_2O 排放通量之间的相关性均未达到显著水平（$P>0.05$）。

3. 土壤 CO_2 和 N_2O 累积排放量及综合增温潜势

在干旱区春小麦生长季，滴灌与漫灌两种不同灌溉方式下土壤 CO_2 累积排放量分别为 2188.68g/m^2 和 3180.91g/m^2，滴灌方式应用显著降低了春小麦田的土壤 CO_2 排放量；滴灌与漫灌两种灌溉方式下土壤 N_2O 的累积排放量则分别为 188.62mg/m^2 和 160.60mg/m^2，滴灌处理土壤 N_2O 排放量比漫灌增加了 17.45%（表 7-42）。

增温潜势（GWPs）是用来表示相同质量不同温室气体对温室效应增加的相对辐射效应，一般将 CO_2 的 GWPs 设定为 1，在 100a 时间尺度上，N_2O 气体的 GWPs 则为 310[62]。根据本研究的计算结果（表 7-42），滴灌条件下 CO_2 和 N_2O 的温室效应总和比漫灌减少了 983.55g/m^2，降幅达 30.44%。显然，滴灌节水技术的应用降低了春小麦田 CO_2 和 N_2O 的综合增温潜势。

表 7-42　滴灌和漫灌条件下 CO_2 和 N_2O 累积排放量及其综合增温潜势

	滴灌	漫灌
CO_2/(g/m^2)	2188.68a	3180.91b
N_2O/(mg/m^2)	188.62a	160.6a
GWP_S/(g/m^2)	2247.15	3230.70

注：不同小写字母表示不同灌溉处理间的差异具有显著性（$P<0.05$）

4. 土壤微生物量碳、可溶性有机碳和矿质氮含量变化

生长季土壤微生物量碳（MBC）、可溶性有机碳（DOC）和矿质氮（NO_3^--N，NH_4^+-N）的平均值见表 7-43。滴灌和漫灌方式下春小麦生长季土壤的 MBC、DOC 和矿质氮含量具有差异性。滴灌试验区春小麦生长季 0～10cm 土壤 MBC 平均值略高于 10～20cm 土壤，而漫灌试验区 0～10cm 土壤 MBC 平均值则低于 10～20cm 土壤，不同处理间土壤 MBC 含量平均值表现为滴灌管上>漫灌>滴灌管间。滴灌管间、滴灌管上和漫灌处理的 10～20cm 层土壤 DOC 平均值比 0～10cm 层土壤分别高 11.5%、4.9%和 5.9%，土壤 DOC 含量表现为漫灌>滴灌。

滴灌试验区 10～20cm 土壤硝态氮含量高于 0～10cm 层土壤，而漫灌试验区土壤则相反。滴灌管间 0～10cm 和 10～20cm 层土壤 NO_3^--N 含量分别比漫灌高 9.7%和 37.7%，而滴灌管上 0～10cm 和 10～20cm 层土壤 NO_3^--N 含量分别比漫灌高 3.4%和 40.2%，表现为滴灌>漫灌，且滴灌试验区 10～20cm 土壤硝态氮含量明显高于漫灌。土壤 NH_4^+-N 含量表现为滴灌管间>漫灌>滴灌管上，且 10～20cm 土壤>0～10cm 土壤，滴灌管间 0～10cm 和 10～20cm 层土壤 NH_4^+-N 含量分别比漫灌高 29.2%和 7.5%，而滴灌管上 0～10cm

和 10～20cm 层土壤 NH_4^+-N 含量分别比漫灌低 7.0%和 13.3%。

表 7-43　春小麦生长季土壤碳氮含量平均值　（单位：mg/kg）

土层		滴灌		漫灌
		管间	管上	
MBC	0～10cm	132.25±16.65	166.44±36.43	141.22±24.89
	10～20cm	131.49±16.68	164.34±30.92	156.66±14.23
DOC	0～10cm	43.38±7.35	45.29±2.79	48.84±2.99
	10～20cm	48.37±3.00	47.52±3.86	51.74±4.70
NO_3^--N	0～10cm	6.78±0.89	6.39±1.04	6.18±0.98
	10～20cm	7.70±1.05	7.84±1.04	5.59±0.90
NH_4^+-N	0～10cm	2.21±0.19	1.59±0.15	1.71±0.14
	10～20cm	2.59±0.38	1.80±0.17	2.04±0.16

（二）滴灌对华北典型灌区农田温室气体排放的影响

华北平原农田面积占我国农田总面积的 18.6%[63]，是我国最大的粮食生产地区，该地区的主要农作物是冬小麦和夏玉米，全国超过 50%的小麦和超过 33%的玉米生产来自该地区[64]，而该地区的水资源总量十分有限，仅占全国水资源总量的 3%（1995～2000 年平均）[65,66]。本章节主要针对滴灌和漫灌两种灌溉方式下，讨论夏玉米-小麦田土壤 CO_2 和 N_2O 排放通量的时间和空间分布特征，以及不同空间位置土壤 CO_2 和 N_2O 的累积排放量及其时间变化特征，以期为华北区节水灌溉条件下农田温室气体排放贡献变化的准确评价提供数据基础。

试验区选择河北省衡水市武强县张法台村（38°02′02″N，115°49′12″E，海拔 19m），该地处于河北省东南部，地势平坦开阔，气候属于北温带大陆性季风气候，光照充足，无霜期为 185d，年平均降水量为 554mm 左右，年均温 12.8℃。主要种植制度为冬小麦-夏玉米一年两熟种植模式。土壤耕作层 pH 为 8.49，电导率为 360.75μs/cm，容重为 1.42g/cm^3，有机碳含量为 19.1～37.3g/kg。

试验时间为 2014 年 6 月～2015 年 6 月。无论是玉米还是小麦地，漫灌时间和频率与当地常规田间操作相同，田间其他的管理措施也保持一致。其中玉米漫灌区在玉米种植后立即进行了灌溉，在 7 月 19 日和 8 月 11 日也进行了灌溉，灌水量均为 750m^3/hm^2，漫灌肥则采用复合肥料，施肥量分别为 187.5kg/hm^2 和 150kg/hm^2。玉米滴灌区则采用一条滴灌带一行玉米的种植方式，滴灌带靠近玉米根部。玉米种植密度为 4500 株/亩，行距为 55cm。玉米播种前施复合肥作为底肥，施肥量为 180kg/hm^2。玉米生长期间滴灌肥为大量元素水溶性喷滴灌用肥（表 7-44）。

表 7-44　滴灌处理玉米生长季灌水量和施肥量

生育期	灌水时间	施肥量/（kg/hm^2）	灌水量/（m^3/hm^2）
拔节期	2014.7.09	75	180
大喇叭口期	2014.7.30	230	420
抽雄散粉期	2014.8.20	225	225
灌浆期	2014.9.10	75	225

小麦种植前滴灌区施底肥 450kg/hm^2，漫灌区施 225kg/hm^2，均为复合肥。因小麦种植晚，为保证小麦出苗率，增加了小麦的播种量，为 230 kg/hm^2，且在滴灌和漫灌区均进行了种植后的灌水，灌水时间为 10 月 29 日。滴灌区小麦灌溉时间和施肥情况见表 7-45。漫灌区于 3 月底进行漫灌，灌水量为 150mm，施尿素 525kg/hm^2，灌溉时间和频率与当地常规田间操作相同。

表 7-45　滴灌处理小麦生长季灌水量和施肥量

生育期	灌水时间	施肥量/（kg/hm^2）	肥料类型	灌水量/mm
起身期	2015.3.27	180	Ⅰ型肥	37.5
拔节期	2015.4.16	180	Ⅰ型肥	37.5
抽穗期	2015.4.30	120	Ⅰ型肥	30.0
扬花期	2015.5.13	105	Ⅱ型肥	15.0
灌浆期	2015.5.28	55	Ⅱ型肥	22.5

肥料类型包括Ⅰ型与Ⅱ型两种。其中Ⅰ型可溶性肥的 N、P、K 含量比例为 33∶6∶11，总含量为 50%；Ⅱ型可溶性肥的 N、P、K 含量比例为 27∶12∶14，总含量为 53%。

在滴灌玉米田中，于两条滴灌管中间位置（不包含玉米植株）和滴灌管上方（玉米行上，包含一株玉米）位置放置气体采样箱；在漫灌玉米田中，于行间和作物行上分别放置气体采样箱，每种采样三个重复，如图 7-20 所示。

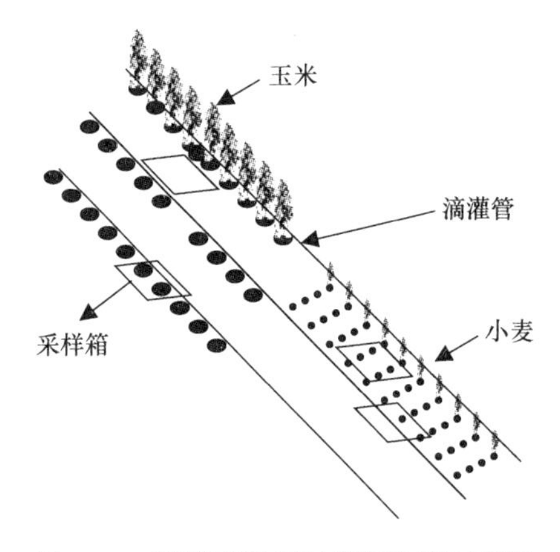

图 7-20　滴灌玉米田采样箱位置示意图

在滴灌小麦田中，于两条滴灌管中间位置和滴灌管上方（含两行小麦）放置采样箱；在漫灌小麦田中，均匀放置采样箱，每种处理设三个重复。此外，分别在漫灌和滴灌处理中相应裸地区域也进行采样。CO_2 和 N_2O 的排放通量观测采用静态暗箱法。采集气样时同步记录大气温度（*T*-air）、0cm（*T*-0cm）、5cm（*T*-5cm）及 10cm（*T*-10cm）地温。此外，还采集 0～10cm 和 10～20cm 两层土壤，带回实验室分别测定土壤水分、土壤微生物量碳（MBC）、土壤可溶性碳（DOC）和矿质氮（NH_4^+-N，NO_3^--N）含量。

1. 滴灌技术应用对土壤 CO_2 排放通量的影响

在整个玉米生长季，滴灌和漫灌条件下 CO_2 平均排放通量分别为 694.66mg/(m^2·h) 和 609.85mg/(m^2·h)。滴灌和漫灌方式下，CO_2 累积排放通量分别为 1959.10g/m^2 和

1759.12g/m^2，灌溉方式间无显著差异（P>0.05）。

在滴灌系统中，滴灌管上和滴灌管间处理的CO_2平均排放通量分别为774.33mg/(m^2·h)和617.86mg/(m^2·h)，CO_2累积排放量分别为2205.56g/m^{2}和1720.55g/m^2，表现为滴灌管上处理的CO_2通量大于滴灌管间处理（图7-21）。在漫灌系统中，漫灌行上和漫灌行间处理的CO_2平均排放通量分别为699.72mg/(m^2·h)和549.89mg/(m^2·h)，CO_2累积排放量分别为2034.17g/m^{2}和1575.92g/m^2，均表现漫灌行上大于漫灌行间。滴灌和漫灌处理中相同空间位置，即滴灌管间和漫灌行间处理、滴灌管上和漫灌行上处理间均无显著差异。滴灌方式下滴灌管上和滴灌管间处理的CO_2累积排放量分别高于漫灌方式下的漫灌行上和漫灌行间处理。

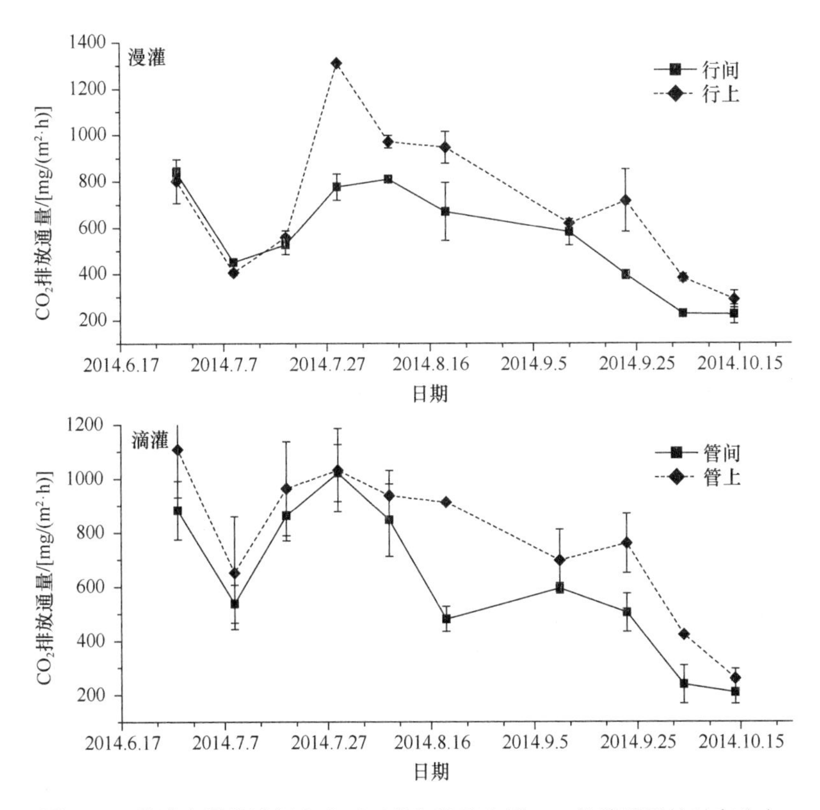

图7-21　滴灌和漫灌灌溉方式下玉米生长季土壤CO_2排放通量的时空分布

滴灌和漫灌方式下，小麦生长季土壤CO_2排放通量变化趋势一致，越冬期前CO_2排放通量呈下降趋势，越冬期后CO_2排放通量开始上升，至开花期达到峰值，峰值分别为1409.29mg/(m^2·h)和1308.78mg/(m^2·h)，随后CO_2通量开始下降至小麦成熟收获期（图7-22）。滴灌和漫灌方式下，小麦生长季土壤CO_2排放通量分别介于120.57～1511.33mg/(m^2·h)和111.36～1308.78mg/(m^2·h)，平均值分别为652.43mg/(m^2·h)和600.51mg/(m^2·h)，不同灌溉方式间无显著差异（P>0.05）。滴灌和漫灌方式下，土壤CO_2累积排放量则分别为3030.87g/m^{2}和2730.25g/m^2，表现为滴灌大于漫灌。

滴灌方式下不同空间位置处理（即滴灌管间和滴灌管上处理）中土壤CO_2排放通量均值分别为640.42mg/(m^2·h)和664.44mg/(m^2·h)，小麦生长季期间土壤CO_2累积排放量则分别为 2972.15g/m^{2}和 3089.69g/m^2。漫灌处理中平均排放通量和累积排放通量则分别为 600.51mg/(m^2·h)和 2730.25g/m^2。土壤 CO_2 平均排放通量和生长季累积排放量均表现为滴灌管上>滴灌管间>漫灌，各处理间差异并未达到显著水平（$P>0.05$）。

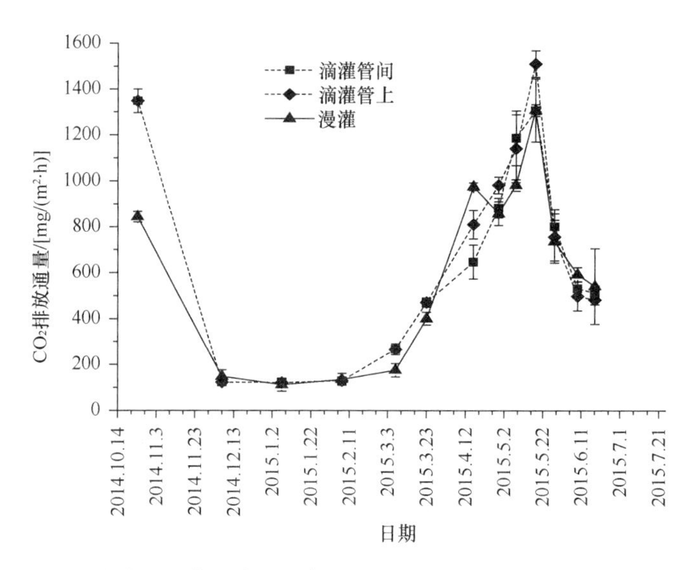

图 7-22　滴灌和漫灌方式下小麦生长季土壤 CO_2 排放通量的时空分布

2. 滴灌技术应用对土壤 N_2O 排放通量的影响

滴灌和漫灌方式下，玉米生长季土壤 N_2O 排放通量季节变化趋势一致（图 7-23）。滴灌管间和漫灌行间处理土壤 N_2O 排放通量平稳变化，而滴灌管上和漫灌行上处理土壤 N_2O 排放通量在玉米拔节前呈下降趋势，后开始升高，至大喇叭口期达到峰值，峰值分别为 336.65μg/(m^2·h)和 327.84μg/(m^2·h)，之后开始下降至玉米成熟收获期。滴灌和漫灌条件下，玉米生长季土壤 N_2O 排放通量分别介于 1.40～818.57μg/(m^2·h)和 4.25～760.66μg/(m^2·h)，平均排放通量则分别为 92.16μg/(m^2·h)和 68.62μg/(m^2·h)，整个生长季累积排放量分别为 208.44mg/m^2 和 171.21mg/m^2，两种灌溉方式下土壤 N_2O 排放通量无显著差异。滴灌条件下，滴灌管间和滴灌管上处理土壤 N_2O 排放通量平均值分别为 13.15μg/(m^2·h)和 178.40μg/(m^2·h)，整个玉米生长季累积排放量分别为 30.88g/m^2 和 415.16mg/m^2。土壤 N_2O 排放量均表现为滴灌管上>滴灌管间，处理间差异不显著。漫灌条件下，漫灌行间和漫灌行上处理土壤 N_2O 排放通量平均值分别为 22.11μg/(m^2·h)和 128.42μg/(m^2·h)，累积排放量分别为 53.22mg/m^2 和 327.62mg/m^2，表现为漫灌行上>漫灌行间，处理间差异不显著。

在小麦生长季，漫灌方式下，土壤 N_2O 排放通量在小麦越冬前呈下降趋势，越冬期则变化平稳，小麦越冬后 N_2O 排放通量则开始升高，至小麦返青期达到峰值，随后逐渐下降至小麦收获期（图 7-24）。而滴灌方式下，土壤 N_2O 排放通量在小麦越冬前出现小的峰值，随后开始下降，在小麦越冬期至返青期变化平稳，返青期后通量开始升高，至开花期达到峰值，然后开始下降直至收获期（图 7-24）。滴灌和漫灌条件下，小麦生长季土壤 N_2O 排放通量分别介于 2.42～84.02μg/(m^2·h)和 4.14～52.40μg/(m^2·h)，平均排放通量则分别为 19.14μg/(m^2·h)和 18.26μg/(m^2·h)。滴灌和漫灌方式下小麦整个生长季期间

土壤 N_2O 累积排放量分别为 97.39mg/m^2 和 109.61mg/m^2，表现为漫灌处理中的排放量大于滴灌处理中的排放量，但是两者之间的差异并不显著。

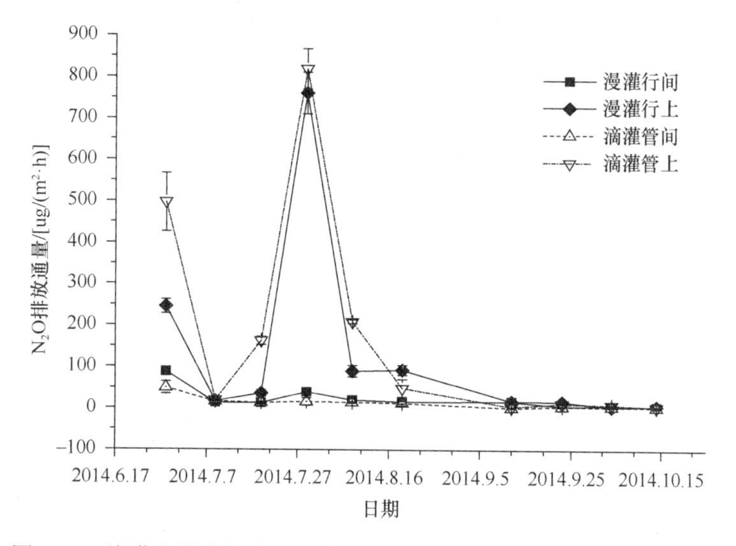

图 7-23 滴灌和漫灌方式下玉米生长季土壤 N_2O 排放通量的时空分布

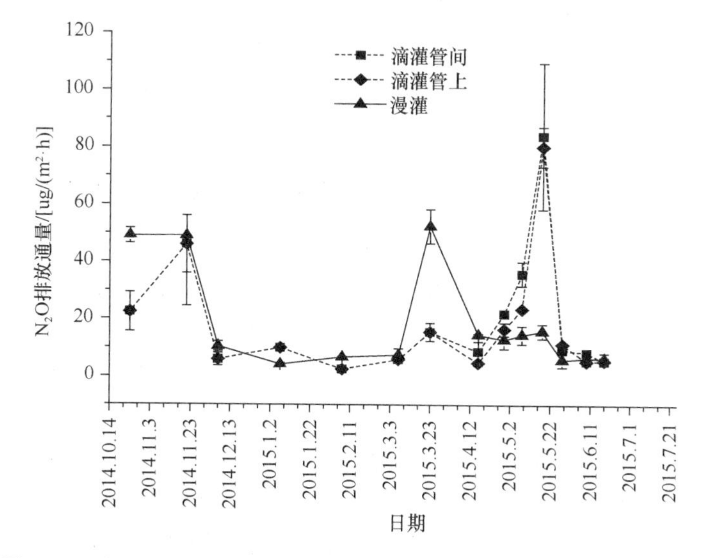

图 7-24 滴灌和漫灌方式下小麦生长季土壤 N_2O 排放通量的时空分布

滴灌方式下不同空间位置（滴灌管间和滴灌管上）处理中小麦田土壤 N_2O 排放通量的平均值分别为 20.08μg/(m^2·h)和 18.20μg/(m^2·h)，整个生长季土壤 N_2O 累积排放量则分别为 101.08mg/m^2 和 93.69mg/m^2，均表现为滴灌管间大于滴灌管上，然而两个处理之间的差异未达到显著水平。

3. 不同灌溉方式下土壤 CO_2 和 N_2O 累积排放量及综合增温潜势

分别对滴灌灌溉方式下滴灌管间和滴灌管上处理土壤气体排放通量及漫灌灌溉方式下漫灌行间和漫灌行上处理土壤气体排放通量进行了观测，较为精确地估算了不同灌溉处理下玉米生长季和小麦生长季土壤 CO_2 和 N_2O 的累积排放量。在此基础上，计算

得出 CO_2 和 N_2O 累积排放量及综合温室效应（表 7-46）。

表 7-46 滴灌和漫灌方式下夏玉米-冬小麦田土壤 CO_2 和 N_2O 累积排放量及其综合增温效应

作物			CO_2 累积排放量/（g/m^2）	N_2O 累积排放量/（mg/m^2）	GWPs/（g/m^2）
玉米	滴灌	管间	1720.55	30.88	1730.12
		管上	2205.56	415.16	2334.26
		总体	1959.10	208.44	2023.72
	漫灌	行间	1575.92	53.22	1592.42
		行上	2034.17	327.62	2135.73
		总体	1759.12	171.21	1812.19
小麦	滴灌	行间	2972.15	101.08	3003.48
		行上	3089.69	93.69	3118.73
		总体	3030.87	97.39	3061.06
		漫灌	2730.25	109.61	2764.23

从表 7-46 可以看出，在玉米生长季，滴灌条件下 CO_2 和 N_2O 的温室效应总和约比漫灌增加了 211.53g/m^2，增幅达 11.67%，即滴灌节水技术的应用增加了夏玉米田 CO_2 和 N_2O 的综合增温潜势；在小麦生长季，滴灌条件下 CO_2 和 N_2O 的温室效应总和约比漫灌增加了 296.83g/m^2，增幅达 10.74%，即滴灌节水技术的应用增加了冬小麦田 CO_2 和 N_2O 的综合增温潜势。可见，在华北平原，由传统漫灌转变为滴灌灌溉方式后，农田 CO_2 和 N_2O 的综合温室效应均有所增加。

4. 土壤环境因子变化及其与土壤 CO_2 和 N_2O 排放通量之间的关系

（1）玉米和小麦生长季土壤环境因子变化

1）玉米生长季土壤环境因子变化。玉米生长季，滴灌和漫灌方式下，0～10cm 层土壤水分分别介于 14.14%～29.51%和 14.54%～27.92%，而两种不同灌溉方式下 10～20cm 层土壤水分波动范围则分别介于 17.89%～32.76%和 13.73%～28.22%。滴灌方式下不同土层土壤水分含量均小于漫灌（图 7-25）。然而不同灌溉方式下相同层土壤水分含量间无显著差异。滴灌和漫灌方式下大气温度和土壤温度的平均温度表现为 T-air > T-0cm > T-5cm > T-10cm，且滴灌>漫灌。玉米生长季土壤中的可溶性有机碳（DOC）、微生物量碳（MBC）和总有机碳（TOC）含量均随着土壤深度的增加而减小，在土壤不同土层均表现为漫灌>滴灌（表 7-47）。滴灌和漫灌方式下土壤 0～10cm TOC 分别介于 20.9%～26.0%和 22.4%～32.8%，10～20cm 层 TOC 含量则分别介于 19.2%～23.3%和 20.6%～37.2%。仅在漫灌方式下 0～10cm 土壤 TOC 含量与土壤水分呈显著相关。滴灌和漫灌方式下 0～10cm 层土壤中 DOC 含量变化分别介于 30.20～98.20mg/kg 和 24.71～94.18mg/kg，10～20cm 层土壤中 DOC 含量则分别介于 19.21～88.84mg/kg 和 8.61～125.06mg/kg。滴灌方式下，0～10cm 和 10～20cm 层土壤 DOC/TOC 分别为 0.2578% 和 0.2021%，均大于漫灌（分别为 0.2485%和 0.1975%）。在滴灌方式下，土壤 DOC 与 0～10cm 层土壤水分呈极显著负相关（P<0.01），与 10～20cm 层土壤水分呈显著负相关（P<0.05）。在漫灌方式下，土壤 DOC 仅与 10～20cm 层土壤水分呈显著负相关（P<0.05）。

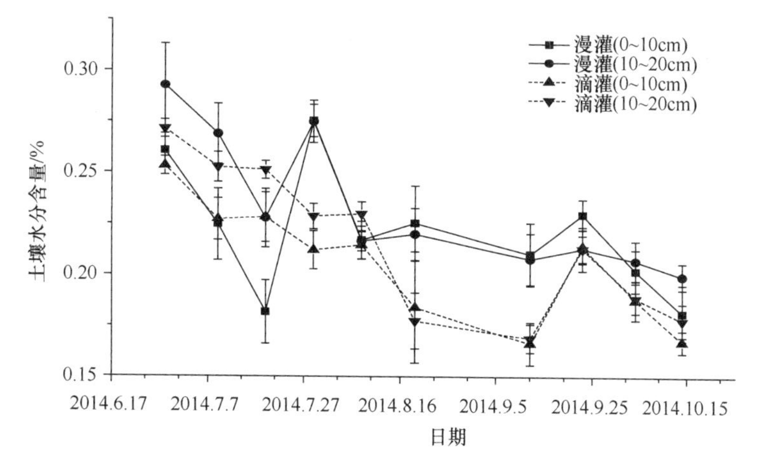

图 7-25　滴灌和漫灌方式下玉米生长季 0～10cm 和 10～20cm 层土壤水分含量

表 7-47　玉米生长季土壤碳和氮指标

指标	滴灌		漫灌	
	0～10cm	10～20cm	0～10cm	10～20cm
土壤水分含量/%	20.55±0.43	21.59±0.47	22.08±0.46	23.27±0.48
T-air	30.15±1.00		26.78±1.10	
T-0cm	24.83±0.82		22.77±0.82	
T-5cm	22.41±0.66		21.20±0.69	
T-10cm	21.76±0.55		21.12±0.58	
DOC/（mg/kg）	58.51±4.00	43.86±3.65	62.12±3.67	47.21±5.68
MBC/（mg/kg）	172.49±20.68	109.60±12.47	211.29±21.08	121.56±19.97
TOC/（g/kg）	22.7±0.6	21.7±0.4	25.0±1.1	23.9±1.6
DOC/TOC/%	0.2578	0.2021	0.2485	0.1975
MBC/TOC/%	0.7599	0.5051	0.8452	0.5086
NO_3^--N/（mg/kg）	37.73±4.24	22.21±2.53	31.58±3.24	25.87±3.29
NH_4^+-N/（mg/kg）	2.30±0.11	3.09±0.37	3.06±0.23	3.37±0.31

滴灌和漫灌方式下，0～10cm 层土壤 MBC 含量分别介于 48.12～326.15mg/kg 和 90.94～375.10mg/kg，10～20cm 层土壤 MBC 含量分别介于 42.94～202.33mg/kg 和 6.85～252.29mg/kg，土壤 MBC 含量与土壤水分无显著相关性。滴灌方式下 0～10cm 和 10～20cm 层土壤 MBC/TOC 分别为 0.7599% 和 0.5051%，在漫灌方式下该比值则分别为 0.8452%和 0.5086%，滴灌方式下不同土层 MBC/TOC 均比漫灌小。对 0～10cm 层土壤硝态氮含量，呈现出滴灌>漫灌的规律；而对 10～20cm 层土壤硝态氮含量，则呈现出滴灌<漫灌的规律。不同土层中土壤铵态氮含量均表现为漫灌>滴灌。

2）小麦生长季土壤环境因子变化。小麦生长季，滴灌和漫灌方式下，0～10cm 层土壤水分分别介于 11.93%～29.72%和 11.81%～38.28%，10～20cm 层土壤水分则分别介于 14.78%～31.73%和 14.28%～29.03%（图 7-26）。滴灌方式下不同土层土壤水分含量均大于漫灌（图 7-26），然而不同灌溉方式下相同层土壤水分含量间无显著差异。滴灌和漫灌方式下大气温度和土壤温度的平均温度表现为 *T*-air > *T*-0cm > *T*-5cm > *T*-10cm，且滴灌>漫灌。小麦生长季土壤中 DOC、MBC 和 TOC 含量均随着土壤深度的增加而减小，在 0～10cm 土壤中表现为漫灌>滴灌，而 10～20cm 层土壤中表现为漫灌<滴灌（表 7-48）。滴灌和漫灌方式下土壤 0～10cm 层 TOC 分别介于 17.3%～28.9%和 19.4%～34.2%，10～20cm 层 TOC 含量分别介于 15.8%～36.4%和 13.7%～29.2%。

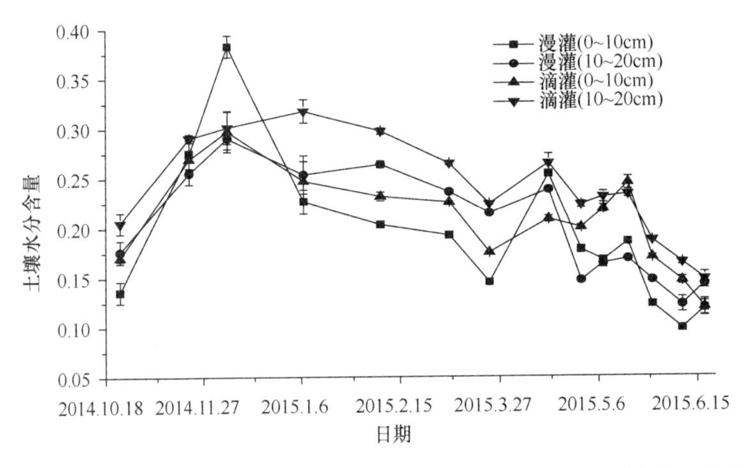

图 7-26　滴灌和漫灌方式下小麦生长季 0～10cm 和 10～20cm 层土壤水分含量

表 7-48　小麦生长季土壤碳和氮指标

指标	滴灌		漫灌	
	0～10cm	10～20cm	0～10cm	10～20cm
土壤水分含量/%	20.71±0.63	23.53±0.65	19.87±1.15	20.73±0.83
T-air	21.39±2.31		17.22±3.61	
T-0cm	16.72±2.16		13.23±2.90	
T-5cm	12.62±1.80		10.56±2.52	
T-10cm	11.74±1.58		10.46±2.18	
DOC/（mg/kg）	81.55±3.12	59.87±2.84	85.36±3.61	54.37±3.91
MBC/（mg/kg）	289.38±13.46	184.80±12.47	294.58±28.20	156.59±21.00
TOC/（g/kg）	22.9±0.55	22.3±0.90	24.1±1.36	20.7±1.42
DOC/TOC/%	0.3561	0.2685	0.3542	0.2627
MBC/TOC/%	1.2637	0.8287	1.2223	0.7565

滴灌和漫灌方式下，0～10cm 层土壤中 DOC 含量变化分别介于 23.28～114.68mg/kg 和 48.68～115.88mg/kg，10～20cm 层土壤中 DOC 含量分别介于 16.60～100.53mg/kg 和 19.76～102.63mg/kg。滴灌方式下，0～10cm 和 10～20cm 层土壤 DOC/TOC 分别为 0.3561% 和 0.2685%，均大于漫灌（分别为 0.3542%和 0.2627%）。滴灌和漫灌方式下，0～10cm 层土壤 MBC 含量分别介于 130.35～432.83mg/kg 和 152.58～529.95mg/kg，10～20cm 层土壤 MBC 含量分别介于 84.39～293.50mg/kg 和 81.74～304.66mg/kg。滴灌方式下 0～10cm 和 10～20cm 层土壤 MBC/TOC 分别为 1.2637% 和 0.8287%，在漫灌方式下该比值则分别为 1.2223%和 0.7565%。滴灌方式下

不同土层 MBC/TOC 均比漫灌大。

（2）玉米和小麦生长季土壤环境因子与土壤 CO_2 和 N_2O 排放通量之间的关系

在玉米生长季，滴灌和漫灌方式下土壤 CO_2 排放通量与 0～10cm、10～20cm 层土壤水分及大气温度和土壤温度均呈极显著正相关（$P<0.01$）。漫灌方式下 T-0cm 和滴灌方式下 T-5cm 均能很好地模拟土壤 CO_2 排放通量，这两个不同灌溉方式下的土壤温度指标对 CO_2 排放通量的贡献率分别为 41.3%和 45.9%。对土壤 CO_2 排放通量与各环境因子（如土壤水分含量、T-air、T-0cm、T-5cm、T-10cm、MBC、DOC 和矿质氮）含量进行逐步回归，发现漫灌方式下土壤 CO_2 排放通量=101.57+19.337×T-air，滴灌方式下 CO_2 排放通量=12.357+30.354×T-0cm–8.436×$DOC_{10\sim20cm}$+5.148×$DOC_{0\sim10cm}$，回归系数分别为 0.345 和 0.813。

在小麦生长季，漫灌方式下土壤 CO_2 排放通量与 10～20cm 层土壤 TOC 含量和土壤水分含量均显著负相关（$P<0.05$），与大气温度显著正相关（$P<0.05$），与 0cm、5cm 和 10cm 地温均极显著正相关（$P<0.01$）。滴灌方式下，土壤 CO_2 排放通量与 10～20cm 层土壤 MBC 含量和土壤水分含量显著负相关（$P<0.05$），与大气温度、0cm、5cm 和 10cm 地温均极显著正相关（$P<0.01$）。通过逐步回归分析，漫灌方式下土壤 CO_2 排放通量=746.671+25.79×T-10cm–9.306×$DOC_{10\sim20cm}$，相关系数达 0.757。滴灌方式下土壤 CO_2 排放通量=419.575+112.134×T-10cm–59.165×T-0cm，相关系数达 0.639。

玉米生长季，滴灌方式下土壤 N_2O 排放通量与 10～20cm 层土壤 DOC 含量显著负相关，与大气温度显著正相关。漫灌方式下，土壤 N_2O 排放通量与 10cm～20cm 层土壤 DOC 含量极显著正相关，与 10～20cm 层土壤水分显著负相关，与 0cm、5cm 和 10cm 地温均显著负相关，与 10～20cm 层土壤硝态氮含量呈极显著负相关。对 N_2O 排放通量与土壤水分含量、T-air、T-0cm、T-5cm、T-10cm、MBC、DOC 和矿质氮含量进行逐步回归，滴灌条件下，逐步回归方程为 N_2O 排放通量=354.752–5.722*$DOC_{10\sim20cm}$，拟合系数为 0.219；漫灌条件下，逐步回归方程为 N_2O 排放通量=–578.59+2848.942×$SW_{0\sim10cm}$（SW 为土壤水分含量），拟合系数为 0.293。

小麦生长季，滴灌方式下土壤 N_2O 排放通量与 0～10cn 层土壤水分含量显著正相关，与 10～20cm 层土壤水分含量和 MBC 含量均呈极显著正相关。漫灌方式下，土壤 N_2O 排放通量仅与 0～10cm 层土壤 TOC 含量呈显著正相关，逐步回归方程为 N_2O 排放通量= –38.62+23.748×$TOC_{0\sim10cm}$，相关系数达 0.402。

（三）小结

西北典型灌区及华北平原滴灌技术的应用对春小麦和夏玉米土壤 CO_2 和 N_2O 的排放产生的影响规律如下。

1）西北新疆地区，与传统漫灌相比，滴灌技术的应用减少了小麦生长季土壤 CO_2 累积排放量，减小幅度为 992g/m^2；滴灌处理下土壤 CO_2 的平均排放通量比漫灌减少了 35.76%。华北平原区，滴灌技术的应用在一定程度上增加了土壤 CO_2 的平均排放通量及作物生长季土壤 CO_2 的累积排放量，但是与传统漫灌方式相比，滴灌技术的应用导致土壤 CO_2 排放的增加，且并未达到显著差异水平。

2）西北新疆地区，在春小麦乳熟期之前，滴灌区土壤 N_2O 排放通量小于漫灌。但是在整个春小麦生长季，滴灌技术的应用在一定程度上增加了土壤N_2O的排放，与传统漫灌方式相比，增加幅度可达 25.87%。华北平原地区，小麦和玉米生长季，滴灌技术的应用与传统漫灌方式相比，两者土壤N_2O的排放并无显著差异。

3）西北新疆地区，滴灌技术的应用利于土壤CO_2和N_2O综合增温潜势的减少，与传统漫灌方式相比，两种气体综合增温潜势可减少 983.55g/m^2。华北平原地区，滴灌技术的应用在一定程度上会增加土壤CO_2和N_2O的综合增温效应。其中，玉米生长季，滴灌条件下CO_2和N_2O的综合增温潜势比漫灌增加了 211.53g/m^2；小麦生长季，滴灌条件下CO_2和N_2O的综合增温潜势则比漫灌增加了 296.83g/m^2。

4）西北新疆地区，滴灌技术的应用利于土壤微生物量碳（MBC）的积累，但不利于土壤可溶性有机碳（DOC）含量的增加。华北平原区与传统漫灌方式相比，滴灌不利于玉米生长季 DOC、MBC 和 TOC 在土壤中的积累，但滴灌会增大土壤 MBC/TOC。滴灌不利于小麦生长季 0～10cm 层土壤 DOC、MBC 和 TOC 含量的积累，但是有利于 10～20cm 层土壤 DOC、MBC 和 TOC 含量的积累。此外，滴灌会增大土壤 DOC/TOC 及 MBC/TOC。

四、结论

各典型灌区应用滴灌技术后土壤环境质量、作物重金属安全及温室气体排放等环境效应总体上呈现以下规律。

1）滴灌过程中土壤碳积累受到滴灌水量、作物种类及土层深度的影响。总体而言，与漫灌相比，低水量的滴灌方式利于西北灌区土壤微生物量碳（MBC）和总有机碳（TOC）含量的积累，不利于土壤可溶性有机碳（DOC）的积累。灌水量减少引起土壤有机碳和微生物量碳积累增加的规律也可能依据不同的土层有所差异。华北地区滴灌是否增加土壤碳积累与所种植的作物种类及土层深度有一定的关系。总体而言，与漫灌相比，滴灌不利于玉米地 0～20cm 土层碳（DOC、MBC 和 TOC）的积累，也不利于小麦地 0～10cm 土层碳（DOC、MBC 和 TOC）的积累，但是利于小麦地 10～20cm 土层碳（DOC、MBC 和 TOC）的积累。

2）滴灌过程中土壤硝态氮和铵态氮含量受到滴灌水量和滴灌空间位置（如膜间和膜下；管间和管下）的影响。其中，在宁夏膜下滴灌试验区，除了膜间位置 10～20cm 土层硝态氮含量明显低于漫灌处理外，其他空间位置土层滴灌处理的土壤中硝态氮含量均高于漫灌处理。在吉林示范大田中，滴灌示范区土壤硝态氮含量低于漫灌，而铵态氮含量则高于漫灌。在新疆乌兰乌苏滴灌试验区，土壤硝态氮和铵态氮含量规律较为复杂，其中，0～10cm 土壤硝态氮含量表现为管间处理大于管下处理。在管下处理中又以低水量滴灌处理中土壤硝态氮含量最高，在管间处理则以高水量滴灌处理中土壤硝态氮含量最高；10～20cm，管间和管下处理中土壤硝态氮含量均以最高灌水量的滴灌处理为最高。土壤铵态氮含量在管下处理中以最高灌水量处理最高，在管间处理 0～10cm 土壤中以中等灌水量处理最高，管间处理 10～20cm 土壤中则以高灌水处理为最高。

3）滴灌过程中土壤速效钾的含量受到滴灌水量及土层深度的影响。在宁夏示范区，对 0～10cm 土壤而言，低水量的滴灌方式利于增加土壤速效钾含量。对 10～20cm 土壤而言，适中水量的滴灌方式下速效钾含量最高。各灌区速效磷含量的变化规律则较为复杂，不同灌溉方式下不同空间位置规律不一致。

4）不同性质的水溶液对滴灌所使用的管材和覆膜析出重金属的含量有影响。醋酸溶液使得管材与覆膜中析出重金属的量最高，普通的水肥溶液会在一定程度上抑制管材与覆膜析出重金属，该条件下，通过塑料管材和覆膜途径带入的重金属量非常低。

5）各试验区所采集的管材和覆膜等塑料样品与玉米籽粒均可检测出 PAEs 类增塑剂。总体来看，管材中的 PAEs 类物质含量要高于覆膜。玉米籽粒中检测出两种 PAEs 类增塑剂，但是与塑料制品中的 PAEs 含量相比较低。

6）在滴灌过程中，不同的水肥处理设置对土壤 Cr 与 Cu 的影响比较稳定，而对 Cd 与 Zn 的影响波动较大。滴灌条件下，重金属对土壤的污染程度与灌溉过程中施肥量有一定关联。在各大试验区所采集的土壤样品测定的重金属含量均在国家Ⅱ类标准范围内，未发现重金属严重污染的情况，这表明滴灌节水技术相对于传统漫灌并不会造成额外的土壤重金属污染，可以认为是一种安全的灌溉方式。

7）灌溉方式对作物重金属影响的评估结果表明，滴灌对小麦 Cd、Cr、Cu 的影响均低于漫灌一个等级，较漫灌更加安全。滴灌对玉米重金属的影响与漫灌相当，无明显差异，均处在安全生产等级。

8）节水灌溉下由于水量较少，作物的重金属由根部向籽粒的传输过程要弱于漫灌，重金属主要集中在作物的根、茎部分，较少在叶和籽粒富集。此外，滴灌引起增产也是稀释籽粒重金属元素浓度的一个因素。对宁夏、吉林两个试点不同灌水水平的水肥耦合试验显示，两个试点的作物均表现为中水平滴灌方式下作物重金属含量最低。

9）滴灌是水分的点源渗透模式，水分在横向与纵向两个维度进行运移，使湿润峰交汇区的滴灌小麦处于较高的水肥、重金属环境内，因此，这可能使得滴灌小麦根部重金属含量随着其距离毛管的距离增大而增大，同时在靠近滴灌管一端的小麦籽粒重金属含量要低于靠近相邻两管中央的小麦。

10）滴灌技术的应用对温室气体排放及土壤碳/氮元素固定的影响在不同区域是有所差异的。西北典型灌区，滴灌技术的应用减少了小麦生长季土壤 CO_2 排放量。华北平原区，滴灌技术的应用则在一定程度上增加了土壤 CO_2 的排放量，但是与漫灌相比，增加的幅度未达到显著差异水平。西北典型灌区，滴灌技术在春小麦乳熟期之前减少了土壤 N_2O 的排放量，但是在整个春小麦生长季，滴灌技术在一定程度上增加了土壤 N_2O 的排放量。华北平原地区，小麦和玉米生长季，滴灌技术应用后土壤 N_2O 的排放量与传统漫灌方式相比，两者并无显著差异。西北典型灌区，滴灌技术的应用利于土壤 CO_2 和 N_2O 综合增温潜势的减少。华北平原地区，滴灌技术的应用却在一定程度上增加了土壤 CO_2 和 N_2O 的综合增温效应。

由以上结论可知，滴灌技术应用后对灌区土壤环境质量、作物重金属安全及温室气体排放均产生了相应的影响，但是不同区域采用滴灌技术后其对环境所产生的影响效应及规律也不尽相同，而产生差异的主要原因是不同区域作物不同，土壤水分、温度条件不同，以及滴灌过程中采用的灌溉水量和肥料配比不同。充分考虑以上这些因素，有利于根据不同区域制定适宜的农田温室气体减排及固碳增汇滴灌措施，这将为滴灌在我国北方地区广泛推广提供重要的理论和实践依据。

第二节　滴灌节水技术应用的经济效益

一、新疆主要粮食作物滴灌节水技术应用的经济效益

在新疆荒漠干旱区域，小麦、玉米生产采用滴灌技术具有很高的技术先进性，既可节水、节肥和提高产量，又可节省劳力，是目前新疆采用节水技术中最好的方式，这一技术在干旱区推广应用具有重大的现实意义。通过调查新疆兵团第五师84团2013～2015年滴灌小麦（新冬33）2.5万亩、玉米（先玉335）1.2万亩示范区的亩成本投入和收益情况，分析滴灌小麦、玉米技术的技术效益、生态效益、社会效益和经济效益情况。

（一）滴灌小麦、玉米技术的技术效益分析

1. 管理定额及人均收入显著提高

常规灌溉种植小麦、玉米，每个劳动力只能管理2～3hm^2；而滴灌种植小麦、玉米，每个劳动力可管理7～10hm^2，管理定额提高3～4倍，人均收入提高3～5倍。

2. 水资源的规模效益显著提高

相同量的水资源滴灌小麦、玉米较常规灌溉增加灌溉面积0.3～0.5倍，生产的产品量增加0.5～1.0倍，规模效益提高0.5～1.0倍。

3. 水、肥产比显著提高

滴灌冬小麦（用水量4800m^3/hm^2、施肥量1125kg/hm^2、平均产量8250kg/hm^2），常规灌溉冬小麦（用水量7500m^3/hm^2、施肥量1800kg/hm^2、平均产量6300kg/hm^2），滴灌冬小麦较常规灌溉冬小麦节水36%，节肥37.5%，增产31%，水产比提高2倍，肥产比提高1.7倍。

滴灌玉米（用水量4200m^3/hm^2、施肥量1050kg/hm^2、平均产量15 000kg/hm^2），常规灌溉玉米（用水量6450m^3/hm^2、施肥量1650kg/hm^2、平均产量10 200kg/hm^2），滴灌玉米较常规灌溉玉米节水35%，节肥36%，增产47%，水产比提高2.3倍，肥产比提高2倍。

4. 提高土地利用率

由于滴灌小麦、玉米系统均采用管道输水，田间不需修毛渠及埂子，较常规灌溉亩增加播种面积5%～7%，在提高土地利用率的同时亩可增产5%～7%。

5. 减少了草种进入农田的途径

由于滴灌小麦、玉米灌溉水经过滴灌首部过滤，通过管道传输到田间，与常规灌溉相比杜绝了地外渠道及水中杂草传播的来源，减少了草种进入农田的途径，降低了除草的劳动投入。

6. 易保全苗、提高产量及产品品质

滴灌小麦、玉米采用干播湿出，出苗整齐集中，根据作物各生育期的需水需肥规律

特点适时进行灌溉施肥，提高产量的同时也提高了产品品质。

7. 劳动强度降低

滴灌改变了常规灌溉田管制度，减少了锄草、打埂、修毛渠、人工施肥和浇水等作业，既减轻了农工的劳动强度，又为充分解放劳动力提供了技术条件，相应地提高了劳动效率和管理定额。

（二）滴灌小麦、玉米技术的经济效益分析

1. 滴灌小麦技术的经济效益分析

滴灌小麦与常规灌溉小麦总成本由表 7-49 对比分析可知，滴灌小麦较常规灌溉小麦增加滴灌设备费用 187.5 元，生产成本费用减少 141 元，收入增加纯利润 260 元。

表 7-49　滴灌小麦与常规灌溉总成本及收入对比表　（单位：元/hm^2）

灌溉方式	滴灌	常规灌溉	备注
一、滴灌设备费用	2812.5	0	
1.首部	300	0	一个滴灌首部可以管 33.3hm^2，造价 5 万元，首部按 6 年折旧计算，加其他费用合计每年亩年投入 300 元
2.地下管网装置	450	0	地下管网装置每公顷投入 6000 元，按 20 年折旧计算，加其他费用合计每年每公顷投入 450 元
3.地面支管及管件	150	0	
4.毛管	1687.5	0	毛管间距 90cm，毛管价格 0.16 元/m
5.滴灌维修安装费	225	0	每年地下管网及首部装置的维修费 75 元/hm^2，地面管网的连接费 150 元/hm^2
二、生产成本费用	7935	10 050	
1.种子	900	1125	
2.肥料	2700	3225	
3.农药级化学调控	225	225	
4.水费	960	1500	滴灌小麦灌溉量 4800m^3/hm^2，常规灌溉小麦灌溉量 7500m^3/hm^2，水价 0.2 元/m^3
5.机械作业	2700	3150	
6.人力费	450	825	
三、滴灌设备费用及生产成本费用合计	10 747.5	10 050	
四、收入	16 500	12 600	滴灌小麦平均产量 8250kg/hm^2，常规灌溉 6300kg/hm^2，小麦平均价格 2 元/kg

由表 7-50 对比分析可知，滴灌小麦较常规灌溉小麦节水 36%，增产 31%，水产比提高 1 倍，水效益提高 1 倍。

表 7-50　滴灌小麦与常规灌溉小麦节水增产效果对比表

灌溉方式	灌溉定额/（m^3/hm^2）	节水率/%	产量/（kg/hm^2）	增产/（kg/hm^2）	增产率/%	水产比/（kg/m^3）	水效益/（元/m^3）
常规灌溉	7500	—	6300	—	—	0.84	1.68
滴灌	4800	36	8250	1950	31	1.72	3.44

2. 滴灌玉米技术的经济效益分析

滴灌玉米与常规灌溉玉米总成本由表 7-51 对比分析可知，滴灌玉米较常规灌溉玉米亩增加滴灌设备费用 187.5 元，生产成本费用减少 150 元，收入增加纯利润 576 元。

表 7-51　滴灌玉米与常规灌溉总成本及收入对比表　　（单位：元/hm^2）

灌溉方式	滴灌	常规灌溉	备注
一、滴灌设备费用	2812.5		
1.首部	300		一个滴灌首部可以管 33.3 hm^2，造价 5 万元，首部按 6 年折旧计算，加其他费用合计每年亩年投入 300 元
2.地下管网装置	450		地下管网装置每公顷投入 6000 元，按 20 年折旧计算，加其他费用合计每年每公顷投入 450 元
3.地面支管及管件	150		
4.毛管	1687.5		毛管间距 90cm，毛管价格 0.15 元/m
5.滴灌维修安装费	225		每年地下管网及首部装置的维修费 75 元/hm^2，地面管网的连接费 150 元/hm^2
二、生产成本费用	7965	10 215	
1.种子	675	900	
2.肥料	2625	3075	
3.农药级化学调控	450	450	
4.水费	840	1290	滴灌玉米灌溉量 4200m^3/hm^2，常规灌溉玉米灌溉量 6450m^3/hm^2，水价 0.2 元/m^3
5.机械作业	3000	3525	
6.人力费	375	975	
三、滴灌设备费用及生产成本费用合计	10 777.5	10 215	
四、收入	27 000	18 360	滴灌玉米亩平均产量 15 000kg/hm^2，常规灌溉玉米 10 200kg/hm^2，玉米平均价格 1.8 元/kg

由表 7-52 对比分析可知，滴灌玉米较常规灌溉玉米节水 34.8%，增产 47%，水产比提高 1.26 倍，水效益提高 1.26 倍。

表 7-52　滴灌玉米与常规灌溉玉米节水增产效果对比表

灌溉方式	灌溉定额/（m^3/hm^2）	节水率/%	产量/（kg/hm^2）	增产/（kg/hm^2）	增产率/%	水产比/（kg/m^3）	水效益/（元/m^3）
常规灌溉	6 450	—	10 200	—	—	1.58	2.84
膜下滴灌	4 200	34.8	15 000	4 800	47	3.57	6.43

3. 间接经济效益分析

在项目实施过程中，以示范工程为纽带、示范区为窗口，为新疆天业（集团）有限公司、新疆惠利灌溉科技股份有限公司、新疆农垦科学院三益化工厂等企业提供节水设备、产品、技术的展示试验基地，不但使产品技术性能进一步完善，而且对产品的宣传和销售发挥了重要作用，有力地推动和带动了节水农业器材产业经济的发展，其间接经济效益是很可观的。

（三）滴灌技术的生态效益分析

滴灌技术系统将节水技术与农艺技术有效结合起来，使水、肥、药同步进行，既节约了这些要素的投入，又提高了要素的利用率，从而减少了化肥和农药在土壤中的残留量，对改良土壤和减少对土壤的负面影响起到了很大作用。

示范区灌溉水利用率的提高，提高了现有耕地的灌溉保证率。节余的水扩耕种草种树，既可以改善农田生态环境，增强农业抵御自然灾害的能力；又可以通过发展畜牧业，增施有机肥，起到提高地力、增产增效的结果；还可以通过研制草业产品和种植经济林、速生林取得效益。

（四）滴灌技术的社会效益分析

1. 提高了农民收入水平

由于应用滴灌小麦、玉米新技术，提高了劳动管理定额，扩大了经营规模，降低了产品成本，既能提高农工的收入水平，又能解决团场劳动力不足的问题。在管理 7hm^2 地的情况下，农民种植滴灌小麦较常规灌溉小麦年净收入能达到 2.6 万元；农民种植滴灌玉米较常规灌溉玉米年净收入能达到 5.76 万元。

2. 有利于带动相关产业的发展

滴灌技术涉及水利、农学、机械、化工等多种行业工程，以滴灌节水为龙头，能有效地带动相关产业的发展。发展和推广膜下滴灌节水农业，不但可以使农业生产上一个新台阶，而且可实施产业链的纵向一体化，拉动上游产业群，推动下游产业群的发展。

综上所述，滴灌技术不仅具有提高土地与肥料利用率、降低劳动强度、实现规模经营的技术效益，还具有明显的经济效益，具有能提高地力、增强农业抗风险能力的生态效益，提高农民收入，促进农业生产关系的变革，真正实现农业规模化、现代化的管理模式的社会效益。因此，从长期来看，滴灌技术是实现技术效益、经济效益、生态效益和社会效益相结合，促进农业可持续发展的有效途径。

二、宁夏主要粮食作物滴灌节水技术应用的经济效益

（一）宁夏春小麦滴灌技术示范区建设与经济效益分析

1. 宁夏春小麦滴灌技术示范区建设

（1）宁夏回族自治区银川市平吉堡现代农业示范园区试验基地

2014 年宁夏银川市平吉堡现代农业示范园区试验基地建有春小麦核心示范区 0.33hm^2。春小麦品种为宁春 4 号，行距 15cm，播量 540kg/hm^2。于 3 月 9 日播种，7 月 14 日开始收获。

滴灌管间距 90cm（一管六行），滴头间距 30cm、滴头流量为 2.1L/h，滴灌灌水 7 次（分别在 4 月 26 日、5 月 7 日、5 月 17 日、5 月 24 日、5 月 31 日、6 月 7 日和 6 月 19 日），共灌水 285mm。而传统地面灌灌水 5 次，共灌水 405mm 左右。滴灌比传统地面灌节水 29.6%。

施肥情况：整个春小麦生育期施用纯 N 量 256.5kg/hm^2、P_2O_5 量 90.0kg/hm^2、K_2O 量 42.0kg/hm^2。其中磷肥 40%作为底肥一次施入，60%滴施；氮肥 25%作为底肥一次施入，75%滴施；钾肥全部随滴灌施肥。追肥按分蘖期、拔节期、抽穗期、灌浆期、成熟

期各 15%、20%、25%、25%和 15%的比例进行。而传统高产施肥情况为纯 N 量 321kg/hm^2、P_2O_5 量 112.5kg/hm^2、K_2O 量 52.5kg/hm^2，其中全部的磷肥、钾肥及氮肥 60%随底肥施入，氮肥 40%在拔节期施入。与传统种植模式相比，春小麦滴灌下的施肥减少量分别为 20.1%、20.0%和 20.0%。

传统种植方式下春小麦产量 7500kg/hm^2，而示范地春小麦产量达 8100kg/hm^2，增产 8.0%。传统种植方式下春小麦灌溉水利用率为 1.85kg/m^3，而示范地春小麦灌溉水利用率达到 2.84kg/m^3，增加 53.15%。

（2）2014 年宁夏农垦国有暖泉农场示范

小麦滴灌 4hm^2，春小麦品种为宁春 4 号，行距 15cm，播量 570kg/hm^2。于 3 月 10 日播种，7 月 12 日开始收获。

滴灌管间距 60cm（一管四行），滴头间距 30cm、滴头流量为 2.5L/h，滴灌灌水 6 次（分别在 4 月 28 日、5 月 11 日、5 月 22 日、5 月 31 日、6 月 8 日和 6 月 21 日），共灌水 390mm。而传统地面灌灌水 4 次，共灌水 540mm 左右。滴灌比传统地面灌节水 27.8%。

施肥情况：整个春小麦生育期施用纯 N 量 277.5kg/hm^2、P_2O_5 量 105.0kg/hm^2、K_2O 量 49.5kg/hm^2。其中磷肥 40%作为底肥一次施入，60%滴施；氮肥 25%作为底肥一次施入，75%滴施；钾肥全部随滴灌施肥。追肥按分蘖期、拔节期、抽穗期、灌浆期各 15%、30%、35%、20%的比例进行。而传统高产施肥情况为纯 N 量 339.0kg/hm^2、P_2O_5 量 127.5kg/hm^2、K_2O 量 60.0kg/hm^2，其中全部的磷肥、钾肥及氮肥 60%随底肥施入，氮肥 40%在拔节期施入。与传统种植模式相比，春小麦滴灌下的施肥减少量分别为 18.1%、17.6%和 17.5%。

传统种植方式下春小麦产量 6750kg/hm^2，而示范地春小麦产量达 7650kg/hm^2，增产 13.33%。传统种植方式下春小麦灌溉水利用率为 1.26kg/m^3，而示范地春小麦灌溉水利用率达到 1.96kg/m^3，增加 55.6%。

2. 宁夏春小麦滴灌技术示范区经济效益分析

以农垦国有暖泉农场示范区为例进行经济效益分析。表 7-53 为该示范区滴灌春小麦与常规灌溉春小麦年成本及收入对比分析表，可以看出，滴灌春小麦较常规灌溉春小麦增加滴灌设备费用 3099 元/hm^2，生产成本费用减少 1641 元/hm^2，收入增加 1800 元/hm^2。

表 7-54 为宁夏滴灌春小麦与常规灌溉春小麦节水增产效果对比分析表，可以看出，滴灌春小麦较常规灌溉春小麦节水 27.8%，增产 13.3%，水产比提高 56.8%，水效益提高 56.8%。

（二）宁夏春玉米滴灌技术示范区建设与经济效益分析

1. 宁夏春玉米滴灌技术示范区建设

（1）宁夏回族自治区石嘴山市惠农区简泉农场

2013 年宁夏回族自治区石嘴山市惠农区简泉农场示范推广玉米滴灌（不覆膜）58.7hm^2，玉米品种为大丰和明玉 5 号，玉米等行距播种，行距 60cm，株距 20～22cm；4 月 10

日精量点播，9 月 15 日开始收割。

表 7-53　宁夏滴灌春小麦与常规灌溉小麦年成本及收入对比表　（单位：元/hm^2）

灌溉方式	滴灌	常规灌溉	备注
一、滴灌设备费用	3 099	0	
1. 首部	150	0	一个滴灌首部可控制 33.3hm^2，造价 5 万元，按 10 年折旧计，年投入 150 元/hm^2
2. 地下管网装置	300	0	地下管网装置投入 6000 元/hm^2，按 20 年折旧，每年投入 300 元/hm^2
3. 地面支管及管件	309	0	
4. 毛管	2 115	0	毛管间距按 90cm 计，毛管单价 0.20 元/m
5. 滴灌维修安装费	225	0	每公顷年维修费 75 元和地面管网连接费 150 元
二、生产成本费用	9 477	11 118	
1. 种子	1 050	1 050	
2. 肥料	2 022	2 463	
3. 农药级化学调控	225	225	
4. 水费	780	1 080	滴灌小麦灌溉量 3900m^3/hm^2，常规灌溉小麦灌溉量 5400m^3/hm^2，水价 0.2 元/m^3
5. 机械作业	2 700	2 700	
6. 人力费	2 700	3 600	
三、滴灌设备费用及生产成本费用合计	1 2576	11 118	
四、收入	1 5300	13 500	滴灌小麦平均产量 7650kg/hm^2，常规灌溉 6750kg/hm^2，小麦平均价格 2 元/kg

表 7-54　宁夏滴灌春小麦与常规灌溉春小麦节水增产效果对比表

灌溉方式	灌溉定额/（m^3/hm^2）	节水率/%	产量/（kg/hm^2）	增产/（kg/hm^2）	增产率/%	水产比/（kg/m^3）	水效益/（元/m^3）
常规灌溉	5400	—	6750	—	—	1.25	2.50
滴灌	3900	27.8	7650	900	13.3	1.96	3.92

滴灌管间距 60cm（即一管一行）。灌水量：滴灌灌水 6 次（分别在 6 月 10 日、6 月 28 日、7 月 13 日、7 月 27 日、8 月 11 日和 8 月 26 日），共灌水 420～450mm；而传统地面灌水 5 次，共灌水 900mm 左右。滴灌比传统地面灌节水 50%以上。

施肥情况：施底肥 150kg/hm^2（二铵）；第一次追肥在小喇叭口期，滴水施肥（滴灌肥含 N 为 25%，P_2O_5 为 8 %，K_2O 为 19%）112.5kg/hm^2 和 75kg/hm^2 尿素；第二次追肥在大喇叭口期，滴水施肥 63kg/hm^2 和 75kg/hm^2 尿素；第三次追肥在孕穗期，滴水施肥 199.5kg/hm^2 和 75kg/hm^2 尿素。折合纯 N 量 221.25kg/hm^2、P_2O_5 量 102.0kg/hm^2、K_2O 量 71.25kg/hm^2。与传统种植模式相比，玉米滴灌下的施肥减少量：N 为 98.7kg/hm^2，P_2O_5 为 72.75kg/hm^2，K_2O 为 48.15kg/hm^2，即分别减少 30.7%、41.6% 和 40.3%。

传统种植方式下玉米产量 10 170kg/hm^2（明玉 5 号），而示范地玉米产量达 13 275kg/hm^2，增产 30.5%。传统种植方式下玉米灌溉水利用率为 1.13kg/m^3，而示范地玉米灌溉水利用率达到 2.95kg/m^3，增加 161%。

（2）宁夏农垦黄羊滩农场

2014 年宁夏农垦在黄羊滩农场实施玉米水肥一体化关键技术示范面积 173.3hm^2，玉米品种为张玉 1355，实行宽窄行种植模式，玉米宽行 70cm，窄行 40cm，株距 20cm，种植密度 85 500 株/hm^2。4 月 21 日精量点播，10 月 5 日开始收割。

滴灌管间距 110cm（一管两行），滴头流量为 2.5L/h，滴灌灌水 14 次（分别在 5 月 23 日、5 月 27 日、6 月 10 日、6 月 18 日、7 月 1 日、7 月 7 日、7 月 15 日、7 月 21 日、7 月 27 日、8 月 2 日、8 月 9 日、8 月 16 日、8 月 24 日、9 月 3 日），另外灌冬水 150mm，共计灌水 555mm。而传统地面灌灌水 5 次，共灌水 870mm 左右。滴灌比传统地面灌节水 36.2%。

施肥情况：整个玉米生育期施用纯 N 量 225.0kg/hm^2、P_2O_5 量 67.5kg/hm^2、K_2O 量 67.5kg/hm^2，分 6 次（苗期和拔节期各 1 次、抽穗期和灌浆期各 2 次），全部随滴灌施肥。而传统高产施肥情况为纯 N 量 330kg/hm^2、P_2O_5 量 97.5kg/hm^2、K_2O 量 90.0kg/hm^2，其中全部 P、K 肥及 60% N 肥作为底肥一次施入，在大喇叭口期追施 40% N 肥。与传统种植模式相比，玉米滴灌下施肥减少量分别为 31.8%、30.8%和 25.0%。

传统种植方式下玉米产量 14 295kg/hm^2，而示范地玉米产量达 17 895kg/hm^2，增产 25.2%。传统种植方式下玉米灌溉水利用率为 1.64kg/m^3，而示范地玉米灌溉水利用率达到 3.22kg/m^3，增加 96.3%。

2. 宁夏春玉米滴灌技术示范区经济效益分析

以宁夏农垦黄羊滩农场示范区为例进行经济效益分析。表 7-55 为该示范区滴灌春玉

表 7-55 宁夏滴灌春玉米与常规灌溉春玉米年成本及收入对比表 （单位：元/hm^2）

灌溉方式	滴灌	常规灌溉	备注
一、滴灌设备费用	2 772	0	
1. 首部	150	0	一个滴灌首部可控制 33.3hm^2，造价 5 万元，按 10 年折旧计，年投入 150 元/hm^2
2. 地下管网装置	300	0	地下管网装置投入 6000 元/hm^2，按 20 年折旧，每年投入 300 元/hm^2
3. 地面支管及管件	276	0	
4. 毛管	1 821	0	毛管间距按 110cm 计，毛管单价 0.20 元/m
5. 滴灌维修安装费	225	0	每公顷年维修费 75 元和地面管网连接费 150 元
二、生产成本费用	8 805	11 521	
1. 种子	975	975	
2. 地膜	153	153	
3. 肥料	1 242	2 428	
4. 农药级化学调控	225	225	
5. 水费	1 110	1 740	滴灌春玉米灌溉量 5550m^3/hm^2，常规灌溉春玉米灌溉量 8700m^3/hm^2，水价 0.2 元/m^3
6. 机械作业	2 700	2 700	
7. 人力费	2 400	3 300	
三、滴灌设备费用及生产成本费用合计	11 577	11 521	
四、收入	32 211	25 731	滴灌春玉米平均产量 17 895kg/hm^2，常规灌溉 14 295kg/hm^2，玉米平均价格 1.8 元/kg

米与常规灌溉春玉米年成本及收入对比分析表，可以看出，滴灌春玉米较常规灌溉春玉米增加滴灌设备费用 2772 元/hm^2，生产成本费用减少 2716 元/hm^2，收入增加 6480 元/hm^2。

表 7-56 为宁夏滴灌春玉米与常规灌溉春玉米节水增产效果对比分析表，可以看出，滴灌春玉米较常规灌溉春玉米节水 36.2%，增产 25.2%，水产比提高 96.3%，水效益提高 95.9%。

表 7-56 宁夏滴灌春玉米与常规灌溉春玉米节水增产效果对比表

灌溉方式	灌溉定额/（m^3/hm^2）	节水率/%	产量/（kg/hm^2）	增产/（kg/hm^2）	增产率/%	水产比/（kg/m^3）	水效益/（元/m^3）
常规灌溉	8 700	—	14 295	—	—	1.64	2.96
滴灌	5 550	36.2	17 895	3 600	25.2	3.22	5.80

三、甘肃主要粮食作物滴灌节水技术应用的经济效益

（一）甘肃春小麦滴灌技术示范区建设与经济效益分析

1. 甘肃春小麦滴灌技术示范区建设

中国农业大学石羊河流域生态与农业节水实验站 2014 年建立小麦核心示范区 0.4hm^2，小麦行距 15cm，滴灌管间距 90cm（一管六行），滴头流量为 2.6L/h，滴灌灌水 5 次，共灌水 345mm。

2. 甘肃春小麦滴灌技术示范区经济效益分析

表 7-57 为该示范区滴灌小麦与常规灌溉春小麦年成本及收入对比分析表， 可以看出，

表 7-57 甘肃滴灌春小麦与常规灌溉春小麦年成本及收入对比表 （单位：元/hm^2）

灌溉方式	滴灌	常规灌溉	备注
一、滴灌设备费用	2 888	0	
1. 首部	150	0	一个滴灌首部可控制 33.3hm^2，造价 5 万元，按 10 年折旧计，年投入 150 元/hm^2
2. 地下管网装置	300	0	地下管网装置投入 6000 元/hm^2，按 20 年折旧，每年投入 300 元/hm^2
3. 地面支管及管件	309	0	
4. 毛管	1 904	0	毛管间距按 90cm 计，毛管单价 0.18 元/m
5. 滴灌维修安装费	225	0	每公顷年维修费 75 元和地面管网连接费 150 元
二、生产成本费用	9 291	11 036	
1. 种子	975	975	
2. 肥料	1 911	2 456	
3. 农药级化学调控	225	225	
4. 水费	780	1 080	滴灌小麦灌溉量 3450m^3/hm^2，常规灌溉小麦灌溉量 4500m^3/hm^2，水价 0.2 元/m^3
5. 机械作业	2 700	2 700	
6. 人力费	2 700	3 600	
三、滴灌设备费用及生产成本费用合计	12 179	11 036	
四、收入	14 160	12 000	滴灌小麦平均产量 7080kg/hm^2，常规灌溉 6000 kg/hm^2，小麦平均价格 2 元/kg

滴灌春小麦较常规灌溉春小麦增加滴灌设备费用2888元/hm²，生产成本费用减少1745元/hm²，收入增加2160元/hm²。

表7-58为甘肃滴灌春小麦与常规灌溉春小麦节水增产效果对比分析表，可以看出，滴灌春小麦较常规灌溉春小麦节水23.3%，增产18.0%，水产比提高54.1%，水效益提高53.6%。

表7-58　甘肃滴灌春小麦与常规灌溉春小麦节水增产效果对比表

灌溉方式	灌溉定额/（m³/hm²）	节水率/%	产量/（kg/hm²）	增产/（kg/hm²）	增产率/%	水产比/（kg/m³）	水效益/（元/m³）
常规灌溉	4500	—	6000	—	—	1.33	2.67
滴灌	3450	23.3	7080	1080	18.0	2.05	4.10

（二）甘肃制种玉米滴灌技术示范区建设与经济效益分析

1. 甘肃制种玉米滴灌技术示范区建设

中国农业大学石羊河流域生态与农业节水实验站2013年、2014年分别示范推广滴灌制种玉米20hm²，玉米行距60cm，滴灌管间距120cm（一膜一管两行）。灌水量：滴灌灌水10～12次，共灌水525～630mm；而传统地面灌灌水5次，共灌水750～825mm。

2. 甘肃春玉米滴灌技术示范区经济效益分析

表7-59为该示范区滴灌春玉米与常规灌溉春玉米年成本及收入对比分析表，可以

表7-59　甘肃滴灌春玉米与常规灌溉年成本及收入对比表　（单位：元/hm²）

灌溉方式	滴灌	常规灌溉	备注
一、滴灌设备费用	2 455	0	
1. 首部	150	0	一个滴灌首部可控制33.3hm²，造价5万元，按10年折旧计，年投入150元/hm²
2. 地下管网装置	300	0	地下管网装置投入6000元/hm²，按20年折旧，每年投入300元/hm²
3. 地面支管及管件	276	0	
4. 毛管	1 504	0	毛管间距按120cm计，毛管单价0.18元/m
5. 滴灌维修安装费	225	0	每公顷年维修费75元和地面管网连接费150元
二、生产成本费用	10 754	12 452	
1. 种子	1 462	1 462	
2. 地膜	189	189	
3. 肥料	1 738	2 266	
4. 农药级化学调控	225	225	
5. 水费	1 140	1 560	滴灌春玉米灌溉量5700m³/hm²，常规灌溉春玉米灌溉量7800m³/hm²，水价0.2元/m³
6. 机械作业	3 000	3 000	
7. 人力费	3 000	3 750	
三、滴灌设备费用及生产成本费用合计	13 209	12 452	
四、收入	32 760	27 360	滴灌春玉米平均产量6825kg/hm²，常规灌溉5700元/hm²，制种玉米平均价格4.8元/kg

看出，滴灌春玉米较常规灌溉春玉米增加滴灌设备费用 2455 元/hm^2，生产成本费用减少 1698 元/hm^2，收入增加 5400 元/hm^2。

表 7-60 为甘肃滴灌春玉米与常规灌溉春玉米节水增产效果对比分析表，可以看出，滴灌春玉米较常规灌溉春玉米节水 26.9%，增产 19.7%，水产比提高 64.4%，水效益提高 63.8%。

表 7-60　甘肃滴灌春玉米与常规灌溉春玉米节水增产效果对比表

灌溉方式	灌溉定额/（m^3/hm^2）	节水率/%	产量/（kg/hm^2）	增产/（kg/hm^2）	增产率/%	水产比/（kg/m^3）	水效益/（元/m^3）
常规灌溉	7800	—	5700	—	—	0.73	3.51
滴灌	5700	26.9	6825	1125	19.7	1.20	5.75

四、青海主要粮油作物滴灌节水技术应用的经济效益

（一）滴灌节水技术应用的效益

滴灌技术作为最先进的灌溉技术，在棉花、瓜果上大规模地推广应用，但是在大田作物上的应用研究相对不足[67]，而在青海省春油菜方面的研究至今尚处于空白。李慧萍等[68]对玉米滴灌高产增收效益分析试验结果表明，玉米滴灌技术在大幅节水节能基础上，较传统玉米耕种模式增产 78.5%，收益增加 11 424.9 元/hm^2。这说明，滴灌在提高玉米效益、节水和省工方面的效果是非常明显的。张福锁等[69]研究发现，小麦的氮肥利用率为 28.2%，远低于国际水平，而磷肥的当季利用率为 13.1%，钾肥的当季利用率为 27.3%[70]。这不但浪费了宝贵的肥料资源，而且带来了突出的环境问题，如肥料的过量施用不仅增加了农业生产成本，降低了农业经济效益，还给环境带来了沉重的压力，如地下水污染、水体富营养化、土壤微生物多样性降低等[71]。而关新元等[72]研究表明，滴灌可显著提高作物产量和化肥利用率，并且滴灌技术推广已取得了非常显著的经济、社会、生态效益。

（二）柴达木盆地春油菜滴灌示范区效益

滴灌示范区位于青海省海西州乌兰县柯柯镇西沙沟村，春油菜由青海省农林科学院春油菜研究所提供。

种植面积：50.7hm^2。

品种选择与播种：品种为青杂 7 号。播种量 4.50kg/hm^2，行距 30cm，株距 10cm，定苗密度 37.50 万株/hm^2。采用精量化机械播种，一次完成施肥、播种、铺滴灌带各项作业。

施肥制度：N 186.30kg/hm^2、P_2O_5 158.70kg/hm^2、K_2O 18.75kg/hm^2。20%肥料作为基肥一次性施入，80%肥料作为追肥分三次滴施（苗期 28%、蕾苔期 14%、盛花期 38%）。肥料品种：尿素（N 46%），磷酸一铵（N 12%、P_2O_5 46%），结晶钾（K_2O 57%）。

灌溉制度：灌溉水源为井水，灌水量由水表控制。滴灌系统支管直径 63mm，毛管 16mm，灌溉定额为 5136.00m^3/hm^2，出苗后灌水从苗期开始到收获前 15～20d，每次灌水量为 240～405m^3/hm^2，灌水 15 次。滴灌带间距 0.60m，一带管 2 行。滴头流量为 1.38 L/h，

滴头间距 0.30m。

播种与收获：4 月 20 日播种，8 月 24 日收获。春油菜滴灌示范地与大水漫灌地投入产出对比见表 7-61，春油菜滴灌技术经济评价指标见表 7-62。

表 7-61　春油菜滴灌示范地与大水漫灌地投入产出对比分析表

序号	投入项目	指标	单位	示范地	大水漫灌地	增量	增幅/%
1	滴灌带	数量	m/hm^2	11 100.00	0.00	11 100.00	
		价格	元/米	2.25	0.00	2.25	
		成本	元/hm^2	1 665.00	0.00	1 665.00	
2	接头	数量	个/hm^2	180.00	0.00	180.00	
		价格	元/个	4.50	0.00	4.50	
		成本	元/hm^2	54.00	0.00	54.00	
3	三通	数量	个/hm^2	150.00	0.00	150.00	
		价格	元/个	12.00	0.00	12.00	
		成本	元/hm^2	120.00	0.00	120.00	
4	灌溉耗材投入合计		元/hm^2	1 839.00	0.00	1 839.00	
5	种子	数量	kg/hm^2	4.50	6.00	–1.50	
		成本	元/hm^2	168.75	225.00	–56.25	
6	尿素	数量	kg/hm^2	315.00	300.00	15.00	
		成本	元/hm^2	693.00	660.00	33.00	
7	磷酸一铵	数量	kg/hm^2	0.00	525.00	–525.00	
		成本	元/hm^2	0.00	1 417.50	–1 417.50	
8	磷酸二铵	数量	kg/hm^2	345.00	0.00	345.00	
		成本	元/hm^2	1 069.50	0.00	1 069.50	
9	硫酸钾	数量	kg/hm^2	60.00	30.00	30.00	
		成本	元/hm^2	210.00	105.00	105.00	
10	农药	成本	元/hm^2	225.00	300.00	–75.00	
11	用工	成本	元/hm^2	2 700.00	3 600.00	–900.00	
12	用水	数量	m^3/hm^2	5 136.00	9 750.00	–4 614.00	
		成本	元/hm^2	510.00	975.00	–465.00	
13	机械作业	成本	元/hm^2	1 800.00	1 800.00	0.00	
15	种植投入合计	成本	元/hm^2	9 215.25	9 082.50	132.75	1.46
16	均产量	产出	kg/hm^2	2 700.00	2 100.00	600.00	28.57
17	价格		元/kg	99.00	99.00	0.00	0.00
18	均产值	产出	元/hm^2	17 820.00	13 860.00	3 960.00	28.57
19	纯收益	产出	元/hm^2	8 604.75	4 777.50	3 827.25	80.11

表 7-62　春油菜滴灌技术经济评价指标

评价指标	指标名称	示范地	大水漫灌地	增减变化	
				增减额	增减幅度/%
增产指标	土地生产率/（kg/hm^2）	2700.00	2100.00	600.00	28.57
	水分生产率/（kg/m^3）	0.53	0.22	0.31	144.08
增收指标	净收益/（元/hm^2）	8604.75	4777.50	3827.25	80.11
	收益成本比	1.93	1.53	0.40	26.72
	单立方米水效益/（元/hm^2）	1.68	0.49	1.19	241.91
节水指标	用水量/（m^3/hm^2）	5136.00	9750.00	−4614	−47.32
	单产耗水量/（m^3/kg）	1.90	4.64	−2.74	−59.03
	水费/（元/hm^2）	510.00	975.00	−465.00	−47.69
节工指标	人工费/（元/hm^2）	2700.00	3600.00	−900.00	−25.00

注：以上统计数据为 2013～2014 年平均值；春油菜单价均为 6.6 元/kg

1. 经济效益

节约水资源：每公顷平均节水量约 4600m^3，以示范 50.7hm^2 地计算，年节约灌溉用水 23 万 m^3。

提高水分利用率：水分生产率提高了 144.08%；单立方米水效益提高了 241.91%；用水量降低了 47.32%；单产耗水量降低了 59.03%。

提高耕地利用率：由埋入地下及地面移动的输水管道代替地面的田间灌水渠道和田间大水漫灌田埂，可节省耕地 5%～7%。

减少劳动力和农药使用量：大水漫灌靠人力，劳动强度大，效率低，采用滴灌后可提高劳动生产率 3 倍以上。采用滴灌，地表较干燥，不利于病虫害发生，农药用量明显减少，可节省 20%～30%，防治效果显著。

增产效果：科学调控水肥，土壤疏松，通透性好，并可保持作物根际生长条件优越，示范区春油菜较大水漫灌地产量提高了 28.57%，净收益提高了 80.11%。

2. 社会效益

项目的实施有效地减少水、肥用量，降低生产成本，提高水资源利用率，实现节水、节肥和节约劳动力，达到节本增效的目的。实施规模化节水农业技术，可改变传统种植业模式，促进农业技术提升，推动土地流转和规模化经营，发展高原特色春油菜，具有良好的社会效益。

3. 生态效益

通过项目的实施，建立青海省高效节水灌溉和水肥一体化技术模式，改良土壤和培肥地力，减轻次生盐渍化对作物生长的危害，防止环境污染，提升当地生态功能。同时，可有力缓解作物生长季节性缺水的矛盾，也可缓解工业、生态和农林业争水的矛盾，对于撂荒地复苏、扩大灌溉面积和发展特色农牧业将产生良好的效果。

五、河北主要粮食作物滴灌节水技术应用的经济效益

（一）小麦、玉米在河北平原的重要地位及发展现状

河北省是中国重要的粮食生产基地，小麦玉米两熟是本地区的主要种植方式。农业生产又是河北省的用水大户，年耗水量为200亿m^3左右。河北省是全国三大小麦集中产区之一[73]，生产用水占全省农业用水的70%左右，占全省总用水量的50%左右[74-79]。当今水资源日益匮乏，传统的灌溉模式用水效率较低，浪费现象十分严重，水的生产率仅为1.0～1.5kg/m^3，与先进国家和省份（2～3kg/m^3）有较大差距[80-81]。在肥料利用率上，N肥利用率在30%～40%，P肥利用率在10～25%，与先进国家和省份的60%～70%和30%以上差距明显[82-83]。肥料利用率低下不仅造成资源的浪费，同时还引发地下水的污染，过量灌溉与大量施肥是农业污染的根源所在[84]。

（二）示范的目的

国家半干旱农业工程技术研究中心及项目参加单位密切合作，借鉴新疆大田作物滴灌节水技术的成功经验，开展了冬小麦-夏玉米两季种植模式集成研究，探索在新的水肥条件下土壤水分、养分变化和作物生长发育规律，筛选水、肥耦合的最佳模式，制定出主要大田农作物两季节水、节肥、高产、高效的技术体系。根据河北省的资源生态条件，将河北平原小麦玉米生产区划分为山前平原、黑龙港地区、冀东平原三个不同的生态类型区，由于冀东平原小麦玉米种植面积较小且小麦玉米一年两熟积温明显不足，因此本研究仅包括前两个生态类型区[85]。以河北省山前平原和黑龙港地区为主区域，建设了小麦玉米两熟作物节水、节肥、高产、高效标准化、规模化示范区，对促进粮食安全、农民增收、减缓土壤污染和农业水资源可持续利用都具有重大意义。

（三）小麦、玉米微灌技术示范效果

以河北平原2个具有代表性的县（市）——山前平原的藁城和黑龙港地区的吴桥为研究对象，从这两个县（市）中选择有代表性的村庄：藁城市丰上村（沙壤土）和吴桥县蒋控村（壤土），根据当地土壤、气候等情况制定出田间管理的灌水施肥方案。

1. 小麦微灌技术示范

前茬玉米，小麦品种济麦22（藁城）、衡4399（吴桥），底肥施复混肥（N 17、P 17、K 6），壤土地拔节期施用Ⅰ型可溶性小麦专用复合肥（N 33、P 7、K 10），孕穗期、开花期和灌浆期施用Ⅱ型可溶性小麦专用复合肥（N 30、P 12、K 10）。沙土地起身和拔节期施用Ⅰ型可溶性小麦专用复合肥（N 33、P 7、K 10），孕穗期、开花期和灌浆期施用Ⅱ型可溶性小麦专用复合肥（N 30、P 12、K 10）；对照为常规漫灌方式，底肥小麦复混肥（N 17、P 17、K 6），小麦拔节期地表撒施尿素一次（氮含量46%），灌水不少于300mm。灌水施肥方案见表7-63、表7-64。

2. 玉米微灌技术示范

前茬小麦，玉米品种浚单20（藁城）、郑单958（吴桥），播种方式机播，随种施肥

表 7-63　壤土和黏质土壤小麦微灌和施肥的时间及用量

灌水时期	灌水时间（月.日）	灌水量/mm	肥料种类	施肥量/（kg/hm^2）
播种	10.5～10.10	40	复混肥	300
拔节期	4.05～4.10	40	I	180
孕穗期	4.15～4.20	30	II	120
开花期	4.25～4.30	30	II	105
灌浆期	5.10～5.15	30	II	45
总计	—	170	—	750

表 7-64　沙土和沙壤土小麦微灌和施肥的时间及用量

灌水时期	灌水时间（月.日）	灌水量/mm	肥料种类	施肥量/（kg/hm^2）
播种	10.5～10.10	40	复混肥	300
起身水	3.15～3.20	30	I	75
拔节期	4.05～4.10	30	I	120
孕穗期	4.15～4.20	30	II	150
开花期	4.25～4.30	30	II	102
灌浆期	5.10～5.15	30	II	75
总计	—	190	—	822

复混肥（N 26、P 12、K 12），拔节期和大喇叭口期施用 I 型（N 33、P 6、K 11），抽雄和灌浆期施用 II 型（N 27、P 12、K 14）；常规漫灌试验：底肥玉米复合肥（N 26、P 12、K 12），大喇叭口期追施尿素（氮含量 46%），灌水不少于 160mm。灌水施肥方案见表 7-65。

表 7-65　夏玉米施肥的时间及用量

灌水时期	灌水量/mm	肥料种类	施肥量/（kg/hm^2）
播种	0	复混肥	150
苗期	18	I	75
大喇叭口期	42	I	270
抽雄期	42	II	180
灌浆期	18	II	150
总计	120	—	825

注：如遇降雨可酌情减少灌水量，以施完肥为准

3. 生产示范效果

对于冬小麦-夏玉米两季微灌水肥一体化技术生产示范情况，2013～2015 年分别组织相关专家，对吴桥和藁城示范点连续三年两季进行了实收测产。

1）吴桥、藁城示范点小麦各项指标具体结果见表 7-66、表 7-67。

从表 7-66、表 7-67 可以看出，其节水都在 50%左右，吴桥、藁城示范点的产量分别为 9967.05kg/hm^2 和 8253.6kg/hm^2，分别比对照增产 20%以上，藁城市沙地达

表 7-66　2013～2015 年冬小麦微灌生产示范水分生产率等各项指标

地区	处理	灌水量/（m^3/hm^2）	灌水量/mm	土壤耗水量/mm	降雨量/mm	总耗水量/mm	总耗水量/（m^3/hm^2）	三年平均产量/（kg/hm^2）	水分生产率/（kg/m^3）	灌溉水生产率/（kg/m^3）
吴桥	示范	1650	164.92	112.44	128.9	406.26	4064.70	9967.05	2.45	6.04
	CK	3000	299.85	112.44	128.9	541.19	5414.55	8303.40	1.53	2.77
藁城	示范	1800	179.91	127.35	101.6	408.86	4090.65	8253.60	2.02	4.59
	CK	3150	314.84	127.35	101.6	543.79	5440.65	5687.40	1.05	1.81

表 7-67　2013～2015 年冬小麦微灌生产示范肥料偏生产率

地区	处理	总施肥量/（kg/hm^2）			氮磷钾肥偏生产率			三年平均产量/（kg/hm^2）
		N	P	K	N	P	K	
吴桥	示范	191.40	96	63	52.07	103.82	158.21	9967.05
	CK	334.50	127.50	45	24.82	65.12	184.52	8303.40
藁城	示范	214.35	104.25	70.50	38.51	79.17	117.07	8253.60
	CK	334.50	127.50	45	17.00	44.61	126.39	5687.40

8253.6kg/hm^2，而该点在此之前小麦亩产没有超过 6000kg/hm^2，基本在 5250kg/hm^2 左右，与以往相比增产 2250～3000kg/hm^2；从 2011～2013 年小麦微灌示范水生产率和灌溉水生产率可以看出，与常规漫灌对照相比，各指标均高于对照。藁城市沙地水分生产率比对照高 90%，灌溉水生产率比对照高 150%以上。

就肥料 N、P、K 三元素对小麦偏生产率的影响而言，与常规对照相比，N 的偏生产率高于对照 1 倍左右，P 的生产率也高于对照 50%以上，钾肥的生产率比对照低 5%以上，表明在追施钾肥少时小麦生长发育主要靠从土壤中吸取钾肥。

2）吴桥、藁城示范点玉米各项指标具体结果见表 7-68、表 7-69。

表 7-68　2014～2015 年夏玉米微灌水分生产率等各项指标

地区	灌水量/（m^3/hm^2）	灌水量/mm	土壤耗水量/mm	降雨量/mm	总耗水量/mm	总耗水量/（m^3/hm^2）	三年平均产量/（kg/hm^2）	水分生产率/（kg/m^3）	灌溉水生产率/（kg/m^3）
吴桥	示范	1200	119.94	83.66	498.60	702.20	7 025.55	10790.90	1.54
	CK	1650	164.91	83.66	498.60	747.17	7 475.40	8570.10	1.15
藁城	示范	1470	146.93	83.66	518.20	748.79	7 491.60	11023.50	1.47
	CK	2025	202.40	83.66	518.20	804.26	8 046.60	7021.95	0.87

表 7-69　2014～2015 年夏玉米微灌肥料试验 N、P、K 偏生产率

地区	处理	总施肥量/（kg/hm^2）			氮磷钾肥偏生产率			三年平均产量/（kg/hm^2）
		N	P	K	N	P	K	
吴桥	示范	242	78.30	102.20	44.60	137.81	105.64	10 790.90
	CK	313.50	45	45	27.34	190.45	190.45	8 570.10
藁城	示范	242	78.30	102.20	45.56	140.79	107.91	11 023.50
	CK	313.50	45	45	22.40	156.04	156.04	7 021.95

就下茬玉米而言，吴桥产量平均在 10 500kg/hm^2 以上，而藁城市沙地达 11 023.50kg/hm^2，该点以往夏玉米产量没有超过 7500kg/hm^2，因此沙地使用该技术玉米增产幅度较大；从 2014～2015 年夏玉米微灌示范水分生产率和灌溉水生产率可以看出，与常规漫灌对照相

比，各指标均高于对照，水分生产率比对照高30%以上，而藁城市沙地灌溉水生产率比对照高近70%。

就肥料N、P、K三元素对玉米偏生产率的影响而言，N的偏生产率高于对照1倍左右，而P的偏生产率为N的3倍以上，K的偏生产率为N的2倍以上，表明在夏玉米生产工程中P、N肥具有较强的作用，在肥料配方中应适当增加P、K肥。

（四）小麦、玉米微灌技术示范效益分析（以吴桥示范点为例）

根据2014～2015年实收测产结果，结合项目区的生产条件和社会环境，将微灌水肥一体化技术管理模式与常规大水漫灌生产管理模式进行对比分析，以检验微灌水肥一体化技术在冬小麦和夏玉米生产中的生产效能，并对微灌和常规两种生产管理模式进行经济效益分析。

微灌设备主要包括：地上部分（首部装置、支管、微喷带等），地下部分（PVC主管道系统）。微灌设备的投入以项目区每眼机井最小灌溉面积4hm^{2}为一个单元计算设备具体数量，并折算成每公顷投入金额。微灌设备的单价以现行市场价计算，设备折旧依据生产厂家的企业标准，并结合实际使用情况进行折旧。人工费、电费、化肥按近两年试验条件下实际投入进行计算，人工费每个工按50元/人，电费0.68元/度，水泵参数按40m^3/h，功率为10kW。肥料价格按近两年波动价格中间价：尿素2200元/t，复混肥3250元/t，可溶性专用肥4200元/t。小麦、玉米产量采用近两年实收测产结果的平均值。小麦、玉米价格按近两年较低价格（平均2.2元/kg）计算。小麦、玉米微灌投入节水材料折合每公顷投入详见表7-70。

表7-70　微灌节水材料费用表

项目	计费说明	首次投入/（元/hm^2）	折旧年限/年	年均投入/（元/年）	每季投入/（元/季）
地上部分	首部装置	1050	150	105	52.50
	支管	465	30	232.50	116.25
	微喷带	3330	30	1665	532.50
地下部分	PVC主管道	2385	150	238.50	119.25
安装费	—	450	15	450	225
合计	—	7680	—	3351	1345.50

1. 小麦微灌水肥一体化技术经济效益分析

（1）预算统计结果

详见表7-71。

表7-71　微灌水肥一体化经济效益分析表

项目	指标	常规漫灌/元	微灌水肥/元
生产成本费用	节水材料	119.25	1 345.50
	化肥	3 097.50	2 865
	电费	510	280.50
	人工费	693.75	128.85
	种子机耕机播植保	2 925	2 925
	合计	7 345.50	7 534.35
三年实收测产结果	实收测产/（kg/hm^2）	8 303.40	9 967.05
	产值	18 267.45	21 927.45
投入产出比	投入产出比	1∶2.49	1∶2.91

（2）综合经济效益

1）小麦微灌水肥一体化技术在节肥 7.5%、节电 45%、节工 81.4%的基础上实现了增产 20%的生产效果。

2）小麦微灌水肥一体化技术在显著节水、节电、节工的基础上实现了增产。

2. 玉米微灌水肥一体化经济效益分析

（1）预算统计结果

详见表 7-72。

表 7-72　玉米微灌水肥一体化经济效益分析表

项目	指标	常规漫灌/元	微灌水肥/元
生产成本费用	节水材料	119.25	1 345.50
	化肥	2 681.25	3 322.50
	电费	280.50	204
	人工费	257.85	93.75
	种子、机耕费等	2 025	2 025
	合计	5 363.85	6 990.75
三年实收测产结果	实收测产/（kg/hm^2）	8 570.10	10 790.85
	产值/元	18 854.25	23 739.90
投入产出比	投入产出比	1∶3.52	1∶3.40

（2）综合经济效益

1）玉米微灌水肥一体化技术在节电 27.3%、节工 63.6%的基础上实现了增产 25.9%的生产效果。

2）玉米微灌水肥一体化技术在显著节水、节电、节工的基础上实现了增产。

（五）结语

通过三年大面积示范推广小麦、玉米微灌水肥一体化技术，在品种、底肥量、播种方式及田间管理相近的情况下，采用微灌水肥一体化技术较常规灌溉具有较高的经济效益。

1）增产增效。使用水肥一体化技术后，小麦示范田产量 9967.05kg/hm^2，常规产量 8303.4kg/hm^2；玉米示范田产量 10 790.85kg/hm^2，常规产量 8570.1kg/hm^2。两季粮食增产 3884.4kg/hm^2，综合投入产出比 1∶3.14。

2）节水。水肥一体化技术示范田节水效果明显，小麦全生育期亩灌水 85～110m^3，常规灌溉亩灌水 200m^3，节水 50%左右，水分生产率提高 60%，为农业可继续发展节约了地下水资源。

3）节工。实施水肥一体化技术降低了农民的劳动力投入，可节工 76.6%。以 300 亩为例，两口井轮灌一次需浇半月左右，目前只用 3～5 天，并且只需要两个家庭成员就可以轻松地完成每个阶段的灌水施肥工作。对解决季节性农忙、把农民从繁重的体力劳动中解放出来，实现农民增产和打工双增收有重要意义。

4）省地。省地也是该项技术的显著特征之一。由于微灌可去掉地面灌溉的垄沟、畦埂等，至少可省地 7%，以推广 100 万 hm^2 计算，就可节约优良耕地 7 万 hm^2，相当于河北省 2～3 个中等县的耕地面积。土地资源的节省为其他行业和城镇化发展创造了空间。

以河北省山前平原和黑龙港地区为主区域实施小麦、玉米微灌技术几年来的事实证明，微灌技术是传统农业管理的一次重大突破，微灌技术具有节水、节电、节工及增产等特点，是一项先进、实用的技术，走出了一条节水、压采、稳粮的农业新路子，推动了以"五化"（水肥药一体化、智能化、精准化、个性化和生态化）为内涵的水肥集约化的健康发展，加快了农业生产由粗放型向集约型的转变，为河北现代农业发展提供了重要支撑，也为河北省发展节水、生态、高效农业提供了重要途径。

六、山东主要粮食作物滴灌节水技术应用的经济效益

（一）滴灌小麦技术的经济效益分析

滴灌小麦与常规灌溉小麦总成本由表 7-73 对比分析可知，滴灌小麦较常规灌溉小麦每公顷增加滴灌设备费用 4147.5 元，生产成本费用减少 3000 元，总的净收入增加 742.5 元，具有更高的经济效益。

表 7-73　滴灌小麦与常规灌溉小麦每公顷年成本及收入对比表　　（单位：元/hm^2）

灌溉方式	滴灌	常规灌溉	备注
一、滴灌设备费用	4 147.5		
1.首部	750		一个滴灌首部可以管 13.3hm^2，造价 6 万元，首部按 6 年折旧计算，加其他费用合计每公顷年投入 750 元
2.地下管网装置	450		地下管网装置每公顷年投入 6000 元，按 20 年折旧计算，加其他费用合计每公顷年投入 450 元
3.地面支管及管件	150		
4.毛管	2 497.5		毛管间距 60cm，毛管价格 0.15 元/m
5.滴灌维修安装费	300		每年地下管网及首部装置的维修费 150 元，地面管网的连接费 150 元
二、生产成本费用	7 575	10 575	
1.种子	1 200	1 200	
2.肥料	3 000	3 750	
3.农药级化学调控	225	225	
4.水费	0	0	
5.机械作业	2 700	3 150	
6.人力费	450	2 250	
三、滴灌设备费用及生产成本费用合计	11 722.5	10 575	
四、收入	14 850	12 960	滴灌小麦平均产量 8250kg/hm^2，常规灌溉 7200kg/hm^2，小麦平均价格 1.8 元/kg
五、利润	3127.5	2 385	收入–成本

由表 7-74 对比分析可知，滴灌小麦较常规灌溉小麦节水 42.8%，增产 14.6%，水产比提高约 2 倍，水效益提高约 2 倍。

表 7-74　滴灌小麦与常规灌溉小麦节水增产效果对比表

灌溉方式	灌溉定额/（m^3/hm^2）	节水率/%	产量/（kg/hm^2）	增产/（kg/hm^2）	增产率/%	水产比/（kg/m^3）	水效益/（元/m^3）
常规灌溉	5250	—	7200	—	—	1.4	2.47
滴灌	3000	42.8	8250	1050	14.6	2.75	4.95

（二）滴灌玉米技术的经济效益分析

滴灌玉米与常规灌溉玉米总成本由表 7-75 对比分析可知，滴灌玉米较常规灌溉玉米每公顷增加滴灌设备费用 3337.5 元，生产成本费用减少 1275 元，收入增加纯利润 562.5 元。

表 7-75　滴灌玉米与常规灌溉每公顷年成本及收入对比表　（单位：元/hm^2）

灌溉方式	滴灌	常规灌溉	备注
一、滴灌设备费用	3 337.5		
1.首部	750		一个滴灌首部可以管 13.3hm^2，造价 6 万元，首部按 6 年折旧计算，加其他费用合计每公顷年投入 750 元
2.地下管网装置	450		地下管网装置每公顷年投入 6000 元，按 20 年折旧计算，加其他费用合计每公顷年投入 450 元
3.地面支管及管件	150		
4.毛管	1 687.5		毛管间距 90cm，毛管价格 0.15 元/m
5.滴灌维修安装费	300		每年地下管网及首部装置的维修费 150 元和地面管网的连接费 150 元
二、生产成本费用	7 950	9 225	
1.种子	900	900	
2.肥料	2 625	3 375	
3.农药级化学调控	450	450	
4.水费	0	0	
5.机械作业	3 750	3 750	
6.人力费	600	1 500	
三、滴灌设备费用及生产成本费用合计	11 662.5	9 975	
四、收入	15 750	13 500	滴灌玉米平均产量 10 500kg/hm^2，常规灌溉 9 000kg/hm^2，玉米平均价格元 1.5 元/kg
五、利润	4 087.5	3 525	收入–成本

由表 7-76 对比分析可知，滴灌玉米较常规灌溉玉米节水 10%，增产 16.7%，水产比提高从 3kg/m^3 增加到 3.89kg/m^3，水效益从 4.5kg/m^3 增加到 5.83kg/m^3。

七、吉林主要粮食作物滴灌节水技术应用的经济效益

（一）玉米示范区滴灌节水技术应用的经济效益

2012 年在乾安县赞字乡父字村建设用于玉米需水需肥规律研究的避雨大棚 1 栋，面

积 1000m^2。

表 7-76　滴灌玉米与常规灌溉玉米节水增产效果对比表

灌溉方式	灌溉定额/（m^3/hm^2）	节水率/%	产量/（kg/hm^2）	增产/（kg/hm^2）	增产率/%	水产比/（kg/m^3）	水效益/（元/m^3）
常规灌溉	3000	—	9 000	—	—	3	4.5
滴灌	2700	10	10 500	1500	16.7	3.89	5.83

样板田：在吉林省乾安县赞字乡父字村建设玉米可控降解地膜覆盖膜下滴灌样板田 20 亩，经农业部专家现场测产，连续 3 年刷新吉林省半干旱区玉米亩产超吨粮纪录。

2012 年建立地膜覆盖条件下水肥一体化技术核心试验示范区 200 亩，在核心示范基地上测产结果，玉米达到 15 629.1kg/hm^2，创吉林西部半干旱区玉米生产历史最高纪录；累计示范推广玉米膜下滴灌面积达到 666.7hm^2，玉米平均产量达到 11 427kg/hm^2，比常规生产田（8217kg/hm^2）增产 39.1%。

2013 年在乾安县示范玉米专用降解地膜覆盖水肥一体化技术。经农业部"玉米王竞赛"测产专家现场测产，超高产样板田经农业部专家测产，玉米产量达到 16 281.45kg/hm^2，创吉林省西部半干旱区玉米单产的新纪录。其中，核心试验区玉米平均产量达到 14 268kg/hm^2，比常规生产田（10 521kg/hm^2）增产 35.6%。

2014 年课题组在乾安县赞字乡父字村降解地膜覆盖水肥一体化技术核心示范基地，组织试验户参加了农业部组织的"玉米王竞赛"活动，经农业部专家组实地测产确认，玉米单产达到 17 041.5kg/hm^2，创造了该省半干旱区玉米亩产超吨粮的新纪录。吉林电视台在吉林新闻联播节目中以"省农科院新技术再创半干旱区玉米产量新纪录"为题作了报道；吉林日报社、中央人民政府门户网站、黑龙江政府网、新浪吉林新闻、大公财经、新农网等媒体以"吉林省农科院新技术再创半干旱区玉米产量新纪录"作了报道。

2012～2016 年以玉米为主体的滴灌水肥一体化示范区中，吉林的白城、松原，黑龙江的杜尔伯特、林甸；内蒙古的开鲁、保康等地辐射推广 70 万 hm^2，平均产量达到 10 545kg/hm^2，比常规亩增产 31.5%，平均增产 2658.6kg/hm^2，增产幅度 20%～50%，增收 4785.5 元/hm^2，共增产玉米 186.1 万 t，增收 33.5 亿元。水分利用效率提高 43.1%，灌溉水分生产效率提高到 24.25～32.33kg/（mm·hm^2）（表 7-77）；作物等产量化肥用量减少 30.1%；肥料利用效率提高了 30.2%，化肥利用率提高 15%～20 %（表 7-78）。

增产增收作用显著，得到了应用单位和广大农户的好评及认可。

表 7-77　玉米水分利用效率

地点	常规田产量/（kg/hm^2）	示范田产量/（kg/hm^2）	用水量/mm	常规田水分利用效率/[kg/（mm·hm^2）]	示范田水分利用效率/[kg/（mm·hm^2）]	增加/%
1	9500	13 580	420	22.62	32.33	42.9
2	8000	11 500	400	20	28.75	43.8
3	6800	9 700	400	17	24.25	42.6
平均	8100	11 593	407	19.87	28.44	43.1

注：用水量=降雨量+灌水量

表 7-78 玉米肥料农学效率

地点	常规田产量/（kg/hm²）	示范田产量/（kg/hm²）	N 用量/（kg/hm²）	P_2O_5 用量/（kg/hm²）	K_2O 用量/（kg/hm²）	常规田 CK 产量/（kg/hm²）	示范田 CK 产量/（kg/hm²）	常规田肥料农学效率/（kg/kg）	示范田肥料农学效率/（kg/kg）	增加/%
1	9 500	13 580	195	120	110	4 500	7 200	11.8	15.0	27.6
2	8 000	11 500	165	100	90	4 180	6 500	10.8	14.1	30.9
3	6 800	9 700	140	75	80	4 000	6 000	9.5	12.5	32.1
平均	8 100	11 593	167	98	93	4 227	6 567	10.7	13.9	30.2

（二）大豆示范区滴灌节水技术应用的经济效益

2012 年在乾安县赞字乡父字村建设用于大豆需水需肥规律研究的避雨大棚 1 栋，面积 1000m²。

样板田：在吉林省乾安县赞字乡父字村建设大豆降解地膜覆盖膜下滴灌样板田 1hm²，产量达到 4290kg/hm²。

示范区：在松原市宁江区建立示范区 666.7hm²，产量达到 3417kg/hm²。水分利用效率提高 22.0%，见表 7-79，化肥利用率提高 38.1%，见表 7-80。

表 7-79 大豆水分利用效率

地点	常规田产量/（kg/hm²）	示范田产量/（kg/hm²）	用水量/mm	常规田水分利用效率/[kg/（mm·hm²）]	示范田水分利用效率/[kg/（mm·hm²）]	增加/%
1	2650	3357	360	7.36	9.33	26.8
2	2965	3494	380	7.80	9.19	17.8
3	2800	3400	370	7.57	9.19	21.4
平均	2805	3417	370	7.58	9.24	22.0

注：用水量=降雨量+灌水量

表 7-80 大豆肥料农学效率

地点	常规田产量/（kg/hm²）	示范田产量/（kg/hm²）	N 用量/（kg/hm²）	P_2O_5 用量/（kg/hm²）	K_2O 用量/（kg/hm²）	常规田 CK 产量/（kg/hm²）	示范田 CK 产量/（kg/hm²）	常规田肥料农学效率/（kg/kg）	示范田肥料农学效率/（kg/kg）	增加/%
1	2750	3357	70	80	90	1870	2109	3.67	5.20	41.7
2	2965	3494	75	85	95	1950	2148	3.98	5.28	32.7
3	2800	3400	70	80	90	1900	2135	3.75	5.27	40.5
平均	2838	3417	72	82	92	1907	2131	3.80	5.25	38.1

八、内蒙古主要粮食作物滴灌节水技术应用的经济效益

（一）内蒙古马铃薯滴灌节水技术应用的经济效益

内蒙古马铃薯主产区 80%以上集中在干旱地区，农田基础设施差，没有灌溉条件，“等雨种地，靠天打粮”，产量低且不稳定。近几年，国家加大了农田基本建设投资，以及以滴灌水肥一体化技术为核心的综合高产高效栽培技术的研究、推广工作，马铃薯单产有了较大幅度的提高。目前已经推广的节水灌溉技术还包括低压管灌、大型喷灌、移动式喷灌、卷盘式喷灌、软管微喷等技术。虽然喷灌抗旱增产增效作用明显，

但节水效果并不理想，有些地区大型喷灌建造过于集中，地下水超采严重，甚至影响到周围群众正常生活用水。为了实现更好的节水增产、增效，本项目对以马铃薯滴灌施肥一体化技术为核心的高产高效综合栽培技术进行了深入研究，并对研究结果进行了推广示范，示范结果表明，滴灌种植马铃薯具有节水、节肥、节电、节地、节省劳动力等多项效果，同时它受地形、耕地面积的影响小，比喷灌更加适宜节水高效农业生产的需求。

示范区位于内蒙古乌兰察布市察右中旗科布尔镇丁家营村（正丰马铃薯公司基地）、史家营村（双丰农业种植合作社）、兴和县鄂尔栋镇三瑞里村，示范面积 20.67hm^2，示范品种为克新 1 号。施肥方案：N 250kg/hm^2、P_2O_5 180kg/hm^2、K_2O 265kg/hm^2；肥料品种：过磷酸钙（P_2O_5 12%）、尿素（N 46%）、古米磷（N 12%、P_2O_5 61%）、硝酸钾（K_2O 45%）。灌溉方案（土壤水分下限分别控制法）：苗期 55%、现蕾期至初花期（形成期）70%、初花期至盛花期（膨大期）75%、盛花期至终花期（积累期）70%、成熟期 60%。

播种量 2250kg/hm^2，行距 90cm，种植密度 49 500 株/hm^2。

经测产，20.67hm^2 水肥精准示范田平均产量 51 972kg/hm^2，而同等条件商品薯生产田产量为 47 590.5kg/hm^2，增产幅度达 9.2%，种植户亩效益提高 23.9%；1hm^2 超高产示范田平均产量达到 60 471kg/hm^2，与大田生产相比亩增产 12 880.5kg/hm^2，增产幅度达 27.1%，种植户亩效益提高 54.6%。

表 7-81　滴灌马铃薯与常规灌溉年成本及收入对比表　　（单位：元/hm^2）

灌溉方式	滴灌	常规灌溉	备注
一、滴灌设备费用	2 955		
1.首部	180		一个滴灌首部可以管 33.3hm^2，造价 3 万元，首部按 6 年折旧计算，加其他费用合计每公顷年投入 180 元
2.地下管网装置	450		地下管网装置公顷投入 6000 元，按 20 年折旧计算，加其他费用合计每公顷年投入 450 元
3.地面支管及管件	150		
4.毛管	1 800		毛管间距 90cm，毛管价格 0.16 元/m
5.滴灌维修安装费	375		每年地下管网及首部装置的维修费 150 元，地面管网的连接费 225 元
二、生产成本费用	19 575	21 825	
1.种子	6 750	5 700	
2.肥料	4 500	6 150	
3.农药	1 575	1 875	
4.水费	450	900	滴灌马铃薯灌溉量 1500m^3/hm^2，常规灌溉马铃薯灌溉量 3000m^3/hm^2，水价 0.3 元/m^3
5.机械作业	3 000	3 300	
6.人力费	3 300	3 900	
三、滴灌设备费用及生产成本费用合计	22 530	21 825	
四、收入	63 000	52 500	滴灌马铃薯平均产量 45 000kg/hm^2，常规灌溉 37 500kg/hm^2，马铃薯平均价格 1.4 元/kg

表 7-82 滴灌马铃薯与常规灌溉马铃薯节水增产效果对比表

灌溉方式	灌溉定额/(m^3/hm^2)	节水率/%	产量/(kg/hm^2)	增产/(kg/hm^2)	增产率/%	水产比/(kg/m^3)	水效益/(元/m^3)
常规灌溉	3 000	—	37 500	—	—	12.5	17.5
滴灌	1 500	50	45 000	7 500	20	30	42

(二)内蒙古玉米滴灌技术示范区建设

玉米是内蒙古自治区重要的粮食、饲料、经济作物和工业原料，其种植面积、总产量、单产水平皆居粮食作物之首。内蒙古作为全国十三个粮食主产省（自治区）之一，每年为国家提供商品粮超过 200 亿斤[①]。内蒙古是全国净调出粮食的五个省（自治区）之一，农民人均储粮和人均占有粮食分别排在全国第二和第三位。2013 年内蒙古农作物总播种面积为 721.1 万 hm^2，粮食作物播种面积为 561.73 万 hm^2，玉米播种面积达到 317.1 万 hm^2，占内蒙古自治区粮食作物种植面积的 56.45%，占全国玉米播种面积的 8.73%，居第四位，

表 7-83 滴灌玉米与常规灌溉玉米年成本及收入对比表 （单位：元/hm^2）

灌溉方式	滴灌	常规灌溉	备注
一、滴灌设备费用			
1.首部	300	0	一个滴灌首部可以管 33.3hm^2，造价 5 万元，首部按 6 年折旧计算，加其他费用合计每公顷年投入 300 元
2.地下管网装置	540	0	每公顷地下管网装置加人工费，造价 8100 元，按 15 年折旧计算，每公顷年投入 540 元
3.地面支管及管件	345	0	每公顷地面支管及管件加人工费，造价 1035 元，按 3 年折旧计算，每年投入 345 元
4.毛管	1 800	0	
5.滴灌维修安装费	300	0	
二、生产成本费用			
1.种子	450	750	滴灌用种 45~52.5 斤/hm^2，常规种植用种 67.5~75 斤/hm^2
2.肥料	1 425	2 100	
3.农药级化学调控	150	150	
4.水费	900	1 800	滴灌比常规灌溉节水至少 50%
5.机械作业	3 225	3 000	滴灌的播种作业费比常规灌溉多 225 元//hm^2，其他相同
6.人力费	1 500	3 600	常规种植需浇水 3~4 次，每次需人力费 600 元/hm^2
三、滴灌设备费用及生产成本费用合计	10 935	11 400	
四、收入（利润）	9 310.5	8 122.5.5	滴灌种植玉米平均产量 13 497kg/hm^2，按 1.50 元/kg 计，产值 20 245.5 元；常规种植玉米平均产量 13 017kg/hm^2，产值 19 522.5 元

① 1 斤=0.5kg

表 7-84　滴灌玉米与常规灌溉玉米节水增产效果对比表

灌溉方式	灌溉定额/（m^3/hm^2）	节水率/%	产量/（kg/hm^2）	增产/（kg/hm^2）	增产率/%	水产比/（kg/m^3）	水效益/（元/m^3）
常规灌溉	2 641.5	—	13 017	—	—	1.52	65.69
滴灌	1 170	55.6	13 497	480	3.68	0.64	155.08

仅次于黑龙江、吉林和河南。玉米在内蒙古农牧业生产和国民经济中占举足轻重的地位。因此，大力发展滴灌玉米水肥一体化技术对提高内蒙古玉米生产水平、增加农民收益都具有重要意义。为了加快滴灌玉米配套技术在内蒙古地区的推广，本项目在对该技术进行深入研究的基础上也对滴灌玉米水肥一体化技术相关成果进行了示范推广，示范结果表明滴灌玉米的增产、增收效果显著，同时也符合我国目前资源高效型生态农业的发展道路。

试验示范区为内蒙古赤峰市松山区夏家店乡八家村，示范面积 $19hm^2$。

示范品种为郑单 958。施肥方案：N $344kg/hm^2$，P_2O_5 $75kg/hm^2$，K_2O $48kg/hm^2$。灌溉方案（土壤相对含水量）：苗期 60%、拔节期 70%、抽穗期 75%、灌浆期 80%、成熟期 60%。

经过测产，核心试验区种植的平均产量为 17 398.5kg/hm^2，比非滴灌对照区的郑单 958 平均产量（14 956.5kg/hm^2）高 2442kg/hm^2，增产 16.3%；平均节水 2475m^3/hm^2，水分利用效率提高 16.5%，灌溉水利用率提高 34%；节约耕作燃油用工等生产成本 1275 元/hm^2，效益提高 15.8%。

第三节　滴灌节水技术应用综合效益评价

研究已有的国内外文献发现，早期针对节水灌溉技术评价的研究主要集中于节水灌溉技术的经济效益评价方面。随着环境生态资源问题的日益突出及可持续发展思想的提出，20 世纪 90 年代开始，一些学者在考虑节水灌溉经济效益的同时，也开始重视节水灌溉对环境生态的影响。康绍忠、蔡焕杰等[86]提出以技术标准、经济标准、社会标准和环境标准来综合评估农业水管理的综合效益，为节水灌溉的综合评价提供了思路。近年来，随着我国国家层面上对农田环境污染、耕地质量、食物安全及农田温室气体排放等的日益重视，在考虑社会、经济效益的同时，也需要更为全面地考虑节水灌溉所带来的环境生态效益，通过定性定量相结合的评价方法，形成对节水灌溉环境效益的客观评价，从而增加节水灌溉应用综合效益评估的客观性和准确性。本文针对北方旱作农业构建了一套滴灌节水技术应用综合效益评价指标体系，在指标体系的构建过程中，借鉴了国内外已有的经济效益指标体系构建方法，而对于环境生态效益指标体系的构建，则主要反映当前我国农业发展的特点，并着重考虑农业环境生态所面临的主要问题。在构建综合评价指标体系的基础上，以我国目前发展最为成熟的新疆滴灌区为例，进行滴灌技术应用的综合效益评价，以期为滴灌技术在其他北方旱作粮食产区的推广和应用效益评价提供参考。

一、滴灌节水技术应用综合效益评价指标体系的构建

通过调查国内外有关节水灌溉特别是滴灌技术指标体系构建的相关文献，从环境生

态效应、社会经济效益及技术可行性三个方面初步筛选出一系列指标。在筛选过程中，主要结合了我国北方灌区的地域特点。此外，通过专家调查法，还适当补充了一些新的指标，从而形成较为全面的综合评价指标体系。在该指标体系的基础上，根据一系列相关原则，确定最终的综合评价指标体系。

（一）构建指标体系的相关原则

1）科学性原则。设计指标体系时，要能体现理论和实践相结合，有科学的理论作指导，使评价指标能够在基本概念和逻辑结构上严谨、合理，能够抓住评价对象的实质，并具有针对性，有据可依，而不能凭空想象。

2）系统性原则。评价指标能够在整体上从不同侧面对评价对象有一个合理的反映，同时同层次指标之间需要尽可能界限分明，避免存在重叠和相互制约，表现出很强的系统性。

3）代表性原则。评价指标体系要繁简适中，具有代表性，即评价指标体系不可设计得太烦琐，在基本保证评价结果的客观性、全面性的条件下，指标体系尽可能简化，减少或去掉一些对评价结果影响甚微的指标。

4）定性与定量相结合的原则。为使评价指标具有较强的通用性，指标既包括定量指标又包括定性指标。在选择定量指标时，可采用数学方法进行统计分析和筛选；在选取定性指标时，要容易征询专家的意见和建议。

5）可操作性原则。可操作性原则主要表现为指标体系尽可能简化，同时数据易于获取。评价指标所需的数据要易于采集，无论是定性评价指标还是定量评价指标，其信息来源渠道必须可靠，并且容易取得。否则，评价工作难以进行或代价太大。此外对于各项评价指标，其相应的计算方法都易于标准化和规范化，同时评价过程中的质量要易于控制。

6）加强环境指标选取的原则。目前在建立节水技术综合评价的指标体系时，往往十分重视经济指标或者技术指标，对于环境指标的考虑略显不足，选取的指标往往较为单一。考虑到环境问题越来越突出，本项目在选取滴灌应用评价指标时根据具体情况增加生态环境指标的选取，使得评价将更具有前瞻性。

（二）指标体系的建立

根据滴灌技术评价指标体系建立的原则，对滴灌技术评价的影响因素建立相应的指标体系，如图 7-27。

第一层是目标层 A；第二层是大类指标层 B，从环境生态效益评价指标 B_1、社会经济效益评价指标 B_2 及技术可行性指标 B_3 三个层面分析；第三层是子类指标 C_j，共 24 个。

第三层指标中多数指标概念明确，无须评析，仅对某些内涵宽泛、影响理解的指标进行阐述，具体描述如下。

1. 环境生态效益指标 B_1

1）土壤保墒 C_1。保墒指保持土壤的一定水分，以利于农作物生长发育。保墒几乎在作物的各个阶段都非常重要，尤其是在北方，种子播下后要保持土壤中的水含量一定，为种子发芽赢得时间，等种子发芽根系向下后，保墒作用不用太急，但冬小麦春天起身和玉米灌溉后蒸发非常快，也需要采取相应措施保墒。

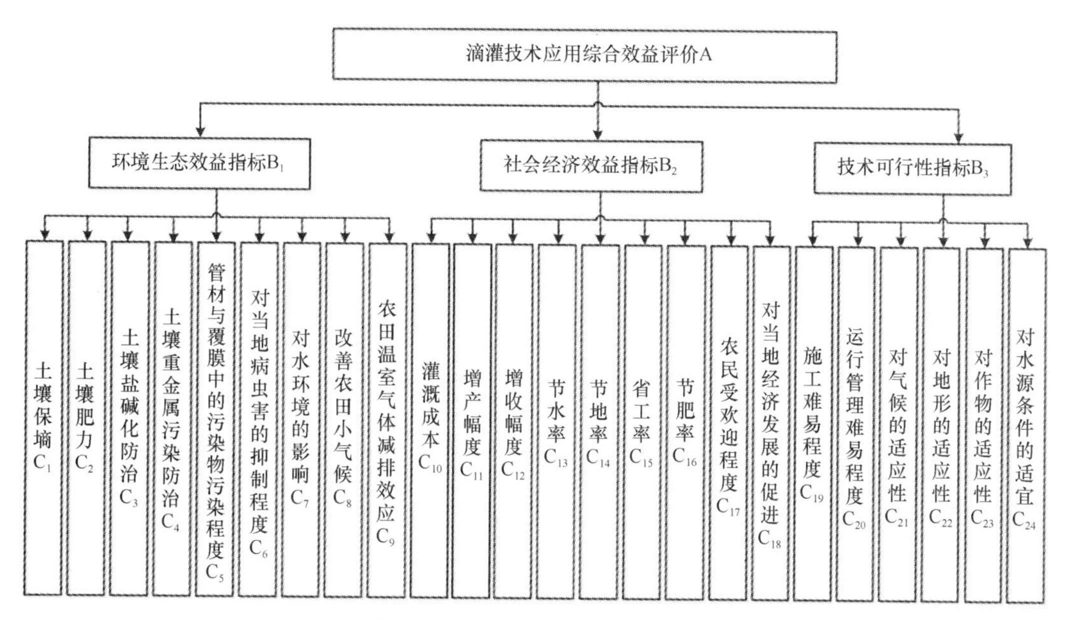

图 7-27 滴灌技术应用环境经济综合效益评价指标体系

2）土壤肥力 C_2。本指标主要反映土壤有机质、全氮、速效磷和钾养分的综合状况。

3）土壤盐碱化防治 C_3。土壤盐碱化是指土壤含盐量太高（超过 0.3%）而使作物减产或不能生长。滴灌技术并不能治理盐碱地，但是合理的滴头流量、流水量和灌水制度组合可以使滴灌技术在作物根区形成一个低盐区，有利于作物生长，因此，在盐碱地上进行滴灌时，灌水参数的设计不同于低盐土壤情况的设计，需要考虑盐分随土壤水分的运动规律。

4）对水环境的影响 C_7。本指标主要指滴灌技术应用对地下水资源的持续利用情况及地表水调蓄能力的影响等。

5）改善农田小气候 C_8。农田小气候是指农田贴地气层、土层与作物群体之间的物理构成和生物过程相互作用所形成的小范围气候环境，是农作物生产所需的重要环境基础，直接或间接地作用于农作物生长发育及产量。节水灌溉技术可以调节空气、土壤水分和温度，使作物更能适应周围气候，推动生态环境良性循环。

6）农田温室气体减排效应 C_9。农业活动是温室气体的重要排放源，在我国，农业领域的温室气体排放总量约占全国温室气体总量的 10.98%（NDRC，2012）。同时农田土壤固碳在一系列固碳减排措施中处于重要地位。由于农业生产的重要性及其对气候变化的脆弱性，农业领域需要优先采取有效应对气候变化的措施。对节水灌溉技术应用带来的温室气体减排效应进行有效评估是我国农业领域应对气候变化，降低农业气候风险，保障农业可持续发展所需要考虑的一个重要因素。因此，本研究在分析节水灌溉生态环境效益的时候，选择了农田固碳减排效应的重要指标。

2. 社会经济效益指标 B_2

滴灌技术可持续发展，通常与其所带来的社会经济效益密切相关。对滴灌的成本和收益进行核算是目前最为常用而且可靠的评价方式。

1）灌溉成本 C_{10}。根据水资源费、修理费、动力费、材料费、人工费等进行计算。

2）增产幅度 C_{11}、增收幅度 C_{12}。主要从纯农业种植及本身发展的角度来衡量滴灌技术应用可能获得的效益。

3）节水率 C_{13}、节地率 C_{14}、省工率 C_{15}、节肥率 C_{16}。灌溉带来的收益往往包括节流和增收两方面。其中水资源、耕地面积、人工及肥料等都是重要的生产要素，滴灌技术往往能节省这些生产要素，从而带来效益。

4）对当地经济发展的促进 C_{18}。不仅局限于对农业发展本身的促进效益研究上，节水灌溉还可能带动与农业发展紧密联系的工业和其他行业的发展，从而对经济的发展产生重要的推动作用。

3. 技术可行性指标 B_3

1）施工难易程度 C_{19}、运行管理难易程度 C_{20}。主要指不同地区滴灌系统安装的难易程度及操作难易程度和运行可持续性等。前者是指滴灌溉技术的掌握是否简单，往往与当地的地理条件、气候条件、交通运输条件、劳动力的素质匹配等有密切的关系，同时也与资金补贴及到位情况也有很大的关系。后者是指采用节水灌溉技术后其在很长时间内所发挥的效益，与管材等的修理、维护等因素有关。

2）对气候的适应性 C_{21}。不同地区之间的气候差别比较大，气候对滴灌的选择有一定的影响，如降雨的频次和雨量及不同日照条件引起的蒸发不同等。

3）对地形的适应性 C_{22}。区域内的地形种类对于是否选择滴灌有重要的影响。

4）对作物适应性 C_{23}。作物对于某种灌溉方式的适应程度。

5）对水源条件的适宜 C_{24}。滴灌区域内的水源条件，包括灌溉水的水质、类型及水资源的储备程度对灌溉类型的选择有重要的作用。灌溉区域内水所含杂质的多少，决定着滴灌设备是否可以正常运行；水资源是否紧缺，水源条件是否匹配于滴灌方式的发展均是衡量滴灌发展的重要因素。因地制宜地选择引水来源、选用合适灌溉方式，才能真正有效最大限度地发挥滴灌的可能效益。

二、滴灌应用综合效益评价——以新疆兵团滴灌小麦为例

基于构建的滴灌技术应用的综合效益评价指标体系，以新疆兵团滴灌示范区为例，选择小麦滴灌作物为具体的评价对象，开展滴灌技术应用的环境经济综合效益评价，为其他地区滴灌技术的发展和推广提供范例。

（一）新疆滴灌示范区概况

新疆地处亚欧大陆腹地，远离海洋，四周高山环抱，全年气候干燥，降雨少，蒸发量大，属于典型干旱半干旱大陆性气候。新疆年降水量 190mm，为全国平均降水量的 1/4 强，是全国降水量最少的地区。受地理位置和气候条件的影响，新疆以灌溉农业为主。新疆年总供水量约为 460 亿 m^3，地表水的年引用量约为 420 亿 m^3，地下水开采量为 40 亿 m^3，农业灌溉用水为 440 亿 m^3，占总供给量的 96%。目前整个新疆国民经济发展实际用水量为 495 亿 m^3，总缺水达 35 亿 m^3，农业灌溉、生态灌溉缺水较为严重。

现阶段，新疆农业用水仍属于粗放灌溉型，全疆农业灌溉用水的有效利用率为0.47，仅为发达国家的一半左右，每立方米水的粮食生产能力只有0.7kg左右，远低于世界发达国家每立方米水生产粮食的水平（2kg）。发展高效节水农业、优化水资源配置、提高水资源利用率是新疆农业发展的重要方向之一。

新疆兵团下辖14个师、175个农牧团场，主要分布在塔克拉玛干和古尔班通古特两大沙漠边缘及2019公里边境线上。多数农牧团场位于绿洲最外围、沙漠最前沿、河流的下游及盐碱腹地，自然禀赋差，水资源总体比较缺乏。由于严重缺水条件的诱导，20世纪90年代中期以来，新疆兵团开始引进和开发高效的节水灌溉技术，经过多年的努力，新疆兵团的高效节水灌溉技术应用得到了迅猛的发展。据初步统计，截至2015年年底，新疆兵团采用农业高效节水灌溉总面积接近104万hm^2，占总灌溉面积70.9%。在新疆兵团高效节水灌溉技术推广应用的示范下，节水灌溉技术在地方农村也得到了推广应用，并取得了一定的成效。2016年新疆地方（不含新疆生产建设兵团）高效节水灌溉面积达到193.3万hm^2，新疆目前已成为我国最大的高效节水灌溉示范区。其中，滴灌技术的发展也十分迅速，2002～2012年新疆兵团大田滴灌面积每年以6.67万hm^2左右的速度增加，滴灌的首次投入降低到5250～6000元/hm^2，应用作物从棉花发展到番茄、打瓜、马铃薯、甜菜、大豆、油葵及小麦、玉米和旱稻等作物。截止到2011年，新疆兵团滴灌面积已发展到80多万hm^2（2011年数据）。近年来新疆地方滴灌发展也很快，每年以13.3万～20万hm^2的速度增加。

相对于新疆地区节水灌溉技术的长足发展，我国北方其他旱作区滴灌技术的推广相对滞后，目前尚处于发展初期的评估阶段，缺乏大面积的推广和应用，滴灌技术要适应新疆以外的其他旱作区，亟须形成一套适合不同区域标准的综合评价指标体系来对他们进行科学评估。本文选择我国农业节水灌溉技术的示范区和领跑者——新疆滴灌区小麦粮食作物作为评价对象，利用构建的综合评价指标体系对其进行研究，以期为我国北方其他旱作地区农业发展滴灌技术的适宜性评价及综合效应评估提供理论和实践上的参考。

（二）小麦滴灌技术应用综合效益评价

1. 指标数据的获取及无量纲化处理

根据新疆石河子垦区及博乐农五师84团等典型小麦滴灌区的调研统计数据，结合文献查询及专家评分来获取不同指标的原始数据。部分指标属于定性指标，采用问卷调查结合专家打分；部分定量指标的获取采用实地调研、公开文献发表数据及统计年鉴途径。所有指标值均是将滴灌与传统漫灌进行对比后的结果。考虑到不同指标数据类型不同，同时数据的量纲也存在差异，因此不能对这些指标进行直接比较，有必要先对它们进行无量纲标准化处理。指标无量纲处理的方法有很多，本文无量纲化主要采用实际指标值与指标分级标准的对比来进行。设定合理的评估指标分级标准对评估至关重要。标准制定的通用方法是结合灌区的当地实际情况，对于定量指标，结合新疆灌区的实际情况，收集新疆兵团灌区相关指标的系列资料，根据最大值和最小值或者参照传统灌溉模式下生产水平上浮30%，并考虑物价等综合因素，在其范围内划分标准或者目标值。对于部分指标有规范或标准的，则按相关标准进行划分。目前一些指标尚没有规范可供参考，则咨询相关农业技术专家进行打分，经多个专家打分，最终确定评价指标的分级标准（表 7-85）。本文将评估标准分为 5 个等级，并进行赋值如下：Ⅰ级标准（100 分）、Ⅱ级标准（80 分）、Ⅲ级标准（60 分）、Ⅳ级标准（40 分）、Ⅴ级标准（20 分）。根据以上原则，对各项评价指标进行标准化赋值。各指标的原始数据及无量纲标准化后数据如表 7-86。

表 7-85　综合效益评价指标分级标准

指标层	Ⅰ（100 分）	Ⅱ（80 分）	Ⅲ（60 分）	Ⅳ（40 分）	Ⅴ（20 分）
土壤保墒 C_1	优	良	中	差	极差
土壤肥力 C_2	优	良	中	差	极差
土壤盐碱化防治 C_3	优	良	中	差	极差
土壤重金属污染防治 C_4	优	良	中	差	极差
管材与覆膜中的污染物污染程度 C_5	无污染	轻	中	严重	极严重
对当地病虫害的抑制程度 C_6	极大抑制	抑制	不抑制	促进	极大促进
对水环境的影响 C_7	极大改善	改善	无影响	恶化	极大恶化
改善农田小气候 C_8	极明显	明显	一般	不利于改善	极不利于改善
农田温室气体减排效应 C_9	减排效果极显著	减排效果显著	减排效果不显著	增加排放效果显著	排放增加效果极显著
灌溉成本 C_{10}	<10%	10%~15%	15%~20%	20%~25%	>25%
增产幅度 C_{11}	>2250kg/hm^2	1800~2250kg/hm^2	1500~1800kg/hm^2	1350~1500kg/hm^2	<1350kg/hm^2
增收幅度 C_{12}	>5250 元/hm^2	4200~5250 元/hm^2	3450~4200 元/hm^2	3000~3450 元/hm^2	<3000 元/hm^2
节水率 C_{13}	>50%	40~50	30~40	25~30	<25
节地率 C_{14}	>8	5~8	3~5	1~3	<1
省工率 C_{15}	>80%	60%~80%	40%~60%	20%~40%	<20%
节肥率 C_{16}	>40%	30%~40%	20%~30%	10%~20%	<10%
农民受欢迎程度 C_{17}	非常欢迎	欢迎	无所谓	不欢迎	非常不欢迎
对当地经济发展的促进 C_{18}	极大促进	促进	无影响	抑制	极大抑制
施工难易程度 C_{19}	非常容易	容易	中	难	非常难
运行管理难易程度 C_{20}	非常容易	容易	中	难	非常难
对气候的适宜性 C_{21}	非常容易	容易	中	难	非常难
对地形的适宜性 C_{22}	非常适合	适合	一般	不适合	极不适合
对作物的适应性 C_{23}	非常适合	适合	一般	不适合	极不适合
对水源条件的适宜 C_{24}	非常适合	适合	一般	不适合	极不适合

表 7-86　指标数原始数据及标准化数据

滴灌	准则层	指标层 C_j	原始数据（滴灌与传统漫灌相比）	标准	指标数据标准化 S_j	数据来源
综合效益评价A	环境生态效益指标 B_1	土壤保墒 C_1	较好	II	80	调研 结合专家问卷
		土壤肥力 C_2	较好	II	80	实测结果 结合专家问卷
		土壤盐碱化防治 C_3	较好	II	80	实测结果 结合专家问卷
		土壤重金属污染防治 C_4	较好	II	80	实测结果 结合专家问卷
		管材与覆膜中的污染物污染程度 C_5	轻	II	80	实测结果 结合专家问卷
		对当地病虫害的抑制程度 C_6	一般	III	60	文献调查 结合专家问卷
		对水环境的影响 C_7	优	I	100	问卷调查 结合文献资料
		改善农田小气候 C_8	良	II	80	问卷调查 结合文献资料
		农田温室气体减排效应 C_9	综合增温潜势降低30.4%（$P<0.05$）	II	80	实测结果 结合文献资料
	社会经济效益指标 B_2	灌溉成本 C_{10}	亩成本增加了 6%	II	80	根据调研数据计算得出并结合专家意见分级
		增产幅度 C_{11}	增产 130kg/亩	II	80	调研 结合统计文献
		增收幅度 C_{12}	*纯收益增加 297 元/亩	II	80	调研 结合统计文献
		节水率 C_{13}	29%~36%	II	80	调研 结合统计文献
		节地率 C_{14}	5%~7%	II	80	调研 结合统计文献
		省工率 C_{15}	100%	I	100	调研 结合统计文献
		节肥率 C_{16}	20%	III	60	调研 结合统计文献
		农民受欢迎程度 C_{17}	100%	I	100	调研 结合专家打分
		对当地经济发展的促进 C_{18}	较大促进	II	80	调研 结合专家打分
	技术可行性指标 B_3	施工难易程度 C_{19}	非常容易	I	100	问卷调查 结合专家打分
		运行管理难易程度 C_{20}	较容易	II	80	问卷调查 结合专家打分
		对气候的适宜性 C_{21}	非常适宜	I	100	文献资料查询 结合专家打分
		对地形的适宜性 C_{22}	非常适宜	I	100	文献资料查询 结合专家打分
		对作物的适应性 C_{23}	适宜	II	80	文献资料查询 结合专家打分
		对水源条件的适宜 C_{24}	适宜	II	80	文献资料查询 结合专家打分

*按 2015 年补贴后的 2.6 元/kg 计算，并扣除增加的成本

2. 指标权重的确定

各个指标对评价层所起的作用不尽相同，需要对各个指标赋予不同的权重值。聘请7位多年从事农业节水灌溉综合效益评价研究的专家，组成专家组，采用层次分析法来确定指标的权重值，具体步骤如下。

1）根据指标体系不同层级隶属关系，确定主观思维判断量化的标度，判断打分的相对标准如表7-87。

表7-87 层次分析法的标度原则

A指标与B指标比	相等	略重要	重要	很重要	极重要	略不重要	不重要	很不重要	极不重要
评价值	1	3	5	7	9	1/3	1/5	1/7	1/9

注：2，4，6，8，1/2，1/4，1/6是上述判断的中间过渡

2）对第二级指标各因素 B_i 及第三级指标各因素 C_j 分别采用单一因素两两成对比较的方法，依据层次分析法的标度原则建立比较关系，构造打分判断矩阵。同时利用Matlab软件对判断矩阵的一致性进行检验，以克服两两相比的缺陷。根据各判断矩阵得到 B_i 各因素对第一级指标A的权重向量 b_i 及 C_j 对所隶属的 B_i 的权重向量 w_j。考虑到影响 B_i 即生态环境效益（B_1）、社会效益（B_2）、经济效益（B_3）的指标 C_j 的个数不完全相同，因此，还需要对 B_1、B_2、B_3 的权重向量 b_i 进行加权修正，计算公式为

$$b_i' = \frac{nib_i}{\sum_{j=1}^{n} njbj}, i = 1, 2, 3$$

式中，ni 为 B_i 所支配的指标个数，b_i' 为修正后的指标 B_i 对于总指标（综合效益A）的权重。

根据第二层次 B_i 修正后的权重向量 b_i 及第三层次 C_j 对 B_i 的权重向量 w_j，利用公式 $W_j'=b_i'w_j$ 确定第三层次 C_j 各因素对于总指标A的权重，即层次总排序（W_j'）。层次总排序确定的环境经济综合效益评价权重如表7-88。

3. 线性函数评价模型及评价结果

根据公式 $SB_1=\sum_{j=1}^{9} S_j W_j$ 、$SB_2=\sum_{j=10}^{18} SjWj$ 、$SB_3=\sum_{j=19}^{24} SjWj$ 分别计算出B层指标环境生态效益指标、社会经济效益指标及技术可行性指标的得分值，分别为80.47、85.26和87.01。对比专家评估标准，均达到了Ⅱ类良好标准。进一步利用 $SA=\sum_{j=1}^{j} SjWj'$，得出滴灌技术应用的环境经济综合效益，计算结果为84.5分。显然，滴灌技术应用的环境经济综合效益值也为良，这意味着与传统漫灌相比，新疆兵团小麦作物使用滴灌节水技术显著提高了当地环境经济的综合效益。

（三）结论分析

水资源紧张是新疆未来一段时期仍将面临的主要制约性问题。农业节水是实现新疆水资源可持续利用的必由之路。小麦是新疆播种面积最大的粮食作物，也是公认的高耗

表 7-88　环境经济综合效益评价权重表

A层	B层	修正后的权重 b_i'	C层	权重 w_j	层次总排序 W_j'
综合效益评价A	环境生态效益指标 B_1	0.2366	土壤保墒 C_1	0.1576	0.0373
			土壤肥力 C_2	0.1382	0.0327
			土壤盐碱化防治 C_3	0.1237	0.0293
			土壤重金属污染防治 C_4	0.0653	0.0154
			管材与覆膜中的污染物污染程度 C_5	0.1227	0.0290
			对当地病虫害的抑制程度 C_6	0.1013	0.0240
			对水环境的影响 C_7	0.1252	0.0296
			改善农田小气候 C_8	0.0672	0.0159
			农田温室气体减排效应 C_9	0.0987	0.0234
	社会经济效益指标 B_2	0.5779	灌溉成本 C_{10}	0.1015	0.0587
			增产幅度 C_{11}	0.0776	0.0448
			增收幅度 C_{12}	0.1975	0.1141
			节水率 C_{13}	0.0807	0.0466
			节地率 C_{14}	0.0502	0.0290
			省工率 C_{15}	0.0654	0.0378
			节肥率 C_{16}	0.0565	0.0327
			农民受欢迎程度 C_{17}	0.2543	0.1470
			对当地经济发展的促进 C_{18}	0.1163	0.0672
	技术可行性指标 B_3	0.1855	施工难易程度 C_{19}	0.0725	0.0134
			运行管理难易程度 C_{20}	0.2171	0.0403
			对气候的适应性 C_{21}	0.1182	0.0219
			对地形的适应性 C_{22}	0.1594	0.0296
			对作物的适应性 C_{23}	0.2614	0.0485
			对水源条件的适宜 C_{24}	0.1715	0.0318

水作物。本文通过对新疆小麦滴灌技术应用环境经济综合效益的分析，与传统漫灌相比，滴灌不但带来较好的社会经济效益，而且通过实时、精量地水量控制，完全能够实现社会经济发展与生态环境保护目标的协同良好发展。之所以出现这种结果，分析具体的指标，有以下优势。

1）滴灌技术的应用具有良好的土壤保墒效果。在专用灌溉设备的作用下，使进入田间的水可以以连续或间断细流或水滴的形式均匀、缓慢而定量地作用在植物根系密集区，同时借助重力和土壤毛管的作用，使水分能在整个根层得到扩散，便于作物吸收，有效地减少了地表径流、棵间蒸发和深层渗漏，还可以实现随灌随停，通过精准实时地水量控制，在整个小麦生长期可以使土壤始终处于最优的水分供应状态。

2）滴灌技术的应用能够较好地改善农田小气候。通过控制滴水及时调节土壤不同土层的温度及农田小气候，缓解滴灌区小麦生长后期可能受到的干热风等不良小气候带来的影响，提高小麦的灌浆质量，增加小麦粒重。此外，滴灌配合覆膜技术的使用还可进一步改善作物所需要的水、肥、气、热、光等条件，可使作物的生长机制不完全受自然条件的绝对控制，抗气候变化等自然风险的能力加强。

3）滴灌技术的应用具有一定的洗盐压碱效果。在滴灌过程中可根据水盐的运移规律及不同的土壤质地和土层结构，合理调整滴头间距和滴水量，达到较好的洗盐和控碱效果。通常，通过清水滴灌可在作物根系发育范围内形成一个低盐区，并在灌溉期内持续存在，为作物根系的发育提供一个良好的生长环境。由于灌水定额低，不会发生深层渗漏，进而产生地下水位上升的现象，遏制了土壤的次生盐渍化。

4）滴灌技术的应用可以减少土壤污染。滴灌技术使水、肥、药同步进行，通过人为控制来实施精准施肥喷药，减少了化肥和农药在土壤中的残留量，通常不会对土壤和农产品造成严重污染。另外，滴灌节约了农业用水量，这大大降低了灌溉中使用污水灌溉的概率，而污水灌溉往往是土壤重金属污染的重要原因。尽管滴灌过程中使用的管材和覆膜可能会增加一定程度的污染，但是当前随着技术的进步及新型可降解材料的使用，在新疆典型灌区，这些污染不再成为滴灌技术的主要问题。

5）滴灌技术的应用在一定程度上减少了病虫害的发生。据调查结果显示，漫灌造成的淹水常常是小麦发病的重要原因，如小麦根腐病的发作。但是采用滴灌栽培小麦，如果田间滴水均匀，则减少了此类病的发作。并且，水滴施入杀虫剂直接作用于作物根系土层，也减少了病虫害的传播途径。但是，在小麦生长期对水量的需求增加，常常需要增加滴水的次数，这使得滴灌田间较为湿润，在一定程度上可能比漫灌更容易引起细菌性斑病和小麦锈病等疾病。因此，滴灌小麦需要选择好的抗病品种，同时需要加强喷药等防治工作。

6）滴灌技术的应用在一定程度上减少了温室气体的综合增温效应，增加了农田的固碳减排功能。随着对农田温室气体排放关注的增强，如何采用合适的农业管理措施实现温室气体的减排是必须考虑的一个重要问题。在目前采取的小麦滴灌制度下，温室气体排放出现了一定程度的减少，CO_2 和 N_2O 等温室气体的综合增温效应降低了 30.4%，与传统漫灌相比减排效果明显。由于滴灌可以人为更好地控制土层中的水分、温度及碳氮养分等的含量，而这些因素又是决定土壤温室气体排放及农田系统碳固存的重要因素，因此需要进一步通过设计合理的滴灌方案来实现更为理想的减排增碳效果，以实现农田减排与小麦经济效益增加的统一。

7）滴灌小麦增产、增收效果明显，且在节水、节肥、节地和省工等方面均有优势。根据石河子垦区的调研资料，滴灌小麦可增产 1950kg/hm^2，按 2015 年补贴后的物价 2.6 元换算，扣除成本后，可增加纯收入 4455 元/hm^2，增产、增收效果明显。滴灌使得肥料溶于水，水肥一体化，随水滴肥，施肥均匀，大大提高了肥料的利用效率。据调研数据显示，滴灌使得氮肥的利用效率提高 30%以上，磷肥利用效率提高 18%以上，平均节省肥料 20%以上。滴灌还具备降低劳动强度、增加田地利用率等优势。滴灌小麦通过自动化控制，主要工作是观测仪表、操作阀门。且滴灌能随水施肥、施药，减少了田间人工作业（包括锄草、施肥、修渠、平埂、病害处理等）和机械作业，人工管理定额大幅增加，与传统漫灌相比，可节省人工 100%以上。同时由于滴灌田间不设毛渠，技术适应性强，无论何种地形和土壤均可使用，对于缺水的丘陵山区尤为适用。沙漠、戈壁、盐碱土壤、荒山荒丘等也可利用滴灌技术进行种植，使边际土地资源得到有效开发，据统计，滴灌节地达 5%～7%。滴灌减少了输水和灌溉过程水分渗漏与地面蒸发造成的浪费，生育期间田间灌水节约 25%～30%。在整个生长周期节水则超过了 29%，甚至可达 36%。节省的水分大部分用于新疆地区的生态用水，利于当地水环境和生态环境的改善。

8）滴灌技术受到农民的普遍欢迎，带动了当地经济的发展。滴灌技术的应用大幅度提高了劳动生产率，扩大了农户的种植规模，大大增加了职工收入和家庭农场的总收入，促进了家庭农场的发展，受到了农民的普遍欢迎。发展和推广滴灌节水农业还可以带动相关行业的发展，形成以节水为中心、工农密切联系的产业化格局。

9）滴灌小麦对气候、地形和水源均具有很好的适应性。与传统漫灌相比，目前新疆小麦滴灌技术的应用已经带来了显著的环境经济综合效益，但是小麦滴灌技术的应用在诸多方面还具有进一步提升的空间，如果通过进一步合理地调控，未来将会带来更大的环境经济综合效益，这将利于滴灌技术在更多地区的推广和应用，关键的调控建议如下。

结合不同的气候、地形及水源特点，充分挖掘滴灌的管道化系统功能，实现水、肥、气、热等作物根区微环境多要素的协同调控。滴灌具有精量、可控的特性。通过水、肥、气、热等作物根区微环境多要素的协同调控，利于温室气体的减排，并增加土壤和作物的碳固存，同时提升作物的品质和产量。

通过技术创新及运行优化，如筛选适合滴灌技术的作物和肥料品种，配合使用合适的水肥药一体化技术，进一步提高肥料的利用率，有效地防治作物病虫害，将整个滴灌农业生产历程中对土壤健康质量及邻近的大气、水环境等可能造成的不良影响降到最低，特别是农业的面源污染等。在提升作物产量和品质、维护低碳效应的同时最大程度地保护生态环境。

通过应用长效型滴灌材料产品，并通过事先对水质进行过滤、沉淀及化学加氯等多种处理，解决滴灌用水中所含的泥沙、有机物质或微生物及化学沉凝物较多所引起的灌水器、滴头等灌溉系统关键设备堵塞的问题，保障滴灌系统正常安全运转及效能。

在通过政府或相关组织给予一定的资金补助和政策优惠、保护农户种植积极性的基础上，配套合适的投融资政策，拓宽投融资的渠道，从而解决粮食作物实施滴灌需要一次性投入的资金较多、对于一般性家庭农场或承包户来说难度较大的问题。同时，充裕的资金可以避免技术革新落后，人才待遇偏低，从而限制示范基地发展的可能性。

新疆高效节水滴灌示范基地管理结构设置体系还有进一步完善的空间。当前新疆滴灌管理机构的设置体系在某些地方还存在不太完善、分工不太明确的不足，这些限制了示范基地的综合功能作用。因此后期需要进一步加强技术单位、管理部门与投资部门间的关系。

参 考 文 献

[1] 张国盛, 黄高宝, Chan C. 农田土壤有机碳固定潜力研究进展. 生态学报, 2005, 25(2): 351-357.
[2] Zhao Y, Wang P, Li J, et al. The effects of two organic manures on soil properties and crop yields on a temperate calcareous soil under a wheat–maize cropping system. European Journal of Agronomy, 2009, 31(1): 36-42.
[3] Yu S, Li Y, Wang J H, et al. Study on the soil microbial biomass as a bioindicator of soil quality in the red earth ecosystem. Acta Pedologica Sinica, 1999, 36(3): 413-422.
[4] Sun B, Zhao Q C, Zhang T L, et al. Soil quality and sustainable environment III: Biological indicators of soil quality evaluation. Soils, 1997, 29(5): 225-234.
[5] 习金根, 周建斌. 不同灌溉施肥方式下尿素态氮在土壤中迁移转化特性的研究. 植物营养与肥料学报, 2003, 9(3): 271-275.
[6] Li J, Zhang J, Ren L. Water and nitrogen distribution as affected by fertigation of ammonium nitrate from a point source. Irrigation Science, 2003, 22(1): 19-30.
[7] Israeli Y, Hagin J, Katz S. Efficiency of fertilizers as nitrogen sources to banana plantations under drip irrigation. Nutrient Cycling in Agroecosystems, 1985, 8(2): 101-106.
[8] Haynes R J. Principles of fertilizer use for trickle irrigated crops. Nutrient Cycling in Agroecosystems, 1985, 6(3): 235-255.
[9] 陆欣. 土壤肥料学. 北京: 中国农业大学出版社, 2002.
[10] 付明鑫, 王广友, 鲍明运, 等. 氮磷钾在滴灌棉田土壤中的移动性研究. 新疆农业科学, 2005, 42(6): 426-429.
[11] 姜益娟, 郑德明, 柳维杨, 等. 膜下滴灌棉田土壤磷钾养分空间分布特征. 塔里木大学学报, 2007, 19(3): 1-5.
[12] 丁峰, 徐万里, 梁智, 等. 新疆天山北坡经济带滴灌棉田土壤质量演变趋势分析. 农业科技通讯, 2009, (3): 42-45.
[13] 陈林华, 倪吾钟, 李雪莲, 等. 常用肥料重金属含量的调查分析. 浙江理工大学学报, 2009, 26(2): 223-227.
[14] 胡明勇, 蒋丽萍, 张啸, 等. 常用肥料重金属含量的调查分析——以长沙市为例. 湖南农业科学, 2014, (24): 27-29.
[15] 王美, 李书田. 肥料重金属含量状况及施肥对土壤和作物重金属富集的影响. 植物营养与肥料学报, 2014, 20(2): 466-480.
[16] 廖敏, 黄昌勇, 谢正苗. pH 对锅在土水系统中的迁移和形态的影响. 环境科学学报, 1999, 19(1): 81-86.
[17] 刘元东, 刘明利, 魏宏伟, 等. 安全小麦示范区土壤质地对土壤重金属含量的影响. 河南农业科学, 2007, 36(8): 70-73.
[18] 陈怀满. 影响土壤吸附镉的若干因子. 土壤, 1988, 20 (3): 131-136.
[19] 沛芳, 胡燕, 王超, 等. 动水条件下重金属在沉积物水之间的迁移规律. 土木建筑与环境工程, 2012, 34 (3): 151-158.
[20] 杨军, 陈同斌, 雷梅, 等. 北京市再生水灌溉对土壤-农作物的重金属污染风险. 自然资源学报, 2012, 26(2): 209-217.
[21] 郑顺安, 郑向群, 张铁亮, 等. 污染紫色土重金属的淋溶特征及释放动力学研究. 水土保持学报, 2011, 25(4): 253-256.
[22] 白梅, 铁柏清, 杨洋, 等. 降雨量及植被种植对土壤中重金属淋失的影响. 湖南农业科学, 2011, (13): 62-65.
[23] 肖质秋, 张玉龙, 王芳. 保护地长期定位灌水方法土壤重金属研究. 北方园艺, 2011, (23): 47-51.
[24] 齐学斌, 李平, 樊向阳, 等. 再生水灌溉方式对重金属在土壤中残留累积的影响. 中国生态农业学报, 2008, 16(4): 839-842.

[25] 邓红. 滴灌棉田土壤重金属含量变化特征及评价研究. 石河子大学硕士学位论文, 2014.
[26] 陈华, 刘志全, 李广贺. 污染场地土壤风险基准值构建与评价方法研究. 水文地质工程地质, 2006, 2: 84-88.
[27] 李胜涛, 蔡五田, 张敏, 等. 我国土壤污染风险评价的研究进展. 黑龙江水专学报, 2010, 33(2): 120-121.
[28] Nagini S, Selvam S. Phthalte ester plasticizers -A review. Trends Life Science, 1994, 9(1): 9-16.
[29] 王立鑫, 杨旭. 邻苯二甲酸酯毒性及健康效应研究进展. 环境与健康杂志, 2010, 27(3): 276-281.
[30] Wilson V S, Howdeshell K L, Lambright C S, et al. Differential expression of the phthalate syndrome in male Sprague–Dawley and Wistar rats after in utero DEHP exposure. Toxicology Letters, 2007, 170 (3): 177-184.
[31] Kolarik B, Naydenov K, Larsson M, et al. The association between phthalates in dust and allergic diseases among Bulgarian children. Environmental Health Perspectives, 2008, 116(1): 98-103.
[32] Yang G, Qiao Y, Li B, et al. Adjuvant effect of di-(2-ethylhexyl) phthalate on asthma-like pathological changes in ovalbumin-immunised rats. Food and agricultural immunology, 2008, 19(4): 351-362.
[33] Swan S H, Main K M, Liu F, et al. Decrease in anogenital distance among male infants with prenatal phthalate exposure. Environmental Health Perspectives, 2005, 113(8): 1056-1061.
[34] Colón I, Caro D, Bourdony C J, et al. Identification of phthalate esters in the serum of young Puerto Rican girls with premature breast development. Environmental Health Perspectives, 2000, 108(9): 895-900.
[35] Meeker J D, Calafat A M, Hauser R. Di (2-ethylhexyl) phthalate metabolites may alter thyroid hormone levels in men . Environmental Health Perspectives, 2007, 115(7): 1029-1034.
[36] Stahlhut R W, van Wijngaarden E, Dye T D, et al. Concentrations of urinary phthalate metabolites are associated with increased waist circumference and insulin resistance in adult US males. Environmental Health Perspectives, 2007, 115(6): 876-882.
[37] 刘昌明. 节水优先需水控制开源节流统一观. 水利发展研究, 2001, 1(1): 3-12.
[38] 刘晓英, 杨振刚, 王天俊. 滴灌条件下土壤水分运动规律的研究. 水利学报, 1990, (1): 11-22.
[39] 高永华, 王金, 赵莉, 等. 污灌区土壤-植物系统中重金属分布与迁移转化特征研究. 河北农业大学学报, 2006, 29(5): 52-56.
[40] 杨居荣, 车宇瑚, 刘坚. 重金属在土壤-植物系统的迁移、累积特征及其与土壤环境条件的关系. 生态学报, 1985, 5(4): 306-314.
[41] 冯广龙, 刘昌明, 王立. 土壤水分对作物根系生长及分布的调控作用. 生态农业研究, 1996, 4(3): 5-9.
[42] 罗宏海, 张旺锋, 赵瑞海, 等. 种植密度对新疆膜下滴灌棉花群体光合速率、冠层结构及产量的影响. 中国生态农业学报, 2006, 14(4): 112-114.
[43] 胡晓棠, 陈虎, 王静, 等. 不同土壤湿度对膜下滴灌棉花根系生长和分布的影响. 中国农业科学, 2009, 42(5): 1682-1689.
[44] 孙林, 罗毅, 杨传杰, 等. 干旱区滴灌棉田灌水量与灌溉周期关系. 资源科学, 2012, 34(4): 668-676.
[45] 张林, 吴普特, 朱德兰, 等. 多点源滴灌条件下土壤水分运移模拟试验研究. 排灌机械工程学报, 2012, 30(2): 237-243.
[46] 苏佩, 山仑. 多变低水环境下玉米籽粒产量及水分利用效率的研究. 植物生理学通讯, 1997, 33 (4) : 245-249.
[47] 殷允相, 播庆华. 银川地区菜田土壤和蔬菜中有害元素含量及污染程度评价. 干旱环境监测, 1992, 6(2): 77-82.
[48] 朱宇恩, 赵烨, 李强, 等. 北京城郊污灌土壤-小麦(*Triticum aestivum*)体系重金属潜在健康风险评价. 农业环境科学学报, 2011, 30(2): 263-270.
[49] IPCC. Climate Change 2007: The Physical Science Basis. Cambridge: Cambridge University Press, 2007.
[50] Wichern F, Luedeling E, Müller T, et al. Field measurements of the CO_2 evolution rate under different

crops during an irrigation cycle in a mountain oasis of Oman. Applied Soil Ecology, 2004, 25(1): 85-91.
[51] 柴仲平, 梁智, 王雪梅, 等. 不同灌溉方式对棉田土壤物理性质的影响. 新疆农业大学学报, 2008, 31(5): 57-59.
[52] Sánchez-Martín L, Arce A, Benito A, et al. Influence of drip and furrow irrigation systems on nitrogen oxide emissions from a horticultural crop. Soil Biology and Biochemistry, 2008, 40(7): 1698-1706.
[53] Kallenbach C M, Rolston D E, Horwath W R. Cover cropping affects soil N_2O and CO_2 emissions differently depending on type of irrigation. Agriculture, Ecosystems & Environment, 2010, 137(3): 251-260.
[54] Kennedy T L, Suddick E C, Six J. Reduced nitrous oxide emissions and increased yields in California tomato cropping system under drip irrigation and fertigation. Agriculture, Ecosystems & Environment, 2013, 170(8): 16-27.
[55] Sánchez-Martín L, Meijide A, Garcia-Torres L, et al. Combination of drip irrigation and organic fertilizer for mitigating emissions of nitrogen oxides in semiarid climate. Agricultural Ecosystems & Environment, 2010, 137(1): 99-107.
[56] 李志国, 张润花, 赖冬梅, 等. 膜下滴灌对新疆棉田生态系统净初级生产力、土壤异氧呼吸和 CO_2 净交换通量的影响. 应用生态学报, 2012, 23(4): 1018-1024.
[57] 张前兵, 杨玲, 孙兵, 等. 干旱区灌溉及施肥措施下棉田土壤的呼吸特征. 农业工程学报, 2012, 28(14): 77-84.
[58] 牛海生, 李大平, 张娜, 等. 不同灌溉方式冬小麦农田生态系统碳平衡研究. 生态环境学报, 2014, 23(5): 749-755.
[59] 王荣栋, 何福才, 李明, 等. 农八师滴灌春小麦种植情况调查. 新疆农垦科技, 2008, 31(5): 45-46.
[60] 高扬, 任志斌, 段瑞萍, 等. 春小麦滴灌节水高产高效栽培技术研究. 新疆农业科学, 2010, 47(2): 281-284.
[61] 王振华, 王克全, 葛宇, 等. 新疆滴灌春小麦徐水规律初步研究. 灌溉排水学报, 2010, 29(2): 61-64.
[62] Bhatia A, Pathak H, Jain N, et al. Global warming potential of manure amended soils under rice-wheat system in the Indo-Gangetic plains. Atmospheric Environment, 2005, 39(37): 6976-6984.
[63] Wu D, Yu Q, Lu C, et al. Quantifying production potentials of winter wheat in the North China Plain. European Journal of Agronomy, 2006, 24(3): 226-235.
[64] Wang E, Yu Q, Wu D, et al. Climate, agricultural production and hydrological balance in the North China Plain. International Journal of Climatology, 2008, 28(14): 1959-1970.
[65] 任宪韶. 海河流域水资源评价. 北京: 中国水利水电出版社, 2007.
[66] 水利部淮河水利委员会. 淮河流域综合规划. 蚌埠, 2010.
[67] 樊小林, 寥宗文. 控释肥料与平衡施肥和提高肥料利用率. 植物营养与肥料学报, 1998, 4(3): 219-223.
[68] 李慧萍, 赵乐军. 玉米膜下滴灌高产增收效益分析. 现代农业科技, 2011, (1): 74-82.
[69] 张福锁, 王激清, 张卫峰, 等. 中国主要粮食作物肥料利用率现状与提高途径. 土壤学报, 2008, 45(5): 915-923.
[70] 闫湘, 金继运, 何萍, 等. 提高肥料利用率技术研究进展. 中国农业科学, 2008, 41(2): 450-459.
[71] 沙之敏, 边秀举, 郑伟, 等. 最佳养分管理对华北冬小麦养分吸收和利用的影响. 植物营养与肥料学报, 2010, (5): 1049-1055.
[72] 关新元, 尹飞虎. 滴灌随水施肥技术综述. 新疆农垦科技, 2002, (3): 43-44.
[73] 丁凡. 河北省小麦产业发展现状与路径思考. 中国农业科学院硕士学位论文, 2014.
[74] 边志勇, 韩会玲. 河北省水资源利用现状与节水灌溉对策. 水利发展研究, 2008, 8(6): 49-51.
[75] 张丽华, 贾秀领, 张全国, 等. 不同小麦品质产量构成和水分利用效率差异分析. 河北农业科学, 2008, 12(1): 1-3.
[76] 张喜英. 提高农田水分利用效率的调控机制. 中国生态农业学报, 2013, 21(1): 80-87.
[77] 贾秀领, 马瑞昆, 张去昂, 等. 近 20 年冬小麦供水量与产量关系变化分析. 华北农学报, 2009,

24(S1): 214-217.

[78] 张西群, 檀海斌, 梁建青, 等. 低成本小麦微喷灌溉技术研究与效果试验. 河北农业科学, 2014, 18(6): 45-51.

[79] 逄焕成. 我国节水灌溉技术现状与发展现状分析. 中国土壤与肥料, 2006, (5): 1-6.

[80] 郭进考, 史占良, 何明琦, 等. 发展节水小麦缓解北方水资源短缺——以河北省冬小麦为例. 中国生态农业, 2010, 18(4): 876-879.

[81] 夏军, 苏人琼, 何希吾, 等. 中国水资源问题与对策研究. 中国科学院院刊, 2008, 23(2): 116-120.

[82] 季晓泉. 肥料利用率的计算. 现代农业, 2009, 2(1): 22.

[83] 朱兆良. 农田中氮肥的损失与对策. 土壤与环境, 2000, 9(2): 1-6.

[84] 金绍龄, 李隆, 张丽慧, 等. 小麦/玉米带田作物氮营养特点. 西北农业大学学报, 1996, 24(5): 35-41.

[85] 夏爱萍. 河北平原冬小麦-夏玉米两熟生产的限制因素研究. 河北农业大学硕士学位论文, 2006.